eXamen.press

eXamen.press ist eine Reihe, die Theorie und Praxis aus allen Bereichen der Informatik für die Hochschulausbildung vermittelt.

Günter Kemnitz

Technische Informatik

Band 1: Elektronik

Prof. Dr. Günter Kemnitz
Technische Universität Clausthal
Institut für Informatik
Clausthal-Zellerfeld
Julius-Albert-Str. 4
38678 Clausthal-Zellerfeld
gkemnitz@in.tu-clausthal.de

ISSN 1614-5216
ISBN 978-3-540-87840-7 e-ISBN 978-3-540-87841-4
DOI 10.1007/978-3-540-87841-4
Springer Heidelberg Dordrecht London New York

Die Deutsche Nationalbibliothek verzeichnet diese Publikation in der Deutschen Nationalbibliografie; detaillierte bibliografische Daten sind im Internet über http://dnb.d-nb.de abrufbar.

Einbandentwurf: KünkelLopka, Werbeagentur Heidelberg

Printed on acid-free paper

Springer ist Teil der Fachverlagsgruppe Springer Science+Business Media (www.springer.com)

Ich danke allen, die bei der Entstehung des Buches geholfen haben, meiner Familie und meinen Kollegen, die mir die Zeit dafür gelassen haben, und meinen Studenten und Mitarbeitern für die vielen interessanten Gespräche, Anregungen und Fragen. Mein besonderer Dank geht an Alex für seinen Durchhaltewillen und an Carsten für seine tatkräftige Unterstützung.

Vorwort

Was ist Technische Informatik?

Unter der Technischen Informatik werden zwei Gebiete verstanden:

- technische Anwendungen der Informatik und
- die technische Basis der Informatik.

Diese beiden Gebiete repräsentieren unterschiedliche Denkwelten.

Die Anwendung der Informatik in der Technik umfasst die informationstechnische Erfassung, Modellierung und Steuerung technischer Systeme. Ein Modell in der Informatik besteht aus Zahlen und Algorithmen. Technische Systeme werden durch Gleichungssysteme oder Differenzialgleichungssysteme angenähert. Sie verhalten sich oft nichtlinear, zum Teil auch nicht deterministisch. Ihre informationstechnische Erfassung und Modellierung ist immer ein Kompromiss zwischen der Modellgenauigkeit und der Handhabbarkeit. Eine technisch orientierte Aufgabenstellung in der Informatik erfordert in der Regel eine Lösungssuche in einer Welt voller Unvollkommenheiten. In dieser Welt gibt es Inseln in Form bekannter guter Lösungen, die es zu suchen gilt und zwischen denen dann solange interpoliert wird, bis ein brauchbares Ergebnis entsteht.

In der Informatik erfolgt die Einführung in diese Denkwelt traditionell am Beispiel der Elektronik. Die grundlegenden Modelle der Elektronik leiten sich wie bei allen technischen Systemen aus der Physik ab und müssen zur mathematischen und informationstechnischen Verarbeitung drastisch vereinfacht werden. Es gibt einen großen Katalog bekannter funktionierender Lösungen in Form von bewährten Bauteilmodellen, Analysealgorithmen, Entwurfsalgorithmen und Musterschaltungen, mit dem der Studierende schrittweise lernen muss umzugehen. Viele dieser Lösungen sind auf andere technische Systeme übertragbar.

Die technische Basis der Informatik ist die Digitaltechnik, ein Teilgebiet der Elektronik. Die digitale Welt der Informatik unterscheidet nur »0« und

»1«. Die Grundbausteine – UND, ODER, NICHT, ... – sind sehr einfach zu verstehen. Ihre Funktion ist exakt definiert. Aus ihnen werden hierarchisch zuerst kleine Teilsysteme, aus diesen wieder größere Teilsysteme und aus diesen wieder komplette Rechner und Rechnersysteme zusammengesetzt.

> *Bei den heutigen hochintegrierten Schaltkreisen mit Millionen von Transistoren gibt es keinen Menschen mehr, der sagen kann, wozu jeder der Transistoren da ist.*

Die Entwurfstechnik für wirklich große Systeme besteht inzwischen vereinfacht gesagt darin, einen Algorithmus zu entwickeln, der einen Algorithmus erzeugt, der das System generiert. Das ist eine vollkommen andere Denkwelt als bei der Anwendung der Informatik in der Technik.

Vorwort zu Teil 1: Elektronik

Die Elektronik ist ein Gebiet, das sich sehr schnell entwickelt. Genauso wenig, wie der heutige Entwicklungsstand vor zehn Jahren vorhersagbar war, ist vorauszusehen, welche elektronischen Systeme in den nächsten zehn Jahren entwickelt und gebaut werden. Der erfolgreiche Trendforscher und Visionär John Naisbitt antwortete einmal in einem Interview auf die Frage, was die nächste Generation lernen müsse, um im Arbeitsleben bestehen zu können, sehr treffend: »to learn how to learn« [31]. Das Faktenwissen über Bauteile und Applikationsschaltungen veraltet schnell. Wertvoll bleibt das Grundlagenwissen, um das anwendbare Wissen neu herzuleiten, um Fachliteratur zu verstehen und um nützliche Informationen von Unfug zu trennen. Die Grundlagen der Elektronik setzen sich aus drei Teilgebieten zusammen:

- physikalische Grundlagen,
- Systemtheorie und
- Schaltungstechnik.

Die Systemtheorie ist der mathematische Zweig der Elektronik, der sich mit der Modellbildung und den Transformationen zwischen den Modellen befasst.

Ein Lernprozess besteht immer darin, den zu erlernenden Stoff zyklisch zu wiederholen und in jeder Iteration tiefer in die zu erlernenden Sachverhalte einzudringen. Dieses Buch iteriert über 2,5 Zyklen in diesem Lernprozess. Als Vorkenntnisse werden solide Schulkenntnisse in Physik und der erfolgreiche Abschluss der Grundlagenveranstaltungen in Analysis und linearer Algebra an einer Hochschule vorausgesetzt. Der Besuch von Vorlesungen über Experimentalphysik und Elektrotechnik ist im Vorfeld zu empfehlen. Die beiden ersten Zyklen und der abschließende halbe Zyklus bilden je ein Kapitel. Der erste Zyklus behandelt Schaltungen im stationären Zustand, d.h. unter der

Einschränkung, dass sich die Ströme und Spannungen nicht ändern. Das vereinfacht für den Anfang die physikalischen und systemtheoretischen Zusammenhänge und die Modelle der Schaltungen erheblich. Im Einzelnen werden folgende Themen behandelt:

- Was ist Strom? Was ist Spannung? Welche physikalischen Größen und Zusammenhänge sind sonst noch wichtig?
- Transformationen von Schaltungen in Ersatzschaltungen, Vereinfachungen von Ersatzschaltungen und die Nachbildung von Ersatzschaltungen durch Gleichungen.
- Schaltungen mit Dioden, Bipolartransistoren, MOS-Transistoren und Operationsverstärkern.

Im zweiten Kapitel wird das dynamische Verhalten der Schaltungen mit einbezogen. Strom und Spannung dürfen ab hier Signale, d.h. zeitabhängige Größen sein. Im Einzelnen werden folgende Themen ergänzt:

- Kapazität und Induktivität,
- zeitdiskrete Berechnung, Schaltbetrieb und Frequenzraum sowie
- Beispielschaltungen.

Das dritte Kapitel führt in fortgeschrittene Themen ein:

- innere Funktion der Halbleiterbauelemente,
- Grundbausteine digitaler Schaltkreise und
- Signalübertragung auf Leitungen.

Zielgruppe des Buches sind Studierende der Informatik und der Informationstechnik. Die Lernziele sind

- das Kennenlernen wichtiger Analyse- und Modellierungstechniken,
- ihre Anwendung auf vorgegebene Schaltungen und
- die Lösung einfacher Entwurfsaufgaben.

Das sind hochgesteckte Lernziele. Um sie zu erreichen, werden für die elektronischen Bauteile sehr einfache, mathematisch gut handhabbare Bauteilmodelle mit einer minimalen Anzahl von Parametern verwendet. Das vereinfacht die Modellbildung und die gesamten Rechnungen erheblich, hat aber auch eine Schattenseite. Die berechneten Werte werden oft von den an einer praktisch aufgebauten Schaltung gemessenen Werten um einige Prozent abweichen.

Genau wie die Programmierung verlangt Elektronik praktische Übungen. In einer elektronischen Schaltung gibt es die vielfältigsten Wechselwirkungen, die erst durch das Probieren und den systematischen Vergleich zwischen dem Ist-Verhalten und dem erwarteten Verhalten klar werden. Für die Untersuchung der Beispielschaltungen im stationären Zustand sind Experimente recht einfach zu bewerkstelligen. Als technische Ausrüstung genügen ein Steckbrett, eine handvoll elektronischer Bauteile, eine Stromversorgung und ein Multimeter. Für die Berechnungen ist, wie im Weiteren gezeigt wird, ein normales Numerikprogramm – Matlab oder ein funktionsgleiches frei verfügbares Programm wie Octave – oder ein guter Taschenrechner ausreichend. Beispiele für Praktikumsversuche sind im Internet unter [25] veröffentlicht.

Clausthal-Zellerfeld,
Juni 2009

Günter Kemnitz

Inhaltsverzeichnis

1

Schaltungen im stationären Zustand

Definition 1.1 (Modell) *Ein Modell ist ein Mittel, um einen Zusammenhang zu veranschaulichen. Es stellt die wesentlichen Sachverhalte dar und verbirgt unwesentliche Details.*

Definition 1.2 (Stationärer Zustand) *Der stationäre Zustand ist der Betriebszustand einer elektronischen Schaltung, in dem alle Ausgleichsvorgänge abgeschlossen und alle Spannungen und Ströme konstant sind.*

Betrachtungsgegenstand in der Elektronik sind Schaltungen, ihre Funktion und ihr Entwurf. Die Funktionsmodelle einer Schaltung sind Schaltpläne und Gleichungssysteme. Ein Schaltplan beschreibt die verwendeten Bauteile und wie sie verbunden sind. Außer der bewährten graphischen Darstellung kann eine Schaltungsbeschreibung auch eine computerinterne Netzliste sein.

Die zu lösenden Aufgaben sind Analyse und Entwurf. Die Schaltungsanalyse besteht darin, für eine gegebene Schaltung die Ströme und Spannungen zu berechnen oder abzuschätzen. Der Lösungsweg umfasst mehrere Schritte:

- Zuerst wird der Schaltplan erstellt.
- Aus dem Schaltplan wird eine (nahezu) funktionsgleiche Ersatzschaltung abgeleitet, die die funktionalen Eigenschaften besser widerspiegelt.

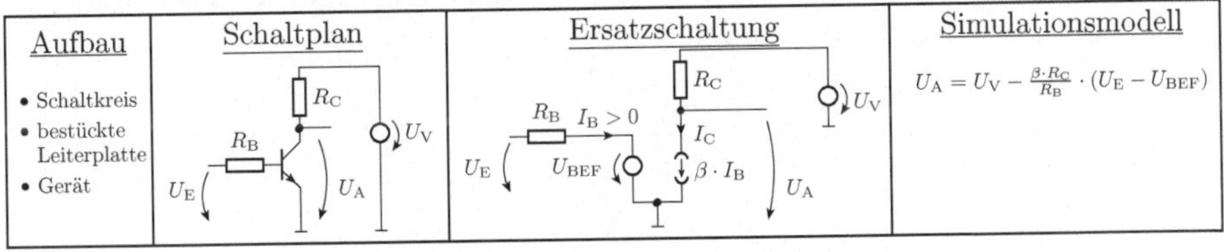

Analyse: Bestimmung der Funktion →

← Entwurf: Suche nach einer Schaltung für eine vorgegebene Funktion

Abb. 1.1. Betrachtungsgegenstände der Elektronik

G. Kemnitz, *Technische Informatik*, eXamen.press,
DOI 10.1007/978-3-540-87841-4_1, © Springer-Verlag Berlin Heidelberg 2009

- Die Ersatzschaltung wird durch ein Gleichungssystem nachgebildet.
- Mit Hilfe des Gleichungssystems werden die gesuchten Werte berechnet.

Die einzelnen Transformationen werden später alle ausführlich behandelt. Eine Eigenschaft, die alle diese Modelle haben, ist bereits hier zu erkennen.

> *Die geometrische Anordnung der Bauteile in der aufgebauten Schaltung und die Leitungsführung haben keinen Einfluss auf die Funktion.*

Denn diese Informationen sind in keinem der Modelle enthalten und gehören damit offensichtlich zu den unwesentlichen Details.

Der Entwurf ist um einiges schwieriger. Er beinhaltet die Analyse als eine Teilaufgabe. Aus den Soll-Vorgaben – idealerweise einem Simulationsmodell – werden über Ersatzschaltungen die Schaltungen entwickelt. In der Regel werden hierzu Beispielschaltungen mit ähnlichen Eigenschaften gesucht und angepasst. Daran schließen sich Analysen zur Kontrolle, ob die Entwurfsziele erreicht wurden, und meist Nachbesserungsiterationen an.

Dieses Kapitel behandelt nur den stationären Zustand der Schaltungen. Im stationären Zustand sind die Spannungen und Ströme definitionsgemäß konstant. Das vereinfacht die physikalischen und systemtheoretischen Zusammenhänge, die zu berücksichtigen sind, erheblich.

1.1 Physikalische Grundlagen

> *Warum und unter welchen Bedingungen und Annahmen kann die Geometrie einer Schaltung bei der Beschreibung ihrer Funktion vernachlässigt werden?*

Diese Frage trennt zwischen den physikalischen Zusammenhängen, die für die Analyse und für den Entwurf elektronischer Schaltungen wichtig sind, und denen, die bereits im Modell »Schaltplan« als unwesentliche Details vernachlässigt werden. Die physikalischen Grundlagen der Halbleiterbauteile werden in diesem Abschnitt noch nicht behandelt. Ihre Funktionsweise ist erfahrungsgemäß leichter zu verstehen, wenn ihre wesentlichen Eigenschaften und Anwendungen vorher bekannt sind.

1.1.1 Energie, Potenzial und Spannung

	Symbol	Maßeinheit
Kraft (Vektor)	$\mathbf{F}$	N (Newton)
Feldstärke (Vektor)	$\mathbf{E}$	N/C=V/m
Ladung, Probeladung	Q, q	C=As (Coulomb)
Energie	W	J=Nm=Ws (Joule) eV=1,6 · 10^{-19}J (Elektronenvolt)
Spannung	U	V (Volt)
Potenzial	φ	V (Volt)

Zwischen zwei Punktladungen Q_1 und Q_2 wirkt nach dem coulombschen Gesetz[1] eine Kraft mit dem Betrag:

$$F = \frac{1}{4\pi\varepsilon} \cdot \frac{Q_1 \cdot Q_2}{r^2} \tag{1.1}$$

(ε – Dielektrizitätskonstante, Materialeigenschaft des Raumes zwischen den Ladungen; r – Abstand der Punktladungen). Die Kraftwirkungen aller ortsfesten und beweglichen Ladungen in einem Raum – das können sehr viele sein – addieren sich zu einem Kraftfeld. Zur Modellierung des Kraftfeldes wird eine gedachte Probeladung q im Raum bewegt und die Richtung und die Größe der Kraft, die auf sie wirkt, bestimmt. Die Feldstärke ist die Kraft geteilt durch die Größe der Probeladung:

$$\mathbf{E} = \mathbf{F}/q \tag{1.2}$$

Die Richtung der Feldstärke wird durch Feldlinien dargestellt (Abb. 1.2).

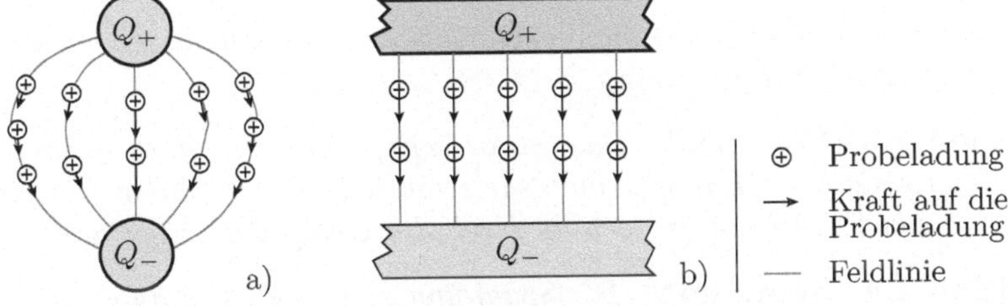

Abb. 1.2. Elektrisches Feld a) zwischen zwei Punktladungen b) zwischen aufgeladenen parallelen Platten

[1] Benannt nach Charles Augustin Coulomb (1736 - 1806), französischer Physiker, Begründer der Elektrostatik sowie der Magnetostatik.

Bei der Bewegung einer Probeladung in einem elektrischen Feld wird Energie umgesetzt:

$$W = \int_{\mathbf{P}_1}^{\mathbf{P}_2} \mathbf{F} \cdot d\mathbf{s} \tag{1.3}$$

($\mathbf{P}_i$ – Raumpunkte im elektrischen Feld). Ein positiver Energieumsatz bedeutet, dass elektrische Energie verbraucht (in andere Formen umgesetzt) und ein negativer Energieumsatz, dass elektrische Energie (aus anderen Formen) erzeugt wird. Nach dem Energieerhaltungssatz hängt die umgesetzte Energie nur vom Anfangs- und vom Endpunkt des Weges, nicht aber vom Weg selbst ab. Bei einer Bewegung einer Ladung auf einer geschlossenen Bahn zurück zum Startpunkt ist die umgesetzte Energie insgesamt immer Null. Denn sonst wäre es möglich, Ladungen in einem elektrischen Feld so zu bewegen, dass Energie erschaffen oder vernichtet wird. Das erste geometrieunabhängige physikalische Gesetz für elektronische Schaltungen lautet:

Satz 1.1 (Energieerhaltung) *Wenn sich eine Ladung auf einer geschlossenen Bahn durch einen Raum mit einem elektrischen Feld bewegt, hat sie, zurückgekehrt zum Startpunkt, wieder dieselbe elektrische Energie.*

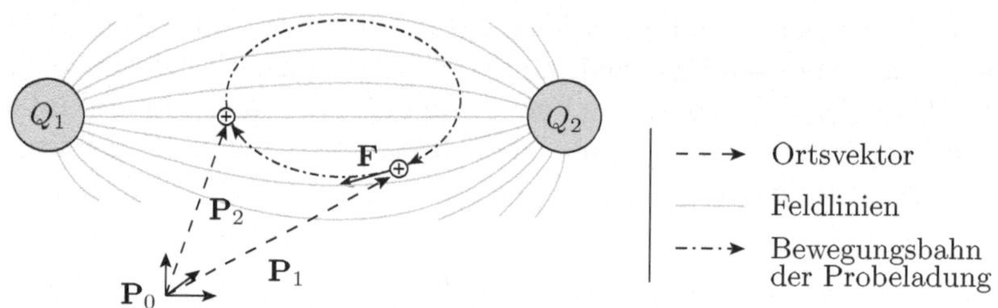

Abb. 1.3. Bewegung einer Probeladung in einem elektrischen Feld

Auf dieser Eigenschaft basieren die Definitionen der wichtigen elektrischen Größen Potenzial und Spannung.

Definition 1.3 (Potenzial) *Das (elektrische) Potenzial eines Raumpunktes* $\mathbf{P}$ *ist die erforderliche Energie, um eine Probeladung von einem Bezugspunkt* $\mathbf{P}_0$ *zum Punkt* $\mathbf{P}$ *zu bewegen, geteilt durch die Größe der Probeladung.*

Definition 1.4 (Spannung) *Die Spannung zwischen den Raum- bzw. Schaltungspunkten* $\mathbf{P}_2$ *und* $\mathbf{P}_1$ *ist die erforderliche Energie, um eine Probeladung vom Punkt* $\mathbf{P}_1$ *zum Punkt* $\mathbf{P}_2$ *zu transportieren, geteilt durch die Größe der Probeladung.*

Aus Gleichung 1.3 und der Definition des Potenzials ergibt sich, dass das Potenzial das Integral über die Feldstärke vom Bezugspunkt $\mathbf{P}_0$ entlang eines beliebigen Weges bis zum betrachteten Schaltungspunkt **P** ist:

$$\varphi(\mathbf{P}) = -\int_{\mathbf{P}_0}^{\mathbf{P}} \mathbf{E} \cdot d\mathbf{s} \tag{1.4}$$

Das Potenzial ist *einem* Schaltungspunkt zugeordnet. Seine Maßeinheit ist V (Volt). Raumpunkte und auch Punkte in einer Schaltung, deren Ladungsträger dieselbe Energie besitzen, bilden Äquipotenzialbereiche (Flächen oder Räume). Als Bezugspunkt $\mathbf{P}_0$ wird ein markanter Äquipotenzialbereich gewählt, der in der Elektronik umgangssprachlich als Masse bezeichnet wird. In Schaltplänen ist das Symbol für den Bezugspunkt: $\perp$

Eine Spannung ist eine Potenzialdifferenz zwischen zwei Schaltungspunkten:

$$U = \varphi(\mathbf{P}_2) - \varphi(\mathbf{P}_1) \tag{1.5}$$

Die beiden Punkte werden in einem Schaltplan durch einen Spannungspfeil gekennzeichnet (Abb. 1.4). Bei einer Umkehrung der Zählrichtung ändert sich das Vorzeichen der Spannung. Aus den Gleichungen 1.2, 1.3, 1.4 und 1.5 folgt gemäß Definition 1.4:

Die Spannung zwischen zwei Schaltungspunkten ist die Energiedifferenz der Ladungsträger geteilt durch ihre Ladung:

$$U = \frac{W}{Q} \tag{1.6}$$

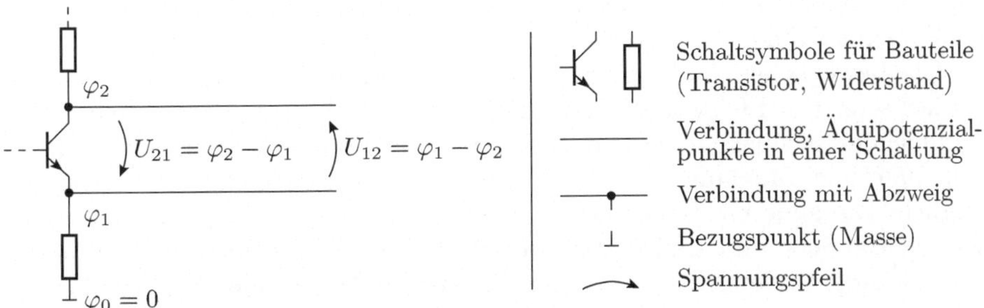

Abb. 1.4. Kennzeichnung von Potenzialen und Spannungen in einer Schaltung

Die Feldstärke hat in der Elektronik eine weitere Bedeutung. Zu hohe Feldstärken von $10^6 \ldots 10^7 \, \frac{\mathrm{V}}{\mathrm{m}}$ können, wie es von Blitzen bei einem Gewitter oder von Funkenüberschlägen an der Zündkerze eines Verbrennungsmotors bekannt ist, Isolatoren in Leiter umwandeln. In der Mikroelektronik herrschen aufgrund der geringen Abmessungen zum Teil erheblich höhere Feldstärken als in der Starkstromtechnik. Für Bauteile, bei denen eine solche Zerstörungsgefahr besteht – das sind insbesondere Kondensatoren und MOS-Transistoren – gibt der Hersteller Maximalwerte für die Spannungen, die angelegt werden dürfen, an. Diese Maximalwerte sind unbedingt einzuhalten.

1.1.2 Strom

	Symbol	Maßeinheit/Wert
Strom	I	A (Ampere)
Elementarladung	e^- (Konstante)	$1{,}6 \cdot 10^{-19}$As

Definition 1.5 (Strom) *Strom ist bewegte Ladung pro Zeit:*

$$I = \frac{dQ}{dt} \tag{1.7}$$

Eine identische Beschreibung ist das Produkt aus der Ladungsträgergeschwindigkeit und der Menge der bewegten Ladung pro Wegelement (Abb. 1.5):

$$I = \frac{dQ}{dl} \cdot \frac{dl}{dt} = Q_l \cdot v \tag{1.8}$$

(v – Geschwindigkeit in Richtung des Stromflusses; Q_l – bewegliche Ladung pro Wegelement).

In einem Schaltplan werden Ströme durch Zählpfeile auf der Leitung oder parallel zur Leitung eingezeichnet. Die Zählrichtung darf beliebig gewählt werden und ist bei der Angabe des Vorzeichens zu berücksichtigen. Der Strom wird positiv gezählt, wenn der Strompfeil entgegen der Richtung der Elektronenbewegung zeigt, sonst negativ.

Die beweglichen Ladungsträger in Festkörpern können Elektronen oder Löcher sein. Ein Elektron ist beweglich, wenn es in seiner energetischen und räumlichen Nachbarschaft freie Zustände gibt, die es bei einer Geschwindigkeitsänderung annehmen kann. Bei Kupfer ist z.B. ein Elektron je Atom beweglich. Die anderen Elektronen befinden sich energetisch in vollständig besetzten Bändern und sind dadurch ortsfest. Löcher sind unbesetzte Elektronenzustände, in deren energetischer Nachbarschaft fast alle Zustände besetzt

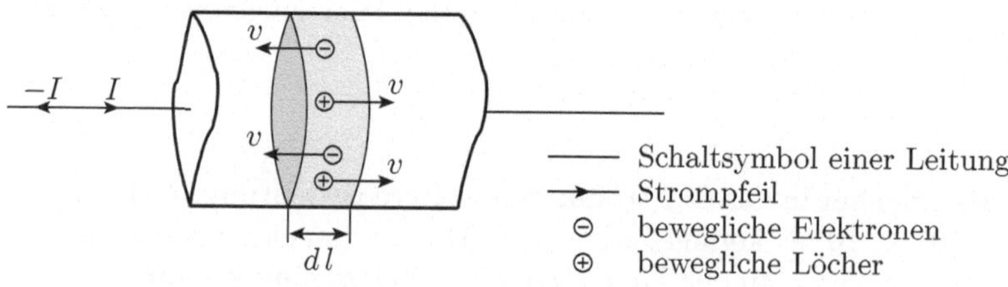

Abb. 1.5. Modell eines stromdurchflossenen Leiters

sind. Elektronen, die in diese Zustände wechseln, hinterlassen ihrerseits Löcher, in die andere Elektronen hineinwechseln können. Der Stromfluss verhält sich wie eine Bewegung positiver Ladungsträger in umgekehrter Richtung zur Elektronenbewegung. Besetzte und freie Elektronenzustände sind Begriffe aus der Quantenmechanik, die später in Abschnitt 3.1 »Bewegliche und unbewegliche Elektronen« erläutert werden.

Bewegliche Ladungsträger unterliegen wie alle beweglichen Teilchen einer ungerichteten thermischen Bewegung. Die thermische Bewegung, die für das Rauschen in elektronischen Schaltungen verantwortlich ist, kann von mehreren Arten von gerichteten Bewegungen überlagert sein:

- Diffusionsströmen,
- Driftströmen und
- Umladeströmen.

Diffusionsströme treten in Grenzschichten zwischen unterschiedlichen leitenden Materialien auf und spielen in der Halbleitertechnik eine wichtige Rolle. Die Ursache sind unterschiedliche Ladungsträgerdichten, die durch die thermische Bewegung ausgeglichen werden.

Driftströme entstehen durch elektrische Felder. Das Feld übt eine Kraft aus, die die Ladungsträger beschleunigt, die Löcher in Feldrichtung, die Elektronen entgegen der Feldrichtung. Aufgrund der thermischen Bewegung gibt es jedoch ständig Interaktionen mit anderen Teilchen, bei denen gerichtete Bewegungsenergie in Wärme, d.h. ungerichtete Bewegungsenergie, umgewandelt wird. Im Mittel ist die Driftgeschwindigkeit proportional zur Feldstärke:

$$v = \mu \cdot E \tag{1.9}$$

(v – Driftgeschwindigkeit in Feldrichtung; E – Betrag der Feldstärke in Bewegungsrichtung). Der Proportionalitätsfaktor μ ist die Beweglichkeit, eine materialspezifische und mit der Temperatur abnehmende Konstante.

In einem Leiter regelt sich die Feldstärke im stationären Zustand immer so ein, dass die Menge der zufließenden Ladung an jedem Leitungspunkt gleich der Menge der wegfließenden Ladung ist. Denn bei einer Störung dieses Gleichgewichts akkumulieren sich Ladungen. Das verursacht eine Feldstärkeänderung , die der Akkumulation entgegen wirkt, bis sich wieder ein Ladungsgleichgewicht einstellt. Das zweite geometrieunabhängige physikalische Gesetz für elektronische Schaltungen lautet:

Satz 1.2 (Kontinuität der Ladungsbewegung) *Im stationären Zustand gilt für jeden Punkt eines stromdurchflossenen Leiters, dass die Summe der Ströme Null ist. Wegfließende Ströme werden als negative zufließende Ströme gezählt.*

1.1.3 Ohmsches Gesetz[2]

	Symbol	Maßeinheit/Wert
Widerstand	R	Ω (Ohm)
Leitwert	G	$\mathrm{S} = \Omega^{-1}$ (Siemens)

In einem homogenen Leiter ohne nennenswerte Konzentrationsunterschiede der beweglichen Ladungsträger sind die Diffusionsströme vernachlässigbar. Für den Driftstrom gilt nach den Gleichungen 1.8 und 1.9, dass er sich proportional zur Feldstärke verhält und dieselbe Richtung wie das elektrische Feld besitzt:

$$\mathbf{I} = \mathbf{I}_{\mathrm{Drift}} = Q_{\mathrm{l}} \cdot \mu \cdot \mathbf{E} \tag{1.10}$$

(Q_{l} – bewegliche Ladung pro Wegelement; μ – Beweglichkeit). Das elektrische Feld regelt sich für einen vorgegebenen Strom genauso ein, dass

- es in Stromrichtung zeigt,
- auf jedem Wegelement genauso stark ist, dass der ankommende Strom gleich dem weiterfließenden Strom ist und
- das Integral der Feldstärke über die gesamte Leitungslänge gleich dem Spannungsabfall ist.

Aus diesen Zusammenhängen folgt:

Satz 1.3 (ohmsches Gesetz) *Der Strom durch einen Leiter verhält sich proportional zur Spannung über dem Leiter.*

Der Proportionalitätsfaktor ist der Widerstand:

$$R = \frac{U}{I} \tag{1.11}$$

oder sein Kehrwert der Leitwert:

$$G = \frac{I}{U} = R^{-1} \tag{1.12}$$

Das ohmsche Gesetz in der Form von Gleichung 1.11 setzt voraus, dass die Zählpfeile von Strom und Spannung am betrachteten Bauteil dieselbe Richtung besitzen. Sonst kehrt sich das Vorzeichen um (Abb. 1.6).

Das Modell, mit dem eine Leitung in einer elektronischen Schaltung berücksichtigt wird, hängt von der Größe des zu erwartenden Spannungsabfalls über ihr ab. Leitungen mit einem signifikanten Spannungsabfall werden als Widerstand modelliert und im Schaltplan als längliches Rechteck mit zwei Anschlüssen gezeichnet. Im anderen Fall wird eine Leitung als Verbindung ohne Potenzialunterschiede modelliert und als Linie dargestellt.

---

[2] Benannt nach Georg Simon Ohm (1789 - 1854), deutscher Physiker.

Abb. 1.6. Ohmsches Gesetz a) gleiche b) umgekehrte Zählrichtung von Strom und Spannung an einem Widerstand

1.1.4 Verlustleistung und Inbetriebnahmeregeln

	Symbol	Maßeinheit
Leistung	P	W = V · A (Watt)
Verlustleistung	P_V	W = V · A (Watt)
Wärmewiderstand	R_{th}	K/W

Die Leistung ist die umgesetzte Energie pro Zeit:

$$P = \frac{W}{t} \tag{1.13}$$

Die umgesetzte elektrische Energie ist das Produkt aus der Spannung und der Ladung, die die Spannungsdifferenz überwindet. Die transportierte Ladung ist im stationären Zustand das Produkt aus Strom und Zeit. Geteilt durch die Zeit ergibt sich für die Leistung:

$$P = U \cdot I \tag{1.14}$$

Gleichung 1.14 setzt genau wie das ohmsche Gesetz in Form von Gleichung 1.11 voraus, dass der Spannungspfeil und der Strompfeil für das betrachtete Teilsystem dieselbe Richtung haben. Anderenfalls kehrt sich das Vorzeichen um.[3]

In der Elektronik spielt vor allem die Verlustleistung eine wichtige Rolle. Die Verlustleistung ist die in Wärme umgesetzte elektrische Energie pro Zeit. Die Wärmeenergie muss über das Gehäuse, den Verdrahtungsträger und einen eventuellen Kühlkörper an die Umgebung abgegeben werden. Sonst werden die Bauteile zu heiß und gehen kaputt. Die Temperaturdifferenz zwischen der Bauteiltemperatur und der Umgebungstemperatur verhält sich dabei proportional zur Verlustleistung:

[3] In der Elektrotechnik gilt diese Festlegung nur für Verbraucher. Für Energieerzeuger wird die Stromrichtung entgegen der Spannungsrichtung gezählt, so dass sich das Vorzeichen umkehrt. Leistungsangaben sind dadurch in der Elektrotechnik Betragsangaben mit dem Zusatzattribut Erzeuger oder Verbraucher. In der Elektronik ist eine vorzeichenbehaftete Leistung, die Energieerzeuger und Energieverbraucher nur anhand des Vorzeichens unterscheidet, für die Modellbildung günstiger.

$$\varDelta T = P_{\mathrm{V}} \cdot R_{\mathrm{th}} \tag{1.15}$$

(P_{V} – Verlustleistung). Der Proportionalitätsfaktor R_{th} ist der Wärmewiderstand. Jedes Bauteil hat eine maximale Verlustleistung P_{max}, die im Datenblatt steht und nicht überschritten werden darf. Die maximale Verlustleistung hängt von der maximalen Betriebstemperatur, der maximalen Umgebungstemperatur, dem Wärmewiderstand des Bauteils und weiteren Faktoren ab und kann durch geeignete Kühlsysteme (Kühlkörper, Lüfter etc.) vergrößert werden. Kleine elektronische Bauteile ohne Kühlkörper haben eine maximale Verlustleistung in der Größenordnung von 100 mW. Elektronische Bauteile mit einer guten Wärmeableitung können Leistungen bis zu einigen Watt umsetzen. Leistungsobergrenzen gibt es auch für Bauteile, in denen andere Formen der Energieumwandlung stattfinden:

- Leuchtdioden, die einen Teil der elektrischen Energie in Licht umwandeln,
- Motoren, die einen Teil der elektrischen Energie in mechanische Energie umwandeln, und
- Generatoren, die mechanische Energie in elektrische Energie umwandeln.

Für elektronische Bauteile mit zwei Anschlüssen, z.B. Widerstände, ist der zulässige Leistungsumsatz durch Hyperbeläste begrenzt (Abb. 1.7):

$$U_{\mathrm{max}} = \frac{P_{\mathrm{max}}}{I} \tag{1.16}$$

Die Arbeitsbereiche von Verbrauchern elektrischer Energie liegen im 1. und 3. Quadranten. Sie haben einen positiven Leistungsumsatz. Energieerzeuger – Batterien, Generatoren etc. – besitzen einen negativen Leistungsumsatz und arbeiten entsprechend im 2. oder 4. Quadranten.

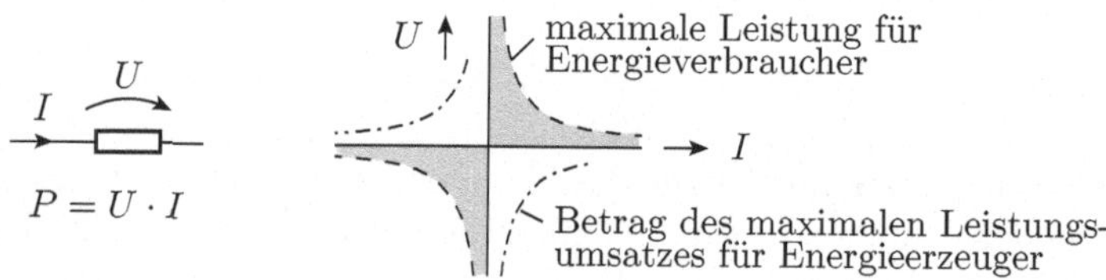

Abb. 1.7. Maximale Leistung elektronischer Bauteile mit zwei Anschlüssen

Bei einer Schaltung mit mehr als zwei Anschlüssen müssen die Energieumsätze aller Ladungsträger, die durch die Schaltung fließen, berücksichtigt werden. Die Energie der hineinfließenden Ladungsträger ist zu jedem Zeitpunkt das Produkt aus der Stromstärke und dem Potenzial am Anschluss. Die herausfließenden Ströme haben das entgegengesetzte Vorzeichen, so dass die Energie der Ladungsträger, die zu jedem Zeitpunkt die Schaltung verlassen, automatisch abgezogen wird. Die innerhalb der Schaltung umgesetzte

Leistung ist entsprechend die Summe aus den Produkten der Potenziale und Ströme an allen Anschlüssen (Abb. 1.8):

$$P = \sum_{i=1}^{N_\mathrm{A}} \varphi_i \cdot I_i \tag{1.17}$$

(N_A – Anzahl der Anschlüsse; φ_i – Potenzial von Anschluss i; I_i – Strom, der in Anschluss i hineinfließt).

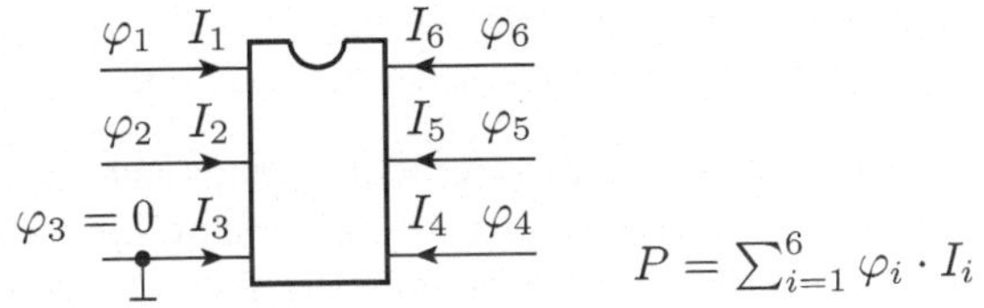

φ_1 I_1 I_6 φ_6
φ_2 I_2 I_5 φ_5
$\varphi_3 = 0$ I_3 I_4 φ_4
$P = \sum_{i=1}^{6} \varphi_i \cdot I_i$

Abb. 1.8. Leistungsumsatz an Bauteilen mit mehr als zwei Anschlüssen

Inbetriebnahmeregeln

Bei Überschreiten der zulässigen Verlustleistung besteht für die betroffenen Bauteile Zerstörungsgefahr. Beim Entwurf, der Herstellung und der Reparatur von elektronischen Schaltungen entstehen mit einer gewissen Häufigkeit Fehler. Um das Risiko zu mindern, dass solche Fehler, bevor sie gefunden werden, Folgefehler in Form von Zerstörungen verursachen, ist es empfehlenswert, die Inbetriebnahme immer mit folgenden Schritten zu beginnen [5]:

- Sichtkontrolle im spannungsfreien Zustand: Optische Kontrolle, dass die Schaltung die richtigen Bauteile enthält und diese, soweit erkennbar, richtig verbunden sind.
- Elektrische Verbindungskontrolle: Kontrolle, dass die Widerstandswerte entlang einer Verbindung und zwischen den Verbindungen plausible Werte haben. Insbesondere dürfen zwischen nichtverbundenen Schaltungspunkten keine Widerstandswerte nahe Null Ohm messbar sein.
- Rauchtest: Inbetriebnahme mit Labornetzteilen mit elektronischer Strombegrenzung. Anlegen der Versorgungsspannungen und langsame Erhöhung der Stromobergrenze, bis die Begrenzung abschaltet oder der zulässige Maximalstrom erreicht ist. Ständige Kontrolle auf Erwärmung und Rauchentwicklung.

1.1.5 Zusammenfassung und Übungsaufgaben

Warum kann die geometrische Anordnung der Bauteile und der Verbindungen in einem Schaltplan vernachlässigt werden? Die Antwort steckt in den

Definitionen der physikalischen Größen Strom und Spannung. Die Spannung ist so definiert, dass es für sie ein geometrieunabhängiges Gesetz gibt: »Entlang eines geschlossenen Weges ist die Summe der Spannungsabfälle Null.« Der Strom ist auch so definiert, dass es zumindest im stationären Zustand ein geometrieunabhängiges Gesetz gibt: »Im stationären Zustand ist für jeden Punkt eines Leiters die Summe der zufließenden Ströme Null.« Weiterhin ist Folgendes wichtig:

- Die Stärke der Driftströme in einem Leiter verhält sich proportional zur Spannung (ohmsches Gesetz).
- Für die physikalischen Größen Feldstärke, Spannung und Leistung gibt es Obergrenzen, die nicht überschritten werden dürfen.

Auf diesen wenigen physikalischen Zusammenhängen basiert der überwiegende Teil der Elektronik. Empfohlene ergänzende Literatur für das Selbststudium zu diesem Abschnitt sind Standardwerke der Physik, z.B. [44].

Aufgabe 1.1

Wo treten höhere Feldstärken auf, in der Haushaltselektrik, in der die Leitungen, die Spitzenspannungen bis zu etwa 500 V führen, durch eine 1 mm dicke Kunststoffschicht isoliert sind, oder in der Mikroelektronik, in der leitende Gebiete mit Potenzialunterschieden von wenigen Volt durch wenige hundert Nanometer dicke Oxidschichten getrennt sind?

Aufgabe 1.2

a) Wie hoch ist die Driftgeschwindigkeit der beweglichen Elektronen in einem Kupferdraht mit einem Querschnitt von $A = 0{,}1\,\mathrm{mm}^2$, der von einem Strom von 10 mA durchflossen wird?
b) Stellen Sie Ihr Ergebnis in Relation zu der Aussage: »Der elektrische Strom ist so schnell, dass er im Bruchteil einer Sekunde die Erde umrunden kann.«
c) Wenn es nicht die beweglichen Ladungsträger sind, welche physikalische Größe ist es dann, die sich im Bruchteil einer Sekunde entlang einer Leitung um die Erde bewegen würde?

Hilfestellung: Sie benötigen Gleichung 1.8. Kupfer hat ein bewegliches Elektron je Atom. Ein Kubikmillimeter Kupfer enthält $\approx 8{,}5 \cdot 10^{19}$ Atome.

Aufgabe 1.3

a) Welche Energie wird umgesetzt, wenn sich eine Ladung von 1 As vom Pluspol einer 4,5 V-Batterie durch einen Verbraucher zum Minuspol bewegt?

b) Welche Energie wird umgesetzt, wenn der gesamte Weg der Ladung aus Aufgabenteil a vom Pluspol durch den Verbraucher zum Minuspol und durch die Batterie zurück zum Pluspol betrachtet wird?
c) Wie lange dauert der Ladungstransport in Aufgabenteil a, wenn der Verbraucher einen Widerstand von $R = 1\,\mathrm{k\Omega}$ besitzt?

Aufgabe 1.4

Festwiderstände als Bauteile haben eine gewisse Fertigungstoleranz. Die angebotenen Nennwerte sind in DIN IEC 60063 vom Dezember 1985, besser bekannt unter dem Begriff »E-Reihe«, festgelegt.

a) Suchen Sie im Internet, z.B. bei Wikipedia, unter dem Suchbegriff »E-Reihe«, welche Nennwerte es für Widerstände der E12-Reihe im Bereich von $1\,\mathrm{k\Omega}$ bis $10\,\mathrm{k\Omega}$ gibt.
b) Auf welchen Nennwert muss der Widerstandswert $R = 5\,\mathrm{k\Omega}$ gerundet werden, damit er durch einen Festwiderstand der E12-Reihe realisiert werden kann?

Aufgabe 1.5

Widerstände runder Bauform werden mit einem Farbcode gekennzeichnet. Suchen Sie im Internet nach einer Farbcodetabelle (Suchbegriffe »Widerstand (Bauelement)« und »Farbcode«). Welche Werte haben die folgenden Widerstände:

Widerstand	Ring 1	Ring 2	Ring 3	Ring 4	Ring 5
R_1	rot	rot	schwarz	schwarz	gold
R_2	gelb	violett	schwarz	orange	gold
R_3	braun	schwarz	schwarz	rot	gold

Aufgabe 1.6

Wie groß darf der Spannungsabfall über einem Widerstand von $R = 1\,\mathrm{k\Omega}$ mit einer maximal zulässigen Verlustleistung vom $P_{\mathrm{max}} = 0{,}125\,\mathrm{W}$ maximal sein?

Aufgabe 1.7

Durch Simulation wurden an den Anschlüssen eines Schaltkreises die in Abb. 1.9 dargestellten Ströme und Potenziale bestimmt. Ohne Kühlkörper beträgt die maximal zulässige Verlustleistung laut Datenblatt $P_{\mathrm{max1}} = 300\,\mathrm{mW}$ und mit dem zugehörigen Kühlkörper $P_{\mathrm{max2}} = 1\,\mathrm{W}$. Benötigt der Schaltkreis den Kühlkörper?

Abb. 1.9. Ströme und Potenziale zu Aufgabe 1.7

1.2 Mathematische Grundlagen

Definition 1.6 (Gleichspannungs- und Gleichstromanalyse) *Bestimmung der Ströme und Spannungen einer Schaltung im stationären Zustand.*

Definition 1.7 (Knoten) *Ein Knoten ist eine Verbindung, in der mehr als zwei unterschiedliche Ströme zusammentreffen.*

Definition 1.8 (Masche) *Eine Masche ist ein geschlossener Strompfad in einer Schaltung mit demselben Anfangs- und Endknoten.*

Definition 1.9 (Zweipol) *Ein Zweipol ist eine elektronische Schaltung mit zwei Anschlüssen, deren Funktion durch die Relation zwischen der Spannung und dem Strom an seinen Anschlüssen beschrieben wird.*

Definition 1.10 (Zweig) *Ein Zweig ist ein Zweipol, der zwischen zwei Knoten einer Schaltung angeordnet ist.*

Definition 1.11 (Spannungsquelle) *Eine Spannungsquelle ist eine Ersatzschaltung für einen Zweipol mit einem bekannten, vorgegebenen, gemessenen oder über eine andere Vorschrift als dem ohmschen Gesetz zu berechnenden Spannungsabfall.*

Definition 1.12 (Stromquelle) *Eine Stromquelle ist eine Ersatzschaltung für einen Zweipol mit einem bekannten, vorgegebenen, gemessenen oder über eine andere Vorschrift als dem ohmschen Gesetz zu berechnenden Strom.*

Dieser Abschnitt behandelt die Gleichstrom- bzw. Gleichspannungsanalyse. Das Ziel ist, die Ströme und Spannungen in einer Schaltung im stationären Zustand zu bestimmen. Dazu müssen aus der Schaltung geeignete Gleichungen abgeleitet werden. Die Grundlagen hierfür bilden die kirchhoffschen Sätze:[4]

Satz 1.4 (Knotensatz) *Die Summe aller in einen Knoten hineinfließenden Ströme ist Null (Abb. 1.10 a).*

Satz 1.5 (Maschensatz) *Die Summe aller Spannungsabfälle in einer Masche ist Null (Abb. 1.10 b).*

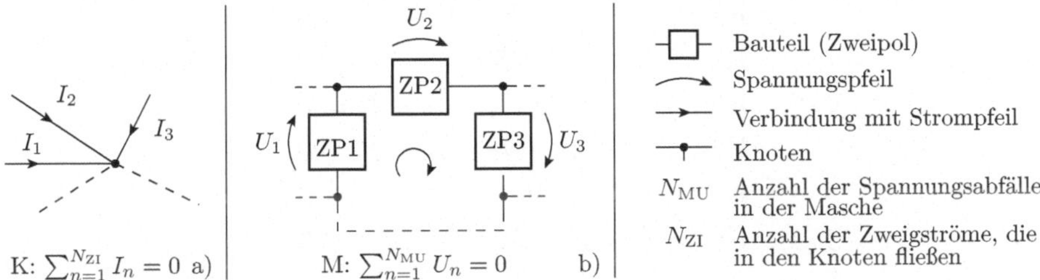

Abb. 1.10. Kirchhoffsche Sätze a) Knotensatz b) Maschensatz

Der Knotensatz leitet sich aus Satz 1.2 ab. Dieser besagt, dass im stationären Zustand an allen Punkten einer Leitung die Summe der hineinfließenden Ströme Null ist. Ein Knoten ist physikalisch ein Leitungspunkt, so dass er auch diese Eigenschaft besitzt.

Der Maschensatz leitet sich aus Satz 1.1 ab. Dieser besagt, dass sich eine Ladung, die sich auf einer geschlossenen Bahn durch ein elektrisches Feld bewegt, zurückgekehrt zum Startpunkt wieder dieselbe elektrische Energie besitzt. In einer Schaltung gibt es Spannungen und damit auch elektrische Felder. Eine Masche ist eine geschlossene Bahn und die Summe der Spannungsabfälle ist gleich der Energiedifferenz geteilt durch die Ladung. Der Maschensatz ist folglich nur ein Spezialfall von Satz 1.1.

1.2.1 Aufstellen der Knoten- und Maschengleichungen

Nach dem Knotensatz kann für jeden Knoten einer Schaltung eine Gleichung aufgestellt werden. Abbildung 1.11 zeigt eine Beispielschaltung. Welche Knoten enthält die Schaltung? Nach Definition 1.7 ist ein Knoten eine Verbindung, in der mehr als zwei unterschiedliche Ströme zusammentreffen. Das sind

- Verzweigungen, wobei alle Verzweigungen einer Leitung einen Knoten bilden,
- ein gedachter interner Schaltungspunkt in jedem Bauteil mit mehr als zwei Anschlüssen und
- der Bezugspunkt, wenn er mit mehr als zwei Bauteilanschlüssen verbunden ist.

Für die in Abb. 1.11 eingezeichneten Knoten lauten die Knotengleichungen

[4] Benannt nach Gustav Robert Kirchhoff (1824 - 1887), deutscher Physiker.

$$\begin{aligned}
\text{K1}: &\quad I_1 - I_2 - I_7 - I_{10} = 0 \\
\text{K2}: &\quad I_2 - I_3 - I_4 = 0 \\
\text{K3}: &\quad I_4 - I_5 - I_6 = 0 \\
\text{K4}: &\quad I_6 + I_7 - I_8 - I_9 = 0 \\
\text{K5}: &\quad I_9 + I_{10} - I_{11} = 0 \\
\text{K6}: &\; -I_1 + I_3 + I_5 + I_8 + I_{11} = 0
\end{aligned} \tag{1.18}$$

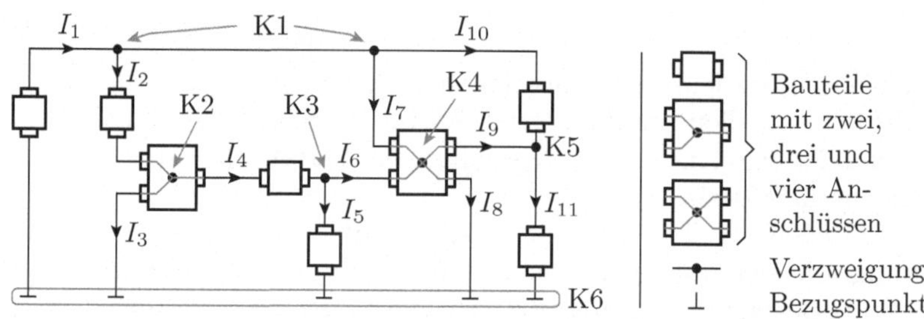

Abb. 1.11. Beispielschaltung mit eingezeichneten Knoten

In dem System der Knotengleichungen ist jeder Strom genau zweimal enthalten, in der Gleichung des Knotens, von dem er laut Zählrichtung wegfließt, mit negativem Vorzeichen und in der Gleichung des Knotens, in den er hineinfließt, mit positivem Vorzeichen. Die Summe der linken Seiten aller Knotengleichungen ist immer genau Null. Eine der Knotengleichungen ist folglich eine Linearkombination der anderen. Das Gleichungssystem für die Schaltungsanalyse muss immer genau eine Knotengleichung weniger enthalten, als die Schaltung Knoten hat. In der Regel wird die Gleichung für den Bezugspunkt weggelassen. Im Beispiel werden nur die Gleichungen für die Knoten K1 bis K5 weiterverwendet.

Eine weitere Menge von Gleichungen liefert der Maschensatz. Auch hier ist die erste Frage, welche Maschen die Schaltung enthält. In unserer Beispielschaltung lassen sich die Maschen in dieser Form nicht so einfach darstellen, weil die Knoten zum Teil in den Bauteilen liegen. Die Schaltung muss zuerst in eine Ersatzschaltung umgeformt werden, in der alle Knoten außerhalb der Bauteile liegen. Das ist eine Ersatzschaltung aus Knoten und Zweipolen. Wie diese Transformation genau funktioniert, wird später behandelt. Das ist nicht so einfach und hängt von der Funktion der Bauteile ab. In diesem Abschnitt muss die Begründung genügen, dass die Schaltungsanalyse anders nicht zu lösen ist. Abbildung 1.12 zeigt eine entsprechende Ersatzschaltung für Abb. 1.11.

Für jeden Zweipol der Ersatzschaltung sei der Spannungsabfall bekannt oder aus den Strömen berechenbar. Vor der Aufstellung der Maschengleichungen wird zuerst die Umlaufrichtung festgelegt, in der die Spannungsabfälle zu

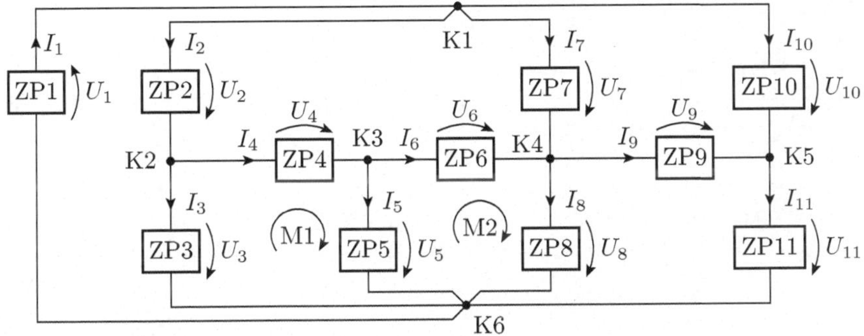

Abb. 1.12. Beispielschaltung mit eingezeichneten Knoten

addieren sind. Für die eingezeichneten Maschen M1 und M2 gilt z.B.

$$\begin{aligned} \text{M1}: -U_3 + U_4 + U_5 = 0 \\ \text{M2}: -U_5 + U_6 + U_8 = 0 \end{aligned} \tag{1.19}$$

Die Summe der beide Maschengleichungen ist auch eine Maschengleichung, die im Beispiel die Masche M1 und M2 umschließt. Offenbar sind einige Maschengleichungen Linearkombinationen anderer. Für die Schaltungsanalyse werden nur linear unabhängige Gleichungen benötigt. Welche Maschen liefern linear unabhängige Gleichungen? Eine hinreichende Bedingung hierfür ist, dass jede Maschengleichung einen Zweig überdeckt, über den keine weitere der ausgewählten Maschen verläuft.

Der Algorithmus für die Auswahl der Maschen betrachtet die Zweige als Kanten eines Graphen (Abb. 1.13 a). Für jede festgelegte Masche wird eine Kante, über die die Masche verläuft, für alle weiteren Maschen als »verboten« gekennzeichnet. Durch das Streichen der Kanten nimmt die Anzahl der Maschen im Graph ab. Am Ende bleibt ein maschenfreier Graph übrig. Mehr linear unabhängige Maschen gibt es nicht. Die gefundenen Maschen werden in die ursprüngliche Schaltung eingezeichnet. Die Gleichungen für die Maschen in Abb. 1.13 b lauten

$$\begin{aligned} \text{M1}: &\quad -U_3 + U_4 + U_5 = 0 \\ \text{M2}: &\quad -U_5 + U_6 + U_8 = 0 \\ \text{M3}: &\quad -U_1 + U_2 + U_4 + U_6 + U_8 = 0 \\ \text{M4}: &\quad -U_4 - U_2 + U_7 - U_6 = 0 \\ \text{M5}: &\quad -U_7 + U_{10} - U_9 = 0 \\ \text{M6}: &\quad -U_8 + U_9 + U_{11} = 0 \end{aligned} \tag{1.20}$$

Die Zusammenfassung der Knoten- und Maschengleichungen führt auf ein lineares Gleichungssystem. Die Anzahl der Gleichungen ist gleich der Anzahl der Zweige. In diesem Gleichungssystem ist in der Regel die Spannung über

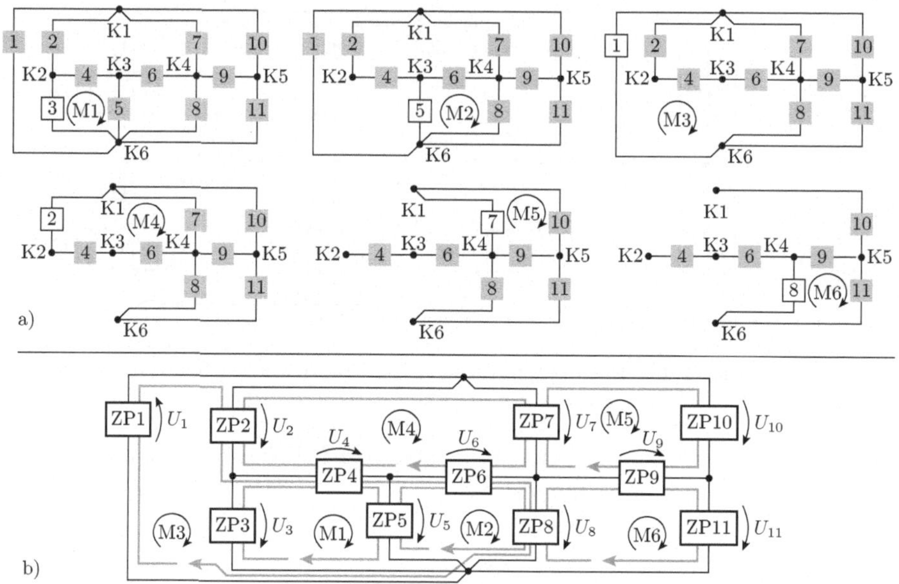

Abb. 1.13. a) Maschenauswahl b) Schaltung mit eingezeichneten Maschen

und der Strom durch jeden Zweig unbekannt, d.h., die Anzahl der Unbekannten ist genau doppelt so groß wie die Anzahl der Gleichungen. Die fehlenden Gleichungen sind die Strom-Spannungs-Beziehungen der Zweipole.

An dieser Stelle wird es so kompliziert, dass es praktisch gleich wieder einfacher wird. Es ist nicht möglich, jede denkbare Bauteilfunktion so durch Gleichungen zu beschreiben, dass zusammen mit den Knoten- und Maschengleichungen ein lösbares Gleichungssystem entsteht. Deshalb wird das Problem umgekehrt angegangen. Es werden Bauteilmodelle verwendet, mit denen sich lösbare Gleichungssysteme aufstellen lassen. Damit dieser Ansatz auch für reale Schaltungen funktioniert, wird das Verhalten der realen Bauteile in einem vorgelagerten Schritt durch Schaltungen aus eben solchen Bauteilen angenähert.

Die Schaltungsanalyse erfolgt nicht auf dem direkten Weg, sondern über den Umweg der Annäherung der Bauteile und Schaltungen durch Ersatzschaltungen.

1.2.2 Lineare Zweipole

Definition 1.13 (Leerlaufspannung) *Die Leerlaufspannung ist die Spannung zwischen den Anschlüssen eines Zweipols, wenn der Anschlussstrom Null ist.*

Definition 1.14 (Kurzschlussstrom) *Der Kurzschlussstrom ist der Anschlussstrom eines Zweipols, wenn beide Anschlüsse miteinander verbunden (kurzgeschlossen) sind.*

Definition 1.15 (Innenwiderstand) *Der Innenwiderstand ist das Verhältnis aus der Spannungsänderung und der Stromänderung an den Anschlüssen eines linearen Zweipols.*

Eine Klasse von Bauteilen, für die sich das Gleichungssystem problemlos aufstellen und lösen lässt, sind die linearen Zweipole. Ein linearer Zweipol ist dadurch gekennzeichnet, dass seine Strom-Spannungs-Beziehung[5] eine Gerade ist (Abb. 1.14). Der Schnittpunkt mit der Spannungsachse ist die Leerlaufspannung U_0 und der Schnittpunkt mit der Stromachse der Kurzschlussstrom I_K.

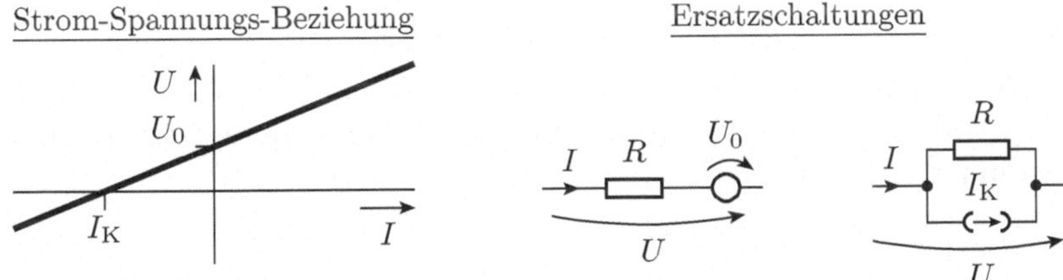

Abb. 1.14. Strom-Spannungs-Beziehung und Ersatzschaltungen linearer Zweipole

Jede Gerade, die beide Achsen schneidet, kann durch eine Reihenschaltung aus einer Spannungsquelle mit der Leerlaufspannung als Quellenspannung und ihrem Innenwiderstand

$$U = U_0 + R \cdot I \tag{1.21}$$

oder durch eine Parallelschaltung einer Stromquelle mit dem Kurzschlussstrom als Quellenstrom und dem Innenwiderstand beschrieben werden:

$$I = \frac{U}{R} + I_\mathrm{K} \tag{1.22}$$

Der Innenwiderstand beschreibt den Kennlinienanstieg und hat den Wert

$$R = -\frac{U_0}{I_\mathrm{K}} \tag{1.23}$$

Mit Hilfe der Gleichungen 1.21 und 1.22 können entweder in den Knotengleichungen die unbekannten Zweigströme durch die Zweigspannungen oder in

[5] Die Strom-Spannungs-Beziehung an einem Bauteil wird auch als Kennlinie bezeichnet.

den Maschengleichungen die Zweigspannungen durch die Zweigströme ausgedrückt werden. Dadurch halbiert sich die Anzahl der Unbekannten im Gleichungssystem. Es entsteht ein lösbares lineares Gleichungssystem aus N_Z linear unabhängigen Gleichungen mit N_Z Unbekannten (N_Z – Anzahl der Zweige in der Schaltung).

Die Spannungs- und Stromquellen in den Zweipolersatzschaltungen sind mathematische Modelle für bekannte (vorgegebene, gemessene oder konstante) Spannungen und Ströme. Die Bezeichnung Quelle hat sich eingebürgert, weil die idealen Energiequellen auch bekannte Quellenspannungen oder Quellenströme liefern. Das hier verwendete Modell ist jedoch viel umfassender. So werden im Weiteren auch Kennlinienäste von nichtlinearen Bauteilen, die parallel zur Spannungs- oder Stromachse verlaufen, und gemessene Werte durch Quellen nachgebildet.

1.2.3 Aufstellen und Lösen des Gleichungssystems

Abbildung 1.15 zeigt eine Beispielschaltung. Bekannt seien die Werte der Widerstände R_1 bis R_6, die Quellenspannungen U_{Q1} und U_{Q6} und der Quellenstrom I_{Q5}. Gesucht sind die Ströme durch und die Spannungsabfälle über den Widerständen.

Vorbereitung

Vor dem Aufstellen der Gleichungen müssen allen Widerständen, Strömen und Spannungen Namen geben werden. Für die Ströme und Spannungen sind die Zählrichtungen zu definieren und die Strom- und Spannungspfeile in die Schaltung einzuzeichnen. Die Zählrichtungen der Ströme und Spannungen dürfen zwar beliebig gewählt werden, sollten jedoch an den Widerständen übereinstimmen. Es ist weiterhin zu empfehlen, die Zweige durchzunummerieren und den Strömen, Spannungsabfällen, Widerständen etc. jeweils die Zweignummer als Index zu geben. Das mindert das Risiko, dass beim Aufstellen der Gleichungen Fehler entstehen. In Abb. 1.15 sind diese vorbereitenden Schritte bereits erfolgt.

Aufstellen der Knotengleichungen

Die Schaltung in Abb. 1.15 besitzt vier Knoten. Der Knoten K4 ist der Bezugspunkt. Die Gleichungen der übrigen Knoten lauten

$$\begin{aligned} \text{K1}: &\quad -I_1 - I_2 - I_3 = 0 \\ \text{K2}: &\quad I_2 - I_4 - I_{Q5} - I_5 = 0 \\ \text{K3}: &\quad I_3 + I_5 + I_{Q5} - I_6 = 0 \end{aligned} \tag{1.24}$$

Die Gleichung für K4 wäre die Summe der drei aufgestellten Knotengleichungen multipliziert mit −1. Sie wird aber, da sie eine Linearkombination der übrigen Gleichungen ist, nicht gebraucht.

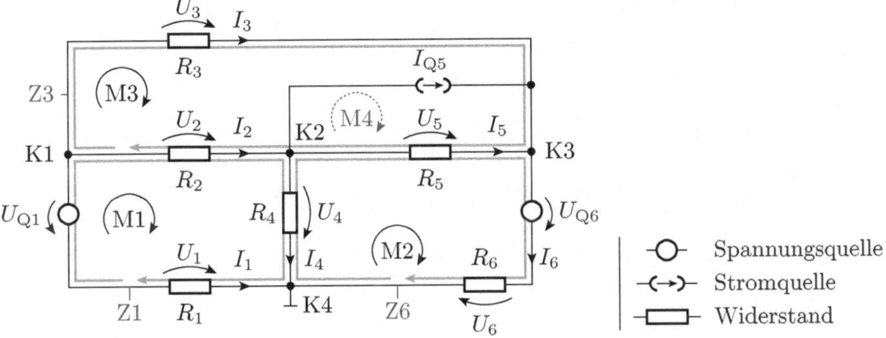

Abb. 1.15. Beispiel zur Nachbildung der Funktion einer Schaltung durch ein Gleichungssystem

Aufstellen der Maschengleichungen

Auch die Maschen sind in Abb. 1.15 bereits eingezeichnet. Für Masche M1 kann gedanklich der Zweig Z1, für Masche M2 der Zweig Z6 und für Masche M3 der Zweig Z3 gestrichen werden. Danach bleibt ein Graph mit nur noch einer Masche übrig, der Masche M4. Sie führt über einen Zweig mit einer Stromquelle. Wie später gezeigt wird, werden Maschengleichungen, die Spannungsabfälle über Stromquellen enthalten, ausschließlich zur Berechnung der Spannungsabfälle über den Stromquellen benötigt. Für die Berechnung der anderen Unbekannten sind sie überflüssig. Die Gleichungen der drei übrigen Maschen lauten

$$\begin{aligned} \text{M1}: & -U_{Q1} + U_2 + U_4 - U_1 = 0 \\ \text{M2}: & -U_4 + U_5 + U_{Q6} + U_6 = 0 \\ \text{M3}: & \qquad U_3 - U_5 - U_2 = 0 \end{aligned} \tag{1.25}$$

Das Zwischenergebnis ist ein lineares Gleichungssystem mit $N_Z = 6$ unbekannten Strömen, $N_Z = 6$ unbekannten Spannungen und $N_Z = 6$ linear unabhängigen Gleichungen. Um es zu lösen, fehlen noch weitere sechs lineare Gleichungen. Das sind die Strom-Spannungs-Beziehungen an den Widerständen.

Einbeziehung der Strom-Spannungs-Beziehungen an den Widerständen

An jedem Widerstand kann wahlweise der Strom durch den Quotienten aus der Spannung und dem Widerstand oder die Spannung durch das Produkt des Stroms mit dem Widerstand ersetzt werden. Es entsteht ein lösbares lineares Gleichungssystem aus sechs Gleichungen mit sechs Unbekannten. Damit es sich mit numerischen Standardverfahren lösen lässt, werden zuerst alle bekannten Quellenwerte in jeder Gleichung auf die rechte Seite gebracht. Anschließend werden alle Gleichungen zu einer Matrix-Gleichung zusammengefasst. Mit den Strömen als Unbekannte lautet die Matrix-Gleichung

$$\begin{pmatrix} -1 & -1 & -1 & 0 & 0 & 0 \\ 0 & 1 & 0 & -1 & -1 & 0 \\ 0 & 0 & 1 & 0 & 1 & -1 \\ -R_1 & R_2 & 0 & R_4 & 0 & 0 \\ 0 & 0 & 0 & -R_4 & R_5 & R_6 \\ 0 & -R_2 & R_3 & 0 & -R_5 & 0 \end{pmatrix} \cdot \begin{pmatrix} I_1 \\ I_2 \\ I_3 \\ I_4 \\ I_5 \\ I_6 \end{pmatrix} = \begin{pmatrix} 0 \\ I_{Q5} \\ -I_{Q5} \\ U_{Q1} \\ -U_{Q6} \\ 0 \end{pmatrix} \tag{1.26}$$

Mit den Spannungen als Unbekannte lautet die Matrix-Gleichung

$$\begin{pmatrix} -\frac{1}{R_1} & -\frac{1}{R_2} & -\frac{1}{R_3} & 0 & 0 & 0 \\ 0 & \frac{1}{R_2} & 0 & -\frac{1}{R_4} & -\frac{1}{R_5} & 0 \\ 0 & 0 & \frac{1}{R_3} & 0 & \frac{1}{R_5} & -\frac{1}{R_6} \\ -1 & 1 & 0 & 1 & 0 & 0 \\ 0 & 0 & 0 & -1 & 1 & 1 \\ 0 & -1 & 1 & 0 & -1 & 0 \end{pmatrix} \cdot \begin{pmatrix} U_1 \\ U_2 \\ U_3 \\ U_4 \\ U_5 \\ U_6 \end{pmatrix} = \begin{pmatrix} 0 \\ I_{Q5} \\ -I_{Q5} \\ U_{Q1} \\ -U_{Q6} \\ 0 \end{pmatrix} \tag{1.27}$$

Mischformen von unbekannten Strömen und Spannungen sind auch möglich:

$$\begin{pmatrix} -1 & -1 & -1 & 0 & 0 & 0 \\ 0 & 1 & 0 & -\frac{1}{R_4} & -\frac{1}{R_5} & 0 \\ 0 & 0 & 1 & 0 & \frac{1}{R_5} & -\frac{1}{R_6} \\ -R_1 & R_2 & 0 & 1 & 0 & 0 \\ 0 & 0 & 0 & -1 & 1 & 1 \\ 0 & -R_2 & R_3 & 0 & -1 & 0 \end{pmatrix} \cdot \begin{pmatrix} I_1 \\ I_2 \\ I_3 \\ U_4 \\ U_5 \\ U_6 \end{pmatrix} = \begin{pmatrix} 0 \\ I_{Q5} \\ -I_{Q5} \\ U_{Q1} \\ -U_{Q6} \\ 0 \end{pmatrix} \tag{1.28}$$

Lösen des Gleichungssystems

Die Gleichungen 1.26 bis 1.28 haben alle die Form:

$$\mathrm{M} \cdot \mathrm{X} = \mathrm{Q} \tag{1.29}$$

(M – quadratische Matrix zur Beschreibung der Schaltungsstruktur; X – Vektor der Unbekannten; Q – Vektor der gegebenen Quellenwerte). Die Lösung erfolgt durch Multiplikation beider Seiten der Gleichung mit der invertierten Matrix M^{-1}:

$$\mathrm{X} = \mathrm{M}^{-1} \cdot \mathrm{Q} \tag{1.30}$$

Praktisch werden Gleichungssysteme mit einem Numerikprogramm gelöst, z.B. mit Matlab. In dem Programmbeispiel Abb. 1.16 werden zuerst die Widerstands- und Quellenwerte als Konstanten vereinbart. Anschließend wird mit ihnen die Matrix und der Spaltenvektor mit den Quellenwerten gebildet. Matrixspalten werden dabei durch Leerzeichen und Zeilen durch Semikolon getrennt. Das Beispielprogramm berechnet die unbekannten Ströme entsprechend Gleichung 1.26. Die eigentliche Berechnung, die Invertierung der quadratischen Matrix und die Multiplikation mit dem Vektor der Quellenwerte, besteht nur aus einer Programmzeile.

```
R1 = 1E3;     % Widerstand in Ohm
R2 = 2E3;     % Widerstand in Ohm
R3 = 10E3;    % Widerstand in Ohm
R4 = 3E3;     % Widerstand in Ohm
R5 = 1E3;     % Widerstand in Ohm
R6 = 2E3;     % Widerstand in Ohm
UQ1= 5;       % Spannung in V
UQ6 = -2;     % Spannung in V
IQ5 = 5E-3;   % Strom in A

% Vektor der Quellenwerte
Q = [0; IQ5; -IQ5; UQ1; -UQ6; 0];

% Erzeugen der Matrix
M = [ -1  -1  -1   0   0   0;
       0   1   0  -1  -1   0;
       0   0   1   0   1  -1;
     -R1  R2   0  R4   0   0;
       0   0   0 -R4  R5  R6;
       0 -R2  R3   0 -R5   0];

I =(M^-1) * Q; % Berechnung
I              % Ergebnisanzeige
```

Abb. 1.16. Matlab-Programm zur Berechnung der Ströme in Abb. 1.15

1.2.4 Nützliche Vereinfachungen

Für die linearen Zweipole als Netzwerkzweige gibt es zwei Sonderfälle zu beachten (Abb. 1.17). Eine senkrechte Strom-Spannungs-Kennlinie bedeutet, dass der Strom nicht von der Spannung abhängt. Das ist das Modell einer Stromquelle, d.h. eines bekannten Zweigstroms. Eine waagerechte Strom-Spannungs-Kennlinie ist das Modell einer Spannungsquelle, d.h. einer bekannten Zweigspannung.

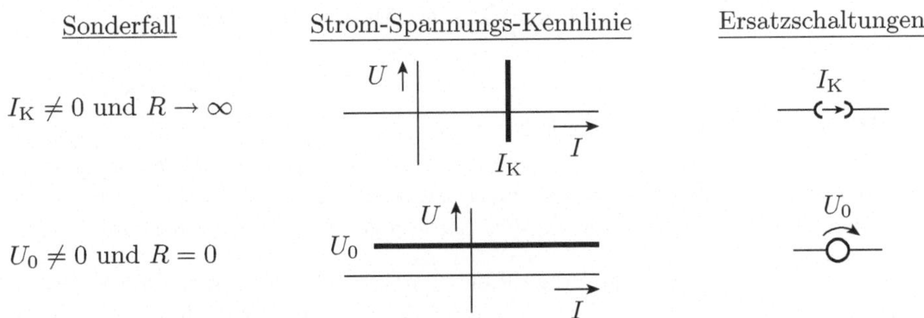

Abb. 1.17. Sonderfälle linearer Zweipole

Wenn ein Zweigstrom bekannt ist und die Spannung über dem Zweig nicht interessiert, wird eine Maschengleichung weniger benötigt. Voraussetzung dafür ist, dass keine Masche über die Stromquelle gelegt wird.

Abbildung 1.18 zeigt eine Beispielschaltung mit einer Stromquelle. Für diese Schaltung können eine Knotengleichung und zwei linear unabhängige Maschengleichungen aufgestellt werden. Für die Berechnung der Ströme I_1 und I_2 sowie der Spannungen U_1 und U_2 reichen aber die Gleichungen:

$$\begin{aligned} \mathrm{K}: \quad & I_1 - I_2 = -I_{\mathrm{Q3}} \\ \mathrm{M1}: R_1 \cdot I_1 + & R_2 \cdot I_2 = U_{\mathrm{Q1}} \end{aligned} \tag{1.31}$$

Denn das ist bereits ein System, in dem die Anzahl der linear unabhängigen Gleichungen gleich der Anzahl der Unbekannten ist. Die Spannung U_3 ergibt sich aus dem Quellenstrom:

$$U_3 = R_3 \cdot I_{\mathrm{Q3}} \tag{1.32}$$

Die Gleichung der Masche M2 wird nur zur Berechnung der Spannung U_{IQ3} über der Stromquelle benötigt:

$$\mathrm{M2}: U_{\mathrm{IQ3}} = -U_2 - U_3 \tag{1.33}$$

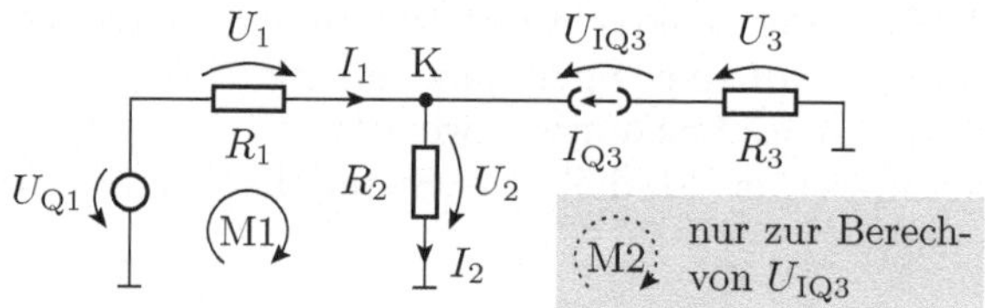

Abb. 1.18. Einsparung einer Maschengleichung

Wenn eine Zweigspannung bekannt ist und der Strom durch den Zweig nicht interessiert, genügt eine Knotengleichung weniger. Und zwar genügt es, statt der Knotengleichung an beiden Enden der Spannungsquelle nur die Summe der beiden Knotengleichungen zu verwenden.

In Abb. 1.19 a ist die Spannung über dem Zweig 3 bekannt. Durch Duplizierung der Spannungsquelle wird Knoten K1 an das untere Ende der Spannungsquelle verschoben (Abb. 1.19 b). Die Funktion bleibt unverändert. In jeder Masche werden nach wie vor dieselben Spannungen addiert. Die beiden Knoten K1 und K2 werden zu einem Knoten. Die resultierende Knotengleichung ist genau die Summe der Knotengleichungen der zusammengefassten Knoten. Der Strom zwischen den zusammengefassten Knoten entfällt, so dass sich die Anzahl der Unbekannten im selben Maße wie die Anzahl der Gleichungen verringert. Um wieder die Normalform herzustellen, in der die Zweige eine Reihenschaltung von nur einer Spannungsquelle und einem Widerstand sind,

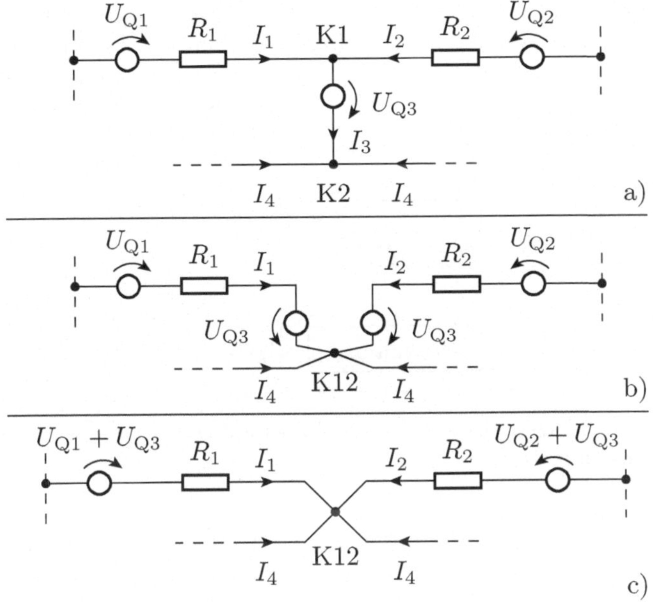

Abb. 1.19. Eliminieren eines Knotens

wird die duplizierte Spannungsquelle mit den Spannungsquellen der Zweige zusammengefasst (Abb. 1.19 c).

Die Analyse oder der Entwurf mehrerer funktionsunabhängiger Teilschaltungen ist wesentlich einfacher als die Analyse oder der Entwurf eines größeren zusammenhängenden Systems. Teilschaltungen sind auch dann schon funktionsunabhängig, wenn sie

- nur über einen Knoten (z.B. den Bezugspunkt),
- nur über Zweige mit bekannten Strömen und/oder
- nur über Knoten mit bekannten Potenzialen

verbunden sind. Bei einer Verbindung über nur einen Knoten gibt es keine Masche durch beide Schaltungsteile. Dadurch kann kein Strom zwischen den Teilschaltungen hin- und herfließen, was eine gegenseitige Beeinflussung ausschließt.

Der Fall, dass zwischen zwei Teilschaltungen nur bekannte Ströme fließen, wurde bereits am Beispiel der Schaltung in Abb. 1.18 betrachtet. Für die Teilschaltungen links und rechts der Stromquelle ist das Potenzial auf der jeweils anderen Seite ohne Einfluss auf die eigenen Ströme und Spannungen. Es ist vollkommen egal, ob das jeweils andere Ende der Stromquelle am Bezugspunkt oder mitten in einer anderen Schaltung endet.

Abbildung 1.20 zeigt das häufigste Beispiel, in dem Teilschaltungen über Knoten mit bekannten Potenzialen verbunden sind: Teilschaltungen mit einer gemeinsamen Versorgungsspannung. Die Versorgungsspannung kann hier gedanklich in beide Teilschaltungen dupliziert werden. Es entsteht eine funktionsgleiche Schaltung, in der die Teilschaltungen nur noch über einen Knoten verbunden und damit funktionsmäßig voneinander getrennt sind.

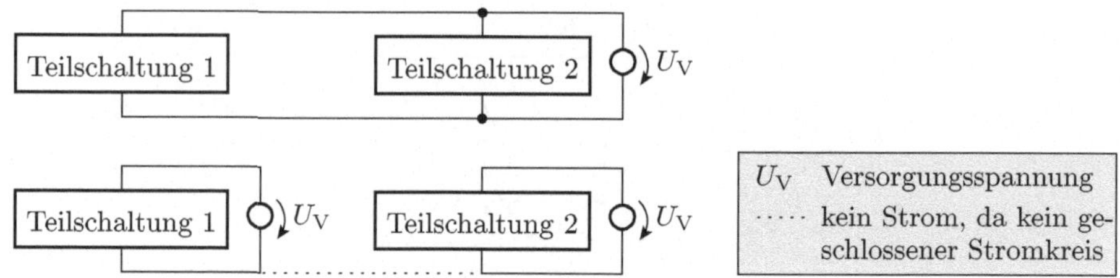

Abb. 1.20. Schaltungen, die sich nur die Versorgungsspannung teilen, sind voneinander funktionsunabhängig

Die hier skizzierten Fälle, in denen sich Teilschaltungen nicht gegenseitig beeinflussen, mögen in der Praxis nicht immer leicht zu erkennen sein. Aber sie zu erkennen, vereinfacht die Analyse, den Entwurf und das Verständnis der Funktionsweise von elektronischen Schaltungen ganz erheblich.

1.2.5 Gesteuerte Quellen

Wie am Beispiel der Schaltung in Abb. 1.11 gezeigt, bestehen tatsächliche elektronische Schaltungen nicht nur aus Bauteilen mit zwei Anschlüssen. Transistoren haben z.B. drei und integrierte Schaltkreise zum Teil sehr viele Anschlüsse. In diesem Abschnitt soll die Linearität der Bauteile, die die Voraussetzung für die Modellierung durch lineare Gleichungssysteme ist, beibehalten werden. Aber die Bauteile dürfen mehr als zwei Anschlüsse haben. Wie können solche Bauteile in einer linearen Ersatzschaltung berücksichtigt werden?

Abbildung 1.21 a zeigt ein lineares Bauteil mit vier Anschlüssen ohne interne Quellen. Ein Anschluss wird als Bezugspunkt gewählt. An den anderen Anschlüssen kann entweder von einer Quelle der Strom vorgegeben und die Spannung gemessen werden oder die Spannung vorgegeben und der Strom gemessen werden. Aus der Linearität und dem Fehlen interner Quellen leitet sich ab, dass die unbekannten Spannungen und Ströme Linearkombinationen der Quellenspannungen und -ströme sind. Das mathematische Modell dafür ist ein lineares Gleichungssystem:

$$\mathrm{X} = \mathrm{C} \cdot \mathrm{Q} \tag{1.34}$$

(X – Vektor der unbekannten Spannungen und Ströme; C – quadratische Matrix; Q – Vektor der Quellenwerte). Für jede Matrixgleichung lässt sich umgekehrt auch wieder eine funktionsgleiche Schaltung aufstellen. Die Elemente der Hauptdiagonalen der Matrix c_{ii} sind Proportionalitätsfaktoren zwischen

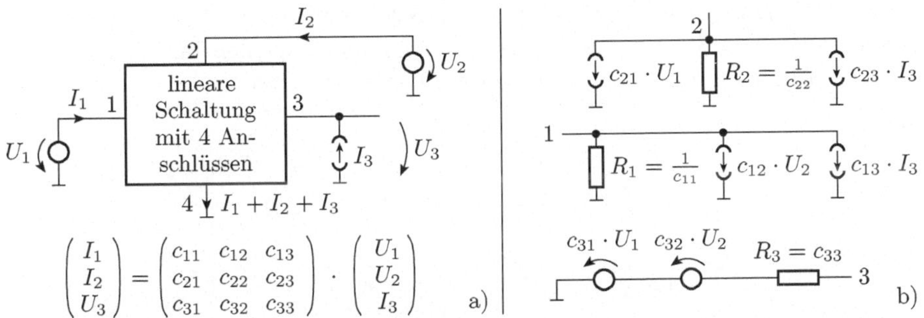

Abb. 1.21. Lineare Mehrpole a) Vierpol mit den gegebenen und gesuchten Strömen und Spannungen und seine Beschreibung durch eine Matrixgleichung b) funktionsgleiche Ersatzschaltung aus Zweipolen und gesteuerten Quellen

der Spannung und dem Strom am Anschluss i bzw. der Kehrwert davon. Das Modell hierfür ist ein Widerstand. Die übrigen Matrixkoeffizienten c_{ij} mit $i \neq j$ sind Proportionalitätsfaktoren zwischen Strömen und Spannungen an unterschiedlichen Anschlüssen. Das allgemeine Modell hierfür sind gesteuerte Quellen (Abb.1.21 b):

- stromgesteuerte Stromquellen: $I_j = c_{ij} \cdot I_i$,
- spannungsgesteuerte Stromquellen: $I_j = c_{ij} \cdot U_i$,
- stromgesteuerte Spannungsquellen: $U_j = c_{ij} \cdot I_i$ und
- spannungsgesteuerte Spannungsquellen: $U_j = c_{ij} \cdot U_i$.

Jedes quellenfreie lineare System lässt sich offenbar in eine Ersatzschaltung aus Widerständen und gesteuerten Quellen transformieren. Der nächste Gedankenschritt ist eine Erweiterung der Systemgrenzen, so dass das System auch Quellen einschließt, die nicht von außen gesteuert werden. Ein Quelle, die nicht gesteuert wird, hat einen konstanten Quellenwert. Zusammenfassend gibt es einen Konstruktionsalgorithmus, der Folgendes garantiert:

> *Jede lineare Funktion kann durch eine Ersatzschaltung aus Widerständen, konstanten Quellen und linearen gesteuerten Quellen nachgebildet werden.*

Mehr als diese drei Bauteiltypen sind für die Konstruktion linearer Ersatzschaltungen nicht erforderlich.

Auch die Umkehrung gilt. Jede Ersatzschaltung[6] aus Widerständen, konstanten und linearen gesteuerten Quellen lässt sich durch ein lineares Gleichungssystem beschreiben. Die Kennwerte der gesteuerten Quellen gehen dabei in die Koeffizienten der Matrix mit ein. Abbildung 1.22 zeigt die vereinfachte Ersatzschaltung eines Transistorverstärkers (siehe später Abschnitt

[6] Jede Ersatzschaltung, die nach den kirchhoffschen Sätzen möglich ist, siehe später Abschnitt 1.2.7.

1.5.1). Der Transistor arbeitet in dieser Schaltung als eine stromgesteuerte Stromquelle. Die Knoten- und Maschengleichungen werden fast genauso wie für eine Schaltung mit einer konstanten Quelle aufgestellt.

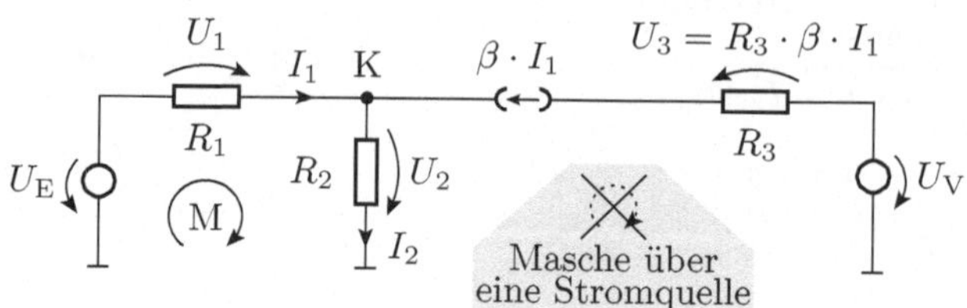

Abb. 1.22. Beispielschaltung mit einer gesteuerten Stromquelle

Die Schaltung besitzt zwei Knoten und drei Zweige, so dass sich eine Knotengleichung und zwei linear unabhängige Maschengleichungen aufstellen lassen. Die Gleichung der Masche über die Stromquelle ist wieder überflüssig, weil die Spannung über der Stromquelle nicht gesucht ist. Für die Berechnung der zwei unbekannten Ströme und Spannungen auf der linken Seite der Quelle genügt eine Knoten- und eine Maschengleichung:

$$\begin{aligned} \mathrm{K}:&\ I_1 - I_2 + \beta \cdot I_1 = 0 \\ \mathrm{M}:&\ R_1 \cdot I_1 + R_2 \cdot I_2 = U_\mathrm{E} \end{aligned} \tag{1.35}$$

Der Unterschied zu den Gleichungen der ansonsten gleichen Schaltung mit einer Konstantstromquelle in Abb. 1.18 ist, dass der berechnete Quellenstrom auf der linken Gleichungsseite bleibt und nicht wie ein konstanter Quellenstrom auf die rechte Gleichungsseite gebracht wird. Das Gleichungssystem lautet in Matrixform

$$\begin{pmatrix} (1+\beta) & -1 \\ R_1 & R_2 \end{pmatrix} \cdot \begin{pmatrix} I_1 \\ I_2 \end{pmatrix} = \begin{pmatrix} 0 \\ U_\mathrm{E} \end{pmatrix} \tag{1.36}$$

Es besitzt genauso viele Unbekannte wie linear unabhängige Gleichungen und ist somit lösbar. Die unbekannte Spannung über dem Widerstand R_3 auf der rechten Seite der Quelle in Abb. 1.22, die in diesem Gleichungssystem nicht enthalten ist, beträgt, wie aus der Schaltung ablesbar ist

$$U_3 = R_3 \cdot \beta \cdot I_1 \tag{1.37}$$

1.2.6 Bauteile mit einer nichtlinearen Strom-Spannungs-Beziehung

Die Analyse einer Schaltung mit nichtlinearen Bauteilen ist eine Arbeitsbereichssuche mit einer linearen Schaltungsanalyse in der inneren Schleife.

Die meisten Halbleiterbauteile haben eine nichtlineare Strom-Spannungs-Beziehung. Das führt auf nichtlineare Gleichungssysteme. Für nichtlineare Gleichungssysteme gibt es im Gegensatz zu linearen Gleichungssystemen keinen universellen Lösungsalgorithmus. Deshalb wird in der Elektronik wie auch in anderen technischen Gebieten mit linearisierten Bauteilmodellen gerechnet. Im Weiteren werden die nichtlinearen Strom-Spannungs-Beziehungen meist durch lineare Teilbereiche angenähert. In Abb. 1.23 sind es z.B. drei Teilbereiche. Um die Ströme und Spannungen in einer solchen Schaltung zu berechnen, werden

- für alle nichtlinearen Bauteile die Arbeitsbereiche abgeschätzt,
- die nichtlinearen Bauteile durch ihre linearen Ersatzschaltungen im Arbeitsbereich ersetzt,
- ein lineares Gleichungssystem zur Berechnung der unbekannten Größen aufgestellt und gelöst und
- kontrolliert, dass die berechneten Strom-Spannungs-Wertepaare für die nichtlinearen Bauteile tatsächlich auf den Kennlinien liegen.

Wenn eines der berechneten Strom-Spannungs-Wertepaare nicht auf der Kennlinie liegt, sondern auf der Verlängerung eines Kennlinienasts, wird ein anderer Arbeitsbereich gewählt und die gesamte Berechnung wiederholt.

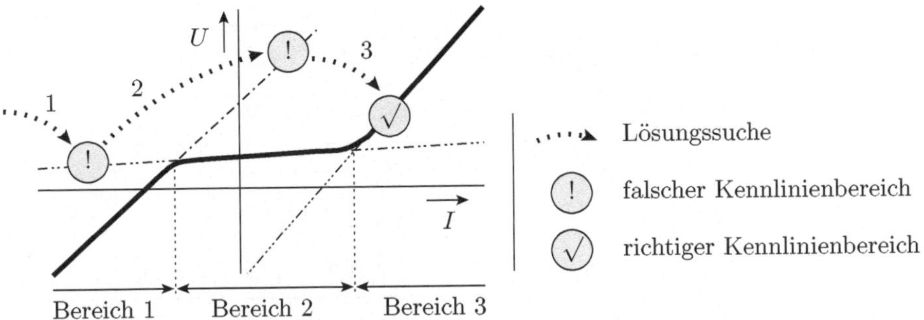

Abb. 1.23. Arbeitsbereichssuche für eine Schaltung mit einem nichtlinearen Zweipol mit drei linearen Kennlinienästen

In Abb. 1.23 wurde zu Beginn unterstellt, dass das Bauteil im mittleren Bereich arbeitet. Mit der zugehörigen linearen Ersatzschaltung wird für den Zweipol jedoch ein Strom-Spannungs-Wertepaar berechnet, das nicht auf dem Kennlinienast, sondern links auf der Verlängerungsgeraden liegt. Bei der Wahl des linken Arbeitsbereichs ergibt sich ein Strom-Spannungs-Wertepaar auf der rechten Verlängerungsgeraden. Erst mit der linearen Ersatzschaltung für den dritten Arbeitsbereich entsteht eine gültige Lösung.

In einer größeren Schaltung mit vielen nichtlinearen Bauteilen kann der Rechenaufwand für die Suche der Arbeitsbereiche, in denen die nichtlinearen Bauteile arbeiten, sehr aufwändig sein. In den im Weiteren behandelten

Beispielen wird die Anzahl der nichtlinearen Bauteile und die Anzahl der zu unterscheidenden Arbeitsbereiche immer so gering sein, dass dieses Problem nicht auftritt.

1.2.7 Vernachlässigte Leitungs- und Isolationswiderstände

Eine Ersatzschaltung, die die kirchhoffschen Sätze nicht befriedigt, ist fehlerhaft.

Bei der Aufstellung von Ersatzschaltungen werden gewöhnlich die Spannungsabfälle über Leitungen und die Ströme durch Isolatoren vernachlässigt. Das ist aber nur zulässig, wenn diese wirklich viel kleiner als die anderen Spannungsabfälle und Ströme in der Schaltung sind. Unzulässig sind insbesondere Maschen aus Quellenspannungen, die in der Summe nicht Null ergeben (Abb. 1.24 a). Das widerspricht dem Maschensatz. Wenn z.B. zwei Batterien mit unterschiedlicher Spannung parallelgeschaltet werden, bleibt eine Spannungsdifferenz übrig, die über den Innenwiderständen der Batterien und den Leitungswiderständen abfällt.

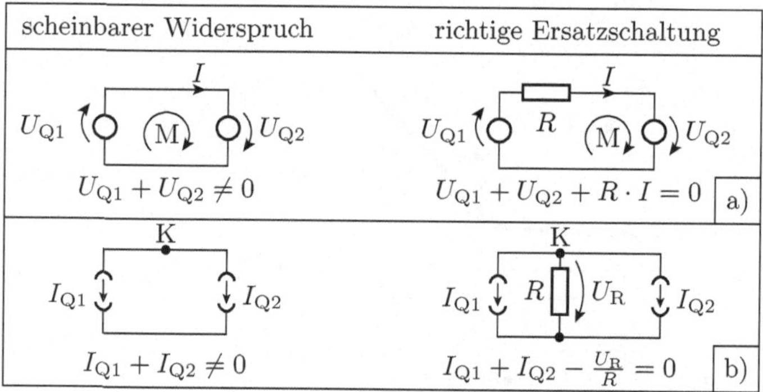

Abb. 1.24. Fehlerhafte Ersatzschaltungen

Ähnliches gilt, wenn, wie in Abb. 1.24 b dargestellt, ein Knoten ausschließlich mit Quellenströmen gespeist wird, die in Summe nicht Null ergeben. Im stationären Zustand ist die Summe der zufließenden Ströme immer Null. Denn im anderen Fall ändert sich die Ladungsmenge im Knoten. Die Spannung erhöht sich solange, bis der Strom einen Weg zurück findet. Im Beispiel könnte er über den Isolationswiderstand zwischen den beiden Knoten fließen. Bei einem sehr hohen Isolationswiderstand kann es auch zu einem Funkenüberschlag kommen. In einer Ersatzschaltung, die den Knotensatz verletzt, fehlt der Zweig, über den der Differenzstrom abfließt.

1.2.8 Zusammenfassung und Übungsaufgaben

Die Schaltungsanalyse besteht praktisch darin, alle linear unabhängigen Knotengleichungen und alle linear unabhängigen Maschengleichungen aufzustellen und das auf diese Weise entstandene Gleichungssystem so um bauteilspezifische Gleichungen zu ergänzen, dass es sich lösen lässt. Für lineare Schaltungen funktioniert das gut. Die Grundbausteine einer linearen Schaltung sind Widerstände sowie konstante und gesteuerte Quellen. Die Schaltungsanalyse für nichtlineare Schaltungen wird im Grunde auf die Analyse linearer Schaltungen zurückgeführt. Ergänzende und weiterführende Literatur siehe [8, 19, 30, 38, 39, 46].

Aufgabe 1.8

Bestimmen Sie für die Schaltung in Abb. 1.25 die Ströme I_1 bis I_3 in Abhängigkeit von der Quellenspannung U_{Q1} und den Widerstandswerten R_1 bis R_3.

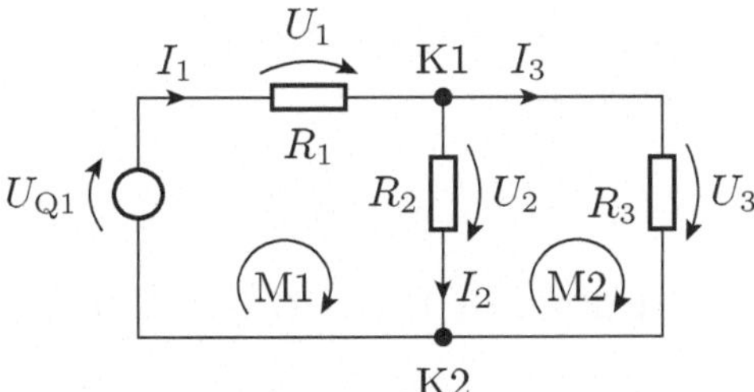

Abb. 1.25. Schaltung zu Aufgabe 1.8

a) Stellen Sie ein Gleichungssystem zur Berechnung der Ströme auf.
b) Führen Sie für das Gleichungssystem einen Plausibilitätstest mit den Maßeinheiten durch.[7]
c) Schreiben Sie in Anlehnung an das Programm in Abb. 1.16 ein Matlab-Programm zur Berechnung der Ströme I_1 bis I_3.

Aufgabe 1.9

Analysieren Sie die Schaltung in Abb. 1.26.

a) Wählen Sie geeignete Knoten und Maschen aus, zeichnen Sie diese in die Schaltung ein und stellen Sie die zugehörigen Gleichungen auf.

[7] Kontrolle, dass die rechten und die linken Seiten der Gleichungen und alle Summanden einer Summe dieselben Maßeinheiten haben.

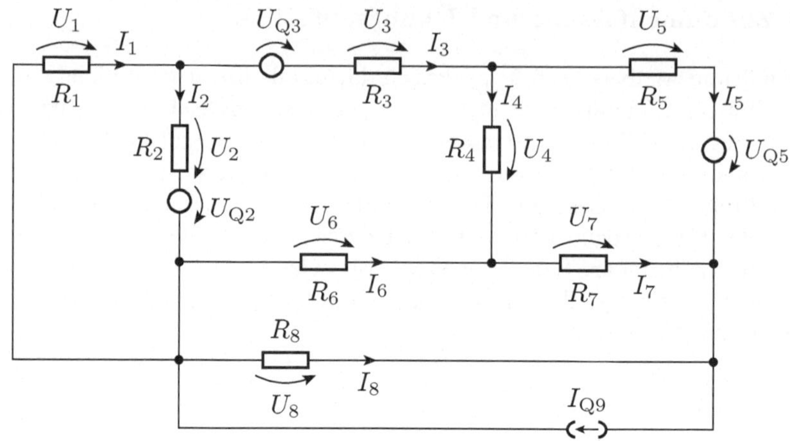

Abb. 1.26. Schaltung zu Aufgabe 1.9

b) Stellen Sie eine Matrixgleichung zur Berechnung der Ströme durch die Widerstände auf.
c) Stellen Sie eine Matrixgleichung zur Berechnung der Spannungsabfälle über den Widerständen auf.

Aufgabe 1.10

Berechnen Sie für die Schaltung in Abb. 1.27 den Strom I_1 und die Spannung U_2.

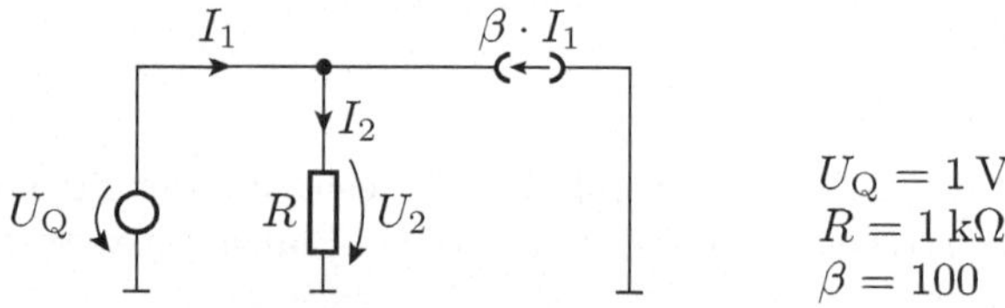

Abb. 1.27. Schaltung zu Aufgabe 1.10

Aufgabe 1.11

Berechnen Sie in der Schaltung Abb. 1.28 die Ströme, die durch die Widerstände fließen.

a) Bezeichnen Sie die Widerstände und Quellen. Zeichnen Sie die Strom- und Spannungspfeile sowie die verwendeten Maschen und Knoten ein.

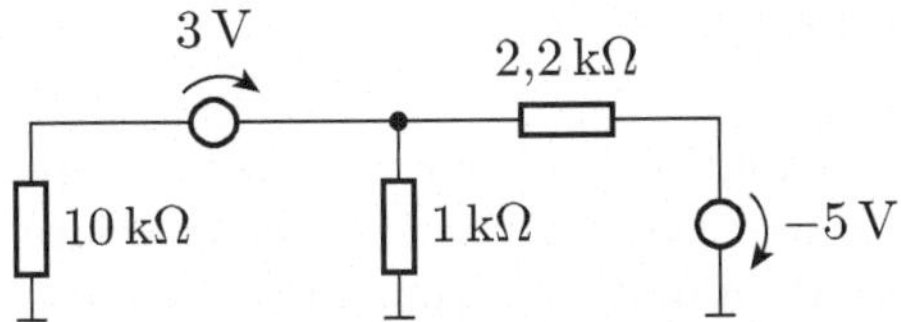

Abb. 1.28. Schaltung zu Aufgabe 1.11

b) Stellen Sie das Gleichungssystem in Matrixform auf.
c) Berechnen Sie die Ströme (z.B. mit Matlab oder einem Taschenrechner, der mit Matrizen rechnen kann).

Aufgabe 1.12

Spalten Sie die Schaltung in Abb. 1.29 in funktionsunabhängige Teilschaltungen auf.

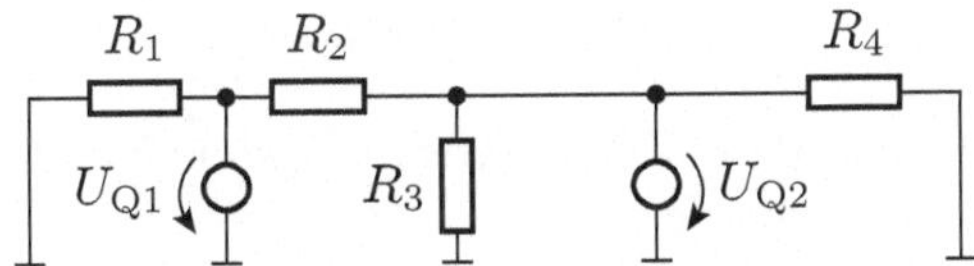

Abb. 1.29. Schaltung zu Aufgabe 1.12

Aufgabe 1.13

Die in Abb. 1.30 dargestellte Schaltung enthält einen nichtlinearen Zweipol mit der Kennlinie

$$I_{\mathrm{ZP}} = \begin{cases} (U_{\mathrm{ZP}} + 2\,\mathrm{V})\,/1\,\mathrm{k\Omega} & \text{für} \quad U_{\mathrm{ZP}} < -2\,\mathrm{V} \quad \text{(AB1)} \\ (U_{\mathrm{ZP}} - 1\,\mathrm{V})\,/1\,\mathrm{k\Omega} & \text{für} \quad U_{\mathrm{ZP}} > 1\,\mathrm{V} \quad \text{(AB2)} \\ 0 \text{ sonst} & \quad \text{(AB3)} \end{cases}$$

a) Skizzieren Sie die Kennlinie des nichtlinearen Zweipols.
b) Bestimmen Sie, in welchem Kennlinienbereich der nichtlineare Zweipol in der Schaltung arbeitet und bestimmen Sie den Strom I_{ZP}.

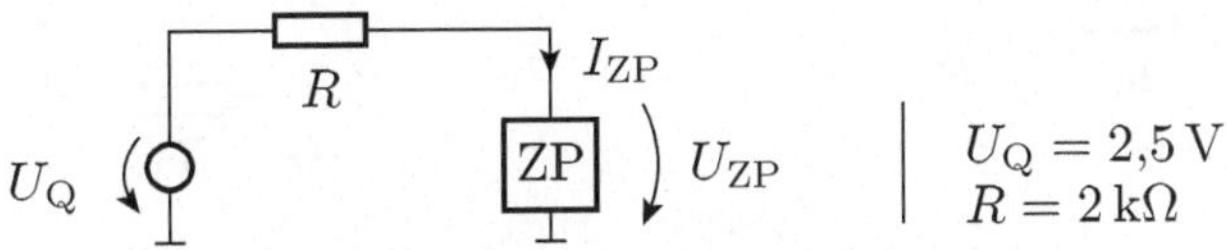

Abb. 1.30. Schaltung zu Aufgabe 1.13

1.3 Handwerkszeug

Die Abschätzung der Funktion und der Entwurf elektronischer Schaltungen erfolgen in der Praxis überwiegend mit Hilfe einer relativ kleinen Sammlung von Berechungsvorschriften und Schaltungstransformationen:

- Nachbildung nichtlinearer Schaltungen durch lineare Ersatzschaltungen,
- Zusammenfassen von Widerständen,
- Zurückführen auf Strom- und Spannungsteiler,
- Nutzung des Überlagerungsprinzips,
- ...

Diese Berechnungsvorschriften und Transformationen seien im Weiteren unser Werkzeugkasten. Der universelle Algorithmus zur Schaltungsanalyse mit Hilfe von Gleichungssystemen aus dem vergangenen Abschnitt ist in diesem Werkzeugkasten immer die Notlösung, die zum Einsatz kommt, wenn die einfachen Rechenwege versagen.

1.3.1 Zusammenfassen von Widerständen

Ein Zweipol aus mehreren Widerständen lässt sich stets zu einem Ersatzwiderstand zusammenfassen.

Der Gesamtwiderstand eines Zweipols aus mehreren Widerständen ergibt sich meist durch schrittweises Zusammenfassen der parallel geschalteten und der in Reihe geschalteten Widerstände. Reihenschaltung bedeutet, dass die Widerstände vom gleichen Strom durchflossen werden, Parallelschaltung, dass über ihnen dieselbe Spannung abfällt.

Sind zwei Widerstände in Reihe geschaltet, addieren sich die Spannungen bei gleichem Strom und folglich auch die Widerstandswerte (Abb. 1.31 a):

$$\frac{U_{\text{ges}}}{I} = R_{\text{ges}} = \frac{U_1}{I} + \frac{U_2}{I} = R_1 + R_2 \tag{1.38}$$

Sind zwei Widerstände parallel geschaltet, addieren sich die Ströme bei gleicher Spannung und folglich auch die Leitwerte (Abb. 1.31 b):

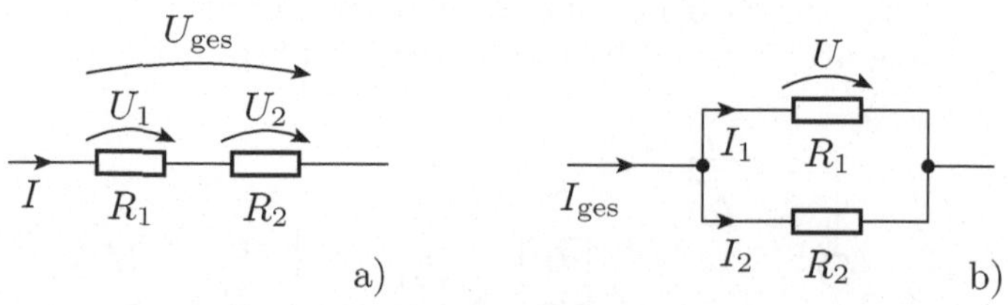

Abb. 1.31. Reihen- und Parallelschaltung von Widerständen

$$\frac{I_{\text{ges}}}{U} = G_{\text{ges}} = \frac{I_1}{U} + \frac{I_2}{U} = G_1 + G_2 \tag{1.39}$$

Für den Gesamtwiderstand gilt:

$$R_{\text{ges}} = R_1 \| R_2 = \frac{1}{G_{\text{ges}}} = \frac{1}{G_1 + G_2} = \frac{1}{\frac{1}{R_1} + \frac{1}{R_2}} = \frac{R_1 \cdot R_2}{R_1 + R_2} \tag{1.40}$$

($\|$ – Operator für die Parallelschaltung). Diese beiden Regeln können schrittweise auf Zweipole aus mehreren Widerständen angewendet werden. Abbildung 1.32 zeigt das am Beispiel. Die Schrittfolge für das Beispiel lautet

a) Zusammenfassen der Reihenschaltung von R_3 und R_4:

$$R_{34} = R_3 + R_4 \tag{1.41}$$

b) Zusammenfassen der Parallelschaltung von R_2 und R_{34}:

$$R_{234} = R_2 \| R_{34} = \frac{1}{\frac{1}{R_2} + \frac{1}{R_3 + R_4}} \tag{1.42}$$

c) Zusammenfassen der Reihenschaltung von R_1 und R_{234}:

$$R_{\text{ges}} = R_1 + R_{234} = R_1 + \frac{1}{\frac{1}{R_2} + \frac{1}{R_3 + R_4}} \tag{1.43}$$

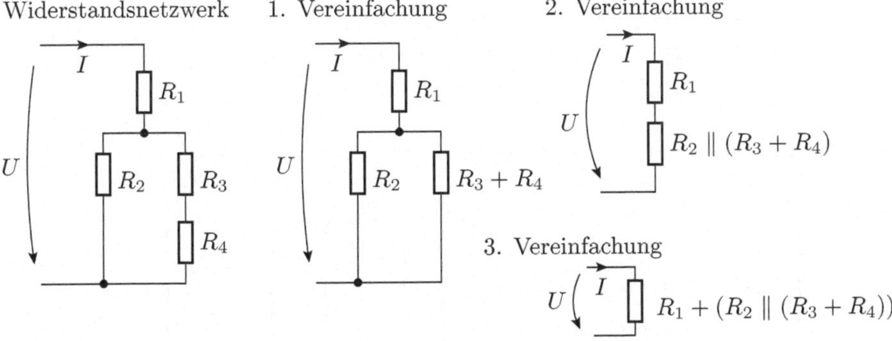

Abb. 1.32. Zusammenfassen von Widerständen

Das klassische Beispiel eines Widerstandsnetzwerkes, auf das die einfachen Zusammenfassungsregeln nicht anwendbar sind, ist die Brückenschaltung in Abb. 1.33 a. In dieser Schaltung gibt es weder Widerstände, durch die derselbe Strom fließt, noch Widerstände, über denen dieselbe Spannung abfällt.

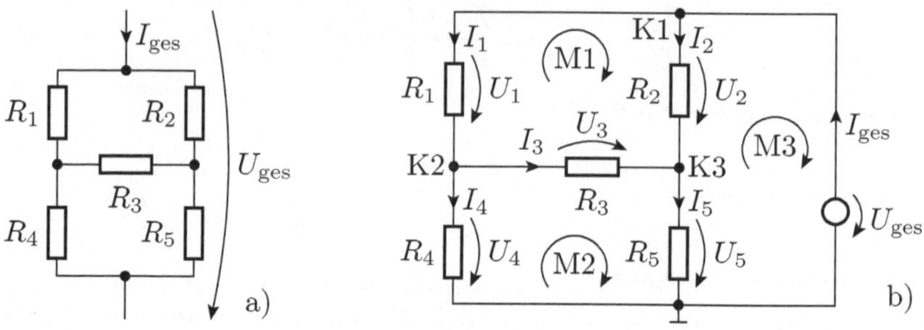

Abb. 1.33. a) Brückenschaltung b) Ersatzschaltung zur Berechnung des Gesamtwiderstands

Deshalb bleibt nur die Notlösung, die Berechnung des Stroms I_{ges} für eine fiktive Quellenspannung U_{ges} (Abb. 1.33 b).

Die Gesamtschaltung hat außer dem Bezugspunkt drei weitere Knoten, für die Knotengleichungen aufzustellen sind:

$$\begin{aligned} \text{K1}: & -I_1 - I_2 + I_{ges} = 0 \\ \text{K2}: & \quad I_1 - I_3 - I_4 = 0 \\ \text{K3}: & \quad I_2 + I_3 - I_5 = 0 \end{aligned} \tag{1.44}$$

Weiterhin lassen sich drei linear unabhängige Maschengleichungen aufstellen, in denen die Spannungsabfälle durch die Produkte aus den unbekannten Strömen und den Widerständen, durch die sie fließen, ersetzt werden:

$$\begin{aligned} \text{M1}: & -R_1 \cdot I_1 + R_2 \cdot I_2 - R_3 \cdot I_3 = 0 \\ \text{M2}: & -R_4 \cdot I_4 + R_3 \cdot I_3 + R_5 \cdot I_5 = 0 \\ \text{M3}: & \qquad -R_5 \cdot I_5 - R_2 \cdot I_2 = -U_{ges} \end{aligned} \tag{1.45}$$

Das gesamte Gleichungssystem lautet

$$\begin{pmatrix} -1 & -1 & 0 & 0 & 0 & 1 \\ 1 & 0 & -1 & -1 & 0 & 0 \\ 0 & 1 & 1 & 0 & -1 & 0 \\ -R_1 & R_2 & -R_3 & 0 & 0 & 0 \\ 0 & 0 & R_3 & -R_4 & R_5 & 0 \\ 0 & -R_2 & 0 & 0 & -R_5 & 0 \end{pmatrix} \cdot \begin{pmatrix} I_1 \\ I_2 \\ I_3 \\ I_4 \\ I_5 \\ I_{ges} \end{pmatrix} = \begin{pmatrix} 0 \\ 0 \\ 0 \\ 0 \\ 0 \\ -U_{ges} \end{pmatrix} \tag{1.46}$$

Es ist lösbar und berechnet alle Ströme einschließlich des gesuchten Stroms. Der Gesamtwiderstand des Zweipols beträgt

$$R_{ges} = \frac{U_{ges}}{I_{ges}} \tag{1.47}$$

Der Lösungsweg ist etwas aufwändig. In der Literatur gibt es für diese spezielle Schaltung einen schnelleren Rechenweg, der unter der Bezeichnung »Dreieck-Stern-Transformation« zu finden ist. Der hier skizzierte Rechenweg hat jedoch den großen Vorteil, dass er für jede Schaltung funktioniert.

1.3.2 Spannungsteiler

Satz 1.6 (Spannungsteilerregel) *Die Spannungsabfälle über vom gleichen Strom durchflossenen Widerständen verhalten sich proportional zu den Widerstandswerten.*

Die Grundform, der unbelastete Spannungsteiler, besteht aus zwei Widerständen, die in Reihe geschaltet sind (Abb. 1.34 a). Die Spannungsabfälle über den einzelnen Widerständen verhalten sich proportional zum gemeinsamen Strom I, der durch sie fließt:

$$\frac{U_{\mathrm{R1}}}{R_1} = \frac{U_{\mathrm{R2}}}{R_2} = I \tag{1.48}$$

Die Eingabegröße ist bei einem Spannungsteiler immer die Spannung über beiden Widerständen. Ausgabegröße ist die verringerte Spannung über einem der Widerstände:

$$U_{\mathrm{A}} = U_{\mathrm{E}} \cdot \frac{R_2}{R_1 + R_2} \tag{1.49}$$

a) unbelasteter Spannungsteiler

R_1 U_{R1} $I_{\mathrm{A}} = 0$ U_{E} R_2 U_{R2} U_{A}

b) belasteter Spannungsteiler

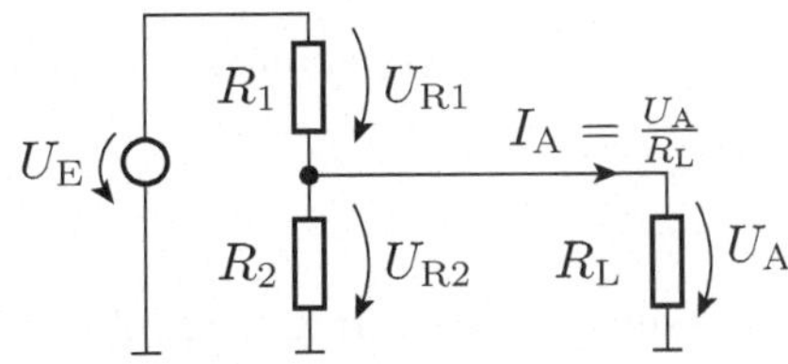

Abb. 1.34. Spannungsteiler

Bei einem belasteten Spannungsteiler ist zum Widerstand R_2 ein Lastwiderstand parallel geschaltet (Abb. 1.34 b). Diese Schaltung wird zuerst in einen unbelasteten Spannungsteiler umgerechnet, indem die Widerstände R_2 und R_{L} zu einem Ersatzwiderstand zusammengefasst werden:

$$R_{\mathrm{2L}} = R_2 \| R_{\mathrm{L}} \tag{1.50}$$

Anschließend wird wieder die Berechnungsvorschrift für den unbelasteten Spannungsteiler angewendet:

$$\begin{aligned} U_\mathrm{A} &= U_\mathrm{E} \cdot \frac{R_\mathrm{2L}}{R_1 + R_\mathrm{2L}} \\ &= U_\mathrm{E} \cdot \frac{R_2 \| R_\mathrm{L}}{R_1 + (R_2 \| R_\mathrm{L})} \end{aligned} \tag{1.51}$$

Spannungsteiler mit mehreren Parallel- und Reihenschaltungen von Widerständen lassen sich auf einfache Spannungsteiler zurückführen, indem entsprechende Teilnetzwerke zu Ersatzwiderständen zusammengefasst werden. In der Schaltung in Abb. 1.35 bilden R_3 und R_4 einen unbelasteten Spannungsteiler:

$$U_\mathrm{A} = U_\mathrm{R2} \cdot \frac{R_4}{R_3 + R_4} \tag{1.52}$$

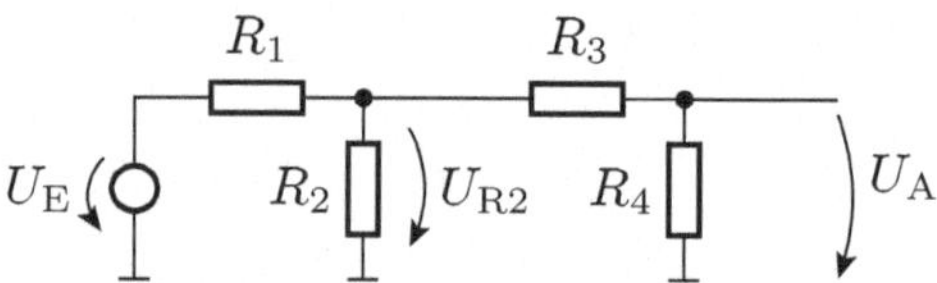

Abb. 1.35. Verketteter Spannungsteiler

Zur Berechnung von U_R2 aus U_E müssen die Widerstände R_2 bis R_4 zuerst zu einem Gesamtwiderstand zusammengefasst werden:

$$R_{234} = R_2 \| \left(R_3 + R_4\right) = \frac{R_2 \cdot (R_3 + R_4)}{R_2 + R_3 + R_4} \tag{1.53}$$

Dann kann die Spannungsteilerregel angewendet werden:

$$U_\mathrm{R2} = U_\mathrm{E} \cdot \frac{R_{234}}{R_1 + R_{234}} \tag{1.54}$$

Eingesetzt in Gleichung 1.52 bildet sich die Eingangsspannung nach folgender Beziehung auf die Ausgangsspannung ab:

$$U_\mathrm{A} = U_\mathrm{E} \cdot \frac{R_{234}}{R_1 + R_{234}} \cdot \frac{R_4}{R_3 + R_4} \tag{1.55}$$

Die Notlösung, wenn diese einfachen Rezepte nicht anwendbar sind, ist wieder eine Schaltungsanalyse mit Hilfe der Maschen- und Knotengleichungen.

1.3.3 Stromteiler

Satz 1.7 (Stromteilerregel) *Die Ströme durch Widerstände, über denen dieselbe Spannung abfällt, verhalten sich umgekehrt proportional zu den Widerstandswerten.*

Die Grundform eines Stromteilers ist eine Parallelschaltung aus zwei Widerständen, über denen dieselbe Spannung abfällt (Abb. 1.36). In dieser Schaltung verhalten sich die Ströme umgekehrt proportional zu den Widerstandswerten:

$$R_1 \cdot I_1 = R_2 \cdot I_2 = (R_1 \parallel R_2) \cdot I_{\text{ges}} = U \tag{1.56}$$

Das Verhältnis des Stroms durch R_1 als Ausgangsgröße zum Gesamtstrom als Eingangsgröße beträgt

$$\frac{I_1}{I_{\text{ges}}} = \frac{R_1 \parallel R_2}{R_1} \tag{1.57}$$

Stromteiler mit mehreren parallel und in Reihe geschalteten Widerständen lassen sich durch Zusammenfassen von Teilwiderstandsnetzwerken auf den einfachen Stromteiler zurückführen.

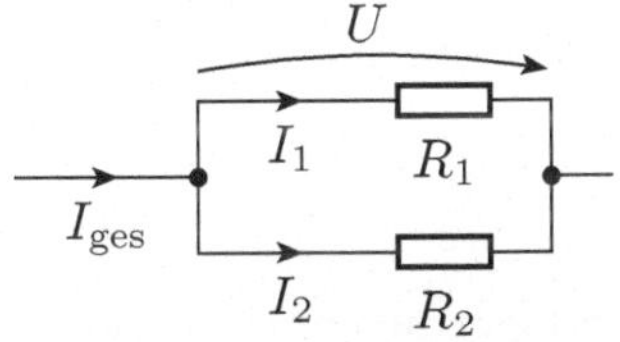

Abb. 1.36. Stromteiler

1.3.4 Helmholtzsches Überlagerungsprinzip

In einem linearen System – dazu gehören auch lineare Schaltungen – gilt der Überlagerungssatz.

Satz 1.8 (Überlagerungssatz) *In einem linearen System ist die Ausgabe einer Linearkombination von Eingaben gleich der Linearkombination der Ausgaben der einzelnen Eingaben:*

$$f(k_1 \cdot x_1 + k_2 \cdot x_2) = k_1 \cdot f(x_1) + k_2 \cdot f(x_2) \tag{1.58}$$

($f(\ldots)$ – beliebige lineare Funktion; k_i – beliebige Konstanten; x_i – beliebige Eingaben, Einzelwerte, Vektoren etc.).

Für den Überlagerungssatz gibt es vielfältige Anwendungen. Eine davon ist das helmholtzsche[8] Überlagerungsprinzip. In einem Netzwerk mit einer linearen Strom-Spannungs-Beziehung kann die Wirkung der einzelnen Quellen nacheinander berechnet werden. Die Gesamtwirkung der Quellen ist gleich der Summe der Wirkungen der Einzelquellen [19].

---

[8] Benannt nach Hermann Ludwig Ferdinand von Helmholtz (1821-1894), deutscher Mediziner und Physiker.

Bei der Analyse linearer Schaltungen im vergangenen Abschnitt waren die Eingaben die Quellenwerte und die Ausgaben die zu berechnenden Ströme oder Spannungen. Die Abbildung hatte immer die Form von Gleichung 1.30:

$$\mathrm{X} = \mathrm{M}^{-1} \cdot \mathrm{Q}$$

(M – quadratische Matrix; X – Vektor der gesuchten Größen; Q – Vektor der vorgegebenen Quellenströme und Quellenspannungen). Bei dieser Abbildung ist die Eingabe ein Vektor mit mehreren Quellenwerten, der in Summanden zerlegt werden kann:

$$\mathrm{Q} = \mathrm{Q}_1 + \mathrm{Q}_2 + \ldots \tag{1.59}$$

Für jeden Summanden dürfen die gesuchten Größen einzeln berechnet werden. Das Gesamtergebnis ist dann die Summe der Einzelergebnisse:

$$\begin{aligned} \mathrm{X}_1 &= \mathrm{M}^{-1} \cdot \mathrm{Q}_1 \\ \mathrm{X}_2 &= \mathrm{M}^{-1} \cdot \mathrm{Q}_2 \\ \ldots\ldots\ldots & \\ \mathrm{X} &= \mathrm{X}_1 + \mathrm{X}_2 + \ldots \end{aligned} \tag{1.60}$$

Das helmholtzsche Überlagerungsprinzip betrachtet den Sonderfall, dass jeder Summand nur einen Quellenwert ungleich Null enthält. Dazu wird für jede Quelle im System eine eigene Ersatzschaltung aufgestellt, in der alle anderen Quellenwerte gleich Null gesetzt werden. Stromquellen, die keinen Strom liefern, sind Unterbrechungen. Spannungsquellen, die keine Spannung liefern, sind Verbindungen. Statt einer komplizierten Schaltung werden mehrere einfache Schaltungen betrachtet. Das hat zwei potenzielle Vorteile:

- Die Ersatzschaltungen mit nur einer Quelle zeigen sehr gut, wie die einzelnen Quellen die Ausgabe beeinflussen. Das fördert das Verständnis der Funktionsweise und hilft bei der zielgerichteten Anpassung der Ist-Funktion an die Soll-Funktion beim Entwurf.
- Die Analyse linearer Schaltungen mit nur einer Quelle lässt sich meist durch mehrfache Anwendung der Spannungs- und Stromteilerregel lösen. Das ist einfacher und anschaulicher als der Rechenweg über Gleichungssysteme.

Die Beispielschaltung in Abb. 1.37 besitzt zwei Spannungsquellen. Gesucht ist die Spannung über dem Widerstand R_2. Zur Berechnung der gesuchten Spannung wird einmal die Quelle Q2 und einmal die Quelle Q1 aus der Schaltung gestrichen (Abb. 1.37 unten). In beiden Ersatzschaltungen ergibt sich die gesuchte Spannung über ein Spannungsteilerverhältnis:

$$U_{\mathrm{R2.1}} = \frac{R_2 \| R_3}{R_1 + (R_2 \| R_3)} \cdot U_{\mathrm{Q1}} \quad U_{\mathrm{R2.2}} = \frac{R_1 \| R_2}{R_3 + (R_1 \| R_2)} \cdot U_{\mathrm{Q2}} \tag{1.61}$$

Die Überlagerung der beiden Teilergebnisse ergibt

$$\begin{aligned} U_{R2} &= U_{R2.1} + U_{R2.2} \\ &= \frac{R_2 \| R_3}{R_1 + (R_2 \| R_3)} \cdot U_{Q1} + \frac{R_1 \| R_2}{R_3 + (R_1 \| R_2)} \cdot U_{Q2} \end{aligned} \tag{1.62}$$

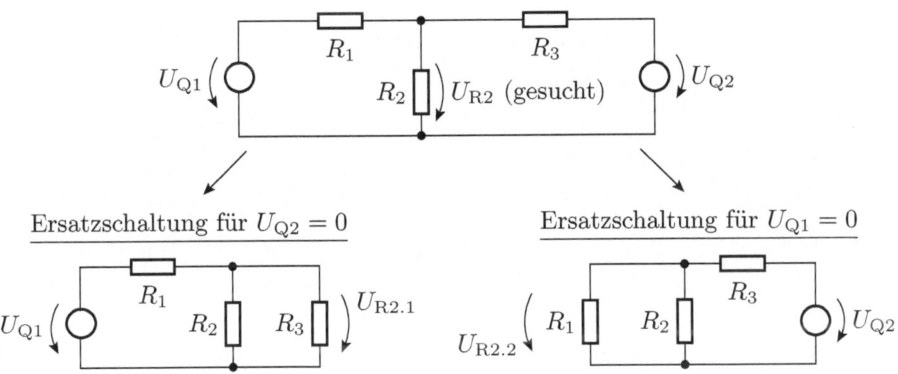

Abb. 1.37. Schaltungsanalyse für jede Quelle einzeln

1.3.5 Zweipolvereinfachung

Ein Zweipol, der intern aus einer beliebigen Anzahl von Widerständen und Quellen besteht und sich nach außen hin nicht wie eine Stromquelle verhält, kann, wie in Abschnitt 1.2.2 gezeigt wurde, immer in eine Ersatzschaltung aus einer Ersatzspannungsquelle mit der Leerlaufspannung und einem Ersatzwiderstand gleich dem Innenwiderstand umgerechnet werden (Gleichung 1.21):

$$U = U_0 + R_{\mathrm{Ers}} \cdot I$$

Die beiden Ersatzschaltungsparameter lassen sich sehr elegant mit Hilfe des helmholtzschen Überlagerungsprinzips bestimmen (Abb. 1.38).

Zur Bestimmung des Ersatzwiderstands R_{Ers} werden gedanklich

- alle Quellenwerte innerhalb des Zweipols gleich Null gesetzt,
- an den Anschlüssen ein Strom eingespeist und
- die Klemmspannung gemessen.

Das entspricht einer Messung des Widerstands zwischen den Anschlüssen der quellenfreien Schaltung.

Der Ersatzwiderstand eines Zweipols ist der Gesamtwiderstand des Widerstandsnetzwerks, das übrig bleibt, wenn alle Quellenwerte gleich Null gesetzt werden.

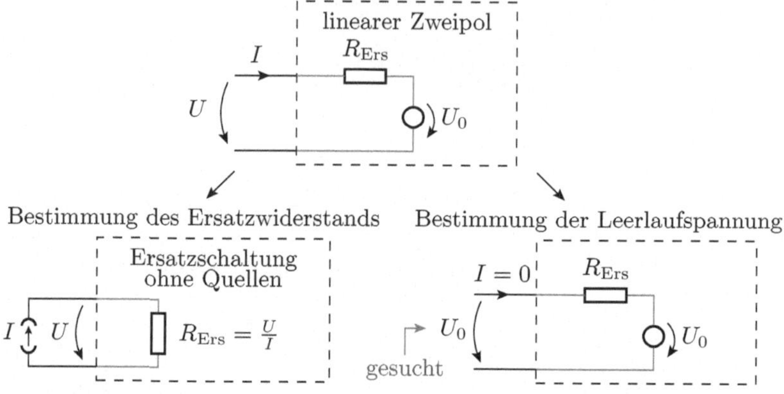

Abb. 1.38. Bestimmung des Ersatzwiderstands und der Leerlaufspannung eines linearen Zweipols nach dem Überlagerungsprinzip

Die praktische Berechnung erfolgt wie in Abschnitt 1.3.1, d.h. in der Regel über die schrittweise Zusammenfassung von Reihen- und Parallelschaltungen. Die Leerlaufspannung kann entweder über ein Gleichungssystem oder wie in Abschnitt 1.3.4 als Überlagerung der Leerlaufspannungsanteile, die die einzelnen Quellen verursachen, bestimmt werden.

Abbildung 1.39 zeigt ein Beispiel für einen Zweipol mit zwei internen Quellen. Der Gesamtwiderstand des Zweipols ohne Quellen beträgt

$$R_{\mathrm{Ers}} = R_1 \| (R_2 + R_3) \tag{1.63}$$

Zur Berechnung der Leerlaufspannung könnte man in der Ersatzschaltung die beiden unbekannten Ströme I_1 und I_3 über ein Gleichungssystem aus einer Knoten- und einer Maschengleichung bestimmen:

$$\begin{pmatrix} 1 & 1 \\ (R_1 + R_2) & -R_3 \end{pmatrix} \cdot \begin{pmatrix} I_1 \\ I_3 \end{pmatrix} = \begin{pmatrix} I_{\mathrm{Q3}} \\ U_{\mathrm{Q1}} \end{pmatrix} \tag{1.64}$$

Die Leerlaufspannung ist die Differenz zwischen der Spannung über der Spannungsquelle und der Spannung über dem Widerstand R_1:

$$U_0 = U_{\mathrm{Q1}} - R_1 \cdot I_1 \tag{1.65}$$

Die Alternative ist auch hier die Ausnutzung des helmholtzschen Überlagerungsprinzips. Für $U_{\mathrm{Q1}} = 0$ ergibt sich die Ersatzschaltung in Abb. 1.40 a. In dieser Ersatzschaltung lässt sich erst einmal $U_{\mathrm{R3.1}}$ aus dem Quellenstrom und dem Ersatzwiderstand R_{123} berechnen:

$$U_{\mathrm{R3.1}} = ((R_1 + R_2) \| R_3) \cdot I_{\mathrm{Q3}} \tag{1.66}$$

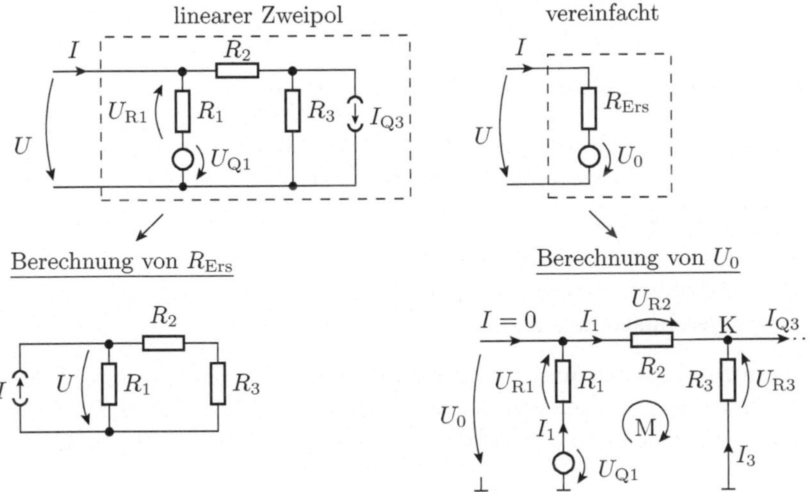

Abb. 1.39. Zweipolvereinfachung

Zwischen $U_{R3.1}$ und der Spannung über R_1 existiert eine Spannungsteilerbeziehung:

$$U_{0.1} = -U_{R1.1} = -\frac{R_1}{R_1 + R_2} \cdot U_{R3.1}$$
$$= -\frac{R_1}{R_1 + R_2} \cdot ((R_1 + R_2) \| R_3) \cdot I_{Q3} \qquad (1.67)$$

Für $I_{Q3} = 0$, Ersatzschaltung Abb. 1.40 b, bilden die Widerstände R_1, R_2 und R_3 einen Spannungsteiler:

$$U_{0.2} = \frac{R_2 + R_3}{R_1 + R_2 + R_3} \cdot U_{Q1} \qquad (1.68)$$

Die Leerlaufspannung beträgt insgesamt:

$$U_0 = U_{0.1} + U_{0.2}$$
$$= -\frac{R_1}{R_1 + R_2} \cdot ((R_1 + R_2) \| R_3) \cdot I_{Q3} + \frac{R_2 + R_3}{R_1 + R_2 + R_3} \cdot U_{Q1} \qquad (1.69)$$

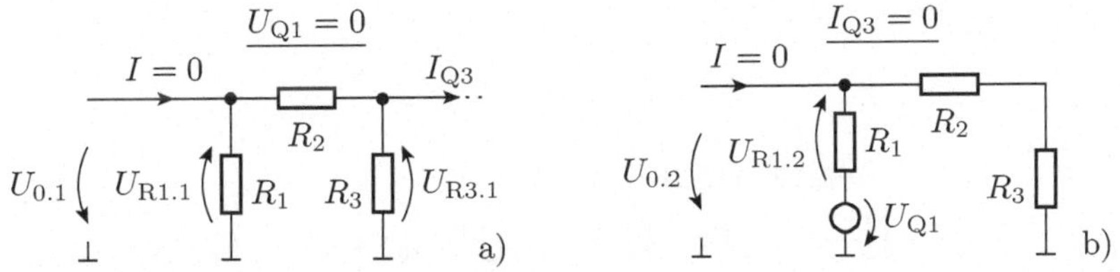

Abb. 1.40. Ersatzschaltungen zur Berechnung der Leerlaufspannungsanteile zu Abb. 1.39

1.3.6 Zusammenfassung und Übungsaufgaben

Das Handwerkszeug für die Berechnung der stationären Ströme und Spannungen in den linearen Ersatzschaltungen umfasst

- das ohmsche Gesetz,
- die Spannungs- und die Stromteilerregel,
- das helmholtzsche Überlagerungsprinzip,
- Zweipolvereinfachungen

und Transformationen unter Anwendung dieser Regeln, mit denen komplizierte Schaltungen in funktionsgleiche einfachere Ersatzschaltungen überführt werden. Ergänzende und weiterführende Literatur siehe [8, 19, 30, 37, 39, 46].

Aufgabe 1.14

a) Berechnen Sie den Gesamtwiderstand der Schaltung in Abb. 1.41 mit den gegebenen Werten.
b) Runden Sie alle Widerstandswerte auf Nennwerte der E12-Reihe und berechnen Sie dann den Gesamtwiderstand noch einmal (siehe hierzu auch Aufgabe 1.4 und Internet, Suchbegriff »E-Reihe, Festwiderstand«).

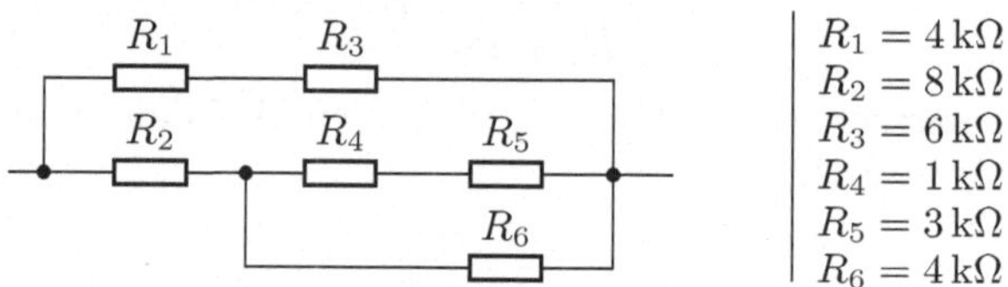

Abb. 1.41. Schaltung zu Aufgabe 1.14

Aufgabe 1.15

Gegeben sei das Widerstandsnetzwerk in Abb. 1.42. Wie groß sind die Spannungen U_2 und U_3?

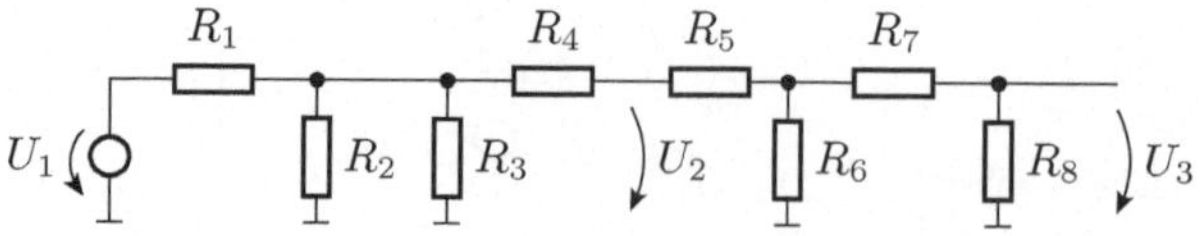

$R_1 = R_4 = R_6 = 2\,\mathrm{k\Omega}$
$R_2 = R_3 = 8\,\mathrm{k\Omega}$
$R_5 = R_7 = R_8 = 1\,\mathrm{k\Omega}$
$U_1 = 8\,\mathrm{V}$

Abb. 1.42. Schaltung zu Aufgabe 1.15

Aufgabe 1.16

Berechnen Sie mit Hilfe des helmholtzschen Überlagerungsprinzips die Spannung U_A in der Schaltung Abb. 1.43.

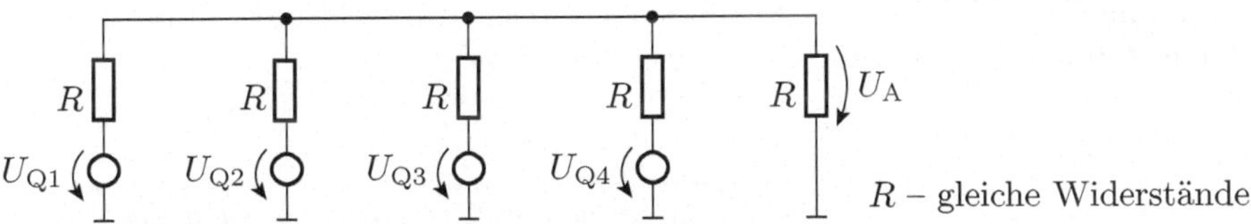

Abb. 1.43. Schaltung zu Aufgabe 1.16

Aufgabe 1.17

Legen Sie die Widerstandswerte für R_1 und R_2 in dem Zweipol in Abb. 1.44 a so fest, dass der Zweipol insgesamt eine Leerlaufspannung von $U_0 = 2\,\mathrm{V}$ und einen Ersatzwiderstand von $R_{Ers} = 100\,\mathrm{k\Omega}$ besitzt (Abb. 1.44 b).

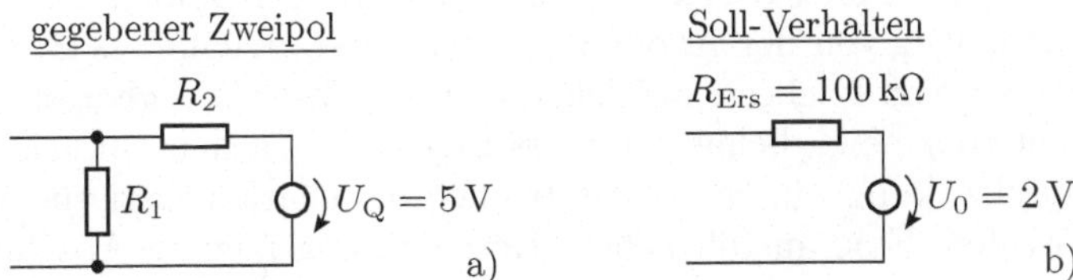

Abb. 1.44. Schaltung zu Aufgabe 1.17

1.4 Schaltungen mit Dioden

Eine Diode ist ein Zweipol, der ähnlich einem Ventil den Strom nur in einer Richtung passieren lässt. Die Anschlüsse heißen Anode und Kathode. Die Durchlassrichtung verläuft von der Anode zur Kathode, gekennzeichnet durch einen angedeuteten Pfeil im Schaltzeichen. Der senkrechte Strich an der Kathode symbolisiert die Sperrrichtung (Abb. 1.45).

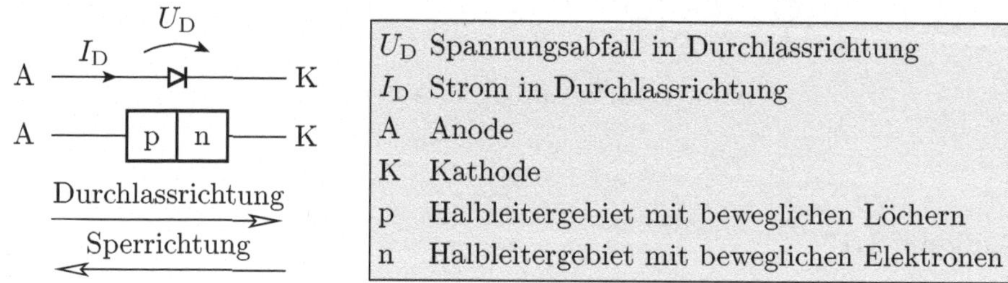

Abb. 1.45. Schaltzeichen und Anschlussbelegung einer Diode

Die wichtigste technische Realisierung von Halbleiterdioden ist der pn-Übergang. An einem pn-Übergang wechselt die Art der beweglichen Ladungsträger auf dem Weg von der Anode zur Kathode innerhalb des Bruchteils eines Mikrometers von Löchern zu Elektronen. Die fast sprunghaften Änderungen der Dichte der beweglichen Ladungsträger verursachen Diffusionsströme, die in Wechselwirkung mit den Driftströmen die charakteristische Ventilwirkung hervorrufen. Eine ausführlichere Beschreibung folgt in Abschnitt 3.1.4. Außer pn-Übergängen besitzen auch bestimmte Metall-Halbleiter-Übergänge (Schottky-Dioden[9]) und Elektronenröhren das charakteristische Verhalten einer Diode. In diesem Abschnitt werden nur das Anschlussverhalten und typische Schaltungen mit Dioden behandelt.

Die Kennlinie einer Diode lässt sich experimentell bestimmen. Der Versuchsaufbau ist eine Stromquelle, die nacheinander unterschiedliche Werte für I_D einspeist, und ein Messgerät, das den dabei auftretenden Spannungsabfall U_D misst (Abb. 1.46 a). Für positive Ströme springt die Spannung über der Diode fast sofort auf den Wert der Flussspannung U_F von einigen 100 mV. Bei einer Stromerhöhung beträgt der differenzielle Widerstand als Anstieg der Spannung über der Diode mit dem Strom

$$R_D = \frac{d\,U_D}{d\,I_D} \tag{1.70}$$

[9] Benannt nach Walter Schottky (1886 - 1976), deutscher Physiker und Elektrotechniker.

nur einige Milliohm bis Ohm. Sowohl die Flussspannung als auch der Anstieg unterliegen, wie den Datenblättern zu entnehmen ist, fertigungsbedingten Streuungen (Abb. 1.46 b).

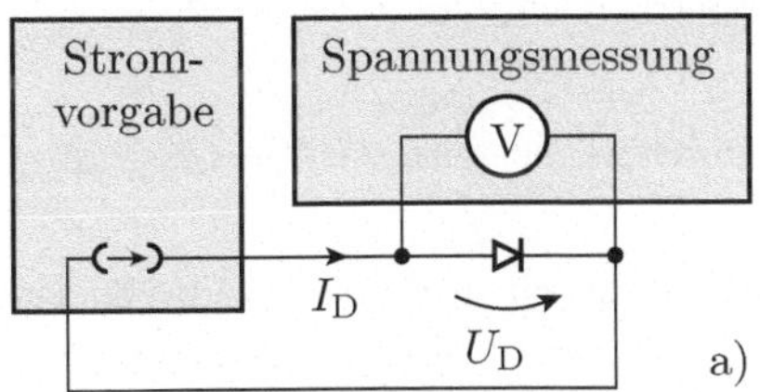

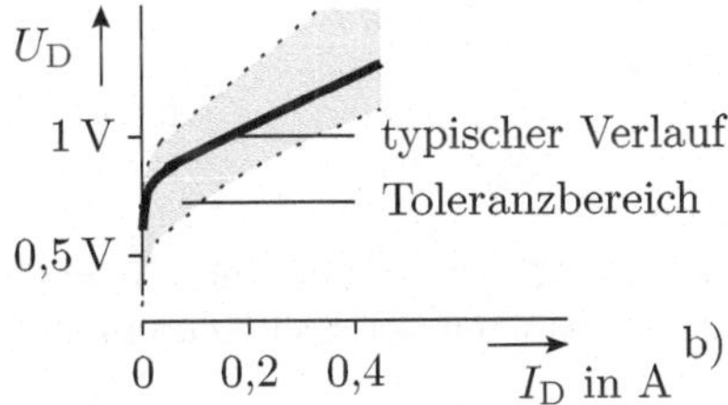

Abb. 1.46. Diodenkennlinie a) Messschaltung b) gemessene Kennlinie und Toleranzbereich für eine Diode vom Typ 1N4148

Ein Verhaltensmodell soll die wesentlichen Merkmale hervorheben und unwesentliche Details verbergen. Im Durchlassbereich ist es für die meisten Anwendungen nur wesentlich, dass der Stromfluss erst ab einer bestimmten Flussspannung U_F einsetzt. Die Kennlinienkrümmung und der geringe Anstieg lassen sich gegenüber den Fertigungstoleranzen und den Widerständen, die in der Schaltung zu der Diode in Reihe geschaltet sind, meist vernachlässigen. Die Ersatzschaltung ist eine Konstantspannungsquelle:

$$\text{Durchlassbereich } (I_D > 0): U_D = U_F \tag{1.71}$$

Bei Einspeisung eines negativen Stroms stellt sich eine betragsmäßig große, nahezu konstante negative Spannung über der Diode ein, die Durchbruchspannung U_S. Auch das ist das Verhalten einer Konstantspannungsquelle:

$$\text{Durchbruchbereich } (I_D < 0): U_D = U_S \tag{1.72}$$

Bei einem Spannungsabfall zwischen der Durchbruchspannung und der Flussspannung fließt ein für die meisten Anwendungen vernachlässigbar kleiner Strom. Dieser Arbeitsbereich ist der Sperrbereich und wird im Weiteren durch eine Unterbrechung modelliert (Abb. 1.47):

$$\text{Sperrbereich } (U_S < U_D < U_F): I_D = 0 \tag{1.73}$$

Der stationäre Strom durch eine Diode darf nicht größer als der Quotient aus der zulässigen Verlustleistung und dem Spannungsabfall über ihr sein (vergleiche Abschnitt 1.1.4). In Durchlassrichtung darf sein Betrag den Wert

$$|I_D| \leq \frac{P_{max}}{U_F} \tag{1.74}$$

und in Sperrrichtung den Wert

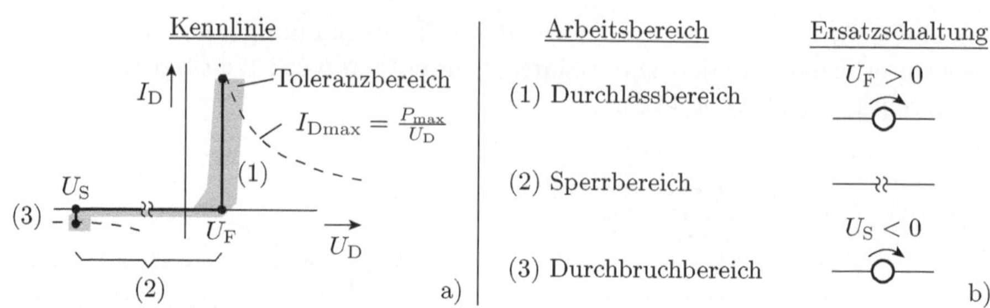

Abb. 1.47. a) Annäherung einer Diodenkennlinie durch drei lineare Äste b) Ersatzschaltungen der drei Kennlinienäste

$$|I_D| \leq \frac{P_{max}}{|U_S|} \tag{1.75}$$

nicht überschreiten. Wegen der betragsmäßig viel höheren Durchbruchspannungen sind im Durchbruchbereich betragsmäßig deutlich kleinere Ströme als im Durchlassbereich zulässig.

Zusammenfassend wird das Verhalten einer Diode im gewählten Modell durch drei Parameter beschrieben:

- die Flussspannung U_F,
- die Durchbruchspannung U_S und
- die maximale Verlustleistung P_{max}.

Statt der Durchbruchspannung U_S wird im Datenblatt oft die Spannungsfestigkeit angegeben. Die Spannungsfestigkeit ist eine Betragsangabe für eine negative Spannung U_D, bei der die Diode garantiert noch sperrt.

Tabelle 1.1. Modellparameter für Beispieldioden

		P_{max}	U_F	$\|U_S\|$
1N4148	(Standarddiode)	500 mW	$\approx$ 0,7 V	$\geq$ 100 V
BAT46	(Schottky-Diode)	150 mW	$\approx$ 0,45 V	$\geq$ 100 V
TLHR44...	(Leuchtdiode rot)	100 mW	$\approx$ 1,6 V	$\geq$ 6 V
TLHG44...	(Leuchtdiode grün)	100 mW	$\approx$ 2,4 V	$\geq$ 6 V
BZX83 C4V5	(Z-Diode)	500 mW		4,4 bis 5,0 V

Tabelle 1.1 zeigt einige Beispielwerte für Diodenparameter. Die Flussspannung von Standarddioden (Silizium-pn-Übergang) liegt in der Größenordnung von $U_F \approx 0{,}7$ V. Die Flussspannung von Schottky-Dioden (Metall-Halbleiter-Übergang) liegt deutlich darunter. Leuchtdioden haben Flussspannungen von 1,6 bis 4 V, wobei rote Leuchtdioden die geringste und blaue Leuchtdioden die höchste Flussspannung besitzen.

Die Durchbruchspannung bzw. die Spannungsfestigkeit im Sperrbereich liegt im Bereich von 30 V bis 1000 V. Ausgenommen sind Z-Dioden. Das sind spezielle Dioden für den Betrieb im Durchbruchbereich, die meist geringere Durchbruchspannungen besitzen. Für Z-Dioden ist im Datenblatt stets die Durchbruchspannung, dafür aber gewöhnlich nicht die Flussspannung zu finden.

Die maximale Verlustleistung einer Diode hängt vom Gehäuse ab. Sie liegt im Bereich von einigen 100 mW bis zu mehreren Watt. Oft ist nur der maximal zulässige Dauerstrom – für normale Dioden im Durchlassbereich und für Z-Dioden im Durchbruchbereich – angegeben, aus dem die maximale Verlustleistung zu errechnen ist.

1.4.1 Anzeige von Logikwerten mit einer Leuchtdiode

Ein Programmierkurs beginnt üblicherweise mit einem »Hello World«-Programm. Das ist ein einfaches Programm, das etwas Sichtbares tut. Das Gegenstück in der Elektronik ist die Ansteuerung einer Leuchtdiode mit einem digitalen Schaltkreis.

Die Digitaltechnik unterscheidet nur die Signalwerte »0« und »1«. In diesem Buch gilt im Weiteren »positive Logik«. Große Spannungen oder Ströme werden durch den Signalwert »1« und kleine Spannungen oder Ströme durch den Signalwert »0« dargestellt. Spannungs- und Stromwerte zwischen »groß« und »klein« sind ungültig, unbestimmt oder unzulässig und erhalten den Pseudo-Signalwert »X« (Abb. 1.48).

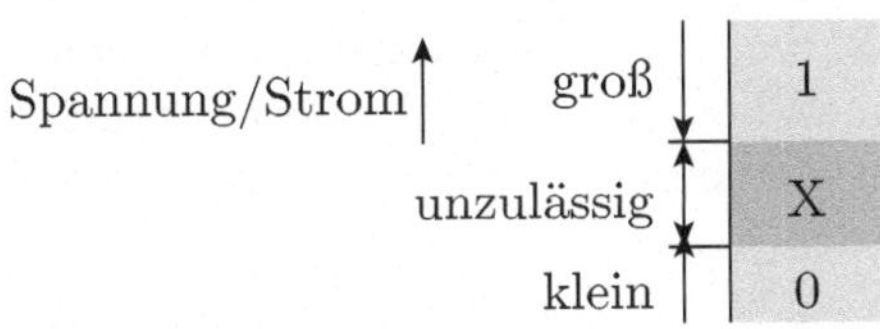

Abb. 1.48. Zuordnung zwischen Spannungen oder Strömen und Logikwerten

Aufgabe sei es, an einen Ausgang eines digitalen Schaltkreises, z.B. eines Mikrorechners, eine rote Leuchtdiode so anzuschließen, dass sie bei der Ausgabe einer »0« gut sichtbar leuchtet und bei der Ausgabe einer »1« aus ist. Abbildung 1.49 a zeigt die Gesamtschaltung. Damit die Leuchtdiode bei einer »0« leuchtet, muss sie zwischen der Versorgungsspannung und dem Ausgang angeordnet sein. Der zusätzliche Widerstand R dient zur Strombegrenzung.

Eine (Leucht-) Diode darf nur mit einem Reihenwiderstand zur Strombegrenzung betrieben werden.

Es sind zwei Arbeitsbereiche zu unterscheiden. Im Arbeitsbereich »Leuchtdiode ein« verhält sich eine rote Leuchtdiode näherungsweise wie eine Konstantspannungsquelle mit einer Quellenspannung von $U_{\mathrm{F}} \approx 1{,}6 \ldots 1{,}8\,\mathrm{V}$. Das

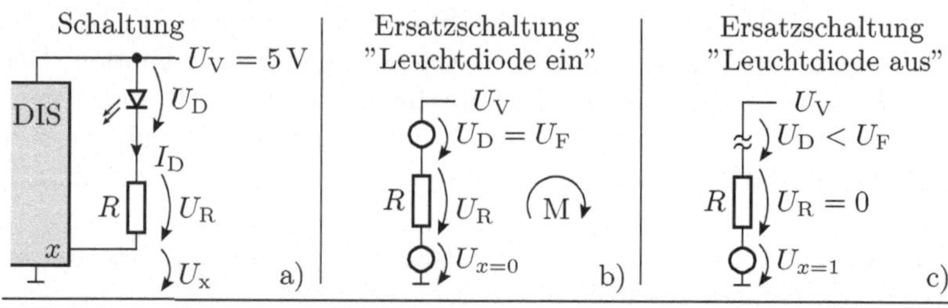

DIS digitaler integrierter Schaltkreis; $U_F = 1{,}6...1{,}8\,V$; $U_{x=0} = 0{,}2...0{,}5\,V$

Abb. 1.49. Leuchtdiode am Ausgang eines digitalen Schaltkreises

Potenzial einer logischen »0« steht im Datenblatt des Schaltkreises. Es beträgt in der Regel nicht mehr als einige 100 mV. Ein bekanntes Potenzial wird in der Ersatzschaltung durch eine Spannungsquelle zwischen dem betrachteten Schaltungspunkt und dem Bezugspunkt modelliert (Abb 1.49 b). Im Arbeitsbereich »Leuchtdiode aus« soll kein Strom fließen. Das ist der Sperrbereich der Leuchtdiode. Der Schaltkreisausgang verhält sich auch bei einem Ausgabewert »1« wie eine Spannungsquelle, nur jetzt mit einer größeren Spannung (Abb 1.49 c).

Die weitere Analyse und Berechnung erfolgt anhand der Ersatzschaltungen. Im Arbeitsbereich »Leuchtdiode ein« besitzt die Ersatzschaltung eine Masche, für die gilt

$$\mathrm{M}: U_V - U_F - U_{x=0} - U_R = 0 \tag{1.76}$$

Der Vorwiderstand R, der den Strom begrenzt, berechnet sich aus dem Spannungsabfall über dem Widerstand und dem erforderlichen Strom. Damit eine Leuchtdiode vernünftig leuchtet, ist etwa ein Strom von $I_D \approx 10\,\mathrm{mA}$ erforderlich:

$$R = \frac{U_V - U_F - U_{x=0}}{I_D} \approx \frac{5\,V - 1{,}6\ldots 1{,}8\,V - 0{,}2\ldots 0{,}5\,V}{10\,\mathrm{mA}} = 290\ldots 340\,\Omega \tag{1.77}$$

Aus der Rechnung ist ersichtlich, dass der Spannungsabfall über dem Widerstand R im Arbeitsbereich »Leuchtdiode ein« mehrere Volt betragen sollte. Denn die Spannung über dem Widerstand R unterliegt offenbar erheblichen bauteilabhängigen Streuungen. Je geringer der mittlere Spannungsabfall über dem Widerstand ist, desto größer ist der Streuungsbereich für den Strom durch die Diode. Die Parameterstreuungen der Bauteile sind nicht nur bei dieser Schaltung, sondern praktisch bei allen elektronischen Schaltungen eine der Hauptschwierigkeiten beim Entwurf. Im Arbeitsbereich »Leuchtdiode aus«, Ersatzschaltung Abb 1.49 c, ist unterstellt, dass über der Diode eine Spannung kleiner U_F abfällt. Der Schaltkreisausgang muss dafür mindestens eine Ausgangsspannung liefern von

$$U_{x=1} > U_V - U_F = 5\,V - 1{,}6\ldots 1{,}8\,V = 3{,}2\ldots 3{,}4\,V \tag{1.78}$$

Als nächstes muss anhand des Datenblattes für den Schaltkreis kontrolliert werden, dass die Ausgangsspannung des Schaltkreises bei Ausgabe einer »1« und einem Ausgangsstrom Null mindestens diesen Wert hat. Weiterhin sind für alle Bauteile die maximalen Spannungen, Ströme und Verlustleistungen, die auftreten können, abzuschätzen und mit den zulässigen Maximalwerten in den Datenblättern zu vergleichen. Selbst in einer so winzigen Schaltung steckt schon ein erheblicher Entwurfsaufwand. Im Weiteren bleiben der Einfachheit halber die Bauteilstreuungen und die Verlustleistungen in den Rechnungen in der Regel unberücksichtigt.

1.4.2 Gleichrichter

Ein Gleichrichter ist eine Schaltung, die aus einer vorzeichenbehafteten Eingangsspannung eine nicht negative Ausgangsspannung erzeugt. Abbildung 1.50 a zeigt einen einfachen Gleichrichter und die Abbildungen 1.50 b und c seine Ersatzschaltungen. Für eine Eingangsspannung $U_\mathrm{E} > U_\mathrm{F}$ arbeitet die Diode im Durchlassbereich. Die Ausgangsspannung ist gleich der Eingangsspannung abzüglich der Flussspannung. Für eine Eingangsspannung $U_\mathrm{S} \leq U_\mathrm{E} \leq U_\mathrm{F}$ sperrt die Diode. Es fließt kein Strom durch den Widerstand. Die Ausgangsspannung ist Null. Der Durchbruchbereich wird nicht genutzt. Die Übertragungsfunktion lautet insgesamt

$$U_\mathrm{A} = \begin{cases} U_\mathrm{E} - U_\mathrm{F} & \text{für } U_\mathrm{E} > U_\mathrm{F} \\ 0 & \text{für } U_\mathrm{S} \leq U_\mathrm{E} \leq U_\mathrm{F} \end{cases} \tag{1.79}$$

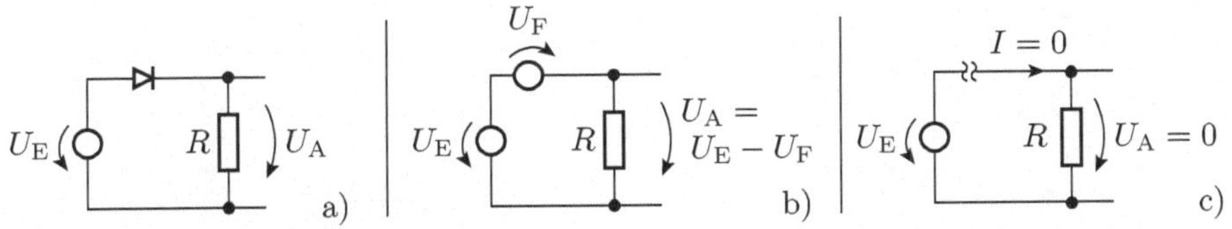

Abb. 1.50. Einfacher Gleichrichter a) Schaltung b) Ersatzschaltung für $U_\mathrm{E} > U_\mathrm{F}$ c) Ersatzschaltung für $U_\mathrm{E} \leq U_\mathrm{F}$

Gleichrichter werden z.B. für die Umwandlung einer Wechselspannung in eine Gleichspannung genutzt. Eine Wechselspannung hat einen sinusförmigen Signalverlauf. Der einfache Gleichrichter schneidet, wie Abb. 1.51 zeigt, die negative Halbwelle ab. Wünschenswert wäre es, wenn, wie mit der grauen Kurve angedeutet, die negative Halbwelle nicht abgeschnitten, sondern ihr Betrag gebildet wird. Die Lösung ist der Brücken- oder Grätzgleichrichter (Abb. 1.52).

Der Brückengleichrichter besteht aus zwei Diodenpaaren. Bei einer Eingangsspannung größer der doppelten Flussspannung arbeiten die Dioden D1

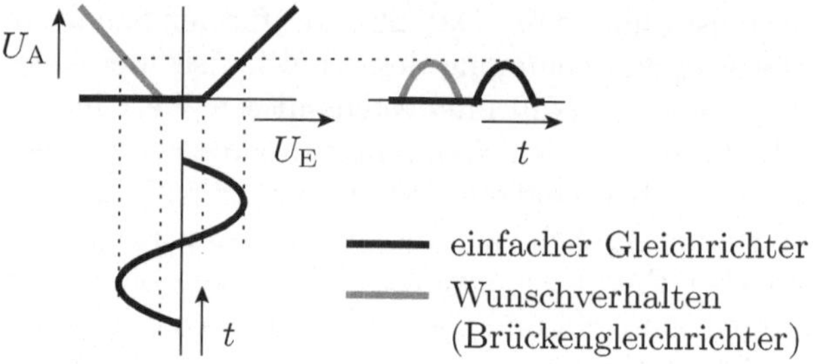

Abb. 1.51. Funktion eines einfachen Gleichrichters und Wunschverhalten

und D4 im Durchlassbereich. Die Ausgangsspannung ist gleich der Eingangsspannung abzüglich der doppelten Flussspannung. Im Bereich $-2 \cdot U_F \leq U_E \leq 2 \cdot U_F$ sind alle Dioden gesperrt. Für Eingangsspannungen $U_E < -2 \cdot U_F$ arbeiten die Dioden D2 und D3 im Durchlassbereich und die Dioden D1 und D4 sperren. Die Ausgangsspannung ist gleich der negierten Eingangsspannung abzüglich der doppelten Flussspannung. Die Übertragungsfunktion des Brückengleichrichters lautet insgesamt

$$U_A = \begin{cases} U_E - 2 \cdot U_F & \text{für} \quad U_E > 2 \cdot U_F \\ -U_E - 2 \cdot U_F & \text{für} \quad U_E < -2 \cdot U_F \\ 0 & \text{sonst} \end{cases} \tag{1.80}$$

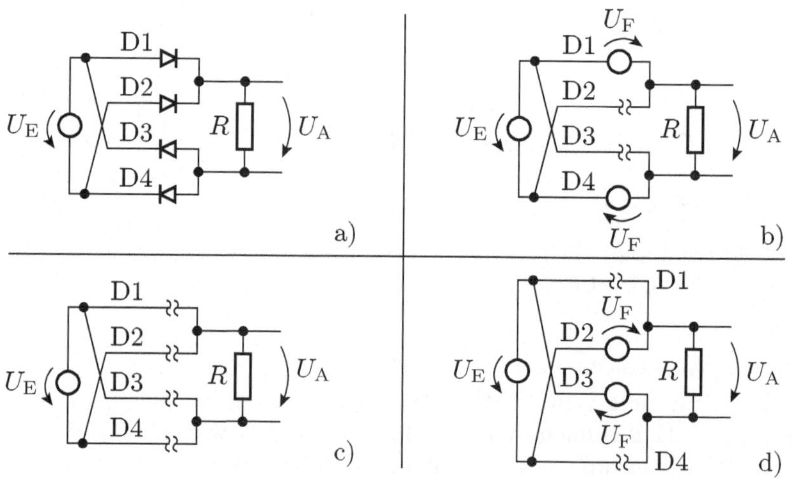

Abb. 1.52. Brückengleichrichter a) Schaltung b) Ersatzschaltung $U_E > 2 \cdot U_F$ c) Ersatzschaltung $-2 \cdot U_F \leq U_E \leq 2 \cdot U_F$ d) Ersatzschaltung $U_E < -2 \cdot U_F$

Bei der Kontrolle, dass die Ströme, Spannungen und Verlustleistungen für alle Bauteile und für die Gesamtschaltung im zulässigen Bereich liegen, ist bei einem Brückengleichrichter besonders darauf zu achten, dass die Durchbruchspannungen der Dioden so groß sind, dass die Dioden nie im Durchbruchbereich arbeiten. Warum der Durchbruchbereich unbedingt zu vermeiden ist, sollen Sie in Übungsaufgabe 1.20 selbst herausfinden.

1.4.3 Nachbildung von Spannungsquellen

Dioden werden in der Schaltungstechnik auch zur Nachbildung von Konstantspannungsquellen genutzt, wahlweise mit der Flussspannung oder der Durchbruchspannung als Quellenspannung. Dazu muss im genutzten Arbeitsbereich ein positiver (bzw. negativer) Strom durch die Diode fließen. Das erfordert in der Regel eine zusätzliche Versorgungsspannung und einen Widerstand.

In Abb. 1.53 soll von der Eingangsspannung U_{E} die Flussspannung U_{F} einer Diode abgezogen werden. Dazu muss der Strom I_{D} positiv sein:

$$I_{\mathrm{D}} = I_{\mathrm{A}} + I_{\mathrm{R}} > 0 \tag{1.81}$$

Aus der eingezeichneten Masche M in der Soll-Ersatzschaltung folgt

$$I_{\mathrm{R}} = \frac{U_{\mathrm{E}} - U_{\mathrm{F}} - U_{\mathrm{V}}}{R} \tag{1.82}$$

Eingesetzt in Gleichung 1.81 folgt daraus wiederum, dass die Versorgungsspannung in dieser Schaltung nicht größer als

$$U_{\mathrm{V}} < U_{\mathrm{E}} - U_{\mathrm{F}} + R \cdot I_{\mathrm{A}} \tag{1.83}$$

sein darf.

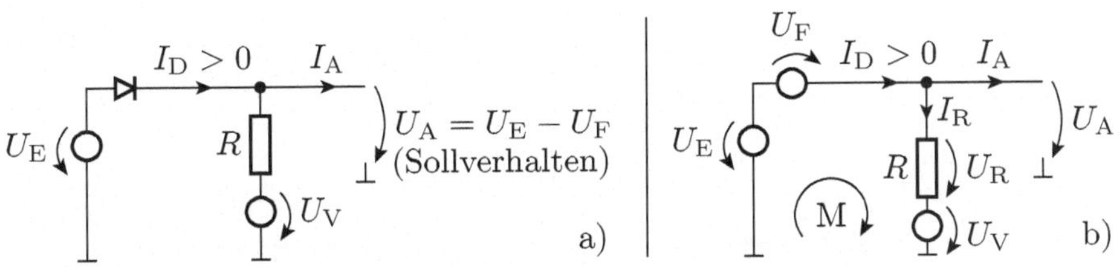

Abb. 1.53. Subtraktion der Flussspannung von der Eingangsspannung a) Schaltung b) Soll-Ersatzschaltung

Zur Addition der Flussspannung ist die Diode umzudrehen und der Strom muss in der entgegengesetzten Richtung fließen (Abb. 1.54). Das erfordert eine Versorgungsspannung von

$$U_{\mathrm{V}} > U_{\mathrm{E}} + U_{\mathrm{F}} + R \cdot I_{\mathrm{A}} \tag{1.84}$$

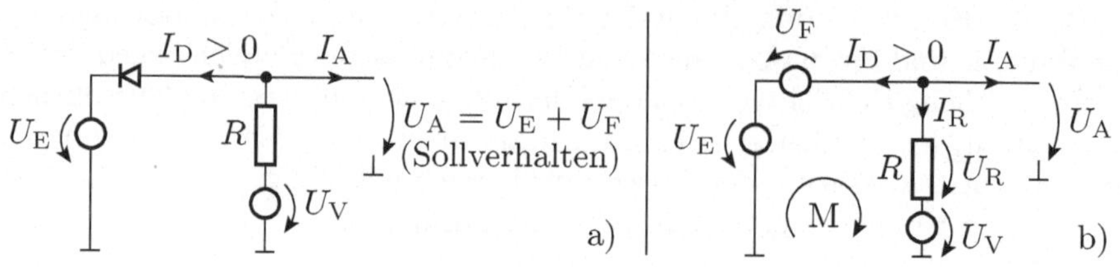

Abb. 1.54. Addition der Flussspannung zur Eingangsspannung a) Schaltung b) Soll-Ersatzschaltung

Zur Erzeugung einer konstanten Spannung gleich der Flussspannung wird die Ausgangsspannung über der Diode oder über einer Reihenschaltung von Dioden abgegriffen. Der Diodenstrom wird wieder von einer Versorgungsspannung und einem Widerstand bereitgestellt (Abb. 1.55).

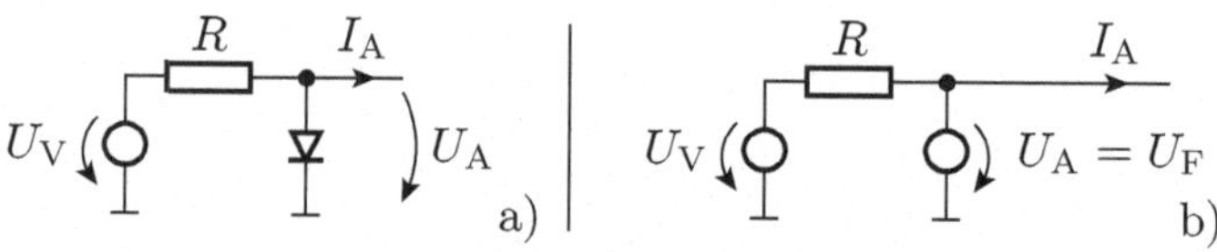

Abb. 1.55. Nachbildung einer Konstantspannungsquelle mit der Größe der Flussspannung U_F einer Diode a) Schaltung b) Soll-Ersatzschaltung

Für größere zu erzeugende konstante Spannungen wird der Durchbruchbereich genutzt. Als Dioden sind in diesen Fällen Z-Dioden[10] zu verwenden (Abb. 1.56). Die Versorgungsspannung muss in beiden Fällen mindestens

$$U_V > U_A + R \cdot I_A \tag{1.85}$$

betragen.

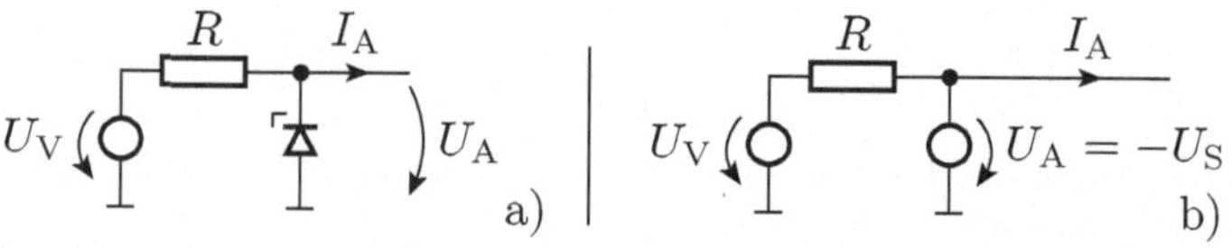

Abb. 1.56. Nachbildung einer Konstantspannungsquelle mit dem Betrag der Durchbruchspannung $|U_S|$ einer Z-Diode a) Schaltung b) Soll-Ersatzschaltung

[10] Das Schaltsymbol einer Z-Dioden hat einen kleinen Winkel neben dem Strich, der die Sperrrichtung symbolisiert.

1.4.4 Logikschaltungen

Mit Dioden lassen sich auch die logischen Grundfunktionen UND und ODER realisieren. Abbildung 1.57 zeigt die Wertetabellen und die Schaltsymbole der beiden Logikschaltungen. Unter der getroffenen Annahme, dass eine »1« durch ein großes und eine »0« durch ein kleines Potenzial dargestellt wird, verlangt eine UND-Verknüpfung eine Schaltung, bei der sich das Minimum und eine ODER-Verknüpfung eine Schaltung, bei der sich das Maximum der Eingangspotenziale durchsetzt.

x_2 x_1	$x_1 \vee x_2$	$x_1 \wedge x_2$
0 0	0	0
0 1	1	0
1 0	1	0
1 1	1	1

a)

ODER
x_1, x_2 — ≥ 1 — $x_1 \vee x_2$
UND
x_1, x_2 — & — $x_1 \wedge x_2$
b)

Potenzial	Logikwert
groß	1
unzulässig	X
klein	0

c)

Abb. 1.57. UND- und ODER-Verknüpfung a) Wertetabellen b) Schaltzeichen c) Zuordnung zwischen Logikwerten und Potenzialen

Das logische ODER besteht aus parallel geschalteten Dioden mit gemeinsamer Kathode und einer Stromquelle (Abb. 1.58). Die Diode mit dem größten Eingangspotenzial an der Anode arbeitet im Durchlassbereich und legt das Ausgangspotenzial fest:

$$\varphi(y) = \max_{i=1}^{N_E}(\varphi_i) - U_F \tag{1.86}$$

(N_E – Anzahl der Gattereingänge; φ_i – Potenzial am Eingang i). Die übrigen Dioden sind gesperrt. Statt der Stromquelle genügt auch eine Reihenschaltung

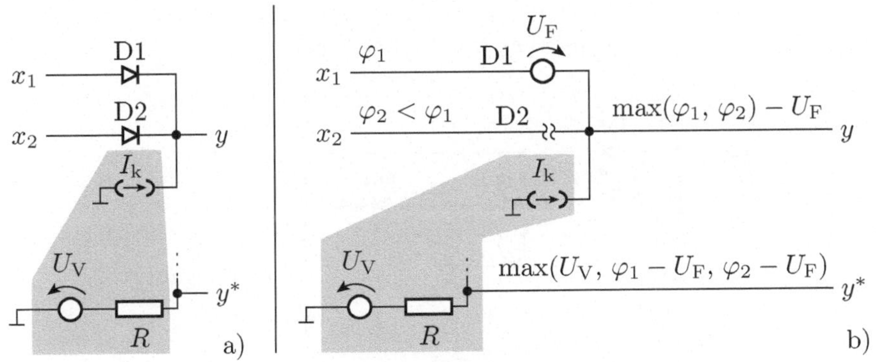

Abb. 1.58. Dioden-ODER a) Schaltung b) Ersatzschaltung

aus einem Widerstand und einer Versorgungsspannung. Die Versorgungsspannung darf dabei nicht größer als der Spannungswert für eine auszugebende »0« sein.

Bei einer UND-Verknüpfung soll sich das Minimum durchsetzen. Dazu sind die Dioden und die Stromquelle umzudrehen, so dass die Diode mit dem niedrigsten Eingangspotenzial leitet und die anderen sperren:

$$\varphi(y) = \min_{i=1}^{N_E} (\varphi_i + U_F) \tag{1.87}$$

(N_E – Anzahl der Gattereingänge). Beim Ersatz der Stromquelle durch eine Reihenschaltung aus einem Widerstand und einer Versorgungsspannung darf die Versorgungsspannung nicht kleiner als der Spannungswert für eine auszugebende »1« sein (Abb. 1.59).

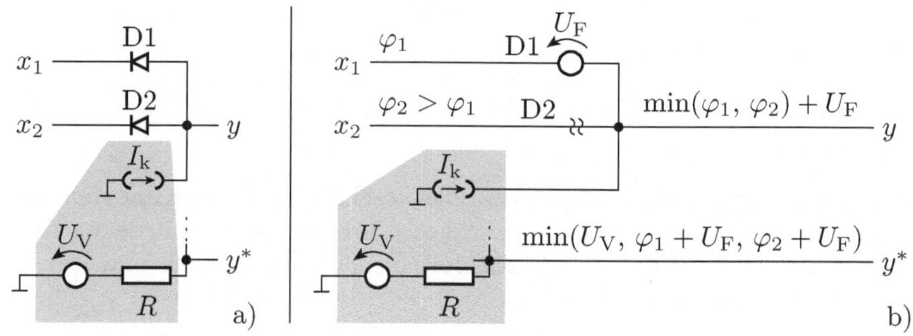

Abb. 1.59. Dioden-UND a) Schaltung b) Ersatzschaltung

UND- und ODER-Verknüpfungen können auch verkettet werden. In der ersten Diodenebene in Abb. 1.60 setzt sich jeweils der kleinere Wert und in der zweiten Ebene der größere Wert durch. Die logische Funktion lautet

$$y = (x_1 \wedge x_2) \vee (x_3 \wedge x_4) \tag{1.88}$$

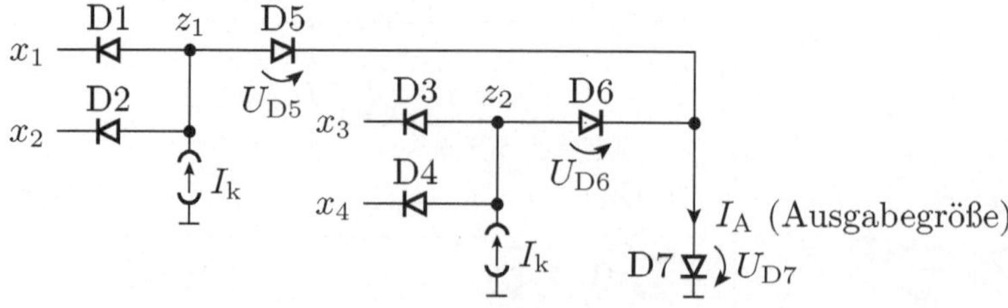

Abb. 1.60. UND-ODER-Verknüpfung mit Dioden

Die Ausgabegröße ist hier der Strom durch die Diode D7. Später wird an dieser Stelle ein Transistor eingefügt, der diesen Strom verstärkt und in eine Ausgabespannung umsetzt.

Das elektrische Verhalten der Schaltung soll anhand von je einer Ersatzschaltung für einen Arbeitsbereich, in dem $I_A = 0$ und einen Arbeitsbereich, in dem $I_A \geq I_k$ ist, näher untersucht werden (Abb. 1.61). In den Arbeitsbereichen mit $I_A = 0$ muss gelten

$$(U_{D5} + U_{D7} < 2 \cdot U_F) \text{ und } (U_{D6} + U_{D7} < 2 \cdot U_F) \tag{1.89}$$

Das setzt für die Potenziale an den Eingängen voraus

$$(\min(\varphi_1, \varphi_2) < U_F) \text{ und } (\min(\varphi_3, \varphi_4) < U_F) \tag{1.90}$$

Die größte Eingangsspannung, die noch als »0« interpretiert wird, ist etwas kleiner als U_F.

In den Arbeitsbereichen mit $I_A \geq I_k$ muss gelten

$$(U_{D5} + U_{D7} > 2 \cdot U_F) \text{ oder } (U_{D6} + U_{D7} > 2 \cdot U_F) \tag{1.91}$$

Das setzt für die Potenziale an den Eingängen voraus

$$(\min(\varphi_1, \varphi_2) > U_F) \text{ oder } (\min(\varphi_3, \varphi_4) > U_F) \tag{1.92}$$

Das kleinste Eingangspotenzial, das als »1« interpretiert wird, ist etwas größer als U_F (Abb. 1.61).

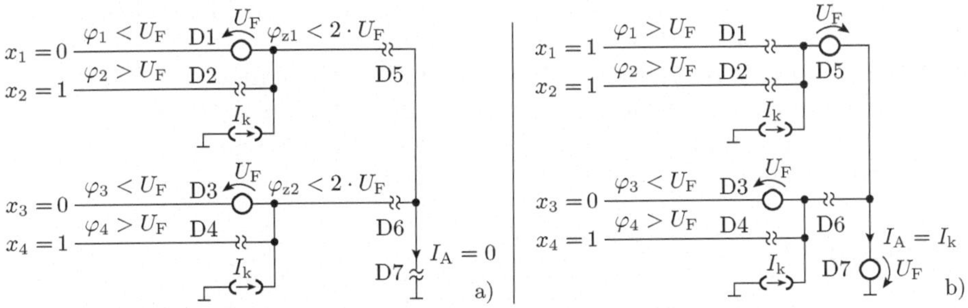

Abb. 1.61. Ersatzschaltungen der UND-ODER-Verknüpfung aus Abb. 1.60 a) für einen Arbeitsbereich mit $I_A = 0$ b) für einen Arbeitsbereich mit $I_A = I_k$

Der Eingangsstrom ist an allen Eingängen mit dem Signalwert »1« Null. An Eingängen mit dem Signalwert »0« fließt nur dann ein Strom, wenn die Diode im Durchlassbereich arbeitet. Die Richtung dieser Eingangsströme ist aus dem Eingang heraus und ihr Betrag gleich dem Quellenstrom I_k. Die Stromquellen können genau wie in Abb. 1.59 durch eine Reihenschaltung aus einer Versorgungsspannung und einem Widerstand ersetzt werden. Zur Umwandlung des Ausgangsstroms I_A in ein Ausgangspotenzial wird die Diode D7 später in Abschnitt 1.5.5 durch einen Bipolartransistor ersetzt.

1.4.5 Zusammenfassung und Übungsaufgaben

Eine Diode ist ein Zweipol mit einer nichtlinearen Kennlinie. Die Kennlinie kann durch drei lineare Arbeitsbereiche angenähert werden. Das sind

- der Durchlassbereich,
- der Sperrbereich und
- der Durchbruchbereich.

Im Durchlassbereich und im Durchbruchbereich ist die Ersatzschaltung eine Spannungsquelle und im Sperrbereich eine Unterbrechung. In der Schaltungstechnik werden Dioden zur Nachbildung von Spannungsquellen oder als Schalter verwendet. Als Spannungsquelle arbeiten sie im Durchlass- oder im Durchbruchbereich. Im Schaltbetrieb wechselt der Arbeitsbereich in Abhängigkeit von einer Eingabegröße zwischen dem Durchlass- und dem Sperrbereich. Weiterführende und ergänzende Literatur siehe [7, 8, 9, 10, 12, 16, 17, 19, 21, 37, 41] und Datenblätter von Dioden.

Aufgabe 1.18

Suchen Sie im Internet die Datenblätter der Dioden 10TQ035, BY228 und 1N757. Welche Werte haben die Parameter U_{F}, $|U_{\mathrm{S}}|$ und $P_{\max}$?

Hinweise:

- Die zulässige Verlustleistung muss zum Teil aus dem zulässigen Dauerstrom und der Flussspannung (bzw. bei Z-Dioden der Durchbruchspannung) abgeschätzt werden.
- Bei Z-Dioden fehlt meist die Angabe der Flussspannung.
- Zur Eingrenzung, welche der Parameter im Datenblatt die gesuchten sein könnten, ist es hilfreich, auf die Maßeinheiten und die Größenordnung der Werte zu achten.

Aufgabe 1.19

Durch eine rote Leuchtdiode mit einer Flussspannung $U_{\mathrm{F}} = 1{,}6\,\mathrm{V}$ soll dauerhaft ein Strom von $I_{\mathrm{D}} = 30\,\mathrm{mA}$ fließen. Die Versorgungsspannung beträgt $U_{\mathrm{V}} = 5\,\mathrm{V}$.

a) Zeichen Sie die Schaltung und die lineare Ersatzschaltung im verwendeten Arbeitsbereich.
b) Berechnen Sie den Vorwiderstand.

Aufgabe 1.20

Stellen Sie für den Brückengleichrichter in Abb. 1.52 die Ersatzschaltung für den Fall auf, dass die Diode D2 im Durchbruchbereich arbeitet. Warum ist dieser Arbeitsbereich unbedingt zu vermeiden?

Aufgabe 1.21

Bestimmen Sie die Strom-Spannungs-Beziehungen der Zweipole in Abb. 1.62. Dabei sind folgende Teilaufgaben zu lösen:

- Abschätzung der zu unterscheidenden Arbeitsbereiche,
- Aufstellung der linearen Ersatzschaltung für jeden Arbeitsbereich,
- Bestimmung der gesuchten Strom-Spannungs-Beziehungen und
- Bestimmung der Gültigkeitsbereiche.

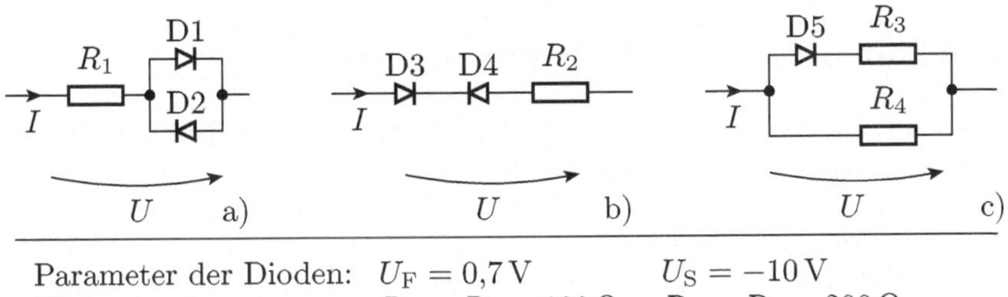

Parameter der Dioden: $U_F = 0{,}7\,V$ $\quad U_S = -10\,V$
Widerstandswerte: $R_1 = R_2 = 100\,\Omega$ $\quad R_3 = R_4 = 200\,\Omega$

Abb. 1.62. Schaltungen zu Aufgabe 1.21

Aufgabe 1.22

Bestimmen Sie für die Schaltung in Abb. 1.63 die Spannung U_A als Funktion des Quellenstroms I_E.

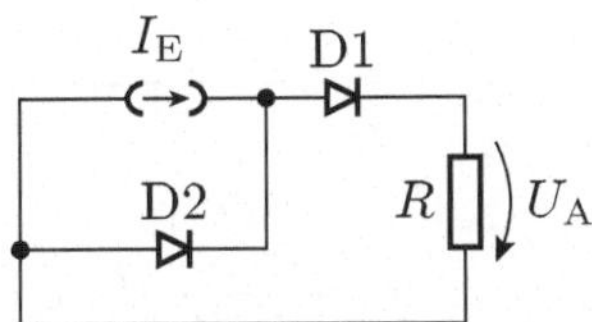

Abb. 1.63. Schaltung zu Aufgabe 1.22

Aufgabe 1.23

Bestimmen Sie für die Schaltung in Abb. 1.64 die Ausgangsspannung U_A als Funktion der Eingangsspannungen U_{E1} bis U_{E3}. Die Flussspannung sei für alle Dioden $U_F = 0{,}7\,V$.

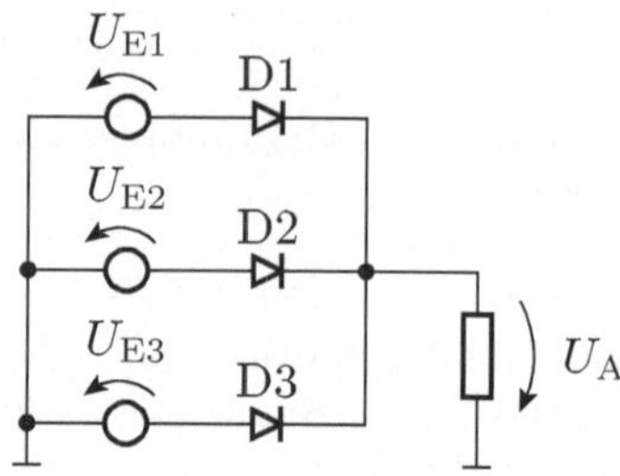

Abb. 1.64. Schaltung zu Aufgabe 1.23

1.5 Schaltungen mit Bipolartransistoren

Ein Bipolartransistor ist ein Halbleiterbauteil mit den drei Anschlüssen Emitter, Basis und Kollektor. Er besteht aus einer Halbleiterschichtfolge npn oder pnp. Die Basis ist am mittleren Halbleitergebiet, der Emitter und der Kollektor sind an den beiden äußeren Halbleitergebieten angeschlossen. Wichtig ist, dass der Abstand zwischen den beiden pn-Übergängen, die Basisbreite, sehr gering ist. Zwei verbundene pn-Übergänge sind folglich nicht unbedingt ein Transistor. Abbildung 1.65 zeigt den Aufbau, das Schaltzeichen und die im Weiteren verwendeten Bezeichnungen für die Spannungen und Ströme an den Transistoranschlüssen.

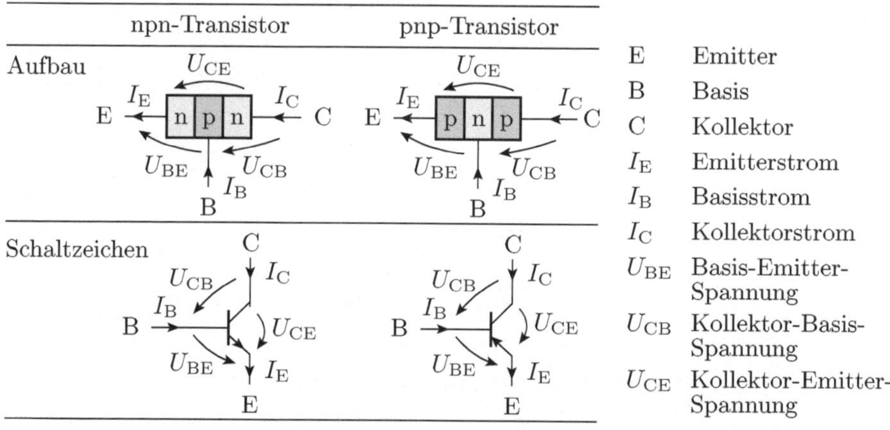

Abb. 1.65. Aufbau, Schaltzeichen und Anschlüsse von Bipolartransistoren

Jeder der beiden pn-Übergänge funktioniert für sich allein wie eine Diode. Dasselbe gilt, wenn beide pn-Übergänge gleichzeitig im Durchlassbereich oder im Sperrbereich arbeiten. Der Durchbruchbereich der pn-Übergänge wird praktisch nie genutzt. In seinem normalen Betriebsbereich – kurz Normalbereich – werden die pn-Übergänge jedoch in folgender Weise betrieben:

- Basis-Emitter-Übergang im Durchlassbereich und
- Basis-Kollektor-Übergang im Sperrbereich.

In diesem Arbeitsbereich besitzt der durchlässige Basis-Emitter-Übergang das Modellverhalten einer Konstantspannungsquelle mit einer Quellenspannung U_{BEF} und der gesperrte Kollektor-Basis-Übergang das Modellverhalten einer durch den Basisstrom gesteuerten Stromquelle (Abb. 1.66):

$$I_{\mathrm{C}} = \beta \cdot I_{\mathrm{B}} \quad \text{mit} \quad \beta \gg 1 \tag{1.93}$$

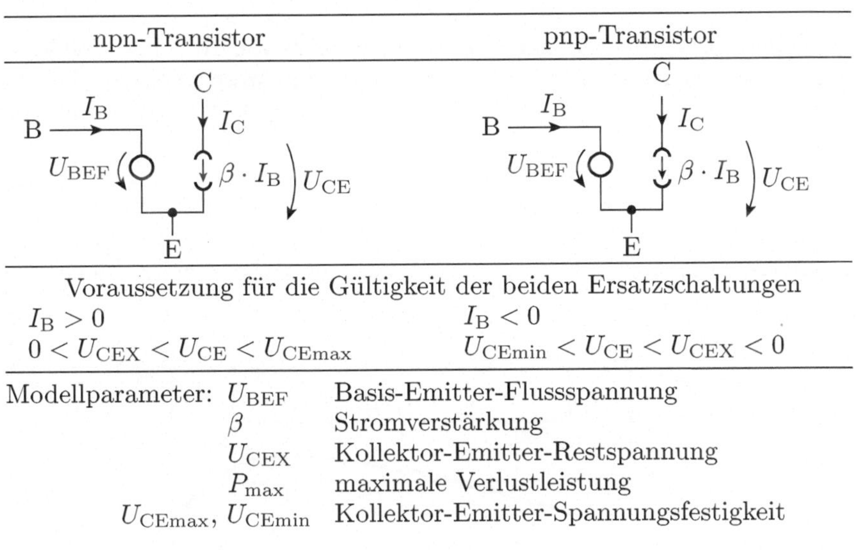

Abb. 1.66. Die Ersatzschaltungen von Bipolartransistoren im Normalbereich

Die Stromverstärkung kommt durch den Transistoreffekt zustande, der auf dem Zusammenwirken von Diffusions- und Driftströmen an und zwischen den beiden pn-Übergängen basiert. Er wird später in Abschnitt 3.1.5 beschrieben. Dieser Abschnitt behandelt typische Transistorschaltungen mit ihren Ersatzschaltungen und Simulationsmodellen.

Tabelle 1.2 zeigt die Modellparameter für zwei typische Bipolartransistoren. Die Basis-Emitter-Flussspannung beträgt für npn-Transistoren typisch $U_{\mathrm{BEF}} \approx 0{,}7\,\mathrm{V}$ und für pnp-Transistoren $U_{\mathrm{BEF}} \approx -0{,}7\,\mathrm{V}$. Die Stromverstärkung β liegt in der Größenordnung von 30 bis 600. Die Transistoren werden nach Stromverstärkungsgruppen sortiert angeboten. Innerhalb einer Stromverstärkungsgruppe streut die Stromverstärkung immer noch in einer Größenordnung von $\pm 50\%$. Das hat physikalische und fertigungstechnische Ursachen. Die Kollektor-Emitter-Restspannung liegt in der Größenordnung von $0{,}3\,\mathrm{V}$ bzw. $-0{,}3\,\mathrm{V}$. Die Spannungsfestigkeit zwischen Emitter und Kollektor liegt je

Tabelle 1.2. Modellparameter von zwei Universaltransistoren

pnp-Transistor	β	U_{BEF}	U_{CEX}	U_{CEmin}	P_{max}
BC327-16 -25 -40	100 - 250 160 - 400 250 - 600	$\approx -0{,}9\,V$	$\approx -0{,}3\,V$	$-45\,V$	$625\,mW$
npn-Transistor	β	U_{BEF}	U_{CEX}	U_{CEmax}	P_{max}
BC337-16 -25 40	100 - 250 160 - 400 250 - 630	$\approx 0{,}9V$	$\approx 0{,}3\,V$	$45\,V$	$625\,mW$

nach Transistortyp betragsmäßig in einem Bereich von 10 V bis 1000 V. Für npn-Transistoren ist sie positiv und für pnp-Transistoren negativ. Die Verlustleistung eines Transistors liegt wie bei Dioden in der Größenordnung von 100 mW bis mehrere Watt.

Der wichtigste Modellparameter, die Stromverstärkung, ist auch vom Arbeitspunkt abhängig (Abb. 1.67). Gleiches gilt für die Basis-Emitter-Flussspannung. Das gewählte Modell vernachlässigt das, weil Transistorschaltungen ohnehin so entworfen werden müssen, dass die Parameterstreuungen nicht stören.

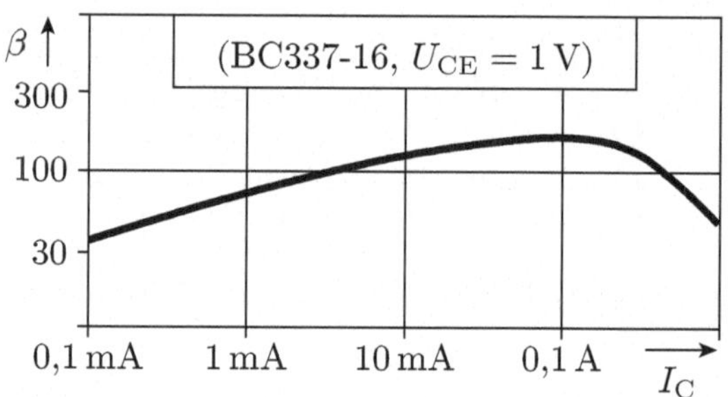

Abb. 1.67. Die Stromverstärkung in Abhängigkeit vom Kollektorstrom (Transistortyp BC137)

Die große Kunst des Entwurfs von Transistorschaltungen besteht darin, die Schaltungen so zu konstruieren, dass die wichtigen Merkmale der Gesamtfunktion nur unerheblich von den stark streuungsbehafteten Transistorparametern abhängen.

1.5.1 Einfacher Spannungsverstärker

Definition 1.16 (Übertragungsfunktion) *Die Übertragungsfunktion charakterisiert Systeme mit einem Eingang und einem Ausgang, z.B. Verstärker. Sie beschreibt die Abbildung der Eingabe auf die Ausgabe.*

Um einen Transistor als Spannungsverstärker nutzen zu können, muss die Eingangsspannung in einen Basisstrom und der verstärkte Kollektorstrom in eine Ausgangsspannung umgewandelt werden. Das erfordert zwei zusätzliche Widerstände und eine Versorgungsspannung (Abb. 1.68 a).

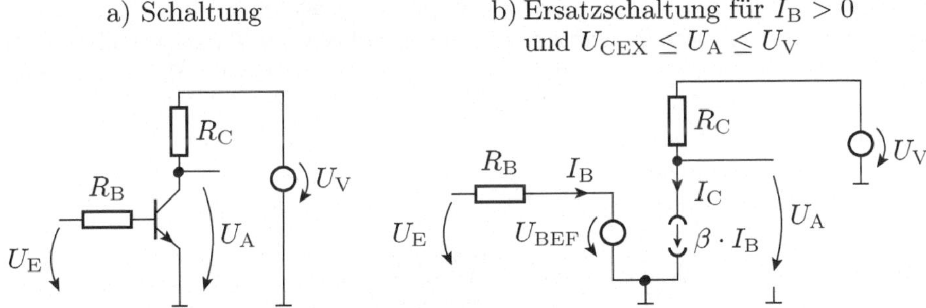

Abb. 1.68. Einfacher Spannungsverstärker

Der Widerstand R_B wandelt eine Eingangsspannung $U_E > U_{BEF}$ in einen Basisstrom

$$I_B = \frac{U_E - U_{BEF}}{R_B} \tag{1.94}$$

um. Dieser wird verstärkt und verursacht, wenn der Basis-Emitter-Übergang im Sperrbereich arbeitet, einen Kollektorstrom von

$$I_C = \beta \cdot I_B = \frac{\beta}{R_B} \cdot (U_E - U_{BEF}) \tag{1.95}$$

Die Ausgangsspannung ist nach dem Maschensatz gleich der Versorgungsspannung abzüglich des Spannungsabfalls über R_C[11]. Die Übertragungsfunktion lautet

$$U_A = U_V - R_C \cdot I_C = U_V - \frac{\beta \cdot R_C}{R_B} \cdot (U_E - U_{BEF}) \tag{1.96}$$

Der Wertebereich der Ausgangsspannung, in dem die Ersatzschaltung gilt, ist

$$U_{CEX} < U_A < U_V \tag{1.97}$$

[11] Achtung, die Masche nicht über die Stromquelle legen!

Eingesetzt in die nach der Eingangsspannung umgestellte Übertragungsfunktion Gleichung 1.96

$$U_{\mathrm{E}} = \frac{(U_{\mathrm{V}} - U_{\mathrm{A}}) \cdot R_{\mathrm{B}}}{\beta \cdot R_{\mathrm{C}}} + U_{\mathrm{BEF}} \tag{1.98}$$

ist der zulässige Wertebereich der Eingangsspannung

$$U_{\mathrm{BEF}} < U_{\mathrm{E}} < \frac{R_{\mathrm{B}} \cdot (U_{\mathrm{V}} - U_{\mathrm{CEX}})}{\beta \cdot R_{\mathrm{C}}} + U_{\mathrm{BEF}} \tag{1.99}$$

Für kleinere Eingangsspannungen sind beide pn-Übergänge des Transistors gesperrt. Es fließt weder ein Basis- noch ein Kollektorstrom. Der Transistor arbeitet im Sperrbereich. Die Ausgangsspannung ist gleich der Versorgungsspannung. Für größere Eingangsspannungen verlässt der Transistor gleichfalls den Normalbereich. Der Arbeitsbereich, in den er wechselt – der Übersteuerungsbereich – wird später in Abschnitt 1.5.5 behandelt. Die Schaltung hat praktisch drei Arbeitsbereiche, von denen sie, wenn sie als Verstärker genutzt wird, im mittleren arbeitet.

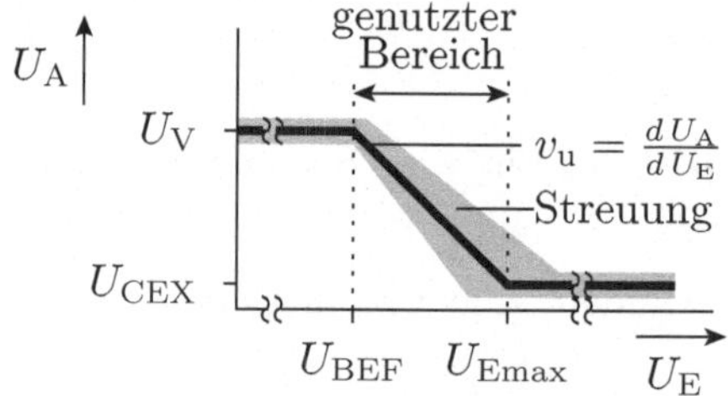

Abb. 1.69. Übertragungsfunktion des Transistorverstärkers

Der wichtigste Parameter des Transistorverstärkers ist seine Spannungsverstärkung. Das ist der Anstieg der Ausgangsspannung mit der Eingangsspannung:

$$v_{\mathrm{u}} = \frac{d\,U_{\mathrm{A}}}{d\,U_{\mathrm{E}}} \tag{1.100}$$

Für den einfachen Transistorverstärker beträgt sie:

$$v_{\mathrm{u}} = -\frac{\beta \cdot R_{\mathrm{C}}}{R_{\mathrm{B}}} \tag{1.101}$$

Problematisch ist, dass sich die Spannungsverstärkung proportional zu der stark streuungsbehafteten Stromverstärkung des Transistors verhält. Jeder Transistor hat eine andere Stromverstärkung und benötigt einen anderen Widerstand R_{B}. Der Widerstand R_{B} muss entweder für jeden Transistor individuell ausgewählt oder durch einen Einstellwiderstand ersetzt werden, der bei der Inbetriebnahme manuell abgeglichen wird. Integrierte Schaltungen und Baugruppen für eine Serien- oder Massenfertigung sollten möglichst ohne Widerstandsabgleiche auskommen.

Die Verlustleistung des Transistors ist in guter Näherung das Produkt aus dem Kollektorstrom und der Kollektor-Emitter-Spannung. Die Kollektor-Emitter-Spannung ist in der Schaltung in Abb. 1.68 gleich der Ausgangsspannung U_{A}:

$$P_{\mathrm{Tr}} \approx I_{\mathrm{C}} \cdot U_{\mathrm{A}} \tag{1.102}$$

Mit Gleichung 1.96 für die Ausgangsspannung folgt weiterhin:

$$P_{\mathrm{Tr}} \approx I_{\mathrm{C}} \cdot (U_{\mathrm{V}} - R_{\mathrm{C}} \cdot I_{\mathrm{C}}) \tag{1.103}$$

Die Gleichung hat bei

$$I_{\mathrm{C}} = \frac{U_{\mathrm{V}}}{2 \cdot R_{\mathrm{C}}} \tag{1.104}$$

das Maximum (Abb. 1.70):

$$P_{\mathrm{Tr}} \leq \frac{U_{\mathrm{V}}^2}{4 \cdot R_{\mathrm{C}}} \tag{1.105}$$

Das ist gleichzeitig der Richtwert für die maximale Verlustleistung, die der Transistor vertragen sollte.

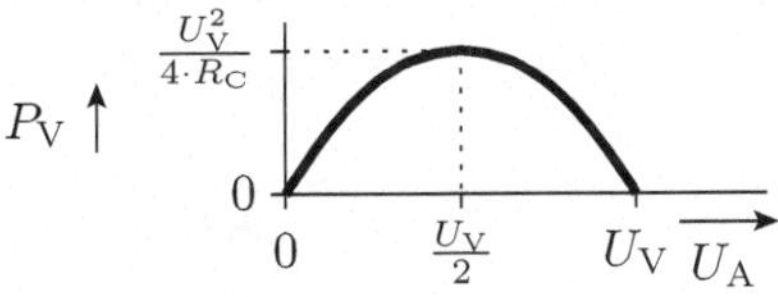

Abb. 1.70. Verlustleistung des Transistors in einem Verstärker

Beispiel 1.1: *Gegeben sei die Schaltung in Abb. 1.71. Welchen Einstellbereich muss der Widerstand R_{B} besitzen, damit sich die gewünschte Spannungsverstärkung v_{u} einstellen lässt? In welchem Bereich darf die Eingangsspannung U_{E} liegen? Wie groß muss die zulässige Verlustleistung des Transistors sein?*

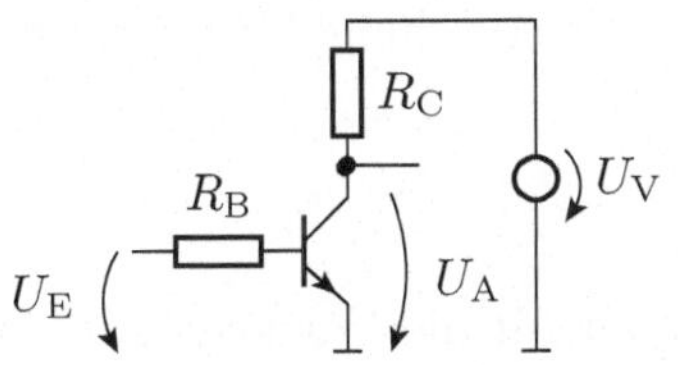

R_{C}, R_{B}, U_{V}, U_{A}, U_{E}

$\beta = 100 \ldots 250$
$U_{\mathrm{BEF}} \approx 0{,}7\,\mathrm{V}$
$U_{\mathrm{CEX}} \approx 0{,}2\,\mathrm{V}$
$R_{\mathrm{C}} = 1\,\mathrm{k}\Omega$
$U_{\mathrm{V}} = 5\,\mathrm{V}$
$v_{\mathrm{u}} = -10$ (Sollwert)

Abb. 1.71. Schaltung zu Beispiel 1.1

Der notwendige Einstellbereich für R_B ergibt sich aus Gleichung 1.101 und beträgt

$$R_\mathrm{B} = -\frac{\beta \cdot R_\mathrm{C}}{v_\mathrm{u}} = \frac{(100\ldots250)\cdot 1\,\mathrm{k\Omega}}{10}$$

$$R_\mathrm{B} = 10\,\mathrm{k\Omega}\ \ldots\ 25\,\mathrm{k\Omega}$$

Der zulässige Eingangsspannungsbereich ergibt sich über Gleichung 1.99 und beträgt

$$0{,}7\,\mathrm{V} \le U_\mathrm{E} \le \frac{5\,\mathrm{V} - 0{,}2\,\mathrm{V}}{10} + 0{,}7\,\mathrm{V} = 1{,}18\,\mathrm{V}$$

Die maximal im Transistor auftretende Verlustleistung beträgt nach Gleichung 1.105

$$P_\mathrm{Tr} \ge \frac{(5\,\mathrm{V})^2}{4\cdot 1\,\mathrm{k\Omega}} = 6{,}25\,\mathrm{mW}$$

Sie ist so gering, dass sie keine besonderen Anforderungen an den Transistor und seine Kühlung stellt.

1.5.2 Verbesserter Spannungsverstärker

Die folgende Verstärkerschaltung kommt ohne einen Einstellwiderstand aus, um die großen Streuungen der Stromverstärkung des Transistors auszugleichen. Dazu wird der Widerstand zur Umwandlung der Eingangsspannung in einen Eingangsstrom in den Emitterzweig verschoben (Abb. 1.72).

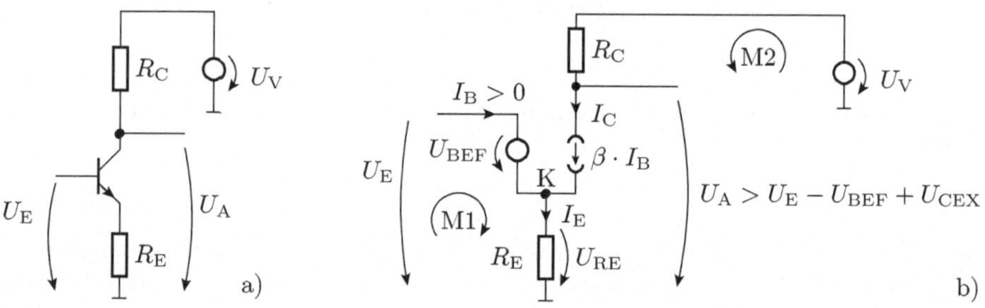

Abb. 1.72. Verbesserter Spannungsverstärker a) Schaltung b) Ersatzschaltung

Der Emitterstrom I_E ist nach der Knotengleichung für K die Summe aus dem Basis- und dem Kollektorstrom:

$$I_\mathrm{E} = I_\mathrm{B} + I_\mathrm{C} = (1+\beta)\cdot I_\mathrm{B} \tag{1.106}$$

Aus der Maschengleichung für M1 folgt für die Eingangsspannung

$$U_\mathrm{E} = U_\mathrm{BEF} + U_\mathrm{RE} = U_\mathrm{BEF} + R_\mathrm{E}\cdot(1+\beta)\cdot I_\mathrm{B} \tag{1.107}$$

Umgestellt nach dem Basisstrom

$$I_B = \frac{(U_E - U_{BEF})}{R_E \cdot (1+\beta)} \tag{1.108}$$

und multipliziert mit der Stromverstärkung ergibt sich ein Kollektorstrom von

$$I_C = \beta \cdot I_B = \frac{\beta \cdot (U_E - U_{BEF})}{R_E \cdot (1+\beta)} \tag{1.109}$$

Im nächsten Schritt wird die Maschengleichung für M2 aufgestellt, nach U_A umgestellt und der Spannungsabfall über R_C durch das Produkt aus R_C und I_C ersetzt. Ergebnis ist eine Übertragungsfunktion, die nur noch unerheblich von der Stromverstärkung des Transistors abhängt:

$$U_A = U_V - R_C \cdot I_C = U_V - \frac{\beta \cdot R_C}{(1+\beta) \cdot R_E} \cdot (U_E - U_{BEF}) \tag{1.110}$$

Die Verstärkung beträgt nach Gleichung 1.100

$$v_u = \frac{d\,U_A}{d\,U_E} = -\frac{\beta \cdot R_C}{(1+\beta) \cdot R_E} \tag{1.111}$$

Sie wird fast ausschließlich vom Verhältnis der Widerstandswerte R_C und R_E bestimmt. Die Streuung der Stromverstärkung hat kaum noch einen Einfluss. Eine Änderung der Stromverstärkung im Bereich von $100 \leq \beta \leq 250$ ändert die Spannungsverstärkung um weniger als 1%. Die Schaltung benötigt im Gegensatz zu der Schaltung in Abb. 1.68 keinen Widerstandsabgleich zur Kompensation der Bauteilstreuungen.

1.5.3 Differenzverstärker

Der zweite Transistorparameter im Modell, die Flussspannung des Basis-Emitter-Übergangs U_{BEF}, unterliegt auch erheblichen fertigungsbedingten und arbeitspunktbedingten Streuungen (Größenordnung ±20%). Auch dieser Parameter darf keinen wesentlichen Einfluss auf das Verhalten des Gesamtsystems haben. Die Lösung, ihn aus der Übertragungsfunktion zu eliminieren, ist der Differenzverstärker und seine Weiterentwicklung, der Operationsverstärker.

Ein einfacher Differenzverstärker besteht aus zwei identischen Transistorverstärkern und einer Stromquelle. Die Widerstände R_E und R_C sind für beide Einzelverstärker gleich (Abb. 1.73 a). Die Transistoren sind idealerweise komplett identisch.[12]

[12] Es ist tatsächlich möglich, Transistoren herzustellen, deren Parameter nahezu gleich sind. Dazu müssen sie gleich aufgebaut und gemeinsam auf demselben Halbleiterchip gefertigt werden.

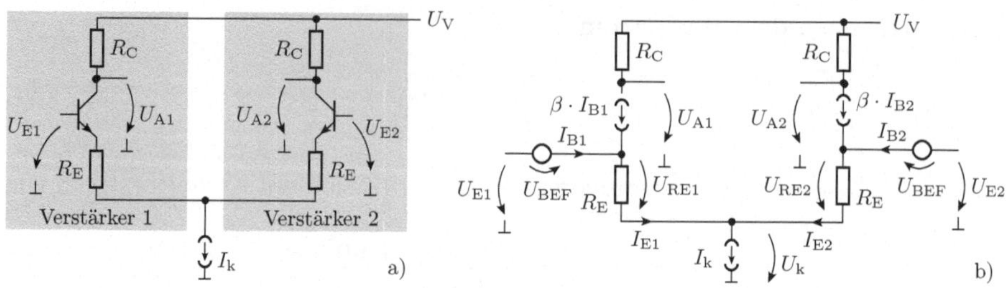

Abb. 1.73. Differenzverstärker a) Schaltung b) Ersatzschaltung

Zur Berechnung der Übertragungsfunktion wird zuerst die lineare Ersatzschaltung aufgestellt. Dann werden die Zählpfeile der interessierenden Ströme und Spannungen eingezeichnet (Abb. 1.73 b). Für die Emitterströme der beiden Einzelverstärker gilt:

$$I_{E.i} = \frac{U_{E.i} - U_{BEF} - U_k}{R_E} \text{ mit } i \in \{1,\,2\} \tag{1.112}$$

Die Spannung über der Stromquelle stellt sich genauso ein, dass am Knoten K der Knotensatz gilt:

$$I_k = I_{E.1} + I_{E.2} \tag{1.113}$$

$$I_k = \frac{U_{E.1} + U_{E.2} - 2 \cdot (U_{BEF} + U_k)}{R_E} \tag{1.114}$$

$$U_k = \frac{U_{E.1} + U_{E.2} - R_E \cdot I_k}{2} - U_{BEF} \tag{1.115}$$

Eingesetzt in Gleichung 1.112 ergibt sich für die Emitterströme:

$$I_{E.1} = \frac{U_{E.1} - U_{E.2}}{2 \cdot R_E} + \frac{I_k}{2} \tag{1.116}$$

$$I_{E.2} = \frac{U_{E.2} - U_{E.1}}{2 \cdot R_E} + \frac{I_k}{2} \tag{1.117}$$

Mit

$$I_{C.i} = \frac{\beta}{\beta + 1} \cdot I_{E.i} \tag{1.118}$$

und

$$U_{A.i} = U_V - R_C \cdot I_{C.i} \tag{1.119}$$

betragen die beiden Ausgangsspannungen

$$U_{A.1} = U_V - \frac{\beta \cdot R_C}{2 \cdot (\beta + 1) \cdot R_E} \cdot (U_{E.1} - U_{E.2}) - \frac{\beta \cdot R_C \cdot I_k}{2 \cdot (\beta + 1)} \tag{1.120}$$

$$U_{A.2} = U_V - \frac{\beta \cdot R_C}{2 \cdot (\beta + 1) \cdot R_E} \cdot (U_{E.2} - U_{E.1}) - \frac{\beta \cdot R_C \cdot I_k}{2 \cdot (\beta + 1)} \tag{1.121}$$

Die Differenz der beiden Ausgangsspannungen wird wie bei dem verbesserten Verstärker fast ausschließlich vom Verhältnis zwischen dem Kollektorwiderstand und dem Emitterwiderstand bestimmt:

$$\Delta U_{\mathrm{A}} = U_{\mathrm{A.2}} - U_{\mathrm{A.1}} = \frac{\beta \cdot R_{\mathrm{C}}}{(\beta + 1) \cdot R_{\mathrm{E}}} \cdot (U_{\mathrm{E.1}} - U_{\mathrm{E.2}}) \tag{1.122}$$

Die Flussspannungen der Basis-Emitter-Übergänge sind aus der Übertragungsfunktion herausgefallen. Das gestellte Ziel, ein Verstärker, dessen Eigenschaften nur unerheblich von den stark streuenden Transistorparametern abhängen, ist erreicht.

1.5.4 Stromquelle, Stromspiegel

Der Differenzverstärker benötigt eine Stromquelle. Eine Stromquelle ist im einfachsten Fall ein Transistor mit Basiswiderstand (Abb. 1.74).

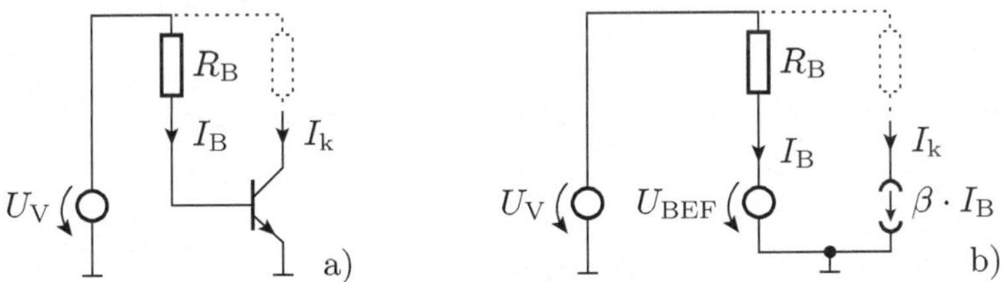

Abb. 1.74. Transistor als Stromquelle a) Schaltung b) Ersatzschaltung

Der Strom I_{k} beträgt:

$$I_{\mathrm{k}} = \frac{\beta}{R_{\mathrm{B}}} \cdot (U_{\mathrm{V}} - U_{\mathrm{BEF}}) \tag{1.123}$$

Der Nachteil ist, dass wie bei dem einfachen Spannungsverstärker der erzeugte Strom von den beiden streuungsbehafteten Transistorparametern β und U_{BEF} abhängt. Abhilfe schaffen wieder die Grundprinzipien, die bereits beim Differenzverstärker angewendet wurden:

- Symmetrie und
- Kompensation.

Die Schaltung wird symmetrisch um einen zweiten identischen Transistor erweitert, so dass sich die beiden Basis-Emitter-Flussspannungen gegenseitig kompensieren (Abb. 1.75 a). Der linke Transistor wandelt den Eingangsstrom I_{ref} in das zugehörige Basispotenzial und der rechte Transistor wandelt das Basispotenzial wieder zurück in einen Strom um. Die Schaltung heißt Stromspiegel.

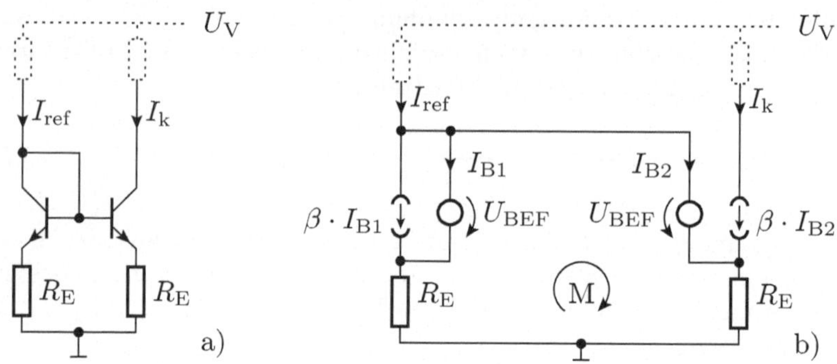

Abb. 1.75. Stromspiegel a) Schaltung b) Ersatzschaltung

Aus der Masche M in der Ersatzschaltung folgt, dass über den beiden Widerständen mit dem Wert R_E dieselbe Spannung abfällt. Für den Spannungsabfall über dem linken Widerstand gilt

$$U_{RE} = R_E \cdot (I_{ref} - I_{B2}) \tag{1.124}$$

Für den Spannungsabfall über dem rechten Widerstand gilt

$$U_{RE} = R_E \cdot (I_k + I_{B2}) \tag{1.125}$$

Mit $I_{B1} \approx I_{B2} \approx I_B \approx I_k/\beta$ ergibt sich

$$I_{ref} = I_k \cdot \left(1 + \frac{2}{\beta}\right) \tag{1.126}$$

Der Strom I_k unterscheidet sich nur unerheblich vom Eingabestrom I_{ref}. Die beiden toleranzbehafteten Transistorparameter β und U_{BEF} fallen aus der Rechnung heraus.

1.5.5 Transistorinverter

Ein Inverter besitzt die logische Funktion

$$y = \bar{x} \tag{1.127}$$

(x – logischer Eingabewert; y – logischer Ausgabewert). Er bildet eine kleine Eingangsspannung auf eine große Ausgangsspannung ab und umgekehrt. Die einfachste Schaltung mit dieser Funktion ist der einfache Spannungsverstärker in Abb. 1.76. Das Problem mit den Parameterstreuungen der Bauteile wird jedoch anders gelöst. Der Transistor arbeitet nur während der Schaltvorgänge im Normalbereich. Im stationären Zustand befindet er sich immer entweder

- im Sperrbereich oder

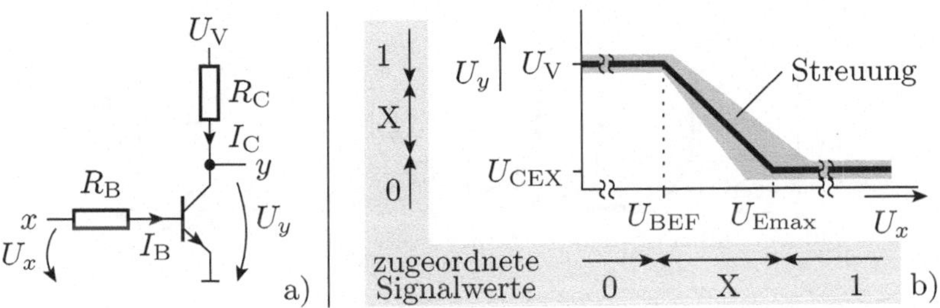

Abb. 1.76. Transistorinverter a) Schaltung b) Übertragungsfunktion (X – Signalwert unbestimmt)

- im Übersteuerungsbereich.

Im Sperrbereich sind beide pn-Übergänge des Transistors gesperrt. Die Eingangsspannung muss hierfür kleiner als die minimale Basis-Emitter-Flussspannung sein:

$$U_{x=0} < U_{\mathrm{BEFmin}} \tag{1.128}$$

Es fließt kein Basisstrom und damit auch kein Kollektorstrom. Die Ausgangsspannung ist gleich der Versorgungsspannung (Abb. 1.77).

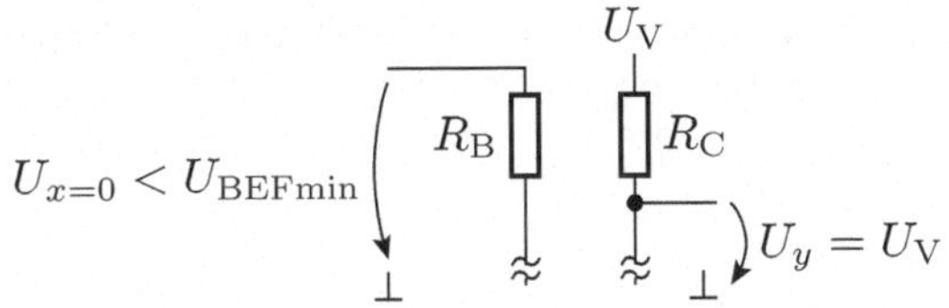

Abb. 1.77. Ersatzschaltung des Transistorinverters mit dem Transistor im Sperrbereich

Für eine große Eingangsspannung U_x übersteuert der Transistor. Die Emitter-Kollektor-Spannung, die Gleichung 1.96 gehorcht,

$$U_{\mathrm{CE}} = U_y = U_{\mathrm{V}} - R_{\mathrm{C}} \cdot I_{\mathrm{C}}$$

sinkt bis in den Bereich der Kollektor-Emitter-Restspannung $U_{\mathrm{CEX}} \approx 0{,}2\,\mathrm{V}$ ab. Danach nimmt die Kollektor-Emitter-Spannung mit steigendem Basisstrom nur noch geringfügig weiter ab. Die Ersatzschaltung eines übersteuerten Transistors ist je eine Konstantspannungsquelle für die Basis-Emitter-Strecke und für die Kollektor-Emitter-Strecke (Abb. 1.78).

Die minimale Eingangsspannung U_{E1min}, ab der der Transistor übersteuert, ist die Eingangsspannung, bei der die Ausgangsspannung nach Gleichung 1.96 auch im ungünstigsten Fall nicht größer als U_{CEX} ist:

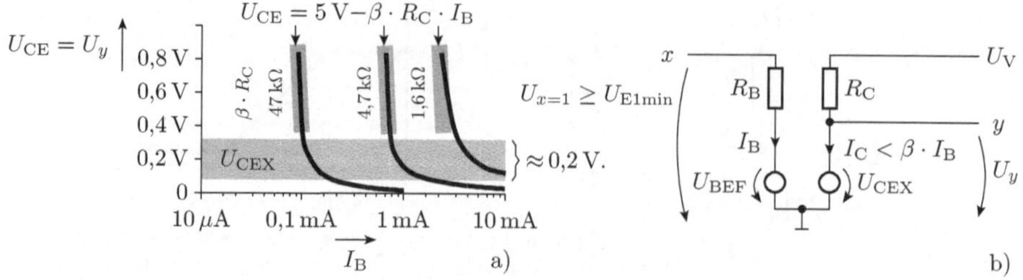

Abb. 1.78. Übersteuerungsbereich a) Zusammenhang zwischen dem Basisstrom und der Kollektor-Emitter-Spannung beim Übergang in den Übersteuerungsbereich aus [3] b) Ersatzschaltung des Inverters mit übersteuertem Transistor

$$U_V - \frac{\beta_{min} \cdot R_C}{R_B} \cdot (U_{E1min} - U_{BEF}) < U_{CEX} \tag{1.129}$$

(β_{min} – Mindestverstärkung). Der Basiswiderstand darf nicht größer sein als

$$R_B \leq \beta_{min} \cdot R_C \cdot \frac{U_{E1min} - U_{BEFmax}}{U_V - U_{CEX}} \tag{1.130}$$

Beispiel 1.2: *Gegeben sei der Transistorinverter in Abb. 1.79. Bis zu welcher Spannung wird die Eingabe garantiert als »0« interpretiert? Welche Spannung wird als »0« und welche Spannung wird als »1« ausgegeben? Wie groß darf der Widerstand R_B maximal sein?*

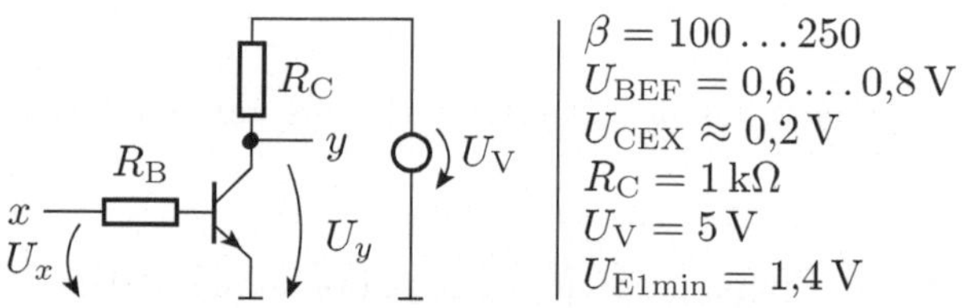

Abb. 1.79. Schaltung zu Beispiel 1.2

Die Eingabe wird garantiert als »0« interpretiert, solange der Transistor sperrt, d.h. für $U_E < U_{BEFmin} = 0{,}6\,V$. Der Ausgabewert für »0« ist $U_{CEX} \approx 0{,}2\,V$ und für »1« $U_V = 5\,V$. Nach Gleichung 1.130 darf der Basiswiderstand maximal

$$R_B \leq \frac{100 \cdot 1\,k\Omega \cdot (1{,}4\,V - 0{,}8\,V)}{4{,}8\,V} \approx 12\,k\Omega$$

betragen.

1.5.6 Dioden-Transistor-Gatter

Ein Dioden-Transistor-Gatter – kurz DT-Gatter – ist eine Kombination aus einem Diodengatter, wie es in Abschnitt 1.4.4 behandelt wurde, und einem Transistorinverter. Abbildung 1.80 zeigt die Grundschaltung, den DT-Inverter.

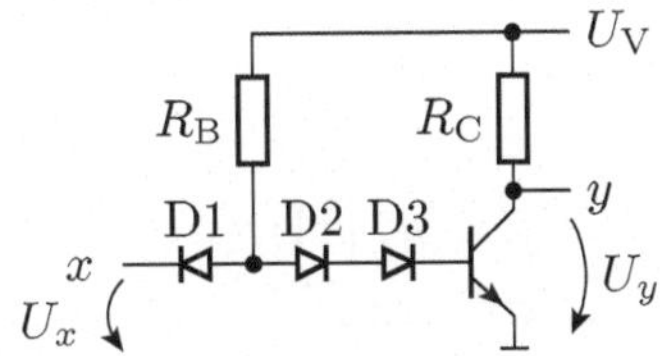

Abb. 1.80. DT-Inverter

Zur Ausgabe einer »0« arbeiten die nichtlinearen Bauteile des DT-Inverters in folgenden Bereichen (Abb. 1.81):

- der Transistor im Übersteuerungsbereich,
- die Dioden D2 und D3 im Durchlassbereich und
- die Diode D1 im Sperrbereich.

Damit der Transistor im Übersteuerungsbereich arbeitet, muss gelten

$$I_B > \frac{I_{RC} + I_L}{\beta_{min}} \tag{1.131}$$

(I_L – Laststrom). Die Ausgangsspannung ist

$$U_{y=0} = U_{CEX} \tag{1.132}$$

Aus der eingezeichneten Masche folgt für die Eingangsspannung

$$U_{x=1} > U_F + U_{BEF} \tag{1.133}$$

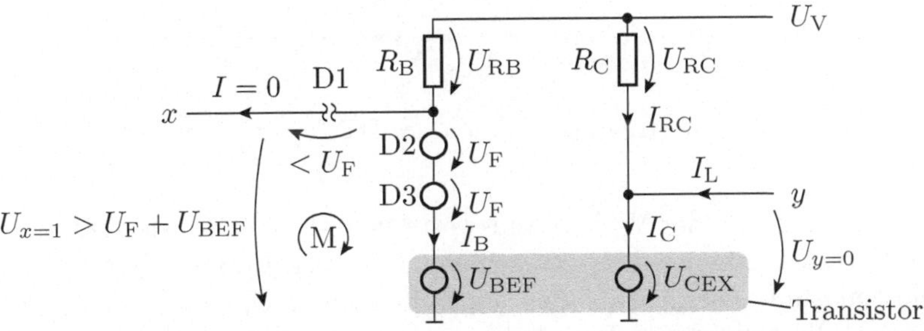

Abb. 1.81. Ersatzschaltung des DT-Inverters für den logischen Ausgabewert »0«

Zur Ausgabe einer »1« soll der Transistor sperren. Dazu müssen die Dioden D2 und D3 im Sperrbereich und die Diode D1 im Durchlassbereich arbeiten. Aus der eingezeichneten Masche in der Ersatzschaltung Abb. 1.82 folgt für die maximale Eingangsspannung, die als »0« interpretiert wird,

$$U_{x=0} < U_{\mathrm{F}} + U_{\mathrm{BEF}} \tag{1.134}$$

Die Ausgangsspannung ist gleich der Versorgungsspannung U_{V}.

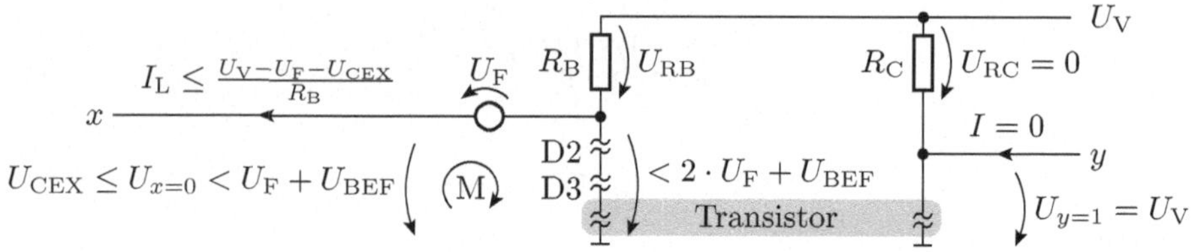

Abb. 1.82. Ersatzschaltung des DT-Inverters für den Ausgabewert »1«

Das Gatter funktioniert fast wie ein invertierender Schwellwertschalter, der entweder »0« oder »1« ausgibt:

$$U_y = \begin{cases} U_{\mathrm{V}} \text{ für } U_x < U_{\mathrm{F}} + U_{\mathrm{BEF}} \\ U_{\mathrm{CEX}} \text{ für } U_x > U_{\mathrm{F}} + U_{\mathrm{BEF}} \end{cases} \tag{1.135}$$

Aufgrund der Modellungenauigkeiten und Bauteilstreuungen gibt es auch hier im Umschaltbereich einen verbotenen Bereich der Eingangsspannung, in dem die Ausgabe unbestimmt ist (Abb. 1.83).

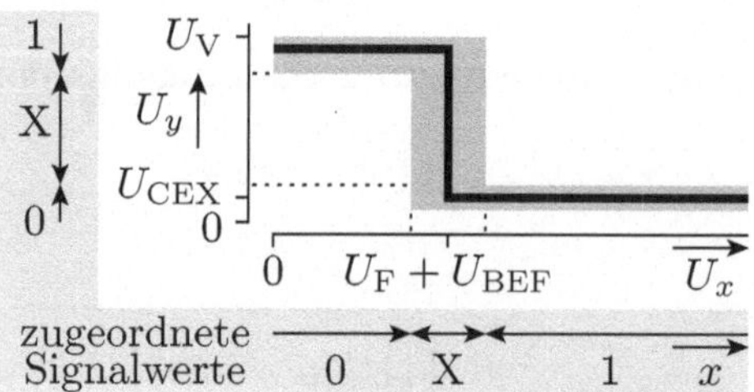

Abb. 1.83. Übertragungsfunktion des DT-Inverters aus Abb. 1.80

Zur Bestimmung der Widerstandswerte von R_{B} und R_{C} des DT-Inverters ist zu berücksichtigen, dass an seinem Ausgang weitere Logikgatter angeschlossen sind. Die Anzahl der angeschlossenen Gattereingänge wird als Lastanzahl N_{L} bezeichnet. Innerhalb einer Logikfamilie sind diese Gatter genau wie das treibende Gatter aufgebaut. Die nachfolgenden Gatter benötigen nur bei dem Ausgabewert »0« einen Strom. Die Lastströme fließen in Richtung der Signalquelle und müssen gemeinsam mit I_{RC} vom Transistor als Kollektorstrom bereitgestellt werden:

$$I_C = I_{RC} + N_L \cdot I_L = \frac{U_V - U_{CEX}}{R_C} + N_L \cdot \frac{U_V - U_F - U_{CEX}}{R_B} \tag{1.136}$$

Der Basisstrom, der durch den Spannungsabfall über dem Basiswiderstand festgelegt ist, muss nach Gleichung 1.131 mindestens

$$I_B = \frac{U_V - 2 \cdot U_F - U_{BEF}}{R_B} > \frac{\frac{U_V - U_{CEX}}{R_C} + N_L \cdot \frac{U_V - U_F - U_{CEX}}{R_B}}{\beta_{min}} \tag{1.137}$$

betragen.

Beispiel 1.3: *Wie viele gleichartige Inverter (Lasten) dürfen an den Ausgang des DT-Inverters in Abb. 1.84 maximal angeschlossen werden?*

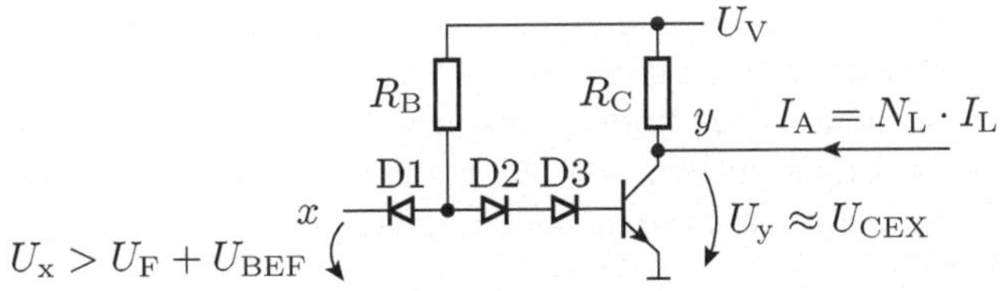

Abb. 1.84. Schaltung zu Beispiel 1.3

Die zulässige Anzahl der Lasten ergibt sich über Gleichung 1.137. Aufgelöst nach der Anzahl der Lasten lautet diese

$$N_L < \frac{\beta_{min} \cdot \frac{U_V - 2 \cdot U_F - U_{BEF}}{R_B} - \frac{U_V - U_{CEX}}{R_C}}{\frac{U_V - U_F - U_{CEX}}{R_B}}$$

Da R_B und R_C gleich sind, kürzen sich alle Widerstandswerte in den Doppelbrüchen heraus. Übrig bleibt

$$N_L < \frac{50 \cdot (5\,V - 2 \cdot 0{,}7\,V - 0{,}7\,V) - (5\,V - 0{,}2\,V)}{(5\,V - 0{,}7\,V - 0{,}2\,V)} \approx 34$$

Es dürfen bis zu 34 gleichartige Inverter an den Ausgang angeschlossen werden.

Durch Erweiterung des Diodennetzwerks am Gattereingang kann der Inverter auch zu einem NAND-Gatter oder einem UND-ODER-Gatter mit Ausgabeinvertierung erweitert werden. Abbildung 1.85 zeigt die Kombination eines UND-ODER-Diodengatters mit einem Inverter. Die Basis-Emitter-Strecke des Transistors ersetzt dabei die Diode D7 des Diodengatters in Abb. 1.60. Die logische Funktion des Gatters lautet

$$y = \overline{(x_1 \wedge x_2) \vee (x_3 \wedge x_4)} \tag{1.138}$$

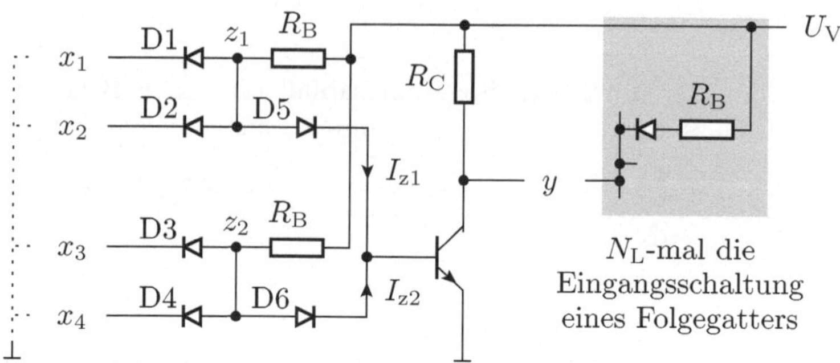

Abb. 1.85. DT-Gatter

Zur Ausgabe einer »1« muss x_1 oder x_2 und x_3 oder x_4 »0« sein. Abbildung 1.86 a zeigt die Ersatzschaltung für einen dieser Fälle. Die über die Widerstände mit dem Wert R_B an den Knoten z_1 und z_2 ankommenden Ströme fließen zu einem Eingang weiter und müssen von dem dort angeschlossenen Gatterausgang als Laststrom aufgenommen werden. Der Laststrom je Eingang, der auf »0« gezogen wird, beträgt

$$I_L = \frac{U_V - U_F - U_{x=0}}{R_B} \tag{1.139}$$

($U_{x=0}$ – Spannung für den Eingabewert »0«). Die Potenziale der Knoten z_1 und z_2 werden dabei soweit abgesenkt, dass die Dioden D5 und D6 sowie der Transistor sperren. Der Ausgangsstrom ist, da die Eingangsdioden der nachfolgenden Gatter beim Eingabewert »1« sperren, $I_y = 0$. Die Ausgangsspannung ist gleich der Versorgungsspannung. Zur Ausgabe einer »0« muss x_1 und x_2 oder x_3 und x_4 »1« sein. Abbildung 1.86 b zeigt die Ersatzschaltung

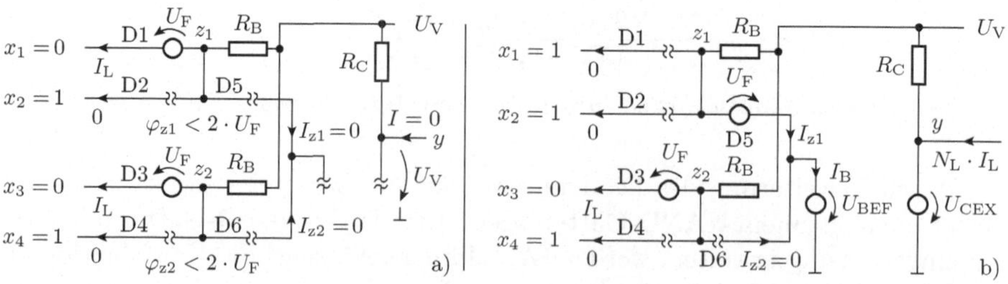

Abb. 1.86. Ersatzschaltungen für das DT-Gatter aus Abb. 1.85 für a) einen Betriebsfall mit $y = 1$ b) einen Fall mit $y = 0$

für $x_1 = x_2 = 1$. Am Knoten z_1 fließt der Strom von R_{B} weiter durch D5 als Basisstrom

$$I_{\mathrm{B}} = I_{\mathrm{z1}} = \frac{U_{\mathrm{V}} - U_{\mathrm{F}} - U_{\mathrm{BEF}}}{R_{\mathrm{B}}} \tag{1.140}$$

zum Transistor. Der Transistor arbeitet im Übersteuerungsbereich und senkt die Spannung am Gatterausgang auf die Kollektor-Emitter-Restspannung U_{CEX} ab. Dazu muss er den Strom aus seinem Kollektorwiderstand R_{C} und die Eingangsströme der nachfolgenden Gatter aufnehmen.

1.5.7 Spannungsstabilisierung mit einem Längsregler

Elektronische Schaltungen benötigen eine oder mehrere konstante Versorgungsspannungen, die aus Hilfsspannungen gewonnen werden. In Abschnitt 1.4.3 wurde bereits eine Schaltung für diese Aufgabe behandelt, die hier genauer untersucht werden soll, bevor eine bessere Lösung vorgestellt wird.

Die einfache Spannungsstabilisierung mit einer Z-Diode aus Abschnitt 1.4.3 hat zwei Arbeitsbereiche (Abb. 1.87):

- einen Arbeitsbereich zur Spannungsstabilisierung und
- einen Arbeitsbereich zur Strombegrenzung.

In der Ersatzschaltung zur Spannungsstabilisierung arbeitet die Z-Diode im Durchbruchbereich und wird durch eine Reihenschaltung von einer Spannungsquelle mit der Durchbruchspannung und einem Widerstand R_{D} ersetzt.[13] Die Ersatzschaltung bildet einen linearen Zweipol, der in einen funktionsgleichen Zweipol aus einer Spannungsquelle mit der Leerlaufspannung und einem Ersatzwiderstand gleich dem Innenwiderstand umgerechnet wird. Die Leerlaufspannung der Ersatzschaltung beträgt

$$U_0 = |U_{\mathrm{S}}| + \frac{R_{\mathrm{D}}}{R_{\mathrm{D}} + R} \cdot (U_{\mathrm{E}} - |U_{\mathrm{S}}|) \tag{1.141}$$

($|U_{\mathrm{S}}|$ – Betrag der Durchbruchsspannung der Z-Diode). Der Innenwiderstand hat die Größe

$$R_{\mathrm{Ers}} = R \parallel R_{\mathrm{D}} \approx R_{\mathrm{D}} \tag{1.142}$$

Die idealerweise konstante Spannung $U_{\mathrm{V}} = U_0$ wird von einem zur Eingangsspannung U_{E} proportionalen und einem zum Laststrom I_{L} proportionalen Anteil überlagert:

$$U_{\mathrm{V}} = U_0 + \frac{R_{\mathrm{D}}}{R_{\mathrm{D}} + R} \cdot \Delta U_{\mathrm{E}} - R_{\mathrm{Ers}} \cdot I_{\mathrm{L}} \tag{1.143}$$

(ΔU_{E} – Abweichung der Eingangsspannung vom Nennwert).

---

[13] R_{D} ist der Anstieg der Durchbruchspannung mit dem Durchbruchstrom und beträgt nur wenige Milliohm bis Ohm. Er kann in dieser Anwendung ausnahmsweise nicht vernachlässigt werden.

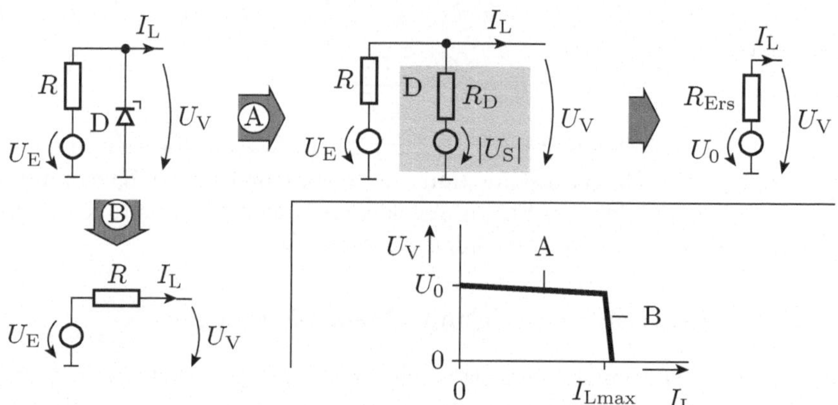

A: Ersatzschaltung für den Arbeitsbereich zur Spannungsstabilisierung
B: Ersatzschaltung für den Arbeitsbereich zur Strombegrenzung

Abb. 1.87. Spannungsstabilisierung mit einer Z-Diode

Ab einem Laststrom

$$I_{\mathrm{Lmax}} = \frac{U_{\mathrm{E}} - U_{\mathrm{V}}}{R} \tag{1.144}$$

wechselt die Schaltung in den Arbeitsbereich zur Strombegrenzung. Der Innenwiderstand vergrößert sich von $\approx R_{\mathrm{D}}$ auf den um mehrere Zehnerpotenzen größeren Wert R. Die Ausgangsspannung fällt wie bei einer realen Stromquelle mit zunehmendem Ausgangsstrom steil ab.

Das Hauptproblem der betrachteten Spannungsstabilisierungsschaltung ist die hohe Verlustleistung, die eine geeignete Wärmeabführung verlangt (große Kühlkörper, Lüfter etc.). Der Leistungsumsatz in der Z-Diode ist am größten, wenn kein Laststrom fließt. Er beträgt dann

$$P_{\mathrm{ZDmax}} = I_{\mathrm{Lmax}} \cdot U_{\mathrm{A}} \tag{1.145}$$

und ist damit so groß wie der maximale Leistungsumsatz in der versorgten Schaltung. Der Leistungsumsatz im Widerstand R ist am größten, wenn der Ausgang kurzgeschlossen ist. Er beträgt dann

$$P_{\mathrm{Rmax}} = \frac{U_{\mathrm{E}}}{R} \tag{1.146}$$

Der Widerstand muss eine noch deutlich größere zulässige Verlustleistung als die Z-Diode haben.

Eine bessere Schaltung zur Bereitstellung einer konstanten Versorgungsspannung mit einer deutlich geringeren Verlustleistung ist ein Längsregler. Der einfachste Längsregler ist ein Bipolartransistor, dessen Basispotenzial konstant gehalten wird. Die Spannungsquelle kann z.B. wie in Abb. 1.56 eine

Z-Diode sein, die von einem Strom in Sperrrichtung durchflossen wird. In Abb. 1.88 liefert eine Konstantstromquelle den Sperrstrom für die Z-Diode. Der Strom für die Z-Diode kann aber auch mit einem Widerstand aus der Eingangsspannung gewonnen werden.

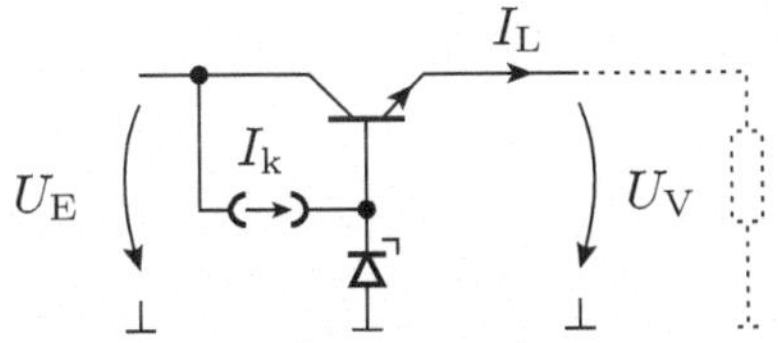

U_E unstabilisierte Hilfsspannung z.B. aus einer Batterie

U_V stabilisierte Versorgungsspannung

I_L Laststrom

Abb. 1.88. Längsregler zur Bereitstellung einer konstanten Versorgungsspannung

Die Schaltung besitzt gleichfalls einen Arbeitsbereich zur Spannungsstabilisierung und einen Arbeitsbereich zur Strombegrenzung. Der Transistor arbeitet in beiden Bereichen im Normalbereich. Der Basis-Emitter-Übergang ist durchlässig und bildet eine Spannungsquelle mit der Flussspannung U_{BEF} als Quellenspannung. Der gesperrte Basis-Kollektor-Übergang verhält sich wie eine vom Basisstrom gesteuerte Stromquelle der Stärke

$$I_C = \beta \cdot I_B \tag{1.147}$$

Der zusätzlich eingezeichnete Widerstand R_B beschreibt den Anstieg der Basis-Emitter-Spannung mit dem Basisstrom. Er beträgt nur wenige Ohm und soll bei dieser Anwendung ausnahmsweise einmal nicht vernachlässigt werden. Die Betriebsart der Z-Diode hängt von der Größe des Basisstroms ab. Im Arbeitsbereich zur Spannungsstabilisierung ist der Basisstrom kleiner als der Konstantstrom:

$$I_B = \frac{I_C}{\beta} < I_k \tag{1.148}$$

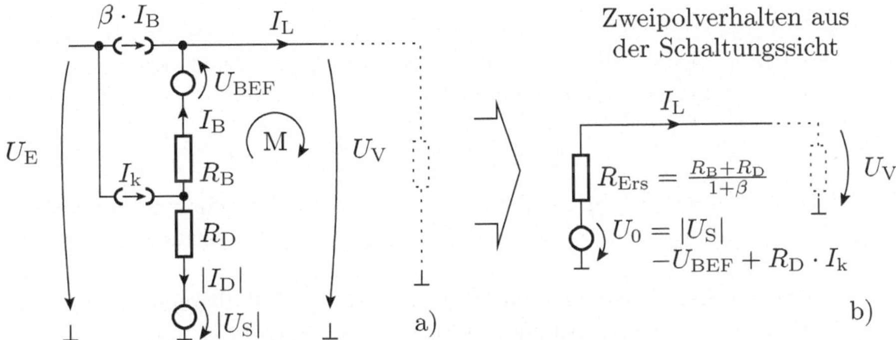

Abb. 1.89. Ersatzschaltungen für den Arbeitsbereich zur Spannungsstabilisierung

Die Stromdifferenz fließt durch die Z-Diode, die im Durchbruchbereich arbeitet und in der Ersatzschaltung wieder durch eine Reihenschaltung aus einer Spannungsquelle und einem Widerstand R_D nachgebildet wird (Abb. 1.89 a). Für die eingezeichnete Masche gilt

$$\begin{aligned} U_\mathrm{V} &= |U_\mathrm{S}| + R_\mathrm{D} \cdot (I_\mathrm{k} - I_\mathrm{B}) - U_\mathrm{BEF} - R_\mathrm{B} \cdot I_\mathrm{B} \\ &= \underbrace{|U_\mathrm{S}| + R_\mathrm{D} \cdot I_\mathrm{k} - U_\mathrm{BEF}}_{U_0} - \underbrace{\frac{R_\mathrm{B} + R_\mathrm{D}}{1+\beta}}_{R_\mathrm{Ers}} \cdot I_\mathrm{L} \end{aligned} \tag{1.149}$$

Der gesamte Längsregler verhält sich gegenüber der vorsorgten Schaltung – genau wie die einfache Stabilisierungsschaltung auch – wie ein Zweipol aus einer Konstantspannungsquelle mit einem Ersatzwiderstand (Abb. 1.89 b). Nur ist der Ersatzwiderstand, da die Verstärkung des Transistors im Nenner des Terms für seine Berechnung steht, viel kleiner als bei der einfachen Stabilisierungsschaltung. Schwankungen der Hilfsspannung haben (in diesem Modell) keinen Einfluss auf die Versorgungsspannung.

Für hohe Kollektorströme geht die Schaltung in den Arbeitsbereich zur Strombegrenzung über. Der gesamte Strom I_k fließt in die Basis. Die Z-Diode sperrt. Der Längsregler verhält sich insgesamt wie eine Konstantstromquelle (Abb. 1.90).

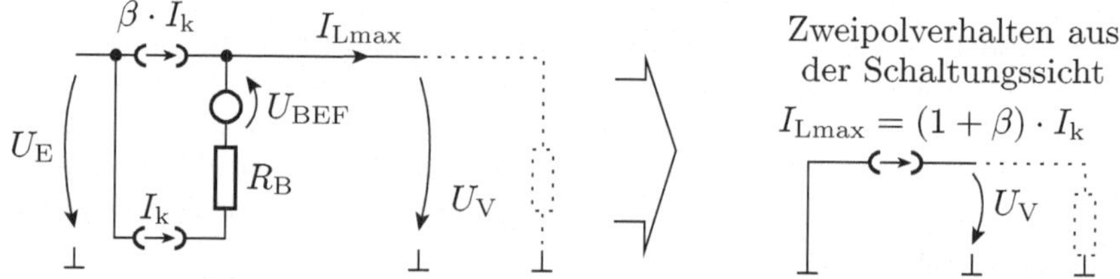

Abb. 1.90. Ersatzschaltungen für den Längsregler im Arbeitsbereich zur Strombegrenzung

Der Hauptvorteil eines Längsreglers ist die vergleichsweise geringe Verlustleistung. Unter Vernachlässigung des Stroms durch die Z-Diode beträgt die Verlustleistung des gesamten Längsreglers

$$P \approx (U_\mathrm{E} - U_\mathrm{V}) \cdot I_\mathrm{L} \tag{1.150}$$

Sie verhält sich etwa proportional zur Leistung, die in der Schaltung umgesetzt wird. Der Spannungsabfall über dem Längsregler $U_\mathrm{E} - U_\mathrm{V}$ braucht nur wenige Volt zu betragen.

Die dargestellte Schaltung hat, wie viele Beispielschaltungen zuvor, den offensichtlichen Nachteil, dass die wesentlichen Parameter der Schaltung

- die Leerlaufspannung U_0,

- der Innenwiderstand R_{Ers} und
- der maximale Laststrom I_{Lmax}

erheblich von den stark streuenden Dioden- und Transistorparametern U_{S}, U_{BEF} und β abhängen. Die Minderung ihres Einflusses verlangt wesentlich komplexere Schaltungen. Diese sind als integrierte Standardschaltkreise verfügbar.

Ein integrierter Längsregler ist ein Schaltkreis mit mindestens drei Anschlüssen, der etwa dieselbe Funktion wie die besprochene Schaltung besitzt, sich jedoch durch wesentlich geringere Parameterstreuungen und andere vorteilhafte Eigenschaften, z.B. eine automatische Abschaltung bei überhöhter Halbleitertemperatur, auszeichnet. Abbildung 1.91 zeigt die Standardschaltung zur Bereitstellung einer 5V-Versorgungsspannung aus [1]. Die beiden zusätzlichen Kondensatoren C_1 und C_2 dienen dazu, dass die Versorgungsspannung auch bei sehr schnellen Änderungen der Hilfsspannung und des Laststroms konstant bleibt (siehe nachfolgendes Kapitel).

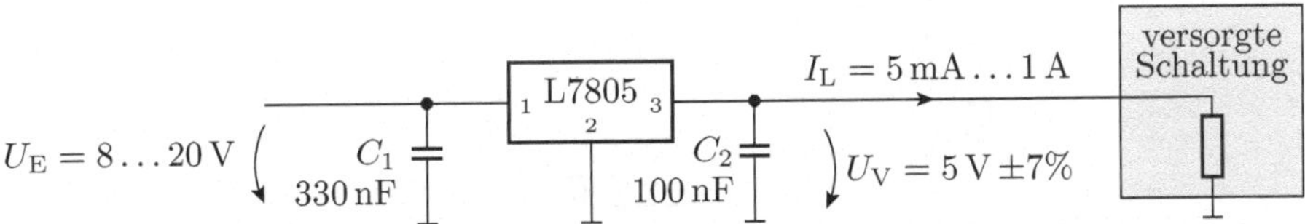

Abb. 1.91. Standardschaltung zur Bereitstellung einer stabilisierten 5V-Versorgungsspannung

1.5.8 Zusammenfassung und Übungsaufgaben

Ein Bipolartransistor ist ein elektronisches Halbleiterbauteil mit den drei Anschlüssen Emitter, Basis und Kollektor. Er besteht aus zwei eng benachbarten pn-Übergängen. Im Normalbereich – Basis-Emitter-Übergang im Durchlassbereich und Basis-Kollektor-Übergang im Sperrbereich – verhält sich der durchlässige Basis-Emitter-Übergang näherungsweise wie eine Konstantspannungsquelle und der gesperrte Kollektor-Basis-Übergang wie eine vom Basisstrom gesteuerte Stromquelle mit einer großen Stromverstärkung. Das ist der Arbeitsbereich, in dem Transistoren in linearen Schaltungen (Verstärkern, Stromquellen etc.) gewöhnlich betrieben werden. Die große Kunst des Entwurfs von Transistorschaltungen besteht darin, den Einfluss der stark streuenden Transistorparameter auf die wesentlichen Zieleigenschaften der Gesamtschaltung zu minimieren.

In digitalen Schaltungen arbeitet ein Transistor meist in zwei anderen Arbeitsbereichen, dem Sperrbereich (es fließt überhaupt kein Strom, Nachbildung durch eine Unterbrechung) und dem Übersteuerungsbereich (Basis-Emitter-Übergang im Durchlassbereich und Basis-Kollektor-Übergang im Grenzbereich zwischen dem Sperr- und dem Durchlassbereich). Weiterführende und ergänzende Literatur siehe [7, 8, 9, 10, 12, 16, 18, 19, 20, 21, 28, 32, 34, 37, 41, 43].

Aufgabe 1.24

Suchen Sie im Internet die Datenblätter der Transistoren BC140 Gr. 6 und BC 160 Gr. 6. Wie groß sind die Parameter β, U_{BEF}, U_{CEX}, U_{CEmax} und P_{max} für diese Transistoren?
Hinweis: Ein Teil der gesuchten Kennwerte lässt sich nur aus den Graphiken in den Datenblättern abschätzen. Der Betrag des Kollektorstroms sei in den geplanten Anwendungsschaltungen maximal $|I_{\mathrm{C}}| \leq 200\,\mathrm{mA}$.

Aufgabe 1.25

Gegeben sind die Transistorschaltungen in Abb. 1.92. Die Transistoren sollen alle im Normalbereich arbeiten.

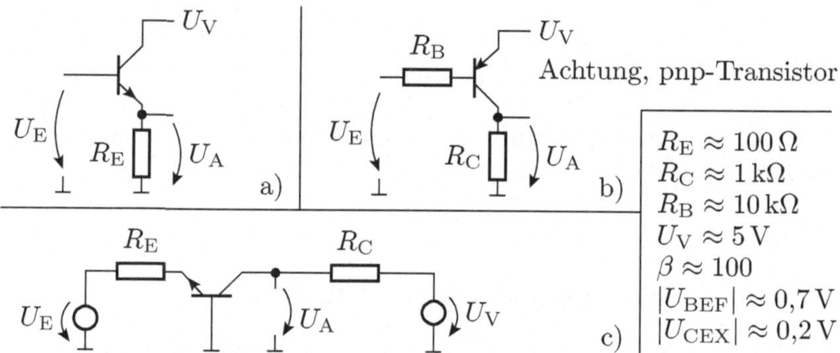

Abb. 1.92. Schaltungen zu Aufgabe 1.25

- Zeichnen Sie für jede der Schaltungen die Ersatzschaltung.
- Bestimmen Sie aus den Ersatzschaltungen die Übertragungsfunktionen $U_{\mathrm{A}} = f(U_{\mathrm{E}})$.
- Berechnen Sie jeweils die Eingangsspannungsbereiche, für die die Ersatzschaltungen gelten.

Aufgabe 1.26

Die Transistorschaltung in Abb. 1.93 wird als Darlington-Transistor bezeichnet.

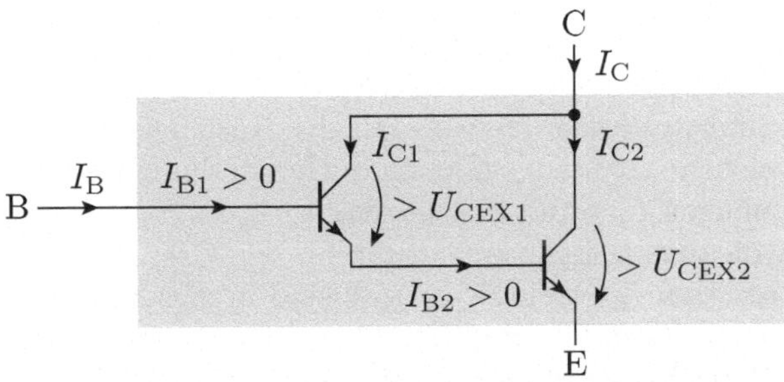

Abb. 1.93. Schaltung zu Aufgabe 1.26

a) Stellen Sie die lineare Ersatzschaltung für den Betriebsfall auf, dass die beiden Transistoren im Normalbereich arbeiten.
b) Vereinfachen Sie die lineare Ersatzschaltung soweit, dass diese wie bei einem Einzeltransistor nur noch aus einer Konstantspannungsquelle und einer stromgesteuerten Stromquelle besteht.

Aufgabe 1.27

Für den aus pnp-Transistoren aufgebauten Differenzverstärker in Abb. 1.94 sollen zur Vereinfachung der Rechnung die Basisströme gegenüber den Kollektorströmen vernachlässigt werden:

$$I_{C.i} = I_{E.i} = I_i$$

a) Stellen Sie die lineare Ersatzschaltung für den Betriebsfall auf, dass sich der Quellenstrom I_K auf beide Transistoren gleichmäßig aufteilt:

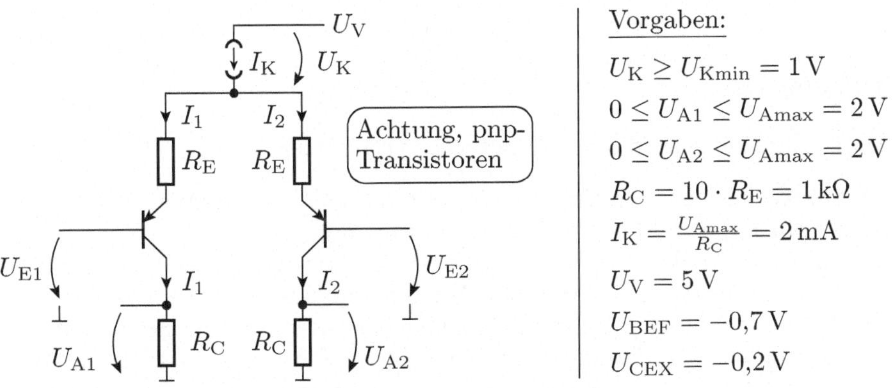

Abb. 1.94. Schaltung zu Aufgabe 1.27

$$I_1 = I_2 = \frac{I_K}{2}$$

Wie groß sind in diesem Betriebsfall die Ausgangsspannungen U_{A1} und U_{A2}? In welchem Spannungsbereich dürfen in diesem Betriebsfall die Eingangsspannungen U_{E1} und U_{E2} liegen?

b) Stellen Sie die lineare Ersatzschaltung für den Grenzfall auf, dass I_1 gegen Null und I_2 gegen I_K strebt. Wie groß sind in diesem Betriebszustand die Ausgangsspannungen U_{A1} und U_{A2}? In welchem Spannungsbereich dürfen in diesem Betriebszustand die Eingangsspannungen U_{E1} und U_{E2} liegen?

Aufgabe 1.28

Die Schaltung in Abb. 1.95 zeigt einen verbesserten Stromspiegel. Die Transistoren T1 bis T3 seien vollkommen identisch. Stellen Sie die lineare Ersatzschaltung für den Betriebsfall auf, dass alle Transistoren im Normalbereich arbeiten. Welcher Zusammenhang besteht dann zwischen dem Eingangsstrom I_E und dem Ausgangsstrom I_A?

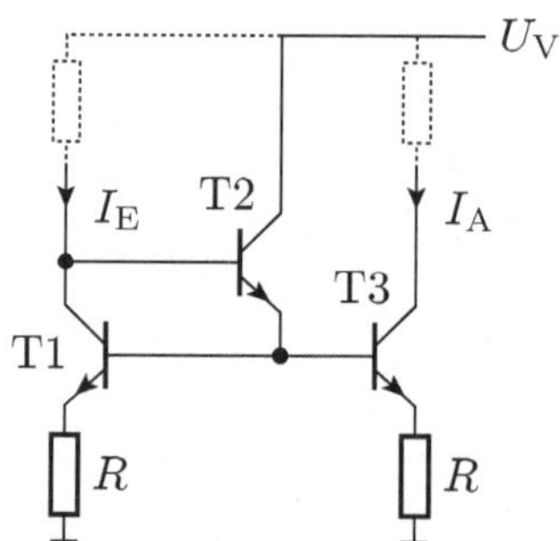

Abb. 1.95. Schaltung zu Aufgabe 1.28

Aufgabe 1.29

Abbildung 1.96 zeigt die Schaltung eines DT-Gatters.

a) Für welche logischen Eingabewerte ist der Transistor gesperrt? Stellen Sie für einen dieser Fälle die Ersatzschaltung auf.
b) Für welche logischen Eingabewerte ist der Transistor übersteuert? Stellen Sie auch für einen dieser Arbeitsbereiche die Ersatzschaltung auf.
c) Welche logische Funktion hat das Gatter? Bis zu welcher Spannung wird die Eingabe als »0« und ab welcher Spannung wird sie als »1« interpretiert? Welche Spannungen werden am Gatterausgang als »0« und »1« ausgegeben?

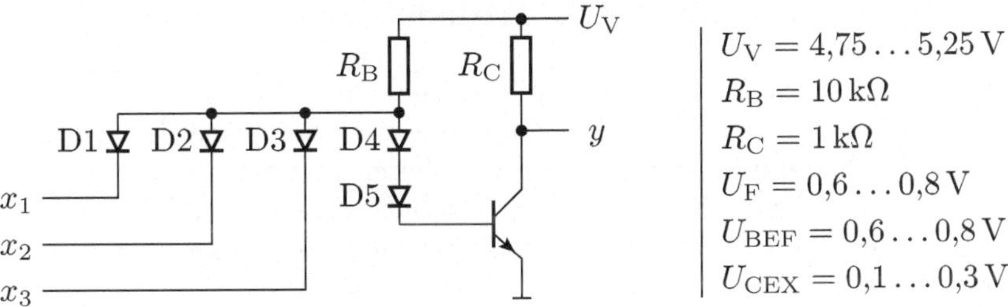

Abb. 1.96. Schaltung zu Aufgabe 1.29

Aufgabe 1.30

Abbildung 1.97 zeigt einen Längsregler zur Erzeugung einer stabilisierten Versorgungsspannung. Die beiden Ersatzwiderstände R_D und R_B in der zugehörigen Ersatzschaltung in Abb. 1.89 seien so klein, dass sie vernachlässigt werden können.

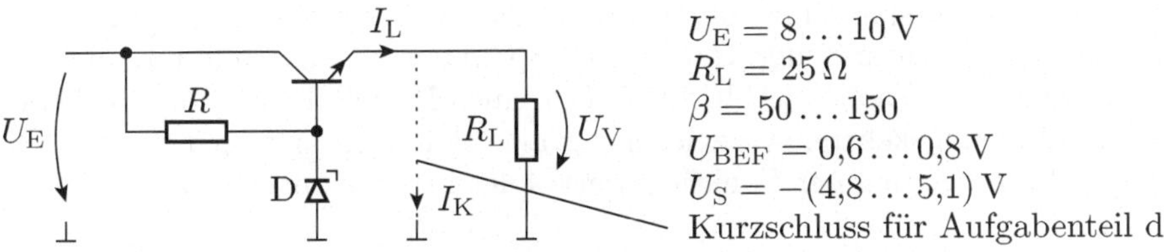

Abb. 1.97. Schaltung zu Aufgabe 1.30

a) Entwickeln Sie die Ersatzschaltung mit dem Transistor im Normalbereich und der Z-Diode im Durchbruchbereich. Wie groß ist die Ausgangsspannung am Lastwiderstand? Wie groß ist der Laststrom I_L?
b) Wie groß darf der Widerstand R maximal sein, ohne dass die Schaltung in Aufgabenteil a) in einen anderen Arbeitsbereich übergeht?
c) Welche Verlustleistung tritt maximal im Transistor auf? Welche Leistung wird maximal in der Z-Diode umgesetzt?
d) Entwickeln Sie die Ersatzschaltung mit dem angedeuteten Kurzschluss am Ausgang. Wie groß ist der maximale Ausgangsstrom und die maximale Verlustleistung im Transistor in diesem Fall?

1.6 Schaltungen mit MOS-Transistoren

Ein MOS-Transistor ist ein Halbleiterbauelement, in dem die Leitfähigkeit eines Kanals von einer elektrischen Spannung gesteuert wird. Die Steuerelektrode, das Gate, befindet sich über der Halbleiteroberfläche. Darunter, isoliert durch eine dünne Oxidschicht, liegt der gesteuerte Kanal. Eine Spannung zwischen Gate und Kanal bewirkt, dass beide Gebiete entgegengesetzt aufgeladen werden. Für den Kanal eines NMOS-Transistor gilt

- negative Gate-Kanal-Spannung: Aufladung mit beweglichen positiven Ladungsträgern (Löcher, vergleiche Abschnitt 1.1.2),
- geringe positive Gate-Kanal-Spannung: Aufladung mit ortsfesten negativen Ladungen (ionisierte Gitteratome) und
- große positive Gate-Kanal-Spannung: zusätzliche Aufladung mit beweglichen negativen Ladungsträgern (Elektronen).

Für große Gate-Kanal-Spannungen

$$U_{\mathrm{GK}} \geq U_{\mathrm{TN}} \tag{1.151}$$

(U_{TN} – Einschaltspannung) nimmt die Dichte der beweglichen negativen Ladungsträger linear mit der Gate-Kanal-Spannung zu und mit ihr auch die Leitfähigkeit des Kanals (Abb. 1.98). Für einen PMOS-Transistor gilt dasselbe, nur mit umgekehrten Vorzeichen für alle Ladungen und Spannungen. Die genaue Beschreibung der Funktionsweise folgt in Abschnitt 3.1.6.

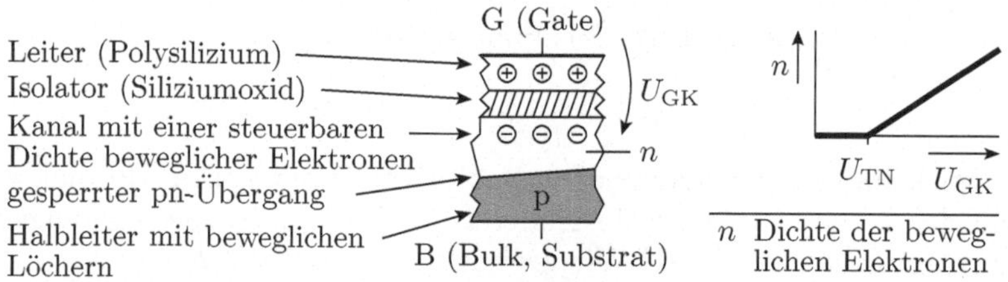

Abb. 1.98. Steuerung der Ladungsträgerdichte im Kanal eines NMOS-Transistors

Der komplette MOS-Transistor hat außer den Anschlüssen am Gate und am Bulk (Substrat) noch je einen Anschluss für die n-Gebiete an den Kanalenden, den Source (Zufluss) und den Drain (Abfluss). Die pn-Übergänge vom Source zum Bulk und vom Drain zum Bulk sind im normalen Betrieb gesperrt. Im anderen Fall funktioniert der MOS-Transistor wie ein Bipolartransistor mit dem Source und dem Drain als Emitter und Kollektor und dem Bulk-Anschluss als Basis. Wenn der MOS-Transistor über das Gate ausgeschaltet ist, ist auch der Kanal vom Source und vom Drain durch gesperrte pn-Übergänge isoliert. Im eingeschalteten Transistor hat der Kanal denselben Leitungstyp wie das Source- und das Drain-Gebiet und verbindet diese.

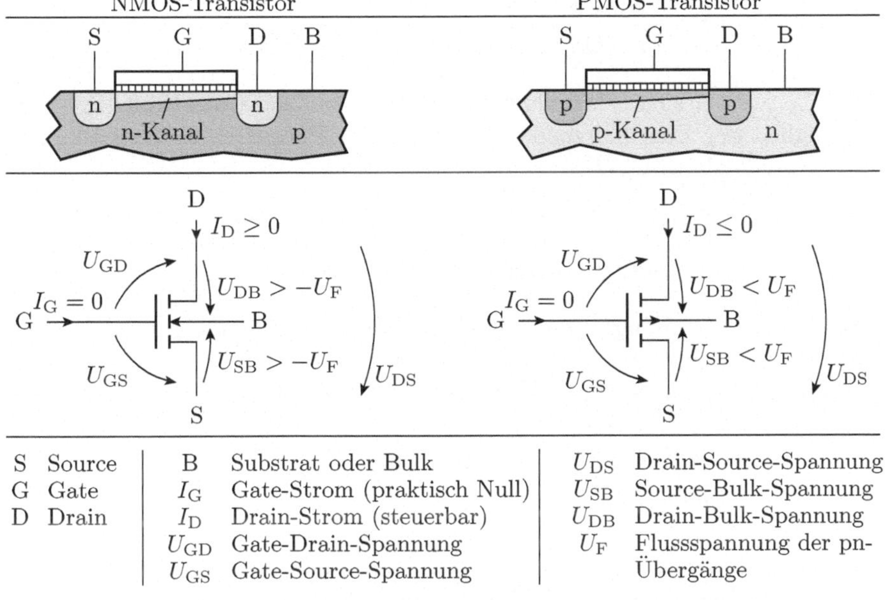

Abb. 1.99. Schaltzeichen und Anschlussbezeichnungen

Abbildung 1.99 zeigt den Aufbau, die Schaltzeichen und die im Weiteren verwendeten Bezeichnungen der Spannungen und Ströme an den Transistoranschlüssen. Die Funktion von MOS-Transistoren wird hauptsächlich von folgenden Parametern bestimmt:

U_{TN}	Einschaltspannung NMOS-Transistor
U_{TP}	Einschaltspannung PMOS-Transistor
	Anstieg des Kanalleitwerts mit der Gate-Kanal-Spannung
$\beta_N > 0$	NMOS-Transistor
$\beta_P < 0$	PMOS-Transistor

Die Spannung zwischen Gate und Kanal ist ortsabhängig. Ihr Verlauf hängt von den Spannungen zwischen Gate und Source und zwischen Gate und Drain ab. Je nach der Relation dieser beiden Spannungen zur Einschaltspannung U_{TN} bzw. U_{TP} sind drei Arbeitsbereiche zu unterscheiden:

- Sperrbereich: Der gesamte Kanal ist ausgeschaltet:

$$\begin{aligned} \text{NMOS: } & U_{GS} < U_{TN} \text{ und } U_{GD} < U_{TN} \\ \text{PMOS: } & U_{GS} > U_{TP} \text{ und } U_{GD} > U_{TP} \end{aligned} \tag{1.152}$$

  Der Drain-Strom ist Null.
- aktiver Bereich: Der Kanal ist vollständig eingeschaltet:

$$\begin{array}{l} \text{NMOS: } U_{\text{GS}} > U_{\text{TN}} \text{ und } U_{\text{GD}} > U_{\text{TN}} \\ \text{PMOS: } U_{\text{GS}} < U_{\text{TP}} \text{ und } U_{\text{GD}} < U_{\text{TP}} \end{array} \tag{1.153}$$

Der Leitwert des Kanals verhält sich proportional zur Gate-Kanal-Spannung abzüglich der Einschaltspannung. Wenn das Potenzial an allen Punkten des Kanals gleich ist ($U_{\text{DS}} = 0$), beträgt er:

$$\begin{array}{l} \text{NMOS: } G_{\text{Kanal}} = \frac{I_{\text{D}}}{U_{\text{DS}}} = \beta_{\text{N}} \cdot (U_{\text{GS}} - U_{\text{TN}}) \\ \text{PMOS: } G_{\text{Kanal}} = \frac{I_{\text{D}}}{U_{\text{DS}}} = \beta_{\text{P}} \cdot (U_{\text{GS}} - U_{\text{TP}}) \end{array} \tag{1.154}$$

Bei einem Spannungsabfall zwischen Drain und Source größer Null ist der Leitwert ortsabhängig. Wie später in Abschnitt 3.1.6 hergeleitet wird, resultieren daraus folgende Kennliniengleichungen:

$$\begin{array}{l} \text{NMOS: } I_{\text{D}} = \beta_{\text{N}} \cdot \left((U_{\text{GS}} - U_{\text{TN}}) \cdot U_{\text{DS}} - \frac{U_{\text{DS}}^2}{2} \right) \\ \text{PMOS: } I_{\text{D}} = \beta_{\text{P}} \cdot \left((U_{\text{GS}} - U_{\text{TP}}) \cdot U_{\text{DS}} - \frac{U_{\text{DS}}^2}{2} \right) \end{array} \tag{1.155}$$

- Abschnürbereich: Der Kanal ist nur an der Source-Seite eingeschaltet. Auf der Drain-Seite ist die Gate-Kanal-Spannung dafür zu gering:

$$\begin{array}{l} \text{NMOS: } U_{\text{GS}} > U_{\text{TN}} \text{ und } U_{\text{GD}} < U_{\text{TN}} \\ \text{PMOS: } U_{\text{GS}} < U_{\text{TP}} \text{ und } U_{\text{GD}} > U_{\text{TP}} \end{array} \tag{1.156}$$

Der leitfähige Kanal endet kurz vor dem Drain. Das letzte Stück ist abgeschnürt, d.h. frei von beweglichen Ladungsträgern. Die Ausdehnung des ganz schmalen Abschnürpunktes regelt sich so ein, dass der Strom, der vom Source ankommt, zum Drain weiterfließt. Über dem leitfähigen Kanalstück ist der Spannungsabfall gleich der Gate-Source-Spannung abzüglich der Einschaltspannung. Der Kanalstrom hängt dadurch nicht von der Drain-Source-Spannung ab:

$$\begin{array}{l} \text{NMOS: } I_{\text{D}} = \beta_{\text{N}} \cdot \frac{(U_{\text{GS}} - U_{\text{TN}})^2}{2} \\ \text{PMOS: } I_{\text{D}} = \beta_{\text{P}} \cdot \frac{(U_{\text{GS}} - U_{\text{TP}})^2}{2} \end{array} \tag{1.157}$$

Insgesamt ist die Ersatzschaltung eines MOS-Transistors eine schalt- und steuerbare Verbindung mit mehreren Arbeitsbereichen und einer stark nichtlinearen Strom-Spannungs-Beziehung. Die Transistorparameter U_{TN}, β_{N}, U_{TP} und β_{P} unterliegen – genau wie die Parameter von Bipolartransistoren – erheblichen fertigungsbedingten und arbeitspunktbedingten Streuungen.

1.6.1 Verstärker

Abbildung 1.100 zeigt einen einfachen Verstärker mit einem NMOS-Transistor. In der Ersatzschaltung ist der Transistor durch eine spannungsgesteuerte

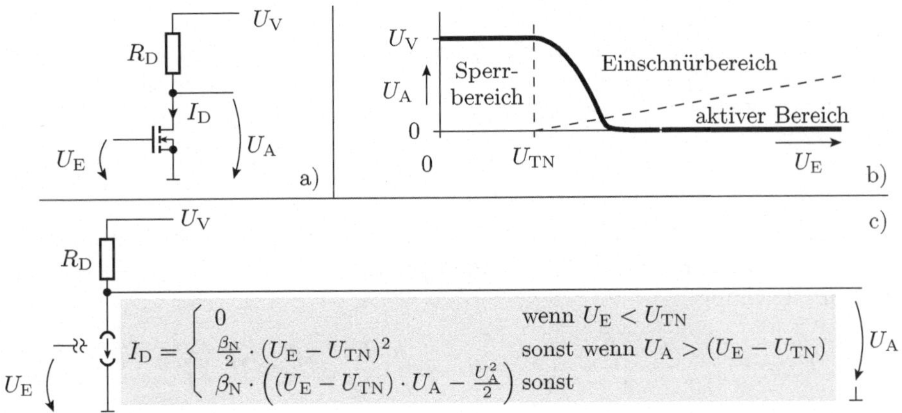

Abb. 1.100. Einfacher MOS-Verstärker a) Schaltung b) Übertragungsfunktion c) Ersatzschaltung

Stromquelle nachgebildet. Die Ausgangsspannung ist gleich der Versorgungsspannung abzüglich des Spannungsabfalls über dem Arbeitswiderstand R_D:

$$U_A = U_V - R_D \cdot I_D \tag{1.158}$$

Für eine Eingangsspannung kleiner der Einschaltspannung U_{TN} arbeitet der MOS-Transistor im Sperrbereich. Sein Drain-Strom ist Null und die Ausgangsspannung gleich der Versorgungsspannung. Für eine Eingangsspannung größer der Einschaltspannung ist der Kanal leitend. Bei einer Ausgangsspannung

$$U_A > U_E - U_{TN} \tag{1.159}$$

arbeitet der Transistor im Abschnürbereich, sonst im aktiven Bereich. Im Abschnürbereich ist die Übertragungsfunktion eine Parabel:

$$U_A = U_V - \frac{\beta_N \cdot R_D}{2} \cdot (U_E - U_{TN})^2 \tag{1.160}$$

Der Betrag der Verstärkung nimmt proportional mit der Eingangsspannung zu:

$$v_U = \frac{dU_A}{dU_E} = -\beta_N \cdot R_D \cdot (U_E - U_{TN}) \tag{1.161}$$

Für Ausgangsspannungen nahe Null geht der Transistor in den aktiven Bereich über:

$$U_A = U_V - \beta_N \cdot R_D \cdot \left((U_E - U_{TN}) \cdot U_A - \frac{U_A^2}{2}\right) \tag{1.162}$$

In diesem Bereich nimmt der Betrag der Verstärkung mit der Eingangsspannung ab.

In der Schaltung in Abb. 1.101 wird die Übertragungsfunktion mit einem zusätzlichen Widerstand R_S linearisiert. Dieser Widerstand reduziert die Gate-Source-Spannung in Gleichung 1.161 um einen zum Spannungsabfall über dem Arbeitswiderstand R_D proportionalen Wert:

$$U_{RS} = \frac{R_S}{R_D} \cdot (U_V - U_A) \tag{1.163}$$

Das verringert die Abhängigkeit der Verstärkung vom Transistorparameter β und vom Arbeitspunkt. Die Übertragungsfunktion ist die Lösung der quadratischen Gleichung:

$$U_A = U_V - \frac{\beta_N \cdot R_D}{2} \cdot \left(U_E - U_{TN} - \frac{R_S}{R_D} \cdot (U_V - U_A)\right)^2 \tag{1.164}$$

Diese soll in Aufgabe 1.33 selbst hergeleitet werden.

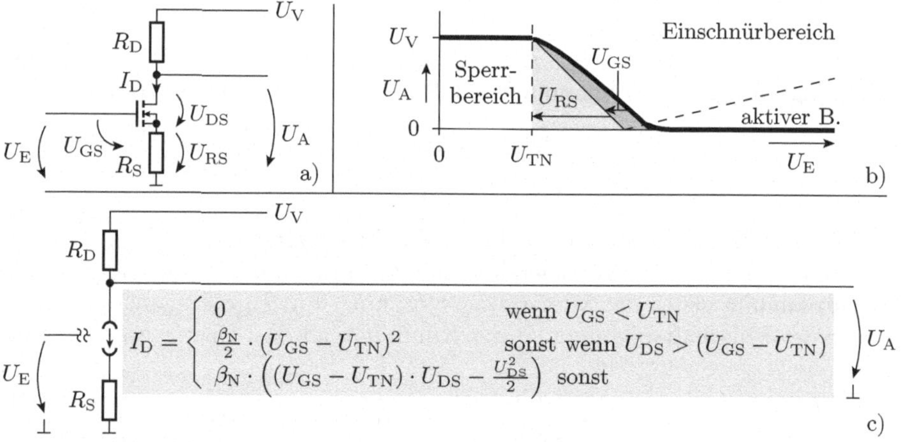

Abb. 1.101. Verbesserter MOS-Verstärker a) Schaltung b) Übertragungsfunktion c) Ersatzschaltung

Zusammenfassend lassen sich mit MOS-Transistoren auf ähnliche Weise wie mit Bipolartransistoren Verstärker konstruieren, aber es ist schwieriger, den Verstärkern ein lineares Verhalten zu geben.

1.6.2 Schalten und Steuern von Ausgabeelementen

Ausgabeelemente (Anzeigen, Motoren, Elektromagnete etc.) arbeiten oft im Schaltbetrieb. MOS-Transistoren sind fast perfekte spannungsgesteuerte Schalter. Die Steuerspannung wird zwischen Gate und Source angelegt. Die geschaltete Last bildet den Drain-Widerstand. Im ausgeschalteten Zustand arbeitet der Transistor im Sperrbereich und im eingeschalteten Zustand im aktiven Bereich.

Low-Side-Schalter

Ein Low-Side-Schalter schaltet die Verbindung zwischen dem Ausgabeelement und dem negativen Anschluss der Spannungsversorgung. Der Source als Bezugspunkt besitzt das negativste Potenzial der Schaltung. Der Schalttransistor muss entsprechend ein NMOS-Transistor sein. Abbildung 1.102 a zeigt die Grundschaltung mit einem Lastwiderstand als Ersatzschaltung für das Ausgabeelement.

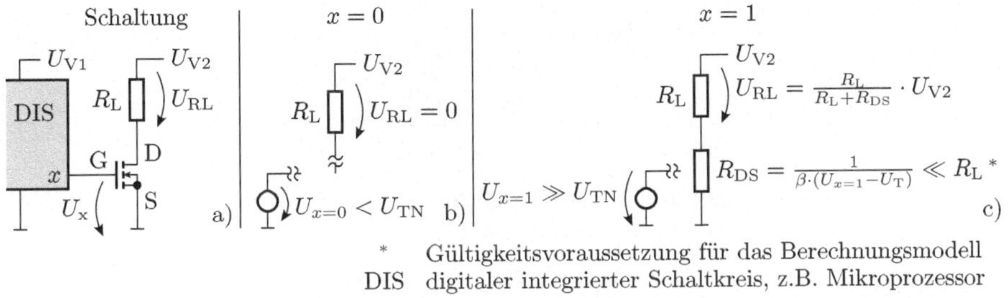

* Gültigkeitsvoraussetzung für das Berechnungsmodell
DIS digitaler integrierter Schaltkreis, z.B. Mikroprozessor

Abb. 1.102. Low-Side-Schalter a) Schaltung b) Ersatzschaltung mit ausgeschaltetem Transistor c) Ersatzschaltung mit eingeschaltetem Transistor

Bei einem Steuersignal $x = 0$ (kleine Gate-Source-Spannung) schaltet der Transistor aus und unterbricht den Ausgabekreis (Abb. 1.102 b). Die Drain-Source-Strecke des Transistors verhält sich wie eine Unterbrechung. Es fließt kein Strom. Weder im Lastwiderstand noch im Transistor wird Leistung umgesetzt.

Bei $x = 1$ schaltet der Transistor ein und schließt den Ausgabekreis (Abb. 1.102 c). Der Parameter β_{N} des Transistors soll so groß sein, dass fast die gesamte Versorgungsspannung U_{V2} über dem Widerstand R_{L} abfällt. Bei dem verbleibenden geringen Spannungsabfall über dem Transistor arbeitet dieser im aktiven Bereich und der quadratische Term in Gleichung 1.155 kann vernachlässigt werden:

$$I_{\mathrm{D}} = \beta_{\mathrm{N}} \cdot \left((U_{x=1} - U_{\mathrm{TN}}) \cdot U_{\mathrm{DS}} - \frac{U_{\mathrm{DS}}^2}{2} \right) \approx \beta_{\mathrm{N}} \cdot (U_{x=1} - U_{\mathrm{TN}}) \cdot U_{\mathrm{DS}} \quad (1.165)$$

Der Kanal verhält sich wie ein im Verhältnis zum Lastwiderstand kleiner Widerstand:

$$R_{\mathrm{DS}} = \frac{U_{\mathrm{DS}}}{I_{\mathrm{D}}} = \frac{1}{\beta_{\mathrm{N}} \cdot (U_{x=1} - U_{\mathrm{TN}})} \ll R_{\mathrm{L}} \quad (1.166)$$

(R_{DS} – Einschaltwiderstand). Die Spannungsabfälle über dem Transistor und über dem Lastwiderstand ergeben sich aus dem Spannungsteilerverhältnis:

$$U_{\mathrm{RL}} = \frac{R_{\mathrm{L}}}{R_{\mathrm{L}} + R_{\mathrm{DS}}} \cdot U_{\mathrm{V2}} \tag{1.167}$$

$$U_{\mathrm{DS}} = \frac{R_{\mathrm{DS}}}{R_{\mathrm{L}} + R_{\mathrm{DS}}} \cdot U_{\mathrm{V2}} \tag{1.168}$$

Der Drain-Strom ergibt sich aus dem ohmschen Gesetz:

$$I_{\mathrm{D}} = \frac{U_{\mathrm{V2}}}{R_{\mathrm{L}} + R_{\mathrm{DS}}} \tag{1.169}$$

Die im Lastwiderstand und im Transistor umgesetzten Leistungen betragen

$$P_{\mathrm{RL}} = \frac{R_{\mathrm{L}} \cdot U_{\mathrm{V2}}^2}{(R_{\mathrm{L}} + R_{\mathrm{DS}})^2} \tag{1.170}$$

$$P_{\mathrm{Tr}} = \frac{R_{\mathrm{DS}} \cdot U_{\mathrm{V2}}^2}{(R_{\mathrm{L}} + R_{\mathrm{DS}})^2} \tag{1.171}$$

(P_{RL} – Ausgabeleistung; P_{Tr} – Leistungsumsatz im Transistor). Sie verhalten sich proportional zu den Widerstandswerten:

$$P_{\mathrm{Tr}} = \frac{R_{\mathrm{DS}}}{R_{\mathrm{L}}} \cdot P_{\mathrm{RL}} \tag{1.172}$$

Wegen des im Verhältnis zum Lastwiderstand R_{L} viel kleineren Drain-Source-Widerstands R_{DS} ist der Leistungsumsatz im Transistor im Verhältnis zum Leistungsumsatz im Lastwiderstand gering.

Low-Side-Schalter für große Lastströme sind in der Regel integrierte Schaltkreise, die außer dem NMOS-Transistor Schutzfunktionen gegen Überspannungen am Gate und negative Drain-Source-Spannungen sowie Abschaltfunktionen bei zu hoher Bauteiltemperatur oder zu hohen Drain-Strömen enthalten. Die wichtigsten Parameter eines Low-Side-Schalters sind

R_{DS}	Einschaltwiderstand für eine typische Gate-Source-Spannung
U_{TN}	Einschaltspannung
I_{Dmax}	maximal zulässiger Drain-Strom
U_{DSmax}	maximal zulässige Drain-Source-Spannung
P_{max}	maximal zulässige Verlustleistung

Der Einschaltwiderstand und die Einschaltspannung unterliegen fertigungsbedingten und arbeitspunktabhängigen Streuungen. Der hier fehlende Transistorparameter β_{N} errechnet sich nach Gleichung 1.166 aus dem Einschaltwiderstand und der Gate-Source-Spannung, für die der Einschaltwiderstand angegeben ist:

$$\beta_{\mathrm{N}} = \frac{1}{R_{\mathrm{DS}} \cdot (U_{\mathrm{GS}} - U_{\mathrm{TN}})} \tag{1.173}$$

Tabelle 1.3 oben zeigt die Parameter für einige Low-Side-Schalter. Wie zu ersehen ist, lassen sich mit Low-Side-Schaltern Ströme größer 10 A und Spannung größer 50 V und damit auch erhebliche Leistungen schalten.

Tabelle 1.3. Beispielparameter für Transistorschalter

Low-Side-Schalter	$R_{DS}(U_{GS})$	U_{TN}	I_{Dmax}	U_{DSmax}	P_{max}
IRFD014	200 mΩ (10 V)	2...4 V	1,2 A	60 V	1,3 W
RFD14N05L	100 mΩ (5 V)	1...2 V	14 A	50 V	48 W
BUK100-50GL[(1)]	125 mΩ (5 V)	1...2 V	13,5 A	50 V	40 W
High-Side-Schalter	$R_{DS}(U_{GS})$	U_{TP}	I_{Dmin}	U_{DSmin}	P_{max}
IRFD9024	260 mΩ(−10 V)	−4...−2 V	−1,1 A	−60 V	1,3 W
IPS5451[(1,2)]	20...30 mΩ		−14 A	−50 V	[(3)]
IRFD9640	500 mΩ(−10 V)	−4...−2 V	−11 A	−200 V	50 W

(1) mit Schutzschaltung gegen zu hohe Bauteiltemperatur und zu hohe Ströme
(2) mit der Schaltung zum direkten Anschluss an einen Digitalschaltkreis
(3) ergibt sich aus der Abschalttemperatur und hängt von der Kühlung ab

High-Side-Schalter

Ein High-Side-Schalter schaltet die Verbindung zwischen dem Ausgabeelement und dem positiven Anschluss der Versorgungsspannung. Der Source-Anschluss als Bezugspunkt für die Ansteuerung besitzt das positivste Potenzial der Schaltung. Der Schalttransistor muss entsprechend ein PMOS-Transistor sein. Der Bezugspunkt digitaler Schaltkreise ist im Allgemeinen der negative Versorgungsanschluss, so dass die Steuerspannung zuerst auf den anderen Bezugspunkt transformiert werden muss. Dazu dient in Abb. 1.103 a der Transistor T1 und sein Arbeitswiderstand R_1.

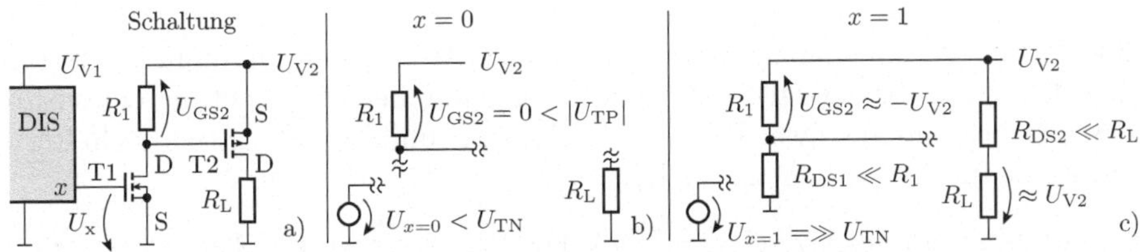

Abb. 1.103. High-Side-Schalter a) Schaltung b) Ersatzschaltung mit ausgeschaltetem High-Side-Schalter c) Ersatzschaltung mit eingeschaltetem High-Side-Schalter

In der Ersatzschaltung 1.103 b ist der NMOS-Transistor T1 ausgeschaltet. Über seinem Arbeitswiderstand fällt keine Spannung ab. Die Gate-Source-Spannung des Schalttransistors T2 ist Null, so dass auch T2 im Sperrbereich arbeitet und durch den Lastwiderstand R_L kein Strom fließt.

In der Ersatzschaltung 1.103 c ist der NMOS-Transistor T1 eingeschaltet und stellt für den Schalttransistor T2 eine betragsmäßig große Gate-Source-

Spannung bereit:

$$U_{GS} \approx -U_{V2} \tag{1.174}$$

Der Schalttransistor T2 arbeitet im aktiven Bereich. Sein Einschaltwiderstand R_{DS2} soll viel kleiner als der Lastwiderstand R_L sein, so dass fast die gesamte Versorgungsspannung über dem Lastwiderstand abfällt.

High-Side-Schalter für große Lastströme sind in der Regel integrierte Schaltkreise, die wie Low-Side-Schalter außer dem Schalttransistor eingebaute Schutzschaltungen enthalten. In einer weiteren Ausbaustufe enthält der High-Side-Schalter auch die Schaltung zur Umwandlung des logischen Ausgabewertes eines digitalen Schaltkreises in die Gate-Source-Spannung für den Schalttransistor. Tabelle 1.3 unten zeigt die Parameter für einige High-Side-Schalter.

High-Side-Schalter haben tendenziell einen höheren Einschaltwiderstand als Low-Side-Schalter. Das hat eine physikalische Ursache. Die Löcher im Kanal eines PMOS-Transistors haben etwa die halbe Beweglichkeit der beweglichen Elektronen im Kanal eines NMOS-Transistors (siehe später Abschnitt 3.1.6). Damit bei gleicher Drain-Source-Spannung derselbe Strom fließt, müssen die Kanäle der PMOS-Transistoren etwa doppelt so breit sein. Das ist ein weiterer Grund dafür, dass in Schaltungen, wenn es möglich ist, NMOS-Transistoren bzw. Low-Side-Schalter bevorzugt werden. Der hier fehlende Transistorparameter β_P errechnet sich in Analogie zu Gleichung 1.173 aus dem Einschaltwiderstand und der Gate-Source-Spannung, für die der Einschaltwiderstand angegeben ist

$$\beta_P = \frac{1}{R_{DS} \cdot (U_{GS} - U_{TP})} \tag{1.175}$$

H-Brücke

Eine H-Brücke ist eine Schaltung zur Umschaltung der Spannungsrichtung über dem Ausgabeelement, z.B. zur Umschaltung der Drehrichtung eines Motors. Sie besteht aus zwei High-Side-Schaltern und zwei Low-Side-Schaltern und nutzt im Wesentlichen vier Betriebsarten (Abb. 1.104):

- Ausgabewert positiv ($U_{RL} = U_{V2}$): Die Schaltzweige HSS1 und LSS2 sind ein- und die Schaltzweige HSS2 und LSS1 sind ausgeschaltet.
- Ausgabewert negativ ($U_{RL} = -U_{V2}$): Die Schaltzweige HSS2 und LSS1 sind ein- und die Schaltzweige HSS1 und LSS2 sind ausgeschaltet.
- Aus: Die Anschlüsse des Ausgabeelements sind über die beiden Low-Side-Schalter miteinander und mit Masse verbunden.
- Leerlauf: Alle Schalter sind aus. Das Ausgabeelement ist isoliert.

Das Umschalten zwischen den Betriebsarten »Ausgabewert positiv«, »Ausgabewert negativ« und »Aus« erfolgt über die Betriebsart »Leerlauf«. Das verhindert, dass die in Reihe geschalteten Transistoren im rechten und im linken

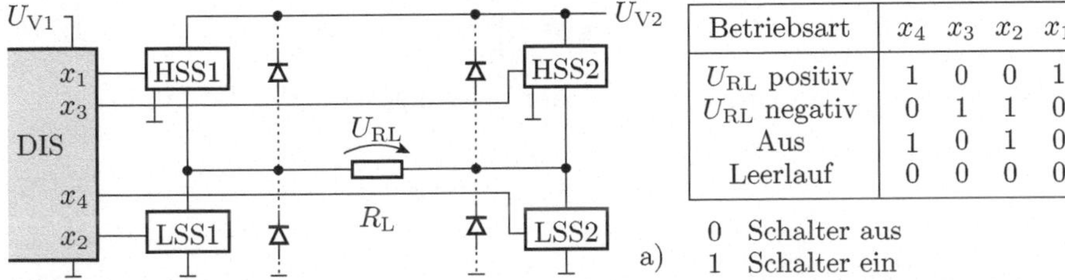

Betriebsart	x_4	x_3	x_2	x_1
U_{RL} positiv	1	0	0	1
U_{RL} negativ	0	1	1	0
Aus	1	0	1	0
Leerlauf	0	0	0	0

0 Schalter aus
1 Schalter ein
b)

Abb. 1.104. H-Brücke a) Schaltung b) Betriebsarten (LSS – Low-Side-Schalter nach Abb. 1.102 a; HSS – High-Side-Schalter mit Ansteuerschaltung nach Abb. 1.103 a; DIS – digitaler integrierter Steuerschaltkreis, z.B. Mikrocontroller)

Brückenzweig beim Wechsel der Betriebsart gleichzeitig einschalten. Bei einem direkten Wechsel wäre das aufgrund unterschiedlicher Schaltverzögerungen möglich und würde kurzzeitig einen Kurzschluss der Versorgungsspannung U_{V2} über die niederohmigen Einschaltwiderstände der MOS-Transistoren verursachen. Die dabei fließenden Kurzschlussströme würden eine hohe Verlustleistung und möglicherweise eine Zerstörung der Schaltung bewirken.

Die in Abb. 1.104 angedeuteten Dioden werden als Freilaufdioden bezeichnet. Sie dürfen bei der Ansteuerung induktiver Lasten (Motoren, Relais etc.) nicht fehlen. Ihre Aufgabe wird später in Abschnitt 2.2.4 erklärt. Bei einem ohmschen Lastwiderstand wie in der Abbildung sind sie nicht erforderlich.

Stufenlose Leistungssteuerung

Bei der Ansteuerung von Motoren, Anzeigen etc. soll die Leistung im Ausgabeelement oft stufenlos einstellbar sein. Das kann mit einem einfachen Transistorverstärker erfolgen. In Abb. 1.105 ist das Ausgabeelement ein Widerstand. Der stetig einstellbare Drain-Strom verhält sich proportional zur Spannung über dem Lastwiderstand. Die Versorgungsspannung teilt sich in einen Spannungsabfall über dem Transistor und einen Spannungsabfall über dem Lastwiderstand auf. Die Ausgabeleistung nimmt mit dem Quadrat der Ausgabespannung zu:

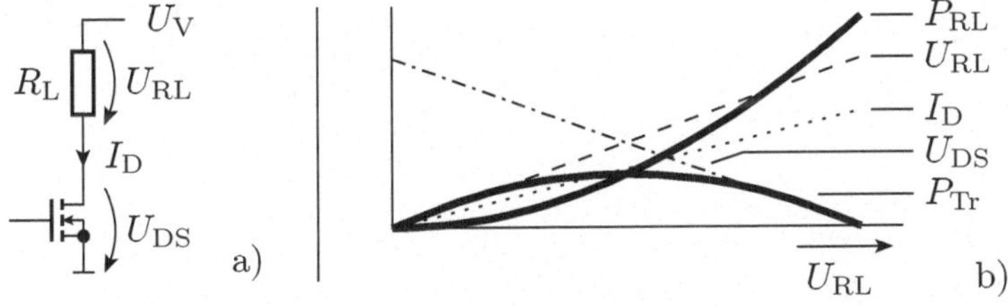

Abb. 1.105. Stufenlose Leistungssteuerung mit einer stetig einstellbaren Ausgabespannung

$$P_{\mathrm{RL}} = \frac{U_{\mathrm{RL}}^2}{R_{\mathrm{L}}} \tag{1.176}$$

Die im Transistor in Wärme umgesetzte Leistung gehorcht der Funktion

$$P_{\mathrm{Tr}} = I_{\mathrm{DS}} \cdot U_{\mathrm{DS}} = \frac{U_{\mathrm{RL}} \cdot (U_{\mathrm{V}} - U_{\mathrm{RL}})}{R_{\mathrm{L}}} \tag{1.177}$$

und hat bei $U_{\mathrm{RL}} = \frac{U_{\mathrm{V}}}{2}$ ein Maximum. Der Transistor muss mindestens eine Verlustleistung von einem Viertel der maximalen Ausgabeleistung vertragen:

$$P_{\mathrm{Tr}} \geq \frac{U_{\mathrm{V}}^2}{4 \cdot R_{\mathrm{L}}} \tag{1.178}$$

Für größere Ausgabeleistungen verlangt das eine aufwändige Kühlung.

Die alternative Lösung ist der Schaltbetrieb des Ausgabeelements (Abb. 1.106). Auch im Schaltbetrieb lassen sich die mittlere Spannung, der mittlere Strom und der mittlere Leistungsumsatz stufenlos einstellen. Der Steuertransistor wird in schneller Abfolge ein- und ausgeschaltet. Die Mittelwerte des Stroms, der Spannung und des Leistungsumsatzes verhalten sich alle proportional zur relativen Pulsweite:

$$\eta_{\mathrm{T}} = \frac{t_{\mathrm{ein}}}{T_{\mathrm{P}}} \tag{1.179}$$

(t_{ein} – Zeit, die der Transistor eingeschaltet ist; T_{P} – Periodendauer). Die Verlustleistung im Transistor verhält sich proportional zur Ausgabeleistung (Gleichung 1.172):

$$P_{\mathrm{Tr}} = \frac{R_{\mathrm{DS}}}{R_{\mathrm{L}}} \cdot P_{\mathrm{RL}} \tag{1.180}$$

Wegen $R_{\mathrm{DS}} \ll R_{\mathrm{L}}$ ist sie im Verhältnis zur Ausgabeleistung gering.

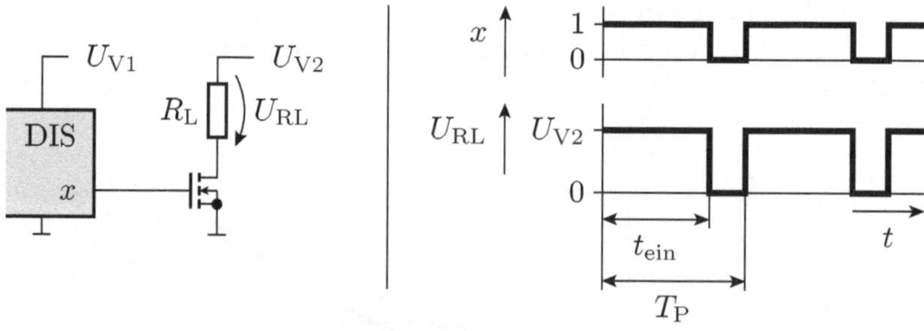

Abb. 1.106. Stufenlose Leistungssteuerung über die Pulsweite a) Schaltung b) Ansteuerung

1.6.3 CMOS-Gatter

CMOS steht für komplementäre (complementary) MOS-Gatter und bedeutet, dass das Gatter aus NMOS- und PMOS-Transistoren aufgebaut ist. Ein geschalteter Zweipol aus NMOS-Transistoren mit der Funktion

$$f_{\mathrm{n}}(\mathbf{x}) = \begin{cases} 0 & \text{Zweipol gesperrt} \\ 1 & \text{Zweipol leitend} \end{cases} \tag{1.181}$$

verbindet den Gatterausgang mit dem Bezugspunkt ($\perp$) und ein geschalteter Zweipol aus PMOS-Transistoren mit der Funktion

$$f_{\mathrm{p}}(\mathbf{x}) = \begin{cases} 0 & \text{Zweipol gesperrt} \\ 1 & \text{Zweipol leitend} \end{cases} \tag{1.182}$$

verbindet den Gatterausgang mit der Versorgungsspannung U_{V} (Abb. 1.107 a). Bei einer Verbindung mit dem Bezugspunkt ist der Ausgabewert $y = 0$ und bei einer Verbindung mit der Versorgungsspannung ist er $y = 1$. Der Bitvektor $\mathbf{x}$ beschreibt die logischen Eingabewerte, über die die einzelnen Transistoren ein- und ausgeschaltet werden. Ein PMOS-Transistor schaltet bei einer »0« an seinem Gate, d.h. bei einem niedrigen Gate-Potenzial, ein und ein NMOS-Transistor bei einer »1« am Gate, d.h. bei einem hohen Gate-Potenzial. Logische Verknüpfungen werden durch Reihen- und Parallelschaltungen innerhalb der beiden geschalteten Zweipole realisiert.

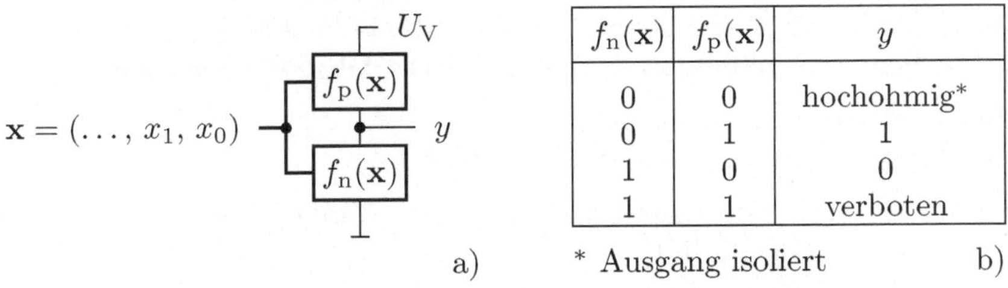

$f_{\mathrm{n}}(\mathbf{x})$	$f_{\mathrm{p}}(\mathbf{x})$	y
0	0	hochohmig*
0	1	1
1	0	0
1	1	verboten

* Ausgang isoliert b)

Abb. 1.107. CMOS-Gatter a) Aufbau b) Betriebsarten

Wenn nur der gesteuerte NMOS-Zweipol eingeschaltet ist, ist der Ausgabewert »0«, wenn nur der gesteuerte PMOS-Zweipol eingeschaltet ist, ist der Ausgabewert »1« und wenn beide Zweipole sperren, ist der Ausgang hochohmig oder inaktiv. Die gleichzeitige Verbindung des Gatterausgangs mit »0« und »1« ist verboten (Abb. 1.107 b).

Das einfachste CMOS-Gatter ist der Inverter. Der gesteuerte NMOS- und der gesteuerte PMOS-Zweipol bestehen hier jeweils nur aus einem Transistor (Abb. 1.108). Bei $x = 0$ ist der PMOS-Transistor ein- und der NMOS-Transistor ausgeschaltet. Der Ausgabewert ist »1«. Bei einer »1« am Eingang sind die Verhältnisse genau umgekehrt.

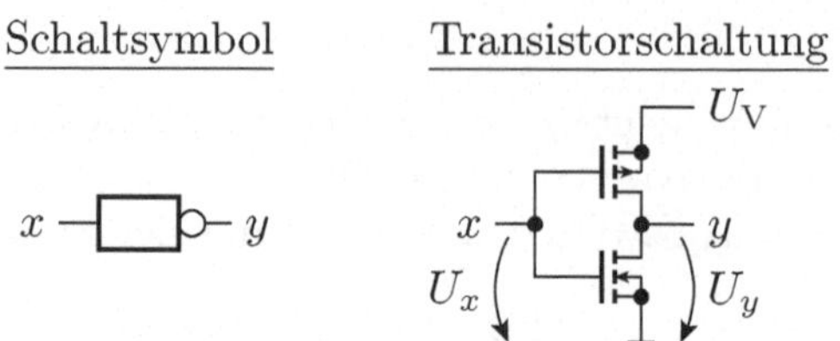

Abb. 1.108. CMOS-Inverter

Entwurf von FCMOS-Gattern

FCMOS-Gatter ist die Abkürzung für vollständig komplementäres CMOS-Gatter. Das »FC« seht dabei für »full complementary« und bedeutet, dass für jede Eingabemöglichkeit genau einer der beiden Zweipole im Gatter eingeschaltet ist. Für alle Eingabewerte $\mathbf{x}$, denen der Ausgabewert »0« zugeordnet ist, schaltet das PMOS-Netzwerk aus- und das NMOS-Netzwerk ein. Für alle anderen Eingabewerte gilt das Gegenteil. Der PMOS-Zweipol besitzt die logische Funktion des Gatters und der NMOS-Zweipol die invertierte Funktion:

$$f_{\mathrm{p}}(\mathbf{x}) = f(\mathbf{x}) \tag{1.183}$$

$$f_{\mathrm{n}}(\mathbf{x}) = \overline{f(\mathbf{x})} \tag{1.184}$$

Innerhalb der geschalteten Zweipole wird ein logisches UND durch eine Reihenschaltung und ein logisches ODER durch eine Parallelschaltung realisiert. Ein NMOS-Transistor schaltet bei einer »1« am Gate ein. Ein PMOS-Transistor schaltet bei einer »0« am Gate ein, d.h., er invertiert. Der erste Entwurfsschritt für den Entwurf eines FCMOS-Gatters ist die Umformung der logischen Zweipolfunktionen in eine UND-ODER-Verknüpfung:

- für $f_{\mathrm{n}}(\mathbf{x})$ der Eingabevariablen x_i
- für $f_{\mathrm{p}}(\mathbf{x})$ der negierten Eingabevariablen $\bar{x}_i$.

Dafür werden die Regeln zur Umformung und Vereinfachung logischer Ausdrücke benötigt (Tabelle 1.4).

Tabelle 1.4. Logische Umformungsregeln

Umformungsregel	Bezeichnung
$\bar{\bar{x}} = x$	doppelte Negation
$x \vee 1 = 1 \quad x \vee \bar{x} = 1 \quad x \wedge 0 = 0 \quad x \wedge \bar{x} = 0$	Eliminationsgesetze
$x_1 \vee (x_1 \wedge x_2) = x_1 \quad x_1 \wedge (x_1 \vee x_2) = x_1$	Absorbtionsgesetze
$\overline{x_1 \wedge x_2} = \bar{x}_1 \vee \bar{x}_2 \quad \overline{x_1 \vee x_2} = \bar{x}_1 \wedge \bar{x}_2$	de morgansche Regeln
$x_1 \wedge x_2 = x_2 \wedge x_1 \quad x_1 \vee x_2 = x_2 \vee x_1$	Kommutativgesetz
$(x_1 \vee x_2) \vee x_3 = x_1 \vee (x_2 \vee x_3)$ $(x_1 \wedge x_2) \wedge x_3 = x_1 \wedge (x_2 \wedge x_3)$	Assoziativgesetz
$x_1 \wedge (x_2 \vee x_3) = (x_1 \wedge x_2) \vee (x_1 \wedge x_3)$	Distributivgesetz

Beweisen lassen sich alle diese Umformungsregeln durch Aufstellen der Wertetabellen für die rechte und die linke Gleichungsseite und Vergleich aller Einträge. Für die de morganschen[14] Regeln gilt z.B.

x_1	x_2	$\overline{x_1 \wedge x_2}$	$\bar{x}_1 \vee \bar{x}_2$	$\overline{x_1 \vee x_2}$	$\bar{x}_1 \wedge \bar{x}_2$
0	0	1	1	1	1
0	1	1	1	0	0
1	0	1	1	0	0
1	1	0	0	0	0

Ohne Klammern hat UND-Vorrang vor ODER. Der UND-Operator »$\wedge$« kann in logischen Ausdrücken weggelassen werden, z.B.

$$(x_1 \wedge x_2) \vee (x_1 \wedge x_3) = x_1 x_2 \vee x_1 x_3$$

Das erste Entwurfsbeispiel sei ein NAND-Gatter. Ein NAND-Gatter mit zwei Eingängen hat die Soll-Funktion

$$y(\mathbf{x}) = \overline{x_1 x_2} \tag{1.185}$$

Die durch Negation gebildete Funktion des NMOS-Zweipols wird mit Hilfe der Regel der doppelten Negation in die Zielstruktur gebracht:

$$f_{\mathrm{n}}(\mathbf{x}) = \overline{\overline{x_1 x_2}} = x_1 x_2 \tag{1.186}$$

Ergebnis ist eine UND-Verknüpfung der Eingangsvariablen, die durch eine Reihenschaltung von zwei NMOS-Transistoren realisiert wird. Die Funktion des PMOS-Zweipols wird mit Hilfe der de morganschen Regeln in seine Zielstruktur gebracht, eine ODER-Verknüpfung der negierten Eingangsvariablen, die durch eine Parallelschaltung von zwei PMOS-Transistoren realisiert wird:

$$f_{\mathrm{p}}(\mathbf{x}) = \overline{x_1 x_2} = \bar{x}_1 \vee \bar{x}_2 \tag{1.187}$$

Abbildung 1.109 a zeigt die Gesamtschaltung des NAND-Gatters.

Für ein NOR-Gatter mit zwei Eingängen gilt

$$\begin{aligned} y(\mathbf{x}) &= \overline{x_1 \vee x_2} \\ f_{\mathrm{n}}(\mathbf{x}) &= x_1 \vee x_2 \\ f_{\mathrm{p}}(\mathbf{x}) &= \bar{x}_1 \bar{x}_2 \end{aligned} \tag{1.188}$$

Die Zwischenschritte der Umformung sind wie beim NAND-Gatter. Hier müssen die Transistoren im NMOS-Zweipol parallel und die Transistoren im PMOS-Zweipol in Reihe geschaltet sein (Abb. 1.109 b).

[14] Benannt nach Augustus De Morgan (1806 - 1971), englischer Mathematiker.

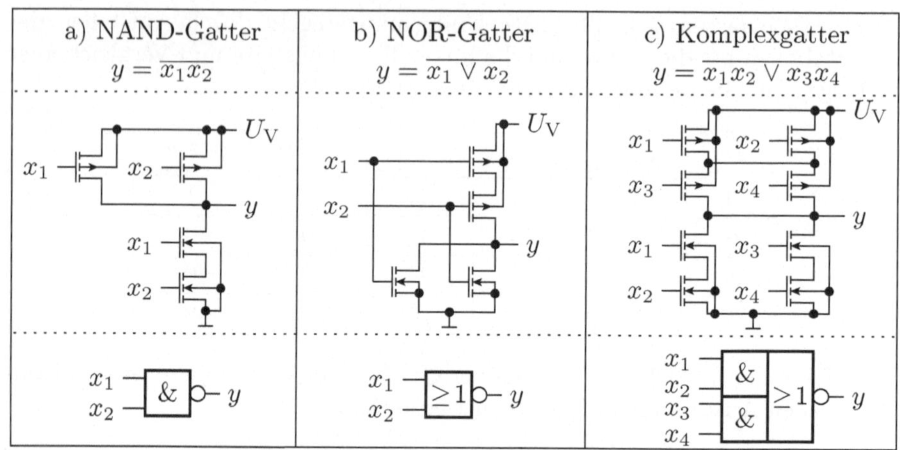

Abb. 1.109. Beispiele für FCMOS-Gatter

Es lassen sich auch komplexere logische Funktionen realisieren. Für das Komplexgatter in Abb. 1.109 c gilt

$$\begin{aligned} y(\mathbf{x}) &= \overline{x_1 x_2 \vee x_3 x_4} \\ f_{\mathrm{n}}(\mathbf{x}) &= x_1 x_2 \vee x_3 x_4 \\ f_{\mathrm{p}}(\mathbf{x}) &= (\bar{x}_1 \vee \bar{x}_2)(\bar{x}_3 \vee \bar{x}_4) \end{aligned} \tag{1.189}$$

Das NMOS-Netzwerk ist eine Parallelschaltung von je zwei in Reihe geschalteten Transistoren. Das PMOS-Netzwerk ist eine Reihenschaltung von je zwei parallel geschalteten Transistoren.

Die Zielfunktion lässt sich oft vor der Umsetzung in ein Gatter vereinfachen. In dem nachfolgenden logischen Ausdruck auf der rechten Seite

$$y = \overline{(x_1 x_2 x_3) \vee x_1 \vee x_2} \tag{1.190}$$

kann z.B. nach dem ersten Absorbtionsgesetz der gesamte geklammerte Teilausdruck weggelassen werden. Übrig bleibt ein NOR-Gatter mit zwei Eingängen.

Die Übertragungsfunktion des CMOS-Inverters

Ein CMOS-Inverter ist wie ein Spannungsverstärker ein System mit einer Eingangs- und einer Ausgangsspannung. Seine Übertragungsfunktion setzt sich aus fünf Bereichen zusammen (Abb. 1.110). Im Arbeitsbereich A1 ist die Eingangsspannung kleiner als die Einschaltspannung des NMOS-Transistors. Der NMOS-Transistor sperrt und der PMOS-Transistor arbeitet im aktiven Bereich. Die Ausgangsspannung ist gleich der Versorgungsspannung. Im Arbeitsbereich A5 sind die Verhältnisse genau umgekehrt. Die Differenz zwischen der Eingangsspannung und der Versorgungsspannung ist betragsmäßig kleiner als die Einschaltspannung des PMOS-Transistors. Der PMOS-Transistor sperrt und der NMOS-Transistor arbeitet im aktiven Bereich. Die Ausgangsspannung ist Null.

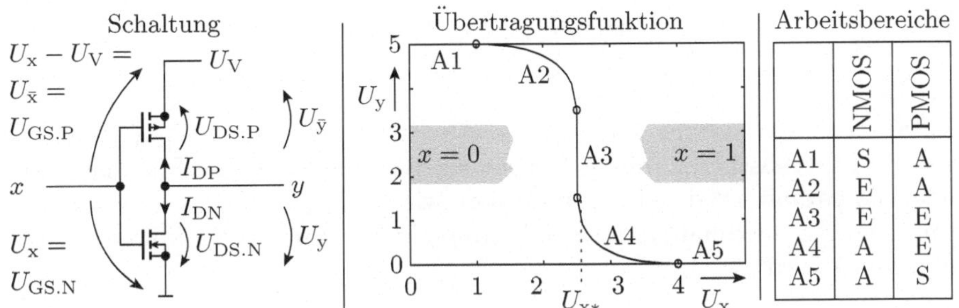

Abb. 1.110. Übertragungsfunktion eines CMOS-Inverters (S – Sperrbereich, E – Abschnürbereich, A – aktiver Bereich; Parameter der Beispielschaltung: $U_V = 5\,\text{V}$, $\beta_N = -\beta_P = 1\,\text{mA/V}^2$ und $U_{TN} = -U_{TP} = 1\,\text{V}$)

In den Arbeitsbereichen A2 und A4 arbeitet jeweils einer der beiden Transistoren im aktiven Bereich und der andere im Abschnürbereich. Die Übertragungsfunktion ist die Lösung einer der folgenden quadratischen Gleichungen

$$\begin{aligned} \text{A2}: 0 &= \beta_N \cdot \tfrac{(U_x - U_{TN})^2}{2} + \beta_P \cdot \left((U_{\bar{x}} - U_{TP}) \cdot U_{\bar{y}} - \tfrac{U_{\bar{y}}^2}{2} \right) \\ \text{A4}: 0 &= \beta_N \cdot \left((U_x + U_{TN}) \cdot U_y - \tfrac{U_x^2}{2} \right) + \beta_P \cdot \tfrac{(U_{\bar{x}} - U_{TP})^2}{2} \end{aligned} \tag{1.191}$$

mit $U_{\bar{x}} = U_x - U_V$ und $U_{\bar{y}} = U_y - U_V$. Die zugehörigen Kennlinienäste sind Parabeln.

Im Arbeitsbereich A3 arbeiten beide Transistoren im Abschnürbereich als spannungsgesteuerte Stromquellen. Der zugehörige Kennlinienast verläuft senkrecht. Die Umschaltspannung U_{x*} ist die Eingangsspannung, die die nachfolgende Gleichung erfüllt:

$$\text{A3}: 0 = \beta_N \cdot \frac{(U_{x*} - U_{TN})^2}{2} + \beta_P \cdot \frac{(U_{x*} - U_V - U_{TP})^2}{2} \tag{1.192}$$

Sie hängt von den Transistorparametern ab und ist bei betragsmäßig gleichen Transistorparametern gleich der halben Versorgungsspannung.

Im stationären Zustand sollte ein CMOS-Gatter nur in den Arbeitsbereichen A1 und A5 betrieben werden. In diesen Arbeitsbereichen fließt kein Strom. Ein nennenswerter Leistungsumsatz findet nur während der Schaltvorgänge statt. CMOS-Gatter haben dadurch eine sehr geringe Verlustleistung. Die geringe Verlustleistung ist eine Grundvoraussetzung für die Zusammenfassung von Millionen von Logikgattern zu einem Schaltkreis. Denn die abführbare Wärmemenge ist begrenzt.

Störabstand

Weitere wichtige Kenngrößen digitaler Schaltungen sind die Störabstände. Sie beschreiben die maximale Größe einer Störspannung, die der Eingangsspannung überlagert sein darf, ohne dass die logische Funktion beeinträchtigt wird:

$$S_0 = U_{\mathrm{E0max}} - U_{\mathrm{A0max}} \tag{1.193}$$

$$S_1 = U_{\mathrm{A1min}} - U_{\mathrm{E1min}} \tag{1.194}$$

(S_0, S_1 – Störabstand für eine logische »0« bzw. »1«; U_{E0max}, U_{E1min} – maximale Eingangsspannung, die garantiert als »0« und minimale Eingangsspannung, die garantiert als »1« interpretiert wird; U_{A0max}, U_{A1min} – Ausgangsspannung, die maximal als »0« und Ausgangsspannung, die minimal als »1« ausgegeben wird).

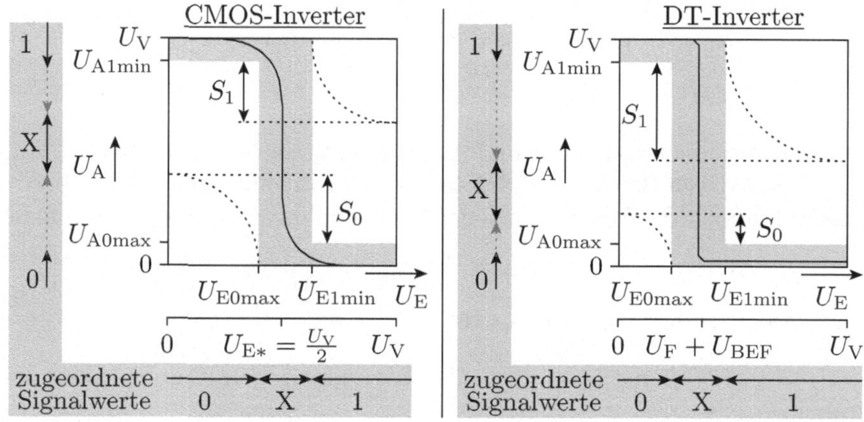

Abb. 1.111. Die Störabstände eines CMOS- und eines DT-Inverters

Bei einem CMOS-Gatter ist die Ausgangsspannung für eine »0« Null und für eine »1« U_{V}. Die Umschaltspannung $U_{\mathrm{E*}}$ ist etwa die halbe Versorgungsspannung. Ein CMOS-Gatter hat praktisch den maximal möglichen Störabstand für beide Signalwerte, den ein Gatter bei der verwendeten Versorgungsspannung haben kann.

Bei einem DT-Gatter in Abschnitt 1.5.6 war die Ausgangsspannung für eine »0« $U_{\mathrm{CEX}} \approx 0{,}2\,\mathrm{V}$ und für eine »1« $U_{\mathrm{V}} \approx 5\,\mathrm{V}$. Die Umschaltspannung $U_{\mathrm{E*}}$, bei der die Ausgabe zwischen »0« und »1« wechselt, war etwa 1,4 V. Eine »0« hat einen geringen Störabstand, eine »1« einen großen (Abb. 1.111). Für die Störanfälligkeit zählt das Minimum. DT-Gatter und erst recht der einfache Inverter in Abschnitt 1.5.5 sind bei gleicher Versorgungsspannung entsprechend störanfälliger als CMOS-Gatter.

Warum heute fast nur noch CMOS-Gatter eingesetzt werden

Insgesamt haben CMOS-Gatter gegenüber anderen Arten von logischen Gatterschaltungen drei wesentliche Vorteile:

- einfacher Entwurf,
- geringe Verlustleistung und
- großer Störabstand.

Diese drei Vorteile haben dazu geführt, dass CMOS-Gatter die älteren Gatterfamilien, insbesondere solche mit Bipolartransistoren, aus fast allen Anwendungen verdrängt haben. Auch die in Abschnitt 1.85 behandelten DT-Gatter (DT – diode transistor) und ihre Weiterentwicklungen, die TTL-Gatter (TTL – transistor transistor logic), STTL-Gatter (Schottky-TTL-Gatter) – etc. werden heute kaum noch eingesetzt.

Transfergatter und Analogschalter

Ein Transfergatter ist die Nachbildung eines Schalters, der sowohl eine »0« als auch eine »1« an seinen Ausgang weiterleiten kann. Es besteht aus einer Parallelschaltung eines NMOS- und eines PMOS-Transistors. Da ein PMOS-Transistor bei einer »0« und ein NMOS-Transistor bei einer »1« an seinem Gate einschaltet, benötigt ein Transfergatter zusätzlich zum direkten Steuersignal auch das negierte Steuersignal (Abb. 1.112 a).

Transfergatter werden z.B. zur Realisierung von Multiplexern verwendet. Ein 2:1-Multiplexer besteht aus zwei Transfergattern. Er übernimmt an seinem Ausgang in Abhängigkeit von seinem Steuersignal entweder die Daten von dem einen oder dem anderen Eingang (Abb. 1.112 b):

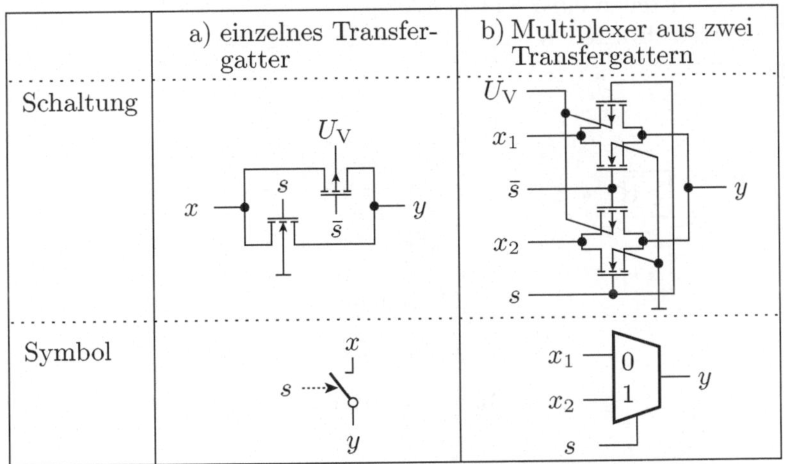

Abb. 1.112. Transfergatter und Multiplexer

$$y = \begin{cases} x_1 \text{ wenn } s = 0 \\ x_2 \text{ sonst} \end{cases} \tag{1.195}$$

Transfergatter werden auch als Analogschalter eingesetzt. Dabei besteht das Problem, dass der Einschaltwiderstand der Parallelschaltung eines NMOS- und eines PMOS-Transistors erheblich vom übertragenen Spannungswert und von den Streuungen der Transistorparameter abhängt. Damit die Übertragungsfunktion des Transfergatters linear und streuungsunabhängig bleibt, muss die nachfolgende Schaltung, in der Regel ein Verstärker, einen hohen Eingangswiderstand besitzen (Abb. 1.113).

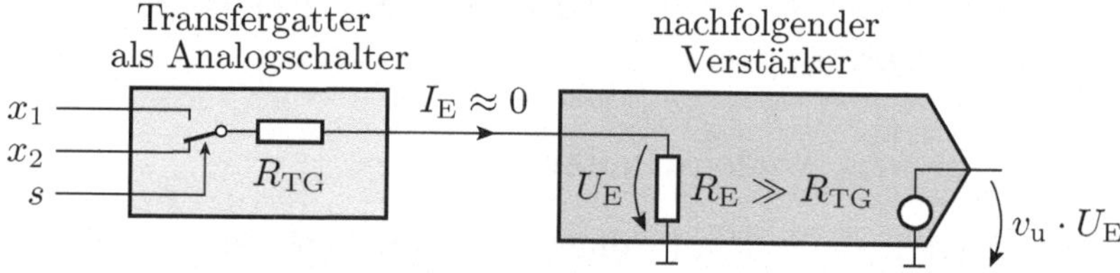

Abb. 1.113. Einsatz eines Transfergatters als Analogschalter

1.6.4 Speicherzellen

Eine Speicherzelle besitzt gegenüber einem einfachen Logikgatter die Zusatzfunktion, dass sie sich ihren Zustand merken kann. Die Schaltung in Abb. 1.114 wird als RS-Flipflop bezeichnet. Sie besitzt drei genutzte Betriebsarten:

- Setzen: Einstellen einer »1« am Ausgang,
- Rücksetzen: Einstellen einer »0« am Ausgang und
- Speichern.

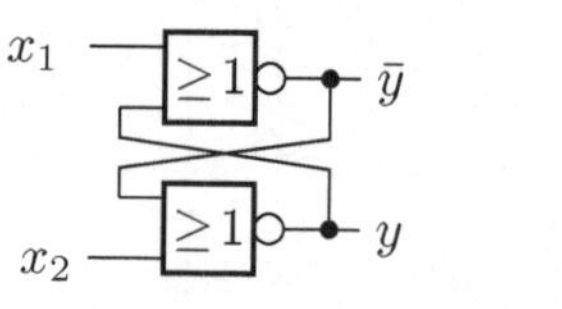

Betriebsart	x_1	x_2	y	$\bar{y}$
Setzen	1	0	1	0
Rücksetzen	0	1	0	1
Speichern	0	0	y^*	$\bar{y}^*$
Vermeiden	1	1	0	0

y^*, $\bar{y}^*$ – Beibehaltung des bisherigen Wertes

Abb. 1.114. RS-Flipflop

Die vierte Eingabemöglichkeit, bei der die beiden Ausgänge $y = \bar{y} = 0$ sind, ist zu vermeiden. Denn zum einen ist diese Ausgabe nicht sinnvoll. Zum anderen kippt die Speicherzelle, wenn beide Eingänge zeitgleich auf »0« wechseln, in einen zufälligen Zustand. RS-Flipflops werden hauptsächlich in Blockspeichern eingesetzt (siehe später Abschnitt 3.2.5).

In einer frei strukturierten Digitalschaltung werden D-Flipflops bevorzugt. Ein D-Flipflop hat nur zwei Betriebsarten:

- Datenübernahme und
- Speichern.

Das D-Flipflop in Abb. 1.115 besteht aus einem Multiplexer und zwei Invertern. Für $s = 0$ ist die Ersatzschaltung ein Ring aus zwei Invertern, der sich entweder im Zustand $y = 1$ oder $y = 0$ befindet. Für $s = 1$ ist die Ersatzschaltung ein offene Kette von zwei Invertern, die den direkten und den negierten Eingabewert ausgibt und diesen Zustand beim Wechsel nach $s = 0$ beibehält.

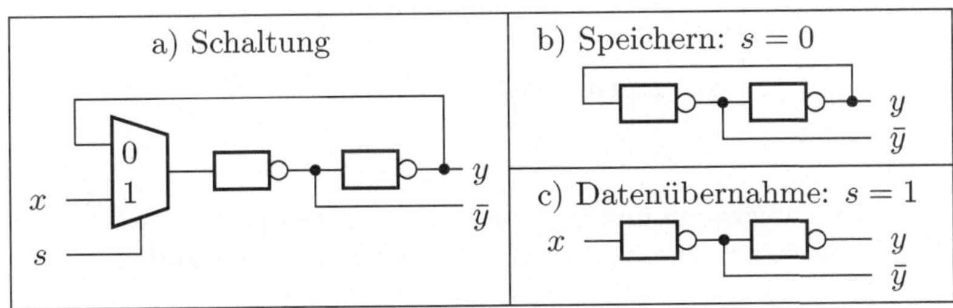

Abb. 1.115. D-Flipflop

1.6.5 Zusammenfassung und Übungsaufgaben

Ein MOS-Transistor ist ein Halbleiterbauelement, in dem die Leitfähigkeit eines Kanals von einer elektrischen Spannung gesteuert wird. Der Kanal verhält sich wie ein Zwischending zwischen einer gesteuerten Stromquelle und einem gesteuerten Widerstand. Wegen der Nichtlinearität der Strom-Spannungs-Beziehung ist die Realisierung linearer Schaltungen, z.B. von Verstärkern, mit MOS-Transistoren schwieriger als mit Bipolartransistoren. Dafür sind MOS-Transistoren nahezu ideale Schalter, sowohl für die Steuerung großer Lasten als auch für die Realisierung von Logikgattern. Weiterführende und ergänzende Literatur siehe [7, 8, 10, 12, 16, 18, 19, 20, 21, 26, 28, 32, 34, 36, 37, 41, 43].

Aufgabe 1.31

Suchen Sie im Internet die Datenblätter der MOS-Transistoren FDV301N, FDV302P und PHP6N03LT. Handelt es sich um NMOS- oder PMOS-Transistoren? Wie groß sind jeweils der typische Einschaltwiderstand (mit der zugehörigen Gate-Source-Spannung), der Parameter β, die Einschaltspannung, der betragsmäßig größte zulässige Drain-Strom und die maximale Verlustleistung?

Aufgabe 1.32

In dem einfachen MOS-Verstärker in Abb. 1.116 ist der Arbeitspunkt so einzustellen, dass zwischen Drain und Source und über dem Arbeitswiderstand R_D jeweils die halbe Versorgungsspannung abfällt.

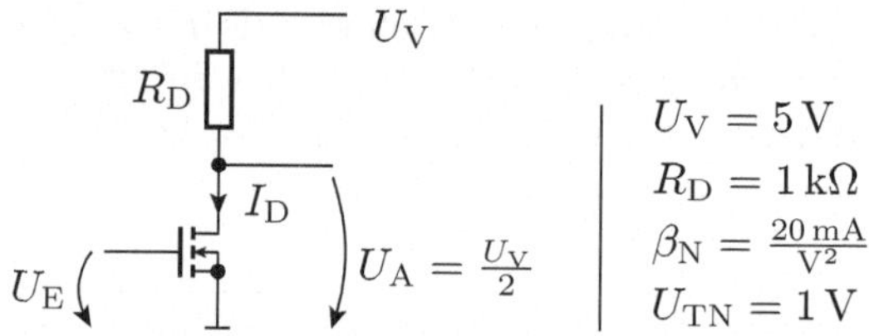

Abb. 1.116. Schaltung zu Aufgabe 1.32

a) Welche Eingangsspannung U_E muss hierzu angelegt werden?
b) Wie groß ist die Spannungsverstärkung v_u im Arbeitspunkt?

Hinweis: Ob der Transistor im Abschnürbereich oder im aktiven Bereich arbeitet, soll durch Probieren herausgefunden werden. Für die erste Berechnung ist der Arbeitsbereich des Transistors zu erraten oder auszuwürfeln. Nach Abschluss der Berechnung ist zu kontrollieren, ob die Annahme richtig war. Wenn nicht, ist die Rechnung mit dem anderen Arbeitsbereich zu wiederholen.

Aufgabe 1.33

Bestimmen Sie aus der quadratischen Gleichung 1.164

$$U_A = U_V - \frac{\beta_N \cdot R_D}{2} \cdot \left(U_E - U_{TN} - \frac{R_S}{R_D} \cdot (U_V - U_A) \right)^2$$

die Übertragungsfunktion

$$U_A = f\,(U_E)$$

des linearisierten MOS-Verstärkers. Unter welcher Bedingung ist die Übertragungsfunktion näherungsweise linear?

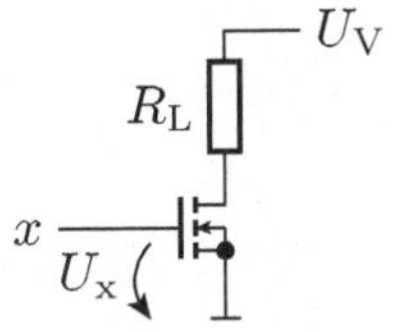

$R_L = 10\,\Omega$	$U_V = 10\,V$
$\beta_N = 1\,\frac{A}{V^2}$	$U_{x=1} = 5\,V$
$U_{TN} = 1\,V$	$U_{x=0} = 0\,V$

Abb. 1.117. Schaltung zu Aufgabe 1.34

Aufgabe 1.34

Für eine stufenlose Leistungssteuerung sind in Abb. 1.117 die Schaltung, die Bauteilparameter, die Versorgungsspannung und die Steuerspannungen der beiden Logikwerte vorgegeben.

a) Wie groß ist der Einschaltwiderstand des MOS-Transistors?
b) Welche relative Pulsweite ist erforderlich, damit im Lastwiderstand eine Leistung von $P_A = 3\,W$ umgesetzt wird?
c) Welche Leistung wird dabei im Transistor umgesetzt?

Aufgabe 1.35

Entwickeln Sie ein FCMOS-Gatter mit minimaler Transistoranzahl und

a) der Funktion

$$y = \overline{((x_1 \wedge x_2) \vee x_3) \wedge (x_4 \vee x_5)}$$

b) der Funktion

$$y = \bar{x}_1 \vee \bar{x}_2 \vee \overline{(x_1 \vee (x_2 \wedge x_3))}$$

1.7 Schaltungen mit Operationsverstärkern

Ein Operationsverstärker ist ein Differenzverstärker mit der Funktion

$$U_A = v_0 \cdot \Delta U_E \;\text{ mit }\; \Delta U_E = U_{E+} - U_{E-} \tag{1.196}$$

(U_{E+}, U_{E-} – Eingangsspannungen; U_A – Ausgangsspannung; v_0 – Verstärkung des Operationsverstärkers), der im Idealfall folgende Eigenschaften besitzt:

- unbegrenzt hohe Verstärkung:

$$v_0 \to \infty \tag{1.197}$$

- vernachlässigbar kleine Eingangsströme:

$$I_{E+} = 0; \quad I_{E-} = 0 \tag{1.198}$$

Reale Operationsverstärker sind (integrierte) Schaltungen aus zahlreichen Bipolar- oder MOS-Transistoren, die diese Eigenschaften in einem begrenzten Arbeitsbereich

$$U_{\mathrm{Emin}} < U_{\mathrm{E+}} < U_{\mathrm{Emax}} \quad (1.199)$$

$$U_{\mathrm{Emin}} < U_{\mathrm{E-}} < U_{\mathrm{Emax}} \quad (1.200)$$

$$U_{\mathrm{Amin}} < U_{\mathrm{A}} < U_{\mathrm{Amax}} \quad (1.201)$$

gut annähern. Die Verstärkung realer Operationsverstärker liegt in der Größenordnung $v_0 \approx 10^3 \ldots 10^5$ und die Eingangsströme im Nanoamperebereich. Aus der Begrenzung der Ausgangsspannung und der hohen Verstärkung folgt, dass ein Operationsverstärker nur in einem winzigen Bereich der Differenzeingangsspannung als Verstärker arbeitet:

$$\frac{U_{\mathrm{Amin}}}{v_0} < \Delta U_{\mathrm{E}} < \frac{U_{\mathrm{Amax}}}{v_0} \quad (1.202)$$

Für kleinere Differenzen der Eingangsspannung ist die Ausgangsspannung gleich ihrem Minimalwert und für größere Differenzen gleich ihrem Maximalwert (Abb. 1.118 b).

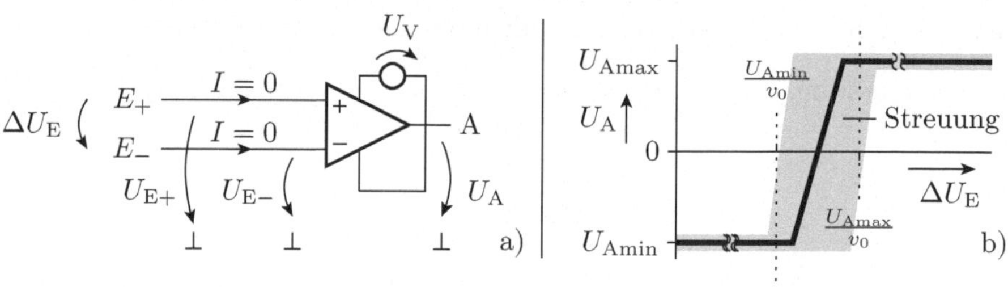

Abb. 1.118. Operationsverstärker a) Schaltzeichen und Anschlussbezeichnungen b) Übertragungsfunktion

Ein Operationsverstärker ist ein aktives Bauteil, das eine Versorgungsspannung benötigt. Die Versorgungsspannung liegt typischerweise in der Größenordnung von 3 bis 30 V und begrenzt die zulässigen Wertebereiche der Eingangsspannungen und der Ausgangsspannung. Genaueres ist dem Datenblatt des jeweiligen Operationsverstärkers zu entnehmen. Die Versorgungsspannungen der Operationsverstärker werden in Sehaltplänen oft nicht eingezeichnet, dürfen jedoch in der aufgebauten Schaltung nicht fehlen.

Der Bezugspunkt (⊥) für die Ausgangsspannung ist in Abb. 1.118 nicht am Operationsverstärker angeschlossen. Verwendet der Operationsverstärker intern den positiven oder den negativen Versorgungsanschluss oder die halbe Versorgungsspannung als Bezugspunkt? Die Antwort darauf lautet: Es ist egal! Bei einem idealen Operationsverstärker mit $v_0 \to \infty$ springt die Ausgangsspannung am Umschaltpunkt zwischen dem Minimalwert und dem Maximalwert und hängt damit nicht vom Bezugspunkt ab. Bei einem realen Operationsverstärker haben die Abweichungen des realen Verhaltens vom Idealverhalten einen größeren Einfluss auf die Übertragungsfunktion als die Lage des Bezugspunktes.

1.7.1 Nichtinvertierender Verstärker

Ein nichtinvertierender Verstärker besitzt eine positive Verstärkung, die durch zwei Widerstände R_1 und R_2 eingestellt wird (Abb. 1.119 a). Der Eingangsstrom ist Null. Innerhalb des zulässigen Wertebereichs der Ausgangsspannung bildet er eine spannungsgesteuerte Spannungsquelle nach (Abb. 1.119 b).

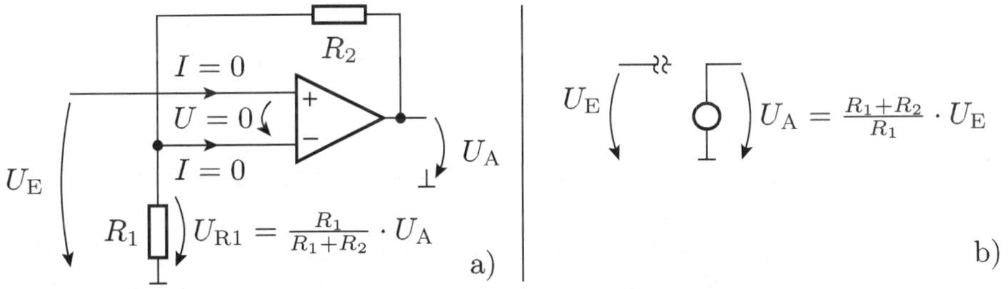

R_2, $I = 0$, $U = 0$, $I = 0$, U_E, U_A, R_1, $U_{R1} = \frac{R_1}{R_1+R_2} \cdot U_A$ a)

U_E, $U_A = \frac{R_1+R_2}{R_1} \cdot U_E$ b)

Abb. 1.119. Nichtinvertierender Verstärker a) Schaltung b) Ersatzschaltung

Am Eingang E_+ liegt die Eingangsspannung und am Eingang E_- die heruntergeteilte Ausgangsspannung an:

$$U_{E+} = U_E \tag{1.203}$$

$$U_{E-} = \frac{R_1}{R_1 + R_2} \cdot U_A \tag{1.204}$$

Eingesetzt in die Übertragungsfunktion des idealen Operationsverstärkers Gleichung 1.196 ergibt sich die Übertragungsfunktion

$$U_A = v_0 \cdot \left(U_E - \frac{R_1}{R_1 + R_2} \cdot U_A \right)$$

$$U_A = \frac{1}{\frac{1}{v_0} + \frac{R_1}{R_1+R_2}} \cdot U_E \tag{1.205}$$

Für eine ausreichend hohe Verstärkung

$$v_0 \gg \frac{R_1 + R_2}{R_1} \tag{1.206}$$

ist der Term $1/v_0$ vernachlässigbar, so dass die Spannungsverstärkung ausschließlich durch die beiden Widerstände festgelegt wird:

$$U_{\mathrm{A}} = \frac{R_1 + R_2}{R_1} \cdot U_{\mathrm{E}} \tag{1.207}$$

Gleichung 1.207 lässt sich auch einfacher herleiten. Der Spannungsteiler aus den Widerständen R_1 und R_2 führt eine heruntergeteilte Ausgangsspannung auf den invertierenden Eingang und wirkt damit der Ausgangsspannungsänderung entgegen. Das ist ein Regelkreis, der in der Elektronik als Rückkopplung bezeichnet wird. Bei einem rückgekoppelten Operationsverstärker regelt sich die Ausgangsspannung so ein, dass die Differenzeingangsspannung auf einen Wert nahe Null kompensiert wird:

$$\varDelta U_{\mathrm{E}} = U_{\mathrm{E}+} - U_{\mathrm{E}-} = \frac{U_{\mathrm{A}}}{v_0} \to 0 \tag{1.208}$$

Die Grundgleichung für die Analyse rückgekoppelter Operationsverstärkerschaltungen lautet

$$U_{\mathrm{E}+} = U_{\mathrm{E}-} \tag{1.209}$$

Mit den Gleichungen 1.203 und 1.204 für die Spannungen an den Operationsverstärkereingängen ergibt sich

$$U_{\mathrm{E}} = \frac{R_1}{R_1 + R_2} \cdot U_{\mathrm{A}} \tag{1.210}$$

Die Übertragungsfunktion Gleichung 1.207 ist sofort ablesbar.

In elektronischen Schaltungen und Bauteilen verbergen sich oft – wie hier bei einem rückgekoppelten Operationsverstärker – Regelkreise. Regelkreise vereinfachen die nach außen hin sichtbare Funktion, beseitigen Nichtlinearitäten und gleichen Bauteilstreuungen aus. Aber sie bergen auch eine Gefahr in sich. Sie können instabil sein. Dann passiert vereinfacht Folgendes: Eine Ausgabeabweichung vom stationären Zustand wird überkorrigiert und verursacht eine noch größere Ausgabeabweichung mit umgekehrtem Vorzeichen. Das wiederholt sich so lange, bis die Ausgabe periodisch zwischen ihren Maximalwerten hin und her schwingt, ohne dass ein stationärer Zustand erreicht wird. Die hier behandelten Schaltungen sind bei fehlerfreiem Aufbau stabil.

1.7.2 Invertierender Verstärker

Ein invertierender Verstärker besitzt eine negative Verstärkung, die durch die beiden Widerstände R_1 und R_2 eingestellt wird (Abb. 1.120 a). Der Eingang E_+ ist mit dem Bezugspunkt ($\perp$) verbunden. Über den Rückkopplungswiderstand R_2 stellt sich am Eingang E_- gleichfalls das Potenzial Null ein, so dass über dem Widerstand R_1 die Eingangsspannung U_{E} und über dem Widerstand R_2 die Ausgangsspannung U_{A} anliegt. Gleichzeitig gilt der Knotensatz:

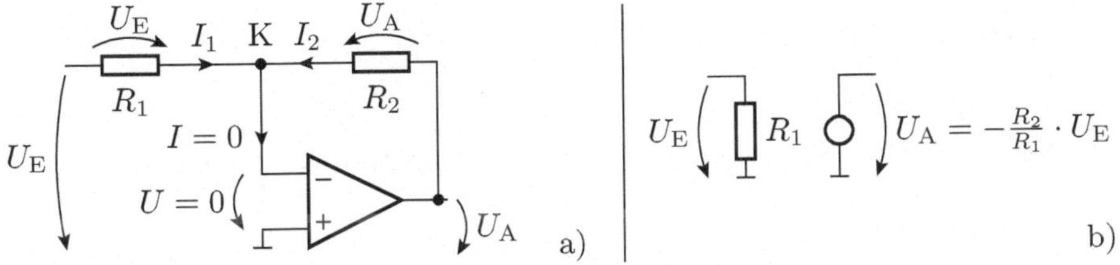

Abb. 1.120. Invertierender Verstärker a) Schaltung b) Ersatzschaltung

$$\mathrm{K}: I_1 + I_2 = 0 \tag{1.211}$$

Der Strom I_1 ist das Verhältnis aus der Eingangsspannung und R_1. Der Strom I_2 ist das Verhältnis aus der Ausgangsspannung und R_2:

$$\frac{U_\mathrm{E}}{R_1} + \frac{U_\mathrm{A}}{R_2} = 0 \tag{1.212}$$

Umgestellt nach der Ausgangsspannung lautet die Übertragungsfunktion

$$U_\mathrm{A} = -\frac{R_2}{R_1} \cdot U_\mathrm{E} \tag{1.213}$$

Die Ersatzschaltung des invertierenden Verstärkers ist genau wie beim nichtinvertierenden Verstärker eine spannungsgesteuerte Spannungsquelle, nur mit einer negativen Verstärkung. Der Eingangswiderstand der Ersatzschaltung ist gleich dem Widerstand R_1 (Abb. 1.120 b).

1.7.3 Analoge Addition und Subtraktion

Abbildung 1.121 zeigt die Schaltung und die Ersatzschaltung eines Summationsverstärkers. Im Knoten K summieren sich die Ströme $I_{\mathrm{E}.i}$, die proportional zu den Eingangsspannungen $U_{\mathrm{E}.i}$ sind, und ein Strom I_2, der sich proportional zur Ausgangsspannung verhält:

$$\mathrm{K}: I_\mathrm{E1} + I_\mathrm{E2} + I_2 = 0 \tag{1.214}$$

Ersetzt durch die Quotienten aus Spannung und Widerstand

$$\frac{U_\mathrm{E1}}{R_\mathrm{E1}} + \frac{U_\mathrm{E2}}{R_\mathrm{E2}} + \frac{U_\mathrm{A}}{R_2} = 0 \tag{1.215}$$

ergibt sich, dass die Ausgangsspannung eine gewichtete Summe der Eingangsspannungen ist:

$$U_\mathrm{A} = -\left(\frac{R_2}{R_\mathrm{E1}} \cdot U_\mathrm{E1} + \frac{R_2}{R_\mathrm{E2}} \cdot U_\mathrm{E2}\right) \tag{1.216}$$

Das Prinzip lässt sich auch auf die Bildung der Summe von mehr als zwei Eingangsspannungen erweitern.

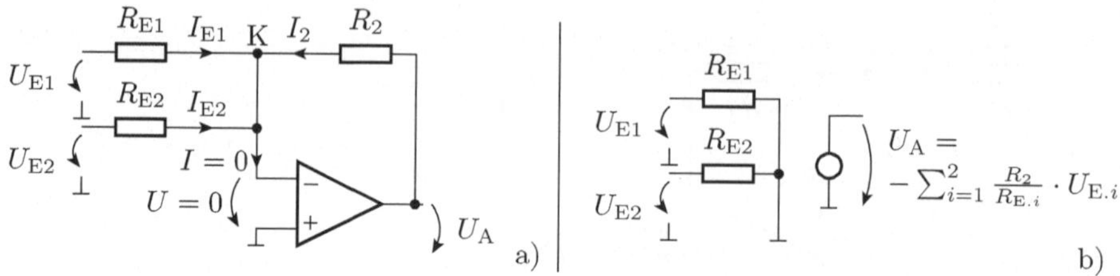

Abb. 1.121. Summationsverstärker a) Schaltung b) Ersatzschaltung

Eine Subtraktion kann auf zwei Wegen nachgebildet werden. Eine Möglichkeit ist die Invertierung des Minuenden mit einem invertierenden Verstärker und eine nachfolgende Addition mit dem Subtrahenden durch einen Summationsverstärker, der nach Gleichung 1.216 die Summe zusätzlich negiert. Die Alternative ist der Differenzverstärker.

In einem als Differenzverstärker beschalteten Operationsverstärker wird die Spannung des Minuenden auf den Eingang E_+ und die Spannung des Subtrahenden auf den Eingang E_- geführt. Der Eingang E_- dient weiterhin zur Rückkopplung, d.h. zur Einstellung der Verstärkung. Ohne weitere Beschaltung stellen sich an den beiden Operationsverstärkereingängen folgende Spannungen ein:

$$U_{E+} = U_{E1}; \; U_{E-} = U_{E2} + \frac{R_1}{R_1 + R_2} \cdot (U_A - U_{E2}) \tag{1.217}$$

Eingesetzt in Gleichung 1.209 ergibt sich die noch nicht ganz perfekte Übertragungsfunktion (Abb. 1.122 a)

$$U_A = \frac{R_2}{R_1} \cdot \left(\frac{R_1 + R_2}{R_2} \cdot U_{E1} - U_{E2} \right) \tag{1.218}$$

Wenn man jedoch die Spannung U_{E1} vor dem Operationsverstärker mit einem Spannungsteiler auf

$$U_{E+} = \frac{R_2}{R_1 + R_2} \cdot U_{E1} \tag{1.219}$$

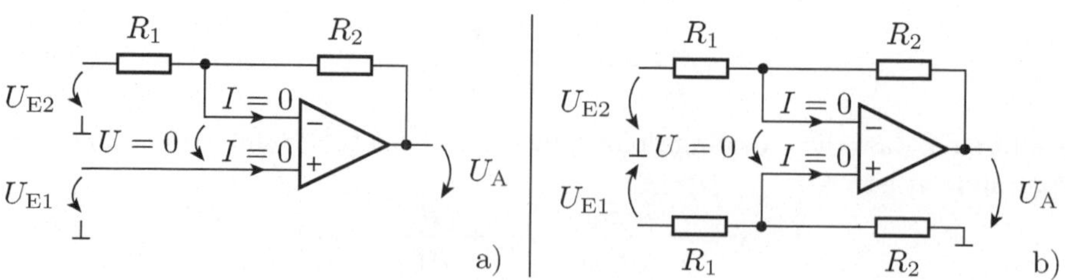

Abb. 1.122. Differenzverstärker a) erster Entwurf b) korrigierte Schaltung

reduziert (Abb. 1.122 b), wird genau die Differenz gebildet und verstärkt:

$$U_{\mathrm{A}} = \frac{R_2}{R_1} \cdot (U_{\mathrm{E1}} - U_{\mathrm{E2}}) \tag{1.220}$$

1.7.4 Komparator und Schmitt-Trigger

Ein Komparator bildet eine Spannung (oder eine andere physikalische Größe) mit einem stetigen Wertebereich auf eine zweiwertige Ausgabegröße ab:

$$A = \begin{cases} 0 \text{ wenn } U_{\mathrm{E}} < U_{\mathrm{E}*} \\ 1 \text{ sonst} \end{cases} \tag{1.221}$$

($U_{\mathrm{E}*}$ – Schaltsschwelle des Komparators).

Ein Operationsverstärker mit der Eingangsspannung an E_+ und der Spannung mit der Schaltschwelle $U_{\mathrm{E}*}$ am Eingang E_- bildet dieses Verhalten sehr gut nach (Abb. 1.123). Für kleine Eingangsspannungen

$$U_{\mathrm{E}} < U_{\mathrm{E0max}} \tag{1.222}$$

ist die Ausgangsspannung gleich ihrem Minimalwert U_{Amin} und für große Eingangsspannungen

$$U_{\mathrm{E}} > U_{\mathrm{E1min}} \tag{1.223}$$

gleich ihrem Maximalwert U_{Amax}. Nur in dem schmalen Zwischenbereich

$$U_{\mathrm{E1min}} - U_{\mathrm{E0max}} = \frac{U_{\mathrm{Amax}} - U_{\mathrm{Amin}}}{v_0} \quad \text{mit } v_0 \to \infty \tag{1.224}$$

weicht das reale Verhalten vom Idealverhalten nach Gleichung 1.221 ab.

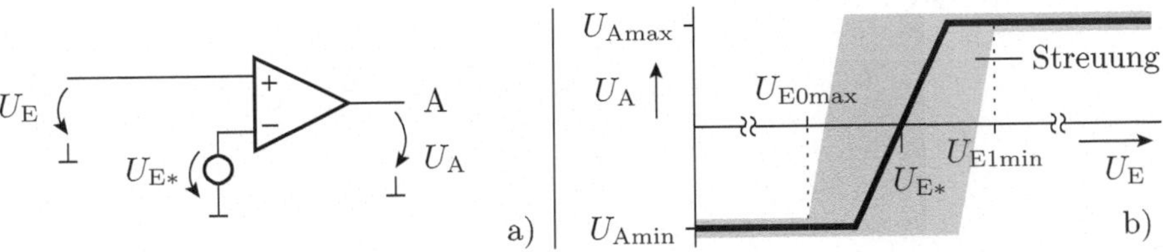

Abb. 1.123. Operationsverstärker als Komparator a) Schaltung b) Übertragungsfunktion

Im Zwischenbereich wird die Ausgabe von sehr kleinen Eingabeänderungen und Parameterstreuungen und damit auch vom thermischen Rauschen und anderen Störungen beeinflusst. Der logische Ausgabewert ist unbestimmt

(Abb. 1.124 a). Das lässt sich vermeiden, indem die Einschaltschwelle gegenüber der Ausschaltschwelle erhöht wird. Wenn die Eingangsspannung die Einschaltschwelle überschreitet, verschiebt sich die Schaltschwelle nach unten. Die Schaltung kippt in ihren anderen Zustand. Beim Absinken der Eingabe unter die Ausschaltschwelle erhöht sich die Schaltschwelle und die Schaltung kippt zurück in den ersten Zustand. Die Ausgangsspannung ist im stationären Zustand entweder »0« oder »1«. Die Differenz zwischen der Einschaltschwelle und der Ausschaltschwelle wird als Hysterese und ein Komparator mit Hysterese als Schmitt-Trigger bezeichnet (Abb. 1.124 b).

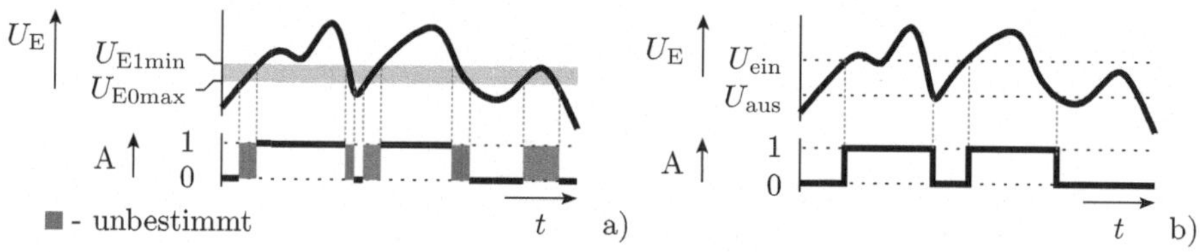

Abb. 1.124. Funktion eines Komparators a) ohne Hysterese b) mit Hysterese

Abbildung 1.125 zeigt die Schaltung eines invertierenden Komparators mit Hysterese. Die Schaltschwellen werden mit Hilfe einer zusätzlichen Quellenspannung U_H und eines Spannungsteilers aus der Ausgangsspannung des Operationsverstärkers gebildet. Der Komparator schaltet ein (die negierte Ausgabe wechselt auf »0«), wenn die Eingangsspannung die Einschaltschwelle

$$U_{ein} = U_H + \frac{R_1}{R_1 + R_2} \cdot (U_{Amax} - U_H) \tag{1.225}$$

überschreitet. Denn in dem Moment sinkt die Ausgangsspannung und mit ihr das Potenzial am Eingang E_+ des Operationsverstärkers. Der Ausgabewert wechselt erst wieder auf »1«, wenn die Eingangsspannung die niedrigere Ausschaltschwelle

$$U_{aus} = U_H + \frac{R_1}{R_1 + R_2} \cdot (U_{Amin} - U_H) \tag{1.226}$$

unterschreitet.

Beispiel 1.4: *Für die Schaltung in Abb. 1.125 ist Folgendes gegeben:*

$$U_{Amax} = U_V = 5\,\mathrm{V} \qquad U_{ein} = 3\,\mathrm{V}$$
$$U_{Amin} = 0 \qquad U_{aus} = 2\,\mathrm{V}$$

Gesucht ist die komplette Operationsverstärkerbeschaltung mit allen Bauteilparametern.

Für die Schaltung muss nach den Gleichungen 1.225 und 1.226 gelten

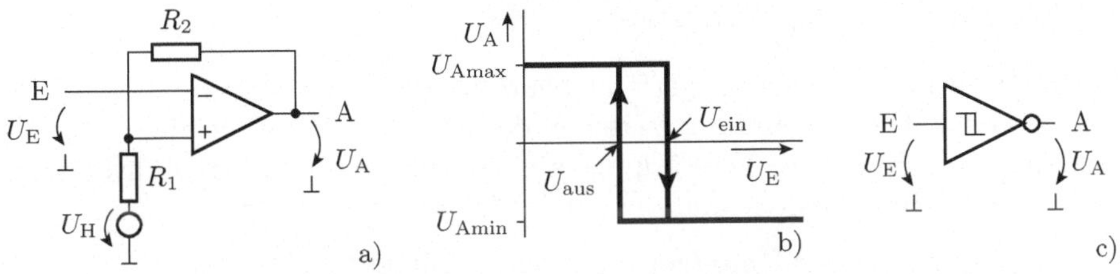

Abb. 1.125. Invertierender Komparator mit Hysterese (Schmitt-Trigger) a) Beispielschaltung b) Funktion c) Symbol

$$3\,\mathrm{V} = U_H + k \cdot (5\,\mathrm{V} - U_H)$$
$$2\,\mathrm{V} = U_H + k \cdot (-U_H)$$

(k – Spannungsteilerverhältnis der Widerstände R_1 und R_2). Das ist ein Gleichungssystem mit zwei Gleichungen und zwei Unbekannten. Das Spannungsteilerverhältnis k ergibt sich aus der Differenz der beiden Gleichungen:

$$3\,\mathrm{V} - 2\,\mathrm{V} = (U_H + k \cdot (5\,\mathrm{V} - U_H)) - (U_H + k \cdot (-U_H))$$
$$k = 0{,}2$$

Zur Bestimmung von U_H wird zuerst U_H in beiden Gleichungen auf die linke Seite gebracht und dann der Quotient der Gleichungen gebildet:

$$\frac{3\,\mathrm{V} - U_H}{2\,\mathrm{V} - U_H} = \frac{5\,\mathrm{V} - U_H}{-U_H}$$
$$U_H = 2{,}5\,\mathrm{V}$$

Der Strom durch den Spannungsteiler hat nach unserem Berechnungsmodell keinen Einfluss auf die Funktion. Als Widerstandswerte könnten z.B. $R_1 = 10\,\mathrm{k}\Omega$ und $R_2 = 40\,\mathrm{k}\Omega$ gewählt werden. Der Zweipol aus der 2,5 V-Quelle und R_1 kann abschließend durch einen Zweipol mit der Versorgungsspannung $U_V = 5\,\mathrm{V}$ als Quelle und einem Spannungsteiler mit einem Teilerverhältnis von 0,5 ersetzt werden (Abb. 1.126).

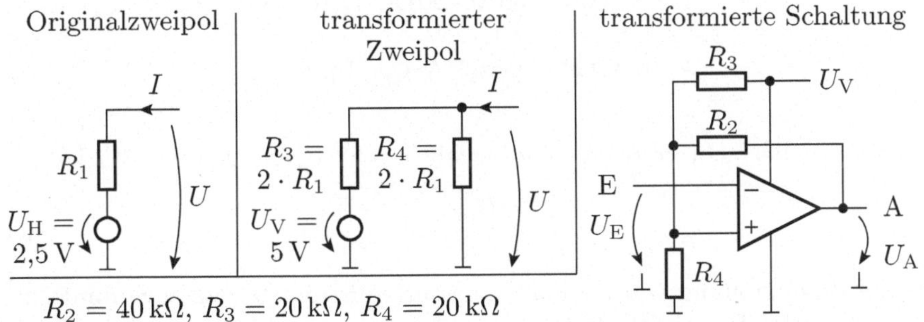

Abb. 1.126. Ersetzen der Hilfsspannung U_H in Abb. 1.125 durch einen Spannungsteiler

1.7.5 Digital/Analog-Umsetzer

Die Informationsverarbeitung erfolgt heute überwiegend digital, z.B. mit einem Rechner. Die Verbindung zwischen der analogen Verarbeitung – Signalerfassung mit Sensoren, Verstärkung etc. – und der digitalen Verarbeitung bilden die Digital/Analog- und die Analog/Digital-Umsetzer.

Ein Digital/Analog-Umsetzer bildet einen Bitvektor

$$\mathbf{x} = x_{n-1}\, x_{n-2}\, \dots\, x_0\,, \tag{1.227}$$

der eine Binärzahl mit dem Wert

$$V(\mathbf{x}) = \sum_{i=0}^{n-1} x_i \cdot 2^i \tag{1.228}$$

darstellt, auf eine zum Wert proportionale Spannung ab:

$$U_{\mathrm{A}}(\mathbf{x}) = \frac{U_{\mathrm{ref}}}{2^n} \cdot \sum_{i=0}^{n-1} x_i \cdot 2^i \tag{1.229}$$

($x_i \in \{0,\, 1\}$ – Binärziffern; n – Bitanzahl; U_{ref} – Referenzspannung; Abb. 1.127).

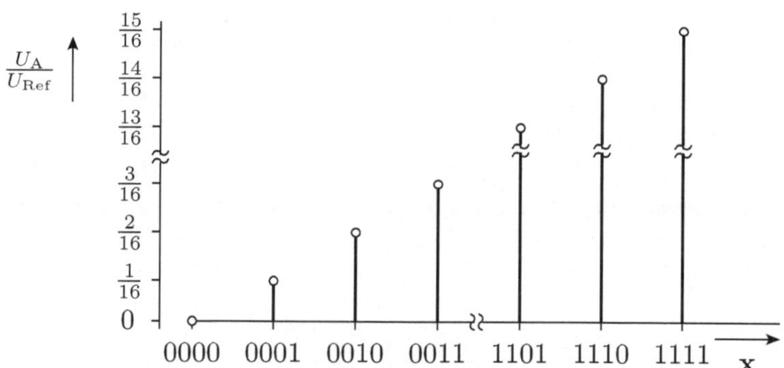

Abb. 1.127. Digital/Analog-Umsetzung

Die hier betrachtete Schaltung besteht aus Stromquellen der Stärke

$$I_i = \frac{U_{\mathrm{ref}}}{R} \cdot 2^{i-n} \tag{1.230}$$

für die Bereitstellung von n binär abgestuften Strömen, einem Summationsverstärker und Transistorschaltern, die die Ströme wahlweise in den Summationspunkt leiten oder nicht. In der Schaltung in Abb. 1.128 a sind die Stromquellen Widerstände, über denen die konstante Referenzspannung U_{ref} abfällt.

Die Transistorschalter leiten alle Ströme I_i mit $x_i = 1$ zum Summationspunkt K. Der Einschaltwiderstand R_{DS} der Transistoren muss dabei gegenüber den Widerständen R_i vernachlässigbar sein (Abb. 1.128 b). Der Summationsverstärker negiert die Ausgangsspannung:

$$U_{\mathrm{A}} = -R \cdot \sum_{i=0}^{n-1} I_i \cdot x_i \tag{1.231}$$

Um eine positive Ausgangsspannung zu erhalten, wird ein invertierender Verstärker nachgeschaltet.

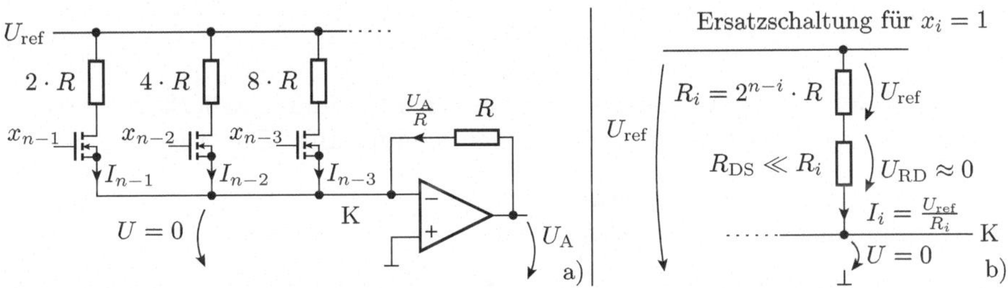

Abb. 1.128. Digital/Analog-Umsetzer a) Schaltung b) Ersatzschaltung für einen einzelnen Strom I_{i}, der zum Summationspunkt K geleitet wird

Ein Digital/Analog-Umsetzer ist nur so genau wie die binär abgestuften Widerstandsverhältnisse. Es ist sehr schwierig, Widerstände mit exakten Widerstandsverhältnissen zu fertigen, wenn sich ihre Werte um Größenordnungen unterscheiden. Bei Soll-Werten in derselben Größenordnung ist das wesentlich einfacher. Deshalb wird eine andere Schaltungsvariante für die Erzeugung der in Zweierpotenzen abgestuften Ströme bevorzugt, ein R2R-Netzwerk. Ein R2R-Netzwerk ist eine Spannungsteilerkette, die die eingangsseitige Referenzspannung fortlaufend halbiert (Abb. 1.129). Die Umschalter an den Fußpunkten der nach unten führenden Widerstände sind NMOS-Transistoren, die die Ströme bei $x_i = 1$ zum Summationspunkt K und bei $x_i = 0$ direkt zum Bezugspunkt weiterleiten.

1.7.6 Analog/Digital-Umsetzer

Für die Analog-/Digital-Umsetzung gibt es zwei Grundstrategien:

- parallele Umsetzung und
- serielle Umsetzung.

Parallelumsetzer

Ein Parallelumsetzer vergleicht den analogen Eingabewert gleichzeitig mit allen Vergleichsspannungen und ordnet den Digitalwert in einem Schritt zu. In

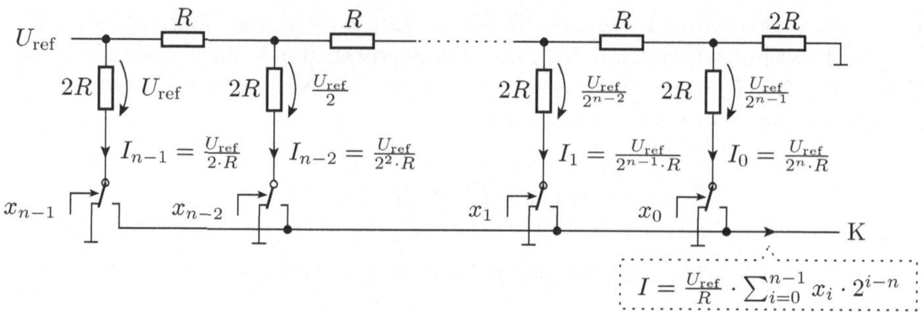

Abb. 1.129. Erzeugung der in Zweierpotenzen abgestuften Ströme mit einem R2R-Netzwerk

Abb. 1.130 werden die Vergleichswerte von einer Spannungsteilerkette erzeugt. Jeder Vergleichswert besitzt einen eigenen Komparator. Ein n-Bit-Umsetzer

- unterscheidet 2^n Digitalwerte und
- benötigt dazu $2^n - 1$ Komparatoren.

Der offensichtliche Nachteil des Parallelumsetzers ist der exponentiell wachsende Schaltungsaufwand mit der Bitanzahl des erzeugten Bitvektors.

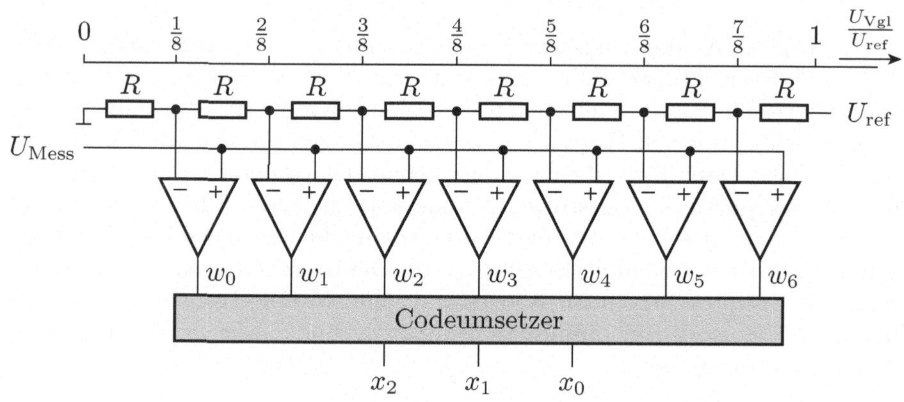

Abb. 1.130. Paralleler Analog/Digital-Umsetzer

Die Ausgabe der Komparatoren wird anschließend mit einer digitalen Schaltung in eine Binärzahl umgewandelt. Für den Analog/Digital-Umsetzer in Abb. 1.130 hat diese Schaltung die Funktion

Komparatorausgabe $w_6w_5\,w_4w_3w_2\,w_1w_0$	Ergebnis $x_2x_1x_0$	Komparatorausgabe $w_6w_5\,w_4w_3w_2\,w_1w_0$	Ergebnis $x_2x_1x_0$
0000000	000	0001111	100
0000001	001	0011111	101
0000011	010	0111111	110
0000111	011	1111111	111

Aus der in der Tabelle dargestellten Logikfunktion werden im nächsten Entwurfsschritt logische Gleichungen extrahiert, für die dann eine Schaltung aus logischen Gattern zu entwerfen ist.

Serieller Analog/Digital-Umsetzer

Ein serieller Analog/Digital-Umsetzer führt die Vergleiche mit den Vergleichsspannungen nacheinander aus. Er benötigt nur einen Komparator, dafür aber zusätzlich einen Digital/Analog-Umsetzer, der die Vergleichswerte bereitstellt, eine Ablaufsteuerung und eine längere Umsetzungszeit.

Die digitale Steuerung stellt in jedem Umsetzungsschritt einen neuen Vergleichswert bereit, der in einen analogen Wert umgewandelt und mit dem Messwert verglichen wird. Anhand des Vergleichsergebnisses

$$v = \begin{cases} 0 \text{ wenn } U_{\text{Mess}} < U_{\text{Vgl}} \\ 1 \text{ sonst} \end{cases} \tag{1.232}$$

bestimmt die digitale Steuerung den Vergleichswert für den nächsten Umsetzungsschritt (Abb. 1.131).

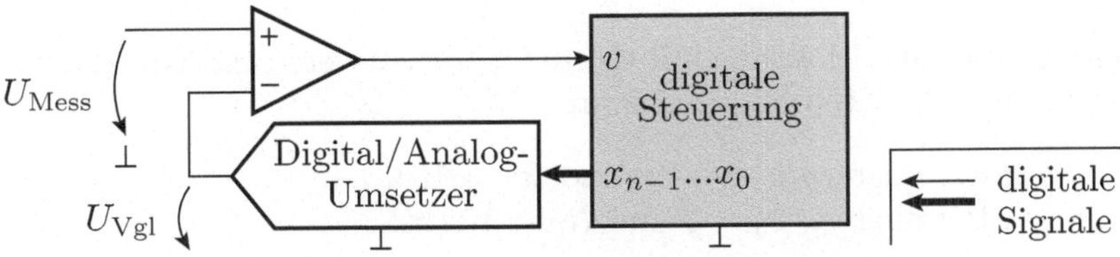

Abb. 1.131. Serieller Analog/Digital-Umsetzer

Der schnellste serielle Umsetzungsalgorithmus ist die sukzessive Approximation. Dieser Algorithmus benötigt für jedes Ergebnisbit einen Umsetzungsschritt. Im ersten Schritt wird der Messwert mit der halben Referenzspannung verglichen. Die Steuerung setzt dazu das höchstwertige Ergebnisbit auf »1« und die übrigen Ergebnisbits auf »0«. Ist der Messwert größer, wird die Vergleichsspannung im nächsten Schritt um ein Viertel der Referenzspannung erhöht, sonst um ein Viertel verringert. Im nächsten Schritt wird, wenn der

Messwert größer als die Vergleichsspannung ist, ein Achtel der Referenzspannung hinzugefügt, sonst abgezogen. Die Vergleichsspannung wird praktisch bitweise an den Messwert angeglichen (Abb. 1.132).

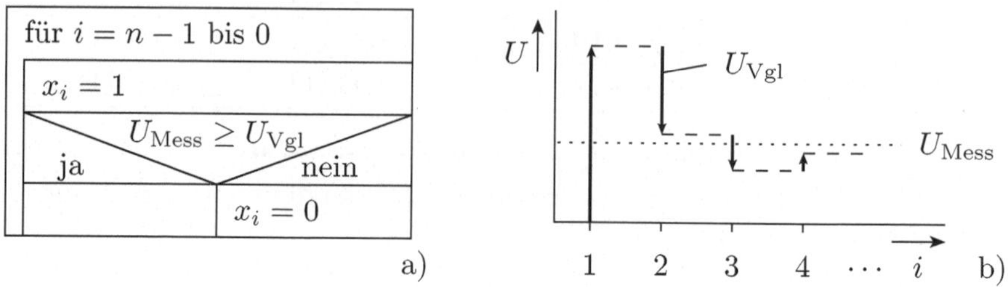

Abb. 1.132. Sukzessive Approximation a) Algorithmus b) Beispielablauf

1.7.7 Zusammenfassung und Übungsaufgaben

Ein Operationsverstärker ist ein erweiterter Differenzverstärker, der im Idealfall eine unbegrenzt hohe Verstärkung und vernachlässigbar kleine Eingangsströme besitzt. Mit Operationsverstärkern und einer geringen Zusatzbeschaltung lassen sich zahlreiche wichtige elektronische Funktionen realisieren: gesteuerte Quellen (Verstärker), analoge Rechenelemente, Schwellwertschalter, Digital/Analog-Umsetzer, Analog/Digital-Umsetzer und vieles mehr. Weiterführende und ergänzende Literatur siehe [9, 12, 14, 16, 18, 19, 20, 21, 28, 33, 37, 41, 43, 45, 46].

Aufgabe 1.36

Entwickeln Sie eine Schaltung mit einem Operationsverstärker, die die Ersatzschaltung in Abb. 1.133 hat, und zwar

a) mit den Parametern $v_{\mathrm{u}} = -10$ und $R_{\mathrm{E}} = 10\,\mathrm{k\Omega}$.
b) mit den Parametern $v_{\mathrm{u}} = 3$ und $R_{\mathrm{E}} = 100\,\mathrm{k\Omega}$.

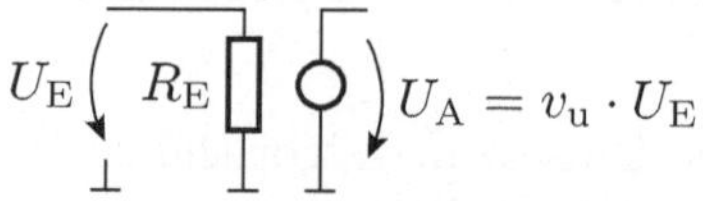

U_{E} R_{E} $U_{\mathrm{A}} = v_{\mathrm{u}} \cdot U_{\mathrm{E}}$

Abb. 1.133. Ersatzschaltung zu Aufgabe 1.36

Aufgabe 1.37

Abbildung 1.134 zeigt eine Schaltung zum Messen des Versorgungsstroms I_V.

a) In welcher Grundschaltung wird der Operationsverstärker betrieben?
b) Welcher Zusammenhang besteht zwischen dem zu messenden Strom I_V und der Ausgangsspannung U_A?
c) Für welchen Bereich des Versorgungsstroms gilt dieser Zusammenhang?

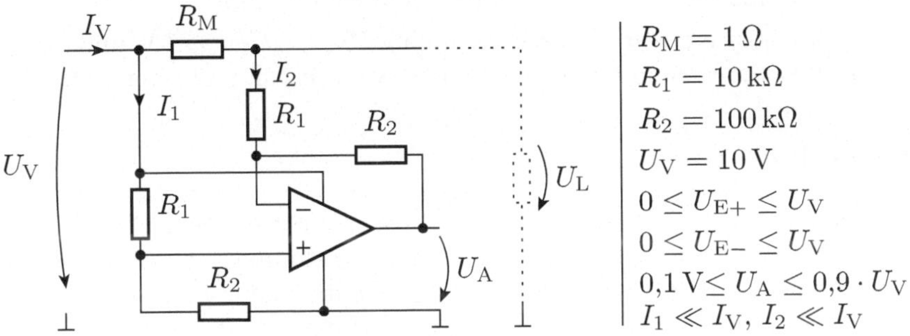

Abb. 1.134. Schaltung zu Aufgabe 1.37

Aufgabe 1.38

Entwickeln Sie mit Hilfe von Operationsverstärkern eine Schaltung mit der Funktion

$$U_A = U_{E1} + 2 \cdot U_{E2} - U_{E3} - 2 \cdot U_{E4}$$

Der Eingangswiderstand soll an jedem Eingang

$$R_{E.i} = \frac{U_{E.i}}{I_{E.i}} = 10\,\mathrm{k}\Omega$$

betragen.

Hinweis: Es werden mindestens zwei Operationsverstärker und 9 Widerstände benötigt.

Aufgabe 1.39

Konstruieren Sie eine Verstärkerschaltung, deren Verstärkung mit einem 2-Bit-Vektor in folgender Weise eingestellt werden kann:

$\mathbf{x} = (x_1\, x_0)$	11	10	01	00
$v_u = \frac{U_A}{U_E}$	8	4	2	1

Hinweise:

- Die Aufgabe ist mit zwei Operationsverstärkern, zwei NMOS-Transistoren und vier Widerständen lösbar.
- Kontrollieren Sie abschließend, dass in allen Arbeitsbereichen, in denen einer der NMOS-Transistoren eingeschaltet ist, die folgenden Bedingungen für die Modellierung der Drain-Source-Strecke als eingeschalteter Schalter mit vernachlässigbar kleinem Widerstand erfüllt sind:
  - große positive Gate-Source-Spannung $U_{\mathrm{GS}} \gg U_{\mathrm{TN}} \approx 1\,\mathrm{V}$ und
  - Reihenwiderstand zur Drain-Source-Strecke von mehreren kΩ.

Aufgabe 1.40

Legen Sie für den invertierenden Komparator mit Hysterese in Abb. 1.135 die Widerstandswerte für R_1 und R_2 so fest, dass der Komparator die vorgegebene Einschaltschwelle und die vorgegebene Ausschaltschwelle besitzt.

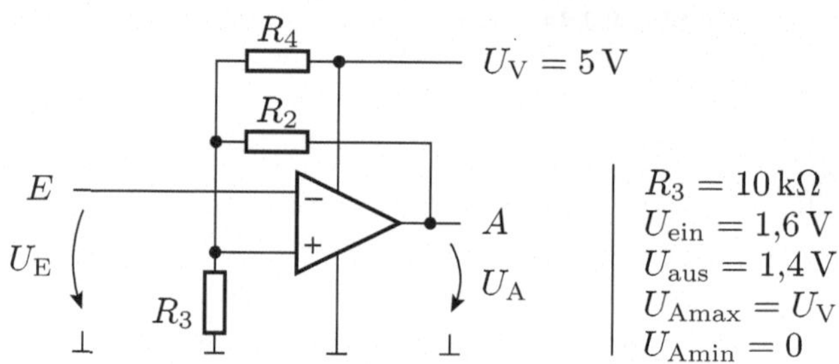

Abb. 1.135. Schaltung zu Aufgabe 1.40

2

Zeitveränderliche Spannungen und Ströme

Definition 2.1 (Signal) *Ein Signal ist der zeitliche Werteverlauf einer physikalischen Größe.*

Bis hierher wurde davon ausgegangen, dass sich die Spannungen und Ströme in einer Schaltung nicht (oder nur sehr langsam) ändern. Diese Vereinfachung soll ab hier nicht mehr gelten. Ab jetzt dürfen Spannungen und Ströme auch Signale, d.h. zeitveränderliche Größen, sein. Zeitveränderliche Spannungen und Ströme werden im Weiteren zur Unterscheidung von konstanten Spannungen und Strömen mit den kleinen Buchstaben u und i bezeichnet.

2.1 Kapazitäten und Induktivitäten

Wenn sich die Ströme und Spannungen in einer Schaltung schnell ändern, sind zusätzlich folgende physikalischen Gesetzmäßigkeiten zu berücksichtigen:

- Spannungsänderungen in einem Leiter sind immer mit Ladungsänderungen verbunden (vergleiche Abschnitt 1.1). Der Knotensatz gilt außerhalb des stationären Zustands nur, wenn auch diese Umladestöme mit berücksichtigt werden.
- Jeder stromdurchflossene Leiter ist von einem Magnetfeld umgeben, dessen Stärke sich proportional zur Stromstärke verhält. Bei einer Änderung des Magnetfeldes wird im Leiter eine Spannung induziert. Der Maschensatz gilt außerhalb des stationären Zustands nur, wenn auch die Induktionsspannungen mit berücksichtigt werden.

G. Kemnitz, *Technische Informatik*, eXamen.press,
DOI 10.1007/978-3-540-87841-4_2, © Springer-Verlag Berlin Heidelberg 2009

2.1.1 Kapazität

	Kapazität
Symbol	C
Maßeinheit	F=As/V (Farad)

Eine Spannung zwischen zwei Schaltungspunkten setzt ein elektrisches Feld einer bestimmten Stärke voraus, das auf die Ladungsträger eine Kraft ausübt. Die Ursache elektrischer Felder selbst sind Ladungen. Jede Spannungsänderung wird von einer proportionalen Änderung der Feldstärke und diese von einer proportionalen Änderung der elektrischen Ladung begleitet (vergleiche Abschnitt 1.1.1). Der Proportionalitätsfaktor zwischen der Ladungsänderung und der Spannungsänderung ist die Kapazität:

$$C = \frac{dQ}{du} \tag{2.1}$$

Die Maßeinheit der Kapazität ist Farad[1] ($1\,\mathrm{F} = 1\,\frac{\mathrm{As}}{\mathrm{V}}$).

Die Kapazität zwischen Schaltungspunkten ist meist wesentlich kleiner als $1\,\mathrm{pF} = 10^{-12}\,\mathrm{F}$. Um die Spannung über einer Kapazität von 1 pF um 1 V zu erhöhen, muss eine Ladung von 10^{-12} As zugeführt werden, z.B. indem 1 ns lang ein Strom von 1 mA in die Kapazität hinein fließt.

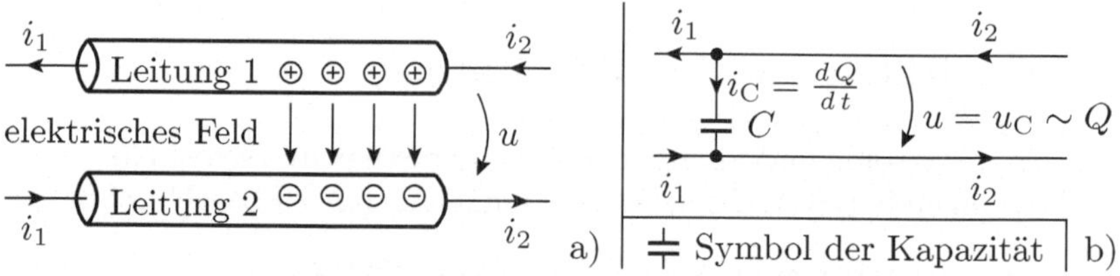

Abb. 2.1. Spannungsänderung zwischen zwei Schaltungspunkten a) physikalisches Verhalten b) Ersatzschaltung

Die Ladungsänderung in einer Leitung wirkt nach außen wie ein Strom, der in der Leitung verschwindet oder der in der Leitung entsteht (Abb. 2.1 a):

$$i_C = \frac{dQ}{dt} = C \cdot \frac{du_C}{dt} \tag{2.2}$$

Damit der Knotensatz auch für Schaltungen mit zeitveränderlichen Spannungen gilt, wird die Eigenschaft von Schaltungspunkten, Ladung zu speichern,

[1] Benannt nach Michael Faraday (1791 - 1867), englischer Physiker und Chemiker.

durch einen Zweipol »Kapazität«, modelliert. Das Schaltsymbol sind zwei angedeutete parallele Platten (Abb. 2.1 b). Die Spannung zwischen zwei Schaltungspunkten lässt sich nur so schnell ändern, wie die Kapazität zwischen den Punkten auf- bzw. entladen wird:

$$u_C(t) = \frac{1}{C} \cdot \int_{t_0}^{t} i_C(\tau) \cdot d\tau + u_C(t_0) \tag{2.3}$$

Kondensator

Kapazitäten als technische Bauteile werden als Kondensatoren bezeichnet. Es gibt sie mit Kapazitäten von etwa 1 pF bis 1 F. Der einfachste Kondensator ist der Plattenkondensator (Abb. 2.2 a). Die Kapazität zwischen zwei parallelen Platten verhält sich proportional zur Fläche A der Platten und umgekehrt proportional zu ihrem Abstand d:

$$C = \varepsilon \cdot \frac{A}{d} \tag{2.4}$$

Der Proportionalitätsfaktor ist die Dielektrizitätskonstante ε, eine Materialkonstante des Isolators zwischen den Platten.

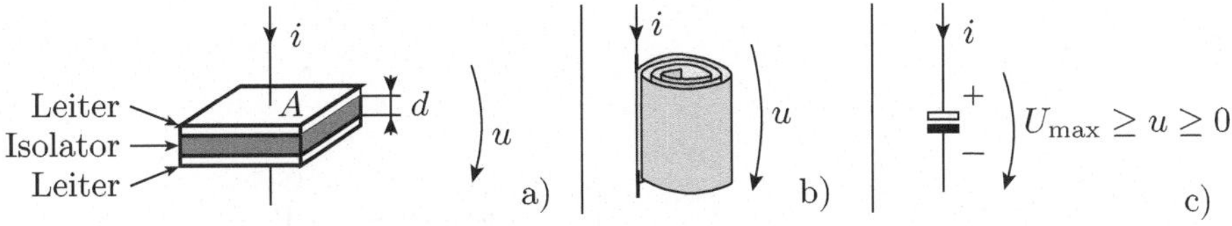

Abb. 2.2. Kondensatoren a) Plattenkondensator b) gewickelter Kondensator c) Schaltsymbol für einen Elektrolytkondensator (Elko)

Eine weitere Kenngröße eines Kondensators ist seine Spannungsfestigkeit. Jedes Isolationsmaterial verträgt nur eine begrenzte elektrische Feldstärke. Bei einer höheren Feldstärke werden aus ortsfesten Ladungsträgern bewegliche Ladungsträger (siehe hierzu später Abschnitt 3.1.2 »Leiter, Nichtleiter und Halbleiter«). Die betrachteten Schaltungspunkte werden kurzgeschlossen. Das führt in vielen Fällen zu einer übermäßigen Erwärmung, bei der Bauteile oder Verbindungen zerstört werden. Die maximal zulässige Spannung über einem Kondensator ist proportional zur maximalen Feldstärke des Isolators und zum Plattenabstand. Um die Spannungsfestigkeit zu verdoppeln, muss der Plattenabstand verdoppelt werden. Das halbiert die Kapazität. Eine Verdopplung der Spannungsfestigkeit bei gleicher Kapazität verlangt folglich auch die doppelte Plattenfläche, d.h. insgesamt das vierfache Volumen für den Isolator.

Für kleine Kapazitäten von wenigen pF bis 100 nF werden Keramikkondensatoren verwendet. Sie bestehen aus Plattenpaaren mit speziellen Keramikwerkstoffen als Isolator. Größere ungepolte Kondensatoren bis etwa 10 μF bestehen aus aufgewickelten Metallfoliebahnen (Abb. 2.2 b). Für Kapazitäten im µF-Bereich werden vielfach Elkos (Elektrolytkondensatoren) eingesetzt. In einem Elko ist die Isolationsschicht eine sehr dünne elektrolytisch erzeugte Oxidschicht. Aus der geringen Dicke resultiert eine hohe Kapazität je Fläche, aber auch eine relativ geringe Spannungsfestigkeit. Ein weiterer Nachteil einer elektrolytisch erzeugten Isolationsschicht ist, dass sie bei Umkehrung der Polarität der Spannung zerstört wird, so dass ein Kurzschluss entsteht. Ein Elko hat deshalb einen »Plus«-Anschluss und einen »Minus«-Anschluss, zwischen denen die Spannung nicht negativ werden darf (Abb. 2.2 c).

Parallel- und Reihenschaltung von Kapazitäten

Bei einer Parallelschaltung von zwei Kapazitäten sind die Spannungsänderungen für beide Kapazitäten gleich und die Ströme addieren sich (Abb. 2.3 a):

$$i_{\mathrm{C}} = C \cdot \frac{d\,u_{\mathrm{C}}}{d\,t} = i_{\mathrm{C1}} + i_{\mathrm{C2}} = C_1 \cdot \frac{d\,u_{\mathrm{C}}}{d\,t} + C_2 \cdot \frac{d\,u_{\mathrm{C}}}{d\,t} \tag{2.5}$$

Die Gesamtkapazität ist die Summe der Einzelkapazitäten:

$$C = C_1 + C_2 \tag{2.6}$$

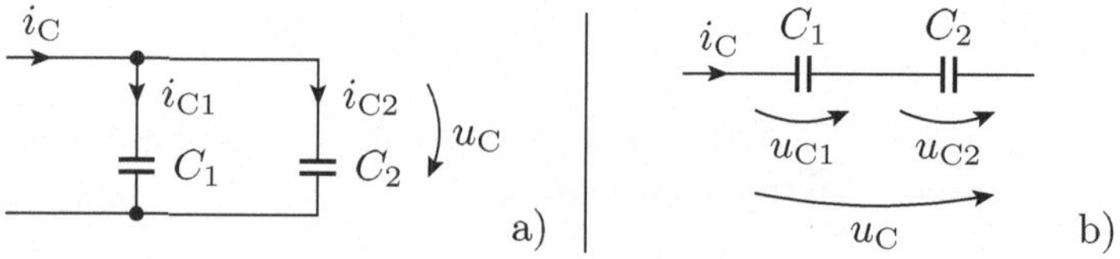

Abb. 2.3. Zusammenfassen von Kapazitäten a) Parallelschaltung b) Reihenschaltung

Bei einer Reihenschaltung von zwei Kapazitäten addieren sich die Spannungen bei gleichem Strom (Abb. 2.3 b):

$$\begin{aligned} u_{\mathrm{C}} &= u_{\mathrm{C1}} + u_{\mathrm{C2}} \\ &= \frac{1}{C_1} \cdot \int_{t_0}^{t} i_{\mathrm{C}}(\tau) \cdot d\,\tau + u_{\mathrm{C1}}(t_0) + \frac{1}{C_2} \cdot \int_{t_0}^{t} i_{\mathrm{C}}(\tau) \cdot d\,\tau + u_{\mathrm{C2}}(t_0) \\ &= \left(\frac{1}{C_1} + \frac{1}{C_2} \right) \cdot \int_{t_0}^{t} i_{\mathrm{C}}(\tau) \cdot d\,\tau + u_{\mathrm{C1}}(t_0) + u_{\mathrm{C2}}(t_0) \end{aligned} \tag{2.7}$$

Der Kehrwert der Gesamtkapazität ist die Summe der Kehrwerte der Einzelkapazitäten:

$$\frac{1}{C} = \frac{1}{C_1} + \frac{1}{C_2} \tag{2.8}$$

Eine Hilfestellung, um die Gleichungen 2.6 und 2.8 nicht zu verwechseln, bietet das Modell des Plattenkondensators, Gleichung 2.4:

$$C = \varepsilon \cdot \frac{A}{d}$$

Eine Parallelschaltung vergrößert die Fläche A. Das erhöht die Kapazität. Eine Reihenschaltung vergrößert den Abstands d, was die Kapazität verringert.

2.1.2 Induktivität

	Induktivität
Symbol	L
Maßeinheit	H=Vs/A (Henry)

Auch der Strom auf einer Leitung lässt sich nicht unbegrenzt schnell ändern. Schuld ist die Wechselwirkung zwischen dem elektrischen Strom und dem Magnetfeld. Jeder elektrische Strom ist von einem Magnetfeld umgeben, in dem Energie gespeichert wird. Eine Änderung des Stromflusses verlangt eine Änderung der im Magnetfeld gespeicherten Energie. Die Folge ist eine induzierte Spannung, die der Änderung des Stroms entgegenwirkt (Abb. 2.4 b):

$$u_{\mathrm{L}} = L \cdot \frac{d\,i_{\mathrm{L}}}{d\,t} \tag{2.9}$$

Der Proportionalitätsfaktor zwischen der induzierten Spannung und der Änderungsgeschwindigkeit des Stroms ist die Induktivität L. Die Maßeinheit der Induktivität ist Henry[2] (1 H = 1 Vs/A).

Damit der Maschensatz auch für Schaltungen mit zeitveränderlichen Strömen gilt, wird diese Eigenschaft durch einen Zweipol »Induktivität« entlang der Leitung modelliert (Abb. 2.4 b). Der Strom in einer Leitung lässt sich nur so schnell ändern, wie das Magnetfeld auf- oder abgebaut wird:

$$i_{\mathrm{L}}(t) = \frac{1}{L} \cdot \int_{t_0}^{t} u_{\mathrm{L}}(\tau) \cdot d\,\tau + i_{\mathrm{L}}(t_0) \tag{2.10}$$

Größenordnung der Induktivität

Jede Leitung besitzt eine geringe Induktivität. Als Richtwert gilt, dass eine Leitung von 1 mm Länge etwa eine Induktivität von 1 nH besitzt [13].

[2] Benannt nach Joseph Henry (1797 - 1878), US-amerikanischer Physiker.

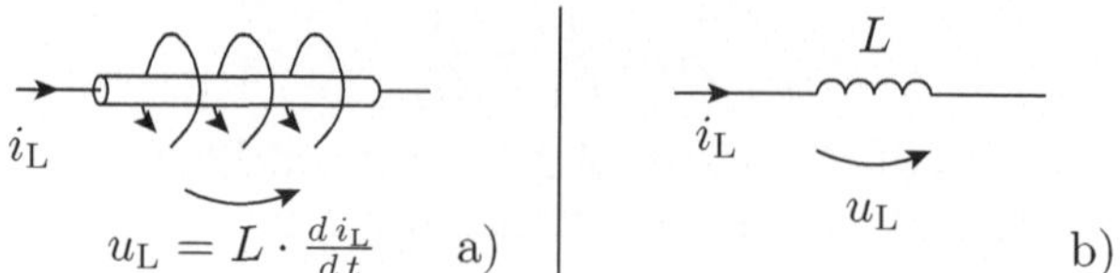

Abb. 2.4. Induktivität einer Leitung a) physikalisches Verhalten b) Schaltzeichen

Beispiel 2.1: *Eine ideale Spannungsquelle mit einer Quellenspannung von* 1 V *und dem Innenwiderstand Null wird für* $t = 1\,\mu\text{s}$ *mit einem* 1 m *langen Draht kurzgeschlossen. Bis auf welchen Wert steigt der Strom an?*

Ein 1 m *langer Draht hat eine Induktivität von etwa* $1\,\mu\text{H}$. *Der Strom nimmt nicht sprunghaft, sondern nach Gleichung 2.9 mit einer Geschwindigkeit von*

$$\frac{d\,i_L}{d\,t} = \frac{1\,\text{V}}{1\,\mu\text{H}} = 1\,\frac{\text{A}}{\mu\text{s}}$$

zu. Der Endwert nach $t = 1\,\mu\text{s}$ *ist etwa* 1 A.

Zur Realisierung größerer Induktivitäten wird ein Leiter auf einen magnetflussverstärkenden Kern zu einer Spule aufgewickelt. Für die Magnetfelderzeugung verlaufen die Ströme durch die einzelnen Windungen parallel. Der magnetische Fluss wächst proportional mit der Windungsanzahl n. Die induzierten Spannungen in den Windungen addieren sich (Abb. 2.5). Die Induktivität verhält sich folglich insgesamt proportional zum Quadrat der Anzahl der Windungen:

$$L = k \cdot n^2 \tag{2.11}$$

(k – Konstante, die von der Geometrie und den magnetischen Eigenschaften des Kerns abhängt; n – Windungsanzahl). Spulen gibt es als Bauteile mit Induktivitäten von wenigen μH bis zu einigen mH.

Parallel- und Reihenschaltung von Induktivitäten

Bei einer Parallelschaltung von zwei Induktivitäten, deren Magnetfelder sich nicht beeinflussen, addieren sich die Ströme bei gleichem Spannungsabfall

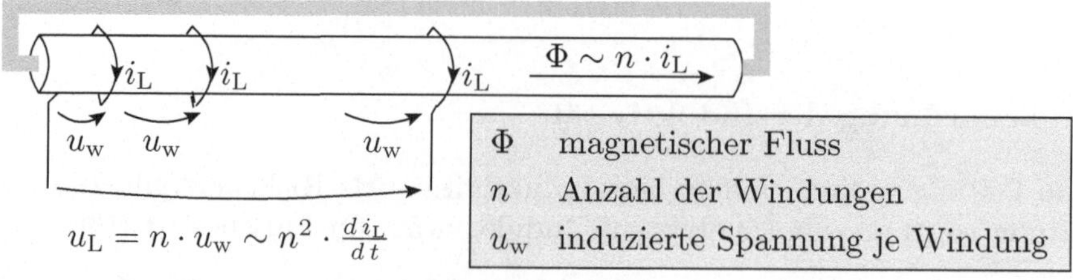

Abb. 2.5. Spule

(Abb. 2.6 a):

$$\begin{aligned} i_{\mathrm{L}} &= i_{\mathrm{L1}} + i_{\mathrm{L2}} \\ &= \frac{1}{L_1} \cdot \int_{t_0}^{t} u_{\mathrm{L}}(\tau) \cdot d\tau + i_{\mathrm{L1}}(t_0) + \frac{1}{L_2} \cdot \int_{t_0}^{t} u_{\mathrm{L}}(\tau) \cdot d\tau + i_{\mathrm{L2}}(t_0) \\ &= \left(\frac{1}{L_1} + \frac{1}{L_2}\right) \cdot \int_{t_0}^{t} u_{\mathrm{L}}(\tau) \cdot d\tau + i_{\mathrm{L1}}(t_0) + i_{\mathrm{L2}}(t_0) \end{aligned} \tag{2.12}$$

Der Kehrwert der Gesamtinduktivität ist die Summe der Kehrwerte der Einzelinduktivitäten:

$$\frac{1}{L} = \frac{1}{L_1} + \frac{1}{L_2} \tag{2.13}$$

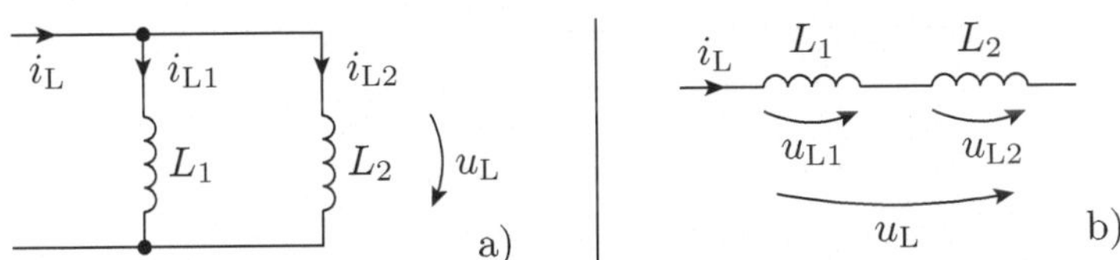

Abb. 2.6. Zusammenfassen von Induktivitäten a) Parallelschaltung b) Reihenschaltung

Bei einer Reihenschaltung von zwei Induktivitäten, deren Magnetfelder sich nicht beeinflussen, addieren sich die Spannungen bei gleichem Strom (Abb. 2.6 b):

$$u_{\mathrm{L}} = u_{\mathrm{L1}} + u_{\mathrm{L2}} = L_1 \cdot \frac{d\,i_{\mathrm{L}}}{d\,t} + L_2 \cdot \frac{d\,i_{\mathrm{L}}}{d\,t} \tag{2.14}$$

Die Gesamtinduktivität ist die Summe der Einzelinduktivitäten:

$$L = L_1 + L_2 \tag{2.15}$$

2.1.3 Gegeninduktivität

Wenn sich die Magnetfelder mehrerer stromdurchflossener Leiter überlagern, kommt es zu einer gegenseitigen Beeinflussung. Eine Stromänderung in jedem der Leiter bewirkt, dass auch in den anderen Leitern eine Spannung induziert wird. Die Stromänderungen und die Induktionsspannungen bilden ein lineares Gleichungssystem. In einem System mit zwei stromdurchflossenen Leitern gilt z.B.

$$\begin{pmatrix} u_{\mathrm{L1}} \\ u_{\mathrm{L2}} \end{pmatrix} = \begin{pmatrix} L_1 & M_{1.2} \\ M_{2.1} & L_2 \end{pmatrix} \cdot \begin{pmatrix} \frac{d\,i_{\mathrm{L1}}}{d\,t} \\ \frac{d\,i_{\mathrm{L2}}}{d\,t} \end{pmatrix} \tag{2.16}$$

Die Koeffizienten L_j sind die Eigeninduktivitäten und die Koeffizienten $M_{j.k}$ die Gegeninduktivitäten.

Abbildung 2.7 zeigt als Beispiel eine Spule mit zwei Wicklungen. Jede Wicklung liefert einen Beitrag zum magnetischen Fluss. Der Gesamtfluss verhält sich proportional zur Summe der Produkte aus dem Strom und der Windungsanzahl beider Wicklungen. In beiden Wicklungen addieren sich die induzierten Spannungen aller Windungen. Die induzierte Gesamtspannung verhält sich entsprechend proportional zur Windungsanzahl und zur Flussänderung. Die Eigeninduktivität einer Wicklung verhält sich, wie bereits gezeigt, proportional zum Quadrat der Anzahl der Windungen (siehe Gleichung 2.11). Die Gegeninduktivität zwischen zwei Wicklungen ist proportional zum Produkt aus der Anzahl der Windungen beider Wicklungen.

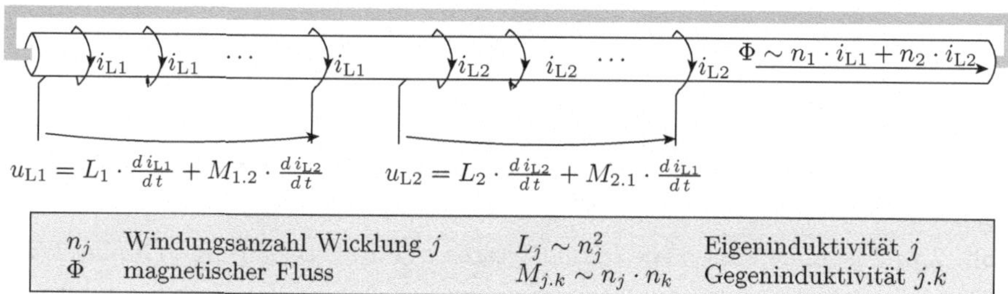

n_j	Windungsanzahl Wicklung j	$L_j \sim n_j^2$	Eigeninduktivität j
Φ	magnetischer Fluss	$M_{j.k} \sim n_j \cdot n_k$	Gegeninduktivität $j.k$

Abb. 2.7. Eigeninduktivität und Gegeninduktivität

Transformator

Eine technische Anwendung für die Gegeninduktivität ist der Transformator, kurz Trafo. Ein Transformator wandelt eine kosinusförmige Wechselspannung in eine andere kosinusförmige Wechselspannung um. Er besteht mindestens aus zwei Wicklungen auf einem Kern, einer Primärwicklung und einer Sekundärwicklung. Die kosinusförmige Eingangsspannung

$$u_{\mathrm{E}} = \hat{U}_{\mathrm{E}} \cdot \cos(\omega \cdot t) \tag{2.17}$$

($\hat{U}_{\mathrm{E}}$ – Amplitude der Eingangsspannung; $\omega = 2 \cdot \pi \cdot f$ – Kreisfrequenz; f – Frequenz) wird an die Primärwicklung angelegt (Abb. 2.8). Der Eingangsstrom stellt sich dabei so ein, dass die induzierte Spannung gleich der angelegten Eingangsspannung ist. Unter der Modellannahme, dass die Primärwicklung nur ihre Induktivität L_1 und keinen Widerstand hat und dass kein Strom durch die Sekundärwicklung fließt, gilt

$$u_{\mathrm{E}} = \hat{U}_{\mathrm{E}} \cdot \cos(\omega \cdot t) = L_1 \cdot \frac{d\,i_{\mathrm{E0}}}{dt} \tag{2.18}$$

Die Gleichung wird nach dem Eingangsstrom aufgelöst:

$$i_{\mathrm{E0}} = \frac{\hat{U}_{\mathrm{E}}}{\omega \cdot L} \cdot \sin(\omega \cdot t) \tag{2.19}$$

Die Integralbildung verzögert den Strom gegenüber der Spannung um eine Viertelperiode. Der resultierende Strom wird als Blindstrom bezeichnet.

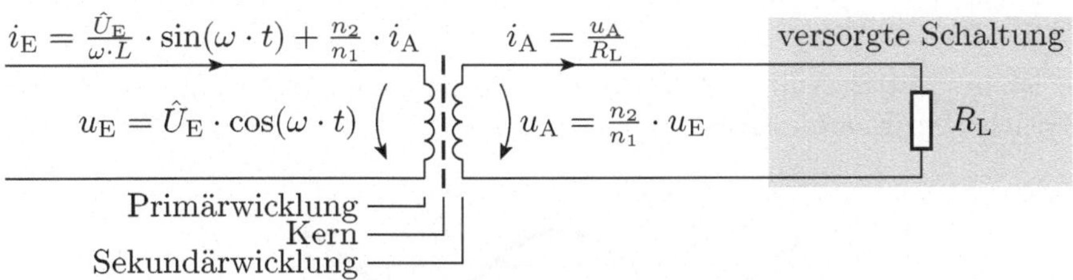

Abb. 2.8. Funktionsweise des idealen Transformators

In der Sekundärwicklung wird gleichfalls eine Spannung induziert. Diese verhält sich proportional zur Eingangsspannung und zum Windungsverhältnis:

$$u_{\mathrm{A}} = \frac{n_2}{n_1} \cdot u_{\mathrm{E}} = \frac{n_2}{n_1} \cdot \hat{U}_{\mathrm{E}} \cdot \cos(\omega \cdot t) \tag{2.20}$$

(n_1 – Windungsanzahl der Primärwicklung; n_2 – Windungsanzahl der Sekundärwicklung). Durch die Wahl des Windungsverhältnisses ist das Spannungsverhältnis einstellbar. Im nächsten Gedankenschritt wird an die Sekundärwicklung ein Lastwiderstand angeschlossen. Es fließt ein Sekundärstrom:

$$i_{\mathrm{A}} = \frac{u_{\mathrm{A}}}{R_{\mathrm{L}}} = \frac{n_2}{n_1} \cdot \frac{u_{\mathrm{E}}}{R_{\mathrm{L}}} \tag{2.21}$$

Damit die Induktionsspannung auf der Primärseite weiterhin gleich der Eingangsspannung ist, darf sich der Gesamtstrom, der den Kern umfließt, nicht ändern. Der zusätzliche den Kern umfließende Sekundärstrom wird deshalb automatisch durch einen zweiten Primärstromanteil i_{E1} kompensiert:

$$i_{\mathrm{E1}} = \frac{n_2}{n_1} \cdot i_{\mathrm{A}} = \frac{n_2}{n_1} \cdot \frac{u_{\mathrm{A}}}{R_{\mathrm{L}}} = \left(\frac{n_2}{n_1}\right)^2 \cdot \frac{u_{\mathrm{E}}}{R_{\mathrm{L}}} \tag{2.22}$$

Dieser Stromanteil verhält sich proportional zur Eingangsspannung und wird als Wirkstrom bezeichnet.

Der Wirkstrom i_{E1} verursacht eine Wirkleistung und der Blindstrom i_{E0} eine Blindleistung. Die Leistung – der Energieumsatz pro Zeit – ist nach Gleichung 1.14 das Produkt aus Strom und Spannung. Die Wirkleistung ist das Produkt aus der Eingangsspannung und dem zur Eingangsspannung proportionalen Wirkstrom:

$$P_{\mathrm{Wirk}} = \left(\frac{n_2 \cdot \hat{U}_{\mathrm{E}}}{n_1}\right)^2 \cdot \frac{\cos(\omega \cdot t)^2}{R_{\mathrm{L}}} = \left(\frac{n_2 \cdot \hat{U}_{\mathrm{E}}}{n_1}\right)^2 \cdot \frac{1 + \cos(2 \cdot \omega \cdot t)}{2 \cdot R_{\mathrm{L}}} \tag{2.23}$$

Sie ist für alle Eingangsspannungen größer oder gleich Null und beschreibt den zeitlichen Verlauf des Energieumsatzes im Lastwiderstand. Die Blindleistung ist das Produkt aus der Eingangsspannung und dem phasenverschobenen Blindstrom:

$$P_{\mathrm{Blind}} = \frac{\hat{U}_{\mathrm{E}}^2}{\omega \cdot L_1} \cdot \sin(\omega \cdot t) \cdot \cos(\omega \cdot t) = \frac{\hat{U}_{\mathrm{E}}^2}{2 \cdot \omega \cdot L_1} \cdot \sin(2 \cdot \omega \cdot t) \tag{2.24}$$

Sie ist im Mittel Null und beschreibt die zeitliche Änderung der im Kern gespeicherten Energie (Abb. 2.9).

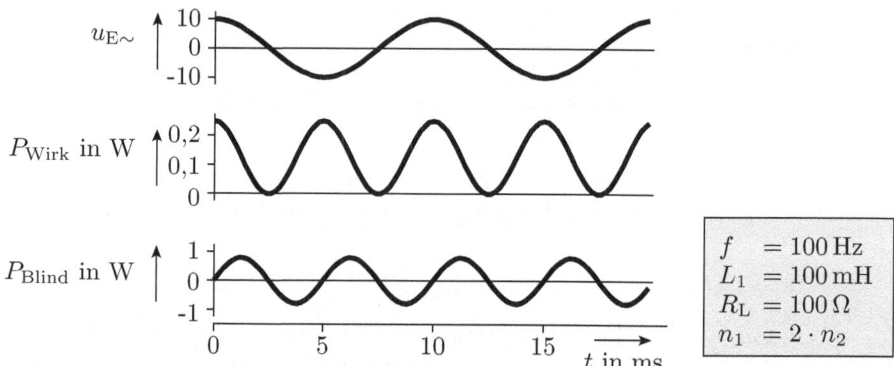

Abb. 2.9. Wirk- und Blindleistung am idealen Transformator

Die Ersatzschaltung eines idealen Transformators besteht aus der Induktivität L_1 zur Modellierung des Blindstroms, einer spannungsgesteuerten Spannungsquelle zur Modellierung der Ausgangsspannung und einer stromgesteuerten Stromquelle zur Modellierung des Wirkstroms. Bei einem realen Trafo sind zusätzlich die ohmschen Widerstände der Wicklungen zu berücksichtigen, in denen ein Teil der Energie in Wärme umgesetzt wird. Auch im Kern eines realen Transformators treten Energieverluste auf, die durch weitere ohmsche Widerstände in der Ersatzschaltung berücksichtigt werden können (Abb. 2.10).

2.1.4 Parasitäre Kapazitäten und Induktivitäten

Jede Leitung besitzt eine Induktivität. Zwischen allen benachbarten Leitungen gibt es Kapazitäten und Gegeninduktivitäten. Die meisten dieser Kapazitäten und Induktivitäten sind unerwünscht. Unerwünschte Kapazitäten und Induktivitäten werden als parasitär bezeichnet und bleiben bei der Schaltungsmodellierung meist unberücksichtigt. In Systemen mit sehr schnellen Strom- und Spannungsänderungen – insbesondere in schnellen digitalen Schaltungen – können die parasitären Kapazitäten und Induktivitäten Fehlfunktionen

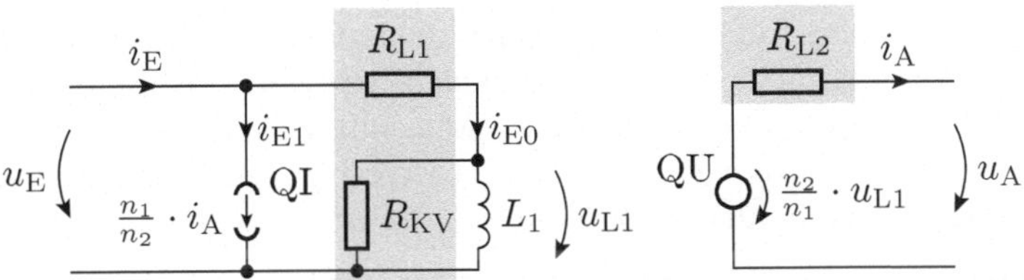

Abb. 2.10. Ersatzschaltung eines Transformators (L_1 – Induktivität der Primärwicklung zur Modellierung des Blindstroms; QU – spannungsgesteuerte Spannungsquelle für die Ausgangsspannung; QI – stromgesteuerte Stromquelle für den Wirkstrom; R_{L1}, R_{L2} – Leitungswiderstände der Wicklungen; R_{KV} – Widerstand zur Modellierung der Kernverluste).

verursachen, die im Schaltungsmodell nicht enthalten und die messtechnisch schwer zu erfassen sind.

Ground Bounce

Schnelle Stromänderungen auf einer Leitung verursachen Induktionsspannungsspitzen. Besonders komplexe Auswirkungen hat ein Ground Bounce. Das ist eine Induktionsspannungsspitze auf der Verbindung eines Teilsystems zum Bezugspunkt. Abbildung 2.11 zeigt einen Schaltungsausschnitt mit zwei digitalen Schaltkreisen, in dem die parasitären Induktivitäten der Verbindungen zum Bezugspunkt mit eingezeichnet sind. Die Gleichung für die eingezeichnete Masche lautet

$$\mathrm{M}: -u_{M1} - u_A + u_E + u_{M2} = 0 \tag{2.25}$$

Die wahrgenommene Eingangsspannung u_E am Eingang von DIC2 ist die Spannung am Ausgang von DIC1 abzüglich der Induktionsspannung auf der Verbindung von DIC1 zum gemeinsamen Bezugspunkt plus der Induktionsspannung auf der Verbindung von DIC2 zum gemeinsamen Bezugspunkt:

$$u_E = u_A + L_{M1} \cdot \frac{d\,i_{M1}}{d\,t} - L_{M2} \cdot \frac{d\,i_{M2}}{d\,t} \tag{2.26}$$

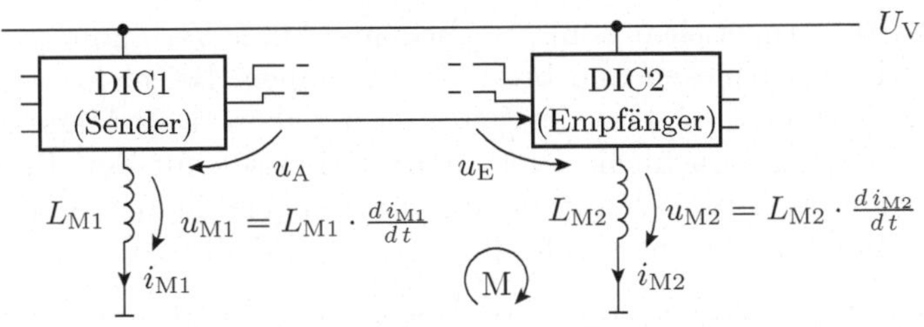

DIC digitaler integrierter Schaltkreis
$L_{M.i}$ Induktivität der Verbindung zum Bezugspunkt ($\approx 10^{-8}$ H)

Abb. 2.11. Ground Bounce

Die Stromänderungen auf den Leitungen zum gemeinsamen Bezugspunkt können dabei durch Signaländerungen verursacht sein, die mit dem betrachteten Signal nichts zu tun haben. In einem System mit vielen unterschiedlichen Signalen entstehen dadurch sehr komplizierte Wechselwirkungen und unzählige schwer lokalisierbare Fehlermöglichkeiten.

In einem digitalen System verursacht ein Ground Bounce erst dann eine Fehlfunktion, wenn die Summe der Induktionsspannungen größer als der Störabstand ist. Dieses Risiko ist recht hoch. Die internen Zuleitungen in einem Schaltkreis (Bonddraht und Pin) haben eine Induktivität von typisch 10 nH. Die Induktivitäten der Versorgungsleitungen auf einer Leiterplatte liegt in der Größenordnung von 20 nH [13]. Änderungsgeschwindigkeiten der Stromaufnahme in der Größenordnung von $\pm 0{,}1\,\mathrm{A/ns}$ sind durchaus möglich. Die daraus resultierenden Induktionsspitzen mit einem Betrag von mehreren Volt genügen, um eine logische »0« in eine »1« zu verwandeln und umgekehrt.

Die Maßnahmen zur Verhinderung logischer Fehlfunktionen durch einen Ground Bounce sind

- Stützkondensatoren,
- induktivitätsarme Versorgungsleitungen,
- Signaländerungsgeschwindigkeiten nur so schnell wie nötig statt so schnell wie möglich,
- differenzielle Signalübertragung und
- verzögertes Abtasten der Eingangssignale.

Ein Stützkondensator ist ein induktivitätsarmer Scheibenkondensator mit einer Kapazität von etwa 10 bis 100 nF, der in unmittelbarer Nähe des Schaltkreises angeordnet und mit dessen Versorgungsanschlüssen verbunden wird (Abb. 2.12). Er dient als Spannungsquelle für schnelle Stromänderungen und mindert so die Induktionsspannungen auf den Versorgungsleitungen der Baugruppe. Bei der räumlichen Anordnung und Verdrahtung sind kurze induktivitätsarme Leitungsführungen zwischen den Schaltkreisen und ihren Stützkondensatoren ganz wichtig. Jeder digitale Schaltkreis benötigt seinen eigenen Stützkondensator. Schaltkreise mit mehreren Versorgungsanschlüssen benötigen zum Teil mehrere Stützkondensatoren.

Induktivitätsarme Leitungsführung bedeutet kurze Verbindungen, Vermeidung von scharfen Knicken und breite Leiterbahnen. Bei mehr als zwei Verdrahtungsebenen wird oft eine der Verdrahtungsebenen als Masse-Ebene genutzt. Die umgangssprachliche Bezeichnung »Masse« für den Bezugspunkt einer Schaltung hat etwas damit zu tun, dass die Verbindungen, die den Bezugspunkt bilden, meist aus vergleichsweise viel Metall bestehen.

Der andere Einfussfaktor auf die Größe der Induktionsspannung, die Stromänderungsgeschwindigkeit, hängt von der Schaltungsgeschwindigkeit ab. Bei langsamen Schaltkreisen mit hinreichendem Störabstand beträgt der Ground Bounce nur wenige Millivolt und verfälscht keine logischen Signalwerte.

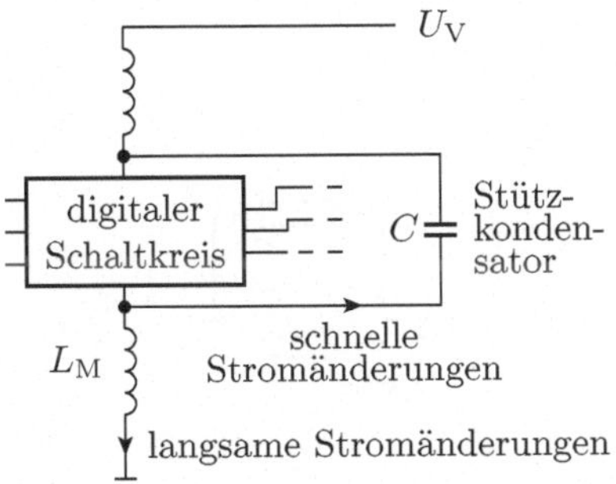

Abb. 2.12. Minderung des Ground Bounce durch einen Stützkondensator

Bei der differenziellen Übertragung wird zusätzlich zum Signal das negierte Signal oder das Bezugspotenzial der Quelle übertragen. Der Empfänger wertet die Differenz zwischen zwei Signalen statt der Differenz zu einem globalen Bezugspunkt aus. Die induzierten Spannungen auf den Versorgungsleitungen fallen bei der Differenzenbildung heraus und haben keinen Einfluss auf die ausgewerteten Eingabesignale am Empfänger (Abb. 2.13).

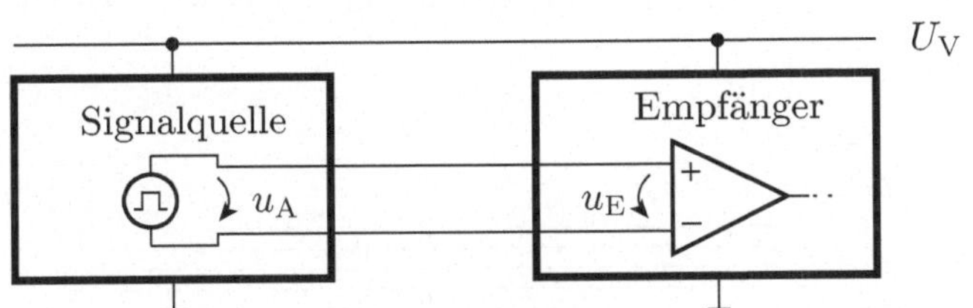

Abb. 2.13. Differenzielle Signalübertragung

Induktives Übersprechen

Bei sehr schnellen Stromänderungen verhalten sich eng benachbarte Leitungen wie ein Transformator. Sie sind jeweils mit von den Magnetfeldern der Nachbarleitungen umgeben. Wenn sich der Strom in einer Leitung ändert, wird in der Leitung selbst und auch in den benachbarten Leitungen eine Spannung induziert. Auf diese Weise ist es möglich, dass eine Signaländerung auf einer Leitung den Signalwert einer benachbarten Leitung verfälscht (Abb. 2.14).

Maßnahmen zur Unterbindung von Signalverfälschungen durch induktives Übersprechen sind

- Schaltungsgeschwindigkeit nur so schnell wie nötig statt so schnell wie möglich,
- Masseleitung zwischen zwei Signalleitungen und

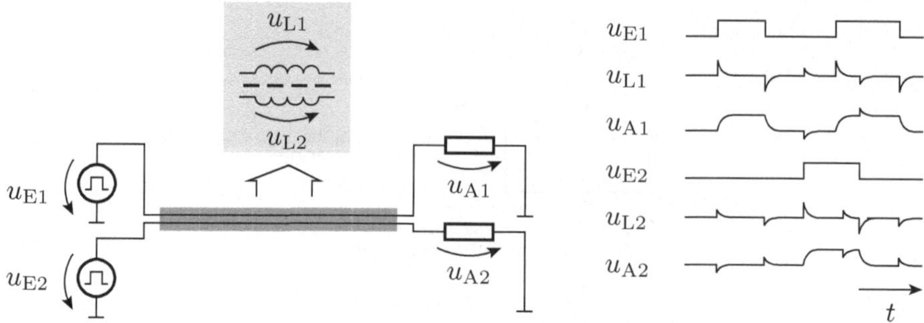

Abb. 2.14. Induktives Übersprechen

- differenzielle Signalübertragung.

Bei einer Masseleitung zwischen den Signalleitungen oder einer differenziellen Übertragung fließt der Strom, der in der Signalleitung von der Quelle zum Empfänger fließt, wieder zurück und kompensiert zum Teil das Magnetfeld des hinfließenden Stroms (Abb. 2.15). Die teilweise Kompensation der erzeugten Magnetfelder mindert die Gegeninduktivitäten zu den anderen signalführenden Leitungen und damit auch das Risiko für ein induktives Übersprechen.

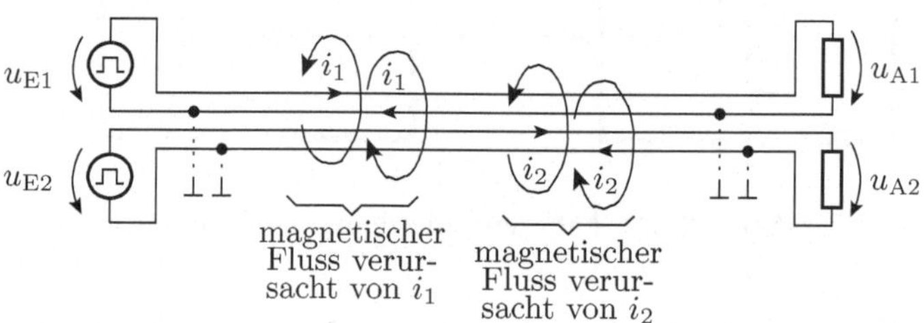

Abb. 2.15. Verringerung der Induktivitäten und Gegeninduktivitäten durch eine differenzielle Übertragung

Weitere Maßnahmen zur Minderung des induktiven Übersprechens sind die Verwendung von

- Koaxialkabeln oder
- Twisted-Pair-Kabeln.

Ein Koaxialkabel besteht aus einem Innenleiter, auf dem das Signal übertragen wird, umgeben von einem zylindrischen Außenleiter für das Bezugspotenzial. Der Signalstrom erzeugt bei dieser Anordnung nur innerhalb des Außenleiters ein Magnetfeld. Außerhalb wird das Magnetfeld des Innenleiters vom entgegengesetzten Magnetfeld des Rückstroms im Außenleiter kompensiert. Ein induktives Übersprechen ist ausgeschlossen.

Ein Twisted-Pair-Kabel besteht aus verdrillten Adernpaaren. Die unterschiedlichen Adernpaare sind unterschiedlich stark miteinander verdrillt. Dadurch wechselt der Abstand der Hinleitung und der Rückleitung eines Signals zu den Nachbarleitungen entlang des Kabels. Ein Stück weit hat die Hinleitung den geringeren Abstand und somit die höhere Gegeninduktivität, das nächste Stück die Rückleitung. Die abstandsbedingten betragsmäßigen Unterschiede der Gegeninduktivitäten gleichen sich aus und die induzierten Spannungen in den Nachbarleitungen heben sich im Mittel auf.

Kapazitives Übersprechen

Beim kapazitiven Übersprechen bilden die benachbarten Leitungen einen kapazitiven Spannungsteiler. Auch dadurch kann es zu Signalverfälschungen kommen. Die Schutzmaßnahmen gegen Fehlfunktionen durch kapazitives Übersprechen sind ähnlich wie zur Vermeidung von Fehlfunktionen durch Ground Bounce oder induktives Übersprechen, nämlich

- geeignete Leitungsführung,
- Signaländerungsgeschwindigkeiten nicht schneller als nötig etc..

2.1.5 Zusammenfassung und Übungsaufgaben

Eine elektronische Schaltung mit zeitveränderlichen Spannungen und Strömen enthält zwei weitere Typen von linearen Elementen, Kapazitäten und Induktivitäten. An einer Kapazität verhält sich der Strom proportional zur Spannungsänderung. An einer Induktivität verhält sich die Spannung proportional zur Stromänderung. In einem System mit mehreren Leitern, die vom selben Magnetfeld umgeben sind, z.B. in einem Transformator, verhält sich die Spannung über jedem der Leiter proportional zu allen Strömen, die das Magnetfeld durchfließen.

Kapazitäten und Induktivitäten gibt es als Bauteile. Aber es gibt sie auch als unerwünschte Nebeneffekte der Verdrahtung. Unerwünschte (parasitäre) Kapazitäten und Induktivitäten bleiben in der Regel in den Schaltplänen und Ersatzschaltungen unberücksichtigt, können aber selbst in digitalen Schaltungen Fehlfunktionen verursachen. Weiterführende und ergänzende Literatur siehe [13, 19, 30, 37].

Aufgabe 2.1

Welche Energie ist erforderlich, um eine Kapazität von $1\,\mu\mathrm{F}$ von $3\,\mathrm{V}$ auf $5\,\mathrm{V}$ aufzuladen?

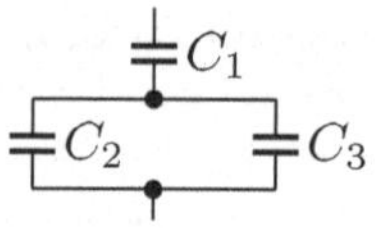

$C_1 = 2\,\mu\text{F}$
$C_2 = 3\,\mu\text{F}$
$C_3 = 1\,\mu\text{F}$

Abb. 2.16. Schaltung zu Aufgabe 2.2

Aufgabe 2.2

Wie groß ist die Gesamtkapazität der Schaltung in Abb. 2.16?

Aufgabe 2.3

a) Über einer Induktivität von $L = 10\,\text{mH}$ liegt eine konstante Spannung u an. Wie groß ist diese Spannung, wenn der Strom in einer Zeit $\Delta t = 1\,\text{ms}$ linear von 100 mA auf 200 mA ansteigt?
b) Wie viel elektrische Energie wird dabei in magnetische Energie umgesetzt?

Aufgabe 2.4

Warum vergrößert sich die Induktivität eines Drahtes, wenn er zu einer Spule aufgewickelt wird?

Aufgabe 2.5

Ein Transformator zur Umwandlung der Netzspannung von 230 V in eine Niederspannung von 20 V hat eine Sekundärwicklung mit $n_2 = 40$ Windungen.

a) Welche Windungsanzahl hat die Primärwicklung?
b) Wie viel Ausgangsstrom kann der Sekundärwicklung maximal entnommen werden, wenn der Eingangsstrom für die Primärwicklung mit 0,1 A abgesichert ist?
c) Wie ist die Windungsanzahl der Sekundärwicklung zu verändern, damit der Trafo eine Ausgangsspannung von 8 V ausgibt?

Aufgabe 2.6

Warum benötigt ein schneller digitaler Schaltkreis einen Stützkondensator?

Aufgabe 2.7

Welchen Vorteil hat ein großer Störabstand beim Entwurf digitaler Schaltungen?

2.2 Zeitdiskrete Modellierung

Das mathematische Modell einer Schaltung mit Kapazitäten und Induktivitäten ist ein Differenzialgleichungssystem. Bei der zeitdiskreten Modellierung werden die Differenzialgleichungen durch Differenzengleichungen angenähert und numerisch gelöst.

2.2.1 Zurückführung auf bekannte Ersatzschaltungen

Eine Kapazität verhält sich wie eine Spannungsquelle, deren Wert sich proportional zum Strom ändert. Eine Induktivität verhält sich wie eine Stromquelle, deren Wert sich proportional zur Spannung ändert.

Für einen kleinen Zeitschritt $\varDelta t = t_{n+1} - t_n$ gilt für die Spannung über einer Kapazität (Abb. 2.17)

$$\begin{aligned} u_{\mathrm{C}}(n+1) &= u_{\mathrm{C}}(n) + \frac{1}{C} \cdot \int_{t_n}^{t_{n+1}} i_{\mathrm{C}} \cdot dt \\ &\approx u_{\mathrm{C}}(n) + \frac{\varDelta t}{C} \cdot i_{\mathrm{C}}(n) \end{aligned} \tag{2.27}$$

Die zeitdiskrete Näherung für den Strom durch eine Induktivität lautet

$$\begin{aligned} i_{\mathrm{L}}(n+1) &= i_{\mathrm{L}}(n) + \frac{1}{L} \cdot \int_{t_n}^{t_{n+1}} u_{\mathrm{L}} \cdot dt \\ &\approx i_{\mathrm{L}}(n) + \frac{\varDelta t}{L} \cdot u_{\mathrm{L}}(n) \end{aligned} \tag{2.28}$$

Die Kapazitäten und Induktivitäten einer Schaltung können somit in der Ersatzschaltung durch Quellen ersetzt werden. Dabei entsteht derselbe Ersatzschaltungstyp wie für den stationären Zustand. Die Lösung erfolgt fast genauso:

	Original	Ersatz
Kapazität	i_{C}, u_{C}	i_{C}, $u_{\mathrm{C}}(n+1) = u_{\mathrm{C}}(n) + \frac{\Delta t}{C} \cdot i_{\mathrm{C}}(n)$
Induktivität	i_{L}, u_{L}	u_{L}, $i_{\mathrm{L}}(n+1) = i_{\mathrm{L}}(n) + \frac{\Delta t}{L} \cdot u_{\mathrm{L}}(n)$

Abb. 2.17. Nachbilden von Kapazitäten und Induktivitäten durch Spannungs- bzw. Stromquellen

- Aufstellen der Knoten- und Maschengleichungen,
- wahlweise Ersatz der Ströme oder Spannungen an den Widerständen durch den Quotienten aus Spannung und Widerstand bzw. das Produkt aus Strom und Widerstand und
- Lösen des Gleichungssystems.

Neu ist, dass das Gleichungssystem für jeden Zeitschritt gelöst werden muss. Die quadratische Matrix, die die Struktur beschreibt, ist für jeden Zeitschritt gleich. Der Vektor der Quellenwerte, der sich aus den Eingangsspannungen, den Spannungen über den Kapazitäten und den Strömen durch die Induktivitäten zusammensetzt, erhält zum Simulationsbeginn einen Anfangswert und ändert sich von einem Zeitschritt zum nächsten.

Für die in Abb. 2.18 a dargestellte Schaltung sind in Abb. 2.18 b die Kapazitäten durch Spannungsquellen und die Induktivität durch eine Stromquelle ersetzt. Die Ströme je Zeitschritt ergeben sich über folgendes Gleichungssystem:

$$\begin{array}{lllll} \text{K1}: & i_1 & -i_2 & -i_3 & = 0 \\ \text{K2}: & & & i_3 \quad -i_4 & = i_\text{L} \\ \text{M1}: & R_1 \cdot i_1 & +R_2 \cdot i_2 & & = u_\text{E} - u_\text{C2} \\ \text{M2}: & & -R_2 \cdot i_2 & +R_3 \cdot i_3 + R_4 \cdot i_4 & = u_\text{C2} - u_\text{C3} \end{array} \tag{2.29}$$

Die Quellenwerte für den nächsten Zeitschritt ergeben sich über die Gleichungen

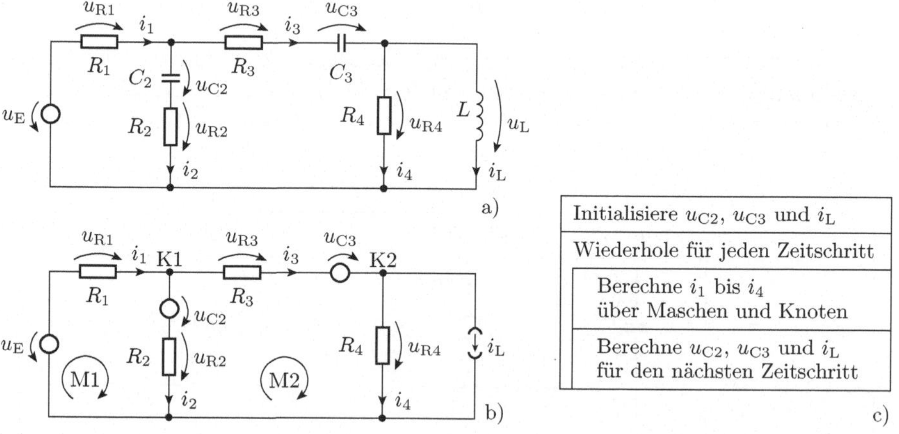

Abb. 2.18. Beispiel: a) Schaltung b) Ersatzschaltung c) Algorithmus zur Berechnung der zeitlichen Stromverläufe

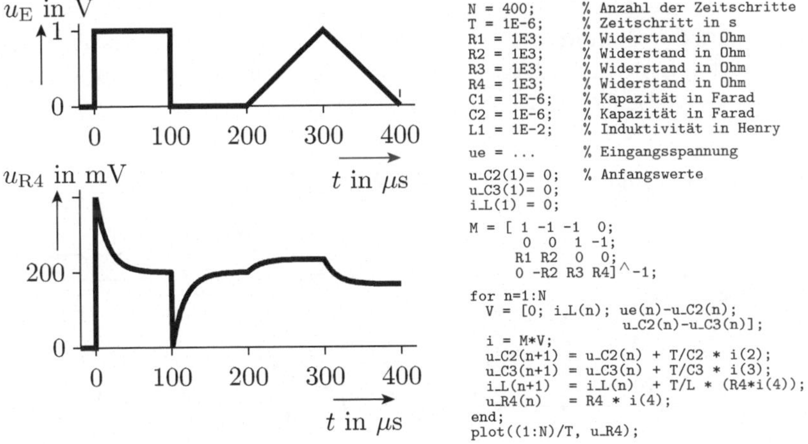


```
N = 400;        % Anzahl der Zeitschritte
T = 1E-6;       % Zeitschritt in s
R1 = 1E3;       % Widerstand in Ohm
R2 = 1E3;       % Widerstand in Ohm
R3 = 1E3;       % Widerstand in Ohm
R4 = 1E3;       % Widerstand in Ohm
C1 = 1E-6;      % Kapazität in Farad
C2 = 1E-6;      % Kapazität in Farad
L1 = 1E-2;      % Induktivität in Henry

ue = ...        % Eingangsspannung

u_C2(1)= 0;     % Anfangswerte
u_C3(1)= 0;
i_L(1) = 0;

M = [ 1 -1 -1  0;
      0  0  1 -1;
     R1 R2  0  0;
     0 -R2 R3 R4]^-1;

for n=1:N
  V = [0; i_L(n); ue(n)-u_C2(n);
                  u_C2(n)-u_C3(n)];
  i = M*V;
  u_C2(n+1) = u_C2(n) + T/C2 * i(2);
  u_C3(n+1) = u_C3(n) + T/C3 * i(3);
  i_L(n+1)  = i_L(n)  + T/L * (R4*i(4));
  u_R4(n)   = R4 * i(4);
end;
plot((1:N)/T, u_R4);
```

Abb. 2.19. Simulationsergebnis und Simulationsprogramm für die Schaltung in Abb. 2.18

$$u_{C2}(n+1) = u_{C2}(n) + \frac{\Delta t}{C_2} \cdot i_2(n) \tag{2.30}$$

$$u_{C3}(n+1) = u_{C3}(n) + \frac{\Delta t}{C_3} \cdot i_3(n) \tag{2.31}$$

$$i_L(n+1) = i_L(n) + \frac{\Delta t}{L} \cdot u_{R4}(n) = i_L(n) + \frac{\Delta t}{L} \cdot R_4 \cdot i_4(n) \tag{2.32}$$

Die Schrittweite Δt ist so klein zu wählen, dass sich die Spannungen über den Kapazitäten und die Ströme durch die Induktivitäten in jedem Berechnungsschritt nur geringfügig ändern. Ein Richtwert für die Größenordnung ist

$$\Delta t \approx 10^{-2} \cdot \min\left(R \cdot C,\ \frac{L}{R},\ \sqrt{L \cdot C}\right) \tag{2.33}$$

Die Terme $R{\cdot}C$, L/R und $\sqrt{L \cdot C}$ sind alles Zeitkonstanten mit der Maßeinheit Sekunden. Davon nimmt man den kleinsten Wert, der in der Schaltung vorkommt, und verringert ihn um zwei Zehnerpotenzen. Zur Kontrolle sollte die Simulation mit der halben Schrittweite wiederholt werden. Hat die Halbierung der Schrittweite keinen wesentlichen Einfluss auf das Simulationsergebnis, war die Schrittweite ausreichend gering. Sonst ist die Simulation mit entsprechend kleineren Schrittweiten zu wiederholen.

2.2.2 Gleichrichter mit Glättungskondensator

In Abschnitt 1.4.2 wurde der Brückengleichrichter behandelt, der eine kosinusförmige Wechselspannung in eine pulsierende Gleichspannung umwandelt (vergleiche Abb. 1.51). Bevor diese Spannung weiterverwendet werden kann, muss sie mit einem Kondensator geglättet werden (Abb. 2.20). Der Widerstand R_E ist die Summe aus dem Innenwiderstand der Wechselspannungsquelle und den Leitungswiderständen. Der Widerstand R_L ist hier das Modell für die versorgte Schaltung.

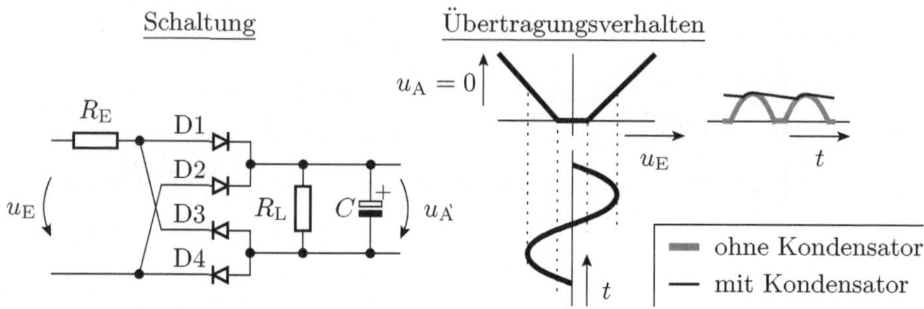

Abb. 2.20. Brückengleichrichter mit Glättungskondensator

Der Kondensator wirkt wie eine zeitveränderliche Spannungsquelle. Für die Dioden sind drei Arbeitsbereiche zu unterscheiden (Abb. 2.21). Die Ersatzschaltungen für die Arbeitsbereiche I und II lassen sich zu einem Modell mit einer transformierten Quellenspannung und einem transformierten Innenwiderstand der Quelle zusammenfassen. Der Kondensator wird in diesem Arbeitsbereich mit einem Strom

$$i_C(n) = \frac{\frac{R_L}{R_E+R_L} \cdot (|u_E(n)| - 2 \cdot U_F) - u_A(n)}{R_E \parallel R_L} \tag{2.34}$$

aufgeladen. Die Ausgangsspannung nimmt nach der Funktion

$$u_A(n+1) = u_A(n) + \frac{\Delta t}{C} \cdot i_C(n) \tag{2.35}$$

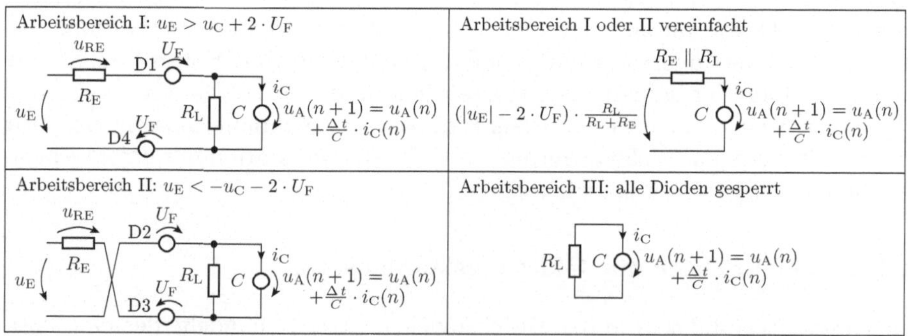

Abb. 2.21. Arbeitsbereiche und Ersatzschaltungen des Brückengleichrichters mit Glättungskondensator

zu. Für sehr kleine Innenwiderstände R_{E} der Eingangsspannungsquelle kann der Spannungsabfall U_{RE} vernachlässigt werden. Der Umladestrom wird fast nicht begrenzt, so dass die Ausgangsspannung fast unverzögert ihrem stationären Endwert folgt:

$$u_{\mathrm{A}} \approx |u_{\mathrm{E}}| - 2 \cdot U_{\mathrm{F}} \tag{2.36}$$

Im Arbeitsbereich III ist die Ersatzschaltung eine Kapazität, die über einen Widerstand entladen wird. Der Entladestrom i_{C} ist proportional zur Ausgangsspannung:

$$i_{\mathrm{C}}(n) = -\frac{u_{\mathrm{A}}(n)}{R_{\mathrm{L}}} \tag{2.37}$$

Die Ausgangsspannung verringert sich in jedem Schritt um

$$u_{\mathrm{A}}(n+1) = u_{\mathrm{A}}(n) \cdot \left(1 - \frac{\Delta t}{R_{\mathrm{L}} \cdot C}\right) \tag{2.38}$$

Wie später in Abschnitt 2.3.2 gezeigt wird, ist das die diskrete Näherung für eine abklingende Exponentialfunktion. Abbildung 2.22 zeigt einen durch Simulation bestimmten Signalverlauf und Ausschnitte des Matlab-Programms, mit dem die Simulation erfolgte.

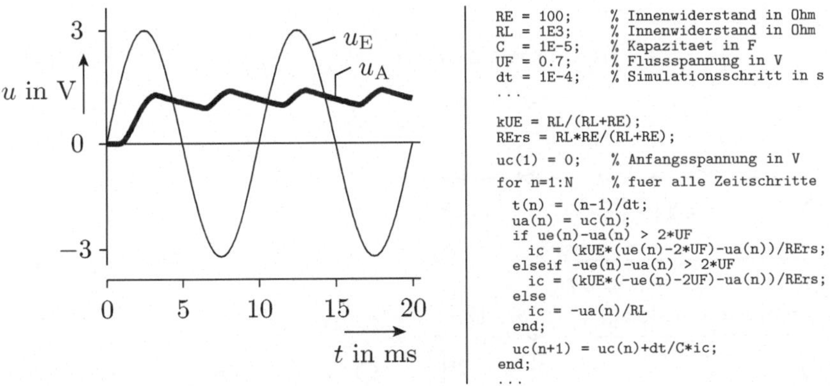


```
RE = 100;       % Innenwiderstand in Ohm
RL = 1E3;       % Innenwiderstand in Ohm
C  = 1E-5;      % Kapazitaet in F
UF = 0.7;       % Flussspannung in V
dt = 1E-4;      % Simulationsschritt in s
...

kUE = RL/(RL+RE);
RErs = RL*RE/(RL+RE);

uc(1) = 0;      % Anfangsspannung in V

for n=1:N       % fuer alle Zeitschritte
  t(n) = (n-1)/dt;
  ua(n) = uc(n);
  if ue(n)-ua(n) > 2*UF
    ic = (kUE*(ue(n)-2*UF)-ua(n))/RErs;
  elseif -ue(n)-ua(n) > 2*UF
    ic = (kUE*(-ue(n)-2UF)-ua(n))/RErs;
  else
    ic = -ua(n)/RL
  end;

  uc(n+1) = uc(n)+dt/C*ic;
end;
...
```

Abb. 2.22. Simulation des Brückengleichrichters mit Glättungskondensator

2.2.3 Schaltnetzteile

Die Alternative zum klassischen Netzteil aus Transformator, Gleichrichter und Spannungsstabilisierung ist das Schaltnetzteil. Schaltnetzteile können auch Gleichspannungen transformieren, haben eine geringere interne Verlustleistung und lassen sich wesentlich kleiner aufbauen. Sie bestehen im Wesentlichen aus einer Induktivität, einer Kapazität und Schaltelementen. Die Induktivität wird immer alternierend durch Anlegen der Eingangsspannung mit einem

Strom aufgeladen und lädt anschließend mit diesem Strom die Kapazität auf, über der die Ausgangsspannung abgegriffen wird.

Das Umschalten zwischen den beiden Betriebszuständen wird mit einer digitalen Steuerung, Schalttransistoren und Schaltdioden realisiert. Nach der Beziehung zwischen der Eingangs- und der Ausgangsspannung wird zwischen drei Wandlertypen unterschieden:

- Aufwärtswandler,
- Abwärtswandler und
- invertierender Wandler.

Ein Aufwärtswandler erzeugt aus einer kleineren eine größere Spannung. Ein Abwärtswandler aus einer größeren eine kleinere Spannung. Ein invertierender Wandler erzeugt aus einer positiven eine negative Spannung oder umgekehrt.

Aufwärtswandler

Abbildung 2.23 zeigt das Schaltungsprinzip und die Ersatzschaltungen der beiden Betriebszustände für einen Aufwärtswandler. Für $x = 1$ ist der Transistor eingeschaltet. Der Strom i_{L} durch die Induktivität nimmt linear mit der Zeit zu. Die Diode sperrt. Die Kapazität C entlädt sich:[3]

$$u_{\mathrm{A}}(n+1) = u_{\mathrm{A}}(n) \cdot \left(1 - \frac{\Delta t}{R_{\mathrm{L}} \cdot C}\right) \tag{2.39}$$

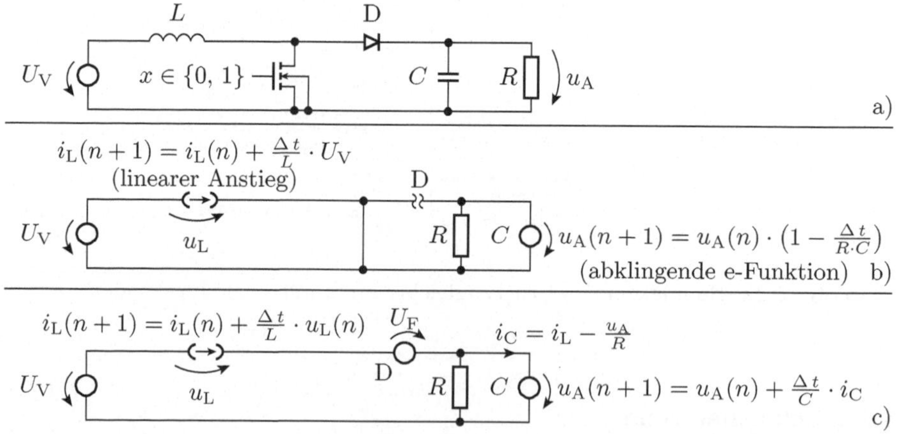

Abb. 2.23. Aufwärtswandler a) Prinzipschaltung b) Ersatzschaltung für $x = 1$ c) Ersatzschaltung für $x = 0$

[3] Identisch mit der Entladefunktion Gleichung 2.38 eines Glättungskondensators nach einem Gleichrichter, wenn alle Dioden gesperrt sind. Zeitdiskrete Näherung einer abklingenden Exponentialfunktion.

Im Betriebszustand $x = 0$ ist der Transistor ausgeschaltet. Die Induktivität arbeitet als Stromquelle, die über die eingeschaltete Diode die Kapazität auflädt. Die Ausgangsspannung (bzw. der Ausgangsstrom) wird über die relative Pulsweite des digitalen Steuersignals x eingestellt (Gleichung 1.179):

$$\eta_{\mathrm{T}} = \frac{t_{\mathrm{ein}}}{T_{\mathrm{P}}} \tag{2.40}$$

(t_{ein} – Zeit, die der Transistor eingeschaltet ist; T_{P} – Periodendauer). Bei einer zu niedrigen Ausgangsspannung wird die relative Pulsweite erhöht und bei einer zu hohen Ausgangsspannung wird die relative Pulsweite verringert. Abbildung 2.24 zeigt das Simulationsprogramm, den berechneten Stromverlauf durch die Induktivität und den berechneten Verlauf der Ausgangsspannung für zwei verschiedene relative Pulsweiten.

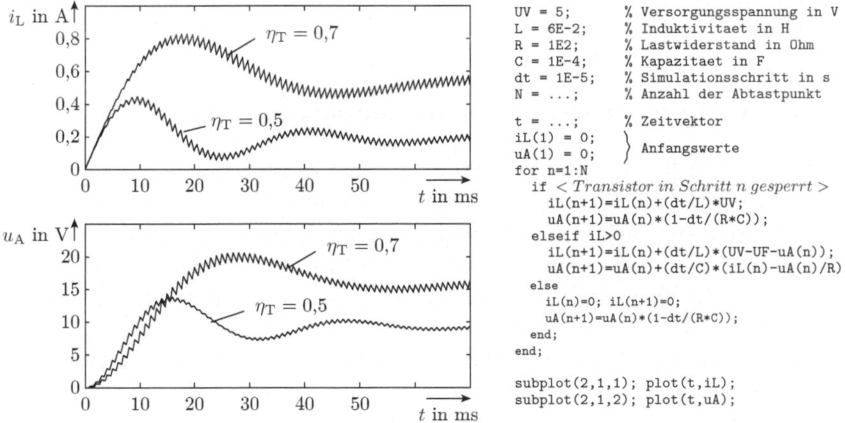

Abb. 2.24. Simulation eines Aufwärtswandlers

Invertierender Wandler

Ein invertierender Wandler erzeugt eine Ausgangsspannung mit einem zur Versorgungsspannung umgekehrten Vorzeichen. Die Funktionsweise ist ähnlich wie bei einem Aufwärtswandler. Nur sind die Induktivität und der Schalttransistor so angeordnet, dass der Strom bei ausgeschaltetem Transistor in entgegengesetzter Richtung durch die Kapazität fließt (Abb. 2.25).

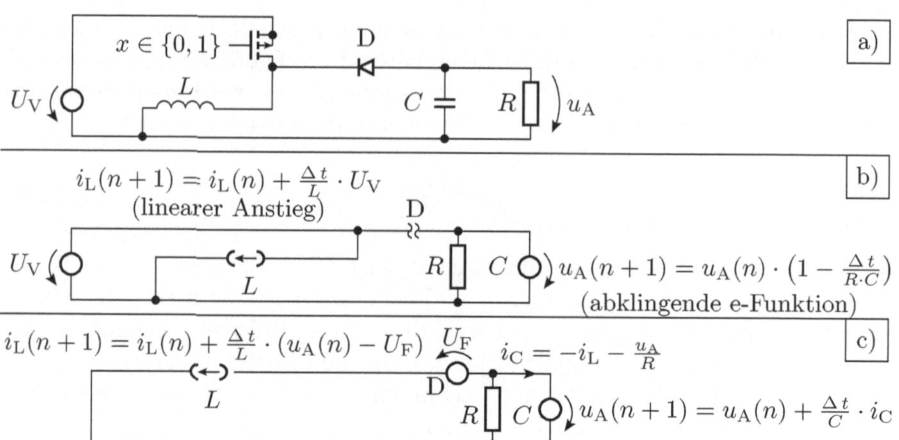

Abb. 2.25. Invertierender Wandler a) Prinzipschaltung b) Ersatzschaltung Transistor eingeschaltet ($x = 0$) c) Ersatzschaltung Transistor ausgeschaltet ($x = 1$)

2.2.4 Simulation einer H-Brücke mit induktiver Last

Wie in Abschnitt 1.6.2 dargestellt, werden größere Leistungsumsätze in Ausgabeelementen – auch bei Motoren und Elektromagneten – durch schnelles Ein- und Ausschalten mit variabler Pulsweite gesteuert. Abbildung 2.26 a zeigt die Schaltung einer H-Brücke mit einer induktiven Last. Die Transistoren sind als gesteuerte Schalter dargestellt. Die induktive Last ist hier eine Spule, z.B. ein Elektromagnet. Außer ihrer Induktivität besitzt eine Spule auch einen Innenwiderstand, der in Abb. 2.26 a mit R bezeichnet ist. Ein Motor hätte eine etwas umfangreichere Ersatzschaltung, z.B. mit einer zusätzlichen Spannungsquelle für die drehzahlabhängige Induktionsspannung [40].

In Abhängigkeit von den Zuständen der Schalter und von den Zuständen der Dioden sind mehrere Arbeitsbereiche zu unterscheiden. Im Arbeitsbereich »positive Ausgabe«, Abb. 2.26 c, steigt der Laststrom i proportional zum Spannungsabfall über der Induktivität und in der Betriebsart »negative Ausgabe«, Abb. 2.26 d, fällt er. Im Arbeitsbereich »Kurzschluss« verhalten sich der Spannungsabfall über der Induktivität und damit die Änderung des Laststroms proportional zum Spannungsabfall über dem Widerstand und damit zum Strom (Abb. 2.26 b).

Von den Schalterpaaren (x_1, x_2) und (x_3, x_4) darf maximal eines gleichzeitig eingeschaltet sein. Deshalb wird eine H-Brücke nicht direkt zwischen den Betriebszuständen Abb. 2.26 b bis 2.26 d umgeschaltet, sondern immer über den Betriebszustand Leerlauf (alle Schalter geöffnet, Abb. 2.26 e und f). Im Leerlaufbetrieb hängt die Spannung über der Induktivität von der Stromrichtung ab. Bei einem positiven Strom ist die Spannung über der Induktivität negativ. Der Strom nimmt ab. Bei einem negativen Strom fällt über der Induktivität eine positive Spannung ab, so dass der Strom zunimmt.

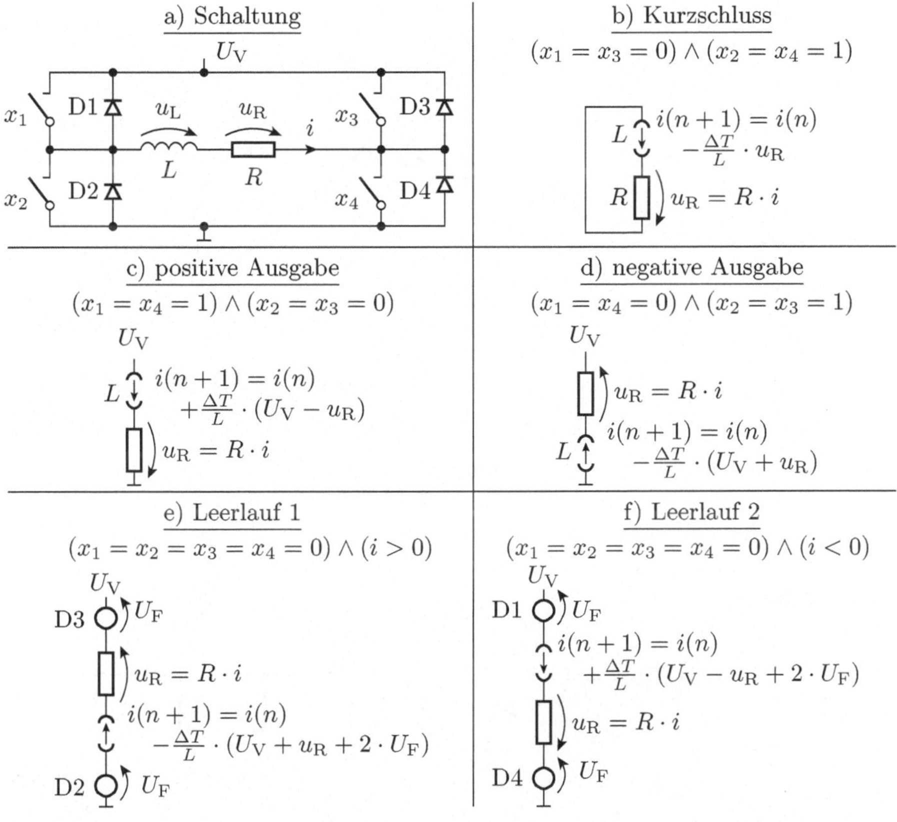

Abb. 2.26. H-Brücke mit einer induktiven Last

Abbildung 2.27 zeigt den berechneten Verlauf des Ausgangsstroms für eine periodische Steuersequenz »positive Ausgabe«, »Leerlauf«, »negative Ausgabe«, »Leerlauf« für unterschiedliche relative Pulsweiten. Der Strom besitzt einen von der Zeitkonstante

$$\tau = \frac{L}{R} \tag{2.41}$$

anhängigen Verlauf und reagiert auch nur mit dieser Zeitkonstante auf Änderungen der relativen Pulsweite. Genau wie eine Kapazität eine pulsierende Spannung glättet, glättet eine Induktivität einen pulsierenden Strom.

2.2.5 Simulation einer Kette von CMOS-Invertern

Ein CMOS-Inverter besteht aus einem NMOS-Transistor, der den Ausgang bei einer »1« am Eingang mit dem Bezugspotenzial, und einem PMOS-Transistor, der den Ausgang bei einer »0« am Eingang mit der Versorgungsspannung verbindet (vergleiche Abschnitt 1.6.3). Die Drain-Gebiete der Transistoren, die

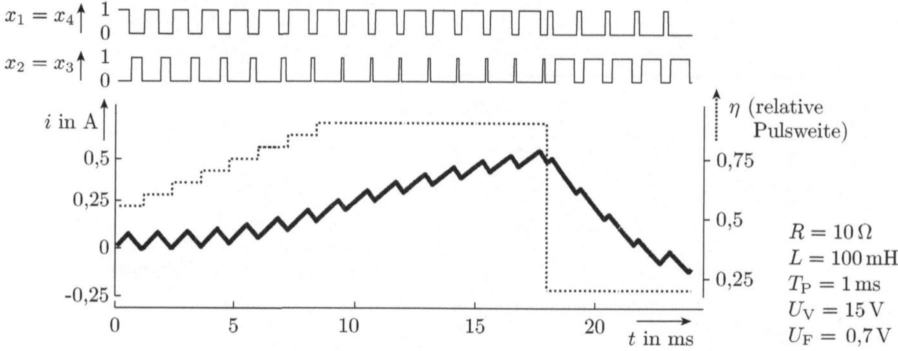

Abb. 2.27. Laststrom einer H-Brücke mit induktiver Glättung

Verbindungsleitungen und die Eingänge der nachfolgenden Gatter besitzen Kapazitäten, die alle zu einer Lastkapazität C_L zusammengefasst sind (Abb. 2.28). Neu gegenüber den vorherigen Beispielen für die zeitdiskrete Schaltungssimulation ist, dass sich MOS-Transistoren nicht einmal abschnittsweise linear verhalten.

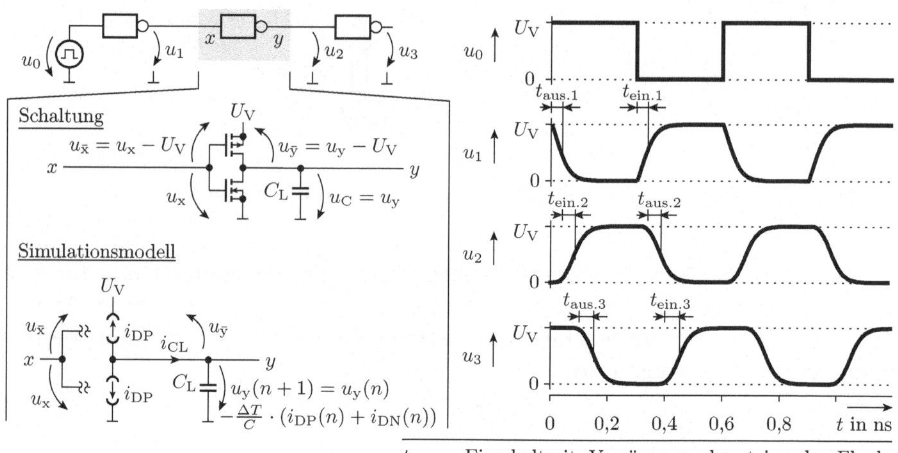

Abb. 2.28. Simulation einer Kette von CMOS-Invertern

Die MOS-Transistoren werden genau wie bei der Bestimmung der Übertragungsfunktion des CMOS-Inverters im stationären Zustand, Abb. 1.110, als gesteuerte Stromquellen modelliert. Nur darf im nichtstationären Zustand die Summe der beiden Quellenströme von Null abweichen. Der Differenzstrom lädt oder entlädt die Lastkapazität:

$$i_{\mathrm{CL}} = -\left(i_{\mathrm{DP}} + i_{\mathrm{DN}}\right) \tag{2.42}$$

Die beiden Quellenströme ergeben sich über die Stromgleichungen der MOS-Transistoren (Gleichungen 1.152 bis 1.157):

$$i_{\mathrm{DP}} = \begin{cases} 0 & u_{\bar{\mathrm{x}}} > U_{\mathrm{TP}} \\ \beta_{\mathrm{P}} \cdot \left(\left(u_{\bar{\mathrm{x}}} - U_{\mathrm{TP}}\right) \cdot u_{\bar{\mathrm{y}}} - \frac{u_{\bar{\mathrm{y}}}}{2}\right) & u_{\bar{\mathrm{x}}} < u_{\bar{\mathrm{y}}} + U_{\mathrm{TP}} \\ \frac{\beta_{\mathrm{P}}}{2} \cdot \left(U_{\bar{\mathrm{x}}} - U_{\mathrm{TP}}\right)^2 & \text{sonst} \end{cases} \tag{2.43}$$

$$i_{\mathrm{DN}} = \begin{cases} 0 & u_x < U_{\mathrm{TN}} \\ \beta_{\mathrm{N}} \cdot \left(\left(u_{\mathrm{x}} - U_{\mathrm{TN}}\right) \cdot u_{\mathrm{y}} - \frac{u_{\mathrm{y}}^2}{2}\right) & u_{\mathrm{x}} > u_{\mathrm{y}} + U_{\mathrm{TN}} \\ \frac{\beta_{\mathrm{N}}}{2} \cdot \left(u_{\mathrm{x}} - U_{\mathrm{TN}}\right)^2 & \text{sonst} \end{cases} \tag{2.44}$$

mit $u_{\bar{\mathrm{x}}} = u_{\mathrm{x}} - U_{\mathrm{V}}$ und $u_{\bar{\mathrm{y}}} = u_{\mathrm{y}} - U_{\mathrm{V}}$. Das Matlab-Programm hierzu soll in Aufgabe 2.11 selbst entwickelt werden. Abbildung 2.28 rechts zeigt das Simulationsergebnis.

Nach ein bis zwei Gattern werden aus dem Rechtecksignal am Eingang abgerundete Impulse, aus denen sich die maximale Änderungsgeschwindigkeit der Signale und die Verzögerungszeiten der Gatter ablesen lassen. Die Verzögerungszeiten bestimmen die Schaltungsgeschwindigkeit. Hohe Signaländerungsgeschwindigkeiten sind nach Abschnitt 2.1.4 mit einem hohen Risiko für Fehlfunktionen durch einen Ground Bounce, ein kapazitives oder ein induktives Übersprechen verbunden. Durch Simulation mit unterschiedlichen Parametern lässt sich weiterhin zeigen, dass sich die Ein- und Ausschaltzeiten von CMOS-Gattern proportional zur Lastkapazität C_{L}, umgekehrt proportional zur Versorgungsspannung U_{V} und umgekehrt proportional zu den Transistorparametern β_{N} und β_{P} verhalten:

$$t_{\mathrm{ein}} \sim \frac{C_{\mathrm{L}}}{U_{\mathrm{V}} \cdot \beta_{\mathrm{P}}}, \quad t_{\mathrm{aus}} \sim \frac{C_{\mathrm{L}}}{U_{\mathrm{V}} \cdot \beta_{\mathrm{N}}} \tag{2.45}$$

2.2.6 Zusammenfassung und Übungsaufgaben

Für kurze Zeitschritte verhält sich eine Kapazität wie eine Konstantspannungsquelle und eine Induktivität wie eine Konstantstromquelle. Die Kapazitäten und Induktivitäten einer Schaltung können für eine zeitdiskrete Simulation durch ungesteuerte Quellen ersetzt werden. Die Analyse erfolgt genau wie im stationären Zustand. Neu ist, dass das Gleichungssystem für jeden Zeitschritt des Eingangssignals mit geänderten Quellenwerten gelöst werden muss. Die zeitdiskrete Simulation funktioniert sowohl für lineare als auch für nichtlineare Schaltungen. Weiterführende und ergänzende Literatur siehe [8, 9, 12, 19, 28, 29, 41, 37, 39, 43, 46].

Aufgabe 2.8

Entwickeln Sie einen Algorithmus zur zeitdiskreten Berechnung der Ausgangsspannung $u_A(t)$ für die Schaltung in Abb. 2.29.

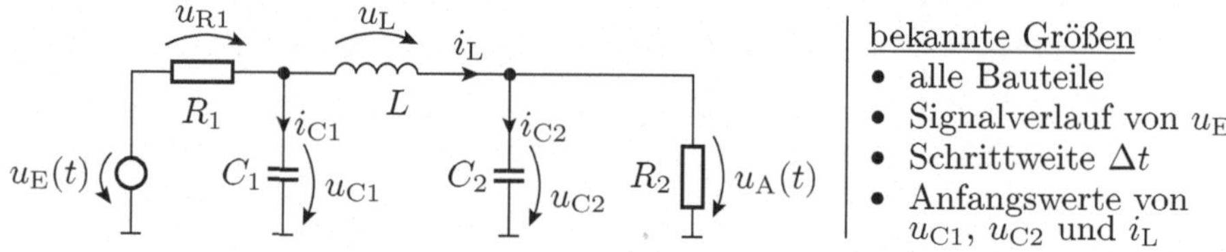

Abb. 2.29. Schaltung zu Aufgabe 2.8

a) Zeichnen Sie die Ersatzschaltung mit den Kapazitäten und der Induktivität als Quellen.
b) Stellen Sie die Knoten- und Maschengleichungen auf, die für die Berechnung der Ströme durch die Kapazitäten und die Spannung über der Induktivität erforderlich sind. Zeichnen Sie die gewählten Knoten und Maschen sowie alle verwendeten Ströme und Spannungen in die Ersatzschaltung aus Aufgabenteil a) ein.
c) Ergänzen Sie die Anfangsinitialisierung, die Schleife »Wiederhole für alle Zeitschritte ...« und die Gleichungen zur Berechnung der Spannungen über den Kapazitäten und dem Strom durch die Induktivität für den Folgeschritt.

Aufgabe 2.9

Gegeben sei die Schaltung in Abb. 2.30 und das periodische Eingabesignal

$$u_E(t) = \begin{cases} 1\,\mathrm{V} & \text{für } k \cdot T_P \leq t < (k + 0{,}5) \cdot T_P \\ -1\,\mathrm{V} & \text{sonst} \end{cases}$$

(k – ganze Zahl; T_P – Periodendauer).

a) Stellen Sie die Ersatzschaltung mit der Kapazität und der Induktivität als Quellen auf.
b) Stellen Sie die Gleichungen für die Berechnung der Spannung u_{R2}, des Stroms durch die Kapazität und die Spannung über der Induktivität auf.
c) Entwickeln Sie den Gesamtalgorithmus für die zeitdiskrete Simulation der Schaltung. Für $t = 0$ seien die Spannungen über der Kapazität und der Strom durch die Induktivität Null.

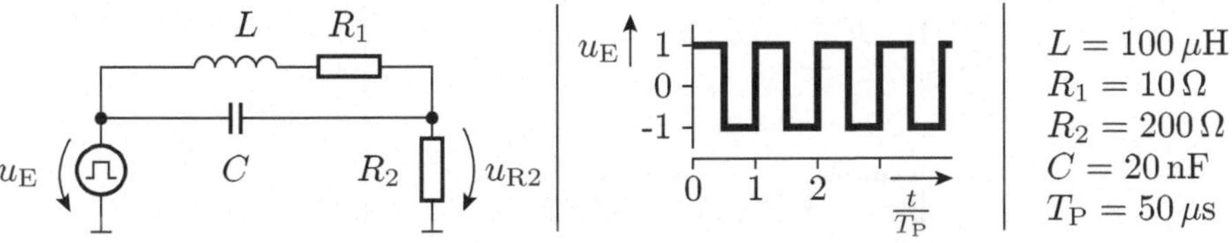

Abb. 2.30. Schaltung und Eingabesignal zu Aufgabe 2.9

d) Entwickeln Sie ein Matlab-Programm, das die Spannung u_{R2} für den vorgegebenen Signalverlauf von u_E im Zeitintervall $0 \leq t < 100\,\mu$s berechnet. Bestimmen Sie hierbei die erforderliche Simulationsschrittweite Δt durch Probieren.

Aufgabe 2.10

Abbildung 2.31 zeigt die Prinzipschaltung eines Abwärtswandlers (Schaltnetzteil zur Umwandlung der Eingangsspannung in eine kleinere Ausgangsspannung gleicher Polarität).

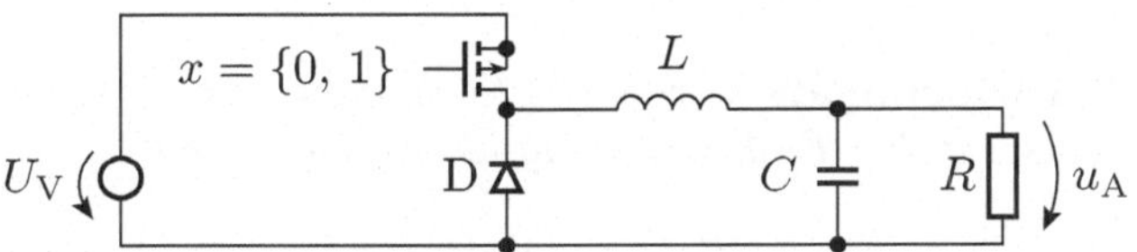

Abb. 2.31. Schaltung zu Aufgabe 2.10

a) Stellen Sie für beide Betriebszustände $x = 1$ und $x = 0$ die Ersatzschaltungen mit der Kapazität und der Induktivität als Quellen auf.
b) Stellen Sie für beide Ersatzschaltungen die Berechnungsvorschriften für den Strom durch die Induktivität und für die Spannung über der Kapazität für den Folgeschritt auf.
c) Beschreiben Sie anhand der Ersatzschaltungen verbal, wie die Schaltung funktioniert.

Aufgabe 2.11

Entwickeln Sie ein Matlab-Programm zur Berechnung der Spannungsverläufe von u_1, u_2 und u_3 in der Kette aus drei CMOS-Invertern in Abb. 2.32.

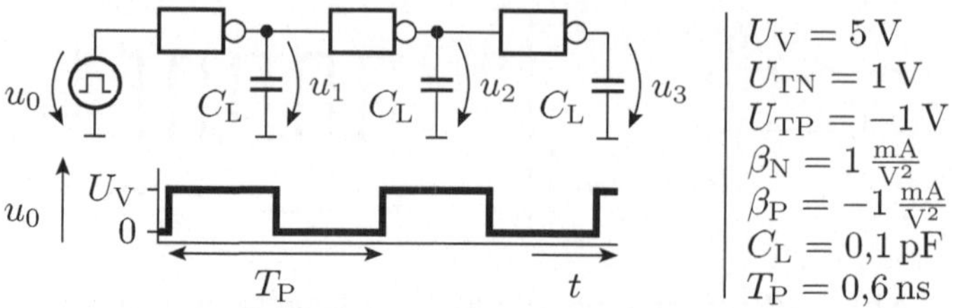

Abb. 2.32. Schaltung und Eingabesignal zu Aufgabe 2.11

2.3 Geschaltete Systeme

Definition 2.2 (Rechtecksignal) *Ein Rechtecksignal ist ein Signal, dessen Wert sich zu den Zeitpunkten t_i sprunghaft ändert und sonst konstant bleibt.*

Definition 2.3 (Einheitssprung) *Der Einheitssprung $\sigma(t)$, der auch als Heaviside-Funktion*[4] *bezeichnet wird, ist ein Signal, das für Zeiten kleiner Null den Wert Null und sonst den Wert Eins annimmt:*

$$\sigma(t) = \begin{cases} 0 & t < 0 \\ 1 & t \geq 0 \end{cases} \tag{2.46}$$

Definition 2.4 (Sprungantwort) *Die Sprungantwort ist die Reaktion eines linearen Systems auf den Einheitssprung als Eingabesignal:*

$$h(t) = f(\sigma(t)) \tag{2.47}$$

Das mathematische Modell für eine Schaltung mit zeitveränderlichen Spannungen und Strömen, Kapazitäten und Induktivitäten ist ein Differenzialgleichungssystem. Dieser Abschnitt behandelt einen einfachen Sonderfall: geschaltete lineare Systeme, hauptsächlich geschaltete RC- und RL-Glieder. Das sind wichtige Grundschaltungen, für die sich das Differenzialgleichungssystem nicht nur numerisch, sondern auch analytisch lösen lässt.

2.3.1 Sprungantwort

Die Systemreaktion eines geschalteten linearen Systems ist eine Linearkombination zeitversetzter Sprungantworten.

Ein Rechtecksignal ist eine Linearkombination zeitversetzter Sprünge:

$$x(t) = X_0 + \sum_{i=1}^{N} X_i \cdot \sigma(t - t_i) \tag{2.48}$$

[4] Benannt nach Oliver Heaviside (1850-1925), britischer Mathematiker und Physiker.

Der Parameter X_0 ist der Anfangswert vor dem ersten Sprung. Die Parameter X_i sind die Sprunghöhen zu den Sprungzeitpunkten t_i. Abbildung 2.33 zeigt das an einem Beispiel. Nach dem Überlagerungssatz ist das Ausgabesignal eines linearen Systems für eine Linearkombination von Eingabesignalen gleich der Linearkombination der Ausgabesignale für die einzelnen Eingabesignale. Mit einer Linearkombination von Sprüngen nach Gleichung 2.48 als Eingabe ist die Ausgabe eine Linearkombination von Sprungantworten:

$$\begin{aligned} y(t) &= f(x(t)) \\ &= f\left(X_0 + \sum_{i=1}^{N} X_i \cdot \sigma(t - t_i)\right) \\ &= f(X_0) + \sum_{i=0}^{N-1} X_i \cdot h(t - t_i) \end{aligned} \tag{2.49}$$

($f(...)$ – lineare Funktion; $h(t) = f(\sigma(t))$ – Sprungantwort).

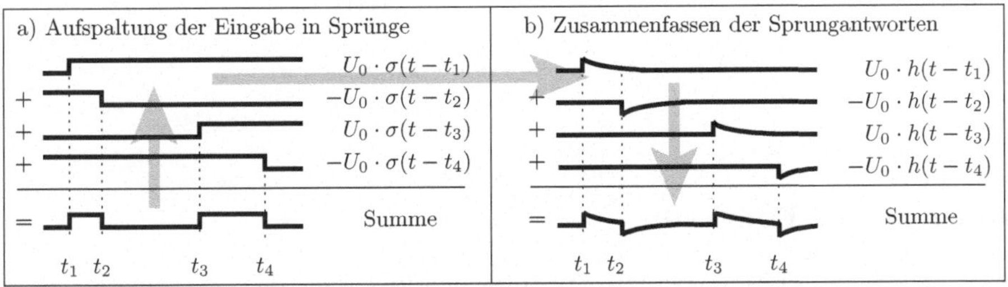

Abb. 2.33. Bestimmung des Ausgabesignals eines linearen geschalteten Systems durch Überlagerung zeitversetzter Sprungantworten

Wenn die Sprungantwort eines Systems bekannt ist, können aus ihr die Ausgabesignale für beliebige Rechtecksignale als Eingabe bestimmt werden. Der Algorithmus hierfür lautet

- zerlege das Rechtecksignal in eine Summe zeitversetzter Sprünge,
- konstruiere für jeden Sprung das Ausgabesignal durch Zeitverschiebung und Skalierung der Sprungantwort und
- addiere die so konstruierten Teilausgabesignale.

Das ist ein Algorithmus, der sich auch zeichnerisch ausführen lässt (Abb. 2.33).

Experimentelle Bestimmung der Sprungantwort

Zur Bestimmung der Sprungantwort wird am Eingang des linearen Systems eine Signalquelle angeschlossen, die entweder einen Spannungssprung oder einen

Stromsprung erzeugt, und die Ausgabe aufgezeichnet (Abb. 2.34). Spannungs- und Stromsprünge sind das Produkt des Einheitssprungs multipliziert mit einer konstanten Spannung bzw. einem konstanten Strom. Für den Spannungssprung $U_0 \cdot \sigma(t)$ gilt

$$f(U_0 \cdot \sigma(t)) = U_0 \cdot f(\sigma(t)) = U_0 \cdot h(t) \tag{2.50}$$

(U_0 – Sprunghöhe). Die Sprungantwort ist entsprechend der Quotient aus dem gemessenen Signalverlauf am Systemausgang und der Sprunghöhe:

$$h(t) = \frac{f(U_0 \cdot \sigma(t))}{U_0} \tag{2.51}$$

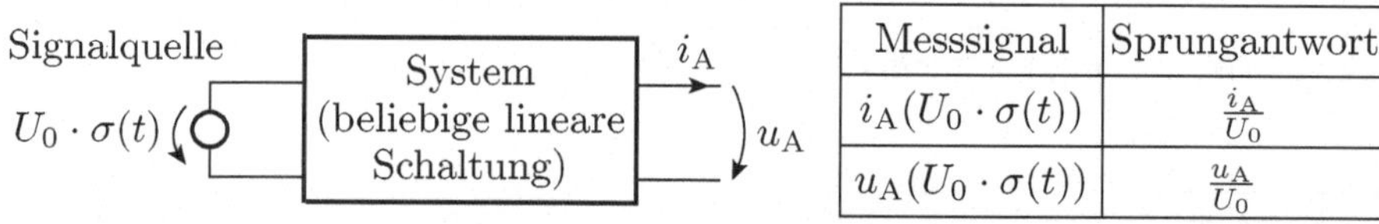

Messsignal	Sprungantwort
$i_A(U_0 \cdot \sigma(t))$	$\frac{i_A}{U_0}$
$u_A(U_0 \cdot \sigma(t))$	$\frac{u_A}{U_0}$

Abb. 2.34. Messen der Sprungantwort

Anfangs- und Endwerte

Aus der Sicht eines einzelnen Sprungs befindet sich das System vor dem Sprung und lange nach dem Sprung in einem stationären Zustand. Vor dem Sprung ist die Eingabe theoretisch seit unendlicher Zeit konstant. Alle kapazitiven und induktiven Ausgleichsvorgänge sind abgeschlossen. Die Ströme und Spannungen im System ändern sich nicht. Lange nach dem Sprung wird auch wieder ein stationärer Zustand erreicht, in dem alle Ausgleichsvorgänge abgeschlossen sind.[5]

Ein Pedant könnte anmerken, dass, bevor irgendein Test an einer Schaltung durchgeführt werden kann, die Versorgungsspannung zugeschaltet werden muss. Das löst auch Umladevorgänge aus, die zum Sprungzeitpunkt noch nicht abgeschlossen sein könnten. Das ist richtig, aber das Zuschalten der Versorgungsspannung ist ein anderer Sprung, der in einem linearen System nach dem Überlagerungssatz getrennt untersucht werden darf. Für den betrachteten Sprung ist die Eingabe vor dem Sprung tatsächlich seit unendlicher Zeit konstant.

Im stationären Zustand verhält sich eine Kapazität wie eine Unterbrechung und eine Induktivität wie eine Verbindung. Die Quelle, die das Sprungsignal liefert, hat vor dem Sprung definitionsgemäß den Quellenwert Null. Eine

[5] Ausgenommen sind selbstschwingende Systeme (Oszillatoren).

Quellenspannung Null verhält sich wie eine Verbindung und ein Quellenstrom Null wie eine Unterbrechung. Abbildung 2.35 fasst alle Ersetzungsregeln zusammen. Die zu berechnenden stationären Spannungen und Ströme vor dem Sprung werden im Weiteren mit $U^{(-)}$ und $I^{(-)}$ bezeichnet. Ihre Berechnung erfolgt mit Hilfe einer nach diesen Ersetzungsregeln konstruierten stationären Ersatzschaltung.

$I_0 \cdot \sigma(t) \Rightarrow$	$U_0 \cdot \sigma(t) \Rightarrow$	$\Rightarrow U_\mathrm{C}^{(-)}$	$\Rightarrow I_\mathrm{L}^{(-)}$

Abb. 2.35. Ersetzungsregeln für den stationären Zustand vor dem Sprung

Für den stationären Zustand lange nach dem Sprung gelten fast dieselben Ersetzungsregeln. Nur die Eingabequelle hat einen Wert ungleich Null (Abb. 2.36). Die zu berechnenden stationären Spannungen und Ströme werden im Weiteren mit $U^{(+)}$ und $I^{(+)}$ bezeichnet. Die Ersatzschaltung für ihre Berechnung ist fast dieselbe wie zur Berechnung der stationären Ströme und Spannungen vor dem Sprung.

$I_0 \cdot \sigma(t) \Rightarrow I_0$	$U_0 \cdot \sigma(t) \Rightarrow U_0$	$\Rightarrow U_\mathrm{C}^{(+)}$	$\Rightarrow I_\mathrm{L}^{(+)}$

Abb. 2.36. Ersetzungsregeln für den stationären Zustand lange nach dem Sprung

Im Moment des Sprungs verhält sich eine Kapazität wie eine Konstantspannungsquelle

$$u_\mathrm{C}(0) = \frac{1}{C} \cdot \lim_{\Delta t \to 0} \int_0^{\Delta t} i_\mathrm{C}(\tau) \cdot d\tau + U_\mathrm{C}^{(-)} = U_\mathrm{C}^{(-)} \tag{2.52}$$

und eine Induktivität wie eine Konstantstromquelle

$$i_\mathrm{L}(0) = \frac{1}{L} \cdot \lim_{\Delta t \to 0} \int_0^{\Delta t} u_\mathrm{L}(\tau) \cdot d\tau + I_\mathrm{L}^{(-)} = I_\mathrm{L}^{(-)} \tag{2.53}$$

Die Anfangsspannung einer Kapazität ist gleich der stationären Spannung über ihr vor dem Sprung. Der Anfangsstrom einer Induktivität ist gleich dem stationären Strom durch sie vor dem Sprung (Abb. 2.37).

$\Rightarrow U_\mathrm{C}^{(-)}$	$\Rightarrow I_\mathrm{L}^{(-)}$

Abb. 2.37. Ersetzungsregeln für den Schaltungszustand im Sprungmoment

Abbildung 2.38 a zeigt eine Beispielschaltung mit einer Sprungquelle als Eingabe. Gesucht sind die drei Systemzustände. In der Ersatzschaltung für den stationären Zustand vor dem Sprung (Abb. 2.38 b) ist nur die Quellenspannung U_1 ungleich Null. Die Kapazitäten wirken wie Unterbrechungen, die Induktivität und die Eingabequelle verhalten sich wie Verbindungen. Die Spannungsabfälle über den beiden Kapazitäten ergeben sich über einen Spannungsteiler:

$$U_{\mathrm{C1}}^{(-)} = U_{\mathrm{C2}}^{(-)} = U_1 \cdot \frac{R_1}{R_1 + R_2} \tag{2.54}$$

Der Strom durch die Induktivität beträgt nach dem ohmschen Gesetz

$$I_{\mathrm{L}}^{(-)} = -\frac{U_1}{R_1 + R_2} \tag{2.55}$$

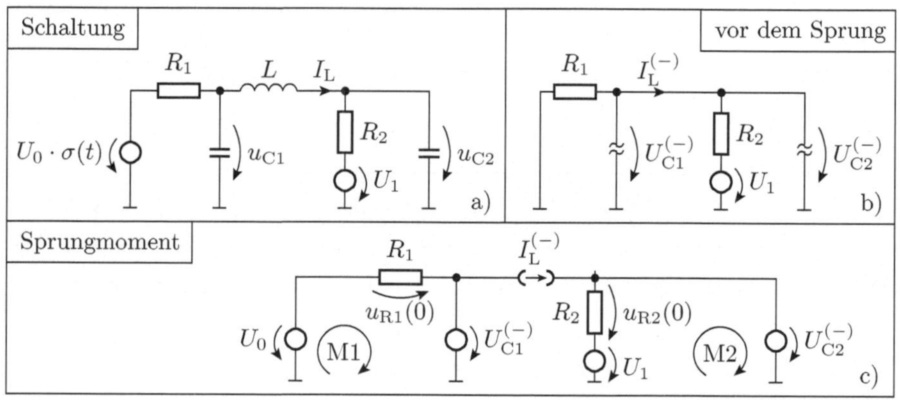

Abb. 2.38. Ersatzschaltungen zur Abschätzung der Sprungantwort

Im Sprungmoment sind die Kapazitäten durch Spannungsquellen und die Induktivität durch eine Stromquelle zu ersetzen (Abb. 2.38 c). Ihre Quellenwerte sind bereits aus der Analyse des stationären Zustands vor dem Sprung bekannt. Die beiden eingezeichneten Spannungsabfälle über den Widerständen ergeben sich aus den eingezeichneten Maschen:

$$u_{\mathrm{R1}}(0) = U_0 - U_{\mathrm{C1}}^{(-)} \tag{2.56}$$

$$u_{\mathrm{R2}}(0) = -U_1 + U_{\mathrm{C2}}^{(-)} \tag{2.57}$$

Die Ströme durch die Widerstände sind wiederum die Quotienten aus den Spannungsabfällen und den Widerstandswerten.

Die Ersatzschaltung für den stationären Zustand nach dem Sprung hat gegenüber der Ersatzschaltung für den stationären Zustand vor dem Sprung nur eine Quelle mehr (Abb. 2.39). Nach dem Überlagerungssatz lassen sich die Strom- und Spannungsdifferenzen zwischen dem stationären Zustand vor und nach dem Sprung einfach anhand der Differenzschaltung bestimmen. Das ist die Ersatzschaltung mit der zusätzlichen und ohne die gemeinsame Quelle. Aus dieser Ersatzschaltung ist ablesbar, dass die Spannungsänderung über den Kapazitäten zwischen den beiden stationären Zuständen

$$U_{\mathrm{C1}}^{(+)} - U_{\mathrm{C1}}^{(-)} = U_{\mathrm{C2}}^{(+)} - U_{\mathrm{C2}}^{(-)} = U_0 \cdot \frac{R_2}{R_1 + R_2} \tag{2.58}$$

beträgt. Der Strom durch die Induktivität ändert sich um:

$$I_{\mathrm{L}}^{(+)} - I_{\mathrm{L}}^{(-)} = \frac{U_0}{R_1 + R_2} \tag{2.59}$$

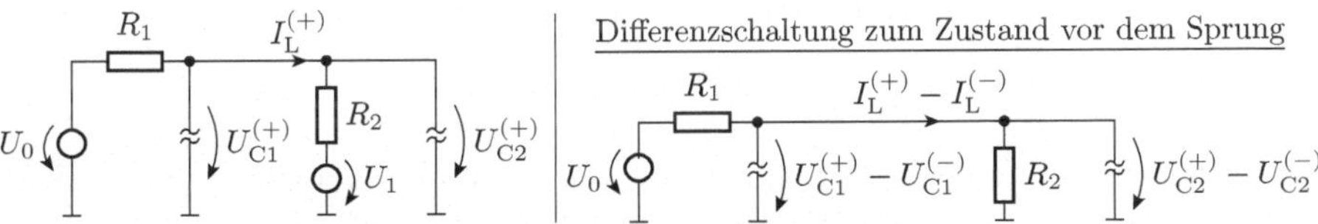

Abb. 2.39. Ersatzschaltungen zur Bestimmung der Ströme und Spannungen im stationären Zustand lange nach dem Sprung

2.3.2 Das geschaltete RC-Glied

Ein geschaltetes RC-Glied ist ein Spannungsteiler aus einem Widerstand und einer Kapazität, der eine Rechteckspannung herunterteilt. Die Eingangsspannungsquelle, die das Rechtecksignal liefert, ist in Abb. 2.40 eine Reihenschaltung aus einer Sprungquelle und einer Konstantspannungsquelle.

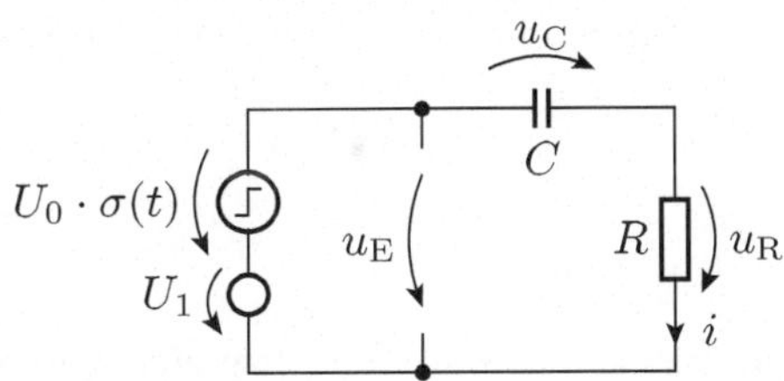

Abb. 2.40. Geschaltetes RC-Glied

In den Ersatzschaltungen für die stationären Zustände vor und lange nach dem Sprung (Abb. 2.41) verhält sich die Kapazität wie eine Unterbrechung. Es fließt kein Strom. Der Spannungsabfall über dem Widerstand ist Null. Die gesamte Eingangsspannung – vor dem Sprung U_1 und nach dem Sprung $U_0 + U_1$ – fällt über der Kapazität ab.

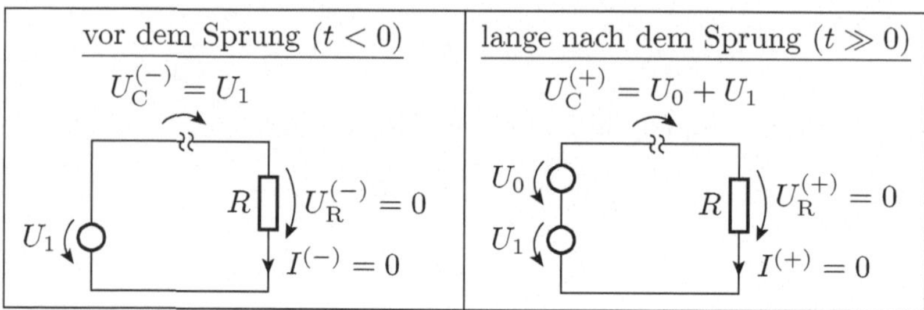

Abb. 2.41. Ersatzschaltungen für den stationären Zustand vor und lange nach dem Sprung

Im Sprungmoment behält die Spannung über der Kapazität ihren Wert $u_C(0) = U_C^{(-)} = U_1$ bei. Der Spannungsabfall über dem Widerstand ist gleich der Sprunghöhe:

$$u_R(0) = U_0 \tag{2.60}$$

Während des Ausgleichsvorgangs gehorcht das Ausgabesignal eines geschalteten RC-Glieds – sei es der Strom, die Spannung über dem Widerstand oder die Spannung über der Kapazität – einer abklingenden Exponentialfunktion vom Typ

$$x(t) = \begin{cases} X^{(-)} & t < 0 \\ X^{(+)} + \left(x(0) - X^{(+)}\right) \cdot e^{-\frac{t}{\tau}} & t \geq 0 \end{cases} \tag{2.61}$$

($X^{(-)}$ – stationärer Wert vor dem Sprung; $X^{(+)}$ – stationärer Wert lange nach dem Sprung; $x(0)$ – Wert im Moment des Sprungs; τ – Zeitkonstante, mit der die betrachtete Größe im System gegen den stationären Wert $X^{(+)}$ strebt). Der einzige Parameter, der sich nicht aus den stationären Ersatzschaltungen abschätzen lässt – die Zeitkonstante τ – beträgt, wie im Weiteren gezeigt wird,

$$\tau = R \cdot C \tag{2.62}$$

Herleitung der Sprungantwort

Die Ströme und Spannungen während des Ausgleichsvorgangs sollen mit dem zeitdiskreten Modell aus Abschnitt 2.2 bestimmt werden.[6] Während des Um-

[6] Die Aufstellung und Lösung des Differenzialgleichungssystems führt mit mehr Rechenaufwand zum selben Ergebnis.

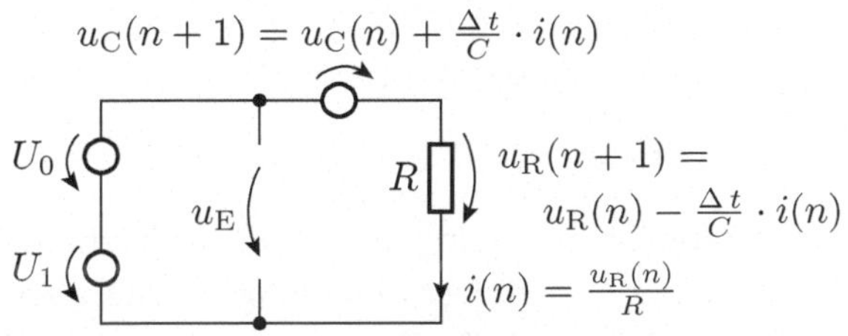

$u_C(n+1) = u_C(n) + \frac{\Delta t}{C} \cdot i(n)$

U_0 U_1 u_E R $u_R(n+1) = u_R(n) - \frac{\Delta t}{C} \cdot i(n)$ $i(n) = \frac{u_R(n)}{R}$

Abb. 2.42. Ausgleichsvorgang am geschalteten RC-Glied

ladevorgangs ändert sich die Spannung u_C über der Kapazität in jedem Berechnungsschritt um einen zum Spannungsabfall über dem Widerstand proportionalen Wert (Abb. 2.42):

$$\begin{aligned} u_C(n+1) &= u_C(n) + \frac{\Delta t}{C} \cdot i(n) \\ &= u_C(n) + \frac{\Delta t}{R \cdot C} \cdot u_R(n) \end{aligned} \tag{2.63}$$

Die Spannung über dem Widerstand ändert sich um denselben Betrag, nur mit entgegengesetztem Vorzeichen:

$$\begin{aligned} u_R(n+1) &= u_R(n) - \frac{\Delta t}{R \cdot C} \cdot u_R(n) \\ &= u_R(n) \cdot \left(1 - \frac{\Delta t}{R \cdot C}\right) \end{aligned} \tag{2.64}$$

Die Auflösung der Rekursion führt auf die Potenzfunktion

$$u_R(n) = u_R(0) \cdot \left(1 - \frac{\Delta t}{R \cdot C}\right)^n \tag{2.65}$$

Der Anfangswert im Sprungmoment ist nach Gleichung 2.60 $u_R(0) = U_0$. Zur Überführung in eine abklingende Exponentialfunktion folgen die Schritte

- Ersatz der Nummer des Berechnungsschrittes durch den Quotienten aus der Zeit und der Dauer eines Zeitschrittes $n = \frac{t}{\Delta t}$:

$$u_R(t) = U_0 \cdot \left(1 - \frac{\Delta t}{R \cdot C}\right)^{\frac{t}{\Delta t}}, \tag{2.66}$$

- Substitution $\Delta t = -x \cdot R \cdot C$ und Grenzwertübergang $x \to 0$:

$$u_R(t) = U_0 \cdot \lim_{x \to 0} \left(1 + \frac{x \cdot R \cdot C}{R \cdot C}\right)^{-\frac{t}{x \cdot R \cdot C}} = U_0 \cdot \left(\lim_{x \to 0} (1+x)^{\frac{1}{x}}\right)^{-\frac{t}{R \cdot C}} \text{ und} \tag{2.67}$$

- Ersatz des Grenzwerts $\lim_{x\to 0}(1+x)^{\frac{1}{x}}$ durch die Zahl »e« und Ersatz des Produkts $R \cdot C$ durch die Zeitkonstante τ:

$$u_{\mathrm{R}}(t) = U_0 \cdot e^{-\frac{t}{R \cdot C}} = U_0 \cdot e^{-\frac{t}{\tau}} \tag{2.68}$$

Nach dem Sprung strebt die Spannung über dem Widerstand, wie bereits in Abb. 2.41 gezeigt, gegen $U_{\mathrm{R}}^{(+)} = 0$. Der Spannungsverlauf über der Kapazität ist die Differenz zwischen der Eingangsspannung und dem Spannungsabfall über dem Widerstand:

$$u_{\mathrm{C}}(t) = u_{\mathrm{E}} - u_{\mathrm{R}}(t) = U_1 + U_0 - U_0 \cdot e^{-\frac{t}{\tau}} \tag{2.69}$$

Auch das ist eine abklingende Exponentialfunktion nach Gleichung 2.61. Der Strom $i(t)$ ist der Quotient aus dem Spannungsabfall über dem Widerstand und dem Wert des Widerstands.

Graphische Konstruktion der Sprungantwort

Die Konstruktion der Sprungantwort soll mit Hilfe des τ-Elements in Abb. 2.43 a erfolgen. Das ist ein Rechteck mit einer Breite gleich der Zeitkonstanten und einer Höhe gleich der Differenz zum stationären Wert, gegen den das Signal strebt. Der Signalverlauf beginnt in der unteren linken Ecke. Bei einer abklingenden Exponentialfunktion vom Typ Gleichung 2.61 ist der Anstieg zu jedem Zeitpunkt gleich dem Quotienten aus der Differenz zum stationären Wert und der Zeitkonstanten:

$$\frac{d\,x(t)}{d\,t} = \frac{X^{(+)} - x(t)}{\tau} \tag{2.70}$$

Für den Signalanfangspunkt eines τ-Elements ist das die Diagonale. Nach einer Zeitdifferenz gleich der Zeitkonstanten verringert sich die Differenz zum stationären Wert auf $e^{-1} \approx 37\%$ der Anfangsdifferenz. Zur Konstruktion des weiteren Signalverlaufs wird immer am Signalendpunkt des vorherigen τ-Elements der Signalanfangspunkt des nächsten angelegt. Die Oberkante bleibt der stationäre Wert (Abb. 2.43 b). Ist der stationäre Wert kleiner als der aktuelle Wert, wird das τ-Element an der Zeitachse gespiegelt, so dass auch hier quasi die Oberkante dem stationären Wert folgt.

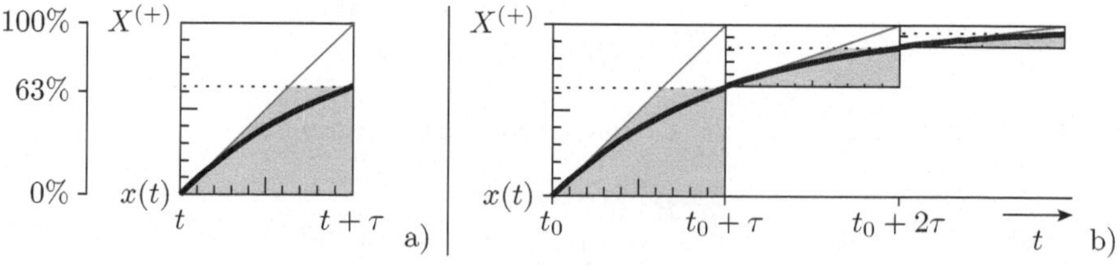

Abb. 2.43. a) τ-Element b) graphische Konstruktion einer Sprungantwort

Zur Konstruktion eines Signalverlaufs mit τ-Elementen werden nur der Anfangswert, der stationäre Wert und die Zeitkonstante der Sprungantwort benötigt. Tabelle 2.1 fasst diese Werte für das geschaltete RC-Glied zusammen.

Tabelle 2.1. Konstruktionsparameter der Signalverläufe am geschalteten RC-Glied

	$i\,(t)$	$u_{\mathrm{R}}\,(t)$	$u_{\mathrm{C}}\,(t)$
vor dem Sprung	$I^{(-)} = 0$	$U_{\mathrm{R}}^{(-)} = 0$	$U_{\mathrm{C}}^{(-)} = U_1$
Sprungmoment	$i\,(0) = \frac{U_0}{R}$	$u_{\mathrm{R}}\,(0) = U_0$	$u_{\mathrm{C}}\,(0) = U_1$
stationärer Wert nach dem Sprung	$I^{(+)} = 0$	$U_{\mathrm{R}}^{(+)} = 0$	$U_{\mathrm{C}}^{(+)} = U_0 + U_1$
Zeitkonstante	$\tau = R \cdot C$	$\tau = R \cdot C$	$\tau = R \cdot C$

Bis zum Schaltvorgang behalten die Signale ihre stationären Werte (τ-Elemente der Höhe Null). Im Sprungmoment bleibt die Spannung über der Kapazität konstant. Es ändert sich nur der stationäre Wert, gegen den u_{C} strebt. Für die nachfolgenden τ-Elemente bleibt der stationäre Wert konstant und die Höhe der τ-Elemente nimmt ab. Nach vier τ-Elementen ist die Differenz zum stationären Wert so klein, dass sie sich nicht mehr zeichnerisch darstellen lässt. Für die Spannung über dem Widerstand ist der Anfangswert die Sprunghöhe und der stationäre Wert, gegen den sie strebt, Null. Die τ-Elemente werden gespiegelt mit der Oberseite nach unten gezeichnet. Der Strom verhält sich

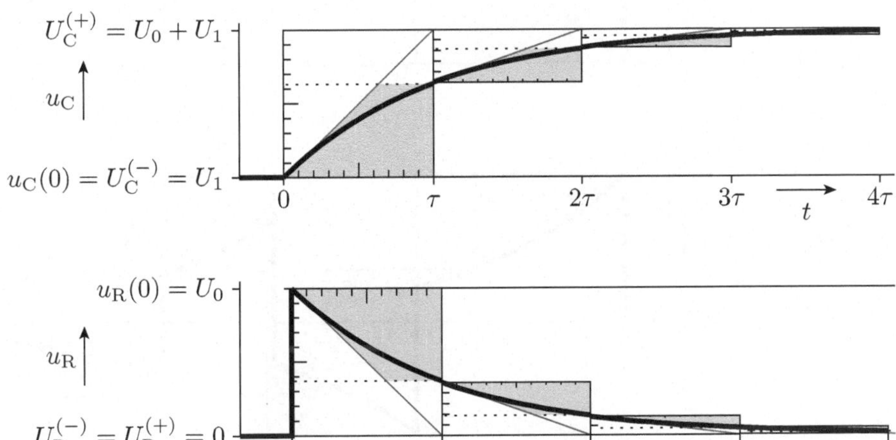

Abb. 2.44. Signalverläufe am geschalteten RC-Glied beim Übergang zwischen zwei stationären Zuständen

proportional zur Spannung über dem Widerstand und hat denselben charakteristischen Verlauf.

Graphische Konstruktion der Systemantwort für Schaltfolgen

Auch wenn das RC-Glied zwischen aufeinander folgenden Schaltvorgängen nicht seinen stationären Zustand erreicht, lassen sich die Signalverläufe sehr anschaulich mit Hilfe von τ-Elementen konstruieren. Die Spannung über der Kapazität strebt immer gegen den Wert der Eingangsspannung u_{E} des RC-Glieds. An jeder Sprungstelle von u_{E} beginnt ein neues τ-Element. Die zweite Regel für die Konstruktion des Spannungsverlaufs über der Kapazität folgt aus seiner Stetigkeit. Der Signalstartpunkt des nachfolgenden τ-Elements muss immer am Signalendpunkt des vorherigen τ-Elements ansetzen.

Die Konstruktion des Spannungsverlaufs über dem Widerstand ist etwas komplizierter. Der Anfangswert nach jedem Sprung leitet sich aus der Maschengleichung

$$u_{\mathrm{R}}(0) = u_{\mathrm{E}}(0) - u_{\mathrm{C}}(0) \tag{2.71}$$

ab. Der stationäre Wert, gegen den die Spannung über dem Widerstand strebt, ist immer Null. Wenn die Spannung über der Kapazität steigt, ist die Spannung über dem Widerstand positiv, wenn sich die Spannung über der Kapazität verringert, ist der Spannungsabfall über dem Widerstand negativ (Abb. 2.45).

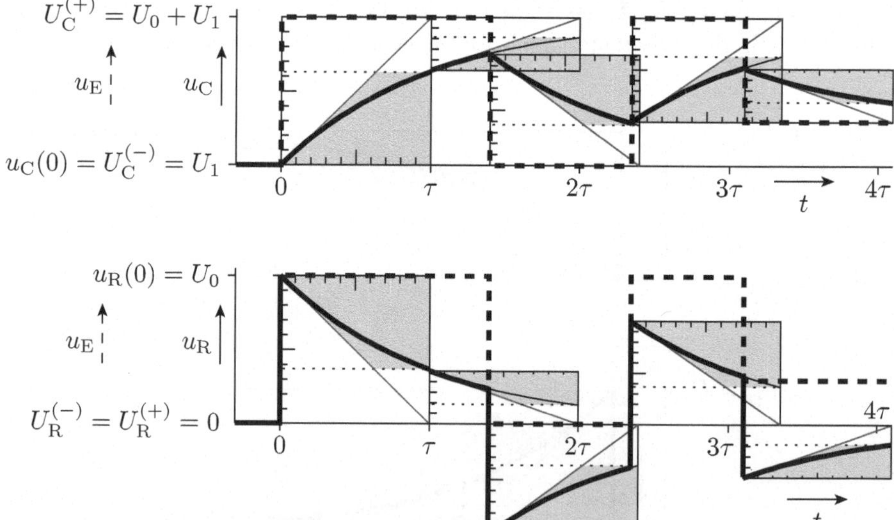

Abb. 2.45. Konstruktion der Signalverläufe am geschalteten RC-Glied für eine beliebige Schaltfolge

2.3.3 Transformation in ein geschaltetes RC-Glied

Das geschaltete RC-Glied ist eine wichtige Grundschaltung, die in vielen Schaltungen vorkommt und die für noch viel mehr Schaltungen in der Elektronik als Ersatzschaltung für die Abschätzung des dynamischen Verhaltens genutzt wird. Alle Schaltungen, die sich in ein funktionsgleiches geschaltetes RC-Glied transformieren lassen, reagieren auch auf einen Schaltvorgang mit einer abklingenden Exponentialfunktion nach Gleichung 2.61. Dazu gehören alle Schaltungen, die im Schaltbetrieb arbeiten und

- linear sind,
- nur eine (wesentliche) Kapazität und
- keine (wesentlichen) Induktivitäten besitzen.

Der Beweisgedanke hierfür ist folgender:

> *Es gibt eine Transformationsvorschrift für die Umrechnung linearer Schaltungen mit einer Kapazität in ein funktionsgleiches RC-Glied.*

Die Kapazität wird als Zweipol betrachtet, an dessen Anschlüssen die Schaltung aufgetrennt wird. Die restliche Schaltung, die dann nur noch aus Quellen und Widerständen besteht, bildet gleichfalls einen Zweipol. Jeder Zweipol aus Quellen und Widerständen lässt sich in eine funktionsgleiche Reihenschaltung aus einer Spannungsquelle und einem Ersatzwiderstand umrechnen. Das ist im Grunde nicht Neues und soll hier an zwei Beispielen illustriert werden.

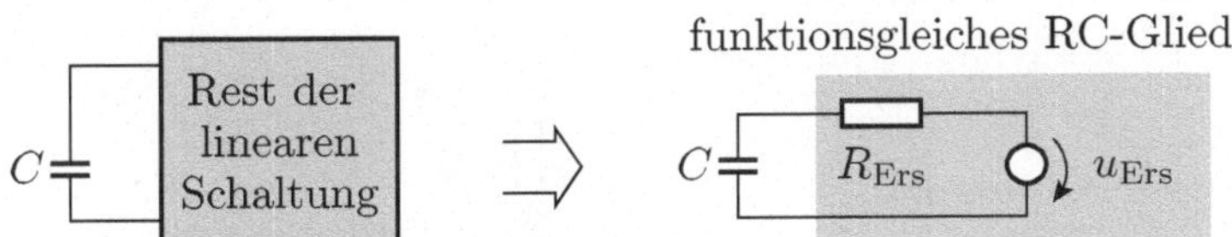

Abb. 2.46. Transformation einer linearen Schaltung mit nur einer Kapazität und ohne Induktivitäten in ein funktionsgleiches RC-Glied

Beispiel 2.2: *Das erste Beispiel ist das belastete RC-Glied in Abb. 2.47. Es besitzt einen zusätzlichen Widerstand parallel zu der Kapazität, dafür aber keine konstante Quelle. Was bewirkt der Widerstand parallel zur Kapazität?*

Der Zweipol aus den beiden Widerständen und der Eingabequelle in Abb. 2.47 wird in eine Reihenschaltung aus einer Spannungsquelle mit der Quellenspannung

$$u_{\mathrm{Ers}} = \frac{u_{\mathrm{E}} \cdot R_2}{R_1 + R_2}$$

und einem Widerstand mit dem Wert

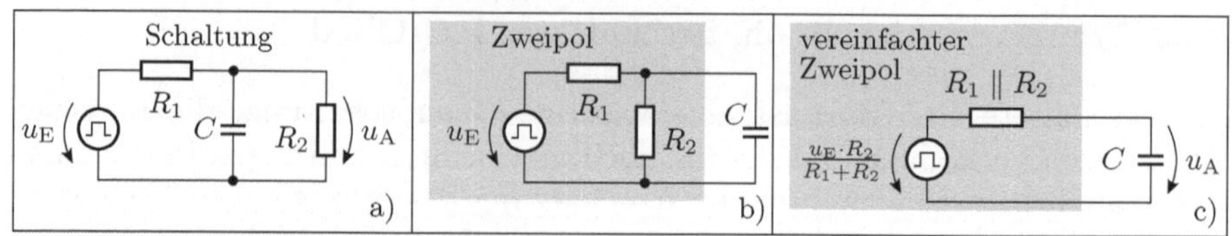

Abb. 2.47. Umrechnung eines belasteten RC-Gliedes in ein einfaches RC-Glied a) Schaltung b) Aufspaltung in zwei Zweipole c) Umrechnung in die Grundschaltung

$$R_{Ers} = R_1 \parallel R_2$$

umgerechnet. Der Widerstand parallel zur Kapazität bewirkt

- *eine Verringerung des stationären Endwerts und*
- *eine Verkürzung der Zeitkonstante auf*

$$\tau = (R_1 \parallel R_2) \cdot C$$

Beispiel 2.3: *Abbildung 2.48 a zeigt eine Schaltung, in der ein Transistor als geschaltete Stromquelle arbeitet. Das Ausgabesignal ist hier die Spannung über dem Widerstand eines RC-Glieds, das am Ausgang des Transistorverstärkers angeschlossen ist. Wie lässt sich diese Schaltung in ein funktionsgleiches RC-Glied umrechnen? Wie lauten hier die Modellparameter zur Abschätzung des Ausgabesignals?*

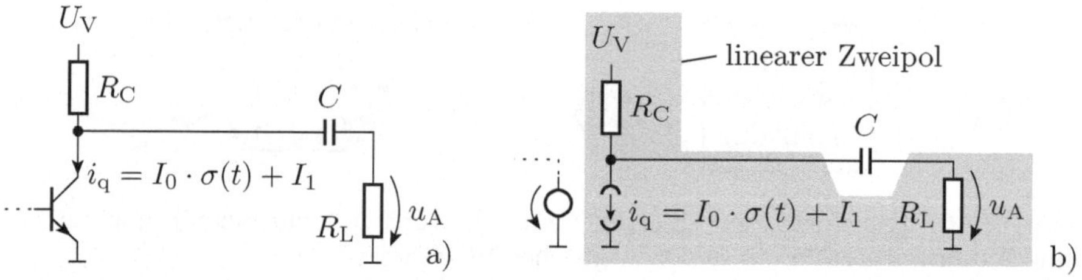

Abb. 2.48. a) Transistorverstärker mit einer geschalteten Stromquelle b) lineare Ersatzschaltung

Zuerst wird der Transistor durch seine lineare Ersatzschaltung ersetzt (Abb. 2.48 b). Die grau unterlegte Teilschaltung besteht nur aus Quellen und Widerständen und lässt sich in eine Reihenschaltung aus einer Spannungsquelle und einem Ersatzwiderstand umrechnen. Die Umrechnung soll nach dem Verfahren in Abschnitt 1.3.5 erfolgen (Abb. 2.49). Zur Bestimmung des Ersatzwiderstands R_{Ers} *werden gedanklich alle Quellen innerhalb des Zweipols gleich Null gesetzt. Übrig bleibt eine Reihenschaltung aus den Widerständen* R_C *und* R_L*:*

$$R_{Ers} = R_C + R_L$$

Die Leerlaufspannung kann nach dem helmholtzschen Überlagerungsprinzip als Überlagerung der Leerlaufspannungsanteile der beiden Quellen betrachtet werden:

$$\begin{aligned} u_{\mathrm{Ers}} &= u_{\mathrm{Ers1}} + u_{\mathrm{Ers2}} \\ &= U_{\mathrm{V}} - R_{\mathrm{C}} \cdot i_{\mathrm{q}} \end{aligned}$$

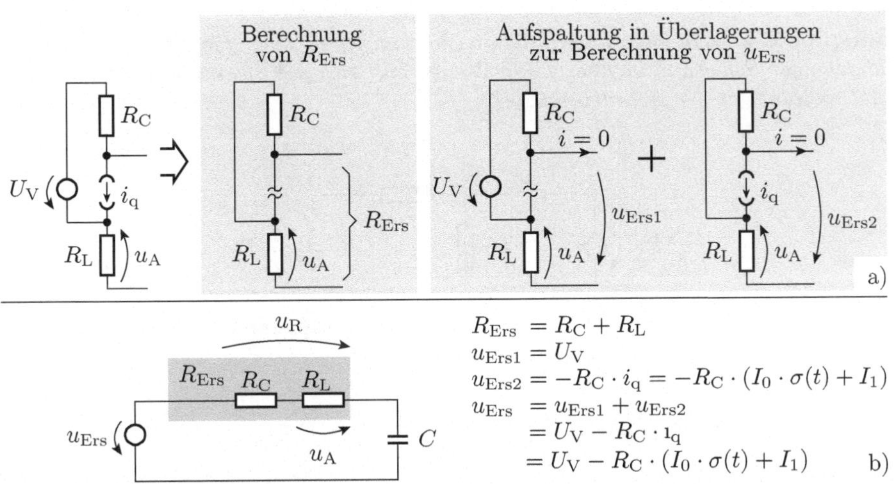

Abb. 2.49. a) Vereinfachung des grau unterlegten Schaltungsteils aus Abb. 2.48 b) funktionsgleiches RC-Glied

Die Zeitkonstante für den Umladevorgang ist aus der funktionsgleichen Ersatzschaltung in Abb. 2.49 b ablesbar:

$$\tau = (R_{\mathrm{C}} + R_{\mathrm{L}}) \cdot C$$

Weiterhin ist ablesbar, dass die gesuchte Spannung über dem Lastwiderstand nur ein Teil der Spannung über dem Ersatzwiderstand ist:

$$u_{\mathrm{A}} = \frac{R_{\mathrm{L}}}{R_{\mathrm{C}} + R_{\mathrm{L}}} \cdot u_{\mathrm{R}}$$

Insgesamt lauten die Modellparameter zur Abschätzung des Ausgabesignals

$x(t)$	$X^{(-)}$	$X^{(+)}$	$x(0)$	τ
$u_{\mathrm{RL}}(t)$	0	0	$\frac{R_{\mathrm{L}}}{R_{\mathrm{C}}+R_{\mathrm{L}}} \cdot (-R_{\mathrm{C}} \cdot I_0)$	$(R_{\mathrm{C}} + R_{\mathrm{L}}) \cdot C$

2.3.4 Abschnittsweise Annäherung durch geschaltete RC-Glieder

Viele nichtlineare Systeme können in bestimmten Arbeitsbereichen durch lineare Ersatzschaltungen angenähert werden. Ist die Ersatzschaltung für einen dieser Arbeitsbereiche ein geschaltetes RC-Glied, so ist das Ausgabesignal des Systems nach einem Schaltvorgang auch hier eine abklingende Exponentialfunktion. Das soll an folgendem Beispiel demonstriert werden:

Beispiel 2.4: *Wie lauten die funktionsgleichen RC-Glieder für die beiden Arbeitsbereiche der Schaltung in Abb. 2.50? Wie verhält sich die Spannung über der Kapazität in jedem dieser Arbeitsbereiche?*

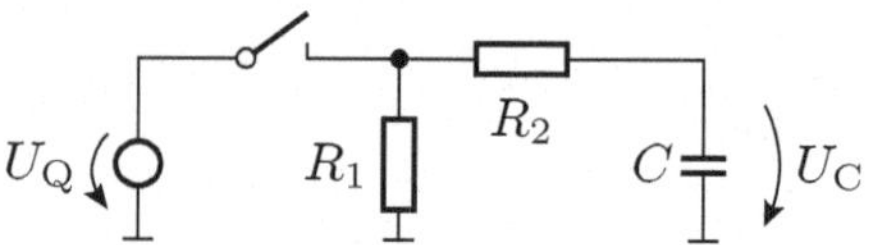

Abb. 2.50. Schaltung zum Beispiel 2.4

Die Schaltung hat die beiden Arbeitsbereiche

- *Schalter geschlossen und*
- *Schalter geöffnet.*

Abbildung 2.51 a zeigt die beiden Ersatzschaltungen. Bei geschlossenem Schalter wird die Kapazität C über den Widerstand R_2 auf die Spannung U_Q aufgeladen. Das ist dasselbe Modell wie in Abb. 2.42 mit $U_0 = U_Q$ und $U_1 = 0$. Der Spannungsverlauf über der Kapazität beim Übergang von einem zum anderen stationären Zustand gehorcht Gleichung 2.69:

$$u_C(t) = U_Q - U_Q \cdot e^{-\frac{t}{R_2 \cdot C}}$$

Die Zeitkonstante für den Umladevorgang ist das Produkt aus dem Widerstand, über den die Kapazität aufgeladen wird, und der Kapazität:

$$\tau_1 = R_2 \cdot C$$

Bei geöffnetem Schalter wird die Kapazität über die Reihenschaltung der beiden Widerstände entladen. Die Spannung u_C strebt mit der Zeitkonstanten

$$\tau_2 = (R_1 + R_2) \cdot C$$

gegen Null

$$u_C(t) = u_C(0) \cdot e^{-\frac{t}{\tau_2}}$$

($u_C(0)$ – Spannungsabfall über der Kapazität zu Beginn des Entladevorgangs). Das Ausgabesignal lässt sich auch hier mit Hilfe von τ-Elementen konstruieren (Abb.

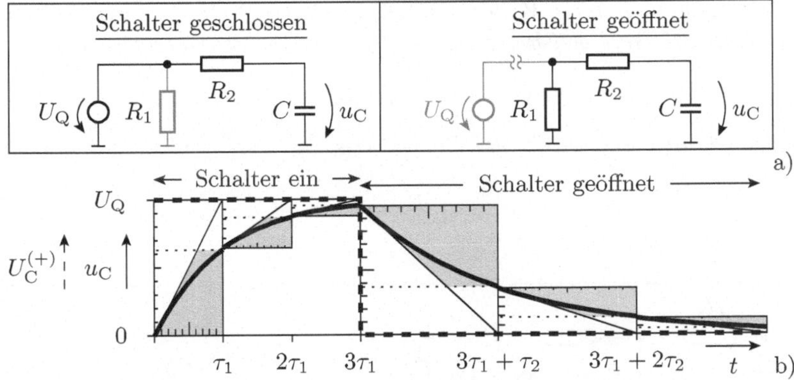

Abb. 2.51. a) Ersatzschaltungen b) Spannungsverlauf über der Kapazität für die Schaltung in Abb. 2.50

2.51 b). Im Unterschied zu den bisher konstruierten Zeitsignalen ist zu berücksichtigen, dass der Aufladevorgang eine kleinere Zeitkonstante als der Entladevorgang hat.

Das folgende Beispiel enthält außer einem Schalter auch eine Diode, die in zwei verschiedenen Arbeitsbereichen betrieben wird, so dass der Systemzustand zwischen vier linearen Arbeitsbereichen wechselt.

Beispiel 2.5: *Gesucht sind die funktionsgleichen RC-Glieder für die Arbeitsbereiche A1 bis A4 der Schaltung in Abb. 2.52 und der Spannungsverlauf über der Kapazität für eine Schaltfolge, bei der alle vier Arbeitsbereiche durchlaufen werden.*

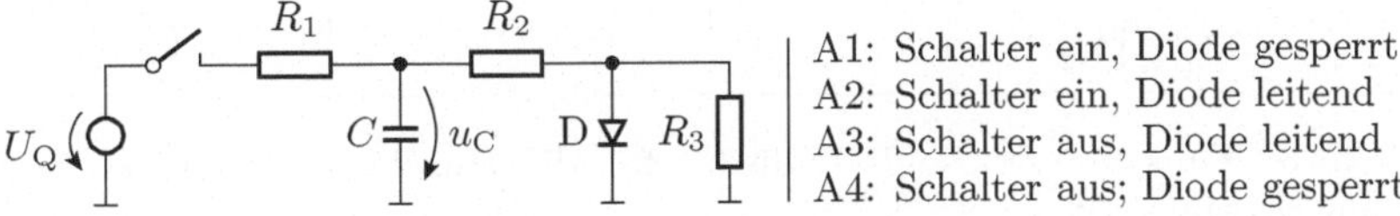

Abb. 2.52. Schaltung zu Beispiel 2.5

In Abb. 2.53 werden zuerst der Schalter und die Diode durch ihre Ersatzschaltungen im Arbeitsbereich – eine Verbindung, eine Quelle oder eine Unterbrechung – ersetzt. Die Voraussetzung, dass die Diode in den Arbeitsbereichen A1 und A4 sperrt, ist

$$u_C \cdot \frac{R_3}{R_2 + R_3} \leq U_F$$

(U_F – Flussspannung der Diode). Im zweiten Schritt werden die Teilschaltungen aus den Widerständen und Quellen jeweils in eine funktionsgleiche Reihenschaltung aus

nur einer Quelle und einem Widerstand umgerechnet. Die stationären Spannungen über der Kapazität sind gleich den Spannungen der Ersatzspannungsquellen:

$$U_{\mathrm{C}.i}^{(+)} = U_{\mathrm{Ers}.i}$$

Die Zeitkonstanten sind jeweils das Produkt aus dem Ersatzwiderstand und der Kapazität:

$$\tau_i = R_{\mathrm{Ers}.i} \cdot C$$

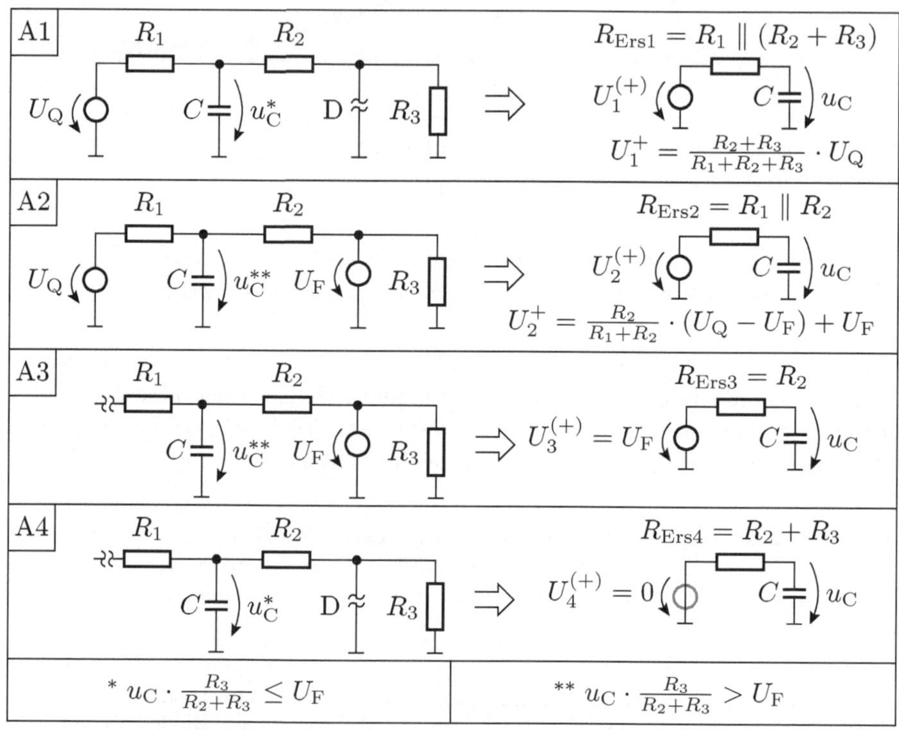

Abb. 2.53. Funktionsgleiche RC-Glieder für die einzelnen Arbeitsbereiche der Schaltung in Abb. 2.52

Zur Abschätzung des Signalverlaufs am Ausgang sei unterstellt, dass alle Widerstände gleich sind und dass die Quellenspannung viermal so groß ist wie die Flussspannung der Diode:

$$R_1 = R_2 = R_3 = R$$
$$U_\mathrm{Q} = 4 \cdot U_\mathrm{F}$$

Unter dieser Annahme haben die Zeitkonstanten und die stationären Werte, gegen die die Spannung über der Kapazität strebt, folgende Werte:

	A1	A2	A3	A4
Schalter/Diode	ein/sperrt	ein/leitet	aus/leitet	aus/sperrt
	$u_C < \frac{1}{2} \cdot U_Q$	$u_C \geq \frac{1}{2} \cdot U_Q$	$u_C \geq \frac{1}{2} \cdot U_Q$	$u_C < \frac{1}{2} \cdot U_Q$
τ	$\frac{2}{3} \cdot R \cdot C$	$\frac{1}{2} \cdot R \cdot C$	$R \cdot C$	$2 \cdot R \cdot C$
$U_C^{(+)}$	$\frac{2}{3} \cdot U_Q$	$\frac{5}{8} \cdot U_Q$	$\frac{1}{4} \cdot U_Q$	0

Abbildung 2.54 zeigt den mit Hilfe von τ-Elementen konstruierten Verlauf von u_C für eine Schaltfolge, bei der alle vier Arbeitsbereiche nacheinander durchlaufen werden. Wenn bei eingeschaltetem Schalter die Diode in den Durchlassbereich übergeht, ändert sich die Zeitkonstante und der stationäre Wert, gegen den u_C strebt. Das ist wie ein zusätzlicher Schaltvorgang. Wenn der Schalter geöffnet wird, passiert dasselbe, sobald die Spannung über der Kapazität $U_Q/2$ unterschreitet.

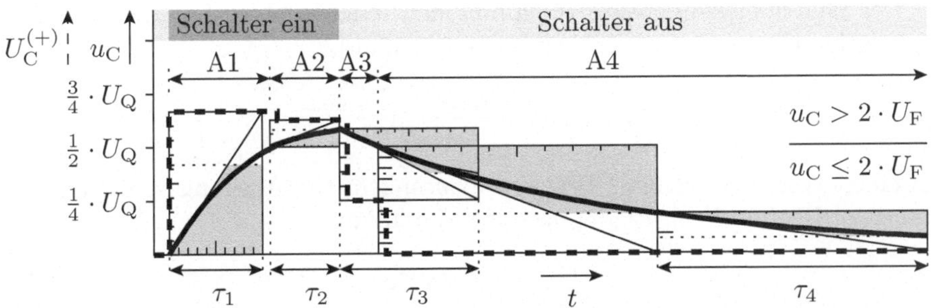

Abb. 2.54. Ausgabesignal der Schaltung in Abb. 2.52 für eine Beispielschaltfolge

Berechnung der Größe von Glättungskondensatoren

Bei einem Brückengleichrichter mit einem nachgeschalteten Glättungskondensator wird der Glättungskondensator periodisch aufgeladen und entladen. In dem Arbeitsbereich, in dem alle Dioden sperren, ist die Ersatzschaltung eine Kapazität, die über einen Widerstand entladen wird. Das ist das Modell eines geschalteten RC-Glieds mit der Funktion (Abb. 2.55)

$$u_A(t) = u_A(0) \cdot e^{-\frac{t}{\tau_E}} \tag{2.72}$$

($\tau_E = R_L \cdot C$ – Entladezeitkonstante).

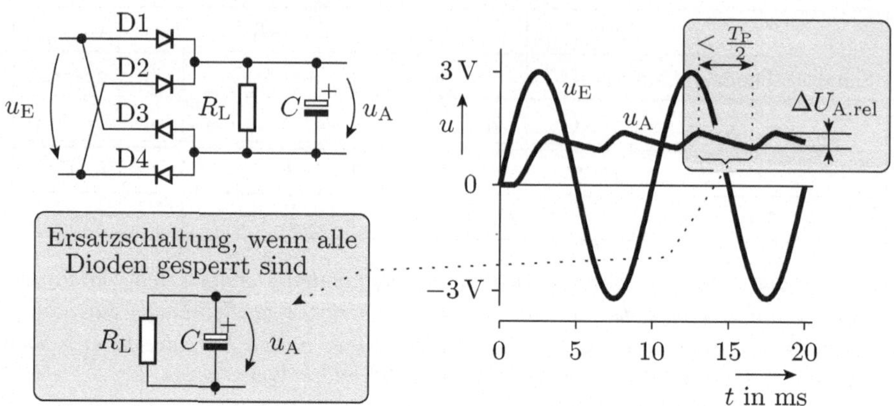

Abb. 2.55. Modell zur Bestimmung der Restwelligkeit. Der Signalverlauf von u_A ist aus Abb. 2.22 übernommen

Der Glättungskondensator C hinter dem Gleichrichter hat die Aufgabe, die relative Restwelligkeit der Ausgangsspannung

$$\varDelta U_{A.rel} = \frac{U_{A.max} - U_{A.min}}{U_{A.max}} \tag{2.73}$$

auf einen Wert von wenigen Prozent abzusenken. Die Ausgangsspannung hat immer zu Beginn der Entladephase ihr Maximum

$$U_{A.max} = u_A\left(t_E\right) \tag{2.74}$$

(t_E – Startzeitpunkt des Entladevorgangs) und am Ende der Entladephase ihr Minimum

$$U_{A.min} = u_A\left(t_E\right) \cdot e^{-\frac{t_L - t_E}{R_L \cdot C}} \tag{2.75}$$

(t_L – Startzeitpunkt des nachfolgenden Aufladevorgangs). Die relative Restwelligkeit wird ausschließlich vom Verhältnis aus der Entladezeit $t_L - t_E$ zur Entladezeitkonstanten $\tau_E = R_L \cdot C$ bestimmt:

$$\varDelta U_{A.rel} = \frac{u_A\left(t_E\right) - u_A\left(t_E\right) \cdot e^{-\frac{t_L - t_E}{R_L \cdot C}}}{u_A\left(t_E\right)} = 1 - e^{-\frac{t_L - t_E}{R_L \cdot C}} \tag{2.76}$$

Der Glättungskondensator muss mindestens eine Kapazität haben von

$$C \geq -\frac{t_L - t_E}{R_L \cdot \ln\left(1 - \varDelta U_{A.rel}\right)} \tag{2.77}$$

Die Entladezeit $t_L - t_E$ ist nicht größer als die Hälfte der Periode T_P des Eingabesignals. Mit dieser Obergrenze ergibt sich folgende Bemessungsgleichung:

$$C \geq -\frac{T_P}{2 \cdot R_L \cdot \ln\left(1 - \varDelta U_{A.rel}\right)} \tag{2.78}$$

Beispiel 2.6: *Wie groß ist die Kapazität des Glättungskondensators zu wählen, wenn der Ersatzwiderstand für die versorgte Schaltung mindestens* $R_{\mathrm{L}} \geq 100\,\Omega$ *beträgt, die eingangsseitige Wechselspannung eine Frequenz von* 50 Hz *hat und eine relative Restwelligkeit* $\Delta U_{\mathrm{A.rel}} \leq 10\%$ *angestrebt wird?*

Bei einer Frequenz von 50 Hz *ist die Periodendauer* $T_{\mathrm{P}} = 20\,\mathrm{ms}$. *Alle anderen Größen sind gegeben und können direkt in Gleichung 2.78 eingesetzt werden:*

$$C \geq -\frac{20\,\mathrm{ms}}{2 \cdot 100\,\Omega \cdot \ln(1 - 10\%)} \approx 950\,\mu\mathrm{F}$$

Der nächstgrößere Standardwert, der in diesem Fall zu wählen wäre, ist $1000\,\mu\mathrm{F}$.

2.3.5 Das geschaltete RL-Glied

Das RL-Glied ist die duale Schaltung zum RC-Glied und entsteht aus dem RC-Glied durch Vertauschen der Bedeutung von Strom und Spannung (Abb. 2.56). Im mathematischen Modell interessiert die physikalische Bedeutung der in Wechselwirkung stehenden Größen nicht. Die funktionalen Eigenschaften des Systems wie die Sprungantwort bleiben bei dieser Transformation erhalten. Die Sprungantwort des geschalteten RL-Glieds ist entsprechend gleichfalls eine abklingende Exponentialfunktion vom Typ Gleichung 2.61.

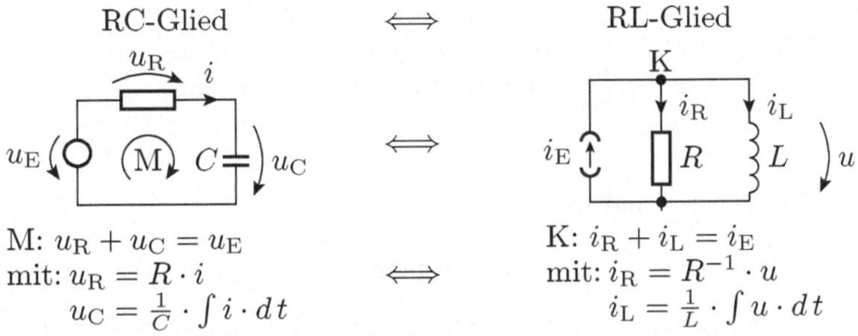

Abb. 2.56. RL-Glied als duale Schaltung zum RC-Glied

Bei einer Vertauschung der Rolle von Strom und Spannung wird

- aus einer Kapazität eine Induktivität

$$i = C \cdot \frac{d\,u}{d\,t} \;\Rightarrow\; u = L \cdot \frac{d\,i}{d\,t}, \tag{2.79}$$

- aus einem Widerstand ein Leitwert

$$u = R \cdot i \;\Rightarrow\; i = R^{-1} \cdot u, \tag{2.80}$$

- aus einer Spannungsquelle eine Stromquelle,
- aus einer Reihenschaltung eine Parallelschaltung und
- aus einer Masche ein Knoten.

In dem geschalteten RC-Glied in Abb. 2.40 aus Abschnitt 2.3.2 sind zwei Quellen in Reihe geschaltet – eine Konstantspannungsquelle und eine Sprungquelle. In der dualen Schaltung entspricht das einer Parallelschaltung aus einer geschalteten Stromquelle und einer Konstantstromquelle (Abb. 2.57 a).

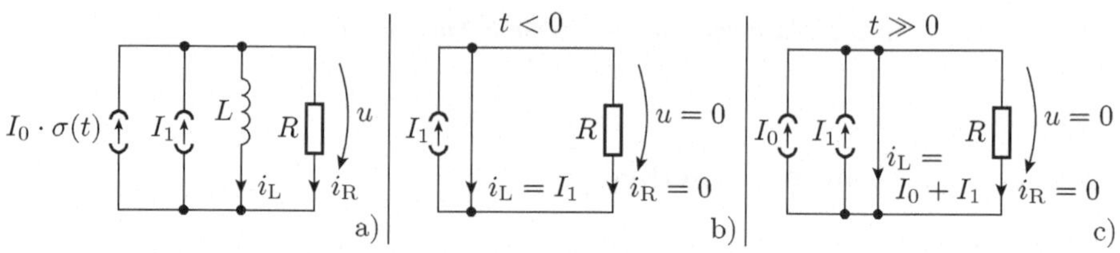

Abb. 2.57. Geschaltetes RL-Glied a) Schaltung b) Ersatzschaltung für den stationären Zustand vor dem Sprung c) Ersatzschaltung für den stationären Zustand lange nach dem Sprung

Die Analyse eines geschalteten RL-Glieds erfolgt nach demselben Schema wie für das RC-Glied, nur dass die Rollen von Strom und Spannung vertauscht sind. In den stationären Zuständen ist die Induktivität jeweils durch eine Verbindung zu ersetzen, über der keine Spannung abfällt. Dadurch fällt auch über dem Widerstand keine Spannung ab und der gesamte Strom fließt durch die Induktivität. Vor dem Sprung beträgt der Strom durch die Induktivität

$$I_{\mathrm{L}}^{(-)} = I_1 \tag{2.81}$$

Nach dem Sprung beträgt er

$$I_{\mathrm{L}}^{(+)} = I_0 + I_1 \tag{2.82}$$

Im Moment des Sprungs bleibt der Strom durch die Induktivität konstant. Die Stromdifferenz fließt durch den Widerstand. Die dafür erforderliche Spannung

$$u\,(0) = R \cdot I_0 \tag{2.83}$$

wird von der Induktivität als Induktionsspannung aufgebracht. Die Induktionsspannung bewirkt einen Angleich des Stroms durch die Induktivität an den Gesamtstrom. Der Betrag des Stroms durch den Widerstand nimmt nach derselben Funktion wie die Spannung über dem Widerstand bei einem RC-Glied ab:

$$i_{\mathrm{R}}\,(n) = I_0 \cdot \left(1 - \frac{\Delta t \cdot R}{L}\right)^n \tag{2.84}$$

Die Überführung in eine abklingende Exponentialfunktion erfolgt in denselben Schritten wie für das RC-Glied:

- Ersatz der Nummer des Berechnungsschrittes durch den Quotienten aus der Zeit und der Dauer eines Zeitschrittes $n = \frac{t}{\Delta t}$:

$$i_{\mathrm{R}}(t) = I_0 \cdot \left(1 - \frac{\Delta t \cdot R}{L}\right)^{\frac{t}{\Delta t}}, \tag{2.85}$$

- Substitution $\Delta t = -\frac{x \cdot L}{R}$ und Grenzwertübergang $x \to 0$:

$$i_{\mathrm{R}}(t) = I_0 \cdot \lim_{x \to 0} \left(1 + \frac{x \cdot L \cdot R}{R \cdot L}\right)^{-\frac{t \cdot R}{x \cdot L}} = I_0 \cdot \left(\lim_{x \to 0} (1+x)^{\frac{1}{x}}\right)^{-\frac{t \cdot R}{L}}, \tag{2.86}$$

- Ersatz des Grenzwerts $\lim_{x \to 0} (1+x)^{\frac{1}{x}}$ durch die Zahl »e« und Ersatz des Quotienten $\frac{L}{R}$ durch die Zeitkonstante τ:

$$i_{\mathrm{R}}(t) = I_0 \cdot e^{-\frac{t \cdot R}{L}} = I_0 \cdot e^{-\frac{t}{\tau}} \tag{2.87}$$

Die Zeitkonstante beträgt:

$$\tau = \frac{L}{R} \tag{2.88}$$

Der Strom durch die Induktivität ist die Differenz zum Gesamtstrom:

$$i_{\mathrm{L}} = I_1 + I_0 \cdot \left(1 - e^{-\frac{t}{\tau}}\right) \tag{2.89}$$

Der Spannungsabfall über dem Widerstand ist das Produkt aus dem Strom durch den Widerstand und dem Widerstandswert:

$$u(t) = I_0 \cdot R \cdot e^{-\frac{t}{\tau}} \tag{2.90}$$

Die Konstruktion der Signalverläufe am RL-Glied soll wieder mit τ-Elementen erfolgen. Dafür werden die Anfangswerte, die stationären Werte nach dem Sprung und die Zeitkonstante(n) benötigt (Tabelle 2.2).

Tabelle 2.2. Konstruktionsparameter der Signalverläufe am geschalteten RL-Glied

	$u(t)$	$i_{\mathrm{R}}(t)$	$i_{\mathrm{L}}(t)$
vor dem Sprung	$U^{(-)} = 0$	$I_{\mathrm{R}}^{(-)} = 0$	$I_{\mathrm{L}}^{(-)} = I_1$
im Sprungmoment	$u(0) = I_0 \cdot R$	$i_{\mathrm{R}}(0) = I_0$	$i_{\mathrm{L}}(0) = I_1$
stationärer Wert nach dem Sprung	$U^{(+)} = 0$	$I_{\mathrm{R}}^{(+)} = 0$	$I_{\mathrm{L}}^{(+)} = I_0 + I_1$
Zeitkonstante	$\tau = \frac{L}{R}$	$\tau = \frac{L}{R}$	$\tau = \frac{L}{R}$

Bis zum Schaltvorgang sind die Werte gleich ihren stationären Werten (τ-Elemente der Höhe Null). Im Sprungmoment bleibt der Strom durch die Induktivität konstant. Es ändert sich nur der stationäre Wert, gegen den i_{L}

strebt. Für die nachfolgenden τ-Elemente bleibt der stationäre Wert konstant und die Höhe der τ-Elemente verringert sich jeweils auf 37% der Höhe des Vorgängers. Für den Strom durch den Widerstand ist der Anfangswert die Sprunghöhe und der stationäre Wert, gegen den er strebt, Null. Die Höhe der nachfolgenden τ-Elemente verringert sich auf jeweils 37% der des Vorgängers (Abb. 2.58).

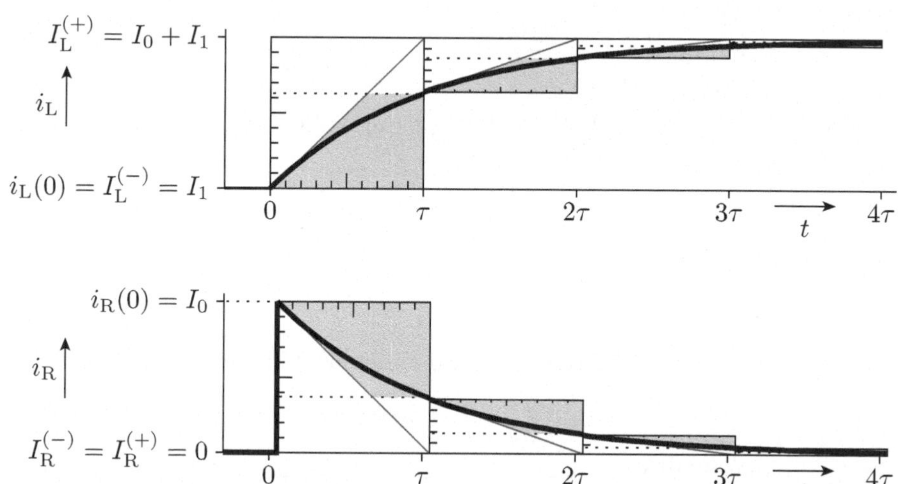

Abb. 2.58. Signalverlauf am geschalteten RL-Glied beim Übergang zwischen zwei stationären Zuständen

2.3.6 Transformation in ein geschaltetes RL-Glied

Auch das RL-Glied dient als Ersatzschaltung für andere Schaltungen. Alle linearen Schaltungen mit einer (wesentlichen) Induktivität und ohne (wesentliche) Kapazitäten lassen sich durch ein RL-Glied nachbilden. Dazu wird die Restschaltung durch eine Parallelschaltung aus einer Stromquelle und einem Widerstand ersetzt (Abb. 2.59). »Wesentlich« bedeutet hier, dass die Umladezeit für die betrachtete Induktivität viel größer als für alle anderen In-

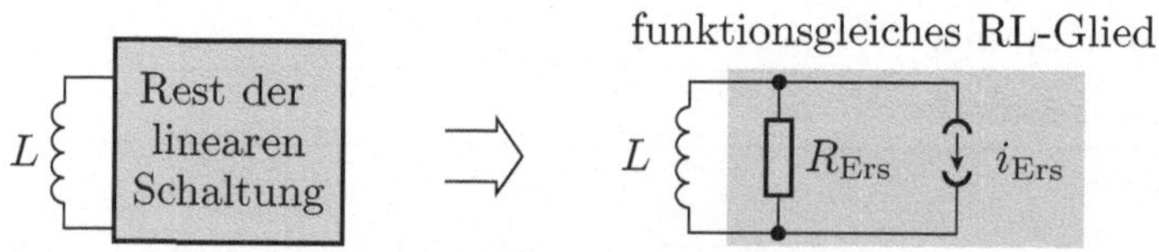

Abb. 2.59. Transformation einer linearen Schaltung mit einer Induktivität und ohne Kapazitäten in ein funktionsgleiches RL-Glied

duktivitäten und Kapazitäten ist. Die Transformation einer Schaltung in ein funktionsgleiches RL-Glied wird wieder an einem Beispiel illustriert.

Beispiel 2.7: *Abbildung 2.60 zeigt einen CMOS-Inverter, der einen kleinen Elektromagneten ansteuert. Das Ausgabesignal ist hier der Strom durch den Elektromagneten. Das Modell des CMOS-Inverters sei*

$$u_{\mathrm{A}} = \begin{cases} U_{\mathrm{V}} \text{ für } x = 0 \\ 0 \text{ für } x = 1 \end{cases}$$

Wie lauten die Parameter des funktionsgleichen RL-Gliedes? Welchen Signalverlauf hat der Strom i_{L}?

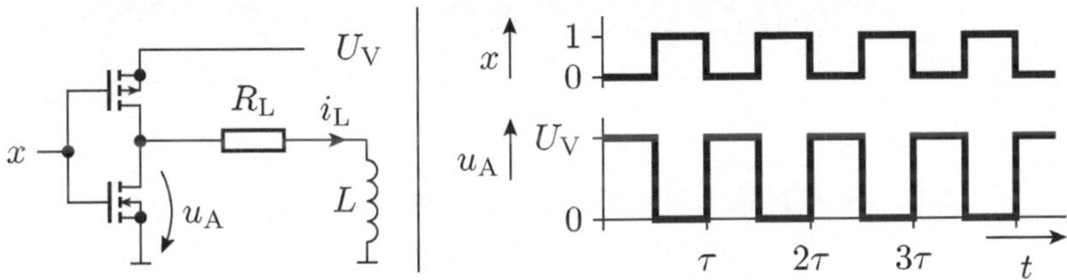

Abb. 2.60. Ansteuerung eines Elektromagneten mit einem CMOS-Inverter

Im ersten Schritt wird der CMOS-Inverter durch das vorgegebene Modell, eine geschaltete Spannungsquelle, ersetzt. Im zweiten Schritt wird die Reihenschaltung aus der Spannungsquelle und dem Innenwiderstand der Induktivität in eine funktionsgleiche Parallelschaltung aus einer Stromquelle und einem Widerstand umgerechnet (Abb. 2.61). Die Zeitkonstante des funktionsgleichen RL-Glieds beträgt

$$\tau = \frac{L}{R_{\mathrm{L}}}$$

Der stationäre Strom, gegen den der Strom durch die Induktivität strebt, ist gleich dem Quellenstrom:

$$I_{\mathrm{L}}^{(+)} = i_{\mathrm{Q}} = \begin{cases} \frac{U_{\mathrm{V}}}{R_{\mathrm{L}}} \text{ für } x = 0 \\ 0 \text{ für } x = 1 \end{cases}$$

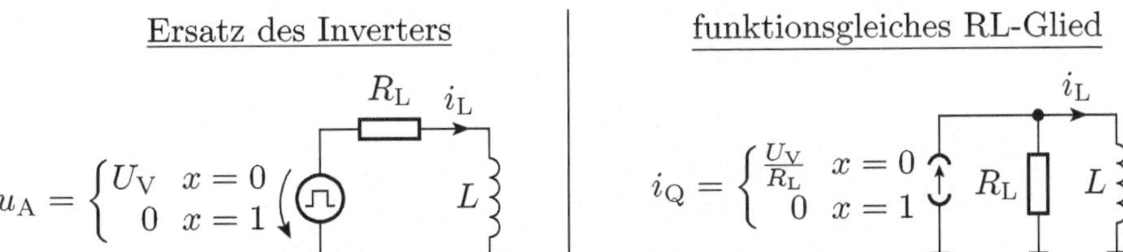

Abb. 2.61. Entwicklung der Ersatzschaltung zu Abb. 2.60

Der Quellenstrom schaltet laut Aufgabenstellung jeweils nach $\tau/2$ zwischen seinem Maximalwert und Null um, so dass bei der Konstruktion des Ausgabesignals jeweils nach $\tau/2$ ein neues τ-Element angesetzt werden muss (Abb. 2.62). Ähnlich wie ein Kondensator nach einem Gleichrichter die Spannung glättet, glättet eine Induktivität den Strom. Die relative Restwelligkeit des Stroms wird vom Verhältnis aus der Periode des pulsierenden Eingabesignals und der Zeitkonstanten des RL-Glieds bestimmt (vergleiche hierzu auch Abb. 2.55).

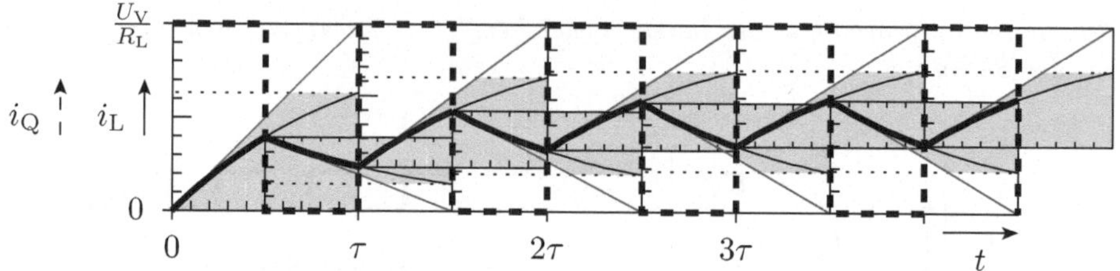

Abb. 2.62. Konstruktion des Ausgabesignals zu Abb. 2.60

2.3.7 Abschnittsweise Annäherung durch geschaltete RL-Glieder

Viele Systeme, in denen Induktivitäten geschaltet werden, sind zwar nichtlinear, verhalten sich aber in den einzelnen Arbeitsbereichen abschnittsweise linear. In diesen Arbeitsbereichen kann ihre Funktion durch ein geschaltetes RL-Glied angenähert werden.

Schalten einer induktiven Last

Abbildung 2.63 zeigt eine Schaltung, in der eine induktive Last – z.B. ein Elektromagnet – modelliert durch eine Reihenschaltung aus einer Induktivität L und ihrem Innenwiderstand R_L mit einem Schalter ein- und ausgeschaltet wird. Der Schalter kann hier auch die Ersatzschaltung für einen Low-Side-Schalter sein (vergleiche Abschnitt 1.6.2).

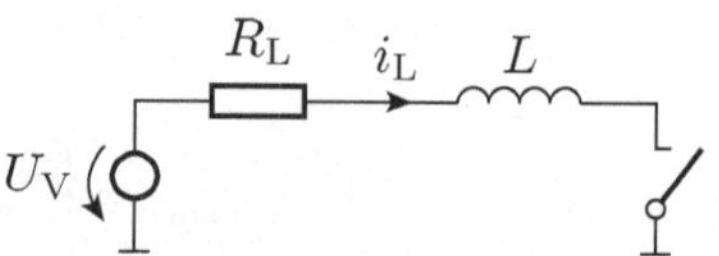

Abb. 2.63. Schalten einer induktiven Last

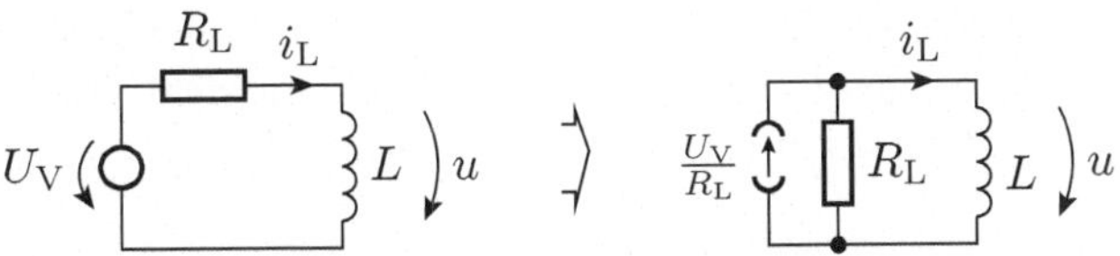

Abb. 2.64. Ersatzschaltung für »Schalter geschlossen«

Die Ersatzschaltung für den Arbeitsbereich »Schalter ein« ist eine Masche, die über die Induktivität, den Widerstand und die geschaltete Versorgungsspannung führt. Durch Transformation der Reihenschaltung aus der Versorgungsspannung und des Widerstands in eine funktionsgleiche Parallelschaltung einer Stromquelle und eines Widerstands entsteht daraus ein funktionsgleiches RL-Glied mit der Zeitkonstanten

$$\tau = \frac{L}{R_L} \tag{2.91}$$

in dem der Strom i_L durch die Induktivität gegen

$$I_L^{(+)} = \frac{U_V}{R_L} \tag{2.92}$$

strebt (Abb. 2.64).

Im Arbeitsbereich »Schalter geöffnet« ist der Stromkreis zwar unterbrochen, aber zumindest im Schaltmoment fließt ein Strom. Das widerspricht sich. Ein Widerspruch in einem Modell deutet auf einen Modellfehler. Im betrachteten Fall darf der Schalter nicht als Unterbrechung modelliert werden, sondern höchstens als ein Widerstand, dessen Wert gegen unendlich strebt (Abb. 2.65). Die Ersatzschaltung ist dann wieder ein RL-Glied, in dem der Strom durch die Induktivität mit der Zeitkonstanten

$$\tau = \lim_{R_S \to \infty} \frac{L}{(R_L + R_S)} = 0 \tag{2.93}$$

gegen den stationären Wert

$$I_L^{(+)} = \lim_{R_S \to \infty} \frac{U_V}{(R_L + R_S)} = 0 \tag{2.94}$$

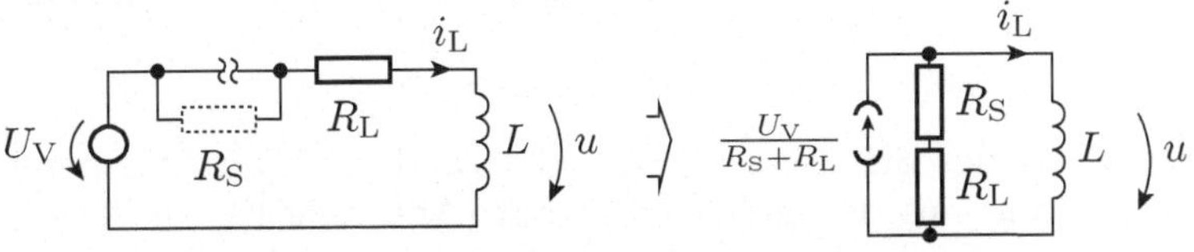

Abb. 2.65. Ersatzschaltung für »Schalter geöffnet«

strebt. Problematisch an diesem Modell ist die Größe der induzierten Spannung im Ausschaltmoment. Die Spannung über dem sich öffnenden Schalter verhält sich proportional zum Isolationswiderstand R_S

$$u_{RS}(t) = i_L(t) \cdot R_S \tag{2.95}$$

und strebt wegen $R_S \to \infty$ im Ausschaltmoment betragsmäßig gegen unendlich. Die Induktivität müsste zeitgleich eine betragsmäßig gegen unendlich strebende Spannung mit umgekehrtem Vorzeichen erzeugen. Auch das ist physikalisch nicht möglich. Denn ab einer bestimmten Spannung wird die kritische Feldstärke erreicht, die einen Nichtleiter in einen Leiter umwandelt. Beim Ausschalten einer Induktivität mit einem mechanischen Schalter kommt es dadurch zu einem Funkenüberschlag zwischen den Schaltkontakten.

Freilaufdiode

Die hohen Spannungsspitzen, die bei der Unterbrechung eines Stromkreises mit einer Induktivität auftreten, beeinträchtigen die Lebensdauer des Schaltelements und sind zu vermeiden. Die Standardlösung hierfür ist eine Freilaufdiode. Das ist eine zusätzliche Diode, die parallel zur induktiven Last angeordnet ist (Abb. 2.66 a). Wenn der Schalter geschlossen ist, sperrt die Freilaufdiode. Die Ersatzschaltung ist dieselbe wie in Abb. 2.64.

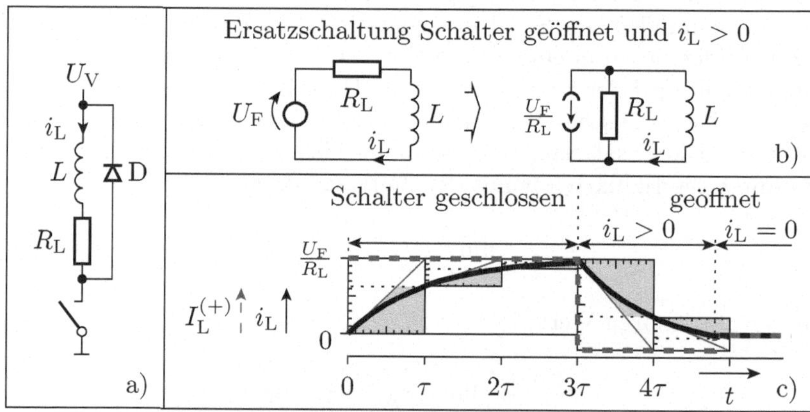

Abb. 2.66. Freilaufdiode a) Anordnung der Freilaufdiode in der Schaltung b) Ersatzschaltung für »Schalter geöffnet« c) Signalverlauf des Stroms durch die Induktivität

Nach Öffnen des Schalters arbeitet die Diode im Durchlassbereich und nimmt den Strom aus der Induktivität auf (Abb. 2.66 b). Die Reihenschaltung aus der Ersatzspannungsquelle zur Nachbildung der Freilaufdiode und dem Widerstand R_L wird wieder in eine funktionsgleiche Parallelschaltung aus einer Stromquelle und einem Widerstand umgerechnet. Aus der so entstandenen Ersatzschaltung ist abzulesen, dass der Strom durch die Induktivität mit der Zeitkonstanten

$$\tau = \frac{L}{R_{\mathrm{L}}} \tag{2.96}$$

gegen den stationären Wert

$$I_{\mathrm{L}}^{(+)} = -\frac{U_{\mathrm{F}}}{R_{\mathrm{L}}} \tag{2.97}$$

strebt (U_{F} – Flussspannung der Diode). Dieser Wert wird jedoch nicht erreicht, weil die Diode bei $i_{\mathrm{L}} = 0$ in den Sperrbereich übergeht. Da bei gesperrter Diode und Strom Null keine Spannung mehr über der Induktivität abfällt, bleibt die Schaltung in diesem Zustand. In Abb. 2.66 c ist der Signalverlauf des Stroms durch die Induktivität für eine typische Schaltfolge dargestellt.

2.3.8 RC-Oszillator

Ein Oszillator ist eine Schaltung zur Erzeugung eines periodischen Signals. Ein RC-Oszillator erzeugt ein Rechtecksignal durch periodische Umladung eines RC-Glieds. In der Schaltung in Abb. 2.67 werden die Umladevorgänge von einem Schmitt-Trigger mit invertierter Ausgabe gesteuert. Ein Schmitt-Trigger ist ein Schwellwertschalter mit Hysterese (vergleiche Abschnitt 1.7.4). Wenn die Eingangsspannung die Einschaltschwelle U_{ein} überschreitet, schaltet der Ausgang auf »0« und der Entladevorgang beginnt. Die Spannung über der Kapazität hat nach Gleichung 2.69 den Signalverlauf

$$u_{\mathrm{C}}(t) = U_{\mathrm{A0}} - (U_{\mathrm{A0}} - U_{\mathrm{ein}}) \cdot e^{-\frac{t}{R \cdot C}} \tag{2.98}$$

(t – Zeit seit Beginn des Entladevorgangs). Unterschreitet die Eingangsspannung die Ausschaltschwelle, schaltet der Komparatorausgang auf »1« und die Kapazität wird nach der Funktion

$$u_{\mathrm{C}}(t) = U_{\mathrm{A1}} - (U_{\mathrm{A1}} - U_{\mathrm{aus}}) \cdot e^{-\frac{t}{R \cdot C}} \tag{2.99}$$

wieder aufgeladen (t – Zeit seit Beginn des Ladevorgangs). Die Entladezeit, in der die Ausgangsspannung »0« ist, beträgt

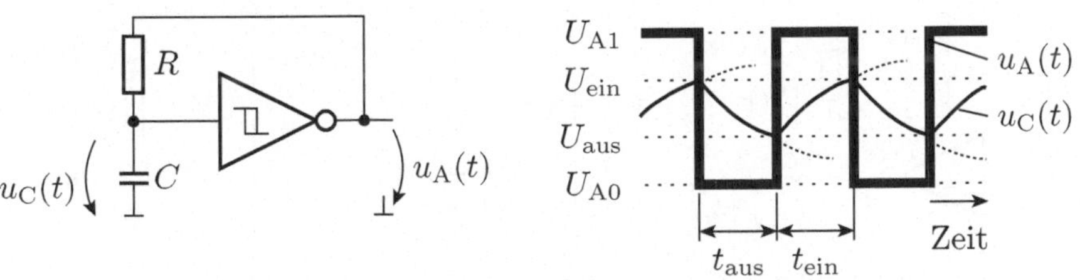

Abb. 2.67. RC-Oszillator mit Schwellwertschalter

$$U_{\text{aus}} = U_{\text{A0}} - (U_{\text{A0}} - U_{\text{ein}}) \cdot e^{-\frac{t_{\text{aus}}}{R \cdot C}}$$

$$t_{\text{aus}} = R \cdot C \cdot \ln\left(\frac{U_{\text{A0}} - U_{\text{ein}}}{U_{\text{A0}} - U_{\text{aus}}}\right) \tag{2.100}$$

Die Aufladezeit, in der die Ausgangsspannung »1« ist, beträgt

$$U_{\text{ein}} = U_{\text{A1}} - (U_{\text{A1}} - U_{\text{aus}}) \cdot e^{-\frac{t_{\text{ein}}}{R \cdot C}}$$

$$t_{\text{ein}} = R \cdot C \cdot \ln\left(\frac{U_{\text{A1}} - U_{\text{aus}}}{U_{\text{A1}} - U_{\text{ein}}}\right) \tag{2.101}$$

Die Periodendauer ist die Summe beider Zeiten.

Rechteckgenerator mit einstellbarer Pulsweite

In der Schaltung in Abb. 2.68 kann die relative Pulsweite mit einem verstellbaren Spannungsteiler eingestellt werden. Die Kapazität C wird über die Diode D1 und den Widerstand $k \cdot R$ (k – Einstellwert des verstellbaren Spannungsteilers) aufgeladen und über die Diode D2 und den Widerstand $(1-k) \cdot R$ entladen. Die Einschaltzeit und die Ausschaltzeit betragen

$$t_{\text{ein}} = k \cdot R \cdot C \cdot \ln\left(\frac{U_{\text{A1}} - U_{\text{F}} - U_{\text{aus}}}{U_{\text{A1}} - U_{\text{F}} - U_{\text{ein}}}\right) \tag{2.102}$$

$$t_{\text{aus}} = (1-k) \cdot R \cdot C \cdot \ln\left(\frac{U_{\text{A0}} + U_{\text{F}} - U_{\text{ein}}}{U_{\text{A0}} + U_{\text{F}} - U_{\text{aus}}}\right) \tag{2.103}$$

Wenn die Einschaltschwelle und die Ausschaltschwelle wie folgt festgelegt werden

$$\left(\frac{U_{\text{A0}} + U_{\text{F}} - U_{\text{ein}}}{U_{\text{A0}} + U_{\text{F}} - U_{\text{aus}}}\right) = \left(\frac{U_{\text{A1}} - U_{\text{F}} - U_{\text{aus}}}{U_{\text{A1}} - U_{\text{F}} - U_{\text{ein}}}\right) = konst., \tag{2.104}$$

ist die absolute Pulsweite konstant:

$$T_{\text{P}} = t_{\text{ein}} + t_{\text{aus}} = R \cdot C \cdot \ln(konst.) \tag{2.105}$$

Die relative Pulsweite ist gleich dem Einstellwert:

$$\eta_{\text{T}} = k \tag{2.106}$$

Ein Oszillator mit einstellbarer Pulsweite kann z.B. als Steuerschaltung zur stufenlosen Einstellung der Ausgabeleistung in Abb. 1.106 verwendet werden.

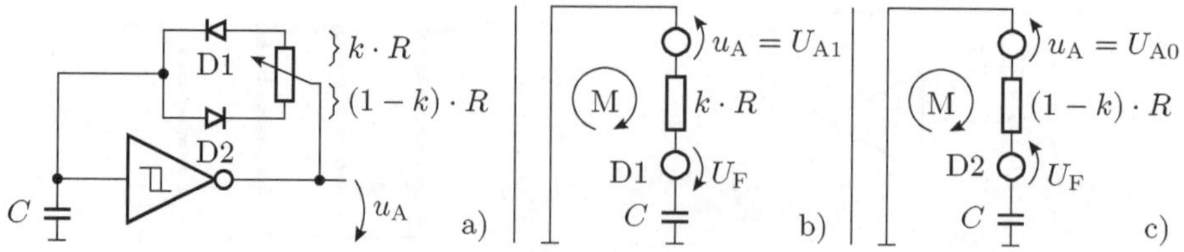

Abb. 2.68. RC-Oszillator mit einstellbarer Pulsweite a) Schaltung b) Ersatzschaltung für das Aufladen c) Ersatzschaltung für das Entladen der Kapazität

RC-Oszillator mit dem NE555

Ein RC-Oszillator ist eine Standardschaltung in der Elektronik. Für Standardschaltungen gibt es integrierte Schaltkreise. Ein Standardschaltkreis zum Aufbau von RC-Oszillatoren ist der NE555. Er enthält zwei Komparatoren, eine kleine Steuerung und einen Transistor zum Entladen der Kapazität des extern anzuschließenden RC-Glieds (Abb. 2.69 a). Unterschreitet die Spannung am Eingang »tr« den Wert $\frac{U_\mathrm{V}}{3}$, wechselt der Ausgabewert auf $y = 1$. Überschreitet die Spannung am Eingang »th«die Spannung $\frac{2}{3} \cdot U_\mathrm{V}$, wechselt der Ausgabewert auf $y = 0$.

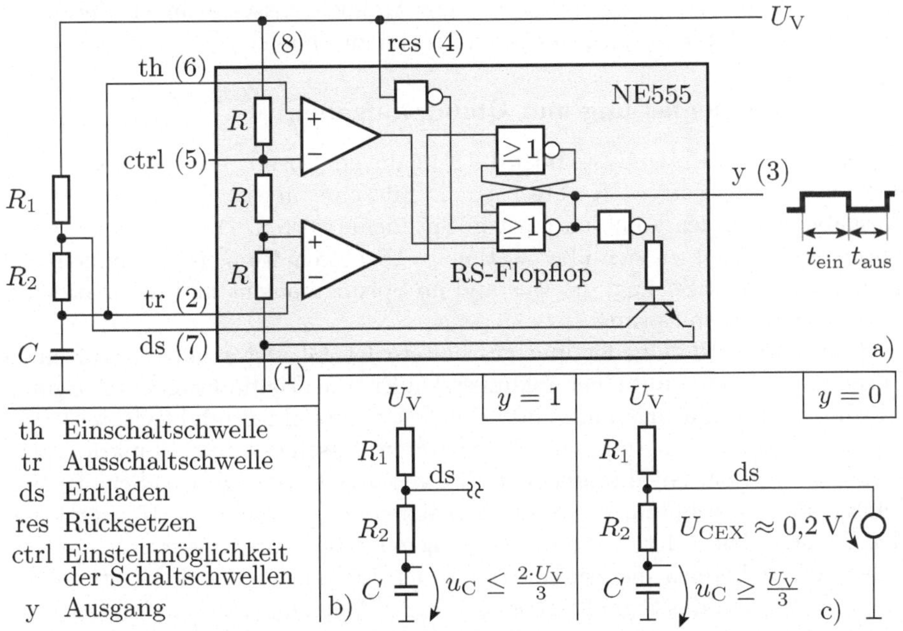

Abb. 2.69. RC-Oszillator mit dem integrierten Schaltkreis NE555 a) vereinfachtes Funktionsmodell des als RC-Oszillator beschalteten Schaltkreises b) Ersatzschaltung zum Aufladen d) Ersatzschaltung zum Entladen der Kapazität

In seiner Beschaltung als Oszillator kontrollieren die beiden Komparatoren die Spannung über der Kapazität. Wenn der Entladetransistor sperrt, wird die Kapazität über $R_1 + R_2$ aufgeladen. Der Ausgabewert ist $y = 1$ (Abb. 2.69 b). Erreicht die Spannung über der Kapazität die Einschaltschwelle

$$U_\mathrm{ein} = \frac{2}{3} \cdot U_\mathrm{V}\,, \tag{2.107}$$

kippt die Steuerung in ihren anderen Zustand, in dem $y = 0$ ausgegeben wird. Der Transistor ist eingeschaltet und entlädt die Kapazität über den

Widerstand R_2 (Abb. 2.69 c). Bei Unterschreiten der Ausschaltschwelle

$$U_{\text{aus}} = \frac{1}{3} \cdot U_{\text{V}} \tag{2.108}$$

geht die Steuerung wieder in den Aufladezustand über. Der Zustandswechsel erfolgt stets, wenn sich die Differenz zum stationären Wert auf die Hälfte verringert hat. Eingesetzt in die Gleichungen 2.100 und 2.101 betragen die Lade- und die Entladezeiten

$$t_{\text{ein}} = \ln(2) \cdot (R_1 + R_2) \cdot C \tag{2.109}$$

$$t_{\text{aus}} = \ln(2) \cdot R_2 \cdot C \tag{2.110}$$

Ausführliche Beschreibungen und weitere Applikationsschaltungen sind in [4] und anderen Datenblättern des Schaltkreises zu finden.

2.3.9 Zusammenfassung und Übungsaufgaben

Bei einem geschalteten System ist die Eingabe ein Sprung oder ein aus Sprüngen zusammengesetztes Rechtecksignal. Für eine lineare Schaltung ist die Ausgabe eine Linearkombination von Sprungantworten. Drei Zustände einer Sprungantwort lassen sich über stationäre Ersatzschaltungen bestimmen: der Zustand vor dem Sprung, der Zustand im Sprungmoment und der stationäre Zustand nach dem Sprung.

Geschaltete RC-Glieder und geschaltete RL-Glieder reagieren auf einen Sprung am Eingang mit einer abklingenden Exponentialfunktion am Ausgang. Alle linearen Schaltungen mit einer Kapazität (und ohne Induktivitäten) oder mit einer Induktivität (und ohne Kapazitäten) lassen sich in ein funktionsgleiches RC- bzw. RL-Glied umrechnen. Bei abschnittsweise linearen Schaltungen erfolgt die Umrechnung für jeden Arbeitsbereich einzeln. Zur Konstruktion der Signalverläufe der Ausgabespannung oder des Ausgabestroms wird für jeden Arbeitsbereich die Zeitkonstante, der Anfangswert und der stationäre Wert, gegen den das Signal strebt, benötigt. Weiterführende und ergänzende Literatur siehe [8, 9, 12, 19, 28, 29, 37, 41, 43, 46].

Aufgabe 2.12

Gegeben sei die Sprungantwort einer linearen Schaltung:

$$h(t) = \begin{cases} 0 & t < 0 \\ e^{-\frac{t}{1\,\text{s}}} & t \geq 0 \end{cases}$$

Bestimmen Sie mit Hilfe des Überlagerungssatzes das Ausgabesignal für das Eingabesignal

$$u_{\text{E}}(t) = U_0 + \sum_{i=1}^{5} U_i \cdot \sigma(t - t_i)$$

i	0	1	2	3	4	5
t_i	-	3 s	7 s	8 s	12 s	15 s
U_i	3 V	−2 V	2 V	−5 V	1 V	1 V

und stellen Sie das Eingabe- und das Ausgabesignal graphisch dar.

Aufgabe 2.13

Stellen Sie für die Schaltung in Abb. 2.70 die Ersatzschaltungen für

- den stationären Zustand vor dem Sprung,
- den Zustand im Sprungmoment und
- den stationären Zustand lange nach dem Sprung

auf und bestimmen Sie für alle drei Systemzustände die Spannung u_{R2}.

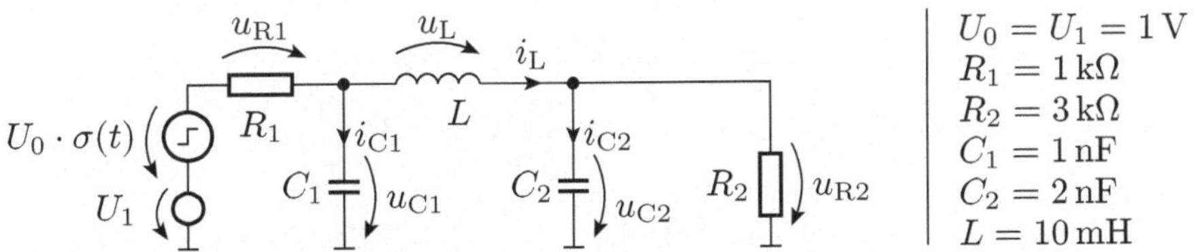

Abb. 2.70. Schaltung zu Aufgabe 2.13

Aufgabe 2.14

Abbildung 2.71 zeigt eine Schaltung und ihren Eingabesignalverlauf.

a) Transformieren Sie die Schaltung in ein funktionsgleiches geschaltetes RC-Glied.
b) Bestimmen Sie aus der Ersatzschaltung die Zeitkonstante τ und den Zeitverlauf des stationären Werts, gegen den die Spannung u_{C} strebt.
c) Konstruieren Sie mit Hilfe von τ-Elementen den Signalverlauf der Spannung u_{C}.

Aufgabe 2.15

Gegeben sei die Schaltung in Abb. 2.72.

a) Welche linearen Arbeitsbereiche hat die Schaltung?
b) Zeichnen und vereinfachen Sie die linearen Ersatzschaltungen für alle Arbeitsbereiche.

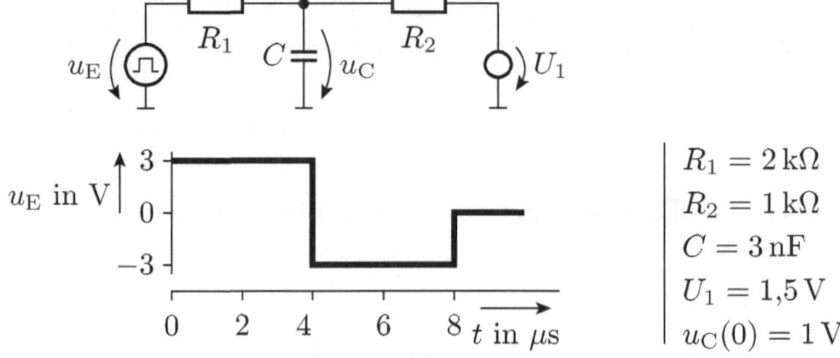

Abb. 2.71. Schaltung und Eingabesignal zu Aufgabe 2.14

c) Welche Werte haben die Zeitkonstante und der stationäre Wert, gegen den die Spannung über der Kapazität strebt, in den einzelnen Arbeitsbereichen?

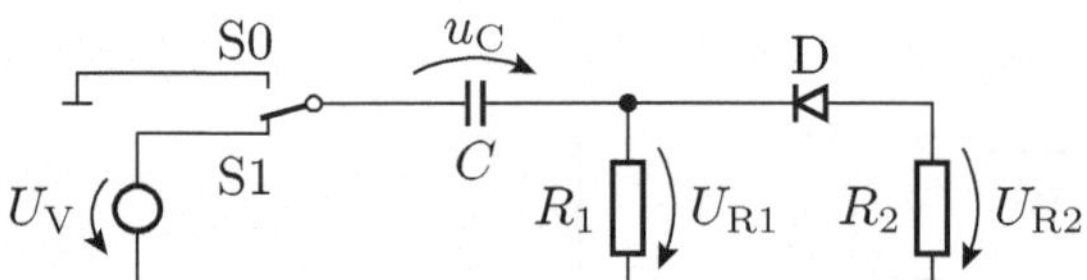

Abb. 2.72. Schaltung zu Aufgabe 2.15 (S0, S1 – Schalterstellungen)

Aufgabe 2.16

Wie groß muss der Glättungskondensator hinter der Gleichrichterdiode in Abb. 2.73 sein, damit die relative Restwelligkeit der geglätteten Spannung nicht größer als 5% ist?

D $i_L \leq 100\,\mathrm{mA}$

$U_0 \cdot \sin(2\pi \cdot f)$ $C?$ u_A

$U_0 = 12\,\mathrm{V}$
$\Delta U_{A.rel} \leq 5\%$
$f = 50\,\mathrm{Hz}$

Abb. 2.73. Schaltung zu Aufgabe 2.16

Aufgabe 2.17

In der Schaltung in Abb. 2.74 wird die gepulste Ausgangsspannung über dem Lastwiderstand mit einer Induktivität geglättet. Der Inverter soll sich wie ein gesteuerter Umschalter zwischen der Versorgungsspannung und dem Bezugspunkt verhalten:

$$u_{\mathrm{A}} = \begin{cases} U_{\mathrm{V}} & x = 0 \\ 0 & x = 1 \end{cases}$$

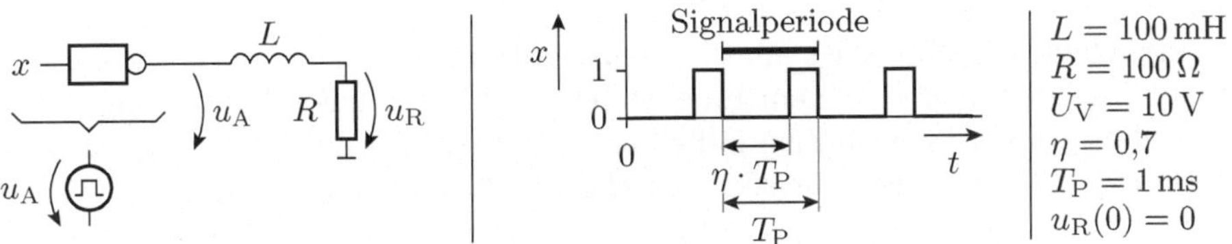

Abb. 2.74. Schaltung zu Aufgabe 2.17

a) Transformieren Sie die Schaltung in ein geschaltetes RL-Glied mit demselben Strom durch die Induktivität wie in der Originalschaltung. Wie groß ist die Zeitkonstante τ?
b) Bestimmen Sie den Spannungsverlauf über dem Widerstand für das Zeitintervall $0 \leq t \leq 4\,\mathrm{ms}$.

Aufgabe 2.18

In Abb. 2.75 ist zur Begrenzung der Spannung ein Widerstand parallel zum Schalter angeordnet.

a) Zeichnen Sie für die beiden linearen Arbeitsbereiche die Ersatzschaltungen und transformieren Sie sie in geschaltete RL-Glieder.
b) Bestimmen Sie für beide Arbeitsbereiche die Zeitkonstante τ, den Anfangswert des Stroms $i_{\mathrm{L}}(0)$ und den stationären Wert $I_{\mathrm{L}}^{(+)}$, gegen den der Strom durch die Induktivität strebt.[7]
c) Bestimmen Sie aus dem Strom im Arbeitsbereich »Schalter geöffnet« den Anfangswert und den stationären Wert der Spannung über dem Schalter.

Aufgabe 2.19

Entwickeln Sie eine Schaltung zur Ansteuerung eines Türöffners mit einem Mikrorechner und einem Low-Side-Schalter. Die Versorgungsspannung des Mikrorechners ist 5 V und die des Türöffners 12 V. Die Ersatzschaltung eines

[7] Es soll gelten, dass sich die Schaltung vor jedem Schaltvorgang im stationären Zustand befindet.

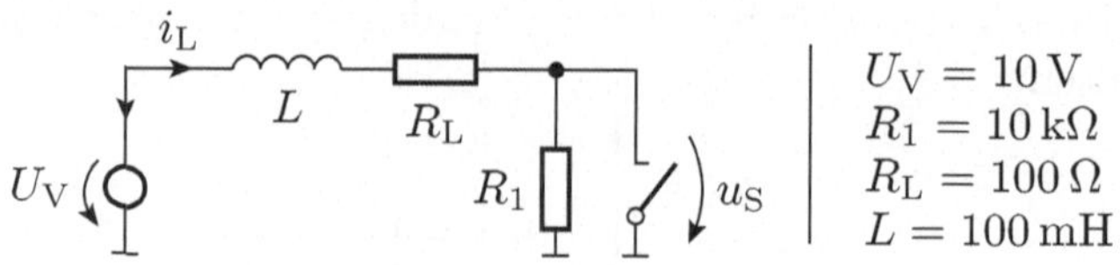

i_L, L, R_L, U_V, R_1, u_S

$U_V = 10\,\mathrm{V}$
$R_1 = 10\,\mathrm{k\Omega}$
$R_L = 100\,\Omega$
$L = 100\,\mathrm{mH}$

Abb. 2.75. Schaltung zu Aufgabe 2.18

elektrischen Türöffners ist eine Reihenschaltung aus der Induktivität L des Elektromagneten und seinem Innenwiderstand R_L. Eingeschaltet nimmt der Türöffner im stationären Zustand einen Strom von 1 A auf. Die Ausgabespannung des Mikrorechners für eine logische »1« beträgt $U_{x=1} = 5\,\mathrm{V}$.

a) Zeichnen Sie die Schaltung mit dem Mikrorechner, dem als Low-Side-Schalter arbeitenden MOS-Transistor, der Ersatzschaltung des Türöffners und der Freilaufdiode.
b) Wählen Sie einen geeigneten MOS-Transistor aus der Tabelle 1.17 als Low-Side-Schalter aus.
c) Kontrollieren Sie, dass die umgesetzte Leistung im eingeschalteten Transistor den maximal zulässigen Wert nicht überschreitet.

Aufgabe 2.20

Für einen RC-Oszillator sind die Schaltung und ein Teil der Bauteilparameter vorgegeben (Abb. 2.76).

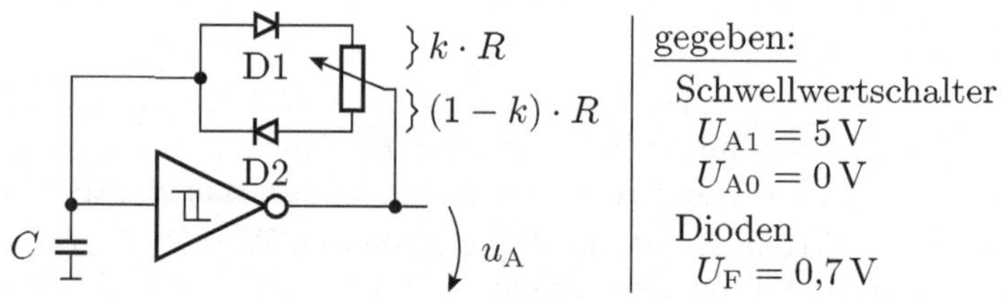

Abb. 2.76. Oszillatorschaltung zu Aufgabe 2.20

a) Zeichnen Sie die Ersatzschaltungen für den Lade- und den Entladevorgang.
b) Legen Sie die Ein- und die Ausschaltschwelle des Schwellwertschalters so fest, dass für die Ausschaltzeit und für die Einschaltzeit die nachfolgenden Gleichungen gelten:

$$t_{aus} = \ln(2) \cdot k \cdot R \cdot C$$
$$t_{ein} = \ln(2) \cdot (1 - k) \cdot R \cdot C$$

Aufgabe 2.21

Legen Sie die Widerstände R_1 und R_2 in der Oszillatorschaltung in Abb. 2.77 so fest, dass ein Rechtecksignal mit einer Periode $T_P = 4\,\mathrm{s}$ und einer relativen Pulsweite von $\eta = 75\%$ erzeugt wird.

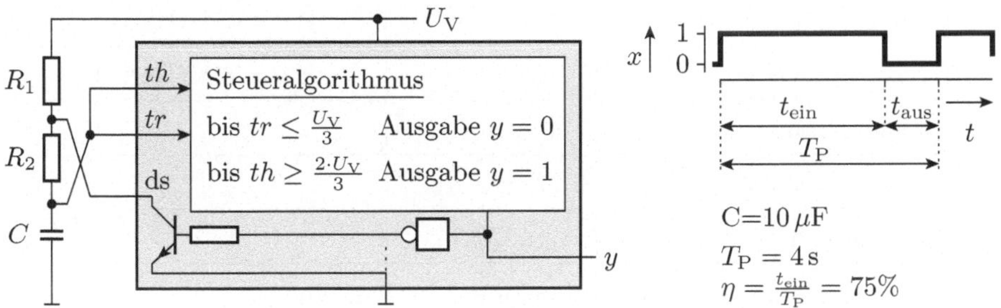

Abb. 2.77. Oszillatorschaltung zu Aufgabe 2.21

2.4 Schaltungen im Frequenzraum

Definition 2.5 (Frequenzraum) *Der Frequenzraum ist ein Funktionsraum, in dem ein periodisches Zeitsignal durch eine Summe komplexer Exponentialterme angenähert wird.*

Definition 2.6 (Spektralwert) *Der Spektralwert einer Frequenz f ist die komplexe Amplitude des Exponentialterms mit der Frequenz f.*

Definition 2.7 (Spektrum) *Das Spektrum eines Signals ist die Funktion der Spektralwerte in Abhängigkeit von der Frequenz.*

Definition 2.8 (Zeitinvarianz) *Zeitinvarianz bedeutet Unabhängigkeit von der absoluten Zeit. Ein System ist zeitinvariant, wenn eine Zeitverschiebung des Eingabesignals keinen Einfluss auf die Beziehung zwischen dem Eingabe- und dem Ausgabesignal hat.*

Definition 2.9 (Frequenzgang) *Der Frequenzgang ist die Übertragungsfunktion eines linearen zeitinvarianten Systems im Frequenzraum. Er ist das Verhältnis der Spektralwerte am Ausgang zu den Spektralwerten am Eingang in Abhängigkeit von der Frequenz und setzt sich aus einem Betragsfrequenzgang und einem Phasenfrequenzgang zusammen.*

Definition 2.10 (Frequenzband) *Ein Frequenzband ist ein Frequenzbereich.*

	Symbol	Maßeinheit
Frequenz	f	$\mathrm{Hz} = \mathrm{s}^{-1}$ (Hertz)
Kreisfrequenz	$\omega = 2\pi \cdot f$	$\mathrm{Hz} = \mathrm{s}^{-1}$ (Hertz)
Signalperiode	T_{P}	s (Sekunden)
Grundfrequenz	$f_0 = \frac{1}{T_{\mathrm{P}}}$	$\mathrm{Hz} = \mathrm{s}^{-1}$ (Hertz)
Kreisgrundfrequenz	$\omega_0 = \frac{2\pi}{T_{\mathrm{P}}}$	$\mathrm{Hz} = \mathrm{s}^{-1}$ (Hertz)
Frequenzindex	m	
imaginäre Einheit	$j = \sqrt{-1}$	
Spektralwert	$\underline{X}$	

Der Frequenzraum ist ein Funktionsraum, in dem eine periodische Zeitfunktion durch eine Summe komplexer Exponentialterme angenähert wird:

$$x(t) = \sum_{m=-M}^{M} \underline{X}(m) \cdot e^{j \cdot m \cdot \omega_0 \cdot t} \tag{2.111}$$

($\omega_0 = \frac{2\pi}{T_{\mathrm{P}}}$ – Kreisgrundfrequenz; T_{P}– Signalperiode; j – imaginäre Einheit; $m = f \cdot T_{\mathrm{P}}$ – Frequenzindex; $\underline{X}(m)$ – Spektralwert). Die Basisfunktion, der komplexe Exponentialterm

$$e^{j \cdot m \cdot \omega_0 \cdot t} = \cos(m \cdot \omega_0 \cdot t) + j \cdot \sin(m \cdot \omega_0 \cdot t), \tag{2.112}$$

ist für $m = 0$ Eins und enthält ansonsten als Realteil eine Kosinusfunktion mit m als Frequenzindex. Die Imaginäranteile heben sich in der Gesamtsumme in Gleichung 2.111 gegenseitig auf und werden in praktischen Berechnungen ignoriert. Die Spektralwerte $\underline{X}(m)$ sind komplexe Faktoren, die die Amplitude und die Phase[8] der aufsummierten Exponentialterme beschreiben. Das Spektrum ist die Funktion der Spektralwerte $\underline{X}(m)$ in Abhängigkeit von der Frequenz $f = \frac{m}{T_{\mathrm{P}}}$. Es ist eine umkehrbar eindeutige Darstellung der zugehörigen Zeitfunktion.

Die Basisfunktion $e^{j \cdot m \cdot \omega_0 \cdot t}$ hat eine besondere mathematische Eigenschaft. Ihre Ableitung nach der Zeit und ihr Integral über die Zeit bewirkt nur eine proportionale Änderung, aber keine Änderung der Signalform. Kapazitäten und Induktivitäten verhalten sich dadurch im Frequenzraum wie frequenzabhängige Widerstände (siehe später Abschnitt 2.4.2). Das Differenzialgleichungssystem zur Nachbildung einer linearen Schaltung mit Kapazitäten und Induktivitäten im Zeitbereich vereinfacht sich im Frequenzraum zu einem einfachen linearen Gleichungssystem, in dem sich die Spektralwerte der Spannungen und Ströme für jede Frequenz zueinander proportional verhalten.

[8] Die Phase beschreibt die Zeitverschiebung relativ zur Periode einer komplexen Exponentialfunktion.

Was bedeutet das für die Praxis?

Ein komplexer Proportionalitätsfaktor beschreibt eine Skalierung (Verstärkung oder Dämpfung) und eine Phasenverschiebung. Statt der Änderung der Signalform wird untersucht, wie die einzelnen Spektralwerte verstärkt, gedämpft und verzögert werden. Ein Rundfunkempfänger wird z.B. als ein System betrachtet, das die Spektralwerte des empfangenen Senders verstärkt und die der anderen Sender dämpft. Dämpfung, Verstärkung und Phasenverschiebung sind, auch wenn sie sich nur auf einzelne Summanden des Zeitsignals beziehen, recht anschauliche Vorstellungsmodelle, mit denen in der Nachrichtentechnik und anderen Anwendungsgebieten Systeme spezifiziert werden. In diesen Anwendungen kann man in der Regel aus den zugehörigen Zeitverläufen – Lösungen linearer Differenzialgleichungssysteme höherer Ordnung, meist mit einer gedämpften Schwingung als Sprungantwort – nicht viel über die Funktionsweise der Schaltung ablesen.

Der Frequenzraum ist ein Beschreibungsmittel, um das Verhalten linearer Schaltungen mit zeitveränderlichen Größen, Kapazitäten und Induktivitäten einfacher und anschaulicher darzustellen.

Es gibt eine weitere Anwendung. Das ist die numerische Berechnung von Zeitverläufen über eine Transformation der Eingabe in den Frequenzraum, die Berechnung der Ausgabe als Spektrum und die anschließende Rücktransformation in den Zeitbereich. Für periodische Eingabesignale hat dieser Rechenweg Vorteile gegenüber der zeitdiskreten Berechnung aus Abschnitt 2.2. Das Ergebnis ist bis auf die numerisch bedingten Ungenauigkeiten dasselbe.

2.4.1 Signale im Frequenzraum

Die mathematische Grundlage für die Signaldarstellung im Frequenzraum ist die Fourier-Transformation[9]. Sie nähert eine Funktion $f(a)$ mit der Periode $2 \cdot \pi$ durch die Summe einer Fourier-Reihe an:

$$f_{\mathrm{M}}(a) = \sum_{m=0}^{M} X_m \cdot \cos(m \cdot a + \varphi_m) \tag{2.113}$$

(X_m – Amplitude; φ_m – Phasenverschiebung; $M + 1$ – Anzahl der berücksichtigten Glieder der Fourier-Reihe). Das Anfangsglied der Fourier-Reihe $X_0 \cdot \cos(0)$ ist eine Konstante, das zweite Glied $X_1 \cdot \cos(a + \varphi_1)$ ist ein Kosinusterm mit der Periode 2π, das dritte Glied $X_2 \cdot \cos(2 \cdot a + \varphi_2)$ ein Kosinusterm mit der halben Periode etc.. Die Amplituden X_m und die Phasenverschiebungen φ_m sind so gewählt, dass die mittlere quadratische Abweichung zwischen der Funktion und ihrer Approximation minimal ist.

[9] Benannt nach Jean Baptiste Joseph Fourier (1768-1830), französischer Mathematiker und Physiker.

Beispiel sei die symmetrische Rechteckfunktion $f_{\mathrm{R}}(a)$, die in der Grundperiode $-\pi$ bis π folgenden Funktionsverlauf besitzt:

$$f_{\mathrm{R}}(a) = \begin{cases} 1 \text{ für } -\frac{\pi}{2} \leq a < \frac{\pi}{2} \\ -1 \text{ sonst} \end{cases} \tag{2.114}$$

In einschlägigen Nachschlagewerken der Mathematik findet man für diese Funktion die Fourier-Reihe

$$f_{\mathrm{M}}(a) = \frac{4}{\pi} \cdot \left(\cos(a) - \frac{\cos(3 \cdot a)}{3} + \frac{\cos(5 \cdot a)}{5} - \frac{\cos(7 \cdot a)}{7} + \ldots \right) \tag{2.115}$$

Abbildung 2.78 zeigt, wie die Rechteckfunktion durch Gleichung 2.115 mit einer zunehmenden Anzahl von Gliedern der Fourier-Reihe immer besser angenähert wird.

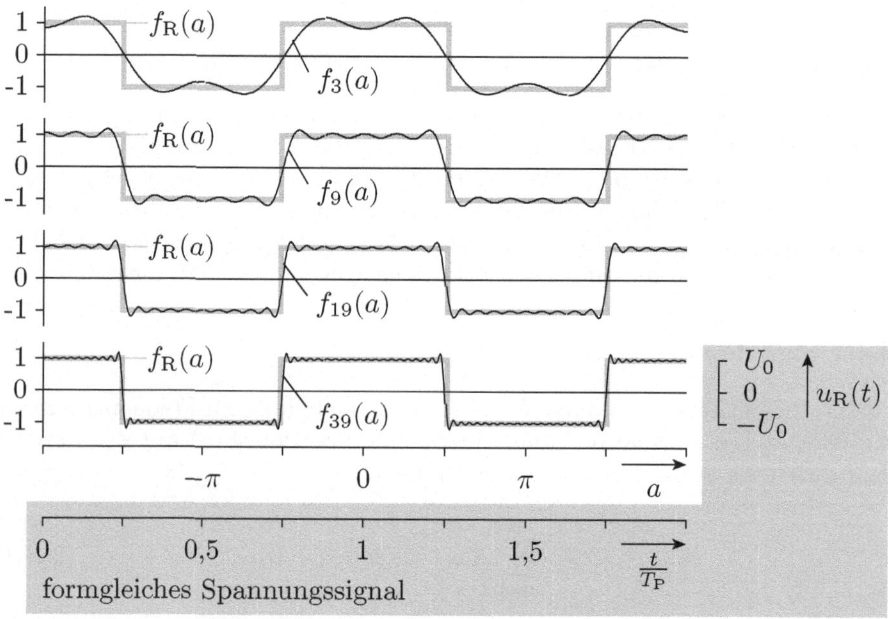

Abb. 2.78. Annäherung einer Rechteckfunktion durch die Summe seiner Fourier-Reihe

Von der Funktion zum Signal

Ein Signal ist der zeitliche Werteverlauf einer physikalischen Größe. Zur Darstellung durch eine Fourier-Reihe wird das Argument a der Funktion $f(a)$ durch das Produkt aus der Zeit und der Kreisgrundfrequenz ersetzt:

$$a = \omega_0 \cdot t \tag{2.116}$$

Der Funktionswert erhält zusätzlich einen Faktor mit einer Maßeinheit. Mit den grau unterlegten geänderten Achsenbezeichnungen wird in Abb. 2.78 auf diese Weise aus der Rechteckfunktion $f_R(a)$ das Spannungssignal $u_R(t)$. Ganz allgemein lautet die Signaldarstellung durch eine Fourier-Reihe

$$x_M(t) = \sum_{m=0}^{M} X_m \cdot \cos(m \cdot \omega_0 \cdot t + \varphi_m) \tag{2.117}$$

(X_m – Amplitude, z.B. eine Spannung oder ein Strom; ω_0 – Kreisgrundfrequenz; φ_m – Phasenverschiebung).

Bandbegrenzung

Die Signale in einer Schaltung sind bandbegrenzt. Ein Frequenzband ist ein Frequenzbereich. Bandbegrenzt bedeutet, dass alle Spektralwerte eines Signals oberhalb einer bestimmten Frequenz $|f| > f_{max}$ Null sind (Abb. 2.79 a).[10] Die Ursache hierfür sind die (parasitären) Kapazitäten und Induktivitäten, die die Änderungsgeschwindigkeiten der Spannungen und Ströme begrenzen und dadurch die hochfrequenten Spektralwerte unterdrücken (vergleiche Abschnitt 2.1). Mit einer hinreichend großen Anzahl von berücksichtigten Gliedern der Fourier-Reihe ist die Approximation $x_M(t)$ nach Gleichung 2.117 gleich dem Signal $x(t)$.

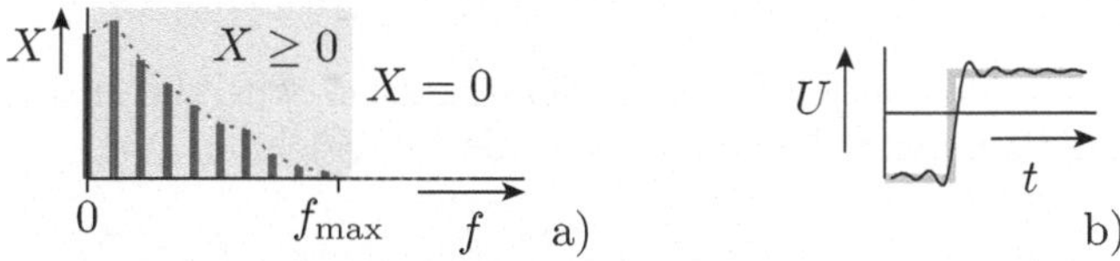

Abb. 2.79. a) Spektrum eines bandbegrenzten Signals b) Überschwinger eines bandbegrenzten Rechtecksignals an einer Sprungstelle

Umgekehrt ist ein nicht bandbegrenztes Signal, z.B. das Rechtecksignal in Abb. 2.78, elektrisch nicht exakt darstellbar. Bei der Visualisierung mit einem schnellen Oszilloskop sieht man an den Sprungstellen die charakteristischen Überschwinger, die zeigen, dass hochfrequente Spektralwerte fehlen (Abb. 2.79 b).

[10] Ein Frequenzband kann zusätzlich nach unten begrenzt sein. Dann sind auch die Spektralwerte unterhalb einer bestimmten Frequenz $|f| < f_{min}$ Null.

Übergang zur komplexen Exponentialfunktion

Die mathematisch elegantere und besser handhabbare Darstellung der Wertepaare aus Amplitude und Phasenverschiebung in Gleichung 2.117 ist ihre Zusammenfassung zu einer komplexen Zahl:

$$(X_m, \varphi_m) \Rightarrow X_m \cdot e^{j \cdot \varphi_m} \tag{2.118}$$

Unter Verwendung der Definitionsgleichung der komplexen Exponentialfunktion

$$e^{j \cdot a} = \cos(a) + j \cdot \sin(a) \tag{2.119}$$

($j = \sqrt{-1}$ – imaginäre Einheit) kann eine reelle Kosinusfunktion durch eine Summe aus zwei konjugiert komplexen Exponentialfunktionen ersetzt werden:

$$\cos(a) = \frac{1}{2} \cdot \left(e^{j \cdot a} + e^{-j \cdot a}\right) \tag{2.120}$$

Diese Ersetzungsregel wird auf alle Glieder der Fourier-Reihe in Gleichung 2.117 mit $m > 0$ angewendet:

$$X_m \cdot \cos(m \cdot \omega_0 \cdot t + \varphi_m) = \underline{X}(m) \cdot e^{j \cdot m \cdot \omega_0 \cdot t} + \underline{X}(-m) \cdot e^{-j \cdot m \cdot \omega_0 \cdot t} \tag{2.121}$$

Die beiden konjugiert komplexen Summanden haben zueinander negierte Frequenzen. Die Spektralwerte $\underline{X}(m)$ und $\underline{X}(-m)$ haben denselben Betrag und entgegengesetzte Phasenverschiebungen:

$$\underline{X}(m) = \frac{X_m}{2} \cdot e^{j \cdot \varphi_m} \text{ und } \underline{X}(-m) = \frac{X_m}{2} \cdot e^{-j \cdot \varphi_m} \tag{2.122}$$

Aus der Summe der Fourier-Reihe Gleichung 2.117 wird die zu Beginn eingeführte Summe komplexer Exponentialterme in Gleichung 2.111

$$x(t) = \sum_{m=-M}^{M} \underline{X}(m) \cdot e^{j \cdot m \cdot \omega_0 \cdot t}$$

Was ist eine negative Frequenz?

Der Frequenzindex m in Gleichung 2.111 läuft von $-M$ bis $+M$. Fast die Hälfte der Frequenzen der Spektralterme sind negativ. Was soll man sich unter einer negativen Frequenz vorstellen? Nichts! Die negativen Frequenzen sind einfach nur ein mathematisches Hilfsmittel, damit sich die Imaginäranteile der Summanden paarweise gegenseitig aufheben.

2.4.2 Komplexe Spannungen, Ströme und Widerstände

	Symbol	Maßeinheit
komplexer Strom	$\underline{I}$	A (Ampere)
komplexe Spannung	$\underline{U}$	V (Volt)
kapazitiver Blindwiderstand	$\underline{X}_{\mathrm{C}}$	Ω (Ohm)
induktiver Blindwiderstand	$\underline{X}_{\mathrm{L}}$	Ω (Ohm)
allgemeiner komplexer Widerstand	$\underline{X}$	Ω (Ohm)

Im Frequenzraum werden Spannungen und Ströme als eine Summe komplexer Exponentialfunktionen dargestellt (Gleichung 2.111):

$$x(t) = \sum_{m=-M}^{M} \underline{X}\,(m) \cdot e^{j \cdot m \cdot \omega_0 \cdot t}$$

Der Überlagerungssatz erlaubt es, die Ausgaben eines linearen zeitinvarianten Systems für jeden Summanden einzeln zu berechnen und die Einzelergebnisse zum Gesamtergebnis aufzusummieren.

Die Spannungen und Ströme für eine einzelne Frequenz besitzen folgende Zeitfunktionen:

$$u\,(t) = \underline{U} \cdot e^{j\omega t} \tag{2.123}$$

$$i\,(t) = \underline{I} \cdot e^{j\omega t} \tag{2.124}$$

Die Terme auf der rechten Seite bestehen aus einem zeitabhängigen Term

$$e^{j\omega t} \text{ mit } \omega = 2\pi f \tag{2.125}$$

und einem komplexen frequenzabhängigen Faktor. Die frequenzabhängigen Faktoren $\underline{U}$ und $\underline{I}$ werden als komplexe Spannungen und komplexe Ströme bezeichnet.

An einem Widerstand verhalten sich Strom und Spannung zueinander proportional:

$$\underline{U} \cdot e^{j\omega t} = R \cdot \underline{I} \cdot e^{j\omega t} \tag{2.126}$$

Der zeitabhängige Term kürzt sich heraus. Der Proportionalitätsfaktor zwischen der komplexen Spannung und dem komplexen Strom ist der Widerstand:

$$\frac{\underline{U}}{\underline{I}} = R \tag{2.127}$$

An einer Kapazität verhält sich der Strom proportional zur Spannungsänderung:

$$\underline{I} \cdot e^{j\omega t} = C \cdot \frac{d\left(\underline{U} \cdot e^{j\omega t}\right)}{dt} = j\omega C \cdot \underline{U} \cdot e^{j\omega t} \tag{2.128}$$

Nach der Ableitung kürzt sich auch hier der zeitabhängige Term heraus:

$$\underline{I} = j\omega C \cdot \underline{U} \tag{2.129}$$

Das Verhältnis zwischen der komplexen Spannung und dem komplexen Strom ist der kapazitive Blindwiderstand $\underline{X}_{\mathrm{C}}$. Er hat dieselbe Maßeinheit wie ein Widerstand, aber einen mit der Frequenz abnehmenden negativen imaginären Wert:

$$\frac{\underline{U}}{\underline{I}} = \underline{X}_{\mathrm{C}} = \frac{1}{j\omega C} = -\frac{j}{\omega C} \tag{2.130}$$

An einer Induktivität verhält sich die Spannung proportional zur Stromänderung:

$$\underline{U} \cdot e^{j\omega t} = L \cdot \underline{I} \cdot \frac{d\left(e^{j\omega t}\right)}{dt} = j\omega L \cdot \underline{I} \cdot e^{j\omega t} \tag{2.131}$$

Nach der Ableitung und Vereinfachung ergibt sich

$$\underline{U} = j\omega L \cdot \underline{I} \tag{2.132}$$

Das Verhältnis zwischen der komplexen Spannung und dem komplexen Strom ist der induktive Blindwiderstand $\underline{X}_{\mathrm{L}}$. Auch er hat die Maßeinheit eines Widerstands, aber einen mit der Frequenz zunehmenden positiven imaginären Wert:

$$\frac{\underline{U}}{\underline{I}} = \underline{X}_{\mathrm{L}} = j\omega L \tag{2.133}$$

Ganz allgemein wird das Verhältnis aus der komplexen Spannung und dem komplexen Strom als komplexer Widerstand bezeichnet. Ein komplexer Widerstand hat einen frequenzabhängigen Betrag und eine frequenzabhängige Phase. Er kann als Zeiger auf der komplexen Ebene dargestellt werden (Abb. 2.80).

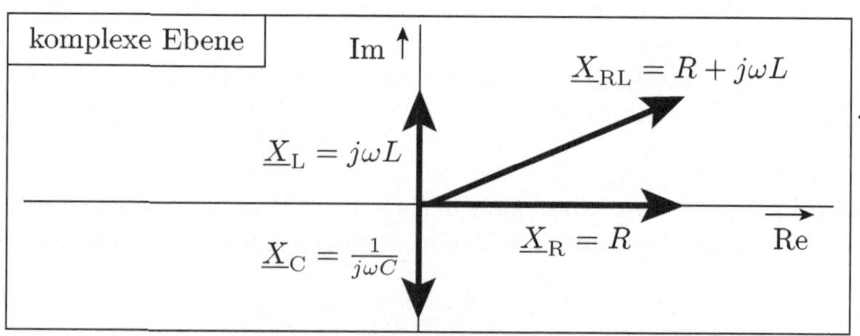

Abb. 2.80. Zeigerdarstellung komplexer Widerstände

Die Zeitfunktionen der Spannungen und Ströme in den Gleichungen 2.123 und 2.124 besitzen außer einem Realteil auch einen Imaginärteil.

Gibt es wirklich imaginäre Spannungen und Ströme?

Für einen einzelnen Spektralwert ja, in Wirklichkeit aber nicht. Physikalisch können reelle Zeitsignale nur in eine Summe skalierter und phasenangepasster Kosinussignale zerlegt werden. Der letzte Schritt, die Aufspaltung der Kosinusterme in eine Summe aus zwei konjugiert komplexen Exponentialtermen, ist nur rechnerisch möglich. Zu jedem komplexen Summanden gibt es deshalb im Spektrum eines reellen Signals immer auch den konjugiert komplexen Summanden für die zugehörige negative Frequenz, der den Imaginäranteil auslöscht.

2.4.3 Von der Schaltung zum Gleichungssystem

In einem linearen System gelten die kirchhoffschen Sätze nicht nur für die Gesamtsignale, sondern auch für die einzelnen Spektralwerte:

Satz 2.1 (Knotensatz für komplexe Ströme) *Die Summe aller in einen Knoten hineinfließenden komplexen Ströme ist Null.*

Satz 2.2 (Maschensatz für komplexe Spannungen) *Die Summe aller komplexen Spannungsabfälle in einer Masche ist Null.*

Die Knoten- und Maschengleichungen werden nach demselben Formalismus wie bisher aufgestellt. Das soll exemplarisch gezeigt werden. Für die zeitabhängigen Ströme und Spannungen in der Beispielschaltung in Abb. 2.81 a lauten die beiden Knotengleichungen und die drei Maschengleichungen

$$\begin{aligned}
\mathrm{K1:}\quad & i_1 - i_2 - i_3 = 0 \\
\mathrm{K2:}\quad & i_3 - i_4 - i_5 = 0 \\
\mathrm{M1:}\quad & u_1 + u_2 = u_\mathrm{E} \\
\mathrm{M2:}\quad & -u_2 + u_3 + u_4 = 0 \\
\mathrm{M3:}\quad & -u_4 + u_5 = 0
\end{aligned} \tag{2.134}$$

Das Gleichungssystem für die komplexen Spannungen und Ströme ergibt sich durch Ersatz der zeitabhängigen Spannungen und Ströme durch die Zeitfunktionen nach den Gleichungen 2.123 und 2.124:

$$\begin{aligned}
\mathrm{K1:}\quad & \underline{I}_1 \cdot e^{j\omega t} - \underline{I}_2 \cdot e^{j\omega t} - \underline{I}_3 \cdot e^{j\omega t} = 0 \\
\mathrm{K2:}\quad & \underline{I}_3 \cdot e^{j\omega t} - \underline{I}_4 \cdot e^{j\omega t} - \underline{I}_5 \cdot e^{j\omega t} = 0 \\
\mathrm{M1:}\quad & \underline{U}_1 \cdot e^{j\omega t} + \underline{U}_2 \cdot e^{j\omega t} = \underline{U}_\mathrm{E} \cdot e^{j\omega t} \\
\mathrm{M2}\quad & -\underline{U}_2 \cdot e^{j\omega t} - \underline{U}_3 \cdot e^{j\omega t} + \underline{U}_4 \cdot e^{j\omega t} = 0 \\
\mathrm{M3}\quad & -\underline{U}_4 \cdot e^{j\omega t} + \underline{U}_5 \cdot e^{j\omega t} = 0
\end{aligned} \tag{2.135}$$

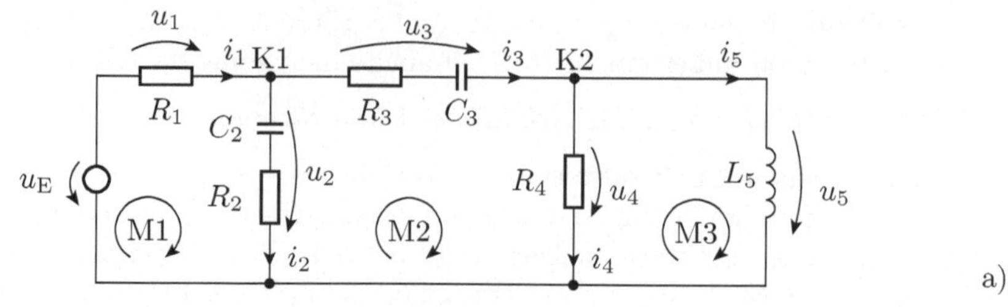

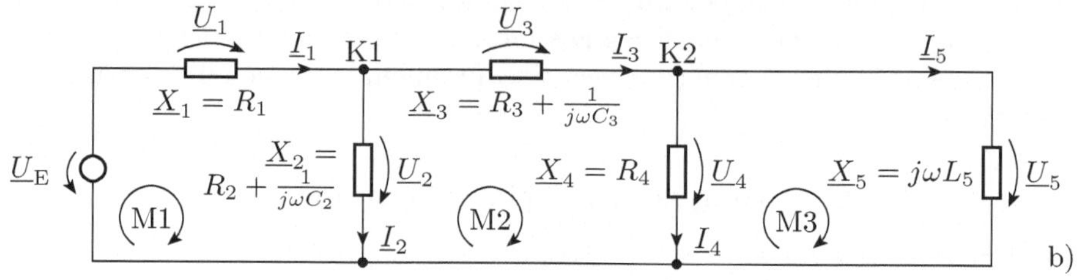

Abb. 2.81. Schaltungsanalyse mit komplexen Widerständen a) Originalschaltung b) Schaltung mit komplexen Widerständen

Die zeitabhängigen Terme $e^{j\omega t}$ kürzen sich aus allen Knoten- und Maschengleichungen heraus. Übrig bleibt ein Gleichungssystem, das nur noch die komplexen Ströme und Spannungen enthält:

$$
\begin{aligned}
\text{K1}: &\quad \underline{I}_1 - \underline{I}_2 - \underline{I}_3 = 0 \\
\text{K2}: &\quad \underline{I}_3 - \underline{I}_4 - \underline{I}_5 = 0 \\
\text{M1}: &\quad \underline{U}_1 + \underline{U}_2 = \underline{U}_\text{E} \\
\text{M2} &\quad -\underline{U}_2 - \underline{U}_3 + \underline{U}_4 = 0 \\
\text{M3} &\quad -\underline{U}_4 + \underline{U}_5 = 0
\end{aligned}
\tag{2.136}
$$

Im Endeffekt werden die zeitabhängigen Ströme i durch die komplexen Ströme $\underline{I}$ und die zeitabhängigen Spannungen u durch die komplexen Spannungen $\underline{U}$ ersetzt. Jetzt kommt der große Vorteil der Schaltungsanalyse im Frequenzraum. Die komplexen Spannungen und Ströme verhalten sich nicht nur an den Widerständen, sondern auch an den Kapazitäten und Induktivitäten zueinander proportional, so dass jeweils eine der beiden Größen durch das Produkt der anderen Größe mit dem komplexen Widerstand bzw. seinem Kehrwert ersetzt werden kann. Im Beispiel sollen die komplexen Spannungen ersetzt werden. Für sie gilt

$$\underline{U}_1 = R_1 \cdot \underline{I}_1 \tag{2.137}$$

$$\underline{U}_2 = \left(R_2 + \frac{1}{j\omega C_2}\right) \cdot \underline{I}_2 \tag{2.138}$$

$$\underline{U}_3 = \left(R_3 + \frac{1}{j\omega C_3}\right) \cdot \underline{I}_3 \tag{2.139}$$

$$\underline{U}_4 = R_4 \cdot \underline{I}_4 \tag{2.140}$$

$$\underline{U}_5 = j\omega L_5 \cdot \underline{I}_5 \tag{2.141}$$

Eingesetzt in die Knoten- und Maschengleichungen des Gleichungssystems 2.136 entsteht die Matrixgleichung

$$\begin{pmatrix} 1 & -1 & -1 & 0 & 0 \\ 0 & 0 & 1 & -1 & -1 \\ R_1 & \left(R_2 + \frac{1}{j\omega C_2}\right) & 0 & 0 & 0 \\ 0 & -\left(R_2 + \frac{1}{j\omega C_2}\right) & \left(R_3 + \frac{1}{j\omega C_3}\right) & R_4 & 0 \\ 0 & 0 & 0 & -R_4 & j\omega L_5 \end{pmatrix} \cdot \begin{pmatrix} \underline{I}_1 \\ \underline{I}_2 \\ \underline{I}_3 \\ \underline{I}_4 \\ \underline{I}_5 \end{pmatrix} = \begin{pmatrix} 0 \\ 0 \\ \underline{U}_\mathrm{E} \\ 0 \\ 0 \end{pmatrix} \tag{2.142}$$

Sie besteht aus fünf linear unabhängigen Gleichungen, enthält fünf Unbekannte und ist somit lösbar.

Die Schaltungsanalyse im Frequenzraum erfolgt nach demselben Formalismus wie im stationären Zustand, nur dass die Spannungen, Ströme und Widerstände durch die komplexen Spannungen, Ströme und Widerstände ersetzt sind.

Der stationäre Zustand, der in Kapitel 1 behandelt wurde, ist der Sonderfall, dass die Frequenz Null ist. Für $f = 0$ ist die Basisfunktion nach Gleichung 2.125

$$e^{j \cdot 2\pi \cdot 0 \cdot t} = 1 \tag{2.143}$$

Die komplexe Spannung ist gleich der stationären Spannung:

$$\underline{U} \cdot e^{j \cdot 2\pi \cdot 0 \cdot t} = U \tag{2.144}$$

Der komplexe Strom ist gleich dem stationären Strom:

$$\underline{I} \cdot e^{j \cdot 2\pi \cdot 0 \cdot t} = I \tag{2.145}$$

Eine Induktivität verhält sich wie eine widerstandsfreie Verbindung:

$$\underline{X}_\mathrm{L} = j \cdot 2\pi \cdot 0 \cdot L = 0 \tag{2.146}$$

Der kapazitive Blindwiderstand strebt gegen unendlich:

$$\underline{X}_\mathrm{C} = \lim_{f \to 0} \left(\frac{1}{j \cdot 2\pi \cdot f \cdot C}\right) \to \infty \tag{2.147}$$

Das ist das Modell einer Unterbrechung, mit dem auch bisher Kapazitäten im stationären Zustand modelliert wurden.

2.4.4 Schaltungsumformungen und Vereinfachungen

Aus der Gültigkeit der kirchhoffschen Sätze für die komplexen Spannungen und Ströme folgt, dass auch der gesamte Werkzeugkasten für die Schaltungsanalyse aus Abschnitt 1.3 auf die Schaltungsmodellierung mit komplexen Spannungen und Strömen übertragbar ist.

Zusammenfassen komplexer Widerstände

In Analogie zu Abschnitt 1.3.1 gilt:

> *Ein Zweipol aus mehreren komplexen Widerständen lässt sich stets zu einem komplexen Ersatzwiderstand zusammenfassen.*

Sind zwei komplexe Widerstände in Reihe geschaltet, addieren sich die Spannungen bei gleichem Strom und folglich auch die komplexen Widerstände:

$$\frac{\underline{U}_{\text{ges}}}{\underline{I}} = \underline{X}_{\text{ges}} = \frac{\underline{U}_1}{\underline{I}} + \frac{\underline{U}_2}{\underline{I}} = \underline{X}_1 + \underline{X}_2 \tag{2.148}$$

Der resultierende Gesamtwiderstand besitzt einen frequenzabhängigen Betrag und eine frequenzabhängige Phasenverschiebung zwischen Spannung und Strom.

Beispiel 2.8: *Wie groß sind der Betrag und die Phase des komplexen Widerstands einer Reihenschaltung aus einem Widerstand und einer Induktivität in Abhängigkeit von der Frequenz?*

Für die Reihenschaltung einer Induktivität und eines Widerstands in Abb. 2.82 a beträgt der Gesamtwiderstand

$$\underline{X}_{\text{RL}} = R + j \cdot \omega \cdot L$$

Für niedrige Frequenzen ist der Betrag konstant und die Phasenverschiebung zwischen Strom und Spannung Null. Für hohe Frequenzen nimmt der Betrag des Gesamtwiderstands proportional mit der Frequenz zu. Der Strom ist gegenüber der Spannung um eine Viertelperiode verzögert (Abb. 2.82 b).

Bei parallel geschalteten komplexen Widerständen addieren sich die Ströme bei gleicher Spannung und folglich auch die Kehrwerte der komplexen Widerstände:

$$\frac{\underline{I}_{\text{ges}}}{\underline{U}} = \frac{1}{\underline{X}_{\text{ges}}} = \frac{\underline{I}_1}{\underline{U}} + \frac{\underline{I}_2}{\underline{U}} = \frac{1}{\underline{X}_1} + \frac{1}{\underline{X}_2} \tag{2.149}$$

Der Gesamtwiderstand größerer RLC-Netzwerke lässt sich in der Regel über eine schrittweise Zusammenfassung von Reihen- und Parallelschaltungen berechnen.

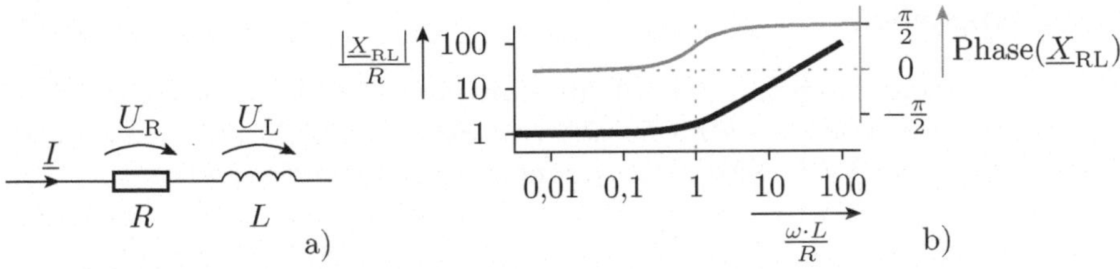

Abb. 2.82. Reihenschaltung einer Induktivität und eines Widerstands a) Schaltung b) Frequenzgang des Gesamtwiderstands

Beispiel 2.9: *Wie groß sind der Betrag und die Phase des komplexen Gesamtwiderstands, wenn zu der Reihenschaltung eines Widerstands und einer Induktivität zusätzlich eine Kapazität parallel geschaltet wird?*

Abbildung 2.83 a zeigt die betrachtete Schaltung. Sie wird als Parallelschwingkreis bezeichnet und besitzt einen komplexen Gesamtwiderstand von

$$\underline{X}_{RLC} = \underline{X}_{RL} \parallel \underline{X}_{C} = \frac{1}{\frac{1}{R+j\cdot\omega\cdot L} + j\cdot\omega\cdot C}$$
$$= \frac{R + j\cdot\omega\cdot L}{1 + j\cdot\omega\cdot R\cdot C - \omega^2\cdot L\cdot C}$$

Das Nenner ist ein Polynom zweiten Grades und hat bei einer Kreisfrequenz $\omega_0 = 1/\sqrt{L\cdot C}$ *ein Minimum. Der Betrag des Ersatzwiderstands hat an dieser Stelle ein Maximum. Für kleine Frequenzen strebt der Betrag des Gesamtwiderstands gegen R und für große Frequenzen gegen*

$$\underline{X}_{C} = \frac{1}{j\cdot\omega\cdot C}$$

(Abb. 2.83 b).

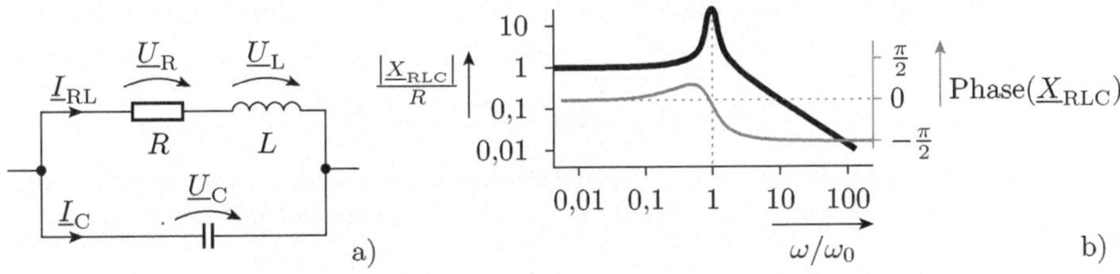

Abb. 2.83. Parallelschwingkreis a) Schaltung b) Frequenzgang des Gesamtwiderstands

Spannungsteiler

Satz 2.3 (Spannungsteilerregel für komplexe Widerstände) *Die komplexen Spannungsabfälle über vom gleichen Strom durchflossenen komplexen Widerständen verhalten sich proportional zu den Widerstandswerten.*

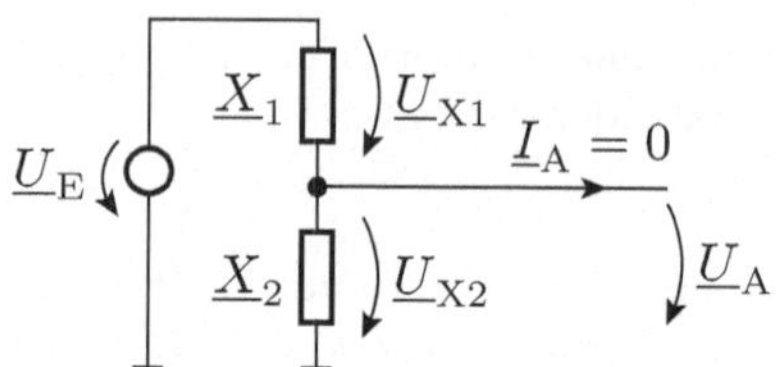

Abb. 2.84. Spannungsteiler

Abbildung 2.84 zeigt den unbelasteten Spannungsteiler, in den sich, wie in Abschnitt 1.3.3 gezeigt, alle Spannungsteiler durch Zusammenfassen entsprechender Teilnetzwerke umrechnen lassen. Für die Ausgangsspannung gilt in Analogie zu Gleichung 1.49

$$\underline{U}_A = \underline{U}_E \cdot \frac{\underline{X}_2}{\underline{X}_1 + \underline{X}_2} \tag{2.150}$$

Neu ist nur, dass das Spannungsteilerverhältnis hier eine komplexe Funktion mit einem frequenzabhängigen Betrag und einer frequenzabhängigen Phasenverschiebung ist.

Beispiel 2.10: *Welchen Betrag hat das Spannungsteilerverhältnis des RC-Glieds in Abb. 2.85 a?*

Mit $\underline{X}_1 = R$ *und* $\underline{X}_2 = \frac{1}{j\omega C}$ *beträgt das Spannungsteilerverhältnis nach Gleichung 2.150*

$$\underline{U}_A = \underline{U}_E \cdot \frac{\frac{1}{j\cdot\omega\cdot C}}{R + \frac{1}{j\cdot\omega\cdot C}} = \frac{\underline{U}_E}{1 + j\cdot\omega\cdot R\cdot C}$$

Für niedrige Frequenzen ist die Ausgangsspannung gleich der Eingangsspannung. Für hohe Frequenzen nimmt ihr Betrag umgekehrt proportional mit der Frequenz ab (Abb. 2.85 b).

Im folgenden Beispiel wird gezeigt, dass der Betrag des Spannungsteilerverhältnisses auch größer als Eins sein kann.

Beispiel 2.11: *Welchen Betrag hat das Spannungsteilerverhältnis des RLC-Spannungsteilers in Abb. 2.86 a?*

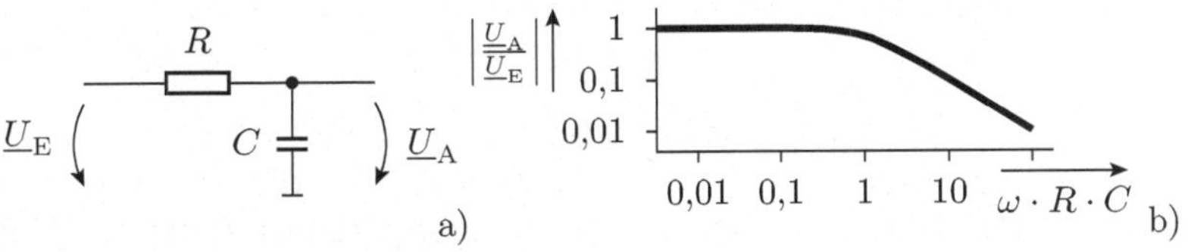

Abb. 2.85. RC-Spannungsteiler a) Schaltung b) Betrag des Spannungsteilerverhältnisses

In Gleichung 2.150 ist $\underline{X}_1$ durch den Ersatzwiderstand einer Reihenschaltung eines Widerstands und einer Induktivität und $\underline{X}_2$ durch den kapazitiven Blindwiderstand zu ersetzen:

$$\begin{aligned}\underline{U}_{\mathrm{A}} &= \underline{U}_{\mathrm{E}} \cdot \frac{\frac{1}{j\cdot\omega\cdot C}}{R + j\cdot\omega\cdot L + \frac{1}{j\cdot\omega\cdot C}} \\ &= \underline{U}_{\mathrm{E}} \cdot \frac{1}{1 + j\cdot\alpha\cdot\frac{\omega}{\omega_0} - \left(\frac{\omega}{\omega_0}\right)^2}\end{aligned} \tag{2.151}$$

mit

$$\omega_0 = \frac{1}{\sqrt{L\cdot C}};\ \alpha = R\cdot\sqrt{\frac{C}{L}}$$

Das Nennerpolynom hat bei $\omega = \omega_0$ ein betragsmäßiges Minimum der Größe $j\cdot\alpha$, dessen Kehrwert für kleine Widerstandswerte deutlich größer als Eins sein kann. Für niedrige Frequenzen ist das Spannungsteilerverhältnis genau wie in Abb. 2.85 Eins, für hohe Frequenzen nimmt sein Betrag umgekehrt proportional zum Quadrat der Frequenz ab (Abb. 2.86 b).

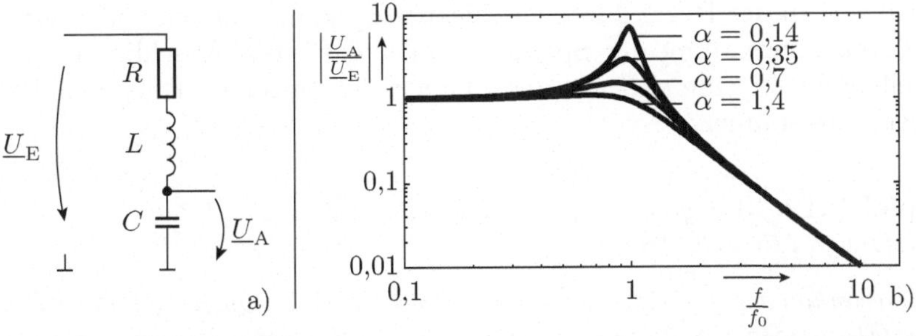

Abb. 2.86. RCL-Spannungsteiler a) Schaltung b) Betrag des Spannungsteilerverhältnisses

Der RLC-Spannungsteiler in Abb. 2.85 wird zur Hervorhebung oder Unterdrückung bestimmter Spektralwerte in einem Signal genutzt. Mit $\alpha \ll 1$ arbeitet er als Bandpass, der die Spektralwerte mit Frequenzen

$$f \approx \frac{\omega_0}{2\pi} \tag{2.152}$$

hervorhebt. Dieses Verhalten wird z.B. benötigt, um das Signal eines einzelnen Rundfunksenders von den Signalen der übrigen Sender, die eine Antenne empfängt, zu trennen. Für $\alpha \approx 1$ arbeitet der RLC-Spannungsteiler als Tiefpass, der Spektralwerte mit Frequenzen

$$f < \frac{\omega_0}{2\pi} \tag{2.153}$$

unverändert passieren lässt und Spektralwerte mit hohen Frequenzen unterdrückt. Tiefpässe werden z.B. benötigt, um vor einer Analog/Digital-Umsetzung alle Spektralwerte mit einer Frequenz gleich oder größer der halben Abtastfrequenz zu unterdrücken (siehe später Abtasttheorem, Gleichung 2.184) und um die Signale nach einer Digital/Analog-Umsetzung zu glätten.

Schaltungsanalyse für jede Quelle einzeln (Überlagerungsprinzip)

Auch das in Abschnitt 1.3.4 beschriebene helmholtzsche Überlagerungsprinzip für lineare Systeme, nämlich

- getrennte Berechnung der Wirkung der einzelnen Quellen und
- anschließende Addition

funktioniert im Frequenzraum. Dazu werden so viele Ersatzschaltungen mit nur einer Quelle aufgestellt, wie die Originalschaltung Quellen hat. Die übrigen Spannungsquellen in den einzelnen Ersatzschaltungen werden durch Verbindungen und die übrigen Stromquellen durch Unterbrechungen ersetzt. Die gesuchten Ströme und Spannungen in den Systemen mit nur einer Quelle ergeben sich in der Regel durch geschicktes Zusammenfassen von Widerständen, durch Anwendung der Spannungsteilerregel etc.. Abschließend werden die Teilergebnisse, die sich aus der Analyse der einzelnen Ersatzschaltungen ergeben, aufsummiert.

Beispiel 2.12: *Wie groß ist der komplexe Spannungsabfall über dem komplexen Widerstand $\underline{X}_2$ in Abb. 2.87?*

Zur Berechnung der gesuchten Spannung wird einmal die Quelle Q2 und einmal die Quelle Q1 aus der Schaltung gestrichen (Abb. 1.37 unten). In beiden Ersatzschaltungen ergibt sich die gesuchte Spannung über die Spannungsteilerregel

$$\underline{U}_{\mathrm{X2.1}} = \frac{\underline{X}_2 \| \underline{X}_3}{\underline{X}_1 + (\underline{X}_2 \| \underline{X}_3)} \cdot \underline{U}_{\mathrm{Q1}} \quad \underline{U}_{\mathrm{X2.2}} = \frac{\underline{X}_1 \| \underline{X}_2}{\underline{X}_3 + (\underline{X}_1 \| \underline{X}_2)} \cdot \underline{U}_{\mathrm{Q2}}$$

Die Überlagerung der beiden Teilspannungen ergibt

$$\begin{aligned} \underline{U}_{\mathrm{X2}} &= \underline{U}_{\mathrm{X2.1}} + \underline{U}_{\mathrm{X2.2}} \\ &= \frac{\underline{X}_2 \| \underline{X}_3}{\underline{X}_1 + (\underline{X}_2 \| \underline{X}_3)} \cdot \underline{U}_{\mathrm{Q1}} + \frac{\underline{X}_1 \| \underline{X}_2}{\underline{X}_3 + (\underline{X}_1 \| \underline{X}_2)} \cdot \underline{U}_{\mathrm{Q2}} \end{aligned}$$

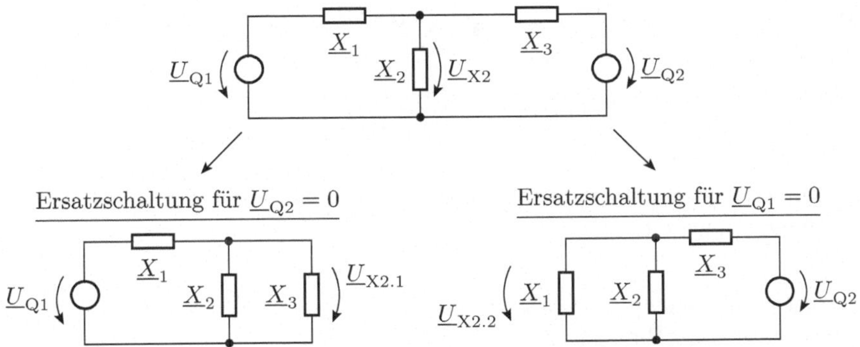

Abb. 2.87. Schaltungsanalyse für jede Quelle einzeln

Ein abschließender Hinweis:

> *Konstantspannungs- und Konstantstromquellen besitzen nur für $f = 0$ einen Quellenwert ungleich Null. Für alle Frequenzen $f \neq 0$ entfallen diese Quellen – Versorgungsspannungen, Flussspannungen über Dioden etc. – in den Ersatzschaltungen.*

2.4.5 Transistorverstärker im Frequenzraum

Definition 2.11 (Arbeitspunkt) *Der Arbeitspunkt eines Verstärkers ist sein stationärer Zustand.*

Definition 2.12 (Grenzfrequenz) *Die Grenzfrequenz ist die Frequenz, bei der der Betrag der Verstärkung auf das $1/\sqrt{2}$-fache abgefallen ist.*

Definition 2.13 (Transitfrequenz) *Die Transitfrequenz ist die Frequenz, bei der der Betrag der Verstärkung auf »1« abgefallen ist.*

Die Verstärkung eines Bipolartransistors ist frequenzabhängig. Das einfachste Modell ist eine komplexe Funktion mit einem Nennerpolynom ersten Grades wie bei einem RC-Spannungsteiler (vergleiche Beispiel 2.10):

$$\underline{\beta} = \beta_0 \cdot \frac{1}{1 + j \cdot \frac{f}{f_{\mathrm{g}}}} \tag{2.154}$$

(β_0 – Grundverstärkung; f_{g}– Grenzfrequenz des Transistors). Für niedrige Frequenzen $f \ll f_{\mathrm{g}}$ ist die Stromverstärkung gleich der Grundverstärkung. Für hohe Frequenzen nimmt der Betrag der Verstärkung umgekehrt proportional mit der Frequenz ab:

$$\underline{\beta}\,(f \gg f_{\mathrm{g}}) \approx -j \cdot \frac{\beta_0 \cdot f_{\mathrm{g}}}{f} \tag{2.155}$$

Für die Grenzfrequenz $f = f_\mathrm{g}$ ist der Betrag der Verstärkung

$$\left|\underline{\beta}\left(f_\mathrm{g}\right)\right| = \beta_0 \cdot \left|\frac{1}{1 + j \cdot \frac{f_\mathrm{g}}{f_\mathrm{g}}}\right| = \frac{\beta_0}{\sqrt{2}} \tag{2.156}$$

Statt der Grenzfrequenz wird in Transistordatenblättern in der Regel die Transitfrequenz angegeben:

$$f_\mathrm{T} = \beta_0 \cdot f_\mathrm{g} \tag{2.157}$$

Eingesetzt in Gleichung 2.155 ist das die Frequenz, bei der der Betrag der Stromverstärkung Eins ist.

Der Frequenzgang von Transistorverstärkern

Die Verstärkung eines Transistorverstärkers wird mit externen Widerständen eingestellt (vergleiche Abschnitt 1.5.1 und 1.5.2).

> *Eine Herabsetzung der Verstärkung erhöht die Grenzfrequenz des Verstärkers.*

Ein Beispiel sei der verbesserte Spannungsverstärker aus Abschnitt 1.5.2. Die ursprüngliche Schaltung in Abb. 1.72 ist in Abb. 2.88 a um den Innenwiderstand der Signalquelle R_Q erweitert. Die Analyse dieser Schaltung erfolgt genau wie bisher. Für die Frequenz Null wird der Transistor durch seine lineare Ersatzschaltung im stationären Zustand ersetzt: eine Konstantspannungsquelle für den durchlässigen Basis-Emitter-Übergang und eine gesteuerte Stromquelle für den gesperrten Kollektor-Basis-Übergang (Abb. 2.88 b). Die Stromverstärkung ist β_0.

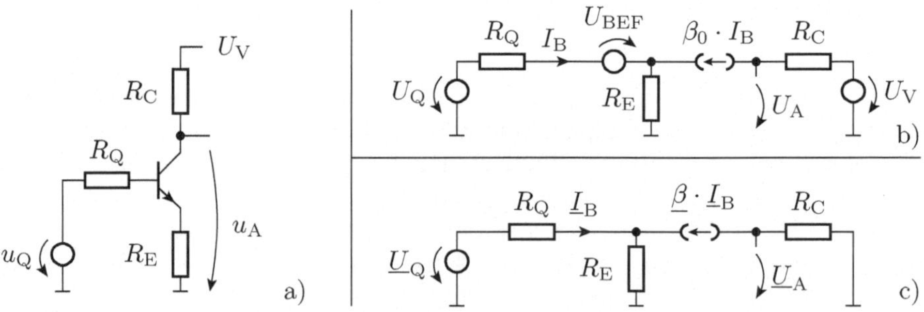

Abb. 2.88. Transistorverstärker a) Schaltung b) Ersatzschaltung für $f = 0$ (stationärer Zustand) c) Ersatzschaltung für $f \neq 0$

Für Frequenzen ungleich Null kommen zwei Neuerungen hinzu:

- Die Konstantspannungsquellen haben für $f \neq 0$ den Quellenwert Null und sind durch Verbindung zu ersetzen.
- Für die Stromverstärkung ist die komplexe Stromverstärkung nach Gleichung 2.154 einzusetzen

(Abb. 2.88 c). Der Zusammenhang zwischen der Eingangsspannung und dem Basisstrom lautet

$$\underline{U}_{\mathrm{Q}} = \left(R_{\mathrm{Q}} + R_{\mathrm{E}} \cdot \left(1 + \underline{\beta}\right)\right) \cdot \underline{I}_{\mathrm{B}} \tag{2.158}$$

Die Ausgangsspannung ergibt sich aus dem verstärkten Basisstrom:

$$\begin{aligned} \underline{U}_{\mathrm{A}} &= -R_{\mathrm{C}} \cdot \underline{\beta} \cdot \underline{I}_{\mathrm{B}} = -\frac{R_{\mathrm{C}} \cdot \underline{\beta} \cdot \underline{U}_{\mathrm{Q}}}{R_{\mathrm{Q}} + R_{\mathrm{E}} \cdot \left(1 + \underline{\beta}\right)} \\ &= -\frac{R_{\mathrm{C}} \cdot \underline{U}_{\mathrm{Q}}}{\left(R_{\mathrm{Q}} + R_{\mathrm{E}}\right) \cdot \frac{1}{\underline{\beta}} + R_{\mathrm{E}}} \end{aligned} \tag{2.159}$$

Der Kehrwert der komplexen Stromverstärkung $\underline{\beta}\,(f)$ ist nach Gleichung 2.154 und unter Einbeziehung von Gleichung 2.157

$$\frac{1}{\underline{\beta}} = \frac{1}{\beta_0} + \frac{j \cdot f}{f_{\mathrm{T}}} \tag{2.160}$$

Eingesetzt in Gleichung 2.159 ergibt sich eine Übertragungsfunktion, die wieder ein frequenzabhängiges Nennerpolynom ersten Grades besitzt:

$$\underline{U}_{\mathrm{A}} = -\frac{R_{\mathrm{C}} \cdot \underline{U}_{\mathrm{Q}}}{\left(R_{\mathrm{Q}} + R_{\mathrm{E}}\right) \cdot \left(\frac{1}{\beta_0} + \frac{j \cdot f}{f_{\mathrm{T}}}\right) + R_{\mathrm{E}}} = \frac{v_{\mathrm{u0}} \cdot \underline{U}_{\mathrm{Q}}}{1 + \frac{j \cdot f}{f_{\mathrm{Vg}}}} \tag{2.161}$$

(v_{u0} – Spannungsverstärkung für niedrige Frequenzen; f_{Vg} – Grenzfrequenz des Verstärkers). Die Spannungsverstärkung für niedrige Frequenzen ist

$$v_{\mathrm{u0}} = -\frac{R_{\mathrm{C}}}{\left(R_{\mathrm{Q}} + R_{\mathrm{E}}\right) \cdot \frac{1}{\beta_0} + R_{\mathrm{E}}} \approx -\frac{R_{\mathrm{C}}}{R_{\mathrm{E}}} \tag{2.162}$$

Die Grenzfrequenz des Verstärkers, bei der die Verstärkung auf das $1/\sqrt{2}$-fache abgesunken ist, beträgt

$$f_{\mathrm{Vg}} = \frac{f_{\mathrm{T}} \cdot \left(\left(R_{\mathrm{Q}} + R_{\mathrm{E}}\right) \cdot \frac{1}{\beta_0} + R_{\mathrm{E}}\right)}{\left(R_{\mathrm{Q}} + R_{\mathrm{E}}\right)} \approx f_{\mathrm{T}} \cdot \frac{R_{\mathrm{E}}}{R_{\mathrm{Q}} + R_{\mathrm{E}}} \tag{2.163}$$

Für einen Innenwiderstand der Signalquelle $R_{\mathrm{Q}} \ll R_{\mathrm{E}}$ ist die Grenzfrequenz des Verstärkers etwa gleich der Transitfrequenz des Transistors. Für eine hochohmige Quelle ist die Grenzfrequenz wesentlich geringer.

Verstärker, für die eine möglichst hohe Grenzfrequenz angestrebt wird, verwenden die Basisschaltung. In der Basisschaltung hat die Basis das Bezugspotenzial Null. Die Eingangsspannung wird am Emitter eingespeist (Abb. 2.89). Diese Schaltung hat die folgende Übertragungsfunktion:

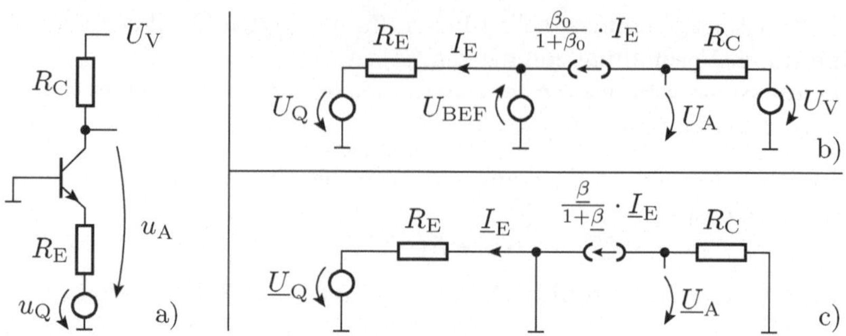

Abb. 2.89. Transistorverstärker in Basisschaltung a) Schaltung b) Ersatzschaltung für $f = 0$ (stationärer Zustand) b) Ersatzschaltung für $f > 0$

$$\begin{aligned} \underline{I}_E &= -\frac{\underline{U}_Q}{R_E} \\ \underline{U}_A &= -\frac{\underline{\beta} \cdot R_C \cdot \underline{I}_E}{1+\underline{\beta}} = \frac{R_C \cdot \underline{U}_Q}{R_E \cdot \left(1 + \frac{1}{\underline{\beta}}\right)} \end{aligned} \tag{2.164}$$

Mit dem Kehrwert der frequenzabhängigen Stromverstärkung nach Gleichung 2.160 ergibt sich wieder eine Übertragungsfunktion mit einem Polynom ersten Grades im Nenner:

$$\underline{U}_A = \frac{R_C \cdot \underline{U}_Q}{R_E \cdot \left(1 + \frac{1}{\beta_0} + \frac{j \cdot f}{f_T}\right)} \approx \frac{R_C \cdot \underline{U}_Q}{R_E \cdot \left(1 + \frac{j \cdot f}{f_T}\right)} = \frac{v_{U0} \cdot \underline{U}_Q}{1 + \frac{j \cdot f}{f_{Vg}}} \tag{2.165}$$

Die Grenzfrequenz eines Transistorverstärkers in der Basisschaltung ist gleich der Transitfrequenz des Transistors:

$$f_{Vg} = f_T \tag{2.166}$$

Die Verstärkung für niedrige Frequenzen ist positiv und hat etwa denselben Betrag wie bei der Schaltung in Abb. 2.88 mit einem niederohmigen Quellenwiderstand:

$$v_{U0} = \frac{R_C}{R_E} \tag{2.167}$$

Einstellung des Arbeitspunkts

Der Arbeitspunkt eines Verstärkers ist sein stationärer Zustand. Die eben behandelten Modelle für einen Transistorverstärker im Frequenzraum setzen voraus, dass der Transistor in seinem linearen Arbeitsbereich betrieben wird. Dazu muss der Arbeitspunkt des Verstärkers so eingestellt werden, dass die Ausgangsspannung im stationären Zustand etwa in der Mitte zwischen der maximalen und der minimalen Ausgangsspannung liegt (Abb. 2.90). Das kann in den Beispielschaltungen Abb. 2.88 und Abb. 2.89 dadurch erfolgen, dass eine Gleichspannungsquelle in Reihe zur Eingangssignalquelle geschaltet wird.

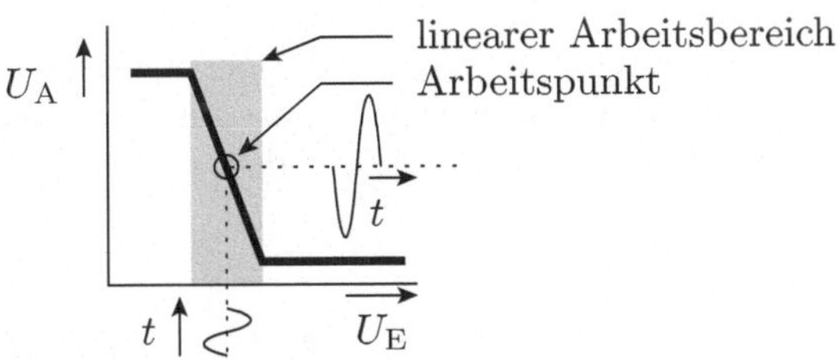

Abb. 2.90. Arbeitspunkt und Arbeitsbereich eines Transistorverstärkers

Ein anderer und wesentlich gebräuchlicherer Ansatz nutzt die Eigenschaft, dass die Information der zu verstärkenden Signale oft nur in ihrer zeitlichen Änderung liegt. Dann genügt es, wenn der Verstärker nur die Spektralwerte oberhalb einer bestimmten Mindestfrequenz f_u verstärkt (f_u – minimale Nutzfrequenz). Der Frequenzbereich darunter, der den stationären Zustand einschließt, steht für die Einstellung des Arbeitspunkts zur Verfügung. Die Trennung zwischen den Spannungen und Strömen des Nutzsignals und den Spannungen und Strömen für die Arbeitspunkteinstellung erfolgt in der Regel mit Hilfe von RC-Gliedern.

Abbildung 2.91 zeigt einen typischen Signalverstärker. Die Signalquelle und der Empfänger sind über Kapazitäten vom eigentlichen Verstärker getrennt. Zum Emitterwiderstand ist ein RC-Glied parallel geschaltet, mit dem die Verstärkung unabhängig vom Arbeitspunkt eingestellt wird.

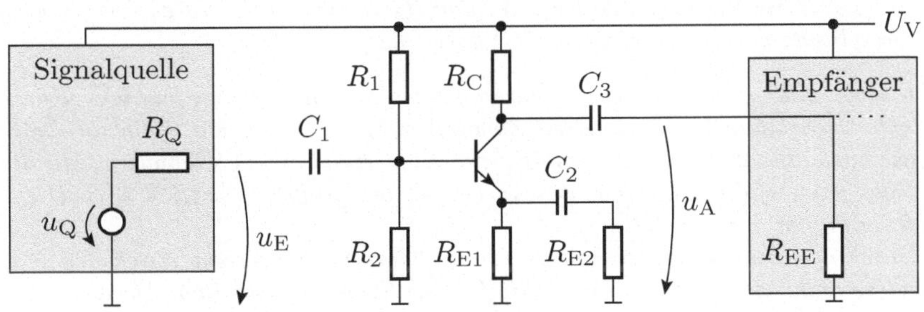

Abb. 2.91. Signalverstärker

Im stationären Zustand verhalten sich die Kapazitäten wie Unterbrechungen. In der Ersatzschaltung verbleiben nur vier Widerstände und die Ersatzschaltung des Transistors. Die Widerstandswerte werden üblicherweise so gewählt, dass über R_C und über der Kollektor-Emitter-Strecke des Transistors etwa 40% der Versorgungsspannung und über R_{E1} etwa 20% der Versorgungsspannung abfallen. Damit darf die Amplitude des Ausgabesignals maximal 40% der Versorgungsspannung betragen. Die Widerstände R_1 und R_2 bilden einen Spannungsteiler, mit dem das Basispotenzial um die Basis-Emitter-Flussspannung U_{BEF} höher als das Emitterpotenzial eingestellt wird. Der Strom durch den Widerstand R_2 wird etwa zehnmal so groß wie der Basisstrom gewählt. Letzteres stellt sicher, dass die Streuung der Stromverstärkung des Transistors wenig Einfluss auf den eingestellten Arbeitspunkt hat.

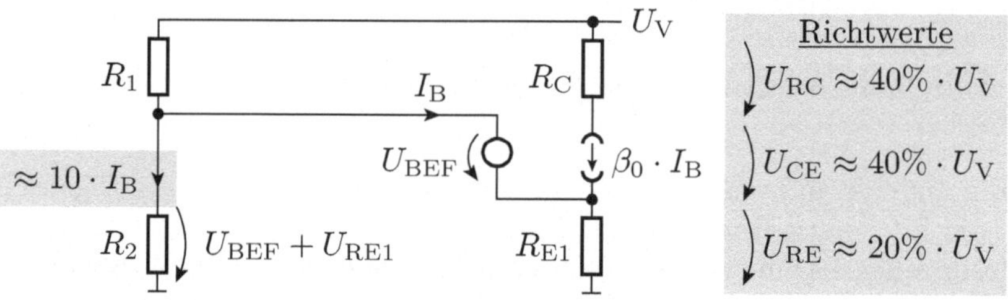

Abb. 2.92. Ersatzschaltung und Bemessungsrichtlinien für die Arbeitspunkteinstellung für den Signalverstärker aus Abb. 2.91

Beispiel 2.13: *Für einen Transistorverstärker seien folgende Werte gegeben:*

- *Versorgungsspannung:* $U_V = 5\,\mathrm{V}$,
- *Transistorverstärkung für niedrige Frequenzen:* $\beta_0 \approx 100$,
- *Basis-Emitter-Flussspannung:* $U_{BEF} \approx 0{,}7\,\mathrm{V}$ *und*
- *Kollektorwiderstand:* $R_C = 1\,\mathrm{k\Omega}$.

Wie groß sind die Widerstände R_{E1}, R_1 *und* R_2 *zu wählen, damit das Ausgabesignal eine Amplitude von mindestens* $\pm 1{,}5\,\mathrm{V}$ *haben darf?*

Nach Abb. 2.92 sollen bei einer Versorgungsspannung von $U_V = 5\,\mathrm{V}$ *über dem Kollektorwiderstand im stationären Zustand etwa* $2\,\mathrm{V}$, *über der Kollektor-Emitter-Strecke auch etwa* $2\,\mathrm{V}$ *und über dem Emitterwiderstand etwa* $1\,\mathrm{V}$ *abfallen. Mit diesen Festlegungen darf die Amplitude des Ausgabesignals größer als* $\pm 1{,}5\,\mathrm{V}$ *sein. Die erste Anforderung ist damit erfüllt.*

Durch den Emitterwiderstand fließt etwa derselbe Strom wie durch den Kollektorwiderstand, aber es soll nur die Hälfte der Spannung abfallen. Daraus folgt für den Emitterwiderstand:

$$R_{E1} \approx \frac{1\,\mathrm{k\Omega}}{2}$$

Der nächstliegende Standardwert ist $470\,\Omega$.

Der Kollektorstrom ergibt sich aus dem Spannungsabfall über dem Kollektorwiderstand. Er beträgt etwa $I_C \approx 2\,\mathrm{V}/1\,\mathrm{k\Omega} = 2\,\mathrm{mA}$. *Daraus folgt ein Basisstrom von etwa* $I_B = I_C/\beta_0 \approx 20\,\mu\mathrm{A}$. *Der Strom durch* R_2 *soll etwa zehnmal so groß sein:*

$$I_{R2} \approx 10 \cdot I_B \approx 200\,\mu\text{A}$$

Nach dem Knotensatz muss der Strom durch R_1 dann elfmal so groß wie der Basisstrom sein:

$$I_{R1} \approx 11 \cdot I_B \approx 220\,\mu\text{A}$$

Für die Spannungsabfälle über R_1 und R_2 lassen sich aus der Ersatzschaltung folgende Werte ablesen:

$$R_1 \approx 3{,}3\,\text{V};\; R_2 \approx 1{,}7\,\text{V}$$

Die Widerstandswerte des Basisspannungsteilers ergeben sich abschließend über das ohmsche Gesetz:

$$R_1 \approx \frac{3{,}3\,\text{V}}{220\,\mu\text{A}} = 15\,\text{k}\Omega;\; R_2 = \frac{1{,}7\,\text{V}}{200\,\mu\text{A}} \approx 8{,}6\,\text{k}\Omega$$

In der Ersatzschaltung für Frequenzen ungleich Null werden aus den Kapazitäten kapazitive Blindwiderstände. Die Konstantspannungsquellen für U_V und U_{BEF} entfallen. Es entsteht die Ersatzschaltung in Abb. 2.93 oben, die sich über Zweipolumformungen so vereinfachen lässt, das sie dieselbe Struktur wie die Ersatzschaltung des Transistorverstärkers in Abb. 2.88 erhält (Abb. 2.93 unten):

$$\underline{X}_{RQ} = (R_Q + \underline{X}_{C1}) \parallel R_1 \parallel R_2 \tag{2.168}$$

$$\underline{X}_{RE} = (R_{E2} + \underline{X}_{C2}) \parallel R_{E1} \tag{2.169}$$

$$\underline{X}_{RC} = (R_{EE} + \underline{X}_{C3}) \parallel R_C \tag{2.170}$$

$$\underline{U}_{Ers} = \frac{R_1 \parallel R_2}{(R_1 \parallel R_2) + R_{Q1} + \underline{X}_{C1}} \cdot \underline{U}_Q \tag{2.171}$$

$$\underline{k} = \frac{R_{EE}}{R_{EE} + \underline{X}_{C3}} \tag{2.172}$$

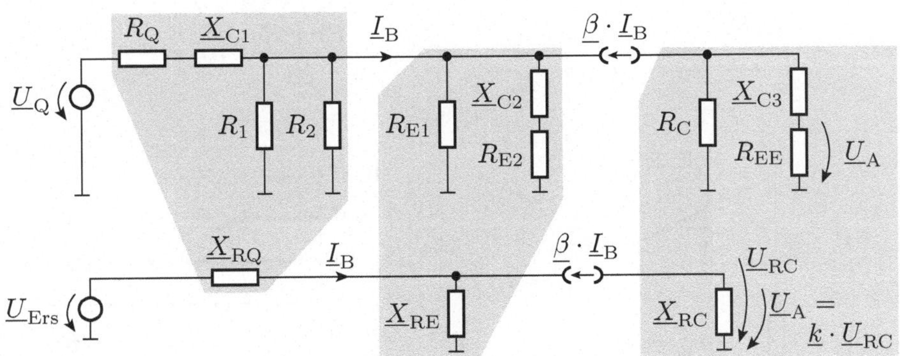

Abb. 2.93. Ersatzschaltung des Verstärkers aus Abb. 2.91 für den Nutzfrequenzbereich

Von den kapazitiven Blindwiderständen ist dabei zu fordern, dass sie für Frequenzen

$$f \geq f_{\mathrm{u}} \tag{2.173}$$

gegenüber den in Reihe geschalteten Widerständen vernachlässigt werden können.

Der gesamte Entwurf eines Verstärkers besteht praktisch aus drei Teilaufgaben: Arbeitspunkteinstellung im stationären Zustand, Entwurf eines einfachen Transistorverstärkers mit der Soll-Funktion ohne Rücksicht auf den Arbeitspunkt und Anpassung beider Entwürfe aneinander.

2.4.6 Operationsverstärker im Frequenzraum

Ein Operationsverstärker hat im linearen Arbeitsbereich einen ähnlichen Frequenzgang wie ein Transistorverstärker:

$$\underline{v}_0 = v_{00} \cdot \frac{1}{1 + j \cdot \frac{f}{f_{\mathrm{g}}}} = \frac{1}{\frac{1}{v_{00}} + j \cdot \frac{f}{f_{\mathrm{T}}}} \tag{2.174}$$

(v_{00} – Verstärkung für niedrige Frequenzen; f_{g} – Grenzfrequenz; $f_{\mathrm{T}} = v_{00} \cdot f_{\mathrm{g}}$ – Transitfrequenz). Für den idealen Operationsverstärker $v_{00} \to \infty$ ist die Verstärkung umgekehrt proportional zur Frequenz:

$$\lim_{v_{00} \to \infty} (\underline{v}_0) = -j \cdot \frac{f_{\mathrm{T}}}{f} \tag{2.175}$$

Auch hier hängt die Größe des nutzbaren Frequenzbereichs von der externen Beschaltung ab.

Für den nichtinvertierenden Verstärker in Abb. 2.94 lautet die Übertragungsfunktion in Analogie zu Gleichung 1.205:

$$\underline{U}_{\mathrm{A}} = \frac{\underline{U}_{\mathrm{E}}}{\frac{1}{\underline{v}_0} + \frac{R_1}{R_1+R_2}} = \frac{v_{\mathrm{u0}} \cdot \underline{U}_{\mathrm{E}}}{1 + j \cdot \frac{f}{f_{\mathrm{Vg}}}} \quad \text{mit } v_{\mathrm{u0}} = \frac{R_1 + R_2}{R_1}, \; f_{\mathrm{Vg}} = \frac{f_{\mathrm{T}}}{v_{\mathrm{u0}}} \tag{2.176}$$

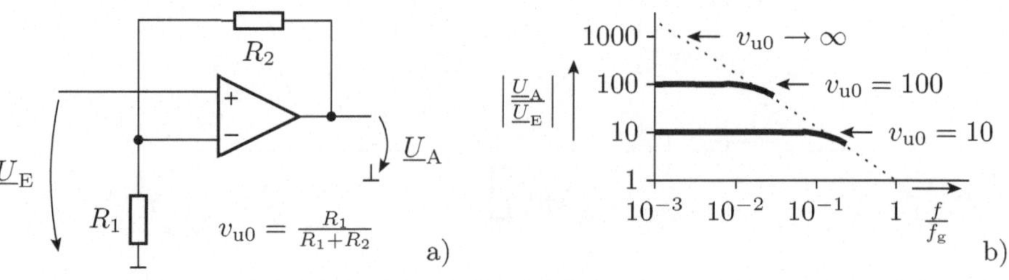

Abb. 2.94. Nichtinvertierender Verstärker a) Schaltung b) Frequenzgang

(v_{u0} – Spannungsverstärkung für niedrige Frequenzen; f_{Vg} – Grenzfrequenz des Verstärkers). Der nutzbare Frequenzbereich verhält sich umgekehrt proportional zur eingestellten Verstärkung.

Für niedrige Frequenzen

$$f \ll f_{Vg}$$

wird der Frequenzgang eines rückgekoppelten Operationsverstärkers durch die externe Beschaltung bestimmt, die sowohl aus ohmschen als auch aus kapazitiven und induktiven Blindwiderständen bestehen kann. Für den nichtinvertierenden Verstärker, Abb. 2.95 a, gilt in Analogie zu Gleichung 1.207

$$\underline{U}_{A} = \frac{\underline{X}_1 + \underline{X}_2}{\underline{X}_1} \cdot \underline{U}_{E} \tag{2.177}$$

und für den invertierenden Verstärker, Abb. 2.95 b, gilt in Analogie zu Gleichung 1.213

$$\underline{U}_{A} = -\frac{\underline{X}_2}{\underline{X}_1} \cdot \underline{U}_{E} \tag{2.178}$$

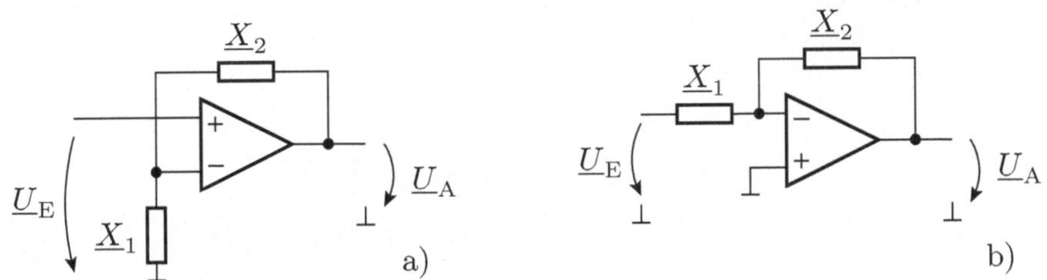

Abb. 2.95. Operationsverstärker mit frequenzabhängiger Rückkopplung a) nichtinvertierender Verstärker b) invertierender Verstärker

Für beide Verstärkerschaltungen ist sicherzustellen, dass der Betrag der Übertragungsfunktion im gesamten Frequenzbereich beschränkt ist. Zusätzlich sind bestimmte Phasenbedingungen einzuhalten, die hier nicht weiter betrachtet werden sollen. Der komplexe Widerstand $\underline{X}_1$ darf keine Nullstelle besitzen. Er darf z.B. keine Induktivität sein, deren komplexer Widerstand für $f = 0$ Null ist. Der komplexe Widerstand $\underline{X}_2$ darf keine Polstelle besitzen. Er darf z.B. keine Kapazität sein, deren komplexer Widerstand für $f = 0$ gegen unendlich strebt.

Beispiel 2.14: *Wie lautet die Übertragungsfunktion der rückgekoppelten Operationsverstärker in Abb. 2.96?*

Der Verstärkertyp und die komplexen Widerstände sind direkt aus den Schaltungen ablesbar. Abbildung 2.96 a zeigt einen nichtinvertierenden Verstärker, dessen Verstärkung über die komplexen Widerstände

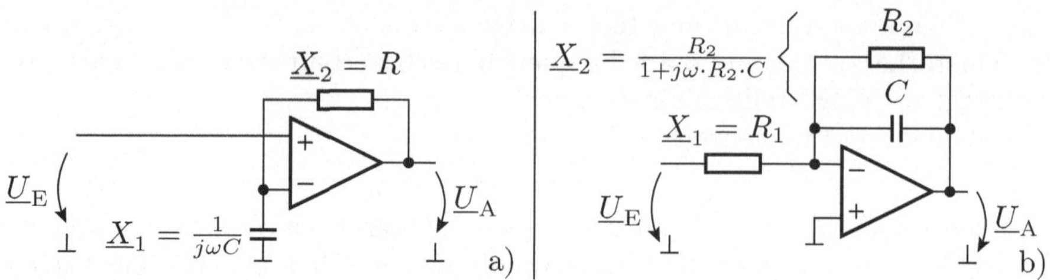

Abb. 2.96. Beispiele für Operationsverstärker mit frequenzabhängiger Rückkopplung

$$\underline{X}_1 = \frac{1}{j \cdot \omega \cdot C}; \ \underline{X}_2 = R$$

eingestellt ist. Eingesetzt in Gleichung 2.177 lautet die Übertragungsfunktion:

$$\underline{U}_A = \frac{\frac{1}{j \cdot \omega \cdot C} + R}{\frac{1}{j \cdot \omega \cdot C}} \cdot \underline{U}_E = (1 + j \cdot \omega \cdot R \cdot C) \cdot \underline{U}_E$$

Abbildung 2.96 b zeigt einen invertierenden Verstärker, dessen Verstärkung über die komplexen Widerstände

$$\underline{X}_1 = R_1$$
$$\underline{X}_2 = R_2 \parallel \frac{1}{j \cdot \omega \cdot C} = \frac{R_2}{1 + j\omega \cdot R_2 \cdot C}$$

eingestellt ist. Eingesetzt in Gleichung 2.178 lautet die Übertragungsfunktion:

$$\underline{U}_A = -\frac{R_2}{R_1 \cdot (1 + j\omega \cdot R_2 \cdot C)} \cdot \underline{U}_E$$

Auch die Übertragungsfunktion des RCL-Spannungsteilers aus Beispiel 2.11, die als Bandpass oder als Tiefpass verwendet werden kann, lässt sich mit einem Operationsverstärker nachbilden. Abbildung 2.97 zeigt eine geeignete Schaltung hierfür.

Beispiel 2.15: *Wie groß sind die Parameter ω_0 und α der Übertragungsfunktion Gleichung 2.151*

$$\underline{U}_A = \frac{\underline{U}_E}{1 + j \cdot \alpha \cdot \frac{\omega}{\omega_0} - \left(\frac{\omega}{\omega_0}\right)^2}$$

für die Schaltung Abb. 2.97?

Der Operationsverstärker ist rückgekoppelt, so dass sich zwischen den Eingängen die Differenzspannung Null einstellt. Die Gleichungen für die eingezeichneten Knoten und Maschen lauten:

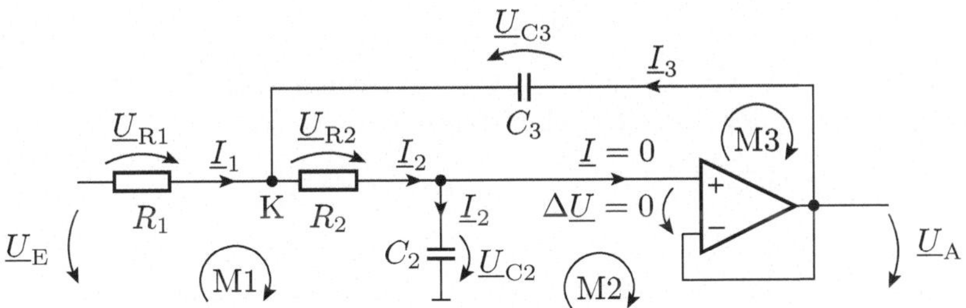

Abb. 2.97. Operationsverstärkerbeschaltung zur Nachbildung des RCL-Spannungsteilers aus Beispiel 2.11

$$\begin{aligned}
\text{K}: &\quad \underline{I}_1 - \underline{I}_2 + \underline{I}_3 = 0\\
\text{M1}: &\quad R_1 \cdot \underline{I}_1 + \left(R_2 + \tfrac{1}{j\cdot\omega\cdot C_2}\right) \cdot \underline{I}_2 = \underline{U}_\text{E}\\
\text{M2}: &\quad -\tfrac{1}{j\cdot\omega\cdot C_2} \cdot \underline{I}_2 + \underline{U}_\text{A} = 0\\
\text{M3}: &\quad -R_2 \cdot \underline{I}_2 - \tfrac{1}{j\cdot\omega\cdot C_3} \cdot \underline{I}_3 = 0
\end{aligned}$$

Sie bilden ein Gleichungssystem aus vier Gleichungen mit drei unbekannten Strömen und der unbekannten komplexen Ausgangsspannung $\underline{U}_\text{A}$. *Aufgelöst nach* $\underline{U}_\text{A}$ *ergibt sich folgende Übertragungsfunktion:*

$$\underline{U}_\text{A} = \frac{\underline{U}_\text{E}}{1 + j \cdot \omega \cdot C_2 \cdot (R_1 + R_2) - \omega^2 \cdot R_1 \cdot R_2 \cdot C_2 \cdot C_3} \tag{2.179}$$

Umgerechnet in die Übertragungsfunktion Gleichung 2.151 des funktionsgleichen RCL-Spannungsteilers, betragen die Parameter ω_0 *und* α

$$\omega_0 = \frac{1}{\sqrt{R_1 \cdot R_2 \cdot C_2 \cdot C_3}} \tag{2.180}$$

$$\alpha = \omega_0 \cdot C_2 \cdot (R_1 + R_2) \tag{2.181}$$

2.4.7 Die zeitdiskrete Fourier-Transformation

	Symbol	Maßeinheit
Zeitindex	n	
Abtastintervall	T_A	s (Sekunden)
Anzahl der Abtastwerte	N	

Die zeitdiskrete Fourier-Transformation ist ein Algorithmus zur Berechnung von N Spektralwerten eines *bandbegrenzten* Spektrums aus N *äquidistanten* Abtastwerten:

$$x(n) = x(n \cdot T_{\mathrm{A}}) \tag{2.182}$$

($n \in \{0, 1, \ldots, N-1\}$ – Zeitindex; T_{A} – Abtastintervall). Das Abtastintervall muss dabei genau der N-te Teil einer Signalperiode sein:

$$T_{\mathrm{A}} = \frac{T_{\mathrm{P}}}{N} \tag{2.183}$$

(T_{P} – Signalperiode). Abbildung 2.98 zeigt ein Spannungssignal mit $N = 16$ Abtastwerten.

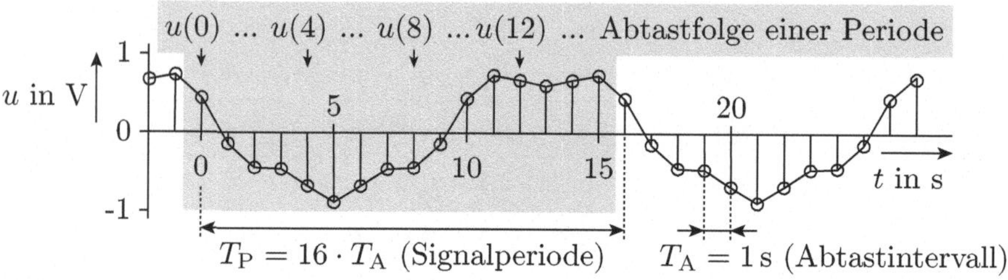

Abb. 2.98. Spannungssignal mit $N = 16$ äquidistanten Abtastwerten je Periode

Das Abtasttheorem

Die Anzahl der Abtastwerte N eines periodischen bandbegrenzten Signals muss mindestens so groß sein, dass der Signalanteil mit der höchsten Frequenz mehr als zweimal je Periode abgetastet wird:

$$N > 2 \cdot M \tag{2.184}$$

($M = f_{\max} \cdot T_{\mathrm{P}}$ – Frequenzindex des Spektralwerts mit der höchsten im Signal enthaltenen Frequenz). Unter dieser Voraussetzung ist die Abbildung eindeutig und umkehrbar. Abbildung 2.99 zeigt, was passiert, wenn das Abtasttheorem verletzt wird. Bei $N = 2 \cdot M$ (genau zwei Abtastwerte je Periode) besitzen unterschiedlich phasenverschobene Kosinussignale unterschiedlicher Amplitude gleiche Abtastwerte. Die Abbildung ist dann nur noch eindeutig, wenn entweder die Phase oder die Amplitude vorgegeben ist. Für Kosinusterme, die mit weniger als zwei Abtastwerten je Periode abgetastet werden, gibt es einen niederfrequenteren Kosinusterm, der dieselbe Abtastfolge besitzt. Die Spektralwerte für Frequenzen oberhalb der halben Abtastfrequenz werden diesen niederfrequenteren Spektralwerten zugeordnet. Das Ergebnis ist zwar auch ein Spektrum, aber nicht das des Signals.

Das Abtasttheorem reduziert den Indexbereich der Spektralwerte, die in Gleichung 2.111 ungleich Null sein dürfen, auf das Intervall $-\frac{N}{2} < m < \frac{N}{2}$.

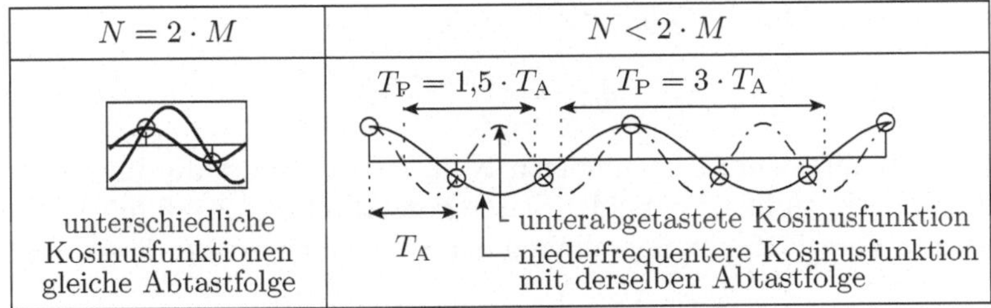

Abb. 2.99. Mehrdeutigkeiten bei Verletzung des Abtasttheorems

Damit die Anzahl der Spektralwerte mit der Anzahl der Abtastwerte übereinstimmt, wird zusätzlich der Spektralwert für den Frequenzindex $m = -N/2$ in die Summe mit aufgenommen:

$$x(t) = \sum_{m=-\frac{N}{2}}^{\frac{N}{2}-1} \underline{X}(m) \cdot e^{j \cdot m \cdot \omega_0 \cdot t} \tag{2.185}$$

Nach dem Abtasttheorem muss dieser Spektralwert Null sein. Wenn er das nicht ist, ist das Abtasttheorem verletzt. Die Größe des Betrags des Spektralwerts für $-N/2$ ist praktisch ein Indikator dafür, wie gut das Abtasttheorem eingehalten ist.

Aufstellung eines lösbaren linearen Gleichungssystems

Für jeden Abtastwert

$$t_n = \frac{n \cdot T_\mathrm{P}}{N} \qquad n \in \{0,\, 1, \ldots,\, N-1\} \tag{2.186}$$

kann eine lineare Gleichung aufgestellt werden, die ihn aus den komplexen Spektralwerten $\underline{X}(m)$ berechnet:

$$x(n) = \sum_{m=-\frac{N}{2}}^{\frac{N}{2}-1} \underline{X}(m) \cdot e^{j \cdot \frac{2 \cdot \pi \cdot m \cdot n}{N}} \tag{2.187}$$

Auf diese Weise entsteht ein lineares Gleichungssystem zur Berechnung von N Abtastwerten aus N Spektralwerten:

$$\begin{pmatrix} x(0) \\ x(1) \\ \vdots \\ x(N-1) \end{pmatrix} = \mathrm{Q} \cdot \begin{pmatrix} \underline{X}(-\frac{N}{2}) \\ \underline{X}(-\frac{N}{2}+1) \\ \vdots \\ \underline{X}(\frac{N}{2}-1) \end{pmatrix} \tag{2.188}$$

Die quadratische Matrix Q hat die komplexen Koeffizienten

$$q_{mn} = e^{j \cdot \frac{2 \cdot \pi \cdot m \cdot n}{N}} \tag{2.189}$$

Die Determinante von Q ist ungleich Null, so dass auch die inverse Matrix existiert. Die Multiplikation beider Seiten von Gleichung 2.188 mit Q^{-1} ergibt die gesuchte Vorschrift zur Berechnung der Spektralwerte aus der Abtastfolge:

$$\begin{pmatrix} \underline{X}\left(-\frac{N}{2}\right) \\ \underline{X}\left(-\frac{N}{2}+1\right) \\ \vdots \\ \underline{X}\left(\frac{N}{2}-1\right) \end{pmatrix} = Q^{-1} \cdot \begin{pmatrix} x(0) \\ x(1) \\ \vdots \\ x(N-1) \end{pmatrix} \tag{2.190}$$

Die Koeffizienten der Transformationsmatrix $P = Q^{-1}$ betragen

$$p_{mn} = \frac{1}{N} \cdot e^{-j \cdot \frac{2 \cdot \pi \cdot m \cdot n}{N}} \tag{2.191}$$

Die Umrechnung zwischen der Abtastfolge und dem bandbegrenzten Spektrum erfolgt über ein lineares Gleichungssystem.

Die Rechnung ist der Beweis dafür, dass es immer möglich ist, aus einer geradzahligen Anzahl von N äquidistanten Abtastwerten ein Spektrum zu berechnen.[11]

Das lineare Gleichungssystem und seine Umkehrung sind auch lösbar, wenn die Voraussetzungen für die Berechnung des Spektrums nicht erfüllt sind, z.B. wenn das Abtasttheorem verletzt ist oder wenn nicht exakt eine Signalperiode abgetastet wird.

Das berechnete Spektrum ist dann aber nicht das Spektrum des betrachteten Signals, sondern das Spektrum eines Signals, das auch die verwendete Abtastfolge hat und alle Voraussetzungen erfüllt. Letzteres wird in der Praxis manchmal ignoriert. Wenn ein berechnetes Spektrum unplausibel erscheint, ist es hilfreich, das tatsächlich zu dem Spektrum gehörende Signal über Gleichung 2.111 für mehrere Perioden und auch für Zeitpunkte, die zwischen den Abtastzeitpunkten liegen, zu berechnen. Ein Vergleich mit dem tatsächlichen Signal zeigt dann in der Regel, was nicht stimmt.

Numerische Berechnung

Die Transformation einer Abtastfolge in ihr Spektrum und dessen Umkehrung sind Standardalgorithmen, denen jedoch aus historischen und numerischen Gründen nicht die Gleichungen 2.188 und 2.190 zugrunde liegen. Insbesondere

[11] Die Bevorzugung einer geraden Anzahl von Abtastwerten hat numerische Gründe. Das Spektrum lässt sich auch mit einer ungeraden Anzahl berechnen.

ist das Transformationsergebnis und die Eingabe für die Rücktransformation nicht das Spektrum, sondern ein Vektor aus komplexen Zahlen, aus dem sich das Spektrum ablesen lässt.

a) Die Spektralwerte der negativen Frequenzen sind um N Indexpositionen in den positiven Bereich verschoben:

$$x(k) = \underbrace{\sum_{k=0}^{\frac{N}{2}-1} \underline{X}(k) \cdot e^{j \cdot \frac{2 \cdot \pi \cdot k \cdot n}{N}}}_{\text{TPos}} + \underbrace{\sum_{k=+\frac{N}{2}}^{N-1} \underline{X}(k) \cdot e^{j \cdot \frac{2 \cdot \pi \cdot k \cdot n}{N}}}_{\text{TNeg}} \tag{2.192}$$

(TPos – Teilsumme für die positiven Frequenzen; TNneg – Teilsumme für die negativen Frequenzen). Der Indexbereich und die einzelnen Summanden für die positiven Frequenzen bleiben unverändert. Für die Teilsumme der negativen Frequenzen ist die Indexverschiebung auch nur eine kosmetische Anpassung:

$$\begin{aligned} \sum_{k=+\frac{N}{2}}^{N-1} \underline{X}(k) \cdot e^{j \cdot \frac{2 \cdot \pi \cdot k \cdot n}{N}} &= \sum_{k=-\frac{N}{2}}^{-1} \underline{X}(k+N) \cdot e^{j \cdot \frac{2 \cdot \pi \cdot (m+N) \cdot n}{N}} \\ &= \sum_{k=-\frac{N}{2}}^{-1} \underline{X}(k+N) \cdot e^{j \cdot \frac{2 \cdot \pi \cdot m \cdot n}{N}} \cdot \underbrace{e^{j \cdot \frac{2 \cdot \pi \cdot N \cdot n}{N}}}_{1} \end{aligned} \tag{2.193}$$

Die Werte der Exponentialterme, mit denen die Spektralwerte gewichtet werden, ändern sich für die Abtastzeitpunkte bei dieser Indexverschiebung nicht. Aber Achtung, für die Berechnung von Zeitwerten zwischen den Abtastzeitpunkten nach Gleichung 2.111 ist diese Indextransformation unzulässig. Das ist z.B. daran zu erkennen, dass Gleichung 2.111 mit dem transformierten Spektralvektor nur für die Abtastzeitpunkte reelle Werte liefert. Denn damit sich die Imaginäranteile für alle Zeitpunkte aufheben, muss ein Spektrum die konjugiert komplexen Spektralwerte für die negativen Frequenzen enthalten.

b) Aus historischen Gründen wird statt mit den Spektralwerten $\underline{X}(k)$ mit den N-fachen Werten davon gerechnet:

$$\underline{W}(k) = N \cdot \underline{X}(k) \tag{2.194}$$

(N – Anzahl der Abtastwerte). Das Transformationsergebnis für den Frequenzindex $k = 0$ ist z.B. nicht der Mittelwert des Signals, sondern die Summe der Abtastwerte, (d.h. der N-fache Mittelwert).

Abbildung 2.100 veranschaulicht die Zuordnung zwischen dem modifizierten und dem richtigen Vektor der Spektralwerte. Die modifizierten Spektralwerte sind N-mal so groß wie die zugehörigen richtigen Spektralwerte und die modifizierten Spektralwerte mit den Indizes $k \geq N/2$ sind in Wirklichkeit die Spektralwerte der negativen Frequenzindizes $k - N$.

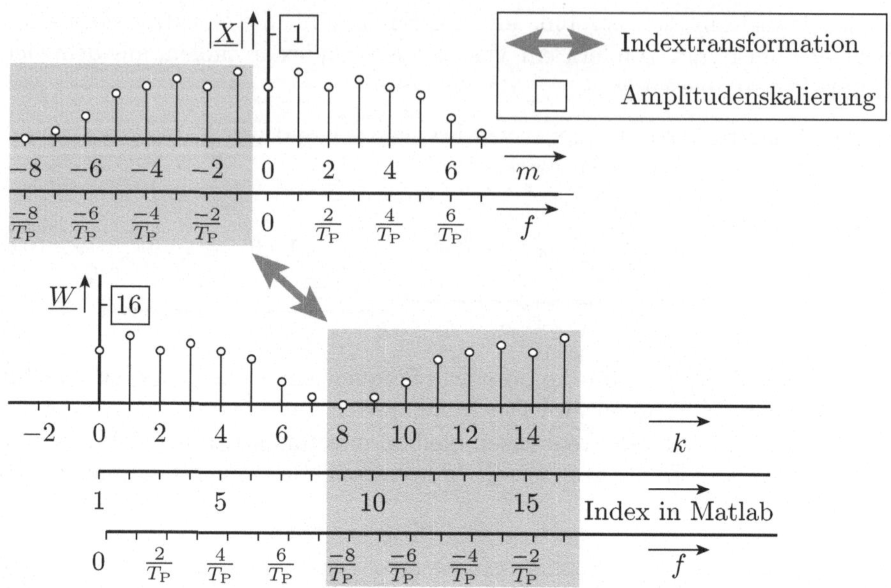

Abb. 2.100. Zuordnung zwischen dem modifizierten und dem richtigen Vektor der Spektralwerte

Die Berechnung aller Abtastwerte aus dem modifizierten Vektor der Spektralwerte lässt sich auch jetzt noch zu einer Matrixgleichung zusammenfassen. Die Exponentialterme werden als Potenzen der Hilfsvariablen

$$v = e^{j \cdot \frac{2 \cdot \pi}{N}} \tag{2.195}$$

dargestellt:

$$x(n) = \frac{1}{N} \cdot \sum_{k=0}^{N-1} \underline{W}(k) \cdot v^{k \cdot n} \tag{2.196}$$

$$\begin{pmatrix} x(0) \\ x(1) \\ \vdots \\ x(N-1) \end{pmatrix} = \frac{1}{N} \cdot \begin{pmatrix} v^0 & v^1 & \cdots & v^{N-1} \\ v^0 & v^2 & \cdots & v^{2 \cdot (N-1)} \\ \vdots & \vdots & \ddots & \vdots \\ v^0 & v^{N-1} & \cdots & v^{(N-1)^2} \end{pmatrix} \cdot \begin{pmatrix} \underline{W}(0) \\ \underline{W}(1) \\ \vdots \\ \underline{W}(N-1) \end{pmatrix}$$

Die Koeffizientenmatrix hat eine numerisch günstigere Struktur als die in Gleichung 2.188. Auch diese Matrixmultiplikation ist umkehrbar:

$$\begin{pmatrix} \underline{W}(0) \\ \underline{W}(1) \\ \vdots \\ \underline{W}(N-1) \end{pmatrix} = N \cdot \mathrm{V}^{-1} \cdot \begin{pmatrix} x(0) \\ x(1) \\ \vdots \\ x(N-1) \end{pmatrix} \tag{2.197}$$

Die Berechnung der Abtastwerte aus dem modifizierten Vektor der Spektralwerte wird als inverse zeitdiskrete Fourier-Transformation bezeichnet und ihre Umkehrung als zeitdiskrete Fourier-Transformation.

Schnelle Fourier-Transformation

Die schnelle Fourier-Transformation (fft – fast fourier transformation) ist ein Algorithmus, der durch geschicktes Ausklammern den Rechenaufwand der Matrixmultiplikation von N^2 komplexen Multiplikationen und Additionen auf im günstigsten Fall $N \cdot \log_2(N)$ komplexe Multiplikationen und Additionen reduziert. Der günstigste Fall tritt ein, wenn N eine Zweierpotenz ist. Zweierpotenzen werden deshalb für die Anzahl der Abtastpunkte bevorzugt. Für die inverse schnelle Fourier-Transformation (ifft – inverse fast fourier transformation) gilt dasselbe. Die Matlab-Funktionen der beiden Transformationen heißen:

```
W=fft(x);  % fft  -- fast fourier transformation
x=ifft(W); % ifft -- inverse fast fourier transformation
```

(x – Abtastfolge; W – modifizierter Vektor der Spektralwerte). In Matlab beginnt die Indexzählung immer mit »1«. Der Feldindex ist deshalb immer um »1« größer als der Frequenzindex (vergleiche Abb. 2.100).

Spektralwerte werden üblicherweise durch Betrag und Phase dargestellt. Die zugehörigen Matlab-Funktionen lauten abs() und angle(). Abbildung 2.101 zeigt ein Matlab-Programm, das eine Beispielabtastfolge erzeugt, das Spektrum dieser Folge berechnet und getrennt nach Betrag und Phase darstellt. Die Spektralwerte der negativen Frequenzen wurden weggelassen, da diese stets denselben Betrag und die umgekehrte Phase der Spektralwerte der zugehörigen positiven Frequenzen besitzen.

Ist das berechnete Spektrum korrekt?

Die Probe hierfür ist die Berechnung des Zeitsignals für andere Abtastzeitpunkte aus dem Spektrum mit Hilfe von Gleichung 2.111:

$$x(t) = \sum_{m=-M}^{M} \underline{X}(m) \cdot e^{j \cdot m \cdot \omega_0 \cdot t}$$

Da die Spektralwerte der negativen Frequenzen stets den konjugiert komplexen Wert der zugehören positiven Frequenz haben, ist es auch zulässig, die

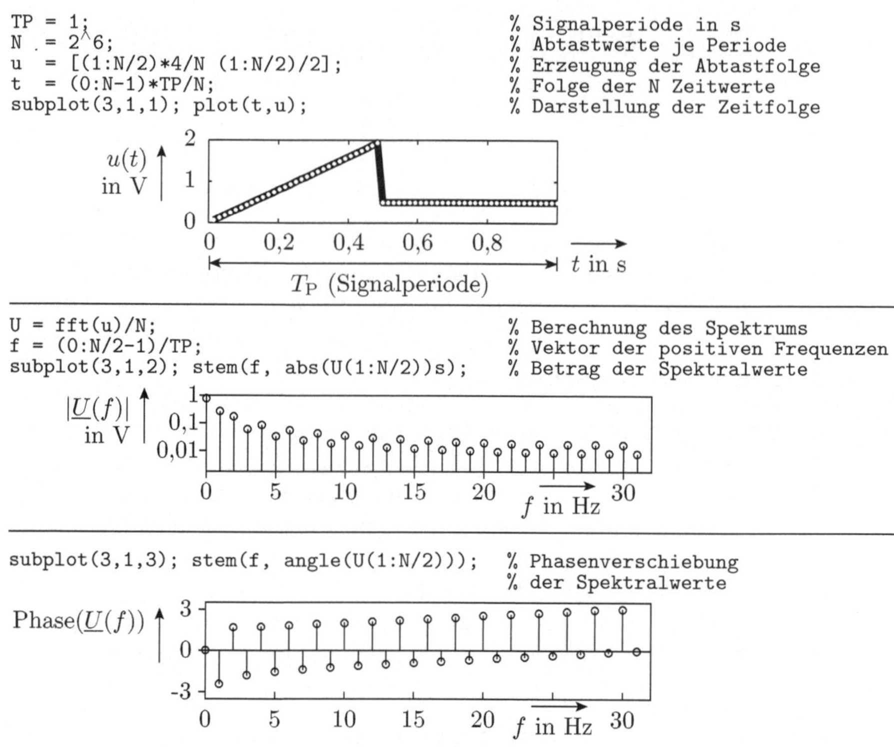

Abb. 2.101. Berechnung und Darstellung des Spektrums einer periodischen abgetasteten Zeitfolge

Zeitwerte durch Aufsummieren des Gleichanteils und der doppelten Realteile der positiven Frequenzen zu berechnen:

$$x(t) = \underline{X}(0) + 2 \cdot \sum_{m=1}^{M} \operatorname{Re}\left\{\underline{X}(m) \cdot e^{j \cdot m \cdot \omega_0 \cdot t}\right\} \tag{2.198}$$

Abbildung 2.102 zeigt ein Matlab-Programm zur Berechnung des Signals, das wirklich zu dem Spektrum gehört, mit 300 Abtastwerten und das Ergebnis.[12] An den Streckensegmenten stimmt das Signal, für das das Spektrum berechnet wurde, mit dem Signal, das wirklich zu dem Spektrum gehört, gut überein. An den Stellen mit sprunghaften Änderungen treten die charakteristischen Überschwinger auf, die zeigen, dass hochfrequente Spektralwerte fehlen. Das zu transformierende Signal war offensichtlich unterabgetastet.

[12] Zum Vergleich, das Spektrum wurde aus 64 Abtastwerten berechnet.

```
for n=1:300                         % für 300 Zeitwert
 t(n)=(n-10)/200;                   % Abtastzeitpunkt festlegen
 u(n)=U(1);                         % Wert mit Gleichanteil initialisieren
 for m=2:32                         % für die 31 Spektralterme mit f > 0
  u(n)=u(n)+2*real(U(m)*e^(j*2*pi*f(m)*t(n)));
 end;                               % doppelten Realteil hinzufügen
end;
plot(t, u);
```

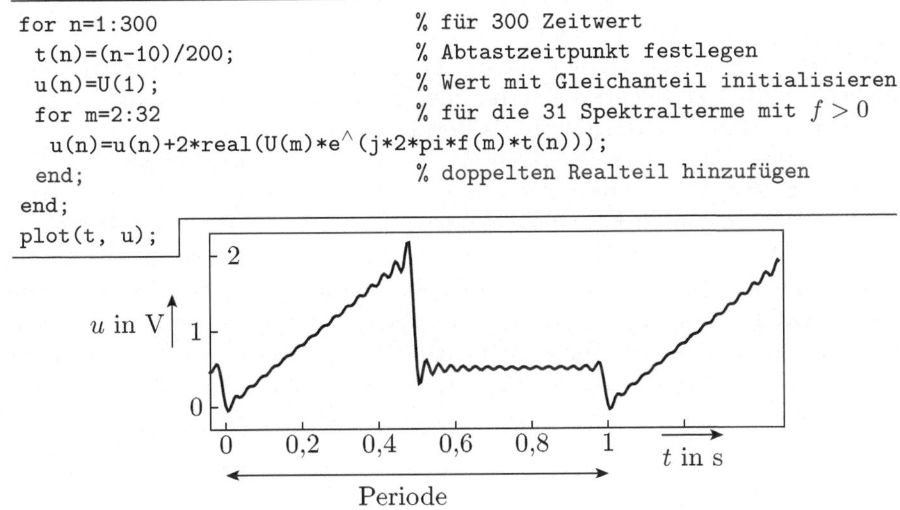

Abb. 2.102. Zeitsignal zum Spektrum aus Abb. 2.101

2.4.8 Messen des Frequenzgangs

Der Frequenzgang ist die Übertragungsfunktion eines linearen zeitinvarianten Systems im Frequenzbereich. Er ist das Verhältnis der Spektralwerte am Ausgang zu den Spektralwerten am Eingang in Abhängigkeit von der Frequenz:

$$\underline{X}\,(f) = \frac{\underline{X}_{\mathrm{A}}\,(f)}{\underline{X}_{\mathrm{E}}\,(f)} \tag{2.199}$$

Er setzt sich aus einem Betragsfrequenzgang

$$|\underline{X}\,(f)| = \left|\frac{\underline{X}_{\mathrm{A}}\,(f)}{\underline{X}_{\mathrm{E}}\,(f)}\right| \tag{2.200}$$

und einem Phasenfrequenzgang

$$\varphi\,(\underline{X}\,(f)) = \varphi\left(\frac{\underline{X}_{\mathrm{A}}\,(f)}{\underline{X}_{\mathrm{E}}\,(f)}\right) = \varphi\,(\underline{X}_{\mathrm{A}}\,(f)) - \varphi\,(\underline{X}_{\mathrm{E}}\,(f)) \tag{2.201}$$

zusammen. Der Frequenzgang wird mit unterschiedlichen Testsignalen als Eingabe bestimmt.

Das anschaulich naheliegenste Testsignal ist ein Kosinussignal, z.B. ein kosinusförmiges Spannungssignal:

$$u_{\mathrm{E}} = U_{\mathrm{E}} \cdot \cos\left(2\pi \cdot f \cdot t\right) \tag{2.202}$$

Die zugehörige Ausgabe eines linearen Systems ist ein phasenverschobenes Kosinussignal derselben Frequenz mit veränderter Amplitude:

$$u_{\mathrm{A}} = U_{\mathrm{A}}(f) \cdot \cos(2\pi \cdot f \cdot t + \varphi(f)) \tag{2.203}$$

Ein Kosinussignal enthält nur für die Frequenzen f und $-f$ Spektralwerte ungleich Null. Der Spektralwert für die Frequenz f hat das experimentell bestimmte Amplitudenverhältnis als Betrag und die experimentell bestimmte Phasenverschiebung. Der Spektralwert für $-f$ ist der konjugiert komplexe Wert dazu. Zur Abschätzung des gesamten Frequenzgangs muss der Versuch mit Kosinussignalen aller interessierenden Frequenzen wiederholt werden.

Alternativ kann auch ein periodisches Testsignal verwendet werden, das für viele Frequenzen Spektralwerte ungleich Null enthält. In diesem Fall wird von der Abtastfolge des Eingabesignals und von der des Ausgabesignal jeweils das Spektrum berechnet und für alle Spektralwerte ungleich Null der Quotient gebildet. Die Voraussetzungen, dass dieses Experiment sinnvolle Ergebnisse liefert, sind

- dass wirklich genau N äquidistante Zeitwerte einer Signalperiode abgetastet werden und
- dass das Eingabesignal das Abtasttheorem erfüllt und wirklich nur für Frequenzen, deren Betrag kleiner als die halbe Abtastfrequenz ist, Spektralwerte ungleich Null enthält.[13]

Ein Testsignal, das viele Spektralwerte ungleich Null enthält, lässt sich am anschaulichsten aus seinem Spektrum konstruieren. Beispiel sei ein Spektrum, dessen Spektralwerte bis zu einer Frequenz f_{max} gleichgroß und reell und für höhere Frequenzen Null sind:

$$\underline{X}(m) = \frac{X_0}{M} \cdot \begin{cases} 1 \text{ für } |m| \leq M \\ 0 \quad \text{sonst} \end{cases} \tag{2.204}$$

($M = f_{\mathrm{max}}/f_0$ – maximaler Frequenzindex). Bei der Konstruktion der zugehörigen Zeitfolge ist zu beachten, dass die Eingabe für die Funktion »ifft« nicht das Spektrum, sondern ein entsprechend Abb. 2.100 umgerechneter Vektor aus komplexen Zahlen ist. Abbildung 2.103 oben zeigt das Spektrum für $M = 8$, die Abbildung darunter den transformierten Eingabevektor für die Funktion »ifft«. Die Zeitfunktion des Testsignals hat, wie Abb. 2.103 unten zeigt, die Eigenschaft, dass sie, wenn sie genau an $N = 2 \cdot M + 1$ äquidistanten Zeitpunkten abgetastet wird, nur einen Wert ungleich Null enthält:

$$x(n) = \begin{cases} X_0 \text{ für } n = 0 \\ 0 \quad \text{sonst} \end{cases} \tag{2.205}$$

Theoretisch ließe sich dieses Signal deshalb auch aus einer Impulsfolge erzeugen, die durch einen Tiefpass geschickt wird, der die Spektralwerte der höheren Frequenzen ausreichend stark dämpft.

[13] In der Praxis sind diese beiden Voraussetzungen oft nur näherungsweise erfüllt, so dass die experimentellen Ergebnisse mit systematischen Fehlern behaftet sind.

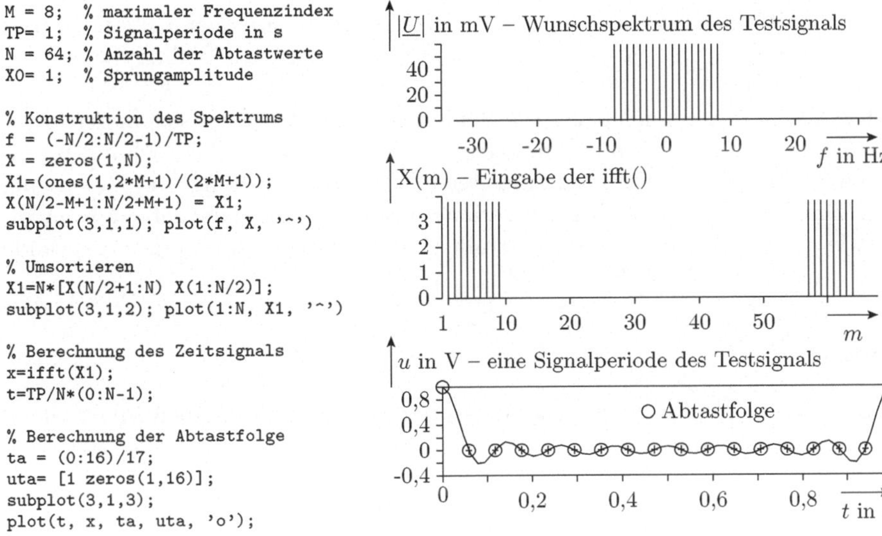

Abb. 2.103. Berechnung eines Testsignals, das für viele Frequenzen Spektralwerte ungleich Null enthält

2.4.9 Zusammenfassung und Übungsaufgaben

Der Frequenzraum ist ein Funktionsraum, in dem Signale als eine Summe komplexer Exponentialfunktionen dargestellt werden. Die mathematischen Grundlagen bilden die Fourier-Transformation und der Überlagerungssatz.

Der Spektralwert einer Frequenz f ist die komplexe Amplitude des Exponentialterms mit der Frequenz f. Für Spannungen, Ströme und Widerstände werden die Spektralwerte auch als komplexe Spannungen, Ströme und Widerstände bezeichnet. Die wichtigste Eigenschaft des Frequenzraums ist, dass sich die Spektralwerte der Spannungen und Ströme nicht nur an Widerständen, sondern auch an Kapazitäten und Induktivitäten zueinander proportional verhalten. Das handwerkliche Vorgehen bei der Schaltungsanalyse ist fast dasselbe wie für den stationären Zustand, der bei einer Analyse im Frequenzbereich als Sonderfall für $f = 0$ enthalten ist. Neu ist, dass die Analyse mit komplexen Zahlen erfolgt und dass die Ergebnisse anders zu interpretieren sind. Statt des Einflusses des Systems auf die Signalverläufe wird sein Einfluss auf die einzelnen Spektralwerte untersucht. Zielfunktion und Analyseergebnis ist vielfach, dass das System die Spektralwerte bestimmter Frequenzbereiche hervorhebt oder dass es – wie z.B. ein Verstärker – nur eine bestimmte Bandbreite besitzt. Das sind wichtige Systemeigenschaften, die aus einer Analyse im Zeitbereich nicht hervorgehen.

Das Spektrum eines Zeitsignals lässt sich aus einer Abtastfolge über eine Matrixmultiplikation berechnen.[14] Die Transformation ist immer ausführbar und auch immer umkehrbar, aber sie liefert nur unter den Bedingungen, dass genau eine Periode äquidistant abgetastet wird und dass das Abtasttheorem befriedigt ist, das Signalspektrum. Beide Bedingungen lassen sich in der Messpraxis oft nicht exakt einhalten. Das führt zu scheinbaren Abweichungen zwischen Theorie und Praxis. Die messtechnische Untersuchung und Bewertung von Signalen im Frequenzbereich verlangt deshalb immer eine genaue Kontrolle, wie gut die Voraussetzungen erfüllt sind. Weiterführende und ergänzende Literatur siehe [19, 24, 27, 37, 43].

Aufgabe 2.22

Was bedeutet es physikalisch, wenn ein berechneter Strom einen Imaginärteil besitzt, wie z.B. der Strom

$$\underline{I}_1 = (1 + j)\ \mathrm{mA}$$

Gibt es dann in der Schaltung imaginäre Ströme?

Aufgabe 2.23

a) Wie groß sind die komplexen Ersatzwiderstände $\underline{X}_\mathrm{a}$ und $\underline{X}_\mathrm{b}$ der Schaltungen in Abb. 2.104?
b) Unter welcher Bedingung sind die Ersatzwiderstände beider Schaltungen gleich?

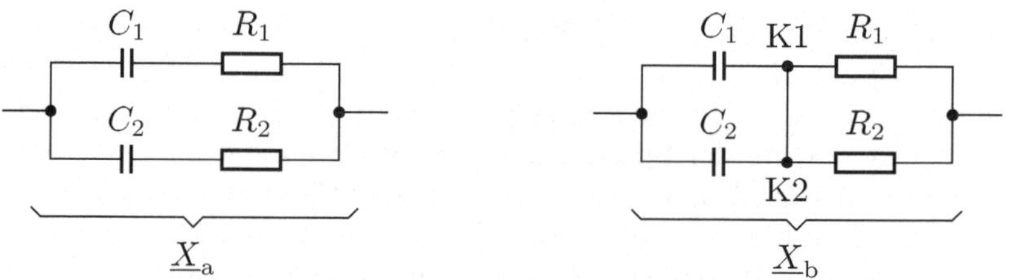

Abb. 2.104. Schaltungen zu Aufgabe 2.23

Hinweis zu b: Bei gleichem Ersatzwiderstand darf auf der Verbindung zwischen den Knoten K1 und K2 für keine Frequenz ein Strom fließen.

[14] Die optimierten Standardalgorithmen hierfür sind die »fft« und ihre Umkehrung die »ifft«. Die »fft« berechnet allerdings nicht das Spektrum, sondern einen Vektor aus komplexen Zahlen, aus dem sich das Spektrum ablesen lässt.

Aufgabe 2.24

Gegeben sei der Transistorverstärker in Abb. 2.105.

a) Stellen Sie die lineare Ersatzschaltung für den stationären Zustand zur Festlegung des Arbeitspunktes auf.
b) Wie groß muss die Versorgungsspannung U_{V1} sein, damit die Ausgangsspannung im stationären Zustand 3 V beträgt?
c) Stellen Sie die Ersatzschaltung für $f \neq 0$ auf.
d) Wie groß ist die Verstärkung für niedrige Frequenzen?
e) Wie groß ist die Grenzfrequenz f_0, bei der die Verstärkung das $1/\sqrt{2}$-fache der Verstärkung für niedrige Frequenzen abgesunken ist?

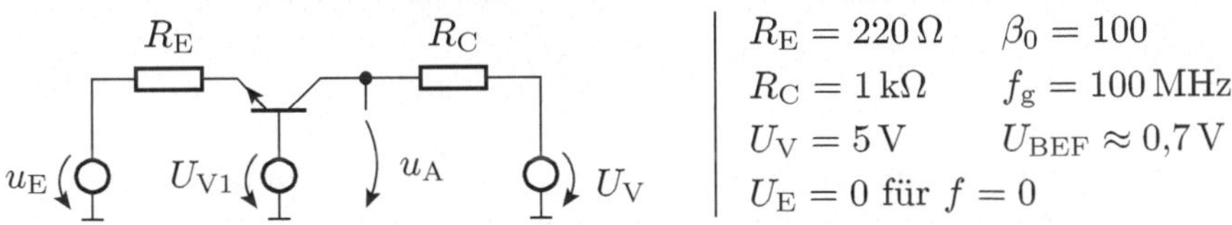

Abb. 2.105. Schaltung zu Aufgabe 2.24

Aufgabe 2.25

Wie lauten die Übertragungsfunktionen der rückgekoppelten Operationsverstärker in Abb. 2.106?

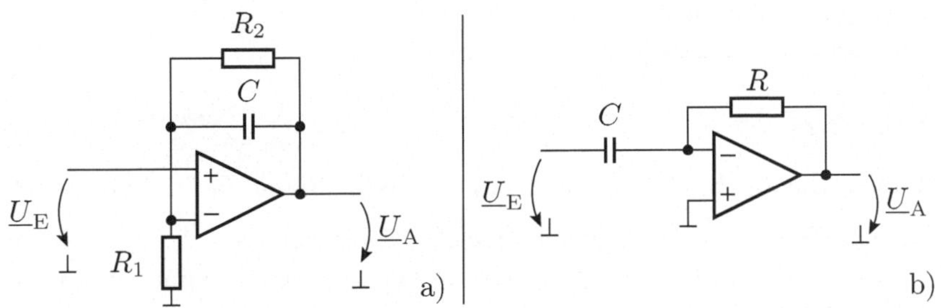

Abb. 2.106. Schaltungen zu Aufgabe 2.25

Aufgabe 2.26

Bestimmen Sie den Frequenzgang der Schaltung in Abb. 2.107 im Frequenzbereich von 10 Hz bis 1 kHz. Der verwendete Operationsverstärker soll sich im gesamten Frequenzbereich wie ein idealer Operationsverstärker verhalten.

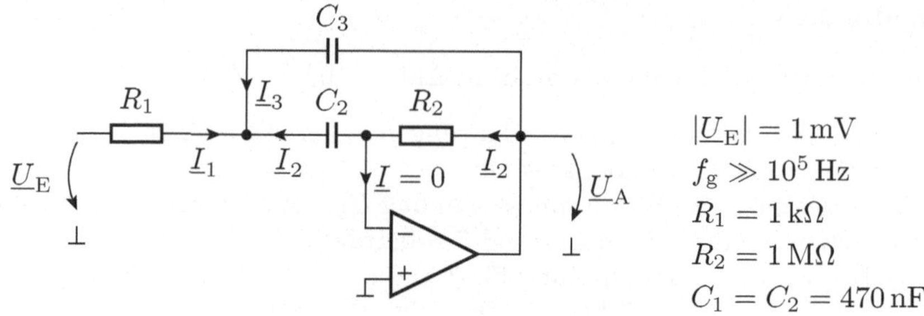

Abb. 2.107. Schaltung zu Aufgabe 2.26

a) Stellen Sie ein Gleichungssystem auf zur Berechnung von

$$\underline{v}_u = \frac{\underline{U}_A}{\underline{U}_E}$$

b) Entwickeln Sie ein Matlab-Programm, das mit dem aufgestellten Gleichungssystem den Amplituden- und den Phasenfrequenzgang der Schaltung berechnet und graphisch darstellt.

Nützliche Matlab-Funktionen: Erzeugung des logarithmisch abgestuften Frequenzvektors:

```
M = 200;                  % Anzahl der Frequenzwerte
f = logspace(1, 3, M); % logarithmisch abgestufte Folge
```

Darstellung von Betrag und Phase des Frequenzgangs mit logarithmisch unterteilter Betrags- und Frequenzachse:

```
loglog(f, abs(UA));
semilogx(f, angle(UA));
```

Aufgabe 2.27

Bestimmen Sie das Spektrum für das periodische Signal u_0 in Abb. 2.108.

a) Suchen Sie in einem mathematischen Nachschlagewerk eine geeignete Fourier-Reihe und passen Sie diese an den gegebenen Signalverlauf an.
b) Stellen Sie mit Matlab zwei Perioden
   - des aus Geradenstücken zusammengesetzten Zeitsignals (u_0)
   - der Summe der Fourier-Reihe bis zur dreifachen Grundfrequenz (u_3) und
   - der Summe der Fourier-Reihe bis zur neunfachen Grundfrequenz (u_9)

   mit je $N = 2^6$ Abtastwerten graphisch dar.
c) Berechnen Sie mit Hilfe der Funktion »fft« das Spektrum der Abtastfolge von u_0 und stellen Sie den Betrag in Abhängigkeit von der Frequenz graphisch dar.

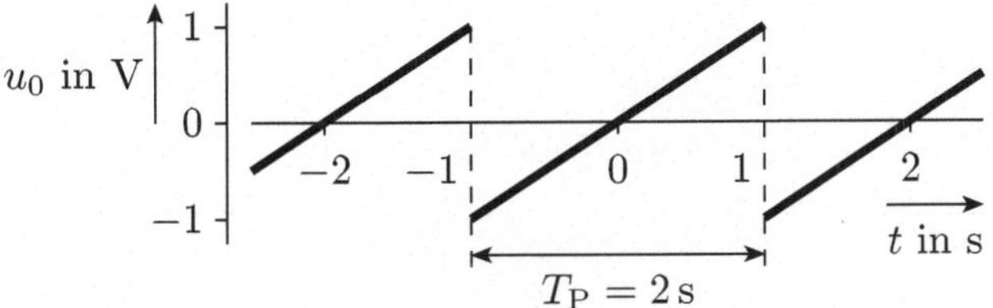

Abb. 2.108. Periodisches Spannungssignal zu Aufgabe 2.27

3

Fortgeschrittene Themen

3.1 Halbleiterbauelemente

Die elektrischen Leitungsvorgänge in einem Halbleiter werden im Wesentlichen von der Dichte der beweglichen Ladungsträger bestimmt. Diese Dichte hängt von den möglichen Elektronenzuständen, deren Energie und deren Besetztwahrscheinlichkeiten ab.

3.1.1 Bewegliche und unbewegliche Elektronen

	Symbol	Maßeinheit
Energie	W	eV (Elektronenvolt)
Fermi-Energie	W_F	eV (Elektronenvolt)
Temperatur	T	K (Kelvin)
Boltzmann-Konstante	k_B	$8{,}63 \cdot 10^{-5}\ \frac{\text{eV}}{\text{K}}$
Bandabstand	W_G	eV (Elektronenvolt)
Dichte der beweglichen Elektronen	n	cm^{-3}
Dichte der beweglichen Löcher	p	cm^{-3}

Ein Elektron besitzt Wellen- und Teilcheneigenschaften. Für die Leitungsvorgänge in Festkörpern sind vor allem die Welleneigenschaften wichtig. Wellen – die Wellen auf einem See genauso wie Lichtwellen und Elektronenwellen – besitzen eine Wellenfunktion, die ihre Amplitude in Abhängigkeit vom Ort und der Zeit beschreibt. Bei Elektronenwellen beschreibt das Quadrat der Amplitude der Wellenfunktion die Aufenthaltswahrscheinlichkeit des Elektrons im

G. Kemnitz, *Technische Informatik*, eXamen.press,
DOI 10.1007/978-3-540-87841-4_3, © Springer-Verlag Berlin Heidelberg 2009

Raum. Die Wellenfunktion eines Elektrons wird im Weiteren als sein Zustand bezeichnet.

Die möglichen Zustände eines Elektrons in einem Raum sind abzählbar. Als Lösung der Schrödinger Gleichung kann ein Elektron in einem Raum nur bestimmte Zustände annehmen. Das Pauli-Verbot[1] besagt, dass zwei Elektronen, die im selben Raum in Wechselwirkung miteinander stehen, unterschiedliche Zustände haben müssen.

Jede Wellenfunktion und damit auch jeder Elektronenzustand verkörpert eine bestimmte Energie. Für die Anzahl der beweglichen Ladungsträger ist der umgekehrte Zusammenhang wichtig, die Anzahl der Elektronenzustände mit einer bestimmten Energie. Sie ist proportional zum Volumen des Festkörpers. Für ein Volumen, das eine große Anzahl von Atomen einschließt, ist diese Funktion näherungsweise stetig.

Die Menge aller Elektronen in einem Festkörper wird als Elektronengas modelliert. Beim absoluten Nullpunkt der Temperatur stellt sich in einem Elektronengas der energetisch niedrigste Zustand ein. Alle Wellenzustände mit einer Energie $W \leq W_F$ sind besetzt und alle Wellenzustände mit einer höheren Energie sind unbesetzt. Die Energie W_F, bis zu der alle Zustände besetzt sind, ist die Fermi-Energie.[2] Bis zur Fermi-Energie ist die Elektronendichte gleich der Zustandsdichte und für größere Energien ist die Elektronendichte Null (Abb. 3.1 a).

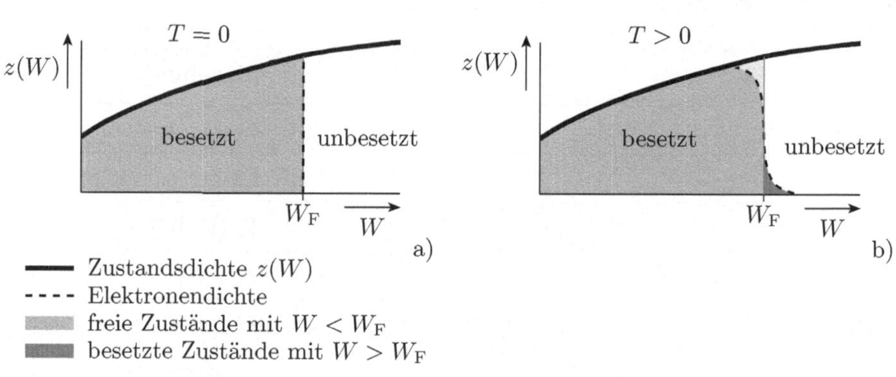

Abb. 3.1. Zustandsdichte und Elektronendichte

Bei Erhöhung der Temperatur erhöht sich die kinetische Energie der Elektronen. Aber sie kann sich nur für Elektronen erhöhen, in deren energetischer und räumlicher Nachbarschaft sich freie Energiezustände befinden. Das sind nur die Zustände nahe der Fermi-Energie (Abb. 3.1 b). Die Besetztwahrscheinlichkeit $p(W)$ der Zustände gehorcht einer speziellen Verteilung – der Fermi-Verteilung:

[1] Benannt nach Wolfgang Ernst Pauli (1900 - 1958), deutscher Physiker.

[2] Benannt nach Enrico Fermi (1901 - 1954), italienischer Kernphysiker.

$$p(W, T) = \left(e^{\frac{W-\zeta}{k_B \cdot T}} + 1 \right)^{-1} \quad (3.1)$$

(k_B – Boltzmann-Konstante[3]; $k_B \cdot T$ – mittlere thermische Energie bei Temperatur T; ζ – elektrochemisches Potenzial). Das elektrochemische Potenzial ζ ergibt sich aus der Neutralitätsbedingung. Es hat genau den Wert, bei dem die Anzahl der freien Zustände mit einer Energie $W < W_F$ genauso groß wie die Anzahl der besetzten Zustände mit einer Energie $W > W_F$ ist. Die Elektronenzustände mit einer Energie

$$W < \zeta - 20 \cdot (k_B \cdot T) \quad (3.2)$$

sind praktisch immer besetzt und die Elektronenzustände mit einer Energie

$$W > \zeta + 20 \cdot (k_B \cdot T) \quad (3.3)$$

praktisch nie. Dazwischen nimmt die Besetztwahrscheinlichkeit stetig ab.

Die in Abb. 3.1 unterstellte stetige Zunahme der Zustandsdichte mit der Energie gilt nur für Elektronen in einem Raum ohne weitere elektrische Ladungen. In einem Festkörper interagieren die Elektronenwellen mit den Atomkernen, die ein regelmäßiges Gitter von positiven Ladungen bilden. Dabei kommt es zu Beugungserscheinungen, die den Zusammenhang zwischen den Elektronenzuständen und ihrer Energie für bestimmte Relationen der Wellenlänge und der Gitterperiodizität verändern. Für einen Kristall mit einem perfekten Gitter zerfällt die Zustandsdichtefunktion in Bänder erlaubter Energie, die durch Bandlücken ohne Energiezustände getrennt sind (Abb. 3.2).

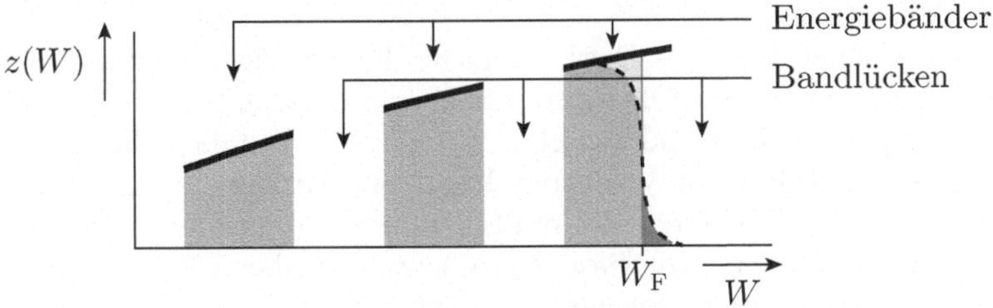

Abb. 3.2. Zustandsdichte im idealen Kristall

Ein Elektron kann nur dann am Stromfluss teilnehmen, wenn es seine kinetische Energie verändern kann. Das setzt freie Elektronenzustände in der energetischen Nachbarschaft voraus. Die Energiebänder mit geringer Energie sind immer vollständig besetzt. Ihre Elektronen sind dadurch ortsfest an den Kern gebunden. Nur aus zwei Bändern können Elektronen am Stromfluss teilnehmen:

[3] Benannt nach Ludwig Boltzmann (1844 - 1906), österreichischer Physiker und Philosoph.

- Valenzband und
- Leitungsband.

Das Valenzband ist das energetisch höchstwertige bei Temperatur $T = 0$ mit Elektronen vollbesetzte Band. Das Leitungsband ist das darauffolgende Band, das bei $T = 0$ nur teilweise oder gar nicht mit Elektronen besetzt ist.

3.1.2 Leiter, Nichtleiter und Halbleiter

Die grundsätzlichen elektrischen Eigenschaften eines Festkörpers leiten sich aus den Besetztwahrscheinlichkeiten des Valenzbands und des Leitungsbands ab (Abb. 3.3). Bei einem Leiter ist entweder ein Teil der Energiezustände des Leitungsbands besetzt (Typ I) oder das Leitungsband überlagert sich energetisch mit dem Valenzband (Typ II). Dadurch gibt es eine große Anzahl von Elektronen mit energetisch benachbarten freien Zuständen. Für Kupfer gilt z.B., dass das Leitungsband mit einem Elektron je Atom besetzt ist. Aus der Atomdichte resultiert eine Dichte der beweglichen Elektronen von

$$n \approx 8 \cdot 10^{22}\mathrm{cm}^{-3} \tag{3.4}$$

Ein Isolator besitzt bei der Temperatur $T = 0$ ein unbesetztes Leitungsband. Die Energielücke zwischen Valenz- und Leitungsband ist im Vergleich zur mittleren thermischen Energie des Gitters so groß, dass keine Valenzbandelektronen durch thermische Anregung in das Leitungsband angehoben werden. Die Valenzbandelektronen können sich nicht bewegen, weil es keine energetisch benachbarten freien Zustände gibt. Das Leitungsband enthält keine Elektronen.

Die Klassifizierung eines Festkörpers als Isolator ist nur relativ. Mit genügend Energie (z.B. zugeführt durch hochenergetische Strahlung oder Feldstärken von je nach Material zwischen 10^3 bis 10^5 Volt je Millimeter) lassen sich auch in einem Isolator Valenzbandelektronen in das Leitungsband anheben. Man setzt z.B. UV-Licht ein, um Siliziumoxid temporär in ein leitfähiges Material zu verwandeln. Auf diese Weise wurden früher EPROMs (elektrisch programmierbare Festwertspeicher) gelöscht.

Ein Halbleiter hat dieselbe Bandstruktur wie ein Isolator, nur ist die Energielücke zwischen dem Leitungs- und dem Valenzband kleiner. Durch thermische Anregung wechselt ein winziger Teil von 0,000 ... 1% der Valenzbandelektronen in das Leitungsband und hinterlässt im Valenzband Löcher. Die wenigen Elektronen im Leitungsband sind beweglich. Auch im Valenzband kann sich eine geringe Anzahl von Elektronen bewegen, indem sie in die Löcher wechselt, die die ins Leitungsband gewechselten Elektronen hinterlassen. Wenn ein Elektron in ein Loch wechselt, wird wieder ein Loch frei, in das wieder ein Elektron wechseln kann. Dieses kollektive Beschleunigen und Abbremsen der Valenzbandelektronen über die Energieniveaus der Löcher wird als Löcherbewegung entgegen der Elektronenbewegung modelliert.

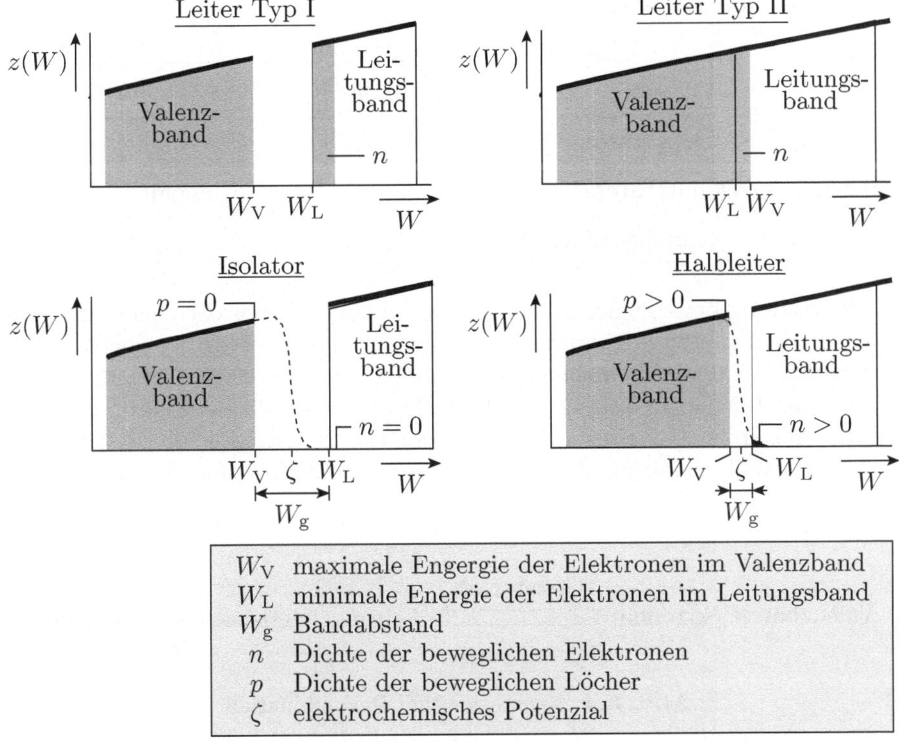

Abb. 3.3. Bänderstruktur und Dichte der beweglichen Ladungsträger in Festkörpern

Bei dem wichtigsten Halbleitermaterial, dem Silizium, beträgt der Abstand zwischen dem Valenzband und dem Leitungsband etwa

$$W_{\mathrm{g}} \approx 1{,}1\,\mathrm{eV} \tag{3.5}$$

Bei einer Umgebungstemperatur von 300 K ist die mittlere thermische Energie im Gitter etwa 0,025 eV. Daraus resultiert für die Dichte der Elektronen, die im Mittel das Valenzband verlassen und Energiezustände des Leitungsbands besetzen

$$n = p \approx 2 \cdot 10^{9}\mathrm{cm}^{-3} \tag{3.6}$$

(n – Dichte der beweglichen Leitungsbandelektronen; p – Löcherdichte im Valenzband). Das ist größenordnungsmäßig etwa ein beweglicher Ladungsträger auf 10^{13} Atome. Aus dem exponentiellen Einfluss der Temperatur auf die Besetztwahrscheinlichkeit resultiert eine exponentielle Zunahme der Dichte der beweglichen Ladungsträger mit der Temperatur um etwa 7%/K. Das Verhalten von Halbleiterbauteilen ist stark temperaturabhängig.

3.1.3 Dotierte Halbleiter

	Symbol	Maßeinheit
Dichte der Akzeptoratome	N_A	cm^{-3}
Dichte der Donatoratome	N_D	cm^{-3}
instrinsische Ladungsträgerdichte	n_i	cm^{-3}

Die Bildung beweglicher Elektronen und Löcher ist ein Gleichgewichtsprozess, der dem Massenwirkungsgesetz gehorcht. Der Prozess der thermischen Anregung, bei dem Valenzbandelektronen in das Leitungsband angehoben werden und Löcher im Valenzband hinterlassen, wird als Generation bezeichnet. Zeitgleich zur Generation läuft der umgekehrte Prozess, die Rekombination, bei dem Leitungsbandelektronen Energie abgeben und Löcher im Valenzband füllen (Abb. 3.4).

$$\text{Valenzbandelektronen} \underset{\text{Rekombination}}{\overset{\text{Generation}}{\rightleftharpoons}} \text{Leitungsbandelektronen} + \text{Löcher}$$

Abb. 3.4. Generation und Rekombination

Die Rekombinationsrate verhält sich sowohl proportional zur Dichte der Valenzbandelektronen als auch zur Löcherdichte. Erhöht sich das Produkt $n \cdot p$ durch einen äußeren Einfluss, steigt die Rekombinationsrate, so dass mehr bewegliche Ladungsträger vernichtet werden als entstehen. Eine Verringerung des Produkts $n \cdot p$ senkt die Rekombinationsrate. In beiden Fällen strebt das Produkt der Dichte der beweglichen Elektronen und der Löcherdichte gegen den Gleichsgewichtszustand:

$$n \cdot p = n_i \cdot p_i = n_i^2 \tag{3.7}$$

Die Gleichgewichtskonstante ist das Produkt der instrinsischen Ladungsträgerdichten $n_i \cdot p_i$. Das sind die Ladungsträgerdichten im undotierten Halbleiter. Da beide gleich sind, wird in der Literatur statt $n_i \cdot p_i$ immer n_i^2 geschrieben. Der Gleichgewichtsprozess wirkt auch dann, wenn bewegliche Ladungsträger zu oder abfließen oder wenn die Dichte der beweglichen Elektronen oder Löcher durch Dotierung künstlich erhöht wird.

Halbleiter sind Kristalle mit einem regelmäßigen Gitter. Das technisch wichtigste Halbleitermaterial, das Silizium, kristallisiert im Diamantgitter. Jedes Atom hat vier Außenelektronen, die kovalente Bindungen mit den Nachbaratomen eingehen. Die bis hierher betrachtete Bandstruktur basiert auf der Annahme, dass der Halbleiter frei von Fremdatomen und Gitterfehlern ist.

Denn Fremdatome und Gitterfehler verursachen zusätzliche Energiezustände, die auch in der Bandlücke liegen können. Die Dotierung nutzt Letzteres, um gezielt zusätzliche ortsgebundene Energiezustände zu erzeugen.

Herstellung von p-Gebieten

Ein p-Gebiet wird durch Dotierung mit Akzeptoren erzeugt. Akzeptoren sind Atome mit drei Außenelektronen, z.B. Bor. Eingebaut in das Diamantgitter des Siliziums gehen sie mit drei benachbarten Siliziumatomen kovalente Bindungen ein. Das fehlende Elektron der vierten kovalenten Bindung ist ein Energiezustand, der nur um eine Energiedifferenz in der Größenordnung der mittleren thermischen Energie des Gitters größer als die maximale Energie der Valenzbandelektronen ist:

$$W_{\mathrm{A}} - W_{\mathrm{V}} \approx 0{,}05\,\mathrm{eV} \tag{3.8}$$

(W_{V} – maximale Energie der Valenzbandelektronen; W_{A} – Energie der zusätzlichen Zustände der Akzeptoratome, Abb. 3.5). Diese zusätzlichen Energiezustände sind mit einer Wahrscheinlichkeit nahe Eins besetzt und hinterlassen ortsgebundene negative Akzeptorionen und bewegliche Löcher. Die Löcherdichte ist gleich der Akzeptordichte:

$$p = N_{\mathrm{A}} \tag{3.9}$$

Das elektrochemische Potenzial ζ verschiebt sich, damit die Neutralitätsbedingung eingehalten wird, zu einer niedrigeren Energie. Die Dichte der beweglichen Elektronen verringert sich im Gleichgewichtszustand auf einen Wert, der viel kleiner als die instrinsische Ladungsträgerdichte ist:

$$n = \frac{n_i^2}{N_{\mathrm{A}}} \ll n_i \tag{3.10}$$

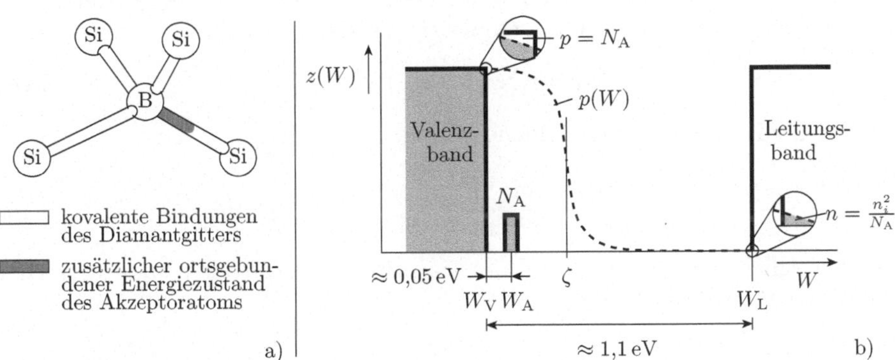

Abb. 3.5. Mit Akzeptoren dotierter Halbleiter a) Ort der zusätzlichen Elektronenzustände b) Zustandsdichte

Die Akzeptordichte wird typisch $N_A \approx 10^{14} \ldots 10^{19}\,\mathrm{cm}^{-3}$ gewählt. Daraus folgt bei Raumtemperatur eine Löcherdichte derselben Größe und eine Dichte der beweglichen Elektronen von

$$n \approx \frac{\left(2 \cdot 10^9\,\mathrm{cm}^{-3}\right)^2}{10^{14} \ldots 10^{19}\,\mathrm{cm}^{-3}} = 0{,}4 \ldots 4 \cdot 10^4\,\mathrm{cm}^{-3} \tag{3.11}$$

Die Löcher sind auf Grund ihrer viel größeren Dichte für den Stromfluss die Majoritätsladungsträger und die beweglichen Elektronen die Minoritätsladungsträger. Das Gebiet ist p-leitfähig oder kurz ein p-Gebiet.

Herstellung von n-Gebieten

Ein n-Gebiet wird durch Dotierung mit Donatoren erzeugt. Donatoren sind Atome mit fünf Außenelektronen, z.B. Phosphor. Eingebaut in das Diamantgitter des Siliziums gehen sie mit vier benachbarten Siliziumatomen kovalente Bindungen ein. Das fünfte ungebundene Elektron besitzt einen Energiezustand, der nur um eine Energiedifferenz in der Größenordnung der mittleren thermischen Energie kleiner als die Energie an der Unterkante des Leitungsbands ist. Dieser zusätzliche Energiezustand ist mit hoher Wahrscheinlichkeit nicht besetzt und hinterlässt ein ortsgebundenes positiv geladenes Donatorion sowie ein bewegliches Leitungsbandelektron (Abb. 3.6). Die Dichte der beweglichen Leitungsbandelektronen ist gleich der Donatordichte:

$$n = N_D \tag{3.12}$$

Das elektrochemische Potenzial ζ verschiebt sich, damit die Neutralitätsbedingung eingehalten wird, zu einer höheren Energie. Die Dichte der Löcher verringert sich im Gleichgewichtszustand zwischen Generation und Rekombination auf

$$p = \frac{n_i^2}{N_D} \tag{3.13}$$

Für die Donatordichte in den n-Gebieten wird dieselbe Größenordnung wie für die Akzeptordichte in den p-Gebieten gewählt:

$$N_D = n \approx 10^{14} \ldots 10^{19}\,\mathrm{cm}^{-3} \tag{3.14}$$

Die Löcherdichte ist verschwindend gering:

$$p \approx \frac{\left(2 \cdot 10^9\,\mathrm{cm}^{-3}\right)^2}{10^{14} \ldots 10^{19}\,\mathrm{cm}^{-3}} = 0{,}4 \ldots 4 \cdot 10^4\,\mathrm{cm}^{-3} \tag{3.15}$$

Die beweglichen Elektronen sind die Majoritätsladungsträger und die Löcher die Minoritätsladungsträger.

Beispiel 3.1: *Ein Halbleitergebiet sei mit 10^{18} Phosphoratomen je Kubikzentimeter dotiert. Wie groß ist die Dichte der beweglichen Elektronen und die Dichte der beweglichen Löcher bei einer Temperatur von 300 K?*

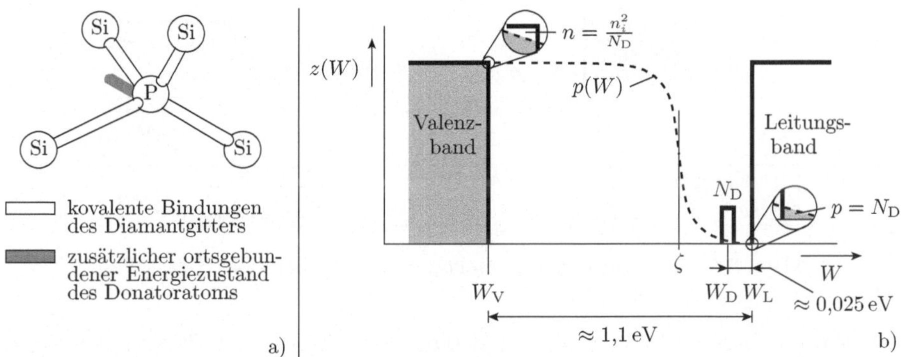

Abb. 3.6. Mit Donatoratomen dotierter Halbleiter a) Ort der zusätzlichen Elektronenzustände b) Zustandsdichte

Phosphor hat fünf Außenelektronen und ist damit ein Donator. Die Majoritätsladungsträger sind Elektronen mit einer Dichte gleich der Donatordichte:

$$n = N_D = 10^{18}\,\text{cm}^{-3}$$

Die Dichte der Löcher beträgt im Gleichgewichtszustand

$$p = \frac{n_i^2\,(300\,\text{K})}{N_D} = \frac{\left(2 \cdot 10^9\,\text{cm}^{-3}\right)^2}{10^{18}\,\text{cm}^{-3}} = 4\,\text{cm}^{-3}$$

Tiefe Störstellen

Jedes Kristallgitter enthält außer Donatoren und Akzeptoren auch eine ganz geringe Dichte anderer Fremdatome und es enthält Gitterfehler. Auch diese verursachen zusätzliche Energiezustände in der Bandlücke, jedoch gleichmäßig über die ganze Lücke verteilt und mit einer ganz geringen Dichte. Diese Störstellen werden als tiefe Störstellen bezeichnet und sind für die Geschwindigkeit der Generations- und Rekombinationsprozesse verantwortlich.

Elektronen wechseln aufgrund ihrer thermischen Bewegung ständig mit gewissen Wahrscheinlichkeiten in energetisch benachbarte freie (höher- oder niederwertigere) Energiezustände. Je größer die Energiedifferenz, desto geringer ist die Wahrscheinlichkeit. Eine Aufnahme der 40-fachen mittleren thermischen Energie bei einen einzigen Gitterzusammenstoß ist praktisch unmöglich. Die Energieaufnahme muss in kleineren Portionen erfolgen. Die hierfür erforderlichen Energiezustände in der Bandlücke sind die tiefen Störstellen. Ihre Dichte bestimmt, wie viele Elektronen gleichzeitig zwischen den Bändern hin- und herwechseln können (Abb. 3.7). Das gilt sowohl für die Generation als auch für die Rekombination.

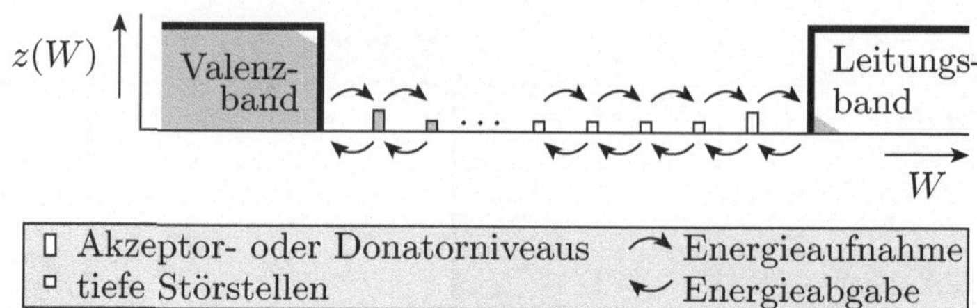

Abb. 3.7. Generierung und Rekombination über tiefe Störstellen

Je reiner ein Halbleiter ist, desto langsamer laufen die Generations- und Rekombinationsprozesse ab. In sehr reinen Halbleitern besitzen Gleichgewichtsabweichungen durch zu- oder abgeflossene bewegliche Ladungsträger eine relativ hohe Lebensdauer. Die Reinheit des Halbleiterkristalls ist jedoch eine Größe, die sich bei der Fertigung nicht genau einstellen lässt. Die Lebensdauer, die ein wichtiger Einflussfaktor auf die Eigenschaften elektronischer Bauteile ist, unterliegt daher erheblichen Fertigungsschwankungen.

3.1.4 pn-Übergang

	Symbol	Maßeinheit
Raumladung	ρ	$\frac{\mathrm{As}}{\mathrm{cm}^3}$
Diffusionsspannung	U_{Diff}	V (Volt)
elektrochemisches Potenzial im n-Gebiet	ζ_{n}	eV (Elektronenvolt)
elektrochemisches Potenzial im p-Gebiet	ζ_{p}	eV (Elektronenvolt)
Bandabstand	W_{G}	eV (Elektronenvolt)

Ein pn-Übergang ist eine Grenzschicht zwischen einem p-leitfähigen und einem n-leitfähigen Halbleitergebiet. Im p-Gebiet sind die Löcher die Majoritätsladungsträger. Ihre Dichte wird über die Akzeptordichte N_{A} im Herstellungsprozess eingestellt. Der eingestellte Wert liegt in der Größenordnung

$$p = N_{\mathrm{A}} \approx 10^{14} \ldots 10^{19}\,\mathrm{cm}^{-3} \tag{3.16}$$

Die Dichte der beweglichen Elektronen im n-Gebiet wird über die Donatordichte N_{D} auf einen ähnlich großen Wert eingestellt:

$$n = N_{\mathrm{D}} \approx 10^{14} \ldots 10^{19}\,\mathrm{cm}^{-3} \tag{3.17}$$

In Abschnitt 1.4 wurde das elektrische Verhalten des pn-Übergangs durch drei lineare Kennlinienäste angenähert:

- Sperrbereich,
- Durchlassbereich und
- Durchbruchbereich.

Im Weiteren wird aus physikalischer Sicht gezeigt, warum diese Näherungen zulässig sind und wie gut sie das tatsächliche Verhalten beschreiben.

Der spannungsfreie pn-Übergang

Wenn sich ein n- und ein p-Gebiet berühren, diffundieren die beweglichen Majoritätsladungsträger aufgrund ihrer thermischen Bewegung und des Konzentrationsgefälles in das jeweils andere Gebiet und hinterlassen ortsfeste Akzeptor- bzw. Donatorionen. Das n-Gebiet lädt sich positiv und das p-Gebiet negativ auf (Abb. 3.8 a). Es entsteht eine Raumladung. Diese verursacht ein elektrisches Feld, das eine Driftbewegung entgegen der Diffusionsrichtung bewirkt. In der Raumladungszone stellt sich ein stationäres Ladungsgleichgewicht ein (Abb. 3.8 b).

Die Erhöhung des Produktes $n \cdot p \gg n_i^2$, die unmittelbar nach der Berührung der beiden Gebiete entstehen würde, hat nur eine begrenzte Lebensdauer und wäre nach wenigen ms durch Rekombination abgebaut. Bei sich dauerhaft berührenden Gebieten befinden sich die Ladungsträgerdichten im Gleichgewicht. Unmittelbar am Übergang haben die beweglichen Elektronen und Löcher ihre instrinsische Dichte, die um viele Zehnerpotenzen geringer als die Dichte der Majoritätsladungsträger in den Bahngebieten ist. Die Raumladungszone ist praktisch eine Isolationsschicht.

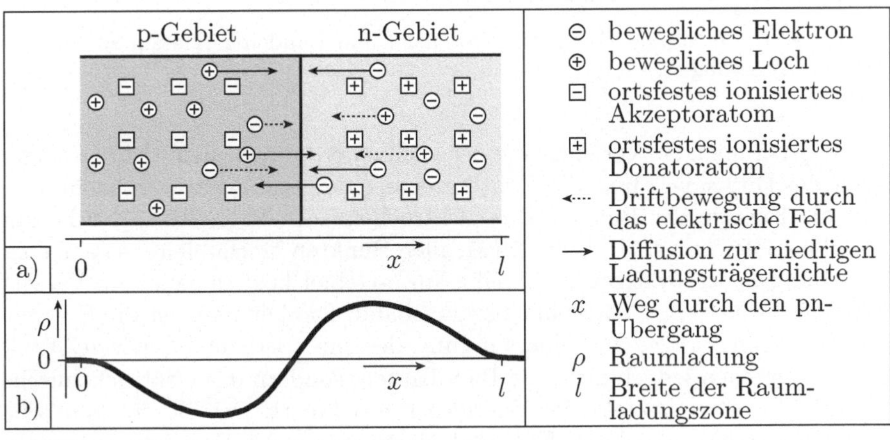

Abb. 3.8. Spannungsfreier pn-Übergang a) Diffusions- und Driftströme b) Raumladung

Bei der Bewegung eines Ladungsträgers durch den pn-Übergang muss er das elektrische Feld überwinden. Dabei ändert sich seine Energie und sein Potenzial. Die Potenzialänderung bei der Überwindung des pn-Übergangs ist die Diffusionsspannung (Abb. 3.8 c):

$$U_{\mathrm{Diff}} = -\int_0^l E(x) \cdot dx \tag{3.18}$$

(E – Feldstärke in Wegrichtung; l – Breite der Raumladungszone). Sie hat etwa die Größe der Flussspannung U_{F}. Das negative Vorzeichen vor dem Integral resultiert aus der umgekehrten Zählrichtung der Diffusionsspannung.

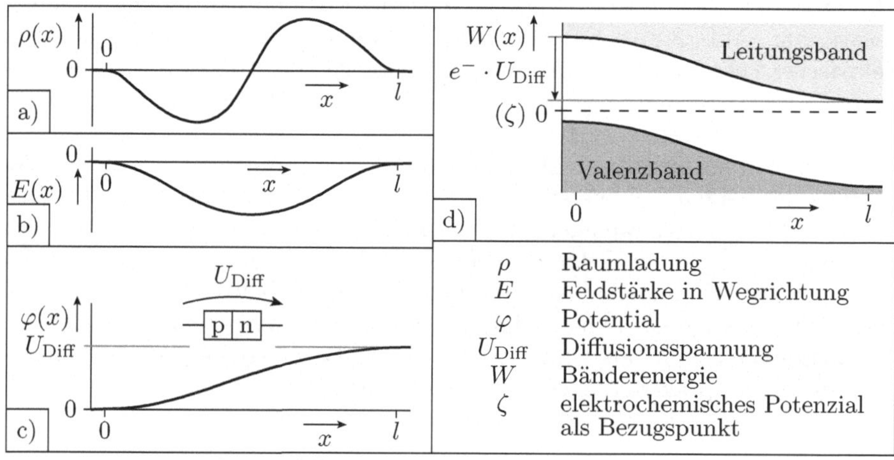

Abb. 3.9. Raumladung, Feldstärke, Potenzial und Bänderenergie am spannungsfreien pn-Übergang

Die ortsabhängige Veränderung der Dichte der beweglichen Ladungsträger durch die Diffusions- und die Driftbewegung der Ladungsträger beeinflusst auch die Energie der Bänder. Das elektrochemische Potenzial ζ der Fermi-Verteilung Gleichung 3.1 regelt sich an allen Punkten im Halbleiter so ein, dass die Ladungsneutralität gewahrt bleibt. Im p-Gebiet liegt es näher am Valenzband und im n-Gebiet näher am Leitungsband. Die Differenz ist die Energie, die ein Ladungsträger zur Überwindung des pn-Übergangs benötigt. Üblicherweise werden jedoch nicht die Bandkanten, sondern das elektrochemische Potenzial als Bezugspunkt der Energieachse definiert. Das elektrochemische Potenzial ζ erhält den Wert Null und die Energien der Bandkanten werden als ortsabhängige Größen dargestellt (Abb. 3.8 d). Sowohl die Leitungsbandelektronen als auch die Valenzbandelektronen ändern bei der Überwindung des pn-Übergangs ihre Energie um das Produkt aus der Diffusionsspannung und der Elementarladung.

Sperrbereich

Zur Untersuchung des Sperrverhaltens müssen wir uns die Konzentrationen der ortsfesten ionisierten Akzeptoren und Donatoren sowie die Dichte der beweglichen Ladungsträger am stromfreien pn-Übergang näher anschauen. Die Dotierungskonzentrationen nehmen technisch bedingt nahe der Sperrschicht stetig ab. Die Majoritätsladungsträgerdichten nehmen auch stetig, aber schneller ab. Die Differenz ist die Raumladung. An der Übergangsstelle zwischen dem n- und dem p-Gebiet stellen sich im Gleichgewichtszustand die instrinsischen Ladungsträgerdichten

$$n = p = n_i = p_i \tag{3.19}$$

ein, die dann im anderen Gebiet als Minoritätsladungsträgerdichten weiter stetig abfallen. Die Erhöhung der Minoritätsladungsträgerdichte verursacht zwar auch eine Raumladung, aber um viele Zehnerpotenzen kleiner als die Raumladung durch die wegdiffundierten und rekombinierten Majoritätsladungsträger (Abb. 3.10).

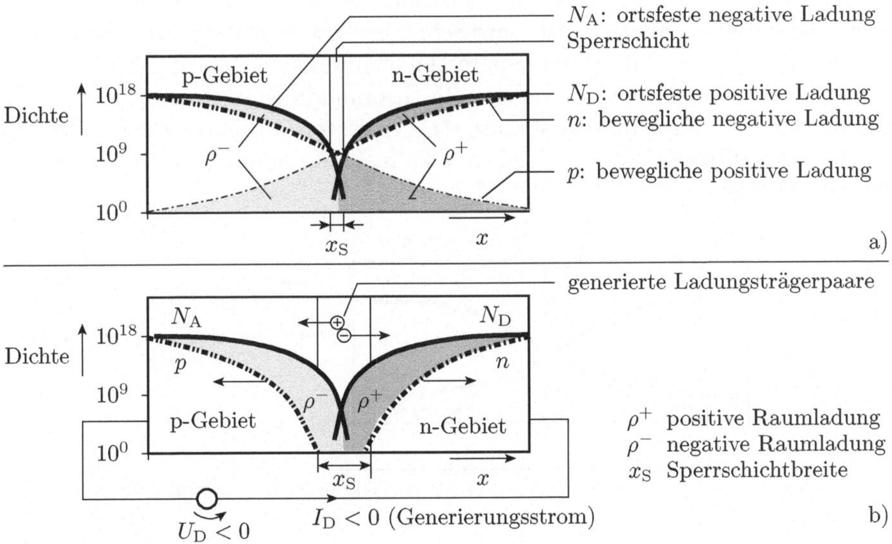

Abb. 3.10. Ladungsträgerdichte am gesperrten pn-Übergang a) $U_D = 0$ b) $U_D < 0$

Eine Spannung in Sperrrichtung vergrößert das elektrische Feld der Raumladungszone. Dadurch bewegen sich die Dichtekurven der beweglichen Elektronen und Löcher auseinander. Die Raumladung, gebildet aus den ortsfesten Akzeptor- und Donatorionen vergrößert sich. Die in der Sperrschicht generierten Ladungsträger driften nach der Generierung in die Bahngebiete und bilden einen geringen Sperrstrom.

Der Sperrstrom verhält sich proportional zur Generierungsrate und zum Volumen der Sperrschicht. Die Sperrschichtbreite nimmt mit der Sperrspannung zu, so dass auch der messbare Sperrstrom mit der Sperrspannung wächst. Wegen der Abhängigkeit von der sehr toleranzbehafteten Generierungsrate, die von der Reinheit des Halbleiters abhängt, ist der Sperrstrom praktisch für nichts technisch nutzbar. In einem sehr reinen Halbleiter ist er sehr gering. Die in Abschnitt 1.4 getroffene Annahme, dass der Strom im Sperrbereich praktisch Null ist, ist für die meisten Anwendungen hinreichend genau.

Ein gesperrter pn-Übergang wirkt ferner wie ein winziger Plattenkondensator, dessen Plattenabstand über die Sperrspannung geringfügig verändert werden kann. Diese Eigenschaft wird in Kapazitätsdioden genutzt. Kapazitätsdioden besitzen eine große Sperrschichtkapazität, die über die Sperrspannung gesteuert wird. Sie werden z.B. zur Senderabstimmung in Rundfunkempfängern eingesetzt.

Durchlassbereich

Eine Spannung in Durchlassrichtung schwächt das elektrische Feld. Die Ladungsträgerdichtekurven bewegen sich bildlich gesehen aufeinander zu. Die ladungsträgerarme Sperrschicht wird schmaler bzw. die Konzentration der beweglichen Ladungsträger in der Sperrschicht nimmt zu. Mit steigender Spannung passieren mehr Ladungsträger die Raumladungszone der Sperrschicht und diffundieren als Minoritätsladungsträger weiter in Richtung der Anschlüsse. Bei einer Flussspannung gleich der Diffusionsspannung findet eine ungebremste Diffusion statt.

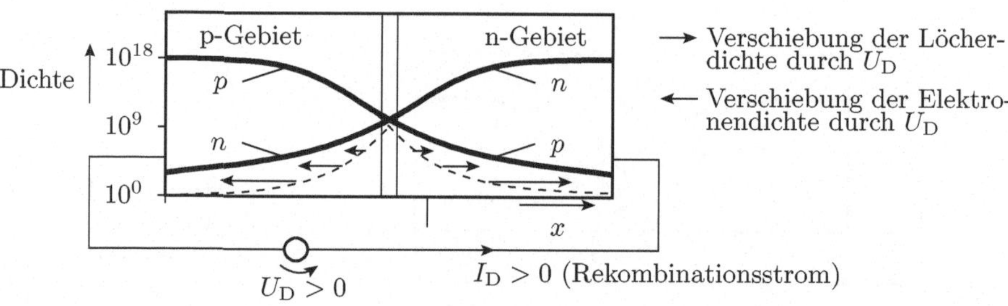

Abb. 3.11. Verschiebung der Ladungsträgerdichtekurven durch die äußere Spannung im Durchlassbereich

Das Eindringen von Majoritätsladungsträgern aus dem anderen Gebiet erhöht das Produkt $n \cdot p$. Es setzt eine verstärkte Rekombination ein. Spätestens an den Anschlüssen an der Halbleiteroberfläche, an der das Gitter stark gestört ist, werden die Überschüsse der Minoritätsladungsträger über tiefe Störstellen abgebaut.

Das in Abschnitt 1.4 unterstellte Modell eines konstanten Spannungsabfalls von ungefähr $U_F \approx 0{,}7\,\mathrm{V}$ unabhängig vom Durchlassstrom ist nur eine Näherung. Tatsächlich ähnelt die Strom-Spannungs-Beziehung an einem pn-Übergang in Durchlassrichtung einer Exponentialfunktion:

$$I_D \approx I_0 \cdot \left(e^{\frac{U_D}{U_T}} - 1 \right) \quad \text{mit } U_T = \frac{k_B \cdot T}{e^-} \tag{3.20}$$

(U_T – Temperaturspannung; $k_B{\cdot}T$ – mittlere thermische Energie; e^- – Elementarladung; I_0 – experimentell bestimmbare Konstante) [17]. Wie in Abb. 3.12 gezeigt, bewirkt das bei einer Vergrößerung oder Verringerung des Stroms um zwei Zehnerpotenzen eine Änderung der Flussspannung um ungefähr 100 mV. In den bisherigen Schaltungsentwürfen wurde immer darauf geachtet, dass der Parameter U_F in einem gewissen Bereich streuen darf. Deshalb war es nicht nötig, ein komplizierteres Modell zu wählen.

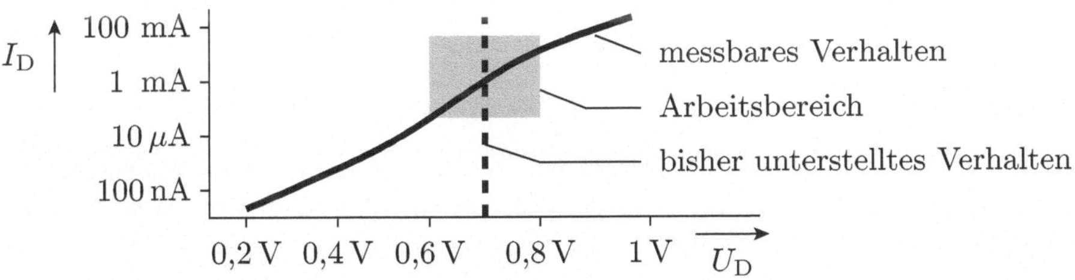

Abb. 3.12. Strom-Spannungs-Kennlinie eines pn-Übergangs im Durchlassbereich

Durchbruchbereich

Bei einer betragsmäßig großen negativen Spannung über einem pn-Übergang

$$U_D \approx U_S \tag{3.21}$$

($U_S \ll 0$ – Durchbruchspannung) steigt der Strom fast sprunghaft an. Ursache ist meist ein Lawinendurchbruch. Die in der Sperrschicht generierten Ladungsträger werden durch das dort herrschende elektrische Feld beschleunigt. Bei einem Zusammenstoß mit dem Gitter werden sie wieder abgebremst und geben Energie ab. Ab einer bestimmten Feldstärke reicht die Energie, die sie zwischen zwei Gitterzusammenstößen aufnehmen, aus, um beim nächsten Zusammenstoß ein neues Elektronen-Loch-Paar zu generieren. Der betrachtete Ladungsträger und die beiden neuen beweglichen Ladungsträger werden wieder beschleunigt und erzeugen ihrerseits Elektronen-Loch-Paare. Die Anzahl der beweglichen Ladungsträger, die in der Sperrschicht generiert werden, vervielfacht sich lawinenartig. Geringfügige Feldstärkeerhöhungen durch betragsmäßige Spannungserhöhungen führen zu einem sprunghaften Anstieg der

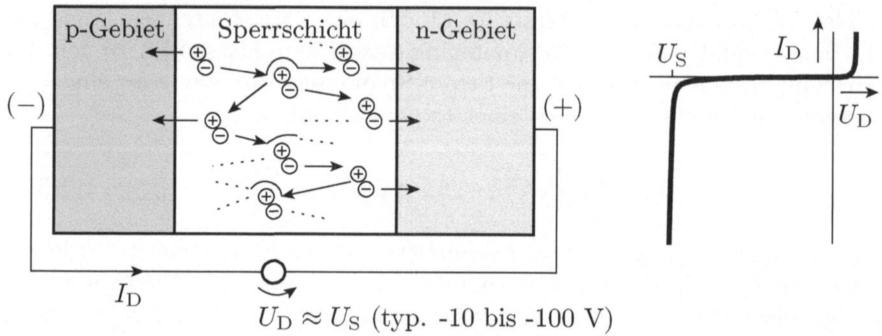

Abb. 3.13. Lawinendurchbruch in Sperrrichtung

Leitfähigkeit. Die Spannung bleibt bei einer Stromerhöhung nahezu konstant, so dass sich der pn-Übergang fast wie eine Konstantspannungsquelle verhält.

3.1.5 Bipolartransistor

Bipolar bedeutet, dass beide Arten von beweglichen Ladungsträgern an den Leitungsvorgängen beteiligt sind. Ein Bipolartransistor besitzt eine Schichtfolge pnp oder npn. Die Basis hat eine geringe Dicke und ist schwächer als der Emitter dotiert. Abbildung 3.14 zeigt den Querschnitt durch einen npn-Transistor und einen Ausschnitt mit den eingezeichneten Dotierungs- und Majoritätsladungsträgerdichten im spannungsfreien Zustand. Ein pnp-Transistor ist genauso aufgebaut, nur mit umgekehrten Dotierungen.

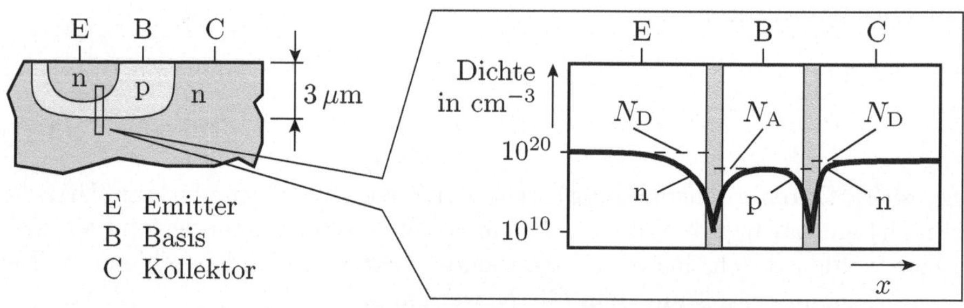

Abb. 3.14. Aufbau eines npn-Transistors

Transistoreffekt

Für den Transistoreffekt muss der Basis-Emitter-Übergang in Durchlassrichtung und der Basis-Kollektor-Übergang in Sperrrichtung betrieben werden.

Die Dichtekurven der Majoritätsladungsträger am Basis-Emitter-Übergang verschieben sich in Richtung des Übergangs, so dass Majoritätsladungsträger aus dem Emittergebiet in das Basisgebiet und Majoritätsladungsträger aus dem Basisgebiet in das Emittergebiet diffundieren. Die aus dem Emitter in die Basis diffundierenden Ladungsträger diffundieren in der Basis als Minoritätsladungsträger weiter bis zum gesperrten Kollektor-Basis-Übergang und werden von dem dort herrschenden elektrischen Feld abgesaugt (Abb. 3.15).

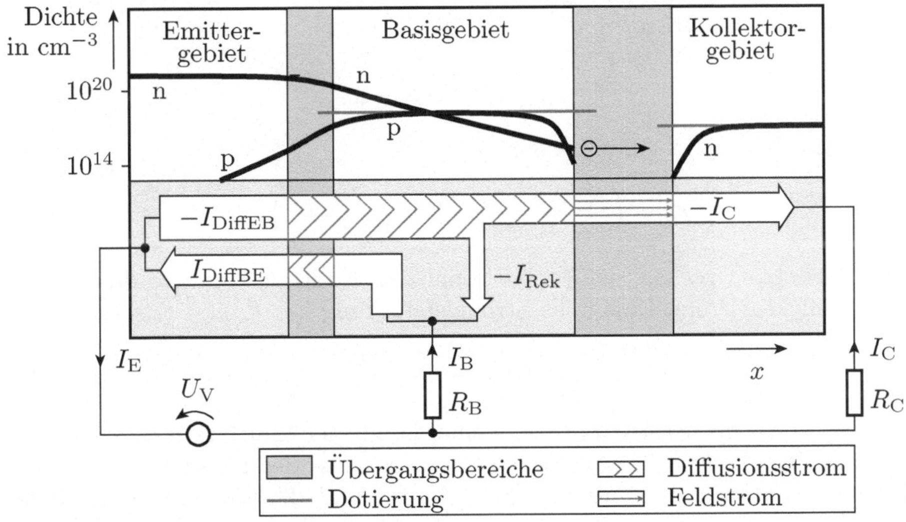

Abb. 3.15. Transistoreffekt

Um die Diffusion aus dem Emitter in die Basis aufrechtzuerhalten, müssen an der Basis zwei Stromanteile nachgeliefert werden:

$$I_B = I_{DiffBE} + I_{Rek} \tag{3.22}$$

(I_{DiffBE} – Stromanteil durch die Ladungsträgerdiffusion von der Basis zum Emitter; I_{Rek} – Stromanteil durch die Ladungsträgerrekombination in der Basis). Der Diffusionsprozess an einem pn-Übergang in Durchlassrichtung erfolgt in beide Richtungen. Außer den Majoritätsladungsträgern, die vom Emitter in die Basis und überwiegend weiter zum Kollektor-Basis-Übergang diffundieren, diffundieren auch Majoritätsladungsträger aus der Basis zum Emitter. Die beiden Diffusionsströme verhalten sich proportional zu den Majoritätsladungsträger- und damit zu den Dotierdichten und bilden zusammen den Emitterstrom:

$$\frac{I_{DiffEB}}{N_B} = \frac{I_{DiffBE}}{N_E} \tag{3.23}$$

$$I_E = I_{DiffEB} + I_{DiffBE} \tag{3.24}$$

(N_B – Dichte der Basisdotierung; N_E – Dichte der Emitterdotierung). Der an der Basis nachzuliefernde Diffusionsstromanteil beträgt

$$I_{\mathrm{DiffBE}} = \frac{N_B}{N_E + N_B} \cdot I_E \tag{3.25}$$

Der Anteil der vom Emitter in die Basis diffundierenden Ladungsträger, die in der Basis rekombinieren, entspricht etwa dem Verhältnis aus der mittleren Transitzeit t_{Tr}, die die Minoritätsladungsträger zur Diffusion durch das Basisgebiet benötigen, zur mittleren Lebensdauer τ_L, die die überschüssigen Minoritätsladungsträger in der Basis überleben, bis sie rekombinieren:

$$I_{\mathrm{Rek}} \approx \frac{t_{\mathrm{Tr}}}{\tau_L} \cdot I_{\mathrm{DiffBE}} \tag{3.26}$$

Insgesamt beträgt der Basisstrom

$$I_B = \left(\frac{N_B}{N_E + N_B} + \frac{t_{\mathrm{Tr}}}{\tau_L} \cdot \frac{N_E}{N_E + N_B} \right) \cdot I_E \tag{3.27}$$

Der Basisstrom verhält sich proportional zum Emitterstrom und damit auch zum Kollektorstrom. Eine hohe Stromverstärkung

$$\beta = \frac{I_C}{I_B} = \frac{I_E - I_B}{I_B} \tag{3.28}$$

verlangt, dass der Basisstrom viel kleiner ist als der Emitterstrom. Das setzt, wie aus Gleichung 3.27 abzulesen ist, voraus, dass der Emitter um mehrere Zehnerpotenzen stärker als die Basis dotiert und die mittlere Lebensdauer der überschüssigen Minoritätsladungsträger in der Basis um Zehnerpotenzen größer als die Transitzeit ist.

Die große herstellungsbedingte Streuung der Stromverstärkung ist deshalb unvermeidbar, weil die Stromverstärkung über die mittlere Lebensdauer der überschüssigen Minoritätsladungsträger in der Basis erheblich von der Reinheit des Halbleiters abhängt.

Die Verzögerung zwischen einer Änderung des Basisstroms und des Kollektorstroms liegt in der Größenordnung der Transitzeit. Die Transitzeit ist weiterhin für das Absinken der Verstärkung bei hohen Frequenzen verantwortlich. Schnelle Transistoren benötigen ein schmales Basisgebiet.

Bei Transistoren mit einem schmalen Basisgebiet tritt ein weiterer Effekt in Erscheinung. Mit der betragsmäßigen Zunahme der Sperrspannung über dem Kollektor-Basis-Übergang nimmt dessen Breite auf Kosten der Basisbreite zu. Die Transitzeit wird kleiner. Die Stromverstärkung und die Transitfrequenz nehmen zu.

Das in Abschnitt 1.5 eingeführte Modell einer stromgesteuerten Stromquelle für den gesperrten Basis-Kollektor-Übergang und einer Konstantspannungsquelle für den durchlässigen Basis-Emitter-Übergang ist eine gute Näherung, jedoch keine exakte Beschreibung der Funktion eines Bipolartransistors.

Inversbetrieb

Im Inversbetrieb tauschen Emitter und Kollektor ihre Funktion. Der Basis-Kollektor-Übergang wird in Durchlassrichtung und der Emitter-Basis-Übergang in Sperrrichtung betrieben. Auch hierbei stellt sich der Transistoreffekt ein. In Gleichung 3.27 ist die Dotierungsdichte des Emitters N_E durch die Dotierungsdichte des Kollektors N_C zu ersetzen. Wegen der viel geringeren Dotierungsdichte im Kollektorgebiet hat der Transistor jedoch eine wesentlich geringere Stromverstärkung.

Schaltbetrieb und Übersteuerung

Bei dem einfachen Transistorinverter in Abb. 3.16 a schaltet der Transistor zwischen dem Sperrbereich und dem Übersteuerungsbereich um. Für eine Eingangsspannung $U_x < U_{BEF}$ sperrt er und für eine Eingangsspannung $U_x \geq U_{E1min}$ übersteuert er. Die Übersteuerung ist notwendig, damit das Schaltungsverhalten nicht von den Streuungen der Betriebsspannung, der Verstärkung etc. abhängt (vergleiche Abschnitt 1.5.5).

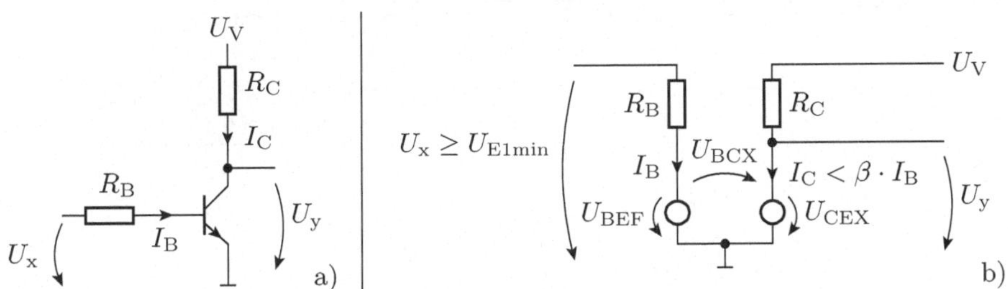

Abb. 3.16. a) Transistorinverter b) Ersatzschaltung mit übersteuertem Transistor

Im Übersteuerungsbereich ist der Basisstrom um ein Vielfaches größer als es für den benötigten Kollektorstrom im Normalbereich erforderlich wäre (Abb. 3.16 b). Dabei gelangt nur noch ein kleiner Teil der aus dem Emittergebiet in das Basisgebiet diffundierenden Ladungsträger in das Kollektorgebiet. Der Rest diffundiert in die Bahngebiete der Basis und rekombiniert spätestens am Basisanschluss. Über dem Basis-Kollektor-Übergang stellt sich eine leicht positive Spannung von ungefähr $U_{BCX} \approx 500\,\mathrm{mV}$ ein. Die Kollektor-Emitter-Restspannung als die Differenz der Flussspannung des in Durchlassrichtung arbeitenden Basis-Emitter-Übergangs und der Spannung über dem Basis-Kollektor-Übergang beträgt ungefähr $U_{CEX} \approx 200\,\mathrm{mV}$.

Wenn der Transistor ausschaltet, muss zuerst die Minoritätsdichteerhöhung in der Basis abgebaut werden. Erst dann reagiert der Kollektorstrom auf den verringerten Basisstrom. Die Ausschaltzeit eines übersteuerten Transistors ist deshalb wesentlich länger als die Transitzeit t_{Tr}, die im Normalbereich die Signalverzögerung bestimmt. Das lässt sich experimentell sehr einfach mit einem Ringinverter überprüfen (Abb. 3.17 a). Eine Vergrößerung der Basiswiderstände R_B bei allen Invertern verringert den Basisstrom und damit die Übersteuerung und die Einschaltzeit. Die Periodendauer T_P des Signals am Ausgang des Ringinverters nimmt deutlich ab. Die Gatter in Abb. 3.17 a werden z.B. auch schneller, wenn die Versorgungsspannung verringert wird. Denn auch das verringert die Übersteuerung.

Eine andere Lösung besteht darin, den überflüssigen Basisstrom mit den mit Punktlinien eingezeichneten Schottky-Dioden zum Kollektor umzuleiten. Eine Schottky-Diode ist ein Metall-Halbleiter-Übergang, der eine ähnliche Strom-Spannungs-Beziehung wie ein pn-Übergang besitzt, aber mit einer deutlich geringeren Flussspannung. In Abb. 3.17 b begrenzt sie die Spannungen über dem Kollektor-Basis-Übergang auf einen Wert, bei dem der Transistor noch im Normalbereich arbeitet. Der überhöhte Basisstrom I_B^* teilt sich in einen kleinen Anteil I_B, der zur Basis fließt, und einen großen Anteil, der über die Diode und den Kollektor des Transistors zum Emitter fließt.

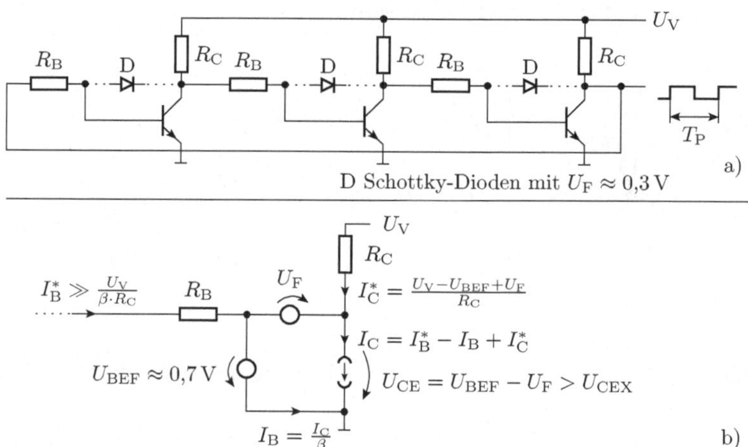

Abb. 3.17. a) Ringinverter zur Überprüfung unterschiedlicher Einflüsse auf die Verzögerungszeit b) Vermeidung der Transistorübersteuerung mit Schottky-Dioden

Es gibt außer den in Abschnitt 1.5.6 behandelten Dioden-Transistor-Gattern zahlreiche andere wesentlich kompliziertere Gatterschaltungen mit Bipolartransistoren (TTL – Transistor-Transistor-Logik, STTL – Schottky-TTL, ASTTL – advanced Schottky-TTL, ECL – emitter coupled logic etc. [13, 43]). Die meisten zusätzlichen Schaltungsdetails dienen ausschließlich dazu zu verhindern, dass die Transistoren übersteuern und dadurch langsam werden.

3.1.6 MOS-Transistor

Ein MOS-Transistor ist ein unipolarer Transistor, in dem die Leitfähigkeit eines Kanals durch eine elektrische Spannung gesteuert wird (vergleiche Abschnitt 1.6). Unipolar bedeutet, dass an den wesentlichen Leitungsvorgängen nur eine Art von beweglichen Ladungsträgern beteiligt ist. Abbildung 3.18 zeigt einen Schnitt durch beide Transistortypen. Ein NMOS-Transistor besteht aus stark n-dotierten Source- und Drain-Gebieten in einem schwach p-dotierten Substrat. Dazwischen liegt der steuerbare Kanal. Über dem Kanal befindet sich das Gate, das vom Halbleitersubstrat durch eine dünne Isolationsschicht getrennt ist. Der vierte Anschluss ist der Substrat- oder Bulk-Anschluss, dessen Potenzial bei NMOS-Transistoren so gering sein muss, dass die pn-Übergänge zwischen Source und Substrat sowie zwischen Drain und Substrat sperren. Bei einem geringen Gate-Potenzial existiert keine leitfähige Verbindung zwischen Source und Drain. Der Transistor ist ausgeschaltet. Bei einem großen Gate-Potenzial bildet sich ein n-leitfähiger Kanal zwischen Drain und Source, dessen Leitfähigkeit über das Gate-Potenzial gesteuert wird.

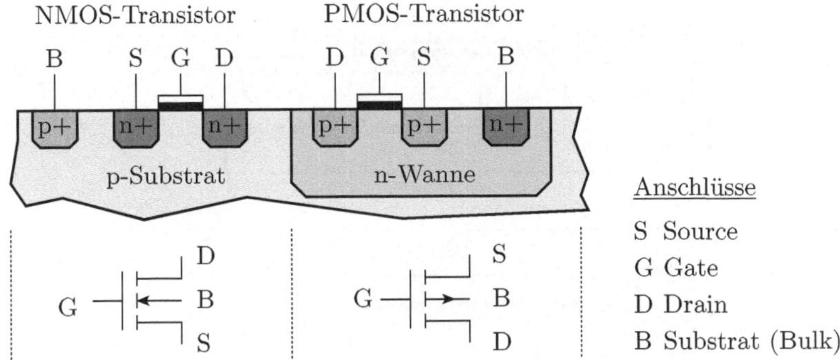

Abb. 3.18. Schnitt durch einen NMOS- und einen PMOS-Transistor und Schaltzeichen

Ein PMOS-Transistor unterscheidet sich von einem NMOS-Transistor nur darin, dass alle Dotierungen und alle Vorzeichen der Spannungen und Ströme umgekehrt sind. Die Source- und Drain-Gebiete sind stark p-dotiert und befinden sich in einem schwach n-leitfähigen Substrat, das mit dem höchsten Potenzial der Schaltung verbunden sein muss. Ein PMOS-Transistor wird mit einem großen Gate-Potenzial aus- und mit einem niedrigen Gate-Potenzial eingeschaltet.

Feldeffekt

Der Feldeffekt wird am Beispiel eines NMOS-Transistors erklärt. Im Kanalbereich bildet die Schichtfolge Gate–Isolator–Substrat einen Plattenkondensator.

Bei einer negativen Gate-Substrat-Spannung reichern sich unter dem Gate positive Majoritätsladungsträger an. Die Leitfähigkeit des Kanals nimmt zwar mit abnehmender Gate-Substrat-Spannung zu, aber der Kanal ist vom Source und vom Drain über gesperrte pn-Übergänge isoliert (Abb. 3.19 a).

Bei einer schwach positiven Spannung zwischen Gate und Substrat driften die Löcher des p-Substrats aus dem Kanalbereich und hinterlassen eine mit negativen Donatorionen aufgeladene Verarmungsschicht. Zwischen Source und Drain besteht weiterhin keine Verbindung (Abb. 3.19 b).

Mit der weiteren Erhöhung der Gate-Spannung nimmt die Breite der Verarmungsschicht zu. Ab der Einschaltspannung U_{TN} diffundieren bewegliche Elektronen aus dem angrenzenden Source- und dem angrenzenden Drain-Gebiet in die Grenzschicht zwischen Oxid und Substrat. Es entsteht ein leitfähiger Kanal, in dem die Ladungsträgerdichte proportional mit der Gate-Kanal-Spannung zunimmt (Abb. 3.19 c).

Der Umschalteffekt zwischen gesperrtem und leitfähigem Kanal rührt daher, dass eine zunehmende Gate-Spannung das elektrische Potenzial und da-

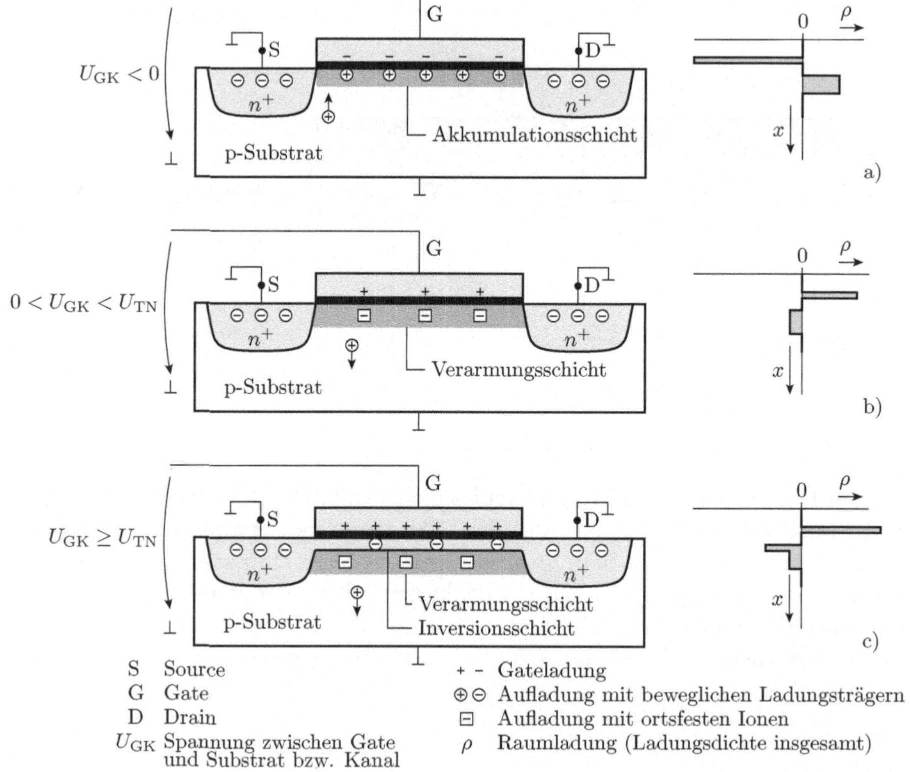

Abb. 3.19. Feldeffekt a) negative Gate-Spannung b) schwach positive Gate-Spannung c) eingeschalteter Transistor

mit auch die Energie der Ladungsträger im Kanal verringert. Dadurch sinkt die Energiedifferenz zwischen den kaum besetzten Leitungsbandzuständen im p-dotierten Kanal und den besetzten Leitungsbandzuständen der angrenzenden hochdotierten Source- und Drain-Gebiete. Ab einer bestimmten Energieabsenkung wird die Diffusion der Majoritätsladungsträger aus den Source- und den Drain-Gebieten nicht mehr gebremst und es entsteht eine Inversionsschicht.

Die Einschaltspannung eines MOS-Transistors hängt von mehreren Parametern ab, u.a.

- von der Kontaktspannung zwischen dem Gate-Material und dem Silizium,
- von Ladungen im Gate-Oxid und an der Grenzfläche zwischen Oxid und Halbleiter sowie
- von den Dotierungen [17].

Bei den Transistoren in CMOS-Gattern wird der Betrag der Einschaltspannung fertigungstechnisch auf ungefähr 20% der Versorgungsspannung eingestellt.

Stromgleichungen

Nach Abschnitt 1.6 werden für den eingeschalteten MOS-Transistors zwei Arbeitsbereiche unterschieden, der aktive Bereich und der Abschnürbereich.

Aktiver Bereich

Im aktiven Bereich ist die Gate-Kanal-Spannung an allen Stellen des Kanals größer oder gleich der Einschaltspannung. Der leitfähige Kanal erstreckt sich vom Source bis zum Drain.

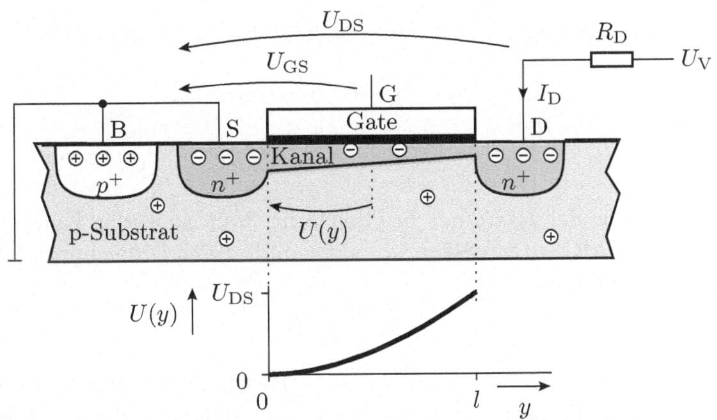

Abb. 3.20. Ladungsträgerdichte und Kanalpotenzial im aktiven Bereich

Die Menge der beweglichen Ladung im Kanal ist das Produkt aus der Gate-Kanal-Spannung abzüglich der Einschaltspannung multipliziert mit der Gate-Kanal-Kapazität. Für ein differenziell kurzes Wegstück entlang des Kanals gilt

$$Q_{\mathrm{l}}(y) = C_{\mathrm{l}} \cdot (U_{\mathrm{GK}}(y) - U_{\mathrm{TN}}) = C_{\mathrm{l}} \cdot (U_{\mathrm{GS}} - U_{\mathrm{TN}} - U(y)) \tag{3.29}$$

($Q_{\mathrm{l}}(y)$ – Menge der beweglichen Ladung pro Wegelement; y – Entfernung zum Source in Stromflussrichtung; C_{l} – Gate-Kanal-Kapazität pro Wegelement; $U(y)$ – Gate-Kanal-Spannung an der Stelle y). Der Drain-Strom ist ein Driftstrom. Er ist nach Gleichung 1.10 das Produkt aus der Menge der beweglichen Ladung pro Wegelement, der Beweglichkeit der Ladungsträger und der Feldstärke in Stromflussrichtung:

$$I_{\mathrm{D}} = Q_{\mathrm{l}}(y) \cdot \mu_{\mathrm{n}} \cdot E_{\mathrm{y}} \tag{3.30}$$

Die Feldstärke in Stromflussrichtung ist gleich der Spannungsänderung entlang des Kanals:

$$E_{\mathrm{y}} = \frac{d\,U(y)}{d\,y} \tag{3.31}$$

Unter Einbeziehung von Gleichung 3.29 ergibt sich die Potenzialverteilung im Kanal über folgende Differenzialgleichung:

$$I_{\mathrm{D}} = C_{\mathrm{l}} \cdot \mu_{\mathrm{n}} \cdot (U_{\mathrm{GS}} - U_{\mathrm{TN}} - U(y)) \cdot \frac{d\,U(y)}{d\,y} \tag{3.32}$$

Die Integration beider Seiten der Gleichung über die gesamte Kanallänge ergibt

$$\begin{aligned}
I_{\mathrm{D}} \cdot \int_0^l dy &= C_{\mathrm{l}} \cdot \mu_{\mathrm{n}} \cdot \int_0^l (U_{\mathrm{GS}} - U_{\mathrm{TN}} - U(y)) \cdot \frac{d\,U(y)}{d\,y} \cdot d\,y \\
I_{\mathrm{D}} \cdot l &= C_{\mathrm{l}} \cdot \mu_{\mathrm{n}} \cdot \int_{U(y=0)}^{U(y=l)} (U_{\mathrm{GS}} - U_{\mathrm{TN}} - U(y)) \cdot d\,U(y) \\
&\text{mit } U(y=l) - U(y=0) = U_{\mathrm{DS}} \\
I_{\mathrm{D}} &= \frac{C_{\mathrm{l}} \cdot \mu_{\mathrm{n}}}{l} \cdot \left((U_{\mathrm{GS}} - U_{\mathrm{TN}}) \cdot U_{\mathrm{DS}} - \frac{U_{\mathrm{DS}}^2}{2} \right)
\end{aligned} \tag{3.33}$$

Die Konstante vor der Klammer in Gleichung 3.33 ist in der Kennliniengleichung für den NMOS-Transistor im aktiven Bereich, Gleichung 1.155, der Transistorparameter β_{N}:

$$\beta_{\mathrm{N}} = \frac{C_{\mathrm{l}} \cdot \mu_{\mathrm{n}}}{l} \tag{3.34}$$

(C_{l} – Gate-Kapazität pro Wegelement; μ_{n} – Beweglichkeit der Ladungsträger im Kanal; l – Kanallänge). Die Gate-Isolator-Kanal-Schichtfolge ist ein Plattenkondensator. Für die Kapazität pro Wegelement gilt (vergleiche Gleichung 2.4):

$$C_\mathrm{l} = \frac{\varepsilon_\mathrm{ox} \cdot w}{d_\mathrm{ox}} \tag{3.35}$$

(ε_ox – Dielektrizitätskonstante des Gate-Oxids; d_ox – Dicke des Gate-Oxids; w – Kanalbreite). Der Transistorparameter β_N verhält sich insgesamt proportional zur Kanalbreite w und zur Beweglichkeit μ_n sowie umgekehrt proportional zur Kanallänge l:

$$\beta_\mathrm{N} = \mu_\mathrm{n} \cdot \frac{\varepsilon_\mathrm{ox}}{d_\mathrm{ox}} \cdot \frac{w}{l} \tag{3.36}$$

Die Kanallänge ist oft das kleinste realisierbare Strukturmaß einer Halbleitertechnologie. Die Breite wird im Verhältnis dazu angegeben. Ein Transistor mit minimalem Flächenbedarf ist so breit wie lang. Transistoren zur Steuerung und zum Schalten großer Ströme besitzen eine Kanalbreite, die um mehrere Zehnerpotenzen größer als die Kanallänge ist.

Ein PMOS-Transistor verhält sich fast genauso wie ein NMOS-Transistor, nur dass die Vorzeichen aller Ladungen, Spannungen und Ströme genau umgekehrt sind. Es gibt jedoch noch einen weiteren Unterschied. Elektronen und Löcher haben eine unterschiedliche Beweglichkeit. Für die Ladungsträger im Kanal eines Silizium-MOS-Transistors gilt etwa:

$$\mu_\mathrm{n} \approx 2 \cdot \mu_\mathrm{p} \tag{3.37}$$

Um denselben Strom steuern und schalten zu können, müssen PMOS-Transistoren etwa doppelt so breit sein wie NMOS-Transistoren [36, 22, 17]. Sie benötigen dadurch zum einen eine größere Chipfläche und besitzen zum anderen die doppelten Kapazitäten zwischen den Transistoranschlüssen. Deshalb werden NMOS-Transistoren bevorzugt.

Abschnürbereich

Für eine Gate-Drain-Spannung kleiner der Einschaltspannung reicht die Inversionsschicht nicht bis zum Drain. Sie endet an dem Punkt im Kanal, an dem die Gate-Kanal-Spannung die Einschaltspannung unterschreitet. Denn weiter können die beweglichen Ladungsträger aus dem Source- und dem Drain-Gebiet nicht diffundieren. Die restliche Drain-Source-Spannung $U_\mathrm{DS} - U_\mathrm{GS} + U_\mathrm{TN}$ fällt über dem Abschnürpunkt ab, dessen Breite sich so einregelt, dass das dort herrschende elektrische Feld genau ausreicht, den im Kanal ankommenden Strom auch ohne bewegliche Ladungsträger bis zum Drain weiterfließen zu lassen (Abb. 3.21).

Der Drain-Strom ist im Abschnürbereich weitgehend unabhängig von der Drain-Source-Spannung. Der am Abschnürpunkt ankommende Strom hängt nur von der Spannung über dem nicht abgeschürten Kanalbereich ab, die für einen NMOS-Transistor $U_\mathrm{GS} - U_\mathrm{TN}$ beträgt. Eingesetzt in Gleichung 1.155 ergibt sich die auch bisher schon benutzte Stromgleichung 1.157 für den Abschnürbereich:

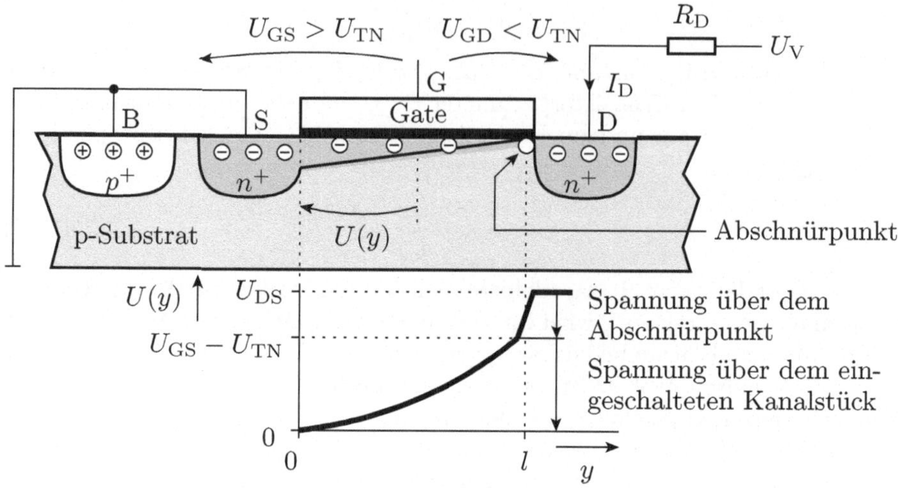

Abb. 3.21. Ladungsträgerdichte und Kanalpotenzial im Abschnürbereich

$$\begin{aligned} I_D &= \beta_N \cdot \left((U_{GS} - U_{TN}) \cdot (U_{GS} - U_{TN}) - \frac{(U_{GS} - U_{TN})^2}{2} \right) \\ &= \frac{\beta_N}{2} \cdot (U_{GS} - U_{TN})^2 \end{aligned} \tag{3.38}$$

Das Modell vernachlässigt, dass der Abschnürpunkt eine gewisse Ausdehnung hat, die mit dem Spannungsabfall über ihm zunimmt. Dadurch verkürzt sich die Länge des eingeschalteten Kanalstücks mit zunehmender Drain-Source-Spannung. Ein kürzerer Kanal bedeutet ein größeres β und das wiederum einen größeren Drain-Strom. Dadurch nimmt der Drain-Strom insgesamt auch im Abschnürbereich mit der Drain-Source-Spannung zu. Das in Abschnitt 1.6 eingeführte Funktionsmodell für MOS-Transistoren nähert das tatsächliche Verhalten recht gut an, ist aber nicht perfekt.

3.1.7 Zusammenfassung und Übungsaufgaben

Die Funktion der Halbleiterbauelemente basiert auf dem Zusammenwirken beweglicher und unbeweglicher elektrischer Ladungen. Ein Elektron ist beweglich, wenn es in seiner geometrischen und energetischen Nachbarschaft freie Elektronenzustände gibt. Diese Eigenschaft haben in einem Festkörper nur die Elektronen im Leitungsband und, falls durch energetische Anregung Elektronen das Valenzband verlassen haben, die energetisch und räumlich benachbarten Elektronen der frei gewordenen Zustände.

In einem undotierten Halbleiter ist die Dichte der beweglichen Leitungsbandelektronen und die der freien Valenzbandzustände etwa um dreizehn Zehnerpotenzen kleiner als die Atomdichte. Die freien Valenzbandzustände werden als Löcher bezeichnet und ihre Bewegung als eine Bewegung positiver

Ladungsträger in entgegengesetzter Richtung zur Elektronenbewegung modelliert.

Bewegliche Elektronen und Löcher entstehen durch Generation (Energieaufnahme) und Rekombination (Energieabgabe). Ihre Dichte gehorcht dem Massenwirkungsgesetz. Das Produkt beider Dichtewerte ist eine Gleichgewichtskonstante. Durch Dotierung wird künstlich entweder die Dichte der beweglichen Elektronen oder die Dichte der Löcher um viele Zehnerpotenzen erhöht. Die beweglichen Ladungsträger mit erhöhter Dichte sind die Majoritätsladungsträger und die beweglichen Ladungsträger mit verminderter Dichte die Minoritätsladungsträger. Über das Massenwirkungsgesetz verringert sich die Dichte der Minoritätsladungsträger umgekehrt proportional zur Dichte der Majoritätsladungsträger. Auf diese Weise werden n-leitfähige und p-leitfähige Halbleitergebiete erzeugt.

An einem stromlosen pn-Übergang entsteht durch das Zusammenwirken von Diffusionsströmen, Driftströmen und den Abbau überhöhter Ladungsträgerdichten durch Rekombination eine ladungsträgerarme Sperrschicht mit einer internen, von außen nicht messbaren Diffusionsspannung. In Sperrrichtung gepolt verbreitert sich die Sperrschicht. Es fließt fast kein Strom. In Durchlassrichtung gepolt, mindert die der Diffusionsspannung überlagerte Durchlassspannung das elektrische Feld, das die beweglichen Ladungsträger voneinander fern hält. Nähert sich die Durchlassspannung der Diffusionsspannung, kommt es zu einer ungebremsten Diffusion in das jeweils andere Gebiet. Der Strom steigt fast sprunghaft. Der Durchbruch bei hohen Sperrspannungen basiert in der Regel darauf, dass bei hohen Feldstärken die in der Sperrschicht thermisch generierten Ladungsträger bei ihrer Bewegung so viel Energie aufnehmen, dass bei Gitterzusammenstößen neue Ladungsträgerpaare entstehen. Das führt zu einer lawinenartigen Vervielfachung der Anzahl der beweglichen Ladungsträger in der Sperrschicht und dem von außen messbaren sprunghaften Stromanstieg.

Der Transistoreffekt des Bipolartransistors basiert darauf, dass an dem leitenden Basis-Emitter-Übergang über die Basis-Emitter-Spannung die Ladungsträgermenge gesteuert werden kann, die vom Emitter in die Basis diffundiert. Diese Ladungsträger diffundieren überwiegend weiter durch das schmale Basisgebiet bis zu dem gesperrten Basis-Kollektor-Übergang, der für sie im Gegensatz zu den Majoritätsladungsträgern in der Basis durchlässig ist. Um die Steuerspannung zwischen Basis und Emitter aufrechtzuerhalten, müssen an der Basis zwei Stromanteile nachgeliefert werden, ein Strom zur Kompensation der von der Basis zum Emitter diffundierenden Ladungsträger und ein Strom zum Ausgleich der Rekombinationsverluste in der Basis. Beide Stromanteile verhalten sich in guter Näherung proportional zum Basisstrom, so dass sich der Kollektorstrom viel besser durch den nachgelieferten Basisstrom als über die Basis-Emitter-Spannung steuern lässt.

Die Funktionsweise von MOS-Transistoren basiert hauptsächlich auf dem Feldeffekt. Das Gate-Potenzial steuert die Ladungsdichte im Kanal unterhalb der Gate-Isolation. Am Rande des Gates befinden sich hochdotierte Gebiete.

Ab einer bestimmten Potenzialabsenkung[4] diffundieren aus diesen bewegliche Ladungsträger in den Kanal. Die Dichte der beweglichen Ladungsträger im Kanal stellt sich proportional zur Gate-Kanal-Spannung abzüglich der Einschaltspannung ein. Die Nichtlinearität im aktiven Bereich resultiert daraus, dass sich bei einem Stromfluss durch den Kanal das Potenzial im Kanal auf dem Weg vom Source zum Drain ändert. Die Lösung der Differenzialgleichung für den Stromfluss führt auf eine quadratische Gleichung.

Im Einschnürbereich ist der Transistor nur auf der Source-Seite eingeschaltet. Es kommt zu einem Stromfluss, bei dem sich der Potenzialverlauf entlang des Kanals so einstellt, dass der Kanal fast, aber nicht ganz bis zum Drain leitend ist. Die übrige Spannung fällt über der schmalen Abschnürstelle ab. Eine Änderung der Drain-Source-Spannung hat dadurch fast keinen Einfluss auf den Drain-Strom. Der Transistor verhält sich in guter Näherung wie eine gesteuerte Stromquelle. Ergänzende und weiterführende Literatur siehe [22, 38, 42, 44].

Aufgabe 3.1

a) Unter welchen Bedingungen ist ein Elektron in einem Festkörper beweglich?
b) Was ist ein bewegliches Loch?
c) Wie wird die Dichte der beweglichen Elektronen in einem n-Gebiet eingestellt?
d) Welche Akzeptordichte und welche Dichte von beweglichen Elektronen besitzt ein p-Gebiet mit einer Löcherdichte von $p = 10^{18}\,\mathrm{cm}^{-3}$ bei $T = 300\,\mathrm{K}$?

Aufgabe 3.2

Welcher Stromtyp (Driftstrom, Diffusionsstrom etc.) dominiert bei den folgenden Leitungsvorgängen an einem pn-Übergang:

a) Stromfluss im p-Gebiet unmittelbar hinter einem im Durchlassbereich arbeitenden pn-Übergang?
b) Stromfluss im p-Gebiet weit entfernt von dem im Durchlassbereich arbeitenden pn-Übergang?
c) Reststrom in der Sperrschicht?
d) Durchbruchstrom in der Sperrschicht (Lawinendurchbruch)?

Aufgabe 3.3

a) Warum wird das Basisgebiet eines Bipolartransistors um mehrere Zehnerpotenzen schwächer als das Emittergebiet dotiert?
b) Warum muss das Basisgebiet eines Transistor sehr dünn sein?
c) Welchen Nachteil hat die Übersteuerung eines Bipolartransistors?

[4] Bei PMOS-Transistoren Potenzialanhebung.

3.2 Integrierte digitale Halbleiterschaltungen

Digitale Schaltungen unterscheiden nur die Signalwerte groß und klein. Dadurch sind sie unempfindlich gegenüber Fertigungsstreuungen, gegenüber parasitären Kapazitäten und Induktivitäten und gegenüber Störungen. Die heutigen digitalen CMOS-Schaltkreise enthalten Millionen von Transistoren je Quadratmillimeter Chipfläche und führen Milliarden von Berechnungsschritten pro Sekunde aus. Analoge Schaltungen gleicher Funktion benötigen zwar weniger Bauteile und Operationen für dieselbe Aufgabe, aber nicht unbedingt weniger Chipfläche und Zeit. Sie sind störungsanfälliger, schwerer zu entwerfen und meist teurer. Komplexe Funktionen werden deshalb heute überwiegend digital – mit hoch integrierten Schaltkreisen, z.B. Mikroprozessoren – realisiert. Dieser Abschnitt setzt auf die Abschnitte 1.6.3, 2.2.5 und 3.1.6 auf und behandelt Entwurfsaspekte, Beispiele und Eigenschaften digitaler Grundschaltungen. Eine Regel für den Entwurf digitaler Schaltungen lässt sich bereits allein aus deren Größe ableiten:

Die Grundschaltungen müssen sehr einfach zu entwerfen und einfach zu einem System zusammensetzbar sein.

Denn in Anbetracht der vielen Fehlermöglichkeiten ist es anders nicht möglich, Schaltungen mit Millionen von Logikfunktionen zu entwerfen, die am Ende funktionieren.

3.2.1 Frei strukturierte Schaltungen

Frei strukturierte digitale Schaltungen – das sind Schaltungen ohne regelmäßige geometrische Anordnung – werden nach dem Baukastenprinzip konstruiert. Die kleinsten Bausteine sind Transistoren, die nach gewissen Regeln zu entwerfen und zu beschalten sind. Aus den Transistoren werden Transistornetzwerke, aus diesen logische Gatter und Speicherzellen etc. zusammengesetzt.

Die Modellierung geschalteter Transistoren

Eine integrierte CMOS-Schaltung besteht hauptsächlich aus Low-Side- und High-Side-Schaltern. Die Low-Side-Schalter sind NMOS-Transistoren, deren Substrat-Anschlüsse mit Masse verbunden sind. Ein großes Gate-Potenzial schaltet sie ein, ein kleines Gate-Potenzial aus. Im eingeschalteten Zustand kann der Transistor eine Verbindung zu einem niedrigen Source-Potenzial herstellen. Ein High-Side-Schalter ist ein PMOS-Transistor, dessen Substrat mit dem positiven Versorgungsanschluss verbunden ist. Ein großes Gate-Potenzial schaltet den Transistor aus. Bei einem kleinen Gate-Potenzial schaltet er ein und kann eine Verbindung zu einem hohen Source-Potenzial herstellen (Abb. 3.22, vergleiche Abschnitt 1.6.2).

Wie in Abschnitt 1.4.1 festgelegt, gilt in diesem Buch »positive Logik«. Große Potenziale werden durch den Signalwert »1« und klein Potenziale durch

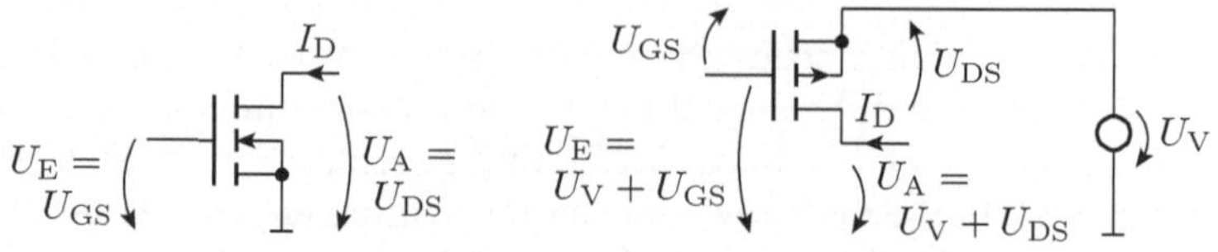

Abb. 3.22. MOS-Transistoren als Schalter

den Signalwert »0« dargestellt. Für den logischen Zustand der geschalteten Drain-Source-Strecke sei definiert:

- »1« entspricht eingeschaltet und
- »0« entspricht ausgeschaltet.

Mit dieser Zuordnung realisiert ein NMOS-Transistor eine Identität und ein PMOS-Transistor eine Negation. MOS-Transistoren in diesen Betriebsarten werden im Weiteren mit den vereinfachten Symbolen ohne Source-Anschluss in Abb. 3.23 dargestellt. Zur Unterscheidung hat das Symbol des PMOS-Transistors einen Negationspunkt am Gate, der das negierende logische Verhalten symbolisiert.

Transistorschalter	Schaltsymbol komplett	Schaltsymbol vereinfacht	Funktion
Low-Side-Schalter (NMOS-Transistor)	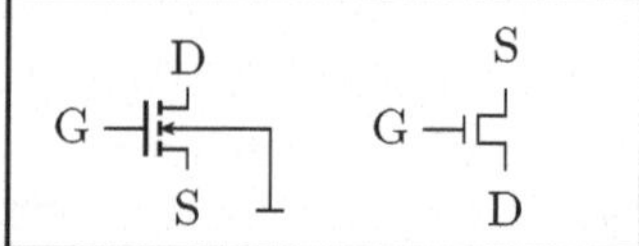 D, G, S	S, G, D	G: 0, 1; S→D: 0, 1
High-Side-Schalter (PMOS-Transistor)	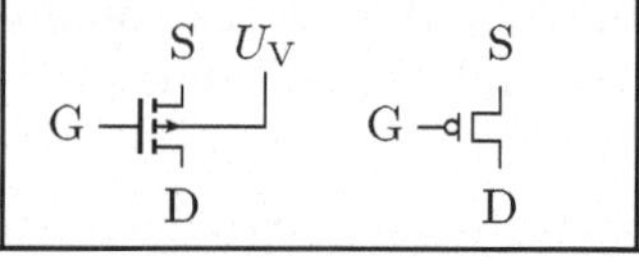 S, U_V, G, D	S, G, D	G: 0, 1; S→D: 1, 0

Abb. 3.23. Vereinfachte Schaltsymbole und logische Funktion

Geschaltete Transistornetzwerke

Logische Verknüpfungen werden durch Reihen- und Parallelschaltungen von Transistoren realisiert. Eine Reihenschaltung mehrerer Transistoren ist insgesamt eingeschaltet (Schaltzustand »1«), wenn alle Transistoren eingeschaltet sind. Das entspricht einer UND-Verknüpfung. Eine Parallelschaltung ist eingeschaltet, wenn mindestens ein Transistor eingeschaltet ist. Das ist eine

ODER-Verknüpfung. Zur Realisierung von UND-ODER-Verknüpfungen werden Reihen- und Parallelschaltungen miteinander kombiniert. Transistornetzwerke aus NMOS-Transistoren bilden dabei eine UND-ODER-Verknüpfung der direkten und PMOS-Netzwerke eine UND-ODER-Verknüpfung der negierten Signale an den Gate-Anschlüssen. Zu beachten ist:

> *NMOS-Transistoren werden in der Regel nur zur Weiterleitung des Signalwerts »0« und PMOS-Transistoren nur zur Weiterleitung des Signalwerts »1« verwendet.*

Deshalb werden NMOS- und PMOS-Transistoren auch nicht innerhalb eines Schalternetzwerks gemischt. In der Zweipoldarstellung der Schalternetzwerke steht innerhalb des Blocks der logische Ausdruck, der erfüllt sein muss, damit die Source-Drain-Strecke einschaltet. PMOS-Netzwerke sind zur Unterscheidung von NMOS-Netzwerken mit einer schwarzen Ecke gekennzeichnet (Abb. 3.24).

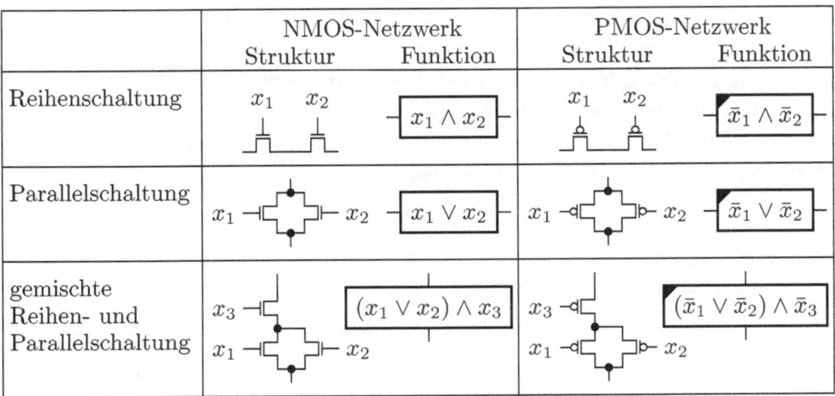

Abb. 3.24. Geschaltete Transistornetzwerke

Vom geschalteten Netzwerk zum Gatter

In einem Gatter werden die Schaltzustände der Transistornetzwerke in Potenziale umgesetzt. Der Gatterausgang wird über ein geschaltetes NMOS-Netzwerk mit »0« und ein geschaltetes PMOS-Netzwerk mit »1« verbunden. Eingeschaltet bildet das NMOS-Netzwerk eine Quelle mit dem Signalwert »0«, ausgeschaltet mit dem Signalwert »Z« (hochohmig). Das PMOS-Netzwerk liefert entweder »1« oder »Z«. Der logische Wert am Gatterausgang wird nach folgenden Regeln gebildet:

- »0« oder »1« setzen sich gegenüber »Z« durch,

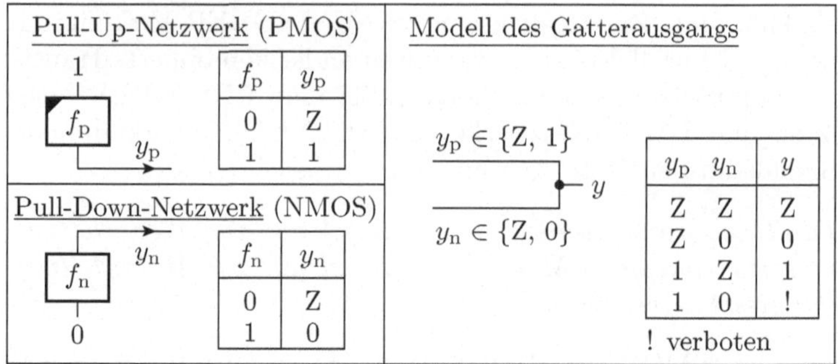

Abb. 3.25. Der Ausgang eines CMOS-Gatters als Signal mit mehreren Quellen

- gleichzeitig »0« und »1« darf nur kurzzeitig während der Schaltvorgänge auftreten und verursacht einen unbestimmten Signalwert (»X«).

Abbildung 3.26 zeigt ein Gatter, in dem das PMOS-Netzwerk aus einer Reihenschaltung und das NMOS-Netzwerk aus einer Parallelschaltung von zwei Transistoren besteht. Die Schaltfunktionen der beiden Transistornetzwerke sind zueinander komplementär. Das NMOS-Netzwerk schaltet ein, wenn mindestens eines der beiden Eingabesignale »1« ist. Das PMOS-Netzwerk schaltet ein, wenn keines der Eingabesignale »1« ist. Wie aus der Wertetabelle ablesbar ist, handelt es sich um ein NOR-Gatter.

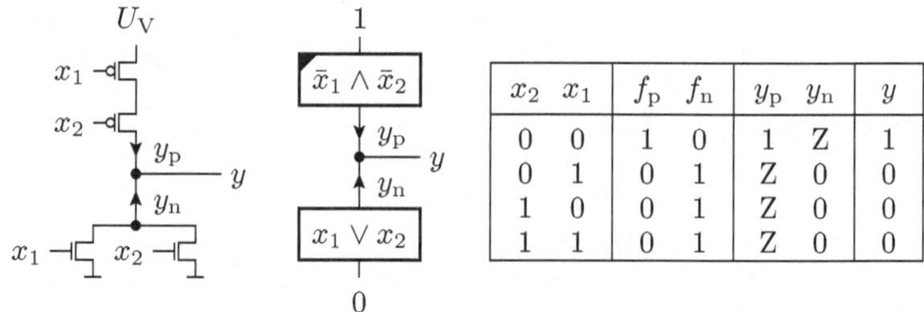

x_2	x_1	f_p	f_n	y_p	y_n	y
0	0	1	0	1	Z	1
0	1	0	1	Z	0	0
1	0	0	1	Z	0	0
1	1	0	1	Z	0	0

Abb. 3.26. NOR-Gatter

In Abb. 3.27 erzeugt das PMOS-Netzwerk bei $x_1 = 0$ am Ausgang eine »1« und das NMOS-Netzwerk bei $x_1 = x_2 = 1$ eine »0«. Bei der vierten Eingabebelegung $x_1 = 1$ und $x_2 = 0$ ist der Ausgang hochohmig (»Z«). Ein hochohmiger Ausgang speichert in seiner Lastkapazität den letzten Ausgabewert noch für eine gewisse Zeit, bevor sich die Kapazität umlädt und der Ausgang einen unbestimmten Wert annimmt.

Zusammenfassend lässt sich der Entwurf frei strukturierter Gatter durch formale Regeln und logische Bedingungen beschreiben.

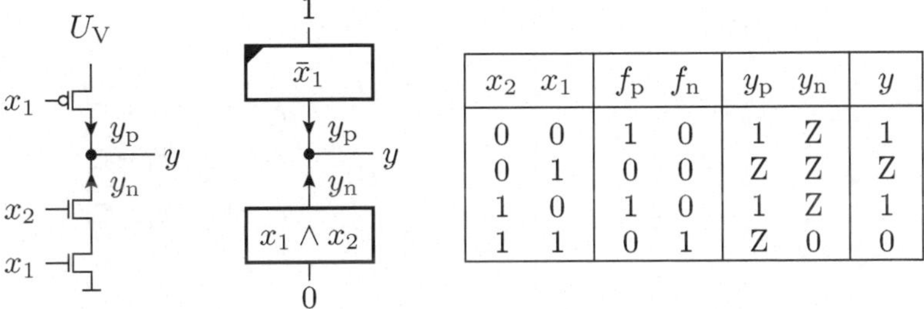

x_2	x_1	f_p	f_n	y_p	y_n	y
0	0	1	0	1	Z	1
0	1	0	0	Z	Z	Z
1	0	1	0	1	Z	1
1	1	0	1	Z	0	0

Abb. 3.27. Gatter, dessen Ausgang auch hochohmig gesteuert werden kann

3.2.2 Schaltungsbeispiele

Dieser Abschnitt setzt die Behandlung der CMOS-Beispielschaltungen aus Abschnitt 1.6.3 mit den neu eingeführten Regeln fort.

FCMOS-Gatter

Die gebräuchlichsten CMOS-Gatter sind die bereits eingeführten FCMOS-Gatter. Das »FC« von FCMOS bedeutet vollständig komplementär (full complementary). Der PMOS-Zweipol muss genau die logische Funktion des Gatters und der NMOS-Zweipol die inverse Funktion besitzen:

$$f_n = \bar{f} \tag{3.39}$$

$$f_p = f \tag{3.40}$$

Die Funktion f_p ist in einen Ausdruck aus UND- und ODER-Verknüpfungen negierter Eingabevariablen umzuformen, bevor sie durch ein Schalternetzwerk nachgebildet werden kann. Die umgeformte Funktion f_n darf außer UND- und ODER-Verknüpfungen nur direkte Eingabevariablen enthalten. Daraus und aus Gleichung 3.39 folgt, dass ein FCMOS-Gatter alle negierten Ausdrücke aus direkten Variablen, UND-Verknüpfungen und ODER-Verknüpfungen nachbilden kann. Beispiel sei die Funktion

$$y = \overline{x_1 x_2 \vee x_1 x_3 \vee x_2 x_3} \tag{3.41}$$

Die zugehörige Funktion des NMOS-Netzwerks lautet

$$f_n = x_1 x_2 \vee x_1 x_3 \vee x_2 x_3 = x_1 (x_2 \vee x_3) \vee x_2 x_3 \tag{3.42}$$

Die Funktion des PMOS-Netzwerks ist mit Hilfe der de morganschen Regeln in einen Ausdruck mit negierten Eingabevariablen umzuwandeln (vergleiche Tabelle 1.4). Für ein Gatter mit der Funktion nach Gleichung 3.41 hat das PMOS-Netzwerk die Funktion (Abb. 3.28 a)

$$f_p = (\bar{x}_1 \vee \bar{x}_2)(\bar{x}_1 \vee \bar{x}_3)(\bar{x}_2 \vee \bar{x}_3) = (\bar{x}_1 \vee \bar{x}_2 \bar{x}_3)(\bar{x}_2 \vee \bar{x}_3) \tag{3.43}$$

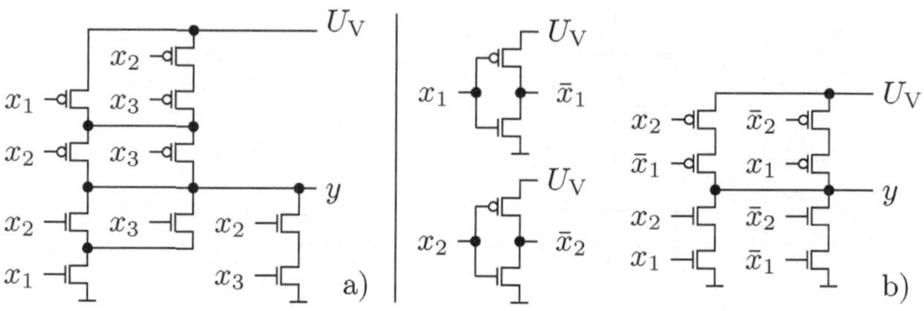

Abb. 3.28. a) FCMOS-Gatter für Gleichung 3.41 b) EXOR-Gatter

Eine Zielfunktion, die sich nicht mit einem einzelnen FCMOS-Gatter nachbilden lässt, benötigt mehrere Gatter. Dafür gibt es stets mehrere Möglichkeiten, z.B. die Zusammensetzung aus einem FCMOS-Gatter mit mehreren Eingängen und zusätzlichen Eingabe- und Ausgabeinvertern. Beispiel sei das exklusive ODER, kurz EXOR. Ein EXOR realisiert eine 1-Bit-Addition unter Vernachlässigung des Übertrags:

$$y = x_1 \oplus x_2 \tag{3.44}$$

Die Ausgabe ist »1«, wenn genau einer der beiden Eingabewerte »1« und der andere »0« ist. Wenn beide Eingabewerte gleich sind, ist die Ausgabe »0«. Die Funktion des NMOS-Netzwerks lautet

$$\begin{aligned} f_\mathrm{n} &= \overline{x_1 \oplus x_2} = \overline{\bar{x}_1 x_2 \vee x_1 \bar{x}_2} \\ &= (x_1 \vee \bar{x}_2)(\bar{x}_1 \vee x_2) = x_1\bar{x}_1 \vee x_1 x_2 \vee \bar{x}_2\bar{x}_1 \vee \bar{x}_2 x_2 \\ &= x_1 x_2 \vee \bar{x}_2 \bar{x}_1 \end{aligned} \tag{3.45}$$

Sie kann durch eine Parallelschaltung von je zwei in Reihe geschalteten Transistoren nachgebildet werden. Die negierten Eingangssignale $\bar{x}_1$ und $\bar{x}_2$ werden von zwei Invertern bereitgestellt. Die Funktion des PMOS-Netzwerks lautet

$$f_\mathrm{p} = x_1 \oplus x_2 = \bar{x}_1 x_2 \vee x_1 \bar{x}_2 \tag{3.46}$$

Auch das PMOS-Netzwerk kann durch eine Parallelschaltung aus je zwei in Reihe geschalteten Transistoren nachgebildet werden und benötigt auch zum Teil invertierte Eingaben (Abb. 3.28 b).

Deaktivierbare Treiber

Ein deaktivierbarer Treiber ist ein Gatter, dessen Ausgang für bestimmte Eingaben hochohmig (»Z«) ist. Abbildung 3.29 zeigt die typische Schaltung, das Schaltsymbol sowie die Wertetabellen für das NMOS-Netzwerk, das PMOS-Netzwerk und das gesamte Gatter. Das negierte Freigabesignal $\bar{E}$ erzeugt ein Inverter.

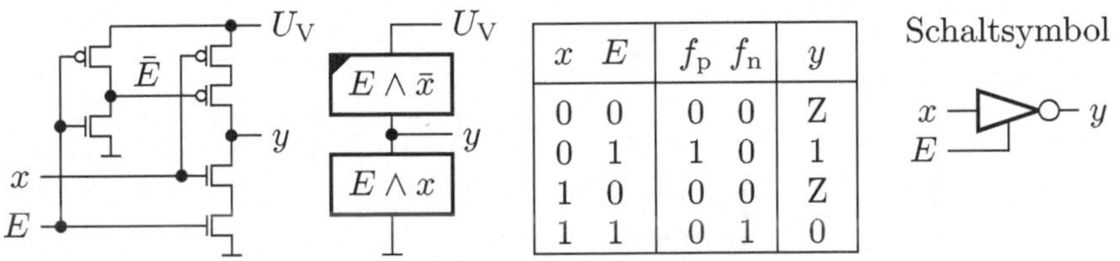

x	E	f_p	f_n	y
0	0	0	0	Z
0	1	1	0	1
1	0	0	0	Z
1	1	0	1	0

Abb. 3.29. Deaktivierbarer Treiber

Gatter mit einem Pull-Up- oder Pull-Down-Element

Ein Pull-Up-Element ist eine Schaltung, die eine schwache logische Eins erzeugt. Ein Pull-Down-Element erzeugt eine schwache logische Null. Schwache Signalwerte sind eine Art Standardvorgabe, die von starken Signalwerten überschrieben werden kann. Im einfachsten Fall werden schwache Signalwerte mit einem hochohmigen Widerstand zur Versorgungsspannung oder zum Bezugspunkt erzeugt. In Anlehnung an die Hardwarebeschreibungssprache VHDL werden sie im Weiteren mit »L« (low, schwache Null), »H« (high, schwache Eins) und »W« (weak, schwacher unbestimmter Wert) bezeichnet [6].

Bei einem Signal mit mehreren Quellen überschreibt ein schwacher logischer Wert den Wert »Z« (hochohmig) und wird selbst von den starken Werten »0«, »1« und »X« (unbestimmt) überschrieben. Die Folgegatter, die den Signalwert weiterverarbeiten, unterscheiden dabei nicht, ob ein Signalwert von einer schwachen oder einer starken Quelle erzeugt wird. Ein Pull-Up-Element ersetzt auf diese Weise in einem Gatter das geschaltete PMOS-Netzwerk und ein Pull-Down-Element das geschaltete NMOS-Netzwerk (Abb. 3.30).

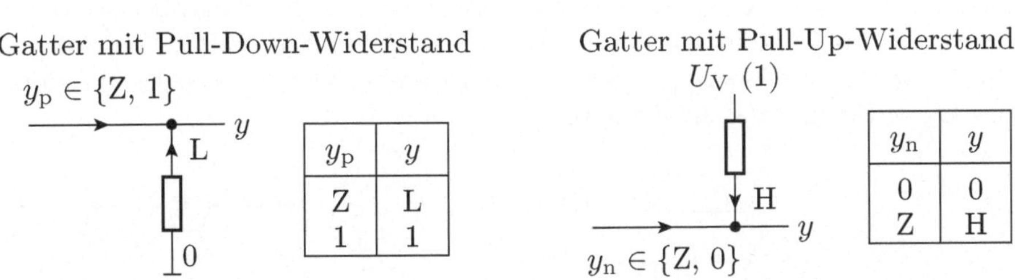

y_p	y
Z	L
1	1

y_n	y
0	0
Z	H

Abb. 3.30. Gatter mit einem Pull-Up- oder Pull-Down-Widerstand

Abbildung 3.31 zeigt ein Beispielgatter. Das PMOS-Netzwerk ist durch ein Pull-Up-Element ersetzt. Das NMOS-Netzwerk besteht aus zwei parallel geschalteten Transistoren, die eine ODER-Verknüpfung bilden. Ist einer der Transistoren im NMOS-Netzwerk eingeschaltet, zieht er den Gatterausgang auf »0«. Sonst setzt sich der schwache Wert des Pull-Up-Widerstands durch. Die Gesamtschaltung ist ein NOR-Gatter.

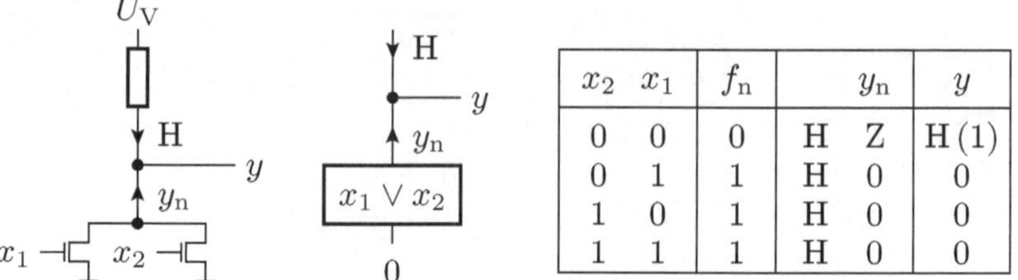

x_2	x_1	f_n	y_n		y
0	0	0	H	Z	H (1)
0	1	1	H	0	0
1	0	1	H	0	0
1	1	1	H	0	0

Abb. 3.31. NOR-Gatter mit Pull-Up-Widerstand

Pull-Up-Elemente werden eingesetzt, um Bauteile zu sparen und um die Anzahl der in Reihe geschalteten Transistoren zu begrenzen. Ein typisches Beispiel ist ein NOR-Gatter mit sehr vielen Eingängen. Die Funktion des NMOS-Netzwerks ist auch beim Ersatz des PMOS-Netzwerks durch ein Pull-Up-Element die negierte Soll-Funktion (Gleichung 3.39):

$$f_n = \bar{y} = x_n \vee x_{n-1} \vee \ldots \vee x_1 \tag{3.47}$$

Das entspricht einer Parallelschaltung von n Transistoren. Die Funktion des PMOS-Netzwerks in einem FCMOS-Gatter wäre nach Gleichung 3.40

$$f_p = y = \overline{x_n \vee x_{n-1} \vee \ldots \vee x_1} = \bar{x}_n \wedge \bar{x}_{n-1} \wedge \ldots \wedge \bar{x}_1 \tag{3.48}$$

Das entspricht einer Reihenschaltung von n PMOS-Transistoren. Das Pull-Up-Element übernimmt in Abb. 3.32 die Funktion dieser kompletten Reihenschaltung.

Ein Widerstand als Pull-Up-Element hat den Nachteil, dass bei der Ausgabe einer »0« auch dann ein Strom fließt, wenn kein Schaltvorgang stattfindet. Eine Alternative ist eine kleine aufgeladene Kapazität. In Abb. 3.32 wird die Lastkapazität C_L des Gatters vor der Auswertung des Ausgabesignals mit einer »0« am Takteingang »T« aufgeladen. Wenn das NMOS-Netzwerk in der Auswertephase sperrt, bleibt der Ausgabewert »1«. Sonst entlädt sich die Lastkapazität und der Ausgabewert wechselt auf »0«.

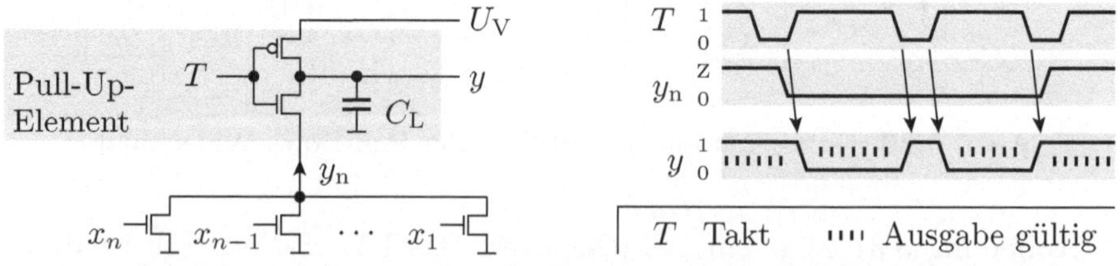

Abb. 3.32. NOR-Gatter mit einer geladenen Kapazität als Pull-Up-Element

Eine weitere Anwendung für Pull-Up- oder Pull-Down-Elemente ist der Anschluss mehrerer Signalquellen an eine Leitung (Abb. 3.33). Wenn alle

Quellen hochohmig sind, setzt sich die schwache »1« des Pull-Up-Elements durch. In allen anderen Fällen ist der Ausgabewert »0«. Eine solche Schaltung wird als verdrahtetes UND (engl. wired-and) bezeichnet.

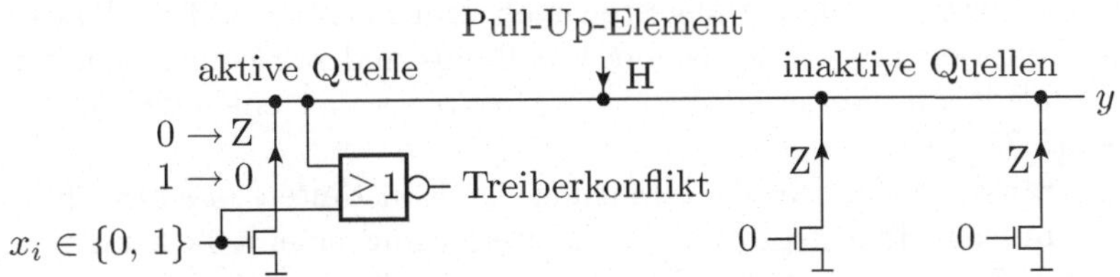

Abb. 3.33. Bus mit mehreren Signalquellen

Die inaktiven Quellen müssen den Wert »Z« ausgeben. Wenn unerlaubterweise gleichzeitig eine weitere Quelle aktiv ist, überschreibt eine »0« dieser Quelle das »Z« der ersten Quelle. Die Ausgabe wird verfälscht. Örtlich getrennte Signalquellen an einem Bus besitzen oft eine Fehlererkennungsschaltung. Das ist im einfachsten Fall ein NOR-Gatter, das kontrolliert, dass, wenn die aktive Quelle »Z« sendet, auf dem Bus eine »1« gelesen werden kann.

Transfergatter und Multiplexer

Auch die Transfergatter und Multiplexer aus Abschnitt 1.6.3 (Seite 103) sollen hier noch einmal unter dem Blickwinkel der neu eingeführten Entwurfsregeln betrachtet werden. Ein Transfergatter ist ein Schalter zur Weiterleitung einer »0« oder einer »1«. Es besteht aus der Parallelschaltung eines NMOS- und eines PMOS-Transistors. Da PMOS-Transistoren invertieren, benötigt ein Transfergatter außer dem direkten auch das invertierte Steuersignal, das in Abb. 3.34 von einem Inverter bereitgestellt wird. Die logische Funktion ähnelt der des deaktivierbaren Treibers in Abb. 3.29.

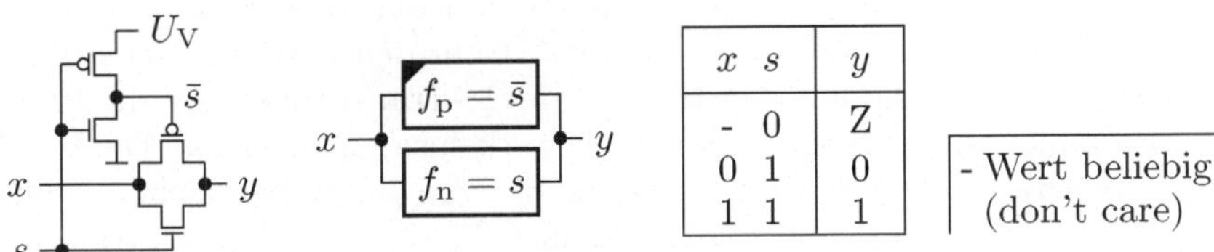

x s	y
- 0	Z
0 1	0
1 1	1

Abb. 3.34. Transfergatter

Ein 2:1-Multiplexer mit der Funktion

$$y = \begin{cases} x_1 & \text{wenn}\, s = 0 \\ x_2 & \text{wenn}\, s = 1 \end{cases} \tag{3.49}$$

besteht aus zwei gegenläufig angesteuerten Transfergattern. Das Transfergatter zur Weiterleitung von x_1 ist bei $s = 0$ ein- und sonst ausgeschaltet. Das Transfergatter zur Weiterleitung von x_2 ist bei $s = 1$ ein- und sonst ausgeschaltet (3.35 a).

Ein Transfergatter zur Weiterleitung der Konstanten »1« braucht keinen NMOS- und ein Transfergatter zur Weiterleitung einer »0« keinen PMOS-Transistor (3.35 b und c). Ein Multiplexer, der bei $s = 0$ eine »1« und bei $s = 1$ eine »0« weiterleitet, hat nicht nur dieselbe Funktion, sondern auch dieselbe Schaltung wie ein CMOS-Inverter (3.35 d).

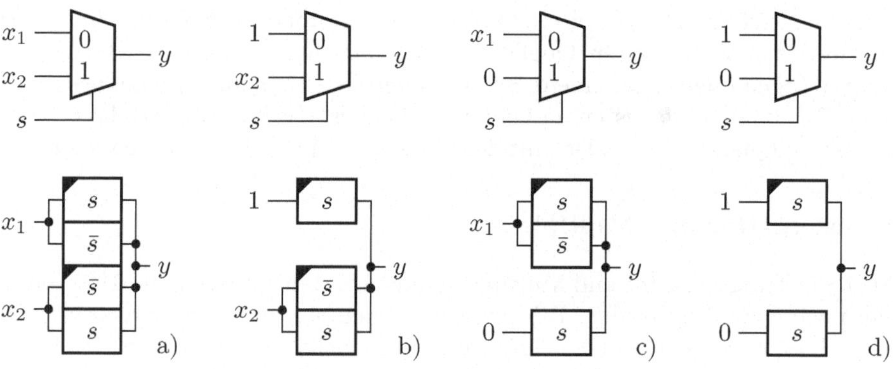

Abb. 3.35. 2:1-Multiplexer

Aus Multiplexern lassen sich wiederum größere Schaltungen zusammensetzen. Abbildung 3.36 a zeigt eine Schaltung aus drei Multiplexern. In Abb. 3.36 b sind die Multiplexer durch einzelne Transfergatter ersetzt. Die Verbindung nach »1« von Multiplexer M2 benötigt nur den High-Side-Schalter und die Verbindung nach »0« von Multiplexer M1 nur den Low-Side-Schalter. Bei der technischen Realisierung werden die NMOS-Transistoren und die PMOS-Transistoren jeweils zu einem Schalternetzwerk zusammengefasst. Die Verbindung zwischen $z_{1\mathrm{n}}$ und $z_{1\mathrm{p}}$ und zwischen $z_{2\mathrm{n}}$ und $z_{2\mathrm{p}}$ haben keinen Einfluss auf die logische Funktion und sind damit überflüssig (Abb. 3.36 c). Abbildung 3.36 d zeigt die fertige Transistorschaltung.

Speicherzellen

Ein digitaler Speicher arbeitet bitorientiert. Jede Speicherzelle kann genau zwei Signalwerte darstellen, »0« und »1«. Es wird zwischen dynamischen und statischen Speicherzellen unterschieden.

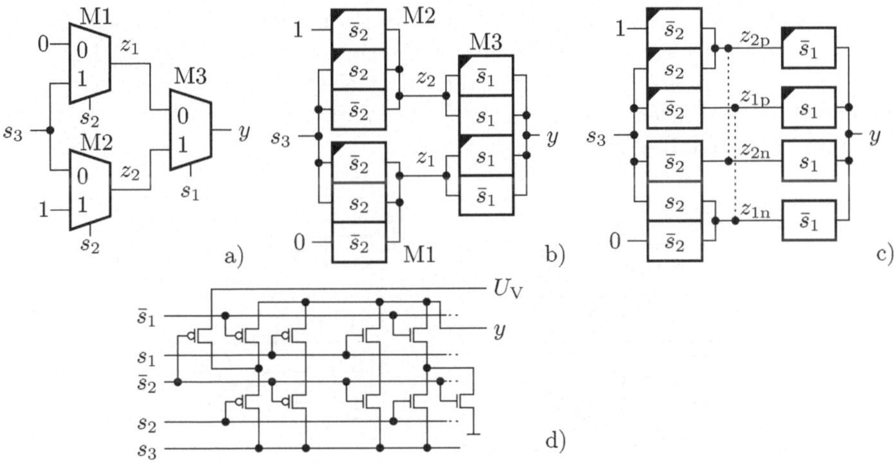

Abb. 3.36. Beispielschaltung aus mehreren Multiplexern

Eine dynamische Speicherzelle besteht im Wesentlichen aus einem deaktivierbaren Treiber und seiner Lastkapazität C_L (Abb. 3.37). Wenn der Treiber eine »0« oder »1« ausgibt, übernimmt die Lastkapazität den Signalwert mit einer kurzen Verzögerung. Deaktivierbar bedeutet, dass der Ausgang außer den Werten »0« und »1« auch den Pseudo-Signalwert »Z« (hochohmig) annehmen kann. An einem deaktivierten Treiberausgang ändert sich die Spannung über der Lastkapazität nur sehr langsam. Der Signalwert bleibt für eine längere Zeit, typisch mehrere Millisekunden, erhalten. In dieser Zeit darf der gespeicherte Wert weiterverarbeitet werden. Danach wird er unbestimmt und die Speicherzelle muss neu beschrieben werden.

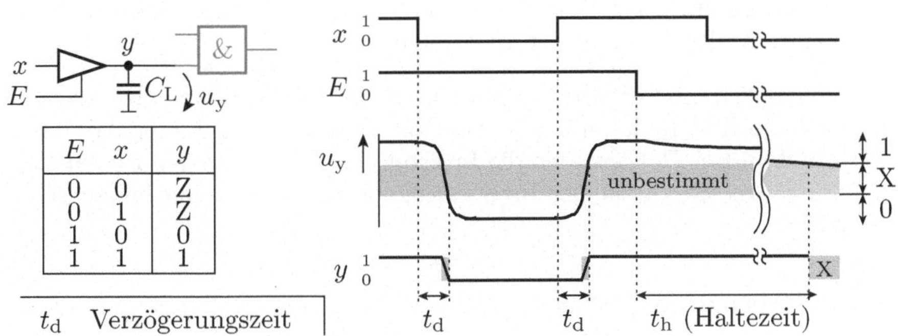

E	x	y
0	0	Z
0	1	Z
1	0	0
1	1	1

Abb. 3.37. Dynamische Speicherzelle

Eine statische Speicherzelle ist eine bistabile Logikschaltung. Die Grundschaltung ist der Ring aus zwei Invertern in Abb. 3.38 a. Bei $y = 0$ ist der

Eingabewert des ersten Inverters »0« und der Eingabewert des zweiten Inverters »1«. Beide Inverter halten sich gegenseitig in diesem Zustand. Dasselbe gilt für $y = 1$, nur mit den invertierten Signalwerten. Der gespeicherte Wert bleibt solange erhalten, bis ein neuer Wert eingestellt oder die Versorgungsspannung abgeschaltet wird.

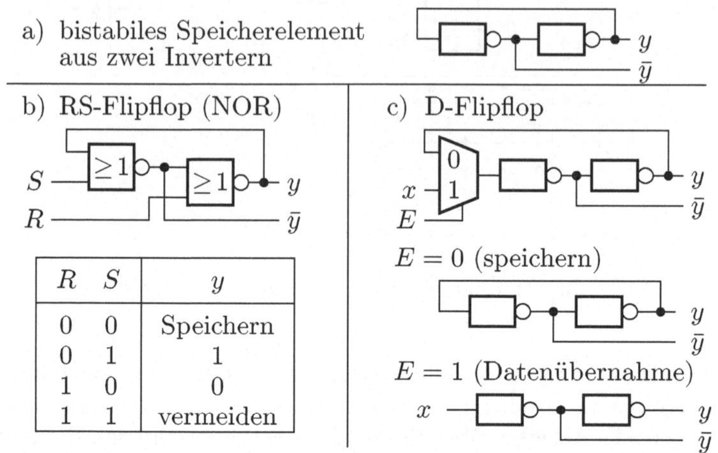

R	S	y
0	0	Speichern
0	1	1
1	0	0
1	1	vermeiden

Abb. 3.38. Statische Speicherzellen

Zum Einstellen des logischen Werts benötigt die Speicherzelle Eingänge. Dafür gibt es die bereits in Abschnitt 1.6.4 beschriebenen Möglichkeiten:

- Erweiterung um einen Setz- und einen Rücksetzeingang durch Austausch der Inverter gegen NOR- oder NAND-Gatter und
- Erweiterung um einen Daten- und einen Übernahmeeingang durch Einfügen eines Multiplexers in den Inverterring.

Abbildung 3.38 b zeigt die Erweiterung um einen Setz- und einen Rücksetzeingang zu einem RS-Flipflop mit Hilfe von NOR-Gattern. Abbildung 3.38 c zeigt ein D-Flipflop. Bei $E = 1$ bilden die Inverter eine Kette, die den Eingabewert übernimmt. Bei $E = 0$ ist der Inverterring rückgekoppelt und behält seinen Zustand bei.

3.2.3 Zeitverhalten

Für einen groben Überschlag kann ein CMOS-Gatter als ein geschaltetes RC-Glied betrachtet werden. Die Kapazität ist die Lastkapazität am Gatterausgang und der Widerstand der Einschaltwiderstand des Transistornetzwerks, über das die Kapazität umgeladen wird. Die Verzögerungszeit liegt in der Größenordnung der Zeitkonstanten

$$\tau = R_{\mathrm{Ers}} \cdot C_{\mathrm{L}} \tag{3.50}$$

(vergleiche Abschnitt 2.3.2). Das Geheimnis der hohen Verarbeitungsgeschwindigkeit der heutigen Digitalschaltungen ist ihre Miniaturisierung. Mit der Verringerung der Abmessungen der Halbleiterstrukturen haben sich auch die umzuladenden Kapazitäten stark verringert. Die Verzögerung eines integrierten CMOS-Gatters liegt heute in einer Größenordnung von unter 100 ps. In 100 ps bewegt sich das Licht etwa 3 cm weit fort.

Zeitverhalten eines Inverters

Die MOS-Transistoren eines Gatters verhalten sich stark nichtlinear. Genaue Abschätzungen der Signalverläufe innerhalb und an den Ausgängen digitaler Schaltungen verlangen eine rechenzeitaufwändige zeitdiskrete Simulation. In Abschnitt 2.2.5 wurde eine Kette von CMOS-Invertern simuliert. Abbildung 3.39 zeigt das Simulationsergebnis für das letzte Gatter in der Kette. Bei jedem Wechsel sind die Signalwerte am Eingang und am Ausgang für kurze Zeit unbestimmt (»X«), bevor sie ihren neuen gültigen Wert annehmen.

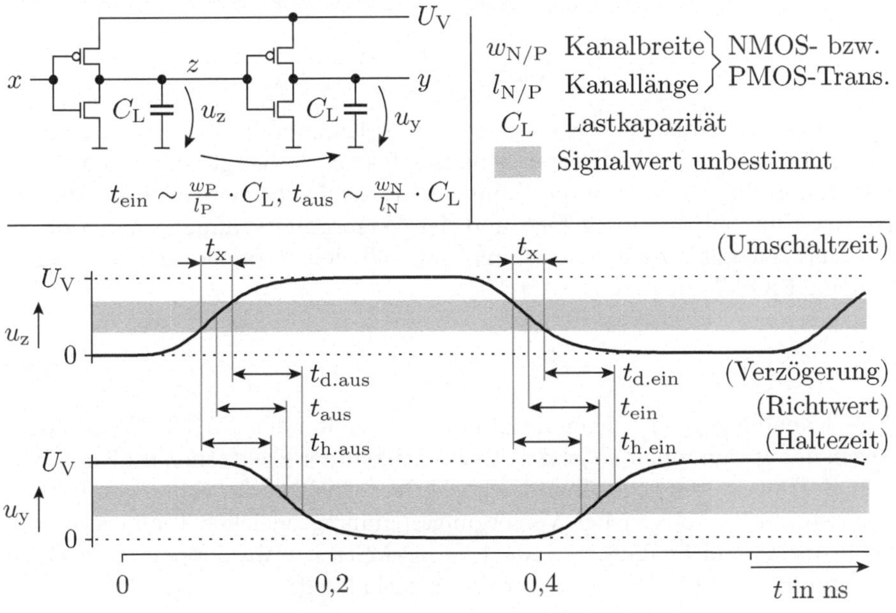

Abb. 3.39. Zeitverhalten eines CMOS-Inverters

Das Verzögerungsverhalten kann durch verschiedene Zeitparameter beschrieben werden:

- Haltezeiten,

- Richtwerte,
- Verzögerungszeiten und
- Umschaltzeiten.

Der Richtwert für die Verzögerung ist die Zeit zwischen einer 50%-igen Eingabeänderung und einer 50%-igen Ausgabeänderung. Die Haltezeit ist die Zeit, die, wenn der Eingabewert auf ungültig wechselt, der alte gültige Wert am Ausgang erhalten bleibt. Die Verzögerungszeit ist die Zeit, die nach Erreichen einer neuen gültigen Eingabe vergeht, bis die Ausgabe einen neuen gültigen Wert annimmt. Die Umschaltzeit ist die Zeit, die der Signalwert bei einem Wechsel zwischen »0« und »1« unbestimmt ist. Die Halte-, die Verzögerungs- und die Umschaltzeiten verhalten sich etwa proportional zu den Richtwerten.

Für größere Digitalschaltungen ist eine zeitdiskrete Simulation zu rechenzeitaufwändig. Aus dem Simulationsmodell lassen sich jedoch auch ohne Simulation die wichtigsten Beziehungen zwischen den Schaltungsparametern und den Zeitparametern ablesen. Die Umladezeit verhält sich proportional zur Lastkapazität am Gatterausgang und umgekehrt proportional zum Umladestrom. Der Umladestrom verhält sich proportional zum Parameter β des eingeschalteten Transistors. Dieser verhält sich wiederum proportional zur Kanalbreite und umgekehrt proportional zur Kanallänge. Für die Einschaltzeit gilt

$$t_{\mathrm{ein}} \approx k_{\mathrm{P}} \cdot \frac{C_{\mathrm{L}} \cdot l_{\mathrm{P}}}{w_{\mathrm{P}}} \tag{3.51}$$

(C_{L} – Lastkapazität; l_{P} – Kanallänge, w_{P} – Kanalbreite des einschaltenden PMOS-Transistors). Der Proportionalitätsfaktor k_{p} hängt dabei von vielen Faktoren ab, u.a. auch von der Temperatur, der Löcherbeweglichkeit im Kanal, der Einschaltspannung U_{TP} und der Versorgungsspannung U_{V}. Für die Ausschaltzeit gilt dieselbe Beziehung, nur mit den Parametern des einschaltenden NMOS-Transistors:

$$t_{\mathrm{aus}} \approx k_{\mathrm{N}} \cdot \frac{C_{\mathrm{L}} \cdot l_{\mathrm{N}}}{w_{\mathrm{N}}} \tag{3.52}$$

(l_{N} – Kanallänge, w_{N} – Kanalbreite des einschaltenden NMOS-Transistors). Wegen der etwa doppelt so großen Beweglichkeit der Elektronen im Kanal von NMOS-Transistoren gegenüber der Löcherbeweglichkeit im Kanal von PMOS-Transistoren ist bei gleicher Versorgungsspannung, gleicher Temperatur etc. der Proportionalitätsfaktor k_{p} für die Einschaltzeit etwa doppelt so groß wie der Proportionalitätsfaktor k_{N} für die Ausschaltzeit:

$$k_{\mathrm{P}} \approx 2 \cdot k_{\mathrm{N}} \tag{3.53}$$

Damit die Einschaltzeit eines Inverters etwa gleich der Ausschaltzeit ist, benötigt der PMOS-Transistor bei gleicher Kanallänge etwa die doppelte Kanalbreite des NMOS-Transistors.

Die Lastkapazität eines Gatters setzt sich aus der Kapazität am Gatterausgang C_{A}, der Leitungskapazität C_{Ltg} und den Eingangskapazitäten C_{E} aller angesteuerten Gattereingänge zusammen. Eingesetzt in die Gleichungen 3.51 und 3.52 und unter Einbeziehung von Gleichung 3.53 resultiert daraus für die Einschaltzeit und für die Ausschaltzeit

$$t_{\mathrm{ein}} \approx 2 \cdot k_{\mathrm{N}} \cdot \frac{l_{\mathrm{P}}}{w_{\mathrm{P}}} \cdot \left(C_{\mathrm{A}} + C_{\mathrm{Ltg}} + \sum_{i=1}^{N_{\mathrm{L}}} C_{\mathrm{E}.i} \right) \tag{3.54}$$

$$t_{\mathrm{aus}} \approx k_{\mathrm{N}} \cdot \frac{l_{\mathrm{N}}}{w_{\mathrm{N}}} \cdot \left(C_{\mathrm{A}} + C_{\mathrm{Ltg}} + \sum_{i=1}^{N_{\mathrm{L}}} C_{\mathrm{E}.i} \right) \tag{3.55}$$

(N_{L} – Lastanzahl, Anzahl der Gattereingänge, die der Gatterausgang ansteuert). Die in der Praxis eingesetzten Verzögerungsmodelle fassen die Produkte der unterschiedlichen Kapazitäten mit dem Proportionalitätsfaktor k_{N} zu Zeitkonstanten zusammen, die die eigentlichen Modellparameter bilden:

$$t_{\mathrm{ein}} \approx \frac{2 \cdot l_{\mathrm{P}}}{w_{\mathrm{P}}} \cdot \left(\tau_{\mathrm{A}} + \tau_{\mathrm{Ltg}} + \sum_{i=1}^{N_{\mathrm{L}}} \tau_{\mathrm{L}.i} \right) \tag{3.56}$$

$$t_{\mathrm{aus}} \approx \frac{l_{\mathrm{N}}}{w_{\mathrm{N}}} \cdot \left(\tau_{\mathrm{A}} + \tau_{\mathrm{Ltg}} + \sum_{i=1}^{N_{\mathrm{L}}} \tau_{\mathrm{L}.i} \right) \tag{3.57}$$

(τ_{A} – Grundverzögerung; τ_{Ltg} – leitungsabhängige Verzögerung; τ_{L} – lastabhängige Verzögerung).

Die Verzögerung eines Gatters hängt nicht nur vom Gatter selbst, sondern auch erheblich von der Leitungskapazität am Gatterausgang, von der Anzahl N_{L} der angeschlossenen Gattereingänge (Lasten) und deren Eingangskapazitäten ab.

Experimentelle Bestimmung der Modellparameter

Die Verzögerung eines integrierten Gatters lässt sich nicht auf direktem Wege messen. Denn der Anschluss eines Messgerätes würde die Lastkapazität so stark vergrößern, dass das Messergebnis keinen Aussagewert mehr hätte. Eine Schaltung zur experimentellen Bestimmung der Verzögerungsparameter ist der Ringinverter. Ein Ringinverter besteht aus einer ungeraden Anzahl invertierender Gatter, die zu einem Ring verschaltet sind und ein periodisches Rechtecksignal erzeugen. Die messbare Periodendauer des Rechtecksignals ist gleich der Summe der Ein- und Ausschaltzeiten aller Inverter im Ring:

$$T_{\mathrm{P}} = \sum_{i=1}^{N_{\mathrm{Inv}}} t_{\mathrm{ein}.i} + t_{\mathrm{aus}.i} \tag{3.58}$$

(N_{Inv} – Anzahl der Inverter im Ring). Damit die Eingangskapazität des Messgerätes die Schwingungsdauer nicht beeinflusst, ist ein weiteres Gatter zur Entkopplung der Ausgabe erforderlich (Abb. 3.40).

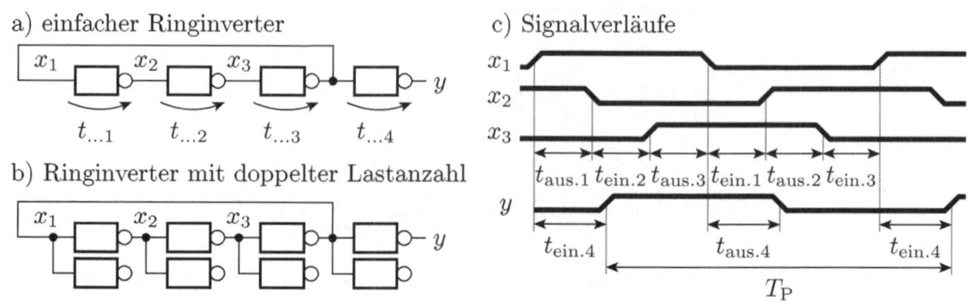

Abb. 3.40. Ringinverter

Beispiel sei ein Ring aus drei identischen Invertern mit einem gleichfalls identischen Inverter zur Entkopplung der Ausgabe. Die Kanallängen aller Transistoren seien gleich, die Breite der NMOS-Transistoren sei gleich der Kanallänge und die der PMOS-Transistoren gleich der doppelten Kanallänge. Die leitungsabhängigen Verzögerungszeiten sollen vernachlässigt werden. Unter diesen Annahmen vereinfachen sich die Gleichungen 3.56 und 3.57 zu

$$t_{\mathrm{ein}} \approx t_{\mathrm{aus}} \approx \tau_{\mathrm{A}} + N_{\mathrm{L}} \cdot \tau_{\mathrm{L}} \tag{3.59}$$

Die ersten beiden Inverter im Ring in Abb. 3.40 a haben eine und der dritte Inverter zwei Lasten. Eingesetzt in Gleichung 3.59 beträgt die Dauer einer Schwingungsperiode

$$\begin{aligned} T_{\mathrm{P1}} &\approx \underbrace{2 \cdot (\tau_{\mathrm{A}} + \tau_{\mathrm{L}})}_{t_{\mathrm{ein.1}}+t_{\mathrm{aus.1}}} + \underbrace{2 \cdot (\tau_{\mathrm{A}} + \tau_{\mathrm{L}})}_{t_{\mathrm{ein.2}}+t_{\mathrm{aus.2}}} + \underbrace{2 \cdot (\tau_{\mathrm{A}} + 2 \cdot \tau_{\mathrm{L}})}_{t_{\mathrm{ein.3}}+t_{\mathrm{aus.3}}} \\ &= 6 \cdot \tau_{\mathrm{A}} + 8 \cdot \tau_{\mathrm{L}} \end{aligned} \tag{3.60}$$

Um die beiden Modellparameter τ_{A} und τ_{L} getrennt voneinander zu bestimmen, wird ein zweiter Ringinverter benötigt, bei dem die Modellparameter in einem anderen Verhältnis addiert werden. In Abb. 3.40 b treibt jeder Inverter die doppelte Anzahl von Lasten. Die Dauer einer Schwingungsperiode des geänderten Ringinverters beträgt

$$T_{\mathrm{P2}} \approx 6 \cdot \tau_{\mathrm{A}} + 16 \cdot \tau_{\mathrm{L}} \tag{3.61}$$

Die Gleichungen 3.60 und 3.61 bilden ein lösbares Gleichungssystem. Die gesuchten Modellparameter errechnen sich wie folgt:

$$\tau_{\mathrm{A}} = \frac{1}{6} \cdot (2 \cdot T_{\mathrm{P1}} - T_{\mathrm{P2}}) \tag{3.62}$$

$$\tau_{\mathrm{L}} = \frac{1}{8} \cdot (T_{\mathrm{P2}} - T_{\mathrm{P1}}) \tag{3.63}$$

Je mehr Parameter ein Laufzeitmodell berücksichtigt, desto mehr unterschiedliche Ringinverter müssen als Teststrukturen gefertigt werden, um die Parameter experimentell zu bestimmen.

Zeitverhalten von Gattern mit mehreren Eingängen

In einem Gatter mit mehreren Eingängen wird die Lastkapazität über Parallel- und Reihenschaltungen mehrerer Transistoren umgeladen. Eine Parallelschaltung und eine Reihenschaltung eingeschalteter MOS-Transistoren lässt sich in einen funktionsgleichen Einzeltransistor umrechnen.

Parallelschaltung

In einer Parallelschaltung von MOS-Transistoren mit gleicher Einschaltspannung U_{T} addieren sich die Drain-Ströme. Die Gate-Source-Spannungen, die Drain-Source-Spannungen und auch alle anderen spannungsabhängigen Terme in den Kennliniengleichungen sind gleich. Die Parallelschaltung verhält sich wie ein Einzeltransistor mit einem Ersatzparameter (Abb. 3.41):

$$\beta_{\mathrm{Ers}} = \beta_1 + \beta_2 \tag{3.64}$$

Der Ersatztransistor hat das Breite-zu-Länge-Verhältnis

$$\frac{w_{\mathrm{Ers}}}{l_{\mathrm{Ers}}} = \frac{w_1}{l_1} + \frac{w_2}{l_2} \tag{3.65}$$

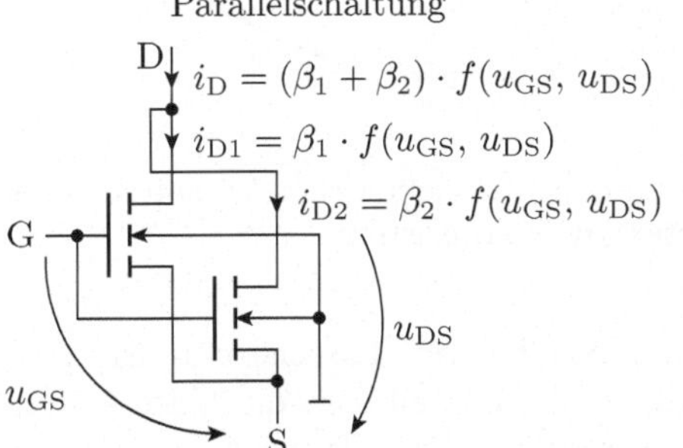

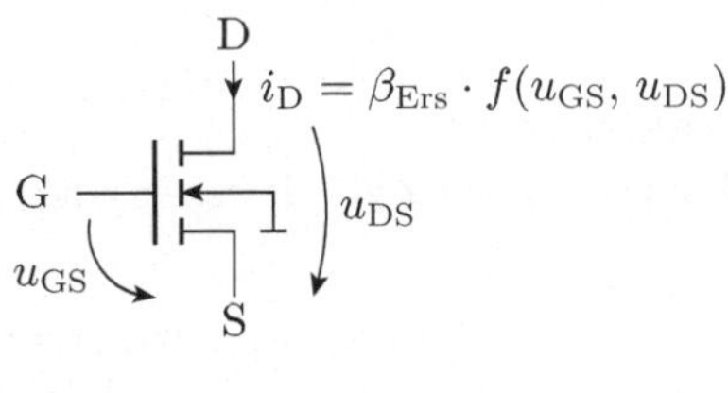

Abb. 3.41. Ersatzschaltung für zwei eingeschaltete parallele MOS-Transistoren

Reihenschaltung

Bei der Reihenschaltung addieren sich der Kehrwerte der Modellparameter β. Die mathematische Herleitung beinhaltet die Lösung einer Differenzialgleichung (vergleiche Abschnitt 3.1.6). Die Alternative ist eine Modelltransformation.

In Reihe geschaltete Transistoren sind räumlich durch ein gut leitendes hochdotiertes Gebiet, das für den einen Transistor den Drain und für den anderen Transistor den Source darstellt, und optional durch Leiterbahnen getrennt. Der Spannungsabfall über diesen Verbindungen kann vernachlässigt werden, so dass sich elektrisch kein Unterschied ergibt, wenn beide eingeschalteten Kanäle gedanklich direkt hintereinander angeordnet werden (Abb. 3.42). Die Reihenschaltung beider Kanäle besitzt unter folgenden Annahmen dieselbe Ladungsverteilung im Kanal und denselben Drain-Strom wie ein Einzeltransistor mit der Summe der Kanallängen:

- gleiche Einschaltspannung U_{T},
- gleiche Gate-Kanal-Kapazität je Wegelement C_{l} und
- gleiche Beweglichkeit der Ladungsträger

(vergleiche Gleichung 3.34). Die Ersatzschaltung ist ein Transistor, dessen Kanallänge gleich der Summe der Einzelkanallängen ist:

$$l_{\mathrm{Ers}} = l_1 + l_2 \tag{3.66}$$

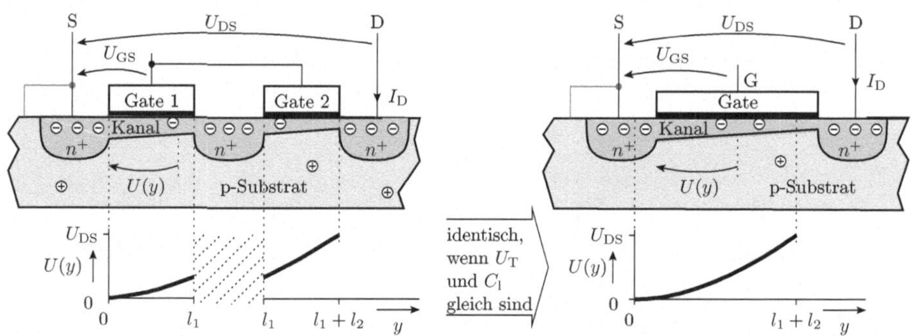

Abb. 3.42. Modelltransformation zur Bestimmung des elektrischen Verhaltens einer Reihenschaltung gleichbreiter eingeschalteter MOS-Transistoren

Bei einer Reihenschaltung unterschiedlich breiter Transistoren ist diese einfache Addition der Kanallängen nicht zulässig, weil sich die Gate-Kanal-Kapazitäten C_{l} je Wegelement, die sich proportional zur Transistorbreite verhalten, unterscheiden. Man kann aber gedanklich die Kanalbreite und die Kanallänge im selben Verhältnis vergrößern oder verkleinern, ohne dass sich laut Modell die Strom-Spannungs-Beziehung am Transistor ändert. Der gleichbreite zweite Ersatztransistor hat die Kanallänge

$$l_2^* = l_2 \cdot \frac{w_1}{w_2} \tag{3.67}$$

Eingesetzt in Gleichung 3.66 ergibt sich, dass das Breite-zu-Länge-Verhältnis des gesamten Ersatztransistors gleich der Summe der Breite-zu-Länge-Verhältnisse der Einzeltransistoren ist:

$$\frac{l_{\mathrm{Ers}}}{w_{\mathrm{Ers}}} = \frac{l_1 + l_2 \cdot \frac{w_1}{w_2}}{w_1} = \frac{l_1}{w_1} + \frac{l_2}{w_2} \tag{3.68}$$

Bei einer Parallelschaltung eingeschalteter MOS-Transistoren addieren sich die Breite-zu-Länge-Verhältnisse und bei einer Reihenschaltung die Länge-zu-Breite-Verhältnisse der Einzeltransistoren.

Minimale Haltezeit und maximale Verzögerungszeit

In einer komplexen Schaltung addieren sich die unterschiedlichen Gatterverzögerungszeiten in den unterschiedlichsten Varianten. Dabei interessieren in der Regel nur zwei Größen:

- die minimale Haltezeit t_{h} und
- die maximale Verzögerungszeit t_{d}.

Die minimale Haltezeit ist die Zeit, für die nach einer beliebigen Eingabeänderung garantiert noch der alte Logikwert am Ausgang anliegt. Die maximale Verzögerungszeit ist die Zeit, die nach dem Anlegen neuer gültiger Eingaben maximal vergeht, bis garantiert der zugehörige Ausgabewert am Ausgang abgegriffen werden kann.

In einem Gatter mit mehreren parallelen Zweigen gibt es mehrere Möglichkeiten für die Auf- und die Entladung der Lastkapazität, die unterschiedlich viel Zeit benötigen. Beispiel sei das Gatter G1 in Abb. 3.43. Die Kanallänge aller Transistoren sei l. Das Gatter hat nur eine Last. Die leitungsabhängige Verzögerung sei vernachlässigbar. Im ungünstigsten Fall, wenn nur eines der parallelen NMOS-Netzwerke einschaltet, erfolgt die Entladung der Lastkapazität über eine Reihenschaltung aus zwei Transistoren. Im günstigsten Fall schalten alle Transistoren gleichzeitig ein, so dass die Ausschaltzeit nur ein Drittel des Maximalwerts beträgt. Eingesetzt in Gleichung 3.57 liegt die Ausschaltzeit im Bereich

$$\frac{2}{3} \cdot \frac{l}{w_{\mathrm{N}}} \cdot (\tau_{\mathrm{A}} + \tau_{\mathrm{L}}) \leq t_{\mathrm{aus}} \leq 2 \cdot \frac{k_{\mathrm{N}} \cdot l}{w_{\mathrm{N}}} \cdot (\tau_{\mathrm{A}} + \tau_{\mathrm{L}}) \tag{3.69}$$

Das Aufladen erfolgt im ungünstigsten Fall über eine Reihenschaltung aus drei Transistoren und im günstigsten Fall über zwei parallele Zweige aus je drei in Reihe geschalteten Transistoren. Eingesetzt in Gleichung 3.56 ergibt sich als Wertebereich für die Einschaltzeit

$$3 \cdot \frac{l}{w_{\mathrm{P}}} \cdot (\tau_{\mathrm{A}} + \tau_{\mathrm{L}}) \leq t_{\mathrm{ein}} \leq 6 \cdot \frac{l}{w_{\mathrm{P}}} \cdot (\tau_{\mathrm{A}} + \tau_{\mathrm{L}}) \tag{3.70}$$

Idealerweise werden bei Gattern mit mehreren Eingängen die Transistorbreiten so gewählt, dass die ungünstigsten Werte der Einschaltzeit und der Ausschaltzeit etwa gleich sind.

Im Beispiel sollen die NMOS-Transistoren Minimaltransistoren mit einem quadratischen Kanal sein:

$$w_{\mathrm{N}} = l \tag{3.71}$$

Die PMOS-Transistoren erhalten die dreifache Breite:

$$w_{\mathrm{P}} = 3 \cdot l \tag{3.72}$$

Die minimale Haltezeit und die maximale Verzögerungszeit betragen mit diesen Festlegungen

$$t_{\mathrm{h}} \leq \frac{2}{3} \cdot (\tau_{\mathrm{A}} + \tau_{\mathrm{L}}) \tag{3.73}$$

$$t_{\mathrm{d}} \geq 2 \cdot (\tau_{\mathrm{A}} + \tau_{\mathrm{L}}) \tag{3.74}$$

Die minimale Haltezeit eines Gatters ist in der Regel deutlich kürzer als die maximale Verzögerungszeit.

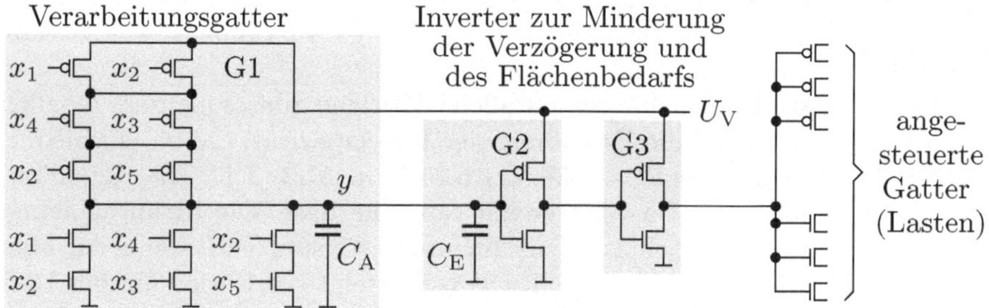

Abb. 3.43. Beispielschaltung zur Abschätzung der minimalen Haltezeit und der maximalen Verzögerungszeit

In Abb. 3.43 ist am Ausgang des Logikgatters G1 nur ein Inverter als Last angeschlossen. Die anderen Lasten folgen erst nach einem weiteren Inverter. Das ist, obwohl es auf den ersten Blick wie das Gegenteil erscheint, eine Maßnahme zur Verringerung des Flächenbedarfs und der maximalen Gesamtverzögerung. Denn die Verzögerung wird erheblich vom Produkt aus der Stockungstiefe des treibenden Gatters und seiner Lastanzahl bestimmt. Die zwischengeschalteten Inverter spalten dieses Produkt in Summanden mit einer Stockungstiefe größer Eins und einer Last und Summanden mit der Stockungstiefe Eins und mehreren Lasten auf. Die Transistoren in den Verarbeitungsgattern benötigen geringere Breiten und haben geringere Eingangs- und Ausgangskapazitäten. Trotz der zusätzlichen Inverter im Signalfluss lassen sich so schnellere und kleinflächigere Schaltungen realisieren. Die hier wirkenden Zusammenhänge sind sehr anschaulich und ausführlich in [36] beschrieben.

Eine digitale Schaltung funktioniert nur dann sicher, wenn alle Signalwerte innerhalb ihrer Gültigkeitsfenster ausgewertet werden.

Die Eingabesignale für Verarbeitungsfunktionen werden in der Regel von Speicherzellen (D-Flipflops) bereitgestellt und haben ein breites Gültigkeitsfenster (Abb. 3.44). Bei der Verarbeitung durchläuft jede Signaländerung eine Kette von signalverarbeitenden Bausteinen. Dabei addieren sich die minimalen Haltezeiten und die maximalen Verzögerungszeiten. Da die minimalen Haltezeiten kürzer als die maximalen Verzögerungszeiten sind, nimmt die Breite der Gültigkeitsfenster mit jedem Verarbeitungsschritt ab. Am Ende der Verarbeitungskette werden die Signale wieder mit Speicherzellen abgetastet, um ihre Gültigkeitsfenster zu verbreitern.

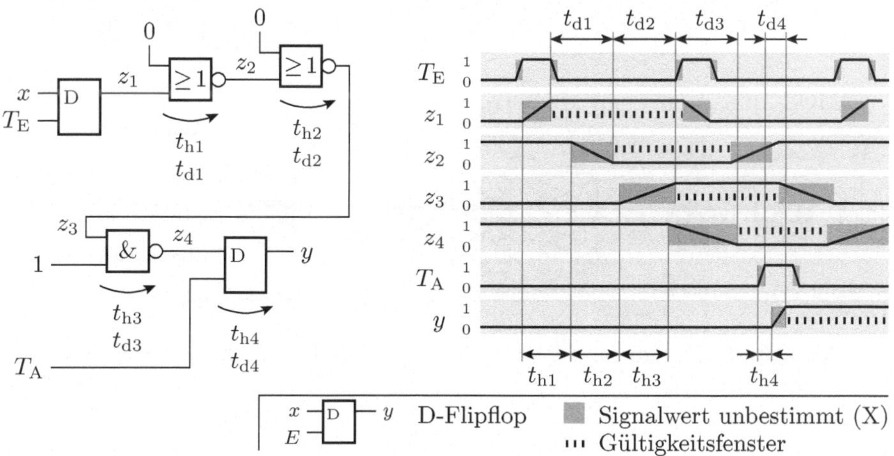

Abb. 3.44. Gültigkeitsfenster und Abtastelemente in digitalen Schaltungen

3.2.4 Geometrischer Entwurf

Eine integrierte Schaltung wird durch eine zweidimensionale Anordnung und Verdrahtung von Transistoren auf einem Halbleiterchip realisiert. Die Halbleitergebiete und Verbindungen werden für den Entwurf als Flächenelemente, meist Rechtecke, dargestellt. Die dritte Dimension, die Schichtfolge und die Schichtabmessungen in der Tiefe, sind durch die Fertigungstechnologie vorgegeben.

Abbildung 3.45 zeigt einen NMOS- und einen PMOS-Transistor in der 3D-Ansicht und in der Draufsicht. In der Draufsicht bestehen die Transistoren aus mehreren Arten von Flächenelementen, nämlich aus

- schwach n-dotierten Substrat-Wannen der PMOS-Transistoren,
- hochdotierten n-Gebieten für die Source- und die Drain-Anschlüsse der NMOS-Transistoren und die Substrat-Anschlüsse der PMOS-Transistoren,
- hochdotierten p-Gebieten für die Source- und die Drain-Anschlüsse der PMOS-Transistoren und die Substrat-Anschlüsse der NMOS-Transistoren und
- Polysilizium-Streifen.

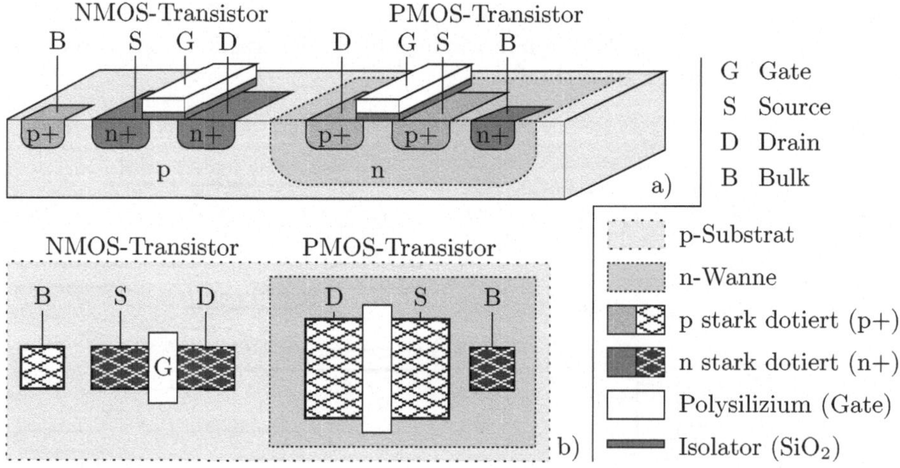

Abb. 3.45. NMOS- und PMOS-Transistor a) 3D-Ansicht b) Draufsicht

Die Polysilizium-Streifen dienen bei der Fertigung gleichzeitig als Maske zur Trennung der Source- und der Drain-Gebiete. Wenn in der Draufsicht auf beiden Seiten eines Polysilizium-Streifens ein hochdotiertes Gebiet liegt, beschreibt der Streifen ein Transistor-Gate mit einem Kanal darunter. Sonst ist ein Polysiliziumstreifen eine normale Verbindung mit einer dicken Oxidschicht darunter zur Minderung der Kapazität zum Substrat.

Polysilizium ist ein relativ schlechter Leiter und wird nur für kurze Verbindungen genutzt. Längere Verbindungen werden aus Metall, in der Regel Aluminium, hergestellt. Die Metalllagen befinden sich oberhalb der Halbleiterstrukturen und sind durch Isolationsschichten getrennt. Eine in Metall ausgeführte Verbindung zwischen Transistoranschlüssen besteht aus Durchkontaktierungen – das sind in die Isolationsschichten geätzte und mit Metall gefüllte Löcher – und nicht weggeätzten Metallbahnen. Sowohl die Durchkontaktierungen als auch die Metallbahnen werden in der Entwurfsansicht durch Flächenelemente dargestellt. Abbildung 3.46 zeigt eine beispielhafte geometrische Anordnung der Halbleitergebiete, Polysilizium-Streifen, Durchkontaktierungen und Metallleiterbahnen für einen Inverter.

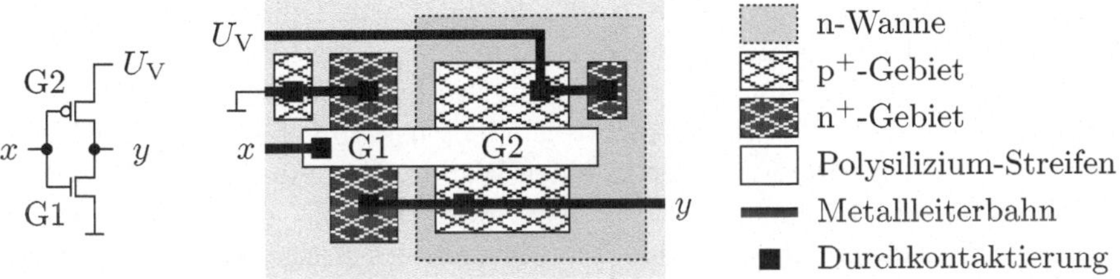

Abb. 3.46. Geometrischer Entwurf eines Inverters

Toleranz gegenüber den unvermeidlichen geometrischen Fertigungsstreuungen verlangt bestimmte Mindestgrößen und Mindestabstände, die in Form von geometrischen Entwurfsregeln vorgegeben sind. Bezugsmaß ist das Technologiemaß. Das ist die kleinste fertigbare Kanallänge. Die heutigen Fertigungsprozesse für digitale Schaltkreise haben ein Technologiemaß von deutlich unter einem Mikrometer. Jedes Flächenelement muss bestimmte Mindestabmessungen und Mindestabstände zu anderen Objekten haben. Die Gate-Streifen über den Source-Drain-Streifen müssen z.B. an beiden Enden überstehen. Sonst besteht das Risiko, dass auf Grund von Fertigungsstreuungen bei einigen Transistoren am Rand eine ständig leitende Verbindung zwischen Source und Drain übrig bleibt.

Die geometrischen Objekte sind möglichst platzsparend anzuordnen. Eine Reihenschaltung ist ein Streifen eines hochdotierten Gebiets, der von mehreren Gate-Streifen unterbrochen ist. Auch eine Parallelschaltung lässt sich platzsparend mit einer Streifenstruktur realisieren (Abb. 3.47).

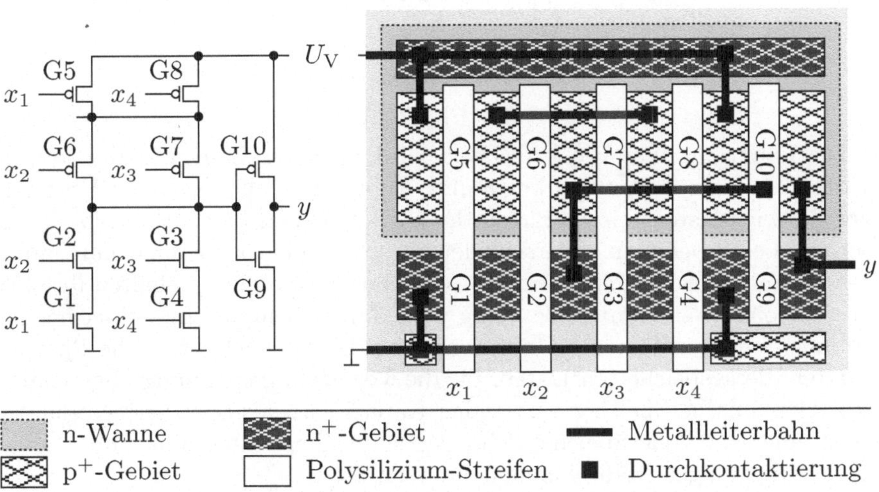

Abb. 3.47. Geometrischer Entwurf eines Komplexgatters mit Ausgabeinverter

Alle Verbindungen, die nicht durch hochdotierte Diffusionsgebiete oder Polysilizium-Streifen realisiert werden, sind über Durchkontaktierungen in den darüber liegenden Metallebenen entlangzuführen. Ein weiteres Prinzip zur Erzielung einer hohen Packungsdichte ist die Zusammenfassung der PMOS-Netzwerke auch mehrerer Gatter in einer Wanne. Das mindert den Flächenverbrauch für die Wannenränder. In Abb. 3.47 sind z.B. die Transistornetzwerke des Komplexgatters mit den Transistoren des Ausgabeinverters jeweils zu einer Streifenstruktur zusammengefasst.

3.2.5 Blockspeicher

Die überwiegende Anzahl der Transistoren einer digitalen Schaltung entfällt in der Regel auf blockorientierte Datenspeicher. Im Gegensatz zu den frei strukturierten Schaltungen besitzen Blockspeicher eine regelmäßige geometrische Struktur. Sie bestehen aus einer zweidimensionalen Speichermatrix, die den Hauptteil der Fläche einnimmt und von einer Ansteuerschaltung umgeben ist (Abb. 3.48).

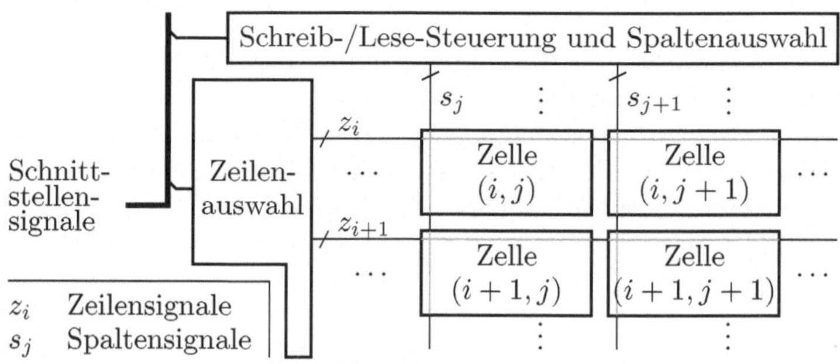

Abb. 3.48. Blockspeicher

Die Funktion eines Blockspeichers wird in erster Linie von der Funktion des benutzten Zellentyps bestimmt. Abbildung 3.49 zeigt eine Übersicht über die wichtigsten Speicherarten. Es wird zwischen Festwertspeichern und Schreib-/Lese-Speichern unterschieden. Festwertspeicher können nur einmal oder nur mit großem Zeitaufwand beschrieben werden und behalten ihre Daten auch ohne Versorgungsspannung über Jahre. Schreib-/Lese-Speicher haben eine Schreibzeit in der Größenordnung der Lesezeit. Statische Speicher behalten die gespeicherten Daten, bis die Versorgungsspannung abgeschaltet wird. Dynamische Speicher verwenden Kapazitäten als Speichermedium. Sie haben eine sehr hohe Speicherdichte, verlieren ihre Daten aber ohne Auffrischen nach wenigen Millisekunden.

Die Grundstruktur eines Blockspeichers erlaubt einen wahlfreien Zugriff. Jeder Speicherplatz hat eine Adresse, über die er ausgewählt wird. Die Speicherplätze können in einer beliebigen Reihenfolge gelesen und beschrieben

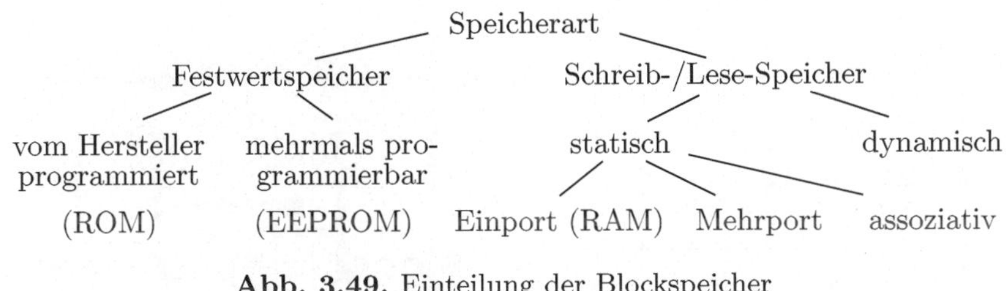

Abb. 3.49. Einteilung der Blockspeicher

werden. Die Ansteuerschaltung kann die Zugriffsmöglichkeiten einschränken und in gewissen Grenzen an andere Anforderungen anpassen. Schreib-/Lese-Speicher mit wahlfreiem Zugriff werden als RAM (random access memory) bezeichnet.

Ein RAM erlaubt nur den zeitgleichen Zugriff auf einen Speicherplatz. Parallelzugriffe verlangen funktionale Erweiterungen, insbesondere auch der Zellen. Ein Speicher, der einen zeitgleichen wahlfreien Zugriff auf mehrere Speicherplätze erlaubt, wird als Mehrportspeicher bezeichnet. Ein Schreib-/Lese-Speicher mit einer zusätzlichen parallelen Suchfunktion nach einem gespeicherten Bitmuster wird als Assoziativspeicher bezeichnet.[5]

Statische Schreib-/Lese-Speicher

Statische Schreib-/Lese-Speicher (SRAM) verwenden in der Regel die in Abb. 3.50 a dargestellte 6-Transistorzelle. Die Transistoren T1 bis T4 bilden einen bistabilen Inverterring (vergleiche Abb. 3.38 a). Die Transistoren T5 und T6 dienen zur Zeilenauswahl. Für $z_i = 0$ sind die Transistoren T5 und T6 gesperrt und die Zelle speichert. Für $z_i = 1$ wird die Funktion über die Spaltensignale $\bar{r}_i$ und $\bar{s}_i$ ausgewählt:

- Speichern/Lesen ($\bar{r} = \bar{s} = \mathrm{Z}$)
- Löschen: $(\bar{r} = 0) \wedge (\bar{s} = \mathrm{H})$
- Setzen: $(\bar{r} = \mathrm{H}) \wedge (\bar{s} = 0)$

(H – schwache »1«). Wenn die Setz- und die Rücksetzleitung hochohmig sind, bleibt der Zelleninhalt unverändert und kann gelesen werden. Bei $\bar{r} = 0$ kippt die Speicherzelle in den Zustand »0« und bei $\bar{s} = 0$ in den Zustand »1«. Die Transistoren einer Speicherzelle haben Minimalabmessungen und werden auf minimaler Fläche angeordnet. Die zeilen- und spaltenweise Verdrahtung erfolgt in mehreren Ebenen von Metallleiterbahnen (Abb. 3.50 b).

Der SRAM in Abb. 3.51 hat n Dateneingänge, n Datenausgänge, m Adresseingänge und ein Schreibsignal. Jede Adresse wählt genau einen Speicherplatz aus. Die Signale $\bar{r}$ und $\bar{s}$ der ausgewählten Spalten werden aus dem zugehörigen Eingabewert und dem Schreibsignal gebildet. Zum Beschreiben eines

[5] Assoziativspeicher werden z.B. im Rechner für die Übersetzung virtueller in physikalische Seitenadressen eingesetzt.

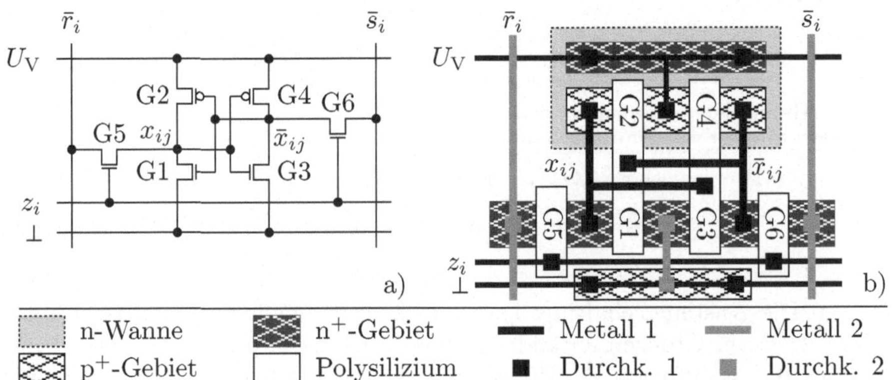

Abb. 3.50. Statische Speicherzelle a) Schaltung b) geometrische Anordnung

Speicherplatzes muss zuerst die Adresse für eine gewisse Zeit stabil anliegen, bevor das Schreibsignal aktiviert werden darf. Die Adresse, das Schreibsignal und die zu übernehmenden Daten müssen danach hinreichend lange stabil anliegen. Zum Lesen muss die Adresse bei deaktiviertem Schreibsignal eine gewisse Zeit stabil anliegen, bevor die Daten am Speicherausgang abgegriffen werden können.

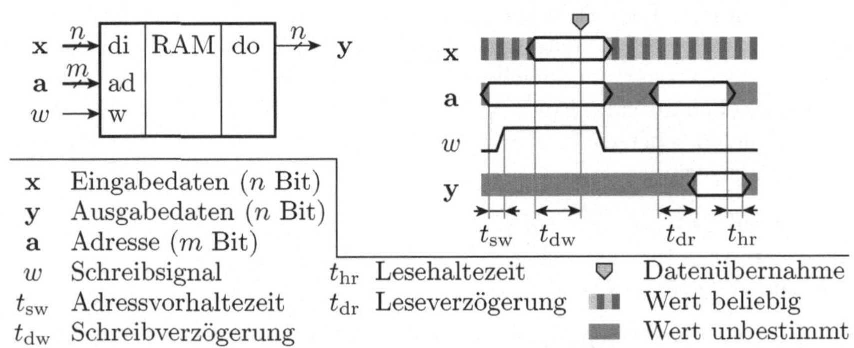

Abb. 3.51. SRAM-Ansteuerung

Mehrportspeicher

Ein zeitgleicher Mehrfachzugriff verlangt Zellen, die über mehrere Sätze von Steuerleitungen unabhängig voneinander gelesen und beschrieben werden können. Ein gleichzeitiges Beschreiben derselben Zelle mit unterschiedlichen Werten ist allerdings verboten und durch die Ansteuerschaltung auszuschließen. In Abb. 3.52 a ist die 6-Transistorzelle aus Abb. 3.50 um einen zweiten Port erweitert. Der zweite Port besteht auf der Zellenebene aus dem zusätzlichen Auswahltransistorpaar T7 und T8. Jeder Port besitzt eigene Zeilen- und Spaltenauswahlsignale, die von einer port-eigenen Ansteuerschaltung erzeugt werden (3.52 b). Nach außen hin verhalten sich die einzelnen Ports eines Mehrportspeichers wie separate Speicher, nur dass der Zugriff auf dieselbe Speichermatrix erfolgt. Eine typische Anwendung für Mehrportspeicher ist die Kopplung von Rechnern.

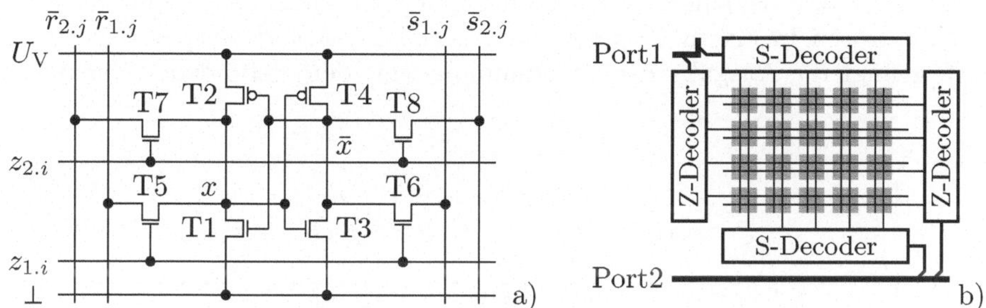

Abb. 3.52. Dualportspeicher a) Speicherzelle b) Gesamtstruktur (S-Decoder – Schreib-/Lese-Steuerung und Spaltenauswahl; Z-Decoder – Zeilenauswahl)

Assoziativspeicher (inhaltsadressierbarer Speicher)

Ein Assoziativspeicher ist ein normal beschreibbarer und lesbarer RAM mit einer Zusatzfunktion für den parallelen Vergleich. Bei der Vergleichsoperation werden die Daten, die am Schreibeingang anliegen, mit den Inhalten aller Speicherzeilen verglichen.

Abbildung 3.53 zeigt die Schaltung einer Zelle. Die Transistoren T1 bis T6 bilden eine normale RAM-Zelle und die Transistoren T7 bis T10 dienen für den bitweisen Vergleich. Bei der Vergleichsoperation werden die Spaltenleitungen wie beim Schreiben angesteuert:

$$\bar{r}_j = d; \ \bar{s}_j = \bar{d}_j \tag{3.75}$$

(d_j – Bitwert für Spalte j). Die Zeilenauswahlsignale bleiben jedoch inaktiv, so dass der Zelleninhalt nicht verändert wird. Das Netzwerk aus den Transistoren T7 bis T10 hat die Funktion

$$\begin{aligned} f_{ij} &= (\bar{r}_j \wedge \bar{x}_{ij}) \vee (\bar{s}_j \wedge x_{ij}) \\ &= (d_j \wedge \bar{x}_{ij}) \vee \left(\bar{d}_j \wedge x_{ij}\right) \end{aligned} \tag{3.76}$$

Die Parallelschaltung der beiden Transistorpaare sperrt genau dann, wenn der Zellenwert mit dem Eingabewert übereinstimmt. Alle Vergleichsnetzwerke f_{ij} einer Zeile sind parallel geschaltet und damit ODER-verknüpft:

$$f_i = \bigvee_{j=1}^{N_S} f_{ij} \tag{3.77}$$

(N_S – Spaltenanzahl). Das Gesamtnetzwerk der Zeile i ist nur dann gesperrt ($f_i = 0$), wenn die Eingabebits aller Spalten übereinstimmen. Ein Pull-Up-Element erzeugt in diesem Fall den Vergleichswert $v_i = 1$. Wenn gleiche Suchmuster mehrfach im Assoziativspeicher stehen dürfen, sind alle Vergleichsergebnisse einzeln als Signale aus dem Schaltkreis herauszuführen. Falls jedes Suchmuster, wie bei einem Übersetzungspuffer von virtuellen in physikalische Seitenadressen in einem Rechner, nur einmal im Assoziativspeicher stehen darf, genügt die Ausgabe der Zeilennummer mit dem gefundenen Suchmuster.

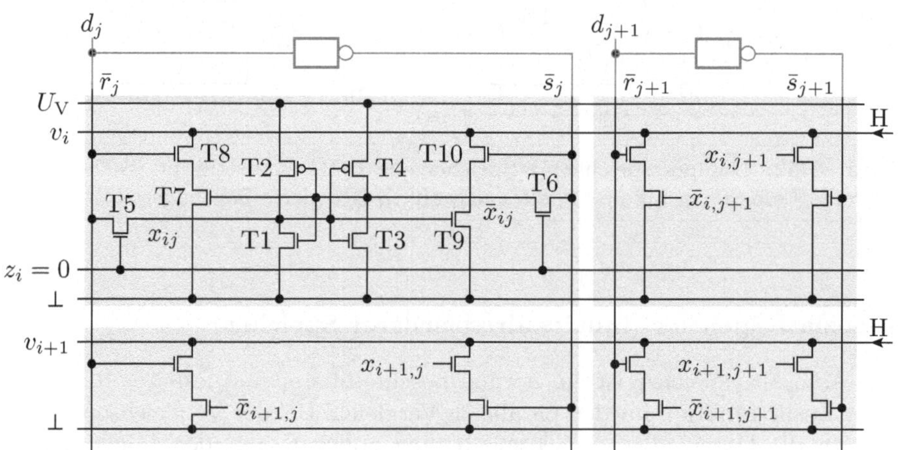

Abb. 3.53. Aufbau der Speichermatrix eines Assoziativspeichers

Dynamische Speicher

Dynamische Speicher (DRAM – dynamic random access memory) besitzen die kleinsten Speicherzellen und die höchste Speicherdichte. Die Speicherzellen bestehen aus einer winzigen Kapazität C_S, die über einen NMOS-Transistor mit einer Bitleitung verbunden ist (Abb. 3.54 a). Der Preis des einfachen Aufbaus und des geringen Flächenbedarfs der Zellen ist eine deutlich kompliziertere Funktionsweise und Ansteuerung.

Zum Beschreiben der Speicherzelle wird auf der Bitleitung die Spannung zur Darstellung des Logikwerts angelegt

$$u_x = \begin{cases} 0 & \text{für } x = 0 \\ U_V & \text{für } x = 1 \end{cases} \tag{3.78}$$

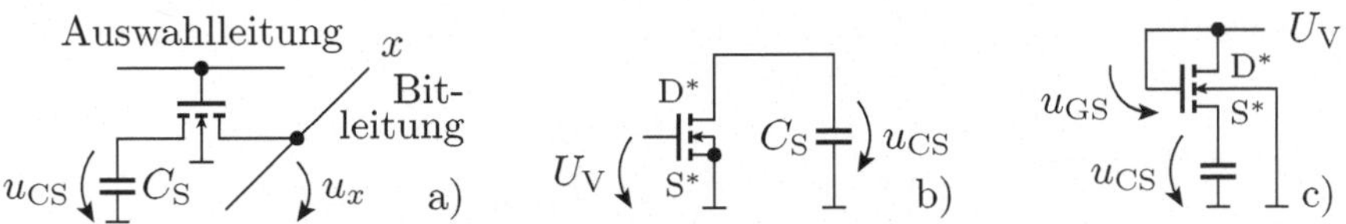

*der Source ist bei einem NMOS-Transistor immer der Kanalanschluss mit dem niedrigeren und der Drain der mit dem höheren Potenzial

Abb. 3.54. a) DRAM-Zelle b) Schreiben einer »0« c) Schreiben einer »1«

und der Transistor eingeschaltet. Beim Schreiben einer »0« arbeitet der Transistor ganz normal als Low-Side-Schalter (Abb. 3.54 b). Der Source, d.h. der Kanalanschluss mit dem geringeren Potenzial, ist der Leseleitungsanschluss und hat das Potenzial 0 V. Die Lesegeschwindigkeit errechnet sich nach demselben Modell wie die Ausschaltzeit t_{aus} eines Inverters (Gleichung 3.57). Beim Aufladen der Lastkapazität hat die Kapazitätsseite des Kanals das niedrigere Potenzial und bildet den Source. Die Gate-Drain-Spannung ist Null, so dass der Transistor während des gesamten Aufladevorgangs im Abschnürbereich arbeitet (Abb. 3.54 c). Die Spannung über der Speicherkapazität strebt nicht gegen die Versorgungsspannung, sondern nur gegen

$$u_{\mathrm{CS}} \le U_{\mathrm{V}} - U_{\mathrm{TN}} \tag{3.79}$$

(U_{TN} – Einschaltspannung des Auswahltransistors). Der Aufladestrom ist deutlich kleiner als beim Aufladen über einen PMOS-Transistor mit vergleichbaren Parametern, so dass das Schreiben vergleichsweise lange dauert.

Der Lesevorgang ist noch komplizierter (Abb. 3.55 a). Vor dem Lesen wird die Ladung auf der Bitleitung gelöscht:

$$Q_{\mathrm{Cx}}^{(-)} = C_{\mathrm{x}} \cdot U_{\mathrm{x}}^{(-)} = 0$$

Die Speicherkapazität hat vor dem Lesen die Ladung

$$Q_{\mathrm{CS}}^{(-)} = C_{\mathrm{S}} \cdot \begin{cases} 0 & \text{für eine gespeicherte »0«} \\ U_{\mathrm{V}} - U_{\mathrm{TN}} & \text{für eine gespeicherte »1«} \end{cases} \tag{3.80}$$

Anschließend wird der Transistor geöffnet. Es kommt zum Ladungsausgleich. Die gespeicherte Ladung geht dabei nicht verloren, sondern verteilt sich auf beide Kapazitäten:

$$Q_{\mathrm{CS}} + Q_{\mathrm{Cx}} = Q_{\mathrm{CS}}^{(-)} \tag{3.81}$$

Im stationären Zustand nach dem Einschalten des Transistors sind die Spannungsabfälle über beiden Kapazitäten gleich:

$$U_{\mathrm{CS}}^{(+)} = U_{\mathrm{x}}^{(+)} \tag{3.82}$$

Die Ausgabespannung auf der Bitleitung strebt gegen

$$U_{\mathrm{x}}^{(+)} = \frac{C_{\mathrm{S}}}{C_{\mathrm{S}} + C_{\mathrm{x}}} \cdot \begin{cases} 0 & \text{für eine gespeicherte »0«} \\ U_{\mathrm{V}} - U_{\mathrm{TN}} & \text{für eine gespeicherte »1«} \end{cases} \tag{3.83}$$

Die Kapazität C_{x} der Bitleitung ist um mindestens zwei Zehnerpotenzen größer als die Speicherkapazität C_{S}, so dass der Potenzialunterschied zwischen einer gelesenen »0« und einer gelesenen »1« nur wenige Millivolt beträgt.

Die Auswertung der Lesepotenziale auf den Bitleitungen erfolgt nach den Grundprinzipien des Analogentwurfs »Symmetrie und Kompensation«. In einer vollkommen symmetrischen Anordnung werden immer paarweise zwei Zellen gelesen, eine richtige und eine aufgeladene Dummy-Zelle mit der halben Kapazität. Wenn nach dem Ladungsausgleich das Potenzial der Leseleitung der richtigen Zelle größer als das der Leseleitung der Dummy-Zelle ist, wird eine »1« erkannt, sonst eine »0« (Abb. 3.55 b).

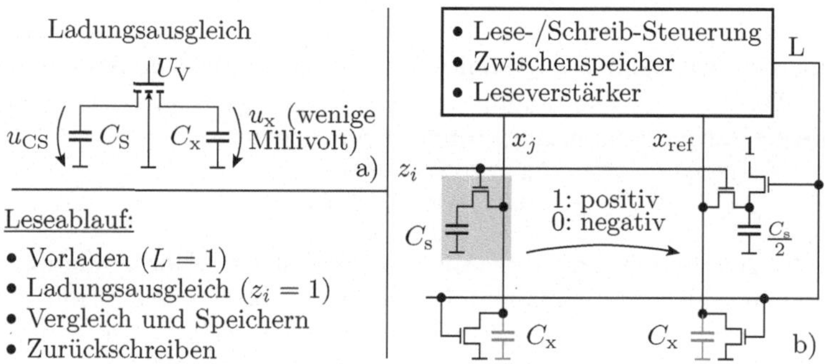

Abb. 3.55. Lesen einer DRAM-Zelle a) Ersatzschaltung für den Ladungsausgleich b) symmetrische Anordnung zur Auswertung der Lesepotenziale

Beim Lesen wird der gespeicherte Wert zerstört, so dass jede Zelle nach dem Lesevorgang neu beschrieben werden muss. Der komplette Lesezyklus besteht praktisch aus vier Schritten:

- Entladen der Leseleitungen und Aufladen der Dummy-Zellen,
- Ladungsausgleich,
- Bestimmung der Logikwerte auf den Leseleitungen und Übernahme in den Zwischenspeicher und
- Zurückschreiben der gelesenen Inhalte.

Ein DRAM hat noch mindestens eine weitere Betriebsart, das Auffrischen. Die Daten in den Speicherzellen bleiben nur wenige Millisekunden erhalten. Das bedeutet, dass innerhalb von wenigen Millisekunden jede Speicherzelle einmal gelesen und zurückgespeichert werden muss. Damit das zeitlich möglich ist, erfolgt das Auffrischen und damit auch das Lesen nicht zellen-, sondern zeilenweise. Die Zeilenanzahl bestimmt die Bitleitungskapazität C_x. Sie darf, damit die Potenzialunterschiede auf den Bitleitungen beim Lesen noch sicher ausgewertet werden können, die Größenordnung hundert bis tausend nicht überschreiten. Dadurch gilt für alle DRAMs unabhängig von ihrer Organisation und Speichergröße, dass mindestens alle hundert bis tausend Speicherzugriffe ein Auffrischzyklus einzufügen ist.

Mit der Datenspeicherung in winzigen Kapazitäten ist ein weiteres prinzipielles Problem von DRAMs verbunden. Im mittleren zeitlichen Abstand von Tagen können durch Alphateilchen verursachte Bitfehler auftreten. Alphateilchen entstehen durch radioaktiven Zerfall, hauptsächlich von Uran und Thorium. Diese Materialien sind als Spurenelemente im Gehäuse der Schaltkreise und im Aluminium der Leiterbahnen enthalten. Auch Höhenstrahlung kann über Kernprozesse im Silizium Alphateilchen freisetzen. Ein Alphateilchen besitzt eine Energie von etwa 5 MeV und eine Reichweite von bis zu 100 μm. Es verliert bei der Generierung eines Elektronen-Loch-Paares eine Energie von etwa 3,6 eV und kann auf seinem Weg durch den Halbleiter bis zu 10^6 Ladungsträgerpaare freisetzen [23]. In einem elektrischen Feld werden die Ladungsträgerpaare getrennt. Unterhalb des Auswahltransistors einer DRAM-Zelle wandern die Elektronen zur aufgeladenen Speicherkapazität und die Löcher zum Substratanschluss. Die Ladungsmenge einer aufgeladenen Speicherzelle umfasst nur 10^5 Elektronen, so dass zum Löschen eines Bits oder mehrerer benachbarter Bits ein einziges Alphateilchen genügt (Abb. 3.56). In sicherheitskritischen Anwendungen wird die Information in DRAMs in einer redundanten Form gespeichert, die die Erkennung und Korrektur solcher Bitfehler erlaubt.

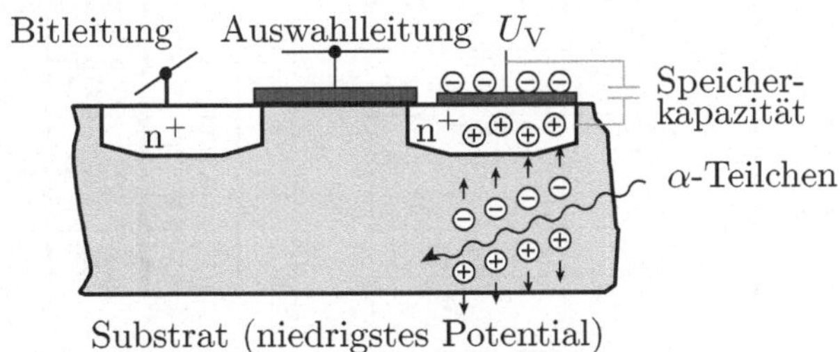

Abb. 3.56. Informationsverlust durch ein Alphateilchen

Wie bei jedem Blockspeicher kann das Anschlussverhalten eines DRAMs über die Ansteuerschaltung in einem gewissen Bereich an das Wunschverhalten angepasst werden. Bei einem DRAM ist die Ansteuerschaltung bereits für die Grundfunktionen ein halber Rechner, so dass weitere Funktionen keinen erheblichen Zusatzaufwand mehr darstellen. DRAM-Schaltkreise sind z.B.

in der Regel so organisiert, dass die Zeilen- und Spaltenadressen nacheinander übertragen werden und dass bei jedem Zugriff gleich ein ganzer Datenblock gelesen oder geschrieben wird. Über den Einsatz serieller Netzwerkprotokolle wird nachgedacht. Die Bezeichnungen SDRAM (synchroner DRAM), DDRRAM (double data rate RAM) etc. beschreiben unterschiedliche Arten der externen Ansteuerung, die im Einzelnen den Datenblättern zu entnehmen sind.

3.2.6 Festwertspeicher

Festwertspeicher (ROM – read only memory) können nur einmal oder nur mit großem Zeitaufwand beschrieben werden und behalten ihre Daten auch ohne Versorgungsspannung über Jahre. Das Speicherelement ist ein einzelner Transistor, der entweder ein- und ausschaltbar ist oder nur einen der beiden Schaltzustände besitzt. Es gibt zwei Organisationsformen. Bei einem NOR-ROM sind die Transistoren, die die Speicherzellen bilden, parallel geschaltet. Die deaktivierten Transistoren schalten nicht ein. Die Zeilenauswahlschaltung steuert pro Spalte nur einen Transistor mit »1« und alle anderen mit »0« an. Die gesamte Parallelschaltung ist leitend, wenn der ausgewählte Transistor einschaltet. Die Pull-Up-Elemente der Spalten wandeln die Schaltzustände in Logikwerte um (Abb. 3.57).

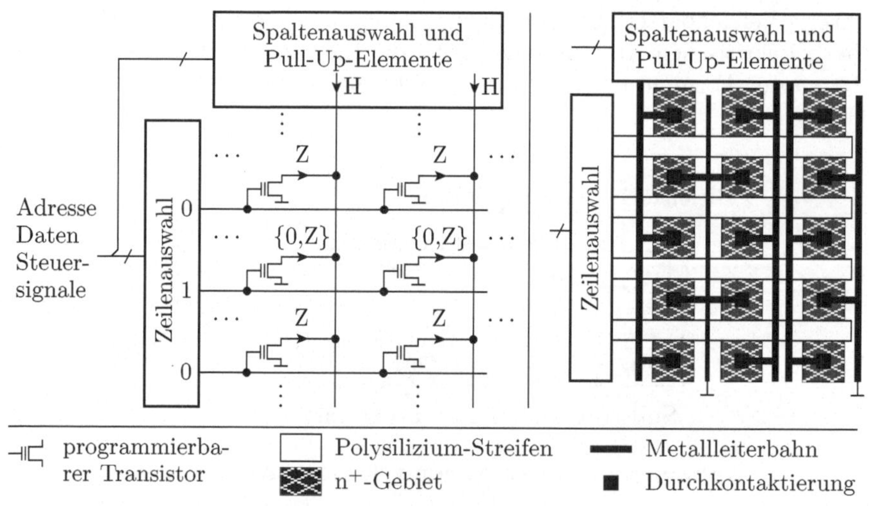

Abb. 3.57. NOR-ROM

In einem NAND-ROM sind die Transistoren einer Spalte in Reihe geschaltet. Die deaktivierten Transistoren lassen sich nicht ausschalten. Die Zeilenauswahlschaltung liefert für die ausgewählte Zeile »0« und für die übrigen Zeilen »1«. Wenn der Transistor in der ausgewählten Zeile nicht deaktiviert ist, sperrt die gesamte Reihenschaltung. Wenn er deaktiviert ist, leitet sie. Ein NAND-ROM ist wegen der Reihenschaltung der Transistoren bei gleicher Transistorgeometrie langsamer als ein NOR-ROM. Dafür benötigt er, wie aus Abb. 3.58 ablesbar ist, weniger Chipfläche.

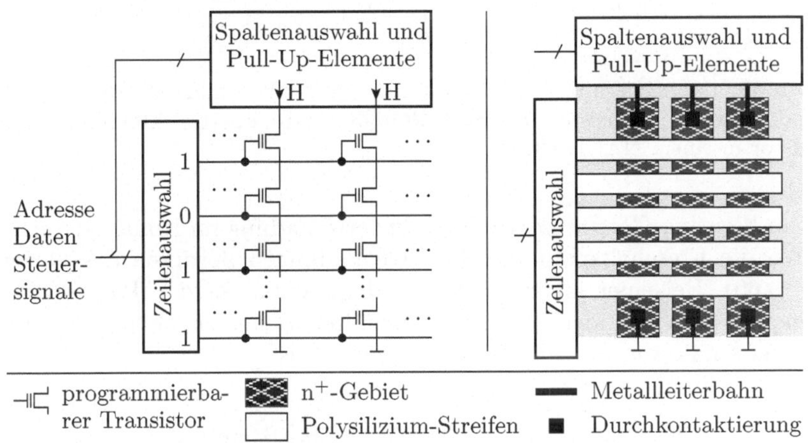

Abb. 3.58. NAND-ROM

Die Programmierung eines Festwertspeichers besteht in der Deaktivierung ausgewählter Transistoren. Das kann bei der Herstellung oder erst beim Anwender erfolgen. Bei einem herstellerprogrammierten Festwertspeicher ist der Speicherinhalt später nicht mehr veränderbar.

Herstellerprogrammierte Festwertspeicher

Abbildung 3.59 zeigt zwei Möglichkeiten für die Programmierung bei der Herstellung. Der deaktivierte Transistor für den NOR-ROM in Abb. 3.59 a hat bei der Fertigung ein dickes Gate-Oxid bekommen. Dadurch schaltet er erst bei einer viel höheren Spannung als der Versorgungsspannung ein. Unter normalen Betriebsbedingungen ist er ständig gesperrt. Zur Deaktivierung eines Transistors im NAND-ROM wird in Abb. 3.59 b das hochdotierte n^+-Gebiet unter dem Gate unterbrechungsfrei durchgeführt. Dadurch lässt sich der Transistor nicht ausschalten.

Programmierbare Festwertspeicher

Mehrfach programmierbare Festwertspeicher werden als PROM bezeichnet (programmable ROM). Sie verwenden als Speicherzellen Transistoren mit einem Floating-Gate. Das Floating-Gate ist ein isoliertes Zusatz-Gate, das zwischen dem Steuer-Gate und dem Kanal angeordnet ist. Negative Ladungen

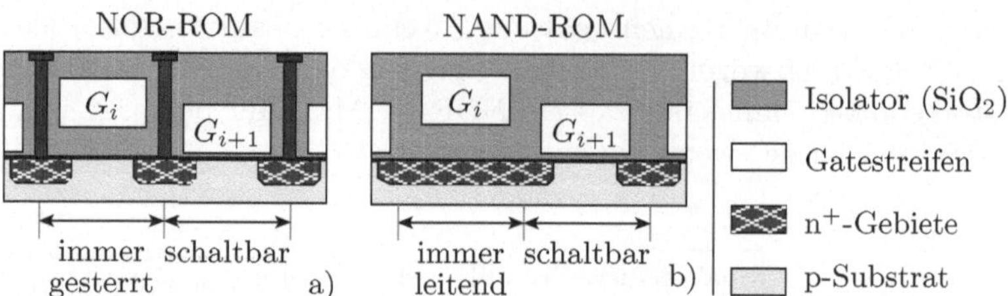

Abb. 3.59. Deaktivierung von Transistoren bei der Fertigung a) ständig gesperrter und normaler Transistor in einem NOR-ROM b) überbrückter und normaler Transistor in einem NAND-ROM

auf dem Floating-Gate mindern die induzierte Ladung im Kanal und erhöhen dadurch die Einschaltspannung. Positive Ladungen bewirken das Gegenteil (Abb. 3.60). Bei einer niedrigen Einschaltspannung ist der Transistor auch bei einer »0« am Eingang ständig eingeschaltet. Bei einer erhöhten Einschaltspannung schaltet er auch bei einer »1« nicht aus.

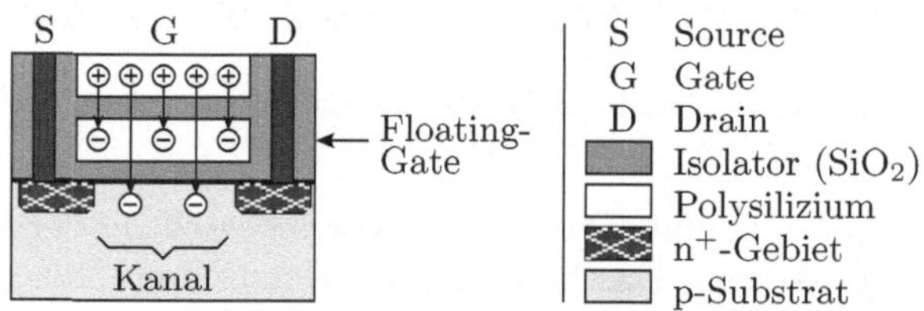

Abb. 3.60. Veränderung der Einschaltspannung mit einem Floating-Gate

Elektrische Programmierung

Ein elektrisch lösch- und programmierbarer Festwertspeicher wird als EEPROM (electrically erasable PROM) oder, wenn er nur blockweise löschbar ist, als Flash-Speicher bezeichnet. Das Programmieren und Löschen besteht im Auf- und im Entladen der Floating-Gates der einzelnen Zellen, meist über Tunnelströme. Ein Tunnelstrom ist ein quantenmechanisches Phänomen, bei dem Ladungsträger eine dünne Potenzialbarriere, hier eine dünne Isolationsschicht, überwinden, indem sie sich plötzlich auf der anderen Seite befinden. Voraussetzung ist eine hohe Feldstärke.

Floating-Gate-Transistoren für die Programmierung mit Tunnelströmen haben zwischen dem Floating-Gate und dem Source (oder dem Drain oder dem Kanal) Tunnelfenster mit einer sehr dünnen, etwa nur 10 nm starken Isolationsschicht. Zum Programmieren wird zwischen dem Gate und dem Source eine so hohe Spannung angelegt, dass ein Tunnelstrom fließt (Abb. 3.61). Je nach Polarität der Spannung wird das Floating-Gate dabei auf- oder entladen.

Die Umprogrammierung dauert um Zehnerpotenzen länger als das Beschreiben einer statischen oder dynamischen Speicherzelle. Beim Betrieb mit der normalen Spannung bleibt die Ladung über viele Jahre erhalten. Bei einem EEPROM können Speicherzellen einzeln gelöscht werden. Ein Flash-Speicher besitzt nur eine Block-Lösch-Funktion, die immer einen größeren Speicherbereich auf einmal löscht. Die Block-Lösch-Funktion erlaubt einen einfacheren Zellenaufbau und eine höhere Speicherdichte.

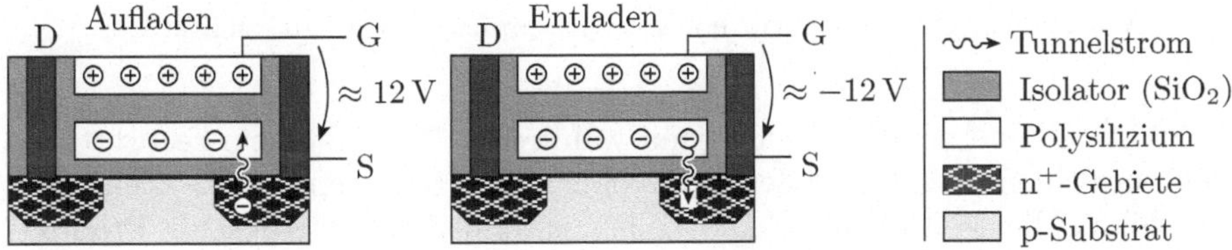

Abb. 3.61. Auf- und Entladen des Floating-Gates mit einem Tunnelstrom

Die internen Programmier- und Löschabläufe in einem EEPROM oder Flash-Speicher sind noch wesentlich komplizierter als in einem DRAM. Es wird z.B. eine Schaltung zur Erzeugung der Programmierspannung, die um ein Vielfaches höher als die Betriebsspannung ist, benötigt. Die Ladezustände der Floating-Gates sind zu kontrollieren und einzeln nachzuregeln. Die Ansteuerschaltung muss Funktionen zum Umgang mit defekten Speicherzellen besitzen und vieles mehr [35]. Wie bei allen Blockspeichern passt die Ansteuerschaltung das Zellenverhalten an das Wunschverhalten an. Zur Beschleunigung der Schreibfunktion besitzen EEPROMs und Flash-Speicher z.B. oft einen kleinen Zwischenspeicher, dessen Inhalt parallel in die eigentlichen Speicherzellen kopiert wird.

3.2.7 Programmierbare Logikschaltkreise

Ein programmierbarer Logikschaltkreis besteht aus programmierbaren Logikblöcken, programmierbaren Verbindungsnetzwerken und programmierbaren Ein-/Ausgabeschaltungen (Abb. 3.62). Die logische Funktion wird über einen Konfigurationsspeicher im Schaltkreis festgelegt. Kostengünstige programmierbare Logikschaltkreise können Schaltungen aufnehmen, die in normalen Schaltkreisen aus bis zu mehreren Millionen von Transistoren bestehen. Das sind wesentlich größere Schaltungen als ein Prozessor. Eingesetzt werden programmierbare Logikschaltkreise vor allem zur Herstellung von Prototypen und Kleinserien und auch in studentischen Praktika.

Programmierbare Tabellenfunktionen

Eine Tabellenfunktion ordnet jedem Eingabewert einzeln seinen Ausgabewert zu. Jede logische Funktion lässt sich so darstellen. Die Schaltung einer Tabel-

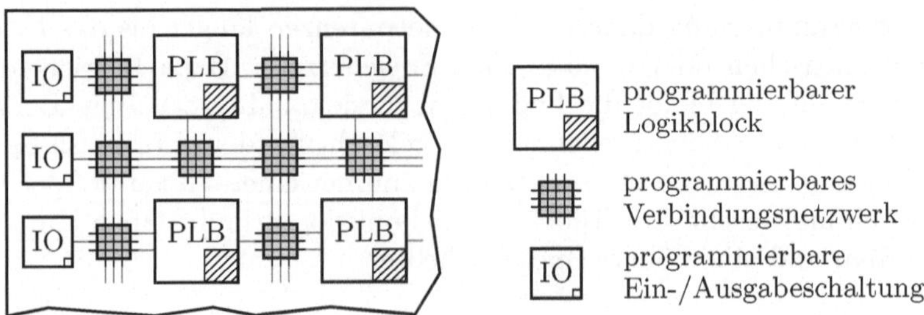

Abb. 3.62. Grundstruktur eines programmierbaren Logikschaltkreises

lenfunktion ähnelt einem Speicher mit wahlfreiem Zugriff, einem Festwertspeicher oder einem RAM. Der Zeilen-Decoder wählt genau eine der 2^n Zeilen aus und bildet die UND-Matrix. Die Zeilenauswahlsignale werden als Produktterme bezeichnet. Die Programmierelemente bilden die ODER-Matrix, die die Produktterme, denen der Ausgabewert »1« zugeordnet ist, spaltenweise ODER-verknüpfen (Abb. 3.63).

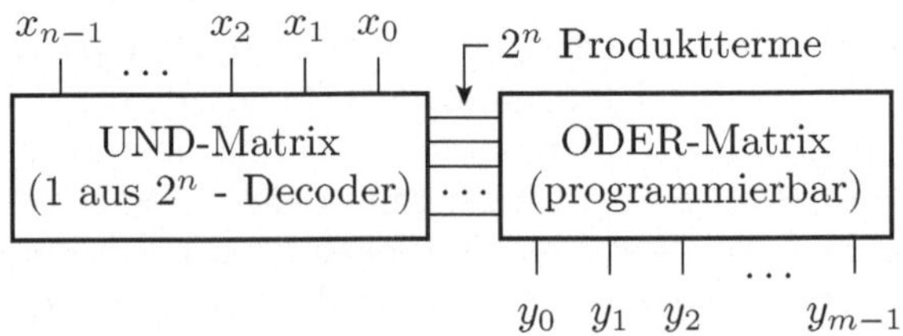

Abb. 3.63. UND-ODER-Matrix zur Programmierung von Tabellenfunktionen

Abbildung 3.64 zeigt eine mögliche Realisierung. Die schwarzen Querstriche an den Kreuzungspunkten zwischen den Zeilen und Spalten der UND-Matrix sind normale NMOS-Transistoren, die bei einer »1« am Gate einschalten. An den anderen Kreuzungspunkten befindet sich entweder kein oder ein deaktivierter Transistor, der auch bei einer »1« am Gate ausgeschaltet bleibt (vergleiche Abschnitt 3.2.6). Das PMOS-Netzwerk ist durch Pull-Up-Elemente ersetzt. Die Treiber zwischen den Ausgängen der UND-Matrix und den Eingängen der ODER-Matrix bestehen jeweils aus einer Kette von zwei Invertern und mindern die Verzögerungszeiten (vergleiche Abschnitt 3.2.3). Die ODER-Matrix besteht aus programmierbaren Transistoren. Um bei der Auswahl einer Zeile am Ausgang eine »0« auszugeben, ist der zugeordnete Transistor zu deaktivieren. Die Inverter an den Ausgängen bewirken, dass bei einem eingeschalteten (ausgewählten nicht deaktivierten) Transistor eine »1« ausgegeben wird.

Eine Tabellenfunktion mit n Eingängen und m Ausgängen benötigt $m \cdot 2^n$ Programmierelemente. Tabellenfunktionen sind entsprechend nur für die

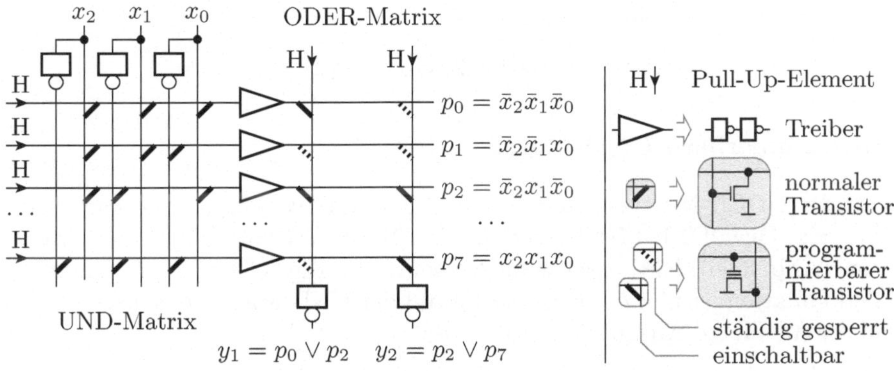

Abb. 3.64. Logikschaltung mit programmierter ODER-Matrix

Nachbildung von Schaltungen mit wenigen Eingängen geeignet. Größere Schaltungen werden aus mehreren Tabellenfunktionen zusammengesetzt. Das erfordert zusätzlich ein programmierbares Verbindungsnetzwerk. Ein programmierbares Verbindungsnetzwerk ist eine Matrix aus deaktivierbaren Treibern oder Transfergattern mit Programmierstellen an den Steuereingängen. Abbildung 3.65 zeigt als Beispiel die Aufspaltung der 5-stelligen Logikfunktion

$$y = x_1 x_2 (x_3 \vee x_4 \vee x_5) \tag{3.84}$$

in zwei kleinere Tabellenfunktionen mit je nur drei Eingängen:

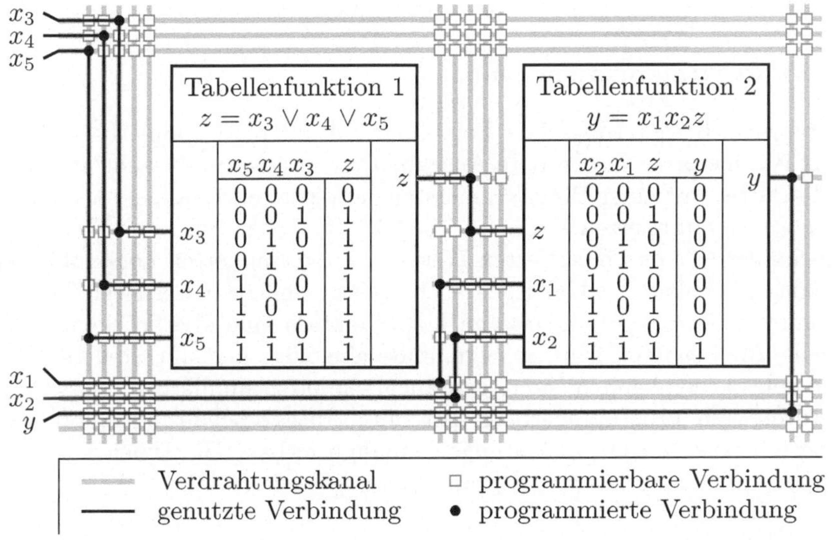

Abb. 3.65. Programmierte Logikschaltung mit zwei Tabellenfunktionen

$$\begin{aligned} &\text{Tabellenfunktion 1}: z = x_3 \vee x_4 \vee x_5 \\ &\text{Tabellenfunktion 2}: y = x_1 x_2 z \end{aligned} \tag{3.85}$$

Programmierbare UND-Matrix

Statt der ODER-Matrix kann auch die UND-Matrix programmierbar ausgeführt sein. Die ODER-Matrix ist dann die ODER-Verknüpfung aller Produktterme (Abb. 3.66). Die begrenzende Ressource für die Größe der programmierbaren Funktion ist hier die Eingangsanzahl der UND-Matrix (typisch 8...16) und die maximale Anzahl der Produktterme (typisch 4...16).

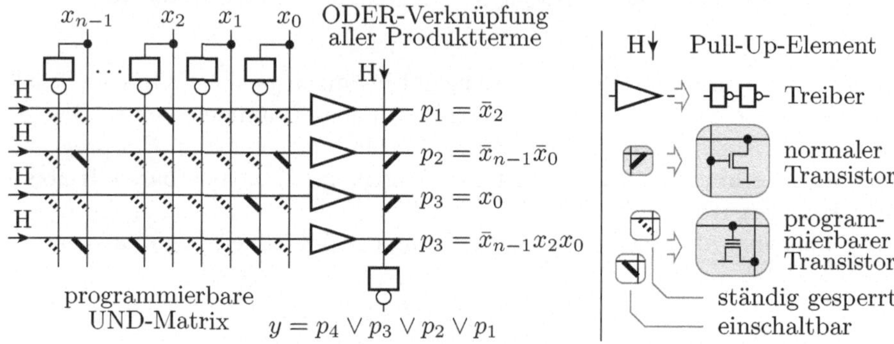

Abb. 3.66. Logikschaltung mit programmierter UND-Matrix

Weitere Programmierelemente

Eine typische Erweiterung einer Logikfunktion mit programmierbarer UND-Matrix ist eine programmierbare Ausgabeinvertierung. Sie besteht aus einem EXOR-Gatter mit einer Programmierstelle am zweiten Eingang (Abb. 3.67). Bei einer programmierten »0« liefert die EXOR-Verknüpfung den Wert selbst und bei einer »1« den invertierten Wert der programmierten Logikfunktion.

Digitale Schaltungen benötigen auch Speicherzellen. In der Regel befindet sich hinter jeder programmierbaren Logikfunktion eine überbrückbare Speicherzelle, die bei Bedarf in den Signalfluss eingefügt und mit Steuersignalen verbunden werden kann. Weitere gebräuchliche programmierbare Schaltungsstrukturen sind programmierbare Ein- und Ausgabeschaltungen, programmierbare Taktversorgungsschaltungen, konfigurierbare Blockspeicher, konfigurierbare Rechenwerke und programmierbare Prozessoren.

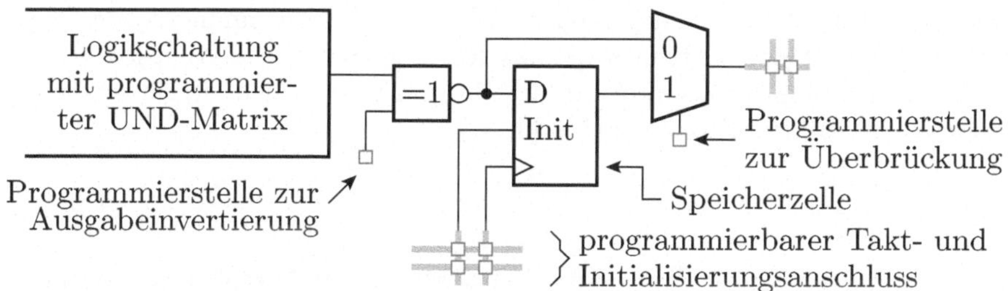

Abb. 3.67. Erweiterte programmierbare Funktionseinheit

3.2.8 Zusammenfassung und Übungsaufgaben

Eine digitale Schaltung besteht aus einer großen Anzahl von einfach zu entwerfenden Logikschaltungen, die nach einem Baukastenprinzip zusammengesetzt werden. Der Zusammenbau von Transistoren zu Transistornetzwerken und weiter zu frei strukturierten Gattern folgt formalen Regeln, ist einfach zu automatisieren und zu kontrollieren. Mit der CMOS-Technik lassen sich vollständig komplementäre Gatter, deaktivierbare Treiber, Schaltungen mit Pull-Up- und Pull-Down-Elementen, Multiplexer, Speicherzellen und vieles mehr realisieren.

Die Signalverzögerung wird durch die Größe der Lastkapazität und das Länge-zu-Breite-Verhältnis der Transistoren bestimmt. Sie hängt damit nicht nur vom Gatter selbst, sondern auch in erheblichem Maße von der Lastanzahl, die ein Gatter treibt, ab. Die Geschwindigkeitsoptimierung erfolgt über die Wahl der Kanalbreite bei minimaler Kanallänge. Modelliert wird das Zeitverhalten in der Regel durch die minimale Haltezeit und die maximale Verzögerungszeit. Eine digitale Schaltung ist stets so zu entwerfen, dass die Verzögerungszeiten innerhalb größerer Toleranzbereiche von den Richtwerten abweichen dürfen, ohne dass die Gesamtfunktion dadurch beeinträchtigt wird.

Der geometrische Entwurf besteht aus einer regelbasierten Anordnung geometrischer Flächen: schwach dotierter Wannen, hoch dotierter n- und p-Gebiete für die Source-, Drain- und Substratanschlüsse, Polysilizium-Streifen, Durchkontaktierungen und Metallleiterbahnen. Auch diese Entwurfsschritte erfolgen heute meist automatisiert.

Blockspeicher bestehen aus einer Matrix regelmäßig angeordneter Zellen, die von einer Ansteuerschaltung umgeben sind. Die Grundfunktionen stecken bereits in den Zellen (nur lesbar, auch schreibbar, statisch/dynamisch, Mehrportspeicher, Assoziativspeicher). Die größte Speicherdichte besitzen DRAMs, die dafür kompliziert anzusteuern sind. Der Datenerhalt nach Abschalten der Versorgungsspannung erfordert Festwertspeicher.

Auf der Schaltungstechnik der programmierbaren Speicher setzt die Schaltungstechnik der programmierbaren Logikschaltkreise auf. Ein programmierbarer Logikschaltkreis besteht aus programmierbaren Logikblöcken, programmierbaren Verbindungsnetzwerken und anderen programmierbaren Strukturen. Beim Entwurf einer digitalen Schaltung mit programmierbaren Logikschaltkreisen ist das Entwurfsergebnis keine geometrische Anordnung, sondern eine Konfigurationsdatei für die Programmierstellen. Ergänzende und weiterführende Literatur siehe [26, 36, 37].

Aufgabe 3.4

Vervollständigen Sie die Transistorschaltung und den Ausgabesignalverlauf in Abb. 3.68.

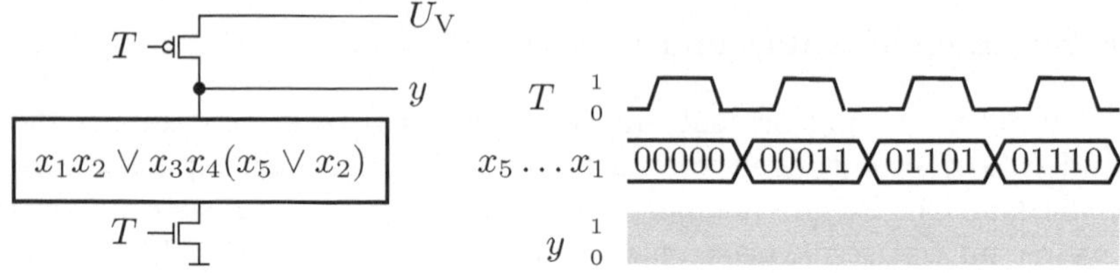

Abb. 3.68. Schaltung und Eingabesignale zu Aufgabe 3.4

a) Zeichnen Sie die komplette Transistorschaltung.
b) Skizzieren Sie den Ausgabesignalverlauf für die vorgegebenen Eingabesignalverläufe.
c) Welche Funktion hat die Schaltung, wenn das Ausgabesignal immer zum Änderungszeitpunkt des Taktes T von »1« nach »0« ausgewertet wird?

Aufgabe 3.5

Für die beiden Ringinverter in Abb. 3.69 wurden die Schwingungsperioden am Ausgang gemessen. Die Kanallänge aller Transistoren sei l. Das Länge-zu-Breite-Verhältnis der NMOS-Transistoren ist $\frac{l}{w_\mathrm{N}} = \frac{1}{4}$ und das der PMOS-Transistoren ist $\frac{l}{w_\mathrm{P}} = 1$.

a) Entwickeln Sie für ein einzelnes der FCMOS-NAND4-Gatter die Transistorschaltung und eine sinnvolle geometrische Anordnung.
b) In den beiden Ringinvertern erfolgt die Entladung der Lastkapazitäten aller Gatter immer über dieselbe Reihenschaltung von Transistoren. Die Aufladung erfolgt im oberen und im unteren Ringinverter über unterschiedliche Transistornetzwerke. In welchem Verhältnis stehen die Einschaltzeiten der Gatter im oberen und im unteren Ringinverter zur Ausschaltzeit?
c) Wie groß sind die Grundverzögerung τ_A und die lastabhängige Verzögerung τ_L? Die leitungsabhängige Verzögerung soll vernachlässigt werden.

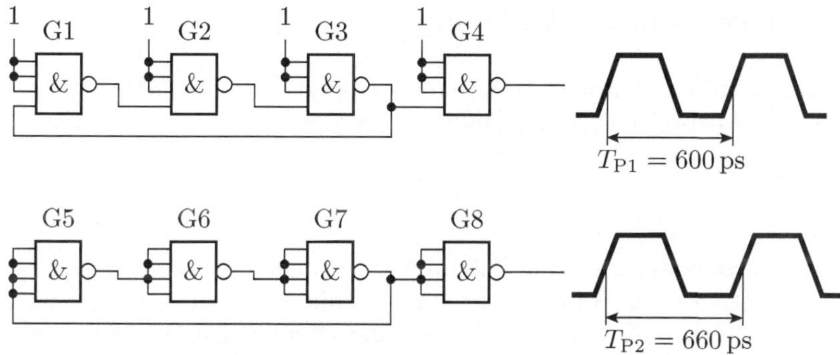

Abb. 3.69. Ringinverter zu Aufgabe 3.5

Aufgabe 3.6

Abbildung 3.70 zeigt den geometrischen Aufbau einer Speicherzelle.

a) Bestimmen Sie die Transistorschaltung.
b) Um welche Art von Speicherzelle handelt es sich?

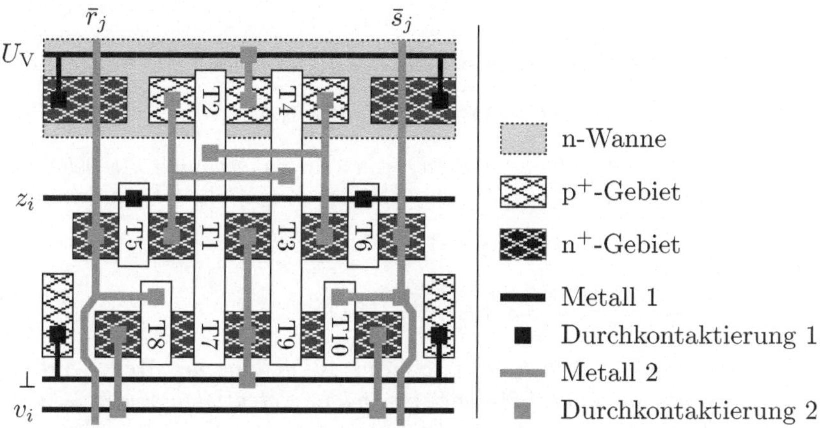

Abb. 3.70. Geometrie der Speicherzelle zu Aufgabe 3.6

3.3 Elektrisch lange Leitungen

Elektrische Signale breiten sich auf einer Leitung als elektromagnetische Wellen aus. Die Ausbreitungsgeschwindigkeit ist gleich der Lichtgeschwindigkeit:

$$v = \frac{c_0}{\sqrt{\mu_r \cdot \varepsilon_r}} \tag{3.86}$$

(c_0 – Lichtgeschwindigkeit im Vakuum; μ_r – magnetische, ε_r – elektrische Materialkonstante des Raums, in dem sich die Welle ausbreitet). Sie liegt in der Größenordnung von 10 cm pro Nanosekunde. Die Wellenlänge λ ist der Quotient aus der Ausbreitungsgeschwindigkeit v und der Frequenz f des Signals

$$\lambda = \frac{v}{f} \tag{3.87}$$

Bei schnellen Signaländerungen und langen Übertragungswegen bestehen entlang einer Leitung messbare Potenzialunterschiede.

Eine Leitung mit messbaren Potenzialunterschieden ist eine elektrisch lange Leitung.

Eine elektrisch lange Leitung ist kein Knoten im Sinne der kirchhoffschen Sätze (vergleiche Abschnitt 1.2).

Beispiel 3.2: *Was passiert, wenn sich ein kosinusförmiges 50MHz-Signal*

$$u(t) = 3\,\mathrm{V} \cdot \cos(2\pi \cdot 50\,\mathrm{MHz})$$

auf einer Leitung mit einer Geschwindigkeit von 5 cm/ns *ausbreitet. Ab welcher Länge ist die Leitung elektrisch lang? Wie groß sind die Potenzialunterschiede maximal?*

Die Wellenlänge ist nach Gleichung 3.87

$$\lambda = \frac{5\,\frac{\mathrm{cm}}{\mathrm{ns}}}{50\,\mathrm{MHz}} = 1\,\mathrm{m}$$

Abbildung 3.71 zeigt die örtliche und zeitliche Ausbreitung der Welle. Auf einem Leitungsausschnitt von wenigen Millimetern sind die Potenzialunterschiede vernachlässigbar. Längere Leitungen müssen als elektrisch lang modelliert werden. Die betragsmäßig größten Potenzialunterschiede treten im Abstand der halben Wellenlänge $\lambda/2 = 50\,\mathrm{cm}$ *auf und betragen im Beispiel bis zu* 6 V.

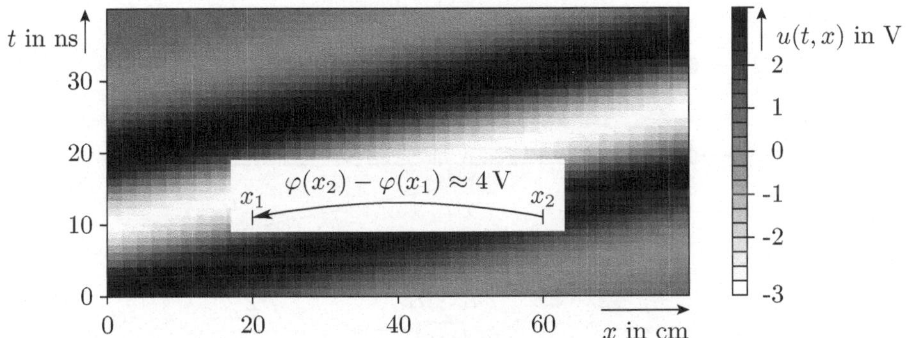

Abb. 3.71. Örtlich und zeitlicher Potenzialverlauf auf einer elektrisch langen Leitung

3.3.1 Ersatzschaltung

	Symbol	Maßeinheit
Induktivitätsbelag	$L' = \frac{\partial L}{\partial x}$	$\frac{\mathrm{H}}{\mathrm{m}}$
Widerstandsbelag	$R' = \frac{\partial R}{\partial x}$	$\frac{\Omega}{\mathrm{m}}$
Kapazitätsbelag	$C' = \frac{\partial C}{\partial x}$	$\frac{\mathrm{F}}{\mathrm{m}}$
Leitwertsbelag	$G' = \frac{\partial G}{\partial x}$	$\frac{1}{\Omega\cdot\mathrm{m}}$

Das Modell einer elektrisch langen Leitung ist eine Kette elektrisch kurzer Leitungsstücke (Abb. 3.72). Da »kurz« sich auf die Wellenlänge bezieht und an dieser Stelle keine Einschränkung für die Wellenlänge getroffen werden soll, wird für die Länge der Leitungsstücke der Grenzwert $\partial x \to 0$ gewählt. Jedes Leitungsstück besitzt einen Widerstand $R' \cdot \partial x$ und eine Induktivität $L' \cdot \partial x$. Über denen fällt eine zum Strom bzw. zur Stromänderung proportionale Spannung ab:

$$\frac{\partial u}{\partial x} = -\left(R' \cdot i + L' \cdot \frac{\partial i}{\partial t}\right) \tag{3.88}$$

Jedes Leitungsstück besitzt einen Leitwert $G' \cdot \partial x$ und eine Kapazität $C' \cdot \partial x$ zwischen der Hin- und der Rückleitung. Durch sie fließt ein zur Spannung bzw. zur Spannungsänderung proportionaler Strom:

$$\frac{\partial i}{\partial x} = -\left(G' \cdot u + C' \cdot \frac{\partial u}{\partial t}\right) \tag{3.89}$$

Die Lösung dieses Gleichungssystems soll im Frequenzraum erfolgen. Im Frequenzraum wird aus einer Ableitung nach der Zeit eine Multiplikation mit dem komplexen Faktor $j \cdot \omega$ (vergleiche Abschnitt 2.4.2). Die Differenzialgleichungen 3.88 und 3.89 vereinfachen sich zu:

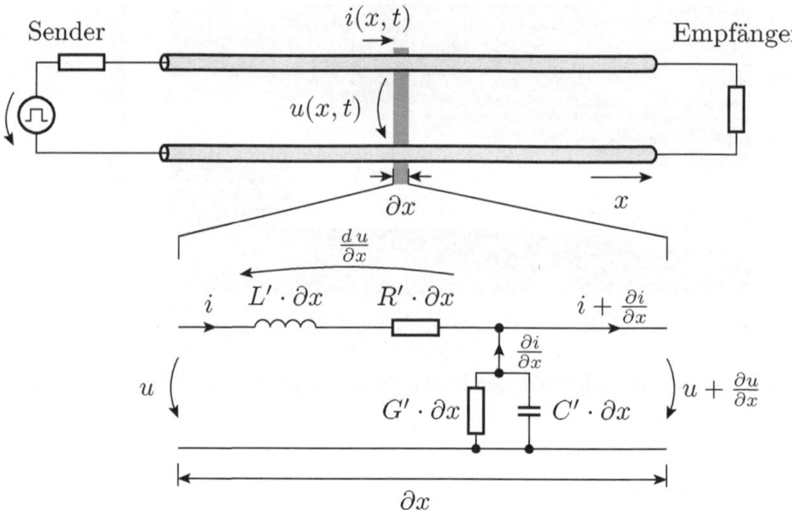

Abb. 3.72. Ersatzschaltbild einer elektrisch langen Leitung

$$\frac{\partial \underline{U}}{\partial x} = -\left(R' + j \cdot \omega \cdot L'\right) \cdot \underline{I}\,(x) \tag{3.90}$$

$$\frac{\partial \underline{I}}{\partial x} = -\left(G' + j \cdot \omega \cdot C'\right) \cdot \underline{U}\,(x) \tag{3.91}$$

(ω – Kreisfrequenz).

3.3.2 Die Wellengleichung und ihre möglichen Lösungen

	Symbol	Maßeinheit
Fortpflanzungskonstante	γ	m^{-1}
Dämpfung	$D_F = \mathrm{Re}\,(\gamma)$	m^{-1}
Ortskreisfrequenz	$\psi = \mathrm{Im}\,(\gamma)$	m^{-1}
Wellenlänge	λ	m

Durch nochmalige Ableitung von Gleichung 3.90 nach dem Weg und Einsetzen von Gleichung 3.91 entsteht die Wellengleichung für die Ausbreitung eindimensionaler Wellen auf einer Leitung:

$$\frac{\partial \underline{U}^2}{\partial^2 x} = \gamma^2 \cdot \underline{U} \text{ mit } \gamma = \sqrt{\left(R' + j \cdot \omega \cdot L'\right) \cdot \left(G' + j \cdot \omega \cdot C'\right)} \tag{3.92}$$

(γ – Fortpflanzungskonstante). Mögliche Lösungen dieser Wellengleichung sind, wie durch Einsetzen in Gleichung 3.92 überprüft werden kann, alle komplexen Spannungswellen mit einer Wellenfunktion der Form

$$\underline{U} = \underbrace{\underline{U}_{\mathrm{H0}} \cdot e^{-\gamma \cdot x}}_{\text{hinlaufende Welle}} + \underbrace{\underline{U}_{\mathrm{R0}} \cdot e^{\gamma \cdot x}}_{\text{rücklaufende Welle}} \tag{3.93}$$

($\underline{U}_{\mathrm{H0}}$; $\underline{U}_{\mathrm{R0}}$ – komplexe Spannungen der hinlaufenden und der rücklaufenden Welle am Einspeisungspunkt $x = 0$).

Die Fortpflanzungskonstante besitzt einen Realteil und einen Imaginärteil. Der Realteil beschreibt die Dämpfung der sich ausbreitenden Welle.

$$D_{\mathrm{L}} = \mathrm{Re}\,(\gamma) = \mathrm{Re}\left(\sqrt{(R' + j \cdot \omega \cdot L') \cdot (G' + j \cdot \omega \cdot C')}\right) \tag{3.94}$$

Der Imaginäranteil ist die Ortskreisfrequenz, die sich umgekehrt proportional zur Wellenlänge verhält:

$$\psi = \mathrm{Im}(\gamma) = \mathrm{Im}\left(\sqrt{(R' + j \cdot \omega \cdot L') \cdot (G' + j \cdot \omega \cdot C')}\right) = \frac{2 \cdot \pi}{\lambda} \tag{3.95}$$

(λ – Wellenlänge). Beides sind charakteristische Parameter einer elektrisch langen Leitung.

Die hinlaufende Welle wird am Leitungsanfang mit der komplexen Spannung $\underline{U}_{\mathrm{H0}}$ eingespeist und bewegt sich in Richtung Leitungsende. Die Bewegung einer Welle äußert sich darin, dass ihre Phase und ihre Amplitude in Wegrichtung abnehmen. Die komplexe Spannungswelle

$$\underline{U}_{\mathrm{H}}\,(x) = \underline{U}_{\mathrm{H0}} \cdot e^{-\gamma \cdot x} = \underline{U}_{\mathrm{H0}} \cdot \underbrace{e^{-D_{\mathrm{L}} \cdot x}}_{\text{Dämpfung}} \cdot \underbrace{e^{-j \cdot \psi \cdot x}}_{\text{Phasenverschiebung}} \tag{3.96}$$

ist ein komplexer Zeiger, dessen Endpunkt sich in Wegrichtung auf einer Spirale entgegen der Zählrichtung der Phase und mit abnehmendem Radius bewegt.

Die rücklaufende Welle bewegt sich vom Einspeisungspunkt entgegen der Wegrichtung. Phase und Amplitude nehmen in Ausbreitungsrichtung ab und damit in Wegrichtung zu (Abb. 3.73):

$$\underline{U}_{\mathrm{R}}\,(x) = \underline{U}_{\mathrm{R0}} \cdot e^{\gamma \cdot x} = \underline{U}_{\mathrm{R0}} \cdot \underbrace{e^{D_{\mathrm{L}} \cdot x}}_{\text{Dämpfung}} \cdot \underbrace{e^{j \cdot \psi \cdot x}}_{\text{Phasenverschiebung}} \tag{3.97}$$

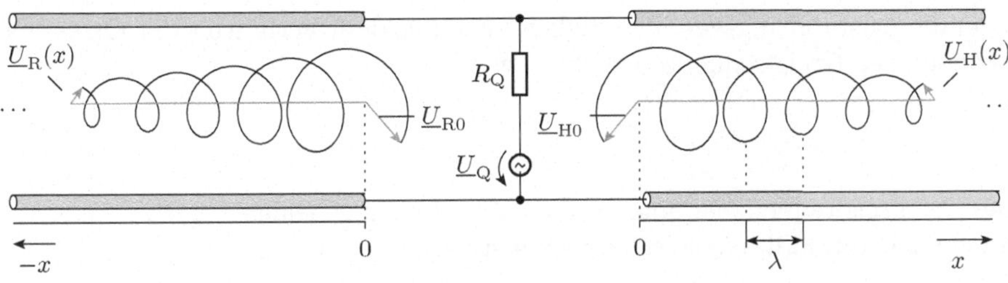

Abb. 3.73. Zeigerdarstellung der Wellenausbreitung mit einer hin- und einer rücklaufenden Welle

Am Einspeisungspunkt hängen die komplexen Amplituden der hinlaufenden Wellen und der rücklaufenden Wellen von Randbedingungen ab, die erst später behandelt werden. Von der komplexen Amplitude einer Welle ist nur der Realteil messbar. Denn ein physikalisch erzeugbares Signal enthält zusätzlich zu jedem Spektralwert einer positiven Frequenz den konjugiert komplexen Spektralwert der negativen Frequenz, der den Imaginärteil auslöscht.

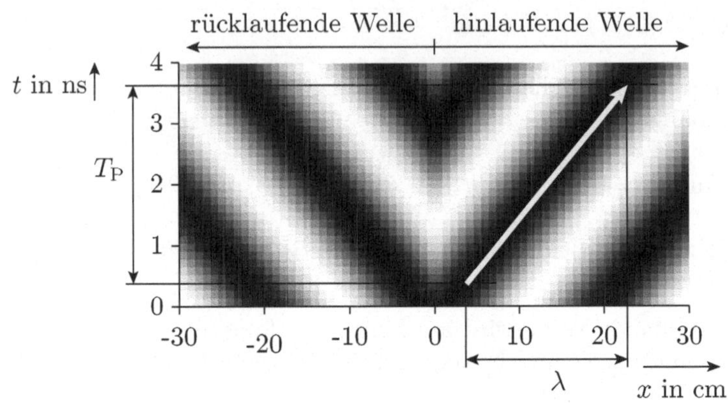

Abb. 3.74. Sichtbarer Potenzialverlauf zu Abb. 3.73

Die Ausbreitungsgeschwindigkeit einer Welle ist die Geschwindigkeit, mit der sich eine Wellenphase entlang der Leitung fortbewegt. Sie ist das Verhältnis aus der Wellenlänge und der Signalperiode:

$$v = \frac{\lambda}{T_{\mathrm{P}}} \tag{3.98}$$

(Abb. 3.74). Unter Einbeziehung der Definitionen für die Ortskreisfrequenz Gleichung 3.95 und der Kreisfrequenz (vergleiche Abschnitt 2.4)

$$\psi = \frac{2 \cdot \pi}{\lambda}, \; \omega = \frac{2 \cdot \pi}{T_{\mathrm{P}}} \tag{3.99}$$

kann die Ausbreitungsgeschwindigkeit auch aus dem Verhältnis der Ortskreisfrequenz zur Kreisfrequenz berechnet werden:

$$v = \frac{\omega}{\psi} \tag{3.100}$$

Die Ortskreisfrequenz ist eine Funktion der Leitungsbeläge L', R', C' und G'. Im einfachsten Fall, einer nahezu verlustfreien Leitung

$$R' \ll \omega \cdot L' \tag{3.101}$$

$$G' \ll \omega \cdot C' \tag{3.102}$$

vereinfacht sich Gleichung 3.95 zu

$$\psi = \operatorname{Im}\left(\sqrt{(R' + j \cdot \omega \cdot L') \cdot (G' + j \cdot \omega \cdot C')}\right) \approx \omega \cdot \sqrt{L' \cdot C'} \qquad (3.103)$$

Die Ausbreitungsgeschwindigkeit beträgt in diesem Fall

$$v = \frac{1}{\sqrt{L' \cdot C'}} \qquad (3.104)$$

Ohne Herleitung sei angemerkt, dass das die Lichtgeschwindigkeit nach Gleichung 3.86 ist.

3.3.3 Wellenwiderstand

	Symbol	Maßeinheit
Wellenwiderstand	$\underline{Z}$	Ω
Wellenwiderstand einer reellwertigen Leitung	Z	Ω

Definition 3.1 (Wellenwiderstand) *Der Wellenwiderstand $\underline{Z}(x)$ ist das Verhältnis aus der komplexen Spannungswelle und der komplexen Stromwelle am Punkt x einer Leitung.*

Definition 3.2 (Homogene Leitung) *Eine homogene Leitung ist eine elektrisch lange Leitung, deren Wellenwiderstand an allen Punkten gleich ist.*

Definition 3.3 (Reellwertige Leitung) *Eine reellwertige Leitung ist eine homogene Leitung mit einem reellen Wellenwiderstand.*

Zur Bestimmung des Wellenwiderstands wird Gleichung 3.90 nach der komplexen Stromwelle umgestellt:

$$\underline{I}(x) = -\frac{1}{(R' + j \cdot \omega \cdot L')} \cdot \frac{\partial \underline{U}(x)}{\partial x} \qquad (3.105)$$

Für die komplexe Spannungswelle wird zuerst die Wellenfunktion der hinlaufenden Welle nach Gleichung 3.96

$$\underline{U}(x) = \underline{U}_{\mathrm{H0}} \cdot e^{-\gamma \cdot x}$$

eingesetzt und nach dem Weg abgeleitet:

$$\begin{aligned} \underline{I}(x) &= -\frac{1}{R' + j \cdot \omega \cdot L'} \cdot \frac{\partial\left(\underline{U}_{\mathrm{H0}} \cdot e^{-\gamma \cdot x}\right)}{\partial x} \\ &= \frac{\gamma}{R' + j \cdot \omega \cdot L'} \cdot \underline{U}_{\mathrm{H0}} \cdot e^{-\gamma \cdot x} \end{aligned} \qquad (3.106)$$

Abschließend wird der Term $\underline{U}_{\mathrm{H0}} \cdot e^{-\gamma \cdot x}$ wieder zurück durch $\underline{U}(x)$ und die Ausbreitungskonstante entsprechend Gleichung 3.92 durch

$$\gamma = \sqrt{(R' + j \cdot \omega \cdot L') \cdot (G' + j \cdot \omega \cdot C')} \tag{3.107}$$

ersetzt:

$$\begin{aligned} \underline{I}(x) &= \frac{\sqrt{(R' + j \cdot \omega \cdot L') \cdot (G' + j \cdot \omega \cdot C')}}{R' + j \cdot \omega \cdot L'} \cdot \underline{U}(x) \\ &= \sqrt{\frac{G' + j \cdot \omega \cdot C'}{R' + j \cdot \omega \cdot L'}} \cdot \underline{U}(x) \end{aligned} \tag{3.108}$$

Der Wellenwiderstand als das Verhältnis aus der komplexen Spannungswelle und der komplexen Stromwelle beträgt

$$\underline{Z} = \frac{\underline{U}(x)}{\underline{I}(x)} = \sqrt{\frac{R' + j \cdot \omega \cdot L'}{G' + j \cdot \omega \cdot C'}} \tag{3.109}$$

Für die rücklaufende Welle bewegt sich die Stromwelle entgegen der Zählrichtung und muss mit einem negativen Vorzeichen berücksichtigt werden. Dadurch hebt sich das entgegengesetzte Vorzeichen vor der Fortpflanzungskonstante in Gleichung 3.97 auf. Für den Wellenwiderstand ergibt sich rechnerisch derselbe Wert wie für die hinlaufende Welle:

$$\underline{Z} = \frac{\underline{U}_{\mathrm{R}}(x)}{-\underline{I}_{\mathrm{R}}(x)} = \sqrt{\frac{R' + j \cdot \omega \cdot L'}{G' + j \cdot \omega \cdot C'}} \tag{3.110}$$

Der Wellenwiderstand ist wie die Ausbreitungsgeschwindigkeit eine Funktion der Leitungsbeläge L', R', C' und G', die ihrerseits von der Geometrie der Hin- und der Rückleitung und den Materialeigenschaften des Isolators dazwischen abhängen. Elektrisch lange Leitungen, die über ihre gesamte Länge denselben Querschnittsaufbau mit denselben Belägen besitzen, haben an allen Leitungspunkten denselben Wellenwiderstand und werden als *homogene* Leitungen bezeichnet.

Eine besondere Bedeutung haben *reellwertige Leitungen* mit der Eigenschaft

$$\frac{R'}{G'} = \frac{L'}{C'} \tag{3.111}$$

Ihr Wellenwiderstand ist für alle Frequenzen gleich und reell:

$$Z = \sqrt{\frac{R'}{G'}} = \sqrt{\frac{L'}{C'}} \tag{3.112}$$

Für hohe Frequenzen können die Widerstands- und Leitwertsbeläge der meisten Leitungen gegenüber den Induktivitäts- und Kapazitätsbelägen vernachlässigt werden, so dass auch Leitungen, die Gleichung 3.111 nicht erfüllen, im Nutzfrequenzbereich einen reellen Wellenwiderstand besitzen. Dieser liegt typisch im Bereich von 20 bis 200 Ω. Tabelle 3.1 zeigt Beispielwerte und bis zu welcher Frequenz die zugehörigen Leitungen zur Signalübertragung geeignet sind.

Tabelle 3.1. Wellenwiderstände für ausgewählte Leitungstypen [2]

Kabeltyp	Wellenwiderstand Z	max. Nutzfrequenz	Anwendung
RG 58 (Koaxialkabel)	50 Ω	10 MHz	Datenübertragung
RG 59 (Koaxialkabel)	75 Ω	10 MHz	Kabelfernsehen
UTP-3 (Twisted-Pair-Kabel)	100 Ω	16 MHz	Datenübertragung
UTP-5 (Twisted-Pair-Kabel)	100 Ω	100 MHz	Datenübertragung

3.3.4 Reflexion

	Symbol	Maßeinheit
Reflexionsfaktor	$\underline{r}$	-

Bei einer Änderung des Wellenwiderstands entlang einer Leitung teilen sich die ankommende Spannungswelle und die ankommende Stromwelle in eine weiterlaufende und eine reflektierte Spannungs- und Stromwelle auf.

An jedem Punkt einer elektrisch langen Leitung gelten die kirchhoffschen Sätze (Abb. 3.75):

Satz 3.1 (Maschensatz für Leitungen) *Die weiterlaufende Spannungswelle ist gleich der Summe aus der ankommenden und der reflektierten Spannungswelle:*

$$\underline{U}_{\mathrm{W}.i} = \underline{U}_{i-1} + \underline{U}_{\mathrm{R}.i} \tag{3.113}$$

($\underline{U}_{i-1}$, $\underline{U}_{\mathrm{W}.i}$, $\underline{U}_{\mathrm{R}.i}$ – ankommende, weiterlaufende und reflektierte Spannungswelle).

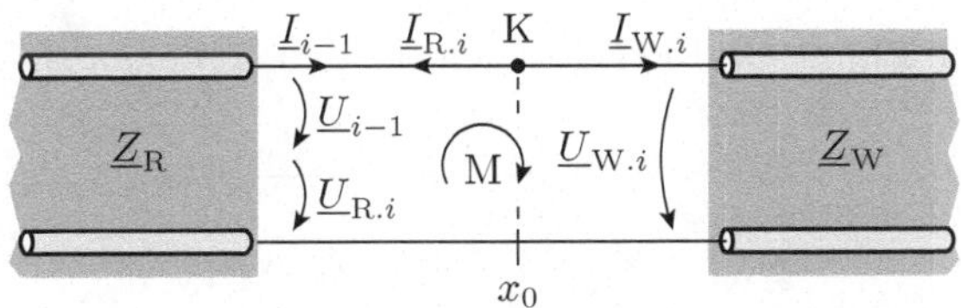

Abb. 3.75. Reflexion

Satz 3.2 (Knotensatz für Leitungen) *Die ankommende Stromwelle ist gleich der Summe der weiterlaufenden und der reflektierten Stromwelle:*

$$\underline{I}_{i-1} = \underline{I}_{\mathrm{W}.i} + \underline{I}_{\mathrm{R}.i} \tag{3.114}$$

($\underline{I}_{i-1}$, $\underline{I}_{\mathrm{W}.i}$, $\underline{I}_{\mathrm{R}.i}$ – ankommende, weiterlaufende und reflektierte Stromwelle).

Die Stromwelle ist jeweils der Quotient aus der zugehörigen Spannungswelle und dem Wellenwiderstand der Leitung. Die ankommende und die reflektierte Welle breiten sich in Abb. 3.75 in der linken Leitung mit dem Wellenwiderstand $\underline{Z}_{\mathrm{R}}$ aus und die weiterlaufende Welle in der rechten Leitung mit dem Wellenwiderstand $\underline{Z}_{\mathrm{W}}$:

$$\frac{\underline{U}_{i-1}}{\underline{Z}_{\mathrm{R}}} = \frac{\underline{U}_{\mathrm{W}.i}}{\underline{Z}_{\mathrm{W}}} + \frac{\underline{U}_{\mathrm{R}.i}}{\underline{Z}_{\mathrm{R}}} \tag{3.115}$$

Für $\underline{Z}_{\mathrm{W}} = \underline{Z}_{\mathrm{R}}$ nimmt das Gleichungssystem aus den Gleichungen 3.113 und 3.115 die folgende Form an:

$$\underline{U}_{i-1} = \underline{U}_{\mathrm{W}.i} - \underline{U}_{\mathrm{R}.i} \tag{3.116}$$

$$\underline{U}_{i-1} = \underline{U}_{\mathrm{W}.i} + \underline{U}_{\mathrm{R}.i} \tag{3.117}$$

Die Lösung ist

$$\underline{U}_{\mathrm{W}.i} = \underline{U}_{i-1} \tag{3.118}$$

$$\underline{U}_{\mathrm{R}.i} = 0 \tag{3.119}$$

Die weiterlaufende Spannungswelle ist gleich der ankommenden Spannungswelle. Die reflektierte Spannungswelle ist Null.

Innerhalb einer homogenen Leitung mit konstantem Wellenwiderstand ($\underline{Z}_{\mathrm{W}} = \underline{Z}_{\mathrm{R}}$) treten keine Reflexionen auf.

Für einen Leitungspunkt, an dem sich der Wellenwiderstand ändert, sei die Spannung der reflektierten Welle ganz allgemein gleich dem Produkt aus einem Reflexionsfaktor $\underline{r}$ und der Spannung der ankommenden Welle:

$$\underline{U}_{\mathrm{R}.i} = \underline{r} \cdot \underline{U}_{i-1} \tag{3.120}$$

Aus Gleichung 3.113 folgt daraus für die Spannung der weiterlaufenden Welle

$$\underline{U}_{\mathrm{W}.i} = (1 + \underline{r}) \cdot \underline{U}_{i-1} \tag{3.121}$$

Eingesetzt in Gleichung 3.115 ergibt sich für den Reflexionsfaktor

$$\begin{aligned} \frac{\underline{U}_{i-1}}{\underline{Z}_{\mathrm{R}}} &= \frac{(1 + \underline{r}) \cdot \underline{U}_{i-1}}{\underline{Z}_{\mathrm{W}}} + \frac{\underline{r} \cdot \underline{U}_{i-1}}{\underline{Z}_{\mathrm{R}}} \\ \underline{Z}_{\mathrm{W}} &= \underline{Z}_{\mathrm{R}} \cdot (1 + \underline{r}) + \underline{Z}_{\mathrm{W}} \cdot \underline{r} \\ \underline{r} &= \frac{\underline{Z}_{\mathrm{W}} - \underline{Z}_{\mathrm{R}}}{\underline{Z}_{\mathrm{W}} + \underline{Z}_{\mathrm{R}}} \end{aligned} \tag{3.122}$$

Die reflektierte Stromwelle hat wegen der geänderten Zählrichtung das entgegengesetzte Vorzeichen:

$$\underline{I}_{\mathrm{W}.i} = (1 - \underline{r}) \cdot \underline{I}_{i-1} \tag{3.123}$$

$$\underline{I}_{\mathrm{R}.i} = -\underline{r} \cdot \underline{I}_{i-1} \tag{3.124}$$

Für reellwertige Leitungen ist auch der Reflexionsfaktor reell.

Beispiel 3.3: *Wie groß sind die Reflexionsfaktoren, wenn ein RG58-Koaxkabel (Datenkabel, $Z = 50\,\Omega$) mit einem RG59-Koaxkabel (Fernsehkabel, $Z = 75\,\Omega$) verbunden wird?*

Für eine Welle, die im $50\,\Omega$-Kabel ankommt, ist der Wellenwiderstand für die weiterlaufende Welle $Z_{\mathrm{W}} = 75\,\Omega$ und für die ankommende und die reflektierte Welle $Z_{\mathrm{R}} = 50\,\Omega$. Eingesetzt in Gleichung 3.122 beträgt der Reflexionsfaktor

$$r = \frac{75\,\Omega - 50\,\Omega}{75\,\Omega + 50\,\Omega} = 0{,}2$$

Wenn die Welle aus dem $75\,\Omega$-Kabel ankommt, vertauschen die beiden Wellenwiderstände ihre Rolle und der Reflexionsfaktor sein Vorzeichen:

$$r = \frac{50\,\Omega - 75\,\Omega}{75\,\Omega + 50\,\Omega} = -0{,}2$$

3.3.5 Informationsübertragung

	Symbol	Maßeinheit
Leerlaufspannung des Senders	$\underline{U}_{\mathrm{Q}}$	V
Innenwiderstand des Senders	R_{Q}	Ω
Eingangswiderstand des Empfängers	R_{E}	Ω

Betrachtet wird die Informationsübertragung von einem Sender über eine elektrisch lange homogene reellwertige Leitung zu einem Empfänger. Die Ersatzschaltung des Senders ist ein linearer Zweipol aus einer Spannungsquelle und einem Innenwiderstand. Der Empfänger soll sich gleichfalls linear verhalten und wird durch seinen Eingangswiderstand modelliert. Sender und Empfänger können an beliebigen Punkten der Leitung angeschlossen sein, d.h. sowohl an den Enden als auch irgendwo in der Mitte.

Abbildung 3.76 a zeigt die Ersatzschaltung für die Ankopplung des Senders. Vom Einspeisungspunkt breiten sich in beide Richtungen eine Spannungs- und eine Stromwelle aus. Die sich nach rechts ausbreitenden Wellen haben den

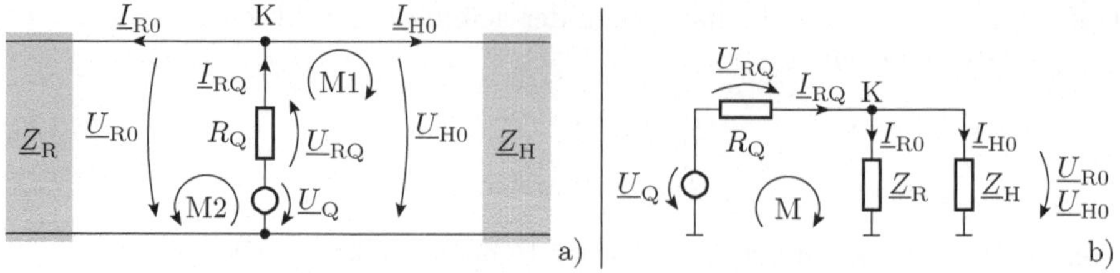

Abb. 3.76. Ankopplung eines Senders an eine Leitung a) Wellenausbreitung b) elektrische Ersatzschaltung

Index »H« (hinlaufende Wellen) und die sich nach links ausbreitenden Wellen haben den Index »R« (rücklaufende Wellen). Die komplexen Spannungen der hin- und der rücklaufenden Welle am Einspeisungspunkt ergeben sich aus den Gleichungen für den eingezeichneten Knoten und die eingezeichneten Maschen:

$$\begin{aligned} \text{K}: -\underline{I}_{R0} + \underline{I}_{RQ} - \underline{I}_{H0} &= 0 \\ \text{M1}: \quad \underline{U}_{H0} + \underline{U}_{RQ} &= \underline{U}_Q \\ \text{M2}: \quad \underline{U}_{R0} + \underline{U}_{RQ} &= \underline{U}_Q \end{aligned} \tag{3.125}$$

Die beiden Stromwellen sind gleich dem Verhältnis aus der zugehörigen Spannungswelle und dem Wellenwiderstand der Leitung, in der sich die Welle ausbreitet:

$$\frac{\underline{U}_{RQ}}{R_Q} = \frac{\underline{U}_{H0}}{\underline{Z}_H} + \frac{\underline{U}_{R0}}{\underline{Z}_R} \tag{3.126}$$

Unter Einbeziehung der beiden Maschengleichungen ergibt sich Folgendes:

Der Einspeisungspunkt verhält sich elektrisch wie ein Spannungsteiler aus dem Innenwiderstand der Signalquelle und der Parallelschaltung der Wellenwiderstände auf beiden Seiten (Abb. 3.76 b):

$$\underline{U}_{H0} = \underline{U}_{R0} = \frac{\underline{Z}_H \parallel \underline{Z}_R}{R_Q + (\underline{Z}_H \parallel \underline{Z}_R)} \cdot \underline{U}_Q \tag{3.127}$$

Im Sonderfall, dass der Sender am Leitungsanfang angeschlossen ist, strebt der Wellenwiderstand in Rückrichtung gegen unendlich, so dass nur die hinlaufende Stromwelle ungleich Null ist. Das Spannungsteilerverhältnis für die eingespeiste Spannungswelle vereinfacht sich zu

$$\underline{U}_{H0} = \frac{\underline{Z}_H}{R_Q + \underline{Z}_H} \cdot \underline{U}_Q \tag{3.128}$$

Abbildung 3.77 a zeigt die Ersatzschaltung für die Ankopplung eines Empfängers an eine elektrisch lange Leitung. Der Empfänger ist durch seinen Eingangswiderstand R_E modelliert. Am Ankopplungspunkt kommen eine Spannungswelle und eine Stromwelle mit den komplexen Amplituden $\underline{U}_{i-1}$ und

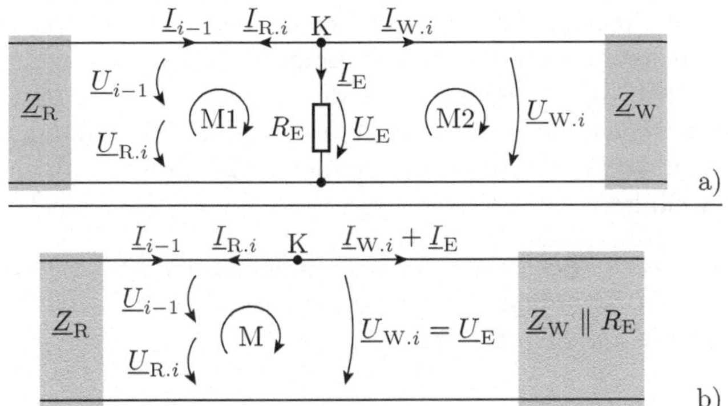

Abb. 3.77. Ankopplung eines Empfängers an eine Leitung a) Modell b) funktionsgleiche Ersatzschaltung

$\underline{I}_{i-1}$ an, laufen eine Spannungswelle und eine Stromwelle mit den komplexen Amplituden $\underline{U}_{W.i}$ und $\underline{I}_{W.i}$ weiter und werden eine Spannungswelle und eine Stromwelle mit den komplexen Amplituden $\underline{U}_{R.i}$ und $\underline{I}_{R.i}$ reflektiert. Für den eingezeichneten Knoten und die beiden Maschen gilt

$$\begin{aligned} \mathrm{K}: \underline{I}_{i-1} - \underline{I}_{R.i} - \underline{I}_E - \underline{I}_{W.i} &= 0 \\ \mathrm{M1}: \quad -\underline{U}_{i-1} - U_{R.i} + \underline{U}_E &= 0 \\ \mathrm{M2}: \quad -\underline{U}_E + \underline{U}_{W.i} &= 0 \end{aligned} \tag{3.129}$$

Die Stromwelle ist jeweils der Quotient aus der zugehörigen Spannungswelle und dem Wellenwiderstand der Leitung, in der sich die Welle ausbreitet. Die ankommende und die reflektierte Welle breiten sich in derselben Leitung aus, so dass für sie der Wellenwiderstand gleich ist. Der Strom, der in den Empfänger fließt, ergibt sich aus dem Verhältnis der Eingangsspannung $\underline{U}_E$ am Empfänger und seinem Eingangswiderstand R_E:

$$\frac{\underline{U}_{i-1}}{\underline{Z}_R} - \frac{\underline{U}_{W.i}}{\underline{Z}_W} - \frac{\underline{U}_{R.i}}{\underline{Z}_R} - \frac{\underline{U}_E}{R_E} = 0 \tag{3.130}$$

Die komplexe Eingangsspannung am Empfänger ist gleich der komplexen Amplitude der weiterlaufenden Welle und ihre Ströme addieren sich. Das wirkt wie eine Parallelschaltung des Eingangswiderstands zum Wellenwiderstand.

Der Ankopplungspunkt eines Empfängers verhält sich wie eine Leitung, bei der sich der Wellenwiderstand in Ausbreitungsrichtung von $\underline{Z}_R$ nach $\underline{Z}_W \parallel R_E$ ändert (Abb. 3.77 b).

Der Reflexionsfaktor beträgt nach Gleichung 3.122

$$\underline{r} = \frac{(\underline{Z}_W \parallel R_E) - \underline{Z}_R}{(\underline{Z}_W \parallel R_E) + \underline{Z}_R} \tag{3.131}$$

Es ist noch ein dritter Fall zu untersuchen. Was passiert, wenn eine reflektierte Welle wieder am Sender vorbeikommt? Nach dem Überlagerungssatz können die Wellen, die die Signalquelle des Senders erzeugt, und die Wellen, die eine ankommende Welle verursacht, unabhängig voneinander betrachtet und anschließend addiert werden. Ein Sender wirkt für eine ankommende Welle wie ein Empfänger.

Ein Sender verursacht für eine ankommende Welle dieselben Reflexionen wie ein Empfänger, dessen Eingangswiderstand gleich dem Innenwiderstand des Senders ist.

3.3.6 Die Sprungantwort verzerrungsfreier Leitungen

Definition 3.4 (Verzerrungsfreie Leitung) *Eine verzerrungsfreie Leitung ist eine reellwertige Leitung, deren Übertragungseigenschaften nicht von der Frequenz abhängen.*

Für die Untersuchung der Auswirkungen der Reflexionen auf die übertragenen Signale soll nur der einfachste Fall betrachtet werden, ein System aus verzerrungsfreien Leitungen. Auf einer verzerrungsfreien Leitung werden alle Spektralwerte des Signals um dieselbe Zeit verzögert, um denselben Faktor vergrößert oder verkleinert und in derselben Weise reflektiert. Dadurch bleibt die Signalform auch bei Testsignalen erhalten, die sich aus Spektralwerten für viele Frequenzen zusammensetzen. Verzerrungsfrei sind insbesondere reellwertige Leitungen ohne nennenswerte Dämpfung.

In der Digitaltechnik ist das Testsignal üblicherweise ein Spannungssprung

$$u_{\mathrm{Q}} = U_0 \cdot \sigma(t) \tag{3.132}$$

mit

$$\sigma(t) = \begin{cases} 0 & t < 0 \\ 1 & t \geq 0 \end{cases} \tag{3.133}$$

(vergleiche Gleichung 2.46). Eine elektrisch lange Leitung reagiert auf einen Spannungssprung in der Regel mit einem treppenförmigen Ausgabesignal, das sich aus dem verzögerten Eingabesprung und dessen Reflexionen zusammensetzt. Aus der Sprungantwort der Übertragungsstrecke lässt sich in der in Abschnitt 2.3.1 dargestellten Weise das empfangene Signal für beliebige, aus Sprüngen zusammengesetzte digitale Eingabesignale konstruieren.

Modell einer Punkt-zu-Punkt-Verbindung

Eine Punkt-zu-Punkt-Verbindung ist eine Leitung mit einem Sender am Anfang und einem Empfänger am Ende. Die Ersatzschaltung des Senders besteht aus der Signalquelle zur Einspeisung des Spannungssprungs nach Gleichung 3.132

$$u_{\mathrm{Q}} = U_0 \cdot \sigma(t)$$

und dem zur Quelle in Reihe geschalteten Innenwiderstand R_{Q}. Die Leitung wird durch ihren Wellenwiderstand Z und ihre Signallaufzeit t_{Ltg} beschrieben. Das Modell des Empfängers am Leitungsende ist sein Eingangswiderstand R_{E}. Der Leitungsanfang bildet nach Gleichung 3.127 einen Spannungsteiler, der die komplexen Spannungen aller Spektralwerte und damit auch den eingespeisten Spannungssprung herunterteilt auf

$$u_{\mathrm{H0}} = \frac{Z}{Z + R_{\mathrm{Q}}} \cdot U_0 \cdot \sigma(t) \tag{3.134}$$

Der eingespeiste Spannungssprung bewegt sich zum Leitungsende, kommt dort nach einer Verzögerungszeit t_{Ltg} an und wird zum Teil reflektiert. Nach einer Zeit von insgesamt $2 \cdot t_{\mathrm{Ltg}}$ erreicht der reflektierte Sprung wieder den Leitungsanfang und wird auch dort reflektiert. Das geht immer so weiter, bis die Amplitude der hin- und herlaufenden Sprungwelle so weit abgeschwächt ist, dass die Spannung entlang der Leitung als konstant betrachtet werden kann (Abb. 3.78 b).

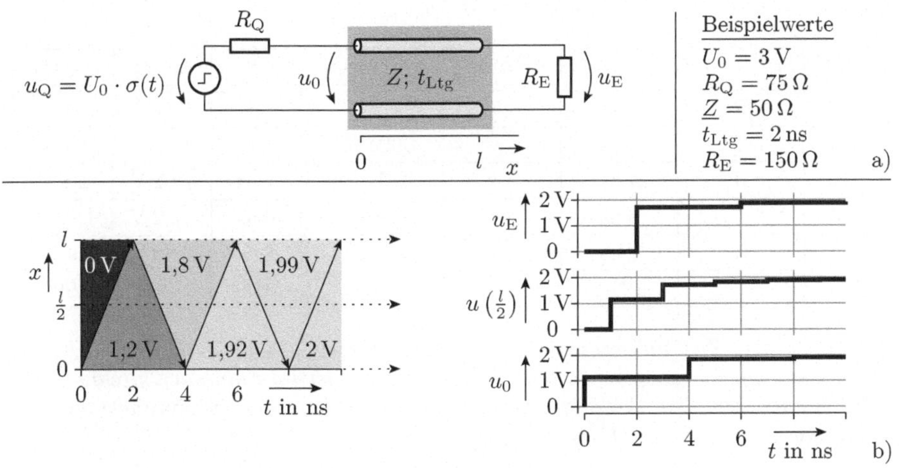

Abb. 3.78. Punkt-zu-Punkt-Verbindung a) Modell b) Sprungantwort

Beispiel 3.4: *Wie groß sind die einzelnen Sprungwellen mit den Beispielzahlen in Abb. 3.78 a? Wann starten sie und in welche Richtung bewegen sie sich? Welche Spannungsverläufe sind an den Leitungsenden zu beobachten?*

Der zu Beginn in die Leitung eingespeiste Sprung hat die Amplitude

$$U_{\mathrm{H0}} = \frac{Z}{Z + R_{\mathrm{Q}}} \cdot U_0 = \frac{50\,\Omega}{50\,\Omega + 75\,\Omega} \cdot 3\,\mathrm{V} = 1{,}2\,\mathrm{V}$$

Der Reflexionsfaktor am Leitungsende ist

$$r_{\mathrm{E}} = \frac{R_{\mathrm{E}} - Z}{R_{\mathrm{E}} + Z} = \frac{150\,\Omega - 50\,\Omega}{150\,\Omega + 50\,\Omega} = \frac{1}{2}$$

Der Reflexionsfaktor am Leitungsanfang beträgt

$$r_{\mathrm{Q}} = \frac{Z - R_{\mathrm{Q}}}{Z + R_{\mathrm{Q}}} = \frac{75\,\Omega - 50\,\Omega}{50\,\Omega + 75\,\Omega} = \frac{1}{5}$$

Die Zeit, die die Wellenfront von einem zum anderen Leitungsende benötigt, beträgt 2 ns. *Wenn die Wellenfront nach* 2 ns *am Ende ankommt, erzeugt sie eine reflektierte Welle mit der Amplitude*

$$U_{\mathrm{R1}} = r_{\mathrm{E}} \cdot U_{\mathrm{H0}} = \frac{1{,}2\,\mathrm{V}}{2} = 600\,\mathrm{mV}$$

Diese erreicht nach 4 ns *wieder den Leitungsanfang und erzeugt dort eine Reflexion mit der Amplitude*

$$U_{\mathrm{H1}} = r_{\mathrm{Q}} \cdot U_{\mathrm{R1}} = \frac{600\,\mathrm{mV}}{5} = 120\,\mathrm{mV},$$

die wieder zum Ende läuft etc.. Insgesamt verursacht der eingespeiste Sprung folgende Sprungwellen auf der Leitung:

Welle	*Startpunkt*	*Startzeit*	*Richtung*	*Amplitude*	t	$u_0\,(t)$	$u_{\mathrm{E}}\,(t)$
H0	0	0	→	1,2 V	0	1,2 V	0
R1	l	2 ns	←	600 mV	2 ns	1,2 V	1,8 V
H1	0	4 ns	→	120 mV	4 ns	1,92 V	1,8 V
R2	l	6 ns	←	60 mV	6 ns	1,92 V	1,98 V
H2	0	8 ns	→	12 mV	8 ns	1,99 V	1,98 V
R3	l	10 ns	←	6 mV	10 ns	2,00 V	1,99 V

Im stationären Zustand, wenn alle Ausgleichsvorgänge abgeschlossen sind, haben alle Leitungspunkte dasselbe Potenzial. Die Leitung ist im Sinne der kirchhoffschen Sätze ein Knoten. Die Widerstände R_{Q} *und* R_{E} *bilden einen Spannungsteiler. Die Spannung am Empfänger beträgt*

$$u_{\mathrm{E}}\,(t \gg t_{\mathrm{Ltg}}) = \frac{R_{\mathrm{E}}}{R_{\mathrm{Q}} + R_{\mathrm{E}}} \cdot U_0 = \frac{150\,\Omega}{150\,\Omega + 75\,\Omega} \cdot 3\,\mathrm{V} = 2\,\mathrm{V}$$

Terminierter Bus

Wesentlich komplizierter ist das Modell eines Busses mit mehreren Sendern und Empfängern. Hier können nicht nur an den Leitungsenden, sondern auch an allen angeschlossenen Sendern und Empfängern Reflexionen auftreten. Die einfachste Lösung, um dieses Problem technisch zu beherrschen, ist ein terminierter Bus.

Ein terminierter Bus unterbindet Reflexionen durch geeignete Widerstände an den Senderausgängen, den Empfängereingängen und den Leitungsenden.

An den Leitungsenden sorgen Abschlusswiderstände gleich dem Wellenwiderstand

$$R_{\mathrm{A}} \approx Z \tag{3.135}$$

dafür, dass keine Reflexionen auftreten (Abb. 3.79 a). Die Abschlusswiderstände können einfache Widerstände oder Teile der Ersatzschaltung für einen Sender oder einen Empfänger sein.

Bei den in der Mitte der Leitung angeschlossenen Sendern und Empfängern ist der Wellenwiderstand rechts und links der Anschlussstelle gleich Z. Der Reflexionsfaktor für alle von rechts oder links ankommenden Wellen beträgt nach Gleichung 3.131

$$r = \frac{(Z \parallel R_{\mathrm{Q/E}}) - Z}{(Z \parallel R_{\mathrm{Q/E}}) + Z} \tag{3.136}$$

($R_{\mathrm{Q/E}}$ – Innenwiderstand der Signalquelle oder Eingangswiderstand des Empfängers). Damit keine Reflexionen auftreten, müssen die Innenwiderstände der Signalquellen und die Eingangswiderstände der Empfänger viel größer als der Wellenwiderstand sein. Die ideale hochohmige Signalquelle ist eine Stromquelle. Auf einem terminierten Bus starten alle Wellen am Sender und bewegen sich zu den Leitungsenden, wo sie verschwinden (Abb. 3.79 b). Das Signal

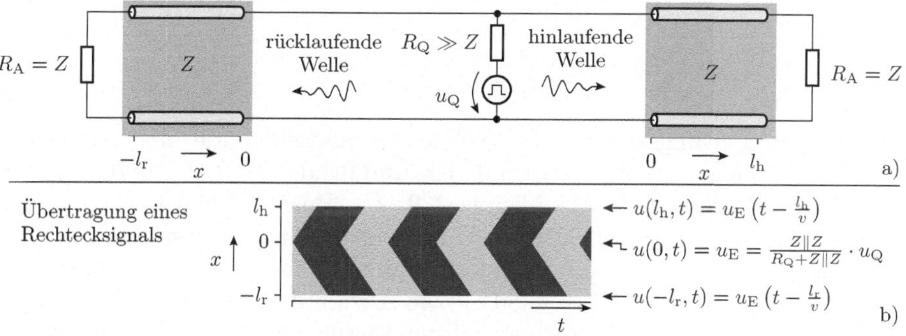

Abb. 3.79. Terminierter Bus a) Modell b) Signalverläufe auf der Leitung

wird auf seinem Weg von der Signalquelle zu den Empfängern nur heruntergeteilt und verzögert. Die Signalform bleibt erhalten. Die Sprungantwort ist ein verzögerter Sprung. Ein gesendetes Rechtecksignal kommt auch als Rechtecksignal am Empfänger an.

Nichtterminierter Bus (PCI-Bus)

Der Nachteil von beiderseitig terminierten Bussen ist der hohe Leistungsumsatz in den Abschlusswiderständen. Der PCI-Bus verfolgt einen anderen Ansatz. Er nutzt die Reflexionen gezielt zur Signalverbesserung (Abb. 3.80). Die Busleitungen sind wieder reellwertig und haben einen Wellenwiderstand Z. Die Signalquellen besitzen einen Innenwiderstand gleich dem Wellenwiderstand:

$$R_{\mathrm{Q}} = Z \tag{3.137}$$

Der Wellenwiderstand ist für die hin- und die rücklaufende Welle gleich. Der Leitungsanfang bildet nach Gleichung 3.127 einen Spannungsteiler, der die komplexen Spannungen aller Spektralwerte und damit auch die Sprungamplitude der Quellenspannung reduziert auf

$$U_{\mathrm{H0}} = U_{\mathrm{R0}} = \frac{Z \parallel Z}{Z + (Z \parallel Z)} \cdot U_0 = \frac{1}{3} \cdot U_0 \tag{3.138}$$

Die eingespeisten Sprungwellen breiten sich in beide Richtungen aus. Die Empfänger und die inaktiven Signalquellen sind hochohmig angeschlossen, so dass bis zu den Leitungsenden keine Reflexionen auftreten.

Die beiden Leitungsenden sind offen. In Gleichung 3.122 ist für den Wellenwiderstand der weiterlaufenden Welle $Z_{\mathrm{W}} \to \infty$ einzusetzen. Der Reflexionsfaktor ist $k = 1$. Die reflektierten Sprünge laufen zur Quelle zurück und verdoppeln auf ihrem Weg die Gesamtspannung auf zwei Drittel der Sprunghöhe der Quellenspannung. Erst dann ist der Signalwert gültig.

Am Einspeisungspunkt der Signalquelle treten wieder Reflexionen auf. Der Reflexionsfaktor ist nach Gleichung 3.131

$$r = \frac{(Z \parallel Z) - Z}{(Z \parallel Z) + Z} = -\frac{1}{3} \tag{3.139}$$

Die an den Leitungsenden reflektierten Sprungwellen mit der Amplitude $1/3 \cdot U_0$ erzeugen eine Reflexion mit der Amplitude $-1/9 \cdot U_0$ und eine weiterlaufende Welle mit der Amplitude $2/9 \cdot U_0$. Beide Wellen werden wieder an den Leitungsenden reflektiert, kehren zurück und verursachen am Einspeisungspunkt wieder eine verminderte weiterlaufende und eine verminderte reflektierte Sprungwelle (Abb. 3.80 b). Die Anzahl der Wellen, die sich ausgelöst durch einen einzelnen Sprung auf der Leitung bewegen, verdoppelt sich immer nach einer gewissen Zeit, aber ihre Amplituden werden immer kleiner. Trotz der komplizierten Sprungantwort ist sichergestellt, dass nach der Zeit,

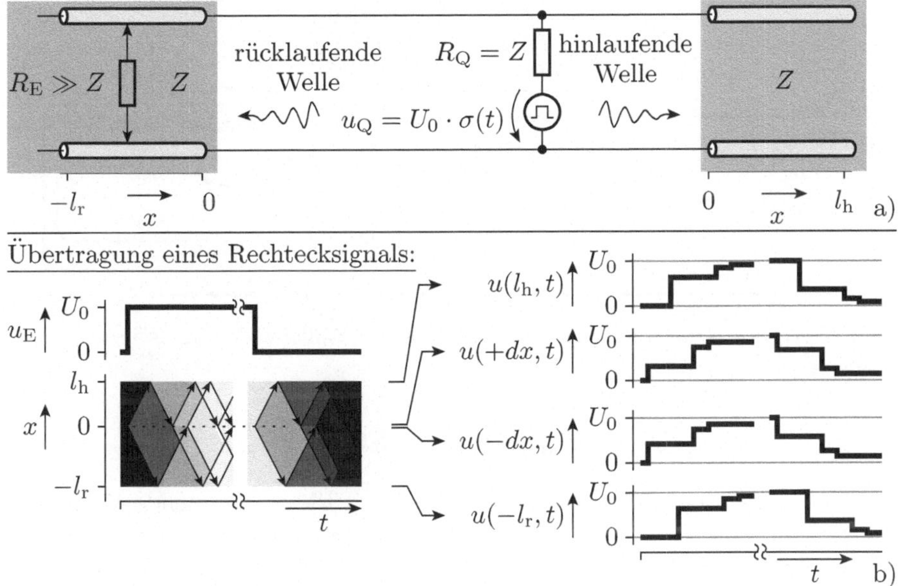

Abb. 3.80. Nichtterminierter Bus (PCI-Bus) a) Ersatzschaltung für eine einzelne Leitung b) Übertragung eines Rechtecksignals

die die Welle von einem zum anderen Leitungsende benötigt, alle angeschlossenen Empfänger sicher zwischen einer »0« und einer »1« unterscheiden können. Die Periodendauer des Bustaktes muss nach diesem Verfahren mindestens so lang wie die Laufzeit des Busses sein. Das begrenzt die Länge der Busleitungen auf einen Wert, der sich umgekehrt proportional zur Bitrate bzw. zur Taktfrequenz des Busses verhält. Ein 66 MHz-PCI-Bus darf deshalb z.B. nur halb so lang wie ein 33 MHz-PCI-Bus sein.

3.3.7 Messen der Signallaufzeit und des Wellenwiderstands

Die Leitungsparameter Signallaufzeit und Wellenwiderstand werden über die von ihnen verursachten Phänomene gemessen. Der Versuchsaufbau Abb. 3.81 besteht aus einem schnellen Signalgenerator, der einen Spannungssprung erzeugt, und einem schnellen Oszilloskop. Der Signalgenerator schickt den Spannungssprung über eine angepasste Messleitung zum Oszilloskop. Am Oszilloskopeingang wird die zu testende Leitung, kurz Testleitung, über ein T-Stück angeschlossen. Für die Abschätzung der Sprungantwort wird vorausgesetzt, dass die Messleitung und die Testleitung näherungsweise verzerrungsfrei sind.

Der Generator speist einen Spannungssprung in die Messleitung ein. Wegen der wellenwiderstandsmäßigen Anpassung $R_Q = Z_M$ (Z_M – Wellenwiderstand der Messleitung) hat die erzeugte Sprungwelle die halbe Amplitude des Spannungssprungs der Signalquelle:

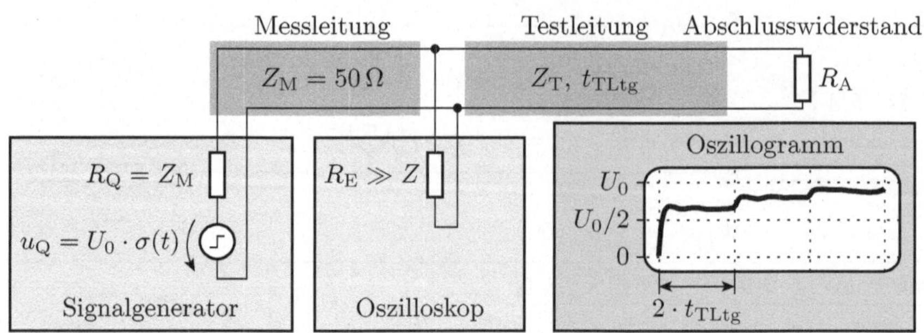

Abb. 3.81. Messanordnung zur Bestimmung des Wellenwiderstands und der Leitungslaufzeit

$$u_{H0} = 0{,}5 \cdot U_0 \cdot \sigma(t) \tag{3.140}$$

An der Übergangsstelle zur Testleitung erzeugt die ankommende Welle eine reflektierte und eine weiterlaufende Welle. Das Oszilloskop hat einen hohen Eingangswiderstand, so dass der Reflexionsfaktor nur von den Wellenwiderständen der ankommenden und der weiterführenden Leitung abhängt:

$$r_{MT} = \frac{Z_T - Z_M}{Z_T + Z_M} \tag{3.141}$$

(Z_T – Wellenwiderstand der Testleitung). Die auf dem Oszilloskop beobachtbare Amplitude ist gleich der Amplitude der ankommenden plus der reflektierten Welle bzw. gleich der Amplitude der weiterlaufenden Welle:

$$u_{Osz} = \frac{1+r}{2} \cdot U_0 \cdot \sigma(t) \tag{3.142}$$

Wird die unbekannte Leitung aus der Messanordnung entfernt, ist der Reflexionsfaktor Eins. Die Sprunghöhe, die auf dem Oszilloskop angezeigt wird, ist gleich der Höhe des Eingabesprungs U_0.

Der Wellenwiderstand der Testleitung kann aus dem Verhältnis der angezeigten Sprunghöhe, einmal mit und einmal ohne angesteckte Testleitung, und dem bekannten Wellenwiderstand der Messleitung (im Normalfall $Z_M = 50\,\Omega$) abgeschätzt werden.

Bei angesteckter Testleitung wird die weiterlaufende Welle am Ende der Testleitung reflektiert. Der Reflexionsfaktor ist

$$r_{TT} = \frac{R_A - Z_T}{R_A + Z_T} \tag{3.143}$$

(R_A – Abschlusswiderstand). Nach der doppelten Leitungslaufzeit auf der Testleitung kommt die reflektierte Welle wieder am Oszilloskop an und erzeugt beim Übergang in die Messleitung wieder eine weiterlaufende und eine reflektierte Welle. Die weiterlaufende Welle erscheint auf dem Oszilloskop als zweiter Sprung, läuft zurück zum Signalgenerator und verschwindet dort.

Die Leitungslaufzeit der unbekannten Leitung ist gleich der halben Verzögerungszeit zwischen dem ersten und dem zweiten sichtbaren Sprung auf dem Oszilloskop.

Die reflektierte Welle läuft zurück zum Leitungsende, wird dort wieder reflektiert, kommt zurück etc., so dass auf dem Oszilloskop weitere immer kleinere Sprünge im Abstand der doppelten Leitungslaufzeit zu beobachten sind.

Der Wellenwiderstand kann experimentell auch so bestimmt werden, dass der Abschlusswiderstand zuerst so eingestellt wird, dass keine Reflexionen mehr zu beobachten sind, und dann ausgebaut und gemessen wird.

Die Reflexionen am Leitungsende können auch unterbunden werden. Dazu wird R_A durch einen Einstellwiderstand ersetzt und so eingestellt, dass auf dem Oszilloskop keine Reflexionen mehr zu erkennen sind. Anschließend wird der Abschlusswiderstand von der Testleitung trennen und gemessen. Der Wellenwiderstand der getesteten Leitung ist gleich dem gemessenen Wert.

3.3.8 Zusammenfassung und Übungsaufgaben

Für Signale, die sich sehr schnell ändern, ist eine Leitung kein Knoten im Sinne der kirchhoffschen Sätze. Es treten messbare Potenzialunterschiede auf. Die Leitung muss als elektrisch lang modelliert werden. Auf einer elektrisch langen Leitung breiten sich Signale als Wellen aus.

Die wichtigsten Parameter einer elektrisch langen Leitung sind die Ausbreitungsgeschwindigkeit und der Wellenwiderstand. Die Ausbreitungsgeschwindigkeit ist die Geschwindigkeit, mit der sich eine Wellenphase entlang der Leitung bewegt. Der Wellenwiderstand eines Leitungspunktes ist das Verhältnis aus der komplexen Amplitude der Spannungswelle und der komplexen Amplitude der Stromwelle an diesem Punkt. Eine Leitung mit einem über die gesamte Länge konstanten Wellenwiderstand ist eine homogene Leitung.

Bei einer Änderung des Wellenwiderstands entlang einer Leitung wird ein Teil der Spannungswelle und ein Teil der Stromwelle reflektiert. Das gilt für die Verbindungsstellen homogener Leitungen mit unterschiedlichen Wellenwiderständen, für Leitungsenden, wenn der Abschlusswiderstand vom Wellenwiderstand der Leitung abweicht, und für die Anschlusspunkte von Sendern und Empfängern mit niederohmigen Ersatzwiderständen.

Das einfachste und das einzigste hier betrachtete Modell ist das einer verzerrungsfreien Leitung. Bei einer verzerrungsfreien Leitung hängen die Übertragungseigenschaften nicht von der Frequenz ab, so dass auch ein aus mehreren Spektralanteilen zusammengesetztes Signal – als Beispiel wurde der Sprung betrachtet – seine Form beibehält. Ein eingespeister Sprung teilt sich am Einspeispunkt in zwei Sprungwellen, eine, die sich nach der einen Seite, und eine, die sich nach der anderen Seite ausbreitet. Trifft eine dieser Wellen auf einen Punkt mit einem Reflexionsfaktor ungleich Null (ein Leitungsende, einen Übergang zu einer anderen Leitung, einen Empfänger etc.), teilt sie sich in eine weiterlaufende und eine reflektierte (zurücklaufende) Welle. Dasselbe passiert mit jeder entstehenden Teilwelle, wenn diese auf eine Inhomogenität der Leitung trifft. Dadurch kann sich die Anzahl der Wellen, die ein einzelner Sprung auslöst, enorm vervielfachen. An den Empfängern überlagern sich alle diese Wellen zu einer Sprungantwort, die entsprechend aus einer großen Anzahl zeitversetzter kleiner Teilsprünge bestehen kann.

Um Informationen korrekt zu übertragen, müssen alle diese Reflexionen und Reflexionen der Reflexionen mit berücksichtigt oder unterdrückt werden. Die einfachste Lösung ist eine Punkt-zu-Punkt-Verbindung über eine terminierte homogene und verzerrungsfreie Leitung. Für die Übertragung digitaler Signale, die nur zwei gültige Signalwerte unterscheiden, ist es auch möglich, wie beim PCI-Bus, die Reflexionen gezielt zur Signalverbesserung einzusetzen. Ergänzende und weiterführende Literatur siehe [11, 13, 15, 39].

Aufgabe 3.7

Auf einer Leitung der Länge $l = 1\,\mathrm{m}$ mit einer Ausbreitungsgeschwindigkeit von $v = 10\,\frac{\mathrm{cm}}{\mathrm{ns}}$ wird ein Kosinussignal mit einer Frequenz von $f = 1\,\mathrm{MHz}$ übertragen. Wie groß ist die Wellenlänge? Muss die Leitung als elektrisch lang modelliert werden?

Aufgabe 3.8

Wie groß ist der Reflexionsfaktor, wenn das Ende eines $50\,\Omega$-Kabels

a) offen gelassen wird ($R_\mathrm{A} \to \infty$)?
b) kurzgeschlossen wird ($R_\mathrm{A} = 0$)?
c) Wie groß sind in beiden Fällen die reflektierten Spannungswellen im Verhältnis zu den ankommenden Spannungswellen?

Aufgabe 3.9

a) Bestimmen Sie für die Ersatzschaltung der elektrisch langen Leitung mit einem Sender und zwei Empfängern in Abb. 3.82, an welchen der Punkte A bis C die hinlaufenden und die rücklaufenden Wellen reflektiert werden.
b) Geben Sie allen Wellen, die in den ersten 8 ns nach dem Sprung am Eingang entstehen, eine Bezeichnung und ordnen Sie ihnen jeweils ihren Startort, ihren Startzeitpunkt und ihre Ausbreitungsrichtung zu.
c) Bestimmen Sie für alle Wellen aus Aufgabenteil b die Sprungamplitude. Bestimmen Sie die Spannungsverläufe $u_\mathrm{A}(t)$, $u_\mathrm{B}(t)$ und $u_\mathrm{C}(t)$.
d) Welche Spannung stellt sich auf der Leitung im stationären Zustand nach dem Sprung ein?

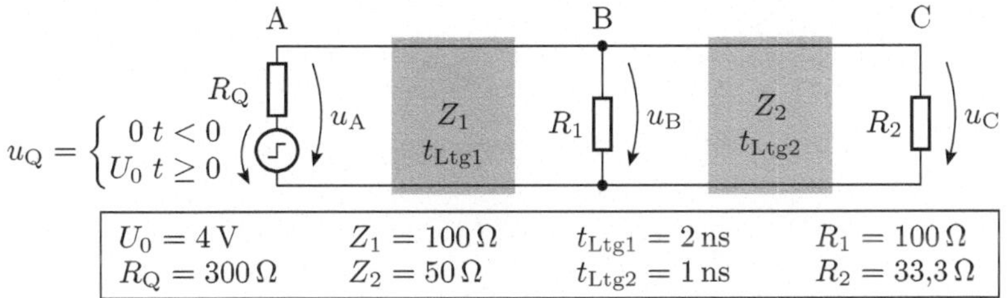

$U_0 = 4\,\text{V}$	$Z_1 = 100\,\Omega$	$t_{Ltg1} = 2\,\text{ns}$	$R_1 = 100\,\Omega$
$R_Q = 300\,\Omega$	$Z_2 = 50\,\Omega$	$t_{Ltg2} = 1\,\text{ns}$	$R_2 = 33{,}3\,\Omega$

Abb. 3.82. Ersatzschaltung zu Aufgabe 3.9

Aufgabe 3.10

Für die Schaltung in Abb. 3.83 a wurde die Sprungantwort in Abb. 3.83 b gemessen. Bestimmen Sie die Wellenwiderstände und die Laufzeiten der Leitungsstücke 1 bis 4 sowie die Werte der Widerstände R_1 bis R_4.

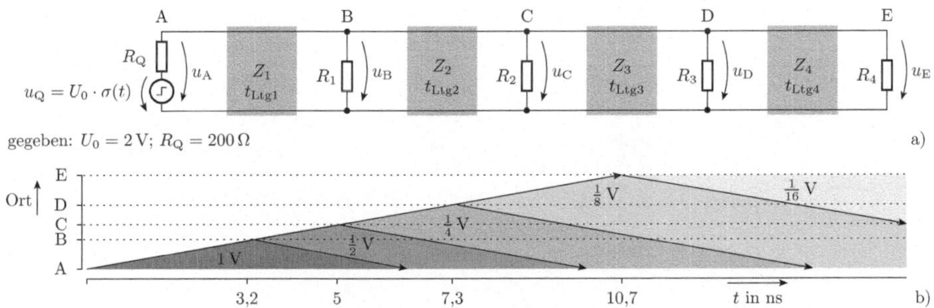

Abb. 3.83. a) Schaltung b) Sprungantwort zu Aufgabe 3.10

4

Lösungen zu den Übungsaufgaben

4.1 Physikalische Grundlagen

Lösung zu Aufgabe 1.1

Grob überschlagen liegt die Feldstärke zwischen Raumpunkten mit einer Potenzialdifferenz U in der Größenordnung $E \approx U/l$ (l – Abstand). Mit den Beispielzahlen aus der Aufgabenstellung ergeben sich folgende Größenordnungen für die Feldstärke:

Einsatzbereich	Haushaltselektrik	Mikroelektronik
Größenordnung der Feldstärke	$\lvert\mathbf{E}\rvert \approx \frac{500\,\mathrm{V}}{1\,\mathrm{mm}} = 500\,\frac{\mathrm{V}}{\mathrm{mm}}$	$\lvert\mathbf{E}\rvert \approx \frac{1\,\mathrm{V}}{100\,\mathrm{nm}} = 10\,\frac{\mathrm{kV}}{\mathrm{mm}}$

Die maximalen Beträge der Feldstärke in der Haushaltselektrik liegen um ein bis zwei Zehnerpotenzen unter denen in der Mikroelektronik.

Lösung zu Aufgabe 1.2

a) Die Menge der beweglichen Ladung pro Wegelement Q_l in dem Kupferdraht ist das Produkt aus dem Leitungsquerschnitt, der Anzahl der beweglichen Elektronen pro Volumen und der Ladung eines Elektrons:

$$Q_l \approx 0{,}1\,\mathrm{mm}^2 \cdot 8{,}5 \cdot 10^{19}\,\mathrm{mm}^{-3} \cdot 1,6 \cdot 10^{-19}\mathrm{As} = 1{,}36\,\frac{\mathrm{As}}{\mathrm{mm}}$$

Eingesetzt in Gleichung 1.8 ergibt sich eine Driftgeschwindigkeit von

$$\begin{aligned} v &= \frac{I}{Q_l} = \frac{10\,\mathrm{mA}}{1{,}36\,\frac{\mathrm{As}}{\mathrm{mm}}} \\ &= 7{,}4\,\frac{\mu\mathrm{m}}{\mathrm{s}} \end{aligned}$$

G. Kemnitz, *Technische Informatik*, eXamen.press,
DOI 10.1007/978-3-540-87841-4_4, © Springer-Verlag Berlin Heidelberg 2009

b) Dieser Aufgabenteil dient der Schulung des kritischen Urteilsvermögens. Die geschätzte Driftgeschwindigkeit deutet darauf hin, dass ein bewegliches Elektron eine um viele Zehnerpotenzen längere Zeit als eine Sekunde benötigt, um in einem Leiter die Erde zu umrunden. Die volkstümliche Aussage »Strom sei schnell« hat nichts mit der Driftgeschwindigkeit der Elektronen in Leitungen zu tun.
c) Nicht die Geschwindigkeit der Ladungsträger, sondern das elektrische Feld ist dafür verantwortlich, dass eine Stromänderung am Anfang einer langen Leitung an allen Punkten fast gleichzeitig dieselbe Stromänderung hervorruft. Die bewegten Elektronen verhalten sich unter dem Einfluss des Feldes wie die Glieder einer Kette, die sich alle mit derselben Geschwindigkeit bewegen.

Lösung zu Aufgabe 1.3

a) Die umgesetzte Energie ist nach Gleichung 1.6 das Produkt aus der bewegten Ladung und der Spannung:

$$W = Q \cdot U = 1\,\mathrm{As} \cdot 4{,}5\,\mathrm{V} = 4{,}5\,\mathrm{J}$$

b) Die Ladung legt einen geschlossenen Weg zurück, so dass nach Satz 1.1.1 die umgesetzte elektrische Energie insgesamt Null ist.
c) Nach dem ohmschen Gesetz Gleichung 1.11 fließt ein Strom von

$$I = \frac{4{,}5\,\mathrm{V}}{1\,\mathrm{k\Omega}} = 4{,}5\,\mathrm{mA}$$

Der Strom ist die bewegte Ladung pro Zeit. Der Transport einer Ladung von 1 As dauert:

$$t = \frac{Q}{I} = \frac{1\,\mathrm{As}}{4{,}5\,\mathrm{mA}} \approx 222\,\mathrm{s}$$

Lösung zu Aufgabe 1.4

a) Nennwerte: 1,0 kΩ, 1,2 kΩ, 1,5 kΩ, 1,8 kΩ, 2,2 kΩ, 2,7 kΩ, 3,3 kΩ, 3,9 kΩ, 4,7 kΩ, 5,6 kΩ, 6,8 kΩ, 8,2 kΩ, 10 kΩ
b) Der am wenigsten vom Sollwert 5 kΩ abweichende Wert der E12-Reihe ist 4,7 kΩ.

Lösung zu Aufgabe 1.5

Widerstand	Ring 1	Ring 2	Ring 3	Ring 4	Ring 5	Wert
R_1	rot	rot	schwarz	schwarz	gold	220 Ω
R_2	gelb	violett	schwarz	orange	gold	470 kΩ
R_3	braun	schwarz	schwarz	rot	gold	10 kΩ

Lösung zu Aufgabe 1.6

In Gleichung 1.16 wird der Strom durch den Quotienten aus Spannung und Widerstand ersetzt:

$$P_{\text{max}} = \frac{U_{\text{max}}^2}{R}$$

Die maximale Spannung beträgt in Abhängigkeit von der maximalen Leistung und dem Widerstand

$$U_{\text{max}} = \sqrt{R \cdot P_{\text{max}}} = \sqrt{1\,\text{k}\Omega \cdot 0{,}125\,\text{W}} \approx 11\,\text{V}$$

Lösung zu Aufgabe 1.7

Der Leistungsumsatz ergibt sich über Gleichung 1.17, wobei die herausfließenden Ströme als negative hineinfließende Ströme einzusetzen sind:

$$\begin{aligned} P &= -3{,}6\,\text{V} \cdot 30\,\text{mA} + 2\,\text{V} \cdot 10\,\text{mA} - 0\,\text{V} \cdot 70\,\text{mA} \\ &\quad -4\,\text{V} \cdot 30\,\text{mA} + 1\,\text{V} \cdot 20\,\text{mA} + 5\,\text{V} \cdot 100\,\text{mA} \\ &= 312\,\text{mW} \end{aligned}$$

Der Schaltkreis benötigt den Kühlkörper.

4.2 Mathematische Grundlagen

Lösung zu Aufgabe 1.8

a) Die Beispielschaltung besitzt zwei Knoten, für die gilt:

$$\begin{aligned} \text{K1}: \; I_1 - I_2 - I_3 &= 0 \\ \text{K2}: \; -I_1 + I_2 + I_3 &= 0 \end{aligned} \tag{4.1}$$

Die zweite Knotengleichung ist eine Linearkombination der ersten und gehört nicht in das Gleichungssystem.
Es lassen sich drei verschiedene Maschengleichungen aufstellen. Die dritte Maschengleichung addiert nur Spannungen von Zweigen, die bereits in den ersten beiden Gleichungen berücksichtigt sind und ist deshalb eine Linearkombination der beiden ersten:

$$\begin{aligned} \text{M1}: &\quad U_1 + U_2 = -U_{\text{Q1}} \\ \text{M2}: &\quad -U_2 + U_3 = 0 \\ \text{M3} = \text{M2} + \text{M1}: &\quad U_1 + U_3 = -U_{\text{Q1}} \end{aligned}$$

Die Spannungsabfälle über den Widerständen in den Maschengleichungen werden durch das Produkt aus Strom und Widerstand ersetzt. Gemeinsam mit der Knotengleichung lautet das gesamte Gleichungssystem:

$$\begin{pmatrix} 1 & -1 & -1 \\ R_1 & R_2 & 0 \\ 0 & -R_2 & R_3 \end{pmatrix} \cdot \begin{pmatrix} I_1 \\ I_2 \\ I_3 \end{pmatrix} = \begin{pmatrix} 0 \\ -U_{Q1} \\ 0 \end{pmatrix} \tag{4.2}$$

b) Für die Maßeinheiten auf der rechten und der linken Gleichungsseite gilt:

	linke Gleichungsseite	rechte Gleichungsseite	o.k.?
Zeile 1:	$1 \cdot \text{A}$	0	$\surd$
Zeile 2:	$\Omega \cdot \text{A}$	V	$\surd$
Zeile 3:	$\Omega \cdot \text{A}$	0	$\surd$

c) Matlab-Programm:

```
R1 = ...; % Widerstandswert in Ohm
R2 = ...; % Widerstandswert in Ohm
R3 = ...; % Widerstandswert in Ohm
UQ1= ...; % Spannung in Volt
M = [1 -1 -1; R1 R2 0; 0 -R2 R3];
V = [0; -UQ1; 0];
I = (M^-1) * V;
I          % Anzeige  der gesuchten Ströme in Ampere
```

Lösung zu Aufgabe 1.9

a) Abbildung 4.1 zeigt die Schaltung mit den eingezeichneten Knoten und Maschen.

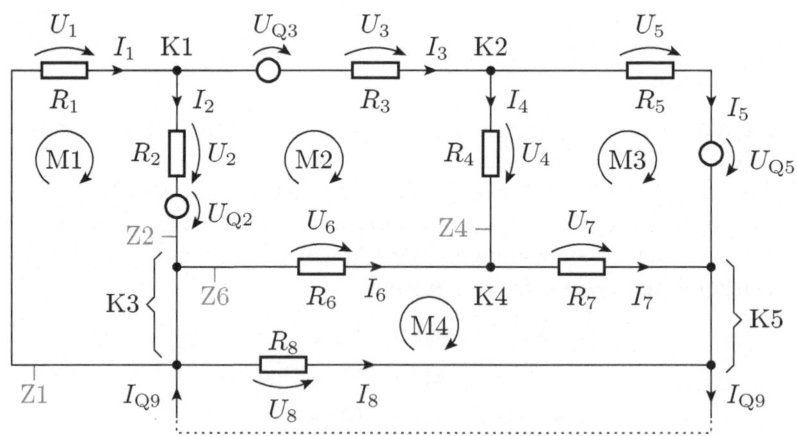

Abb. 4.1. Schaltung zu Aufgabe 1.9

Der Bezugspunkt sei Knoten K5. Für die übrigen Knoten lauten die Gleichungen

$$\begin{aligned}
\text{K1}: &\quad I_1 - I_2 - I_3 = 0 \\
\text{K2}: &\quad I_3 - I_4 - I_5 = 0 \\
\text{K3}: &\quad -I_1 + I_2 - I_6 - I_8 = -I_{\text{Q9}} \\
\text{K4}: &\quad I_4 + I_6 - I_7 = 0
\end{aligned}$$

Die ausgewählten Maschen sind in Abb. 4.1 eingezeichnet. Die »verbotenen« Zweige für die weiteren Maschen sind hier jeweils:

Masche	M1	M2	M3	M4
»verbotener« Zweig für die weiteren Maschen	Z1	Z2	Z4	Z6

Für die verbleibende Masche über die Stromquelle und Z_8 ist keine Gleichung erforderlich, weil der Spannungsabfall über der Stromquelle nicht gesucht ist. Die Gleichungen für die vier eingezeichneten Maschen lauten

$$\begin{aligned}
\text{M1}: &\; U_1 + U_2 &&= -U_{\text{Q2}} \\
\text{M2}: &\; -U_2 + U_3 + U_4 - U_6 &&= U_{\text{Q2}} - U_{\text{Q3}} \\
\text{M3}: &\; -U_4 + U_5 - U_7 &&= -U_{\text{Q5}} \\
\text{M4}: &\; U_6 + U_7 - U_8 &&= 0
\end{aligned}$$

b) Zur Bestimmung der unbekannten Ströme sind die Spannungsabfälle über den Widerständen in den Maschengleichungen durch die Produkte aus Strom und Widerstand zu ersetzen:

$$U_i = R_i \cdot I_i$$

Dabei ergibt sich das folgende Gleichungssystem:

$$\begin{matrix} \text{K1}: \\ \text{K2}: \\ \text{K3}: \\ \text{K4}: \\ \text{M1}: \\ \text{M2}: \\ \text{M3}: \\ \text{M4}: \end{matrix}
\begin{pmatrix}
1 & -1 & -1 & 0 & 0 & 0 & 0 & 0 \\
0 & 0 & 1 & -1 & -1 & 0 & 0 & 0 \\
-1 & 1 & 0 & 0 & 0 & -1 & 0 & -1 \\
0 & 0 & 0 & 1 & 0 & 1 & -1 & 0 \\
R_1 & R_2 & 0 & 0 & 0 & 0 & 0 & 0 \\
0 & -R_2 & R_3 & R_4 & 0 & -R_6 & 0 & 0 \\
0 & 0 & 0 & -R_4 & R_5 & 0 & -R_7 & 0 \\
0 & 0 & 0 & 0 & 0 & R_6 & R_7 & -R_8
\end{pmatrix}
\cdot
\begin{pmatrix} I_1 \\ I_2 \\ I_3 \\ I_4 \\ I_5 \\ I_6 \\ I_7 \\ I_8 \end{pmatrix}
=
\begin{pmatrix} 0 \\ 0 \\ -I_{\text{Q9}} \\ 0 \\ -U_{\text{Q2}} \\ U_{\text{Q2}} - U_{\text{Q3}} \\ -U_{\text{Q5}} \\ 0 \end{pmatrix}$$

c) Zur Bestimmung der unbekannten Spannungen sind die Ströme durch die Widerstände in den Knotengleichungen durch die Quotienten aus der zugehörigen Spannung und dem Widerstand zu ersetzen:

$$I_i = \frac{U_i}{R_i}$$

Dabei ergibt sich das folgende Gleichungssystem:

$$\begin{array}{l} \text{K1}: \\ \text{K2}: \\ \text{K3}: \\ \text{K4}: \\ \text{M1}: \\ \text{M2}: \\ \text{M3}: \\ \text{M4}: \end{array} \begin{pmatrix} \frac{1}{R_1} & -\frac{1}{R_2} & -\frac{1}{R_3} & 0 & 0 & 0 & 0 & 0 \\ 0 & 0 & \frac{1}{R_3} & -\frac{1}{R_4} & -\frac{1}{R_5} & 0 & 0 & 0 \\ -\frac{1}{R_1} & \frac{1}{R_2} & 0 & 0 & 0 & -\frac{1}{R_6} & 0 & -\frac{1}{R_8} \\ 0 & 0 & 0 & \frac{1}{R_4} & 0 & \frac{1}{R_6} & -\frac{1}{R_7} & 0 \\ 1 & 1 & 0 & 0 & 0 & 0 & 0 & 0 \\ 0 & -1 & 1 & 1 & 0 & -1 & 0 & 0 \\ 0 & 0 & 0 & -1 & 1 & 0 & -1 & 0 \\ 0 & 0 & 0 & 0 & 0 & 1 & 1 & -1 \end{pmatrix} \cdot \begin{pmatrix} U_1 \\ U_2 \\ U_3 \\ U_4 \\ U_5 \\ U_6 \\ U_7 \\ U_8 \end{pmatrix} = \begin{pmatrix} 0 \\ 0 \\ -I_{Q9} \\ 0 \\ -U_{Q2} \\ U_{Q2} - U_{Q3} \\ -U_{Q5} \\ 0 \end{pmatrix}$$

Lösung zu Aufgabe 1.10

Die Spannung U_2 ergibt sich aus der Maschengleichung

$$U_2 = U_Q = 1\,\text{V}$$

Die Berechnung von I_1 erfordert zusätzlich die Knotengleichung

$$I_1 - I_2 + \beta \cdot I_1 = 0$$
$$I_1 = \frac{I_2}{1+\beta}$$

Der Strom I_2 ergibt sich dabei aus dem Spannungsabfall über dem Widerstand und seinem Wert:

$$I_2 = \frac{U_Q}{R},$$

woraus für I_1 folgt:

$$I_1 = \frac{U_Q}{R \cdot (1+\beta)} \approx 10\,\mu\text{A}$$

Lösung zu Aufgabe 1.11

a) Abbildung 4.2 zeigt die Schaltung mit den Bezeichnern für die Widerstände, Quellen etc.. Die Masche M1 überdeckt die Zweige mit den Strömen I_1 und I_2, Masche M2 zusätzlich den Zweig mit dem Strom I_3. Der Knoten K erfasst alle Ströme. Mehr als drei linear unabhängige Gleichungen lassen sich nicht aufstellen.

b) Gleichung für den eingezeichneten Knoten und die eingezeichneten Maschen:

$$\begin{aligned} \text{K}: \quad & -I_1 - I_2 - I_3 = 0 \\ \text{M1}: \quad & -R_1 \cdot I_1 + R_2 \cdot I_2 = -U_{Q1} \\ \text{M2}: \quad & -R_2 \cdot I_2 + R_3 \cdot I_3 = -U_{Q2} \end{aligned}$$

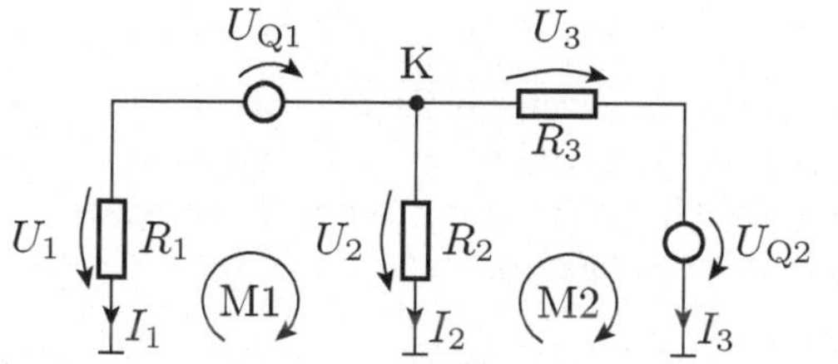

$R_1 = 10\,\mathrm{k\Omega}$
$R_2 = 1\,\mathrm{k\Omega}$
$R_3 = 2{,}2\,\mathrm{k\Omega}$
$U_{Q1} = 3\,\mathrm{V}$
$U_{Q2} = -5\,\mathrm{V}$

Abb. 4.2. Schaltung mit den Bezeichnern für die Widerstände, Quellen etc. zu Aufgabe 1.11

Matrixgleichung mit den eingesetzten Werten:

$$\begin{pmatrix} -1 & -1 & -1 \\ -10\,\mathrm{k\Omega} & 1\,\mathrm{k\Omega} & 0 \\ 0 & -1\,\mathrm{k\Omega} & 2{,}2\,\mathrm{k\Omega} \end{pmatrix} \cdot \begin{pmatrix} I_1 \\ I_2 \\ I_3 \end{pmatrix} = \begin{pmatrix} 0 \\ -3\,\mathrm{V} \\ 5\,\mathrm{V} \end{pmatrix}$$

c) Matlab-Programm:

```
M = [-1 -1 -1; -1E4 1E3 0; 0 -1E3 2.2E3];
Q = [0; -3; 5];
I = M^-1*Q % Ergebnis in Ampere
```

Ergebnis:

$$\begin{aligned} I_1 &= 0{,}1345\,\mathrm{mA} \\ I_2 &= -1{,}6550\,\mathrm{mA} \\ I_3 &= 1{,}5205\,\mathrm{mA} \end{aligned}$$

Lösung zu Aufgabe 1.12

Durch Duplizierung der beiden Zweige, die reine Spannungsquellen sind, und Trennung von Schaltungsteilen, die nur über einen Knoten verbunden sind, zerfällt die Gesamtschaltung in die vier unabhängigen Teilschaltungen in Abb. 4.3.

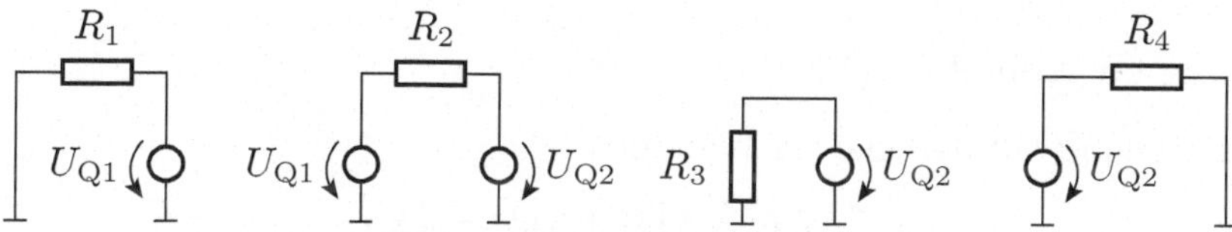

Abb. 4.3. Lösung zu Aufgabe 1.12

Lösung zu Aufgabe 1.13

a) Die Kennlinie des nichtlinearen Zweipols ist in Abb. 4.4 links dargestellt.
b) Für die Bestimmung des Arbeitspunktes gibt es für diese einfache Schaltung außer »Probieren« auch einen graphischen Lösungsweg. Die Quelle und der Widerstand bilden zusammen einen Zweipol mit der Strom-Spannungs-Beziehung

$$I_{ZP}^{*} = \frac{U_Q - U_{ZP}}{R}$$

Gesucht ist der Strom $I_{ZP}^{*} = I_{ZP}$, bei dem durch den linearen und den nichtlinearen Zweipol derselbe Strom fließt. Das ist in Abb. 4.4 genau der Schnittpunkt der beiden Kennlinien und liegt im Arbeitsbereich AB2 bei

$$\frac{U_{ZP} - 1\,\mathrm{V}}{1\,\mathrm{k\Omega}} = \frac{U_Q - U_{ZP}}{R} = \frac{2{,}5\,\mathrm{V} - U_{ZP}}{2\,\mathrm{k\Omega}}$$
$$U_{ZP} = 1{,}5\,\mathrm{V}$$

und

$$I_{ZP}^{*} = I_{ZP} = \frac{U_Q - U_{ZP}}{R} = \frac{2{,}5\,\mathrm{V} - 1{,}5\,\mathrm{V}}{2\,\mathrm{k\Omega}} = 0{,}5\,\mathrm{mA}$$

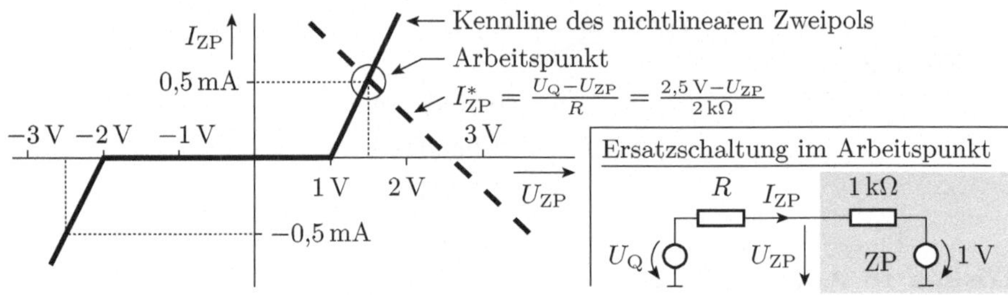

Abb. 4.4. Lösung zu Aufgabe 1.13

4.3 Handwerkszeug

Lösung zu Aufgabe 1.14

a) Rechnung mit den glatten Werten:

$$R_{45} = 1\,\mathrm{k\Omega} + 3\,\mathrm{k\Omega} = 4\,\mathrm{k\Omega}$$
$$R_{456} = 4\,\mathrm{k\Omega} \parallel 4\,\mathrm{k\Omega} = 2\,\mathrm{k\Omega}$$
$$R_{2456} = 8\,\mathrm{k\Omega} + 2\,\mathrm{k\Omega} = 10\,\mathrm{k\Omega}$$
$$R_{13} = 4\,\mathrm{k\Omega} + 6\,\mathrm{k\Omega} = 10\,\mathrm{k\Omega}$$
$$R_{Ers} = 10\,\mathrm{k\Omega} \parallel 10\,\mathrm{k\Omega} = 5\,\mathrm{k\Omega}$$

b) Rundung auf Nennwerte der E12-Reihe:

	R_1	R_2	R_3	R_4	R_5	R_6
Sollwert	4 kΩ	8 kΩ	6 kΩ	1 kΩ	3 kΩ	4 kΩ
nächster Nennwert der E12-Reihe	3,9 kΩ	8,2 kΩ	5,6 kΩ	1 kΩ	3,3 kΩ	3,9 kΩ

Für R_5 wäre auch der Wert 2,7 kΩ möglich.

$$\begin{aligned}
R_{45} &= 1\,\mathrm{k\Omega} + 3{,}3\,\mathrm{k\Omega} = 4{,}30\,\mathrm{k\Omega} \\
R_{456} &= 4{,}3\,\mathrm{k\Omega} \parallel 3{,}9\,\mathrm{k\Omega} = 2{,}05\,\mathrm{k\Omega} \\
R_{2456} &= 8{,}2\,\mathrm{k\Omega} + 2{,}05\,\mathrm{k\Omega} = 10{,}25\,\mathrm{k\Omega} \\
R_{13} &= 3{,}9\,\mathrm{k\Omega} + 5{,}6\,\mathrm{k\Omega} = 9{,}5\,\mathrm{k\Omega} \\
R_{\mathrm{Ers}} &= 9{,}5\,\mathrm{k\Omega} \parallel 10{,}25\,\mathrm{k\Omega} = 4{,}93\,\mathrm{k\Omega}
\end{aligned}$$

Lösung zu Aufgabe 1.15

Die Schaltung besteht aus den drei verketteten Spannungsteilern in Abb. 4.5.

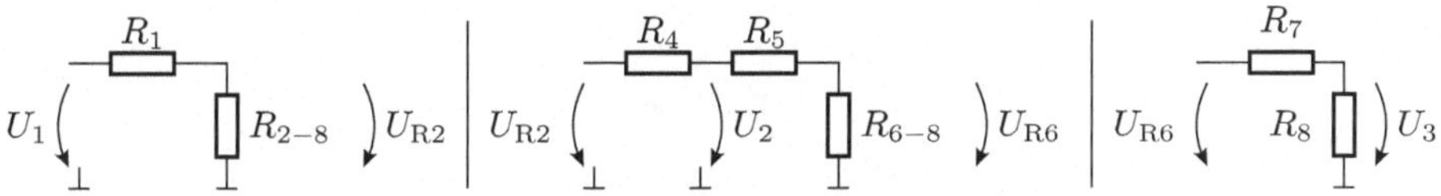

Abb. 4.5. Lösung zu Aufgabe 1.15

$$\begin{aligned}
U_{\mathrm{R2}} &= \frac{R_{2-8}}{R_1 + R_{2-8}} \cdot U_1 \\
U_2 &= \frac{R_5 + R_{6-8}}{R_4 + R_5 + R_{6-8}} \cdot U_{\mathrm{R2}} \\
U_{\mathrm{R6}} &= \frac{R_{6-8}}{R_4 + R_5 + R_{6-8}} \cdot U_{\mathrm{R2}} \\
U_3 &= \frac{R_8}{R_7 + R_8} \cdot U_{\mathrm{R6}}
\end{aligned}$$

Die Ersatzwiderstände ergeben sich über die Zusammenfassungen der Parallel- und Reihenschaltungen:

$$\begin{aligned}
R_{6-8} &= R_6 \parallel (R_7 + R_8) = 2\,\mathrm{k\Omega} \parallel (1\,\mathrm{k\Omega} + 1\,\mathrm{k\Omega}) = 1\,\mathrm{k\Omega} \\
R_{2-8} &= R_2 \parallel R_3 \parallel (R_4 + R_5 + R_{6-8}) \\
&= 8\,\mathrm{k\Omega} \parallel 8\,\mathrm{k\Omega} \parallel (2\,\mathrm{k\Omega} + 1\,\mathrm{k\Omega} + 1\,\mathrm{k\Omega}) = 2\,\mathrm{k\Omega}
\end{aligned}$$

Eingesetzt in die Spannungsteilergleichungen ergibt sich

$$U_{\mathrm{R2}} = \frac{2\,\mathrm{k\Omega}}{2\,\mathrm{k\Omega} + 2\,\mathrm{k\Omega}} \cdot 8\,\mathrm{V} = 4\,\mathrm{V}$$
$$U_2 = \frac{1\,\mathrm{k\Omega} + 1\,\mathrm{k\Omega}}{2\,\mathrm{k\Omega} + 1\,\mathrm{k\Omega} + 1\,\mathrm{k\Omega}} \cdot 4\,\mathrm{V} = 2\,\mathrm{V}$$
$$U_{\mathrm{R6}} = \frac{1\,\mathrm{k\Omega}}{2\,\mathrm{k\Omega} + 1\,\mathrm{k\Omega} + 1\,\mathrm{k\Omega}} \cdot 4\,\mathrm{V} = 1\,\mathrm{V}$$
$$U_3 = \frac{1\,\mathrm{k\Omega}}{1\,\mathrm{k\Omega} + 1\,\mathrm{k\Omega}} \cdot 1\,\mathrm{V} = 0{,}5\,\mathrm{V}$$

Lösung zu Aufgabe 1.16

Für alle Fälle, in denen nur ein Quellenwert ungleich Null ist, entsteht dieselbe Ersatzschaltung (Abb. 4.6). Jede Quelle liefert entsprechend einen Anteil zur gesuchten Spannung von

$$U_{\mathrm{A}.i} = U_{\mathrm{Q}.i} \cdot \frac{(R \parallel R \parallel R \parallel R)}{(R \parallel R \parallel R \parallel R) + R} = U_{\mathrm{Q}.i} \cdot \frac{\frac{R}{4}}{\frac{R}{4} + R} = \frac{U_{\mathrm{Q}.i}}{5}$$

Die Überlagerung der fünf Ausgangsspannungsanteile beträgt

$$U_{\mathrm{A}} = \frac{1}{5} \cdot \sum_{i=1}^{4} U_{\mathrm{Q}.i}$$

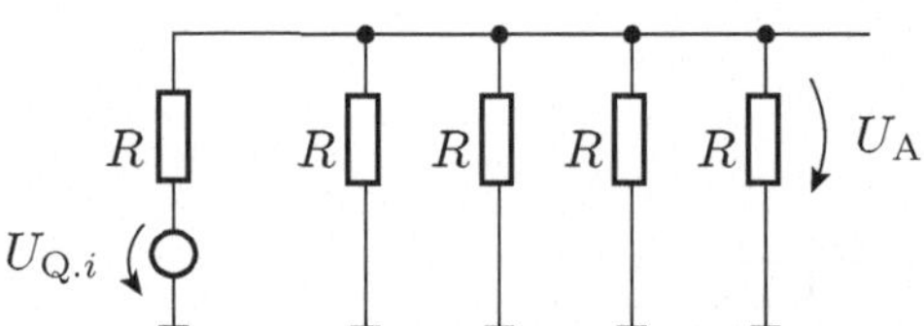

R – gleiche Widerstände

Abb. 4.6. Ersatzschaltung zu Aufgabe 1.16

Lösung zu Aufgabe 1.17

Der Ersatzwiderstand des Zweipols ist sein Widerstand, wenn die Spannungsquelle durch eine Verbindung ersetzt ist. In dieser Ersatzschaltung bilden die beiden Widerstände eine Parallelschaltung (Abb. 4.7):

$$R_{\mathrm{Ers}} = R_1 \parallel R_2 = \frac{R_1 \cdot R_2}{R_1 + R_2}$$

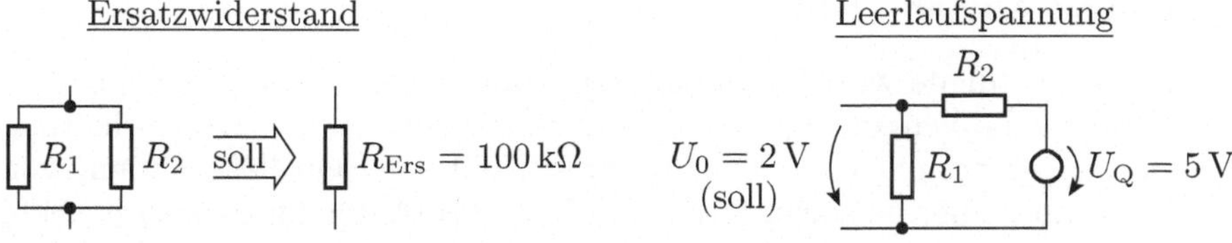

Abb. 4.7. Ersatzschaltungen zu Aufgabe 1.17

Die Leerlaufspannung ergibt sich über das Spannungsteilerverhältnis aus der internen Quellenspannung:

$$U_0 = \frac{R_1}{R_1 + R_2} \cdot U_Q$$

Der Quotient der beiden Gleichungen ist nach R_2 auflösbar:

$$\frac{R_{\mathrm{Ers}}}{U_0} = \frac{\frac{R_1 \cdot R_2}{R_1 + R_2}}{\frac{R_1}{R_1 + R_2} \cdot U_Q} = \frac{R_2}{U_Q}$$

$$R_2 = R_{\mathrm{Ers}} \cdot \frac{U_Q}{U_0} = \frac{5\,\mathrm{V}}{2\,\mathrm{V}} \cdot 100\,\mathrm{k\Omega} = 250\,\mathrm{k\Omega}$$

Der zweite Widerstandswert ergibt sich über das Spannungsteilerverhältnis:

$$1 + \frac{R_2}{R_1} = \frac{U_Q}{U_0}$$

$$R_1 = \frac{R_2}{\frac{U_Q}{U_0} - 1} = \frac{250\,\mathrm{k\Omega}}{1{,}5} = 167\,\mathrm{k\Omega}$$

4.4 Schaltungen mit Dioden

Lösung zu Aufgabe 1.18

	P_{max}	U_F	$\lvert U_S \rvert$
10TQ035 (Schottky-Leistungsdiode)	≈5 W(1)	≈ 0,49 V	≥45 V
BY228 (Leistungsdiode)	≈7,5 W(1)	≈ 1 V(2)	≥1500 V
1N757 (Z-Diode)	500 mW	-	9,1 V

(1) aus dem zulässigen Dauerstrom und der Flussspannung abgeschätzt
(2) aus der Kennlinie für $I_D \approx 1\,\mathrm{A}$ abgelesen

Lösung zu Aufgabe 1.19

a) Die Leuchtdiode wird in Durchlassrichtung mit einem Vorwiderstand in Reihe an die Versorgungsspannung angeschlossen. In der Ersatzschaltung ist die Leuchtdiode eine Spannungsquelle mit einer Quellenspannung von $U_{\mathrm{F}} = 1{,}6\,\mathrm{V}$, die von einem Strom von $I_{\mathrm{D}} = 30\,\mathrm{mA}$ durchflossen wird (Abb. 4.8).

b) Der Wert des Vorwiderstands ist der Quotient aus dem Spannungsabfall über ihm und dem Soll-Strom durch die Diode:

$$R = \frac{U_{\mathrm{V}} - U_{\mathrm{F}}}{I_{\mathrm{D}}} = \frac{5\,\mathrm{V} - 1{,}6\,\mathrm{V}}{30\,\mathrm{mA}} \approx 110\,\Omega$$

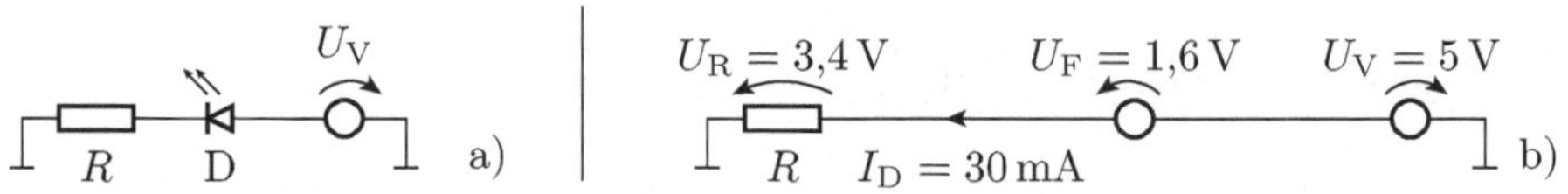

Abb. 4.8. Lösung zu Aufgabe 1.19 a) Schaltung b) Ersatzschaltung

Lösung zu Aufgabe 1.20

D2 im Durchbruchbereich impliziert, dass D1 und D4 im Durchlassbereich arbeiten. Die Ersatzschaltung zeigt Abb. 4.9. Das Problem ist, dass es in der eingezeichneten Masche M keinen expliziten Widerstand für die Strombegrenzung gibt, so dass der Strom nur durch die im Modell vernachlässigten Leitungswiderstände etc. begrenzt und dadurch sehr groß wird. Wenn eine Diode in einem Brückengleichrichter in den Durchbruchbereich wechselt, wird sie in der Regel sofort zerstört.

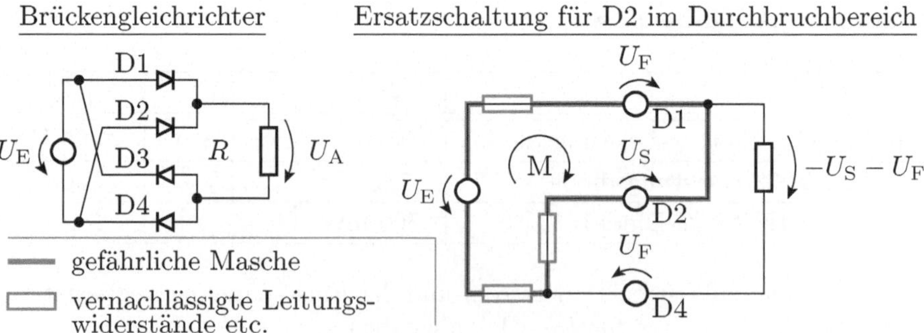

Abb. 4.9. Ersatzschaltung zu Aufgabe 1.20

Lösung zu Aufgabe 1.21

a) Bei einer Spannung $U > 0{,}7\,\mathrm{V}$ arbeitet D1 im Durchlassbereich und D2 im Sperrbereich, bei einer Spannung $U < -0{,}7\,\mathrm{V}$ arbeitet D2 im Durchlassbereich und D1 im Sperrbereich. In beiden Fällen ist die Ersatzschaltung eine Reihenschaltung aus einer Spannungsquelle und einem Widerstand. Für Spannungen von $-0{,}7\,\mathrm{V}$ bis $0{,}7\,\mathrm{V}$ sind beide Dioden gesperrt und es fließt kein Strom (Abb. 4.10 a). Die Strom-Spannungs-Beziehung lautet

$$I = \begin{cases} \frac{U-0{,}7\,\mathrm{V}}{100\,\Omega} & \text{für} \quad U > 0{,}7\,\mathrm{V} \\ \frac{U+0{,}7\,\mathrm{V}}{100\,\Omega} & \text{für} \quad U < -0{,}7\,\mathrm{V} \\ 0 & \text{sonst} \end{cases}$$

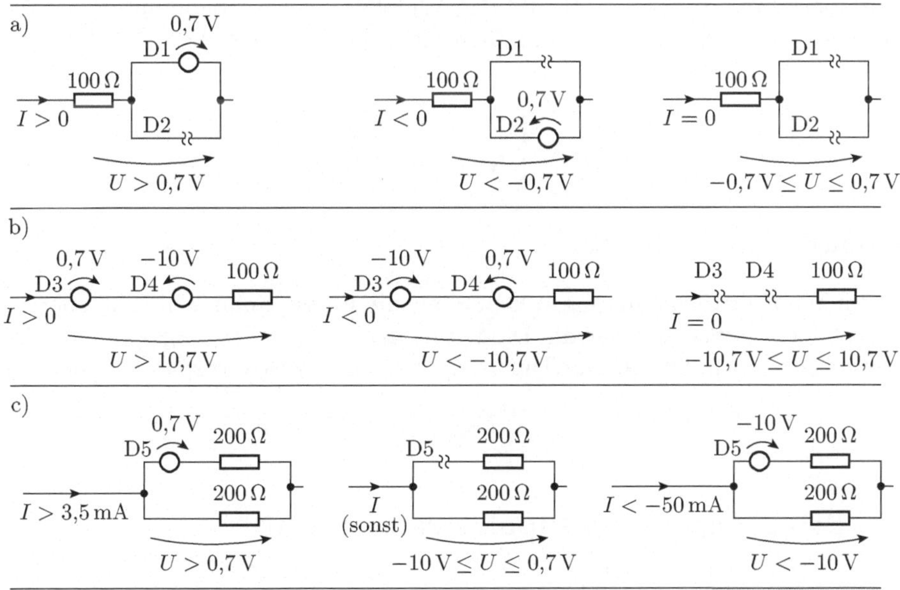

Abb. 4.10. Ersatzschaltungen zu Aufgabe 1.21

b) Durch den Zweipol fließt nur ein Strom, wenn eine der beiden Dioden im Durchbruchbereich und die andere Diode im Durchlassbereich arbeitet. Dazu muss der Betrag der Spannung U größer $10{,}7\,\mathrm{V}$ sein. Sonst sind beide Dioden gesperrt und es fließt kein Strom (Abb. 4.10 b). Die Strom-Spannungs-Beziehung lautet

$$I = \begin{cases} \frac{U-10{,}7\,\mathrm{V}}{100\,\Omega} & \text{für} \quad U > 10{,}7\,\mathrm{V} \\ \frac{U+10{,}7\,\mathrm{V}}{100\,\Omega} & \text{für} \quad U < -10{,}7\,\mathrm{V} \\ 0 & \text{sonst} \end{cases}$$

c) Die Diode des Zweipols arbeitet im Durchlassbereich, wenn über dem Zweipol eine Spannung $U > 0{,}7\,\mathrm{V}$ und im Durchbruchbereich, wenn eine Spannung $U < 10\,\mathrm{V}$ abfällt. Sonst ist sie gesperrt (Abb. 4.10 c). In allen drei Arbeitsbereichen fließt zusätzlich noch Strom durch den Parallelwiderstand zur Diode. Die Strom-Spannungs-Beziehung lautet

$$I = \begin{cases} \frac{U-0{,}7\,\mathrm{V}}{200\,\Omega} + \frac{U}{200\,\Omega} & \text{für } U > 0{,}7\,\mathrm{V} \\ \frac{U+10\,\mathrm{V}}{200\,\Omega} + \frac{U}{200\,\Omega} & \text{für } U < -10\,\mathrm{V} \\ \frac{U}{200\,\Omega} & \text{sonst} \end{cases} = \begin{cases} \frac{U-0{,}35\,\mathrm{V}}{100\,\Omega} & \text{für } U > 0{,}7\,\mathrm{V} \\ \frac{U+5\,\mathrm{V}}{100\,\Omega} & \text{für } U < -10\,\mathrm{V} \\ \frac{U}{200\,\Omega} & \text{sonst} \end{cases}$$

Lösung zu Aufgabe 1.22

Ein negativer Quellenstrom fließt durch die Diode D2 und ein positiver Quellenstrom durch die Diode D1 und den Widerstand. Die Spannung U_A ist für negative Quellenströme Null und für positive Quellenströme das Produkt aus Strom und Widerstand:

$$U_\mathrm{A} = \begin{cases} 0 & \text{für } I_\mathrm{E} \le 0 \\ R \cdot I_\mathrm{E} & \text{für } I_\mathrm{E} > 0 \end{cases}$$

Lösung zu Aufgabe 1.23

Wenn alle Eingangsspannungen kleiner als die Flussspannungen sind, sperren alle Dioden. Sonst arbeitet die Diode mit der größten Eingangsspannung im Durchlassbereich. Die übrigen Dioden sperren. Die Ausgangsspannung beträgt

$$U_\mathrm{A} = \max\left(U_\mathrm{E1}, U_\mathrm{E2}, U_\mathrm{E3}, 0{,}7\,\mathrm{V}\right) - 0{,}7\,\mathrm{V}$$

4.5 Schaltungen mit Bipolartransistoren

Lösung zu Aufgabe 1.24

	β	U_BEF	U_CEX	U_CEmax	P_max
BC140 Gr. 6 (npn)	40 - 100[(1)]	0,6 V bis 0,9 V	0,1 V bis 0,2 V	40 V	3,7 W[(2)]
BC160 Gr. 6 (pnp)	40 - 100[(1)]	−0,6 V bis −0,9 V	−0,1 V bis −0,2 V	−40 V	3,7 W[(2)]

[(1)] für $I_\mathrm{C} = 100\,\mathrm{mA}$ [(2)] mit Kühlkörper

Bei der Suche nach den richtigen Parameterwerten aus der Vielzahl von Datenblattparametern wird offensichtlich, dass es sich bei den hier im Buch verwendeten Modellparametern um Richtwerte handelt, die das tatsächliche Verhalten nur grob annähern.

Lösung zu Aufgabe 1.25

Abbildung 4.11 zeigt die gesuchten Ersatzschaltungen. Der Transistor ist jeweils durch eine Konstantspannungsquelle und eine gesteuerte Stromquelle ersetzt. Die Ersatzschaltung für den pnp-Transistor in Aufgabenteil b unterscheidet sich von denen der npn-Transistoren nur in den Vorzeichen der Ströme und Spannungen.

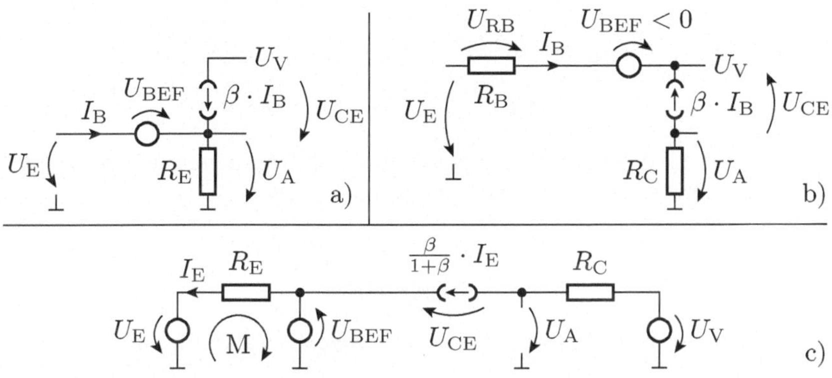

Abb. 4.11. Ersatzschaltungen zu Aufgabe 1.25

a) Die Übertragungsfunktion ist aus der Ersatzschaltung direkt ablesbar:

$$U_A = U_E - U_{BEF} = U_E - 0{,}7\,\mathrm{V}$$

Die Gültigkeitsvoraussetzungen des Modells sind

$$I_B > 0 \text{ und } U_{CE} > U_{CEX}$$

Der zulässige Wertebereich der Ausgangsspannung ist

$$0 < U_A \leq U_V - U_{CEX} = 4{,}8\,\mathrm{V}$$

Eingesetzt in die nach U_E umgestellte Übertragungsfunktion ergibt sich als zulässiger Bereich für die Eingangsspannung

$$\begin{aligned} U_E &= U_A + 0{,}7\,\mathrm{V} \\ 0{,}7\,\mathrm{V} < U_E &< 5{,}5\,\mathrm{V} \end{aligned}$$

b) Der Basisstrom beträgt

$$I_B = \frac{U_E - U_{BEF} - U_V}{R_B}$$

Die Ausgangsspannung ist das Produkt aus dem verstärkten Basisstrom und dem Kollektorwiderstand:

$$\begin{aligned}U_A &= -R_C \cdot \beta \cdot I_B = -R_C \cdot \beta \cdot \frac{U_E - U_{BEF} - U_V}{R_B}\\ &= 10 \cdot (4{,}3\,\mathrm{V} - U_E)\end{aligned}$$

Die Gültigkeitsvoraussetzungen des Modells sind

$$I_B < 0 \text{ und } U_{CE} < U_{CEX}$$

Der zulässige Wertebereich der Ausgangsspannung ist

$$0 < U_A < U_V + U_{CEX} = 4{,}8\,\mathrm{V}$$

Eingesetzt in die nach U_E umgestellte Übertragungsfunktion ergibt sich als zulässiger Bereich für die Eingangsspannung

$$\begin{aligned}U_E &= 4{,}3\,\mathrm{V} - 0{,}1 \cdot U_A\\ 3{,}82\,\mathrm{V} < U_E &< 4{,}3\,\mathrm{V}\end{aligned}$$

c) Der Emitterstrom ergibt sich aus der eingezeichneten Masche:

$$I_E = -\frac{U_{BEF} + U_E}{R_E}$$

Das Verhältnis zwischen Kollektorstrom und Emitterstrom lautet

$$I_C = \frac{\beta}{1+\beta} \cdot I_E$$

Die Ausgangsspannung ist gleich der Versorgungsspannung abzüglich des Spannungsabfalls über dem Kollektorwiderstand:

$$\begin{aligned}U_A &= U_V - R_C \cdot I_C = U_V + \frac{R_C \cdot \beta \cdot (U_{BEF} + U_E)}{R_E \cdot (1+\beta)}\\ &\approx 5\,\mathrm{V} + 10 \cdot (0{,}7\,\mathrm{V} + U_E) = 12\,\mathrm{V} + 10 \cdot U_E\end{aligned}$$

Die Gültigkeitsvoraussetzungen des Modells sind

$$I_B > 0 \text{ und } U_{CE} > U_{CEX}$$

Der zulässige Wertebereich der Ausgangsspannung ist

$$U_{CEX} - U_{BEF} = -0{,}5\,\mathrm{V} < U_A < U_V = 5\,\mathrm{V}$$

Eingesetzt in die nach U_E umgestellte Übertragungsfunktion ergibt sich als zulässiger Bereich für die Eingangsspannung

$$\begin{aligned}U_E &= 0{,}1 \cdot U_A - 1{,}2\,\mathrm{V}\\ -1{,}25\,\mathrm{V} < U_E &< -0{,}7\,\mathrm{V}\end{aligned}$$

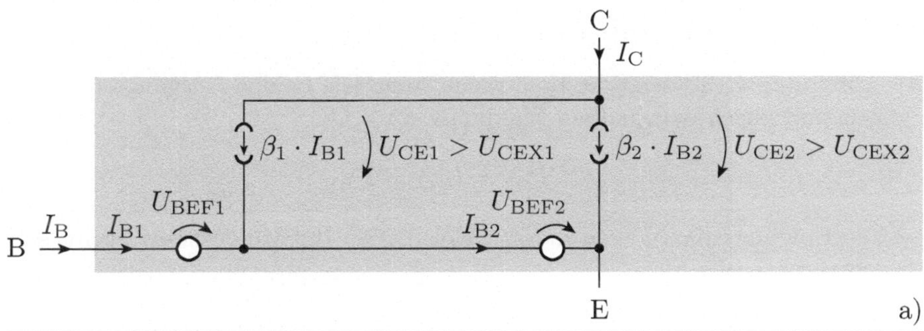

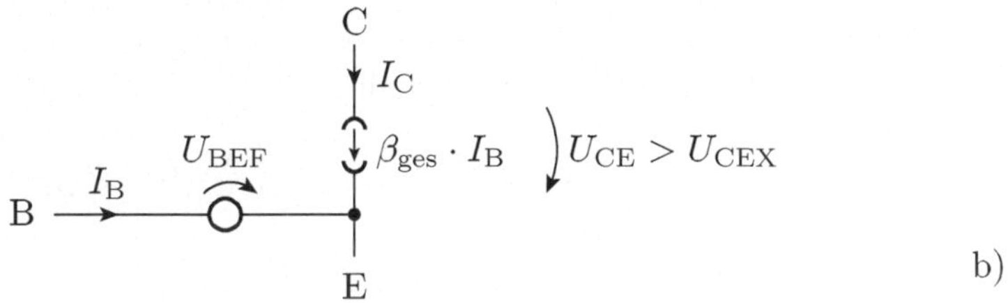

Abb. 4.12. Ersatzschaltungen zu Aufgabe 1.26

Lösung zu Aufgabe 1.26

a) In den Ersatzschaltungen Abb. 4.12 a sind die Transistoren jeweils durch eine Spannungs- und eine gesteuerte Stromquelle ersetzt.

b) Die Reihenschaltung aus zwei Spannungsquellen zwischen den Anschlüssen B und E der Ersatzschaltung in Abb. 4.12 a können zu einer Gesamtspannungsquelle zusammengefasst werden:

$$U_{BEF} = U_{BEF1} + U_{BEF2}$$

Auch die Stromquellen können zusammengefasst werden. Der Kollektorstrom der Gesamtschaltung beträgt

$$I_C = I_{C1} + I_{C2} = \beta_1 \cdot I_{B1} + \beta_2 \cdot I_{B2}$$

Mit

$$I_{B1} = I_B \text{ und } I_{B2} = (1 + \beta_1) \cdot I_B$$

ergibt sich eine Gesamtverstärkung von

$$\beta_{ges} = \frac{I_C}{I_B} = \beta_1 + (1 + \beta_1) \cdot \beta_2$$

Die Gültigkeitsvoraussetzungen des Modells sind

$$I_B > 0 \text{ und } U_{CE} > U_{CEX} = U_{CEX1} + U_{BEF2}$$

Die transformierte Ersatzschaltung in Abb. 4.12 b ist die eines Transistors mit einer sehr großen Verstärkung, einer großen Basis-Emitter-Flussspannung und einer großen Kollektor-Emitter-Restspannung.

Lösung zu Aufgabe 1.27

a) Abbildung 4.13 a zeigt die Ersatzschaltung. Die beiden Ausgangsspannungen sind gleich dem halben Maximalwert:

$$U_{\mathrm{A1}} = U_{\mathrm{A2}} = 1\,\mathrm{V}$$

Die Eingangsspannungen müssen gleich sein. Ihr Mindestwert ergibt sich aus der Masche M1

$$\mathrm{M1}: U_{\mathrm{E1}} = U_{\mathrm{E2}} \geq \frac{U_{\mathrm{Amax}}}{2} - U_{\mathrm{CEX}} + U_{\mathrm{BEF}} = 0{,}5\,\mathrm{V}$$

und ihr Maximalwert aus der Masche M2

$$\mathrm{M2}: U_{\mathrm{E1}} = U_{\mathrm{E2}} \leq U_{\mathrm{V}} - U_{\mathrm{Kmin}} - \frac{U_{\mathrm{Amax}}}{20} + U_{\mathrm{BEF}} = 3{,}2\,\mathrm{V}$$

b) Abbildung 4.13 b zeigt die Ersatzschaltung. Für die Ausgangsspannungen gilt

$$U_{\mathrm{A1}} = 0;\ U_{\mathrm{A2}} = 2\,\mathrm{V}$$

Laut Masche M3 muss die Spannung U_{E2} um den Spannungsabfall über R_{E} kleiner als U_{E1} sein:

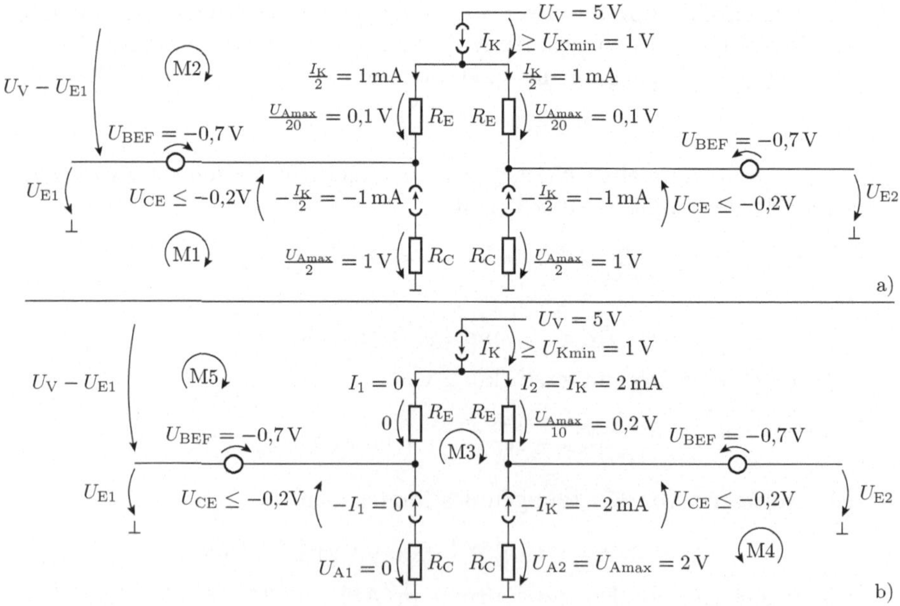

Abb. 4.13. Ersatzschaltungen zu Aufgabe 1.27

$$M3: U_{E2} = U_{E1} - R_E \cdot I_K = U_{E1} - \frac{U_{Amax}}{10} = U_{E1} - 0{,}2\,V$$

Der Mindestwert für U_{E2} ergibt sich aus der Masche M4:

$$M4: U_{E2} > U_{Amax} - U_{CEX} + U_{BEF} = 1{,}5\,V$$

Der Maximalwert für U_{E1} ergibt sich aus der Masche M5:

$$M5: U_{E1} < U_V - U_{Kmax} + U_{BEF} = 3{,}3\,V$$

Die zulässigen Wertebereiche für die beiden Eingangsspannungen betragen

$$1{,}7\,V < U_{E1} < 3{,}3\,V$$
$$1{,}5\,V < U_{E2} < 3{,}1\,V$$

Lösung zu Aufgabe 1.28

In der Ersatzschaltung in Abb. 4.14 sind die Transistoren jeweils durch eine Spannungs- und eine gesteuerte Stromquelle ersetzt. Aus der eingezeichneten Masche ist ablesbar, dass die Spannungsabfälle über den Emitterwiderständen und damit auch die Emitter-, Basis- und die Kollektorströme der Transistoren T1 und T3 gleich sind. Der Kollektorstrom von T1 ist der Eingangsstrom abzüglich des Basisstroms von T2. Der Kollektorstrom von T3 ist der Ausgangsstrom:

$$I_{C1} = I_E - I_{B2} = I_{C3} = I_A$$

Der Basisstrom von T2 errechnet sich aus seinem Emitterstrom, der die Summe der Basisströme von T1 und T3 ist. Die Basisströme von T1 und T3 errechnet sich aus deren Kollektorströmen:

$$I_{B2} = \frac{1}{1+\beta} \cdot \left(\frac{I_{C1}}{\beta} + \frac{I_{C3}}{\beta} \right)$$

Er ist um drei bis vier Zehnerpotenzen kleiner als der Eingangs- und der Ausgangsstrom und kann deshalb vernachlässigt werden. Der Ausgangsstrom ist praktisch gleich dem Eingangsstrom:

$$I_A = I_E$$

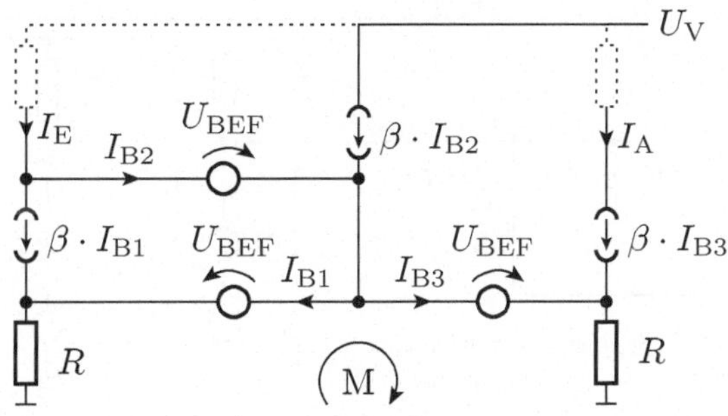

Abb. 4.14. Ersatzschaltung zu Aufgabe 1.28

Lösung zu Aufgabe 1.29

a) Der Transistor ist gesperrt, wenn mindestens an einem Eingang eine »0« anliegt. Abbildung 4.15 a zeigt die Ersatzschaltung für $x_3 = 0$.
b) Der Transistor übersteuert, wenn an allen Eingängen »1« anliegt. Abbildung 4.15 b zeigt die Ersatzschaltung.
c) Die logische Funktion ist NAND (negiertes UND):

$$y = \overline{x_1 \wedge x_2 \wedge x_3}$$

Die maximale Eingangsspannung, die als »0« interpretiert wird, ist aus der Ersatzschaltung in Abb. 4.15 a ablesbar und beträgt

$$\begin{aligned} U_{x=0} &< 2 \cdot U_{\mathrm{Fmin}} + U_{\mathrm{BEFmin}} - U_{\mathrm{Fmax}} \\ &\approx 2 \cdot 0{,}6\,\mathrm{V} + 0{,}6\,\mathrm{V} - 0{,}8\,\mathrm{V} = 1\,\mathrm{V} \end{aligned}$$

Die minimale Eingangsspannung, die als »1« interpretiert wird, ist aus der Ersatzschaltung in Abb. 4.15 b ablesbar und beträgt

$$\begin{aligned} U_{x=1} &> 2 \cdot U_{\mathrm{Fmax}} + U_{\mathrm{BEFmax}} - U_{\mathrm{Fmin}} \\ &\approx 2 \cdot 0{,}8\,\mathrm{V} + 0{,}8\,\mathrm{V} - 0{,}6\,\mathrm{V} = 1{,}8\,\mathrm{V} \end{aligned}$$

Die Ausgangsspannung für eine »0« ist die Kollektor-Emitter-Restspannung und für einen »1« die Versorgungsspannung:

$$\begin{aligned} U_{y=0} &= U_{\mathrm{CEX}} = 0{,}1 \ldots 0{,}3\,\mathrm{V} \\ U_{y=1} &= U_{\mathrm{V}} \quad = 4{,}75 \ldots 5{,}25\,\mathrm{V} \end{aligned}$$

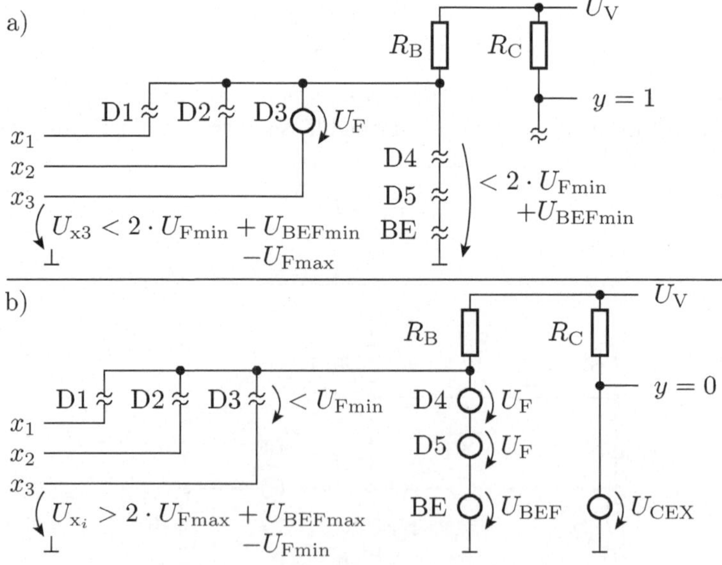

Abb. 4.15. Ersatzschaltungen zu Aufgabe 1.29

Lösung zu Aufgabe 1.30

a) Abbildung 4.16 a zeigt die Ersatzschaltung. Unter der Annahme, dass die Schaltung im angenommenen Bereich arbeitet, liegt die Ausgangsspannung im Bereich

$$U_{\rm V} = -U_{\rm S} - U_{\rm BEF} = 4 \ldots 4{,}5\,{\rm V}$$

Der Laststrom beträgt

$$I_{\rm L} = \frac{U_{\rm V}}{R_{\rm L}} = 160 \ldots 180\,{\rm mA}$$

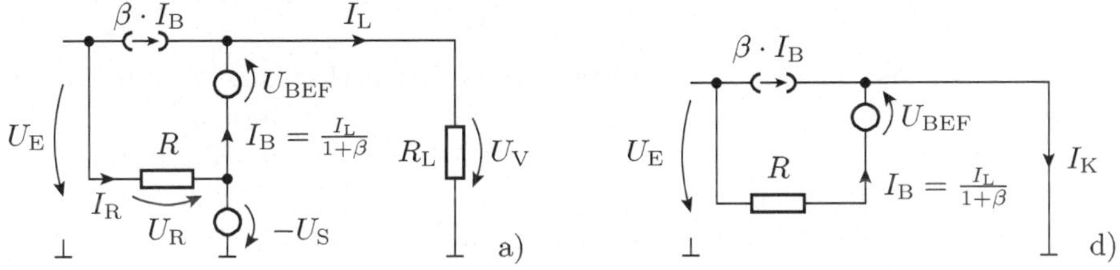

Abb. 4.16. Ersatzschaltungen zu Aufgabe 1.30

b) Der Widerstand darf nur so groß sein, dass durch die Z-Diode gerade noch ein Strom in Sperrrichtung fließt:

$$R < \frac{U_{\rm E} + U_{\rm S}}{I_{\rm B}} \text{ mit } I_{\rm B} = \frac{I_{\rm L}}{1+\beta} \text{ und } I_{\rm L} = \frac{-U_{\rm S} - U_{\rm BEF}}{R_{\rm L}}$$

In die Gleichungen sind die ungünstigsten Werte einzusetzen. Für alle Werte außer $U_{\rm S}$ ist sofort ersichtlich, was der ungünstigste Wert ist. Für $U_{\rm S}$ findet man durch Probieren, dass der Term am kleinsten wird, wenn der kleinste, d.h. der betragsmäßig größte Wert, eingesetzt wird:

$$\begin{aligned} R &< \frac{(U_{\rm Emin} + U_{\rm Smin}) \cdot (1 + \beta_{\rm min}) \cdot R_{\rm L}}{(-U_{\rm Smin} - U_{\rm BEFmin})} \\ &= \frac{(8\,{\rm V} - 5{,}1\,{\rm V}) \cdot (1 + 50) \cdot 25\,\Omega}{(5{,}1\,{\rm V} - 0{,}6\,{\rm V})} \\ R &\le 820\,\Omega \end{aligned}$$

c) Der Leistungsumsatz im Transistor ist näherungsweise das Produkt aus der Kollektor-Emitter-Spannung und dem Laststrom:

$$P_{\rm Tr} \approx (U_{\rm E} - U_{\rm V}) \cdot \frac{U_{\rm V}}{R_{\rm L}}$$

Er hat sein Maximum bei $U_{\rm V} = U_{\rm E}/2$ und bei maximaler Eingangsspannung.[1] Der maximale Wert, den $U_{\rm V}$ bei $U_{\rm E} = 10\,{\rm V}$ annehmen kann, ist

[1] Nullstelle der ersten Ableitung.

aber nur 4,5 V:

$$P_{\mathrm{Tr}} \leq (10\,\mathrm{V} - 4{,}5\,\mathrm{V}) \cdot \frac{4{,}5\,\mathrm{V}}{25\,\Omega} \approx 1\,\mathrm{W}$$

Der Strom durch die Z-Diode ist der Strom durch den Widerstand abzüglich des Basisstroms. Der Spannungsabfall ist die Durchbruchspannung. Zur Abschätzung der umgesetzten Leistung soll der Basisstrom vernachlässigt, für U_{E} der Maximalwert und für die Durchbruchspannung der Z-Diode $|U_{\mathrm{S}}| = 5\,\mathrm{V}$ angenommen werden. Das lässt sich am einfachsten rechnen und liefert die richtige Größenordnung:

$$P_{\mathrm{ZD}} \approx (10\,\mathrm{V} - 5\,\mathrm{V}) \cdot \frac{5\,\mathrm{V}}{820\,\Omega} \approx 30\,\mathrm{mW}$$

Da selbst die kleinsten Bauformen eine Verlustleistung von mehr als 100 mW vertragen, ist keine genauere Rechnung erforderlich.

d) Abbildung 4.16 b zeigt die Ersatzschaltung. Bei einem Kurzschluss am Ausgang ist die Ausgangsspannung Null. Das Basispotenzial sinkt auf den Wert der Basis-Emitter-Flussspannung. Die Z-Diode sperrt. Der Ausgangsstrom ist der verstärkte Basisstrom, der sich aus dem Spannungsabfall über R ergibt:

$$I_{\mathrm{K}} = \frac{(U_{\mathrm{E}} - U_{\mathrm{BEF}}) \cdot (1 + \beta)}{R}$$

Er beträgt im ungünstigsten Fall

$$\begin{aligned} I_{\mathrm{Kmax}} &= \frac{(U_{\mathrm{Emax}} - U_{\mathrm{BEFmin}}) \cdot (1 + \beta_{\mathrm{max}})}{R} \\ &= (10\,\mathrm{V} - 0{,}6\,\mathrm{V}) \cdot (1 + 150)\,/820\,\Omega \approx 1{,}7\,\mathrm{A} \end{aligned}$$

Der maximale Leistungsumsatz im Transistor ist das Produkt aus der maximalen Eingangsspannung und dem maximalen Kurzschlussstrom:

$$\begin{aligned} P_{\mathrm{Trmax}} &= U_{\mathrm{Emax}} \cdot I_{\mathrm{Kmax}} \\ &\approx 10\,\mathrm{V} \cdot 1{,}2\,\mathrm{A} = 17\,\mathrm{W} \end{aligned}$$

4.6 Schaltungen mit MOS-Transistoren

Lösung zu Aufgabe 1.31

Typ	$R_{DS}(U_{GS})$	U_{TN} bzw. U_{TP}	β_N bzw. β_P	I_{Dmax}	U_{DSmax}	P_{max}
FDV301N (NMOS)	$4\,\Omega$ $(4{,}5\,\mathrm{V})$	$0{,}65\ldots 1{,}5\,\mathrm{V}$	$70\,\frac{\mathrm{mA}}{\mathrm{V}^2}$ (1)	$220\,\mathrm{mA}$	$25\,\mathrm{V}$	$350\,\mathrm{mW}$
FDV302P (PMOS)	$10\,\Omega$ $(-4{,}5\,\mathrm{V})$	$-1{,}5\ldots -0{,}65\,\mathrm{V}$	$-30\,\frac{\mathrm{mA}}{\mathrm{V}^2}$ (2)	$-120\,\mathrm{mA}$	$-25\,\mathrm{V}$	$350\,\mathrm{mW}$
PHP69N03LT (NMOS)	$14\,\mathrm{m}\Omega$ $(5\,\mathrm{V})$	$1\ldots 2\,\mathrm{V}$	$20\,\frac{\mathrm{A}}{\mathrm{V}^2}$ (3)	$69\,\mathrm{A}$	$25\,\mathrm{V}$	$125\,\mathrm{W}$

(1) berechnet nach Gleichung 1.173 mit $U_{TN} = 1\,\mathrm{V}$
(2) berechnet nach Gleichung 1.175 mit $U_{TP} = -1\,\mathrm{V}$
(3) berechnet nach Gleichung 1.173 mit $U_{TN} = 1{,}5\,\mathrm{V}$

Lösung zu Aufgabe 1.32

a) Der Transistor könnte im aktiven Bereich oder im Abschnürbereich arbeiten. Es soll zuerst angenommen werden, es sei der Abschnürbereich. Für die Eingangsspannung muss dann nach Gleichung 1.160 im Arbeitspunkt $U_A = U_V/2$ gelten

$$\frac{U_V}{2} = U_V - \frac{\beta_N \cdot R_D}{2} \cdot (U_E - U_{TN})^2$$

$$U_E = U_{TN} + \sqrt{\frac{U_V}{\beta_N \cdot R_D}} = 1\,\mathrm{V} + \sqrt{\frac{5\,\mathrm{V}}{20\,\frac{\mathrm{mA}}{\mathrm{V}^2} \cdot 1\,\mathrm{k}\Omega}} = 1{,}5\,\mathrm{V}$$

Die abschließende Kontrolle

$$U_{GS} = 1{,}5\,\mathrm{V} > U_{TN} \surd$$
$$U_{GD} = -1\,\mathrm{V} < U_{TN} \surd$$

zeigt, dass der Transistor tatsächlich im Abschnürbereich arbeitet.

b) Die Verstärkung im Arbeitspunkt ergibt sich aus Gleichung 1.161 mit der Eingangsspannung aus Aufgabenteil a:

$$v_u = -\beta \cdot R_D \cdot (U_E - U_{TN}) = -20\,\frac{\mathrm{mA}}{\mathrm{V}^2} \cdot 1\,\mathrm{k}\Omega \cdot 0{,}5\,\mathrm{V} = -10$$

Lösung zu Aufgabe 1.33

Die Gleichung

$$U_\mathrm{A} = U_\mathrm{V} - \frac{\beta_\mathrm{N} \cdot R_\mathrm{D}}{2} \cdot \left(U_\mathrm{E} - U_\mathrm{TN} - \frac{R_\mathrm{S}}{R_\mathrm{D}} \cdot (U_\mathrm{V} - U_\mathrm{A}) \right)^2$$

wird zuerst durch folgende Substitutionen vereinfacht:

$$\begin{aligned} x &= U_\mathrm{E} - U_\mathrm{TN} \\ y &= U_\mathrm{V} - U_\mathrm{A} \\ b &= \beta_\mathrm{N} \cdot R_\mathrm{D} \\ k &= \frac{R_\mathrm{S}}{R_\mathrm{D}} \end{aligned}$$

Die vereinfachte quadratische Gleichung

$$y = \frac{b}{2} \cdot (x - k \cdot y)^2$$

wird in die Normalform umgestellt

$$y^2 - \frac{2}{k} \cdot \left(\frac{1}{b \cdot k} + x \right) \cdot y + \left(\frac{x}{k} \right)^2 = 0$$

und nach y aufgelöst:

$$y = \frac{1}{k} \cdot \left(\frac{1}{b \cdot k} + x - \sqrt{\left(\frac{1}{b \cdot k} + x \right)^2 - x^2} \right)$$

Die Rücksubstitution ergibt

$$\begin{aligned} U_\mathrm{A} = U_\mathrm{V} - \frac{R_\mathrm{D}}{R_\mathrm{S}} \cdot \Bigg(& \frac{1}{\beta_\mathrm{N} \cdot R_\mathrm{S}} + U_\mathrm{E} - U_\mathrm{TN} \\ & + \sqrt{\left(\frac{1}{\beta_\mathrm{N} \cdot R_\mathrm{S}} + U_\mathrm{E} - U_\mathrm{TN} \right)^2 - (U_\mathrm{E} - U_\mathrm{TN})^2} \Bigg) \end{aligned}$$

Die quadratische Gleichung hat noch eine zweite Lösung. Aber diese hat die falsche Krümmung. Für

$$\frac{1}{\beta_\mathrm{N} \cdot R_\mathrm{S}} \ll U_\mathrm{E} - U_\mathrm{TN}$$

ist die Übertragungsfunktion näherungsweise linear:

$$U_\mathrm{A} = U_\mathrm{V} - \frac{R_\mathrm{D}}{R_\mathrm{S}} \cdot (U_\mathrm{E} - U_\mathrm{TN})$$

Lösung zu Aufgabe 1.34

a) Der Einschaltwiderstand des NMOS-Transistor ergibt sich nach Gleichung 1.166 aus der Gate-Source-Spannung des eingeschalteten Transistors $U_{x=1}$ und den beiden Transistorparametern:

$$R_{\mathrm{DS}} = \frac{1}{\beta \cdot (U_{x=1} - U_{\mathrm{TN}})} = \frac{1}{1\,\frac{\mathrm{A}}{\mathrm{V}^2} \cdot (5\,\mathrm{V} - 1\,\mathrm{V})} = 250\,\mathrm{m}\Omega$$

b) Wenn der Transistor dauerhaft eingeschaltet ist, beträgt der Leistungsumsatz im Lastwiderstand R_{L}

$$P_{\mathrm{RLmax}} = \frac{\left(\frac{\mathrm{R_L}}{\mathrm{R_L+R_{DS}}} \cdot \mathrm{U_V}\right)^2}{R_{\mathrm{L}}} = \frac{\left(\frac{10\,\Omega}{10\,\Omega+250\,\mathrm{m}\Omega} \cdot 10\,\mathrm{V}\right)^2}{10\,\Omega} \approx 10\,\mathrm{W}$$

Die erforderliche relative Pulsweite ist das Verhältnis aus dem gewünschten Leistungsumsatz und dem maximalen Leistungsumsatz:

$$\eta_{\mathrm{T}} = \frac{t_{\mathrm{ein}}}{T_{\mathrm{P}}} = \frac{P_{\mathrm{RLsoll}}}{P_{\mathrm{RLmax}}} = \frac{3\,\mathrm{W}}{10\,\mathrm{W}} = 0{,}3$$

c) Die dabei im Transistor umgesetzte Leistung ergibt sich nach Gleichung 1.180 aus den Widerstandsverhältnissen:

$$P_{\mathrm{Tr}} = \frac{R_{\mathrm{DS}}}{R_{\mathrm{L}}} \cdot P_{\mathrm{RLsoll}} = \frac{250\,\mathrm{m}\Omega}{10\,\Omega} \cdot 3\,\mathrm{W} = 75\,\mathrm{mW}$$

Lösung zu Aufgabe 1.35

a) Die logischen Funktionen des geschalteten NMOS-Zweipols und des geschalteten PMOS-Zweipols müssen

$$f_{\mathrm{n}}(\mathbf{x}) = ((x_1 \wedge x_2) \vee x_3) \wedge (x_4 \vee x_5)$$
$$f_{\mathrm{p}}(\mathbf{x}) = ((\bar{x}_1 \vee \bar{x}_2) \wedge \bar{x}_3) \vee (\bar{x}_4 \wedge \bar{x}_5)$$

lauten. Abbildung 4.17 a zeigt die Gesamtschaltung des Gatters.

b) Bei der gegebenen Funktion bietet es sich an, auch den hinteren Term mit Hilfe der de morganschen Regeln in die Form für den PMOS-Zweipol umzuwandeln. Der eingeklammerte Term in $f_{\mathrm{p}}(\mathbf{x})$ ist redundant. Er wird nur »1« wenn $\bar{x}_1 = 1$ gilt, d.h. wenn die gesamte ODER-Verknüpfung ohnehin »1« ist. Die vereinfachte Gleichung wird abschließend negiert und in die Form für den NMOS-Zweipol gebracht:

$$\begin{aligned} f_{\mathrm{p}}(\mathbf{x}) &= \bar{x}_1 \vee \bar{x}_2 \vee (\bar{x}_1 \wedge (\bar{x}_2 \vee \bar{x}_3)) \\ &= \bar{x}_1 \vee \bar{x}_2 \\ f_{\mathrm{n}}(\mathbf{x}) &= x_1 \wedge x_2 \end{aligned}$$

Das Ergebnis ist ein NAND mit zwei Eingängen (Abb. 4.17 b).

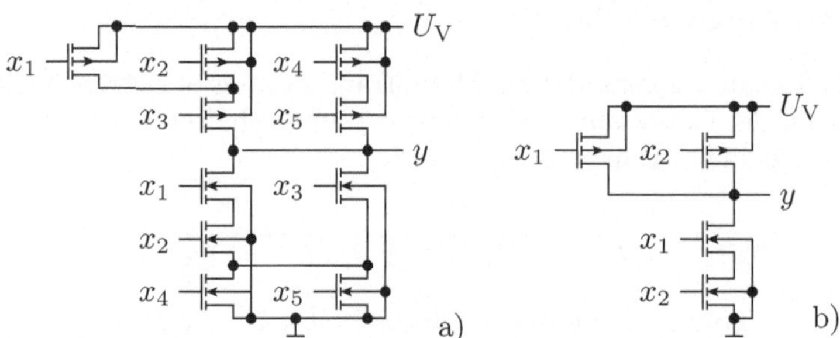

Abb. 4.17. FCMOS-Gatter zu Aufgabe 1.35

4.7 Schaltungen mit Operationsverstärkern

Lösung zu Aufgabe 1.36

a) Eine negative Verstärkung verlangt einen invertierenden Verstärker (Abb. 4.18 a). Der Widerstand R_1 ist der Eingangswiderstand:

$$R_1 = R_E = 10\,\mathrm{k\Omega}$$

Der Widerstand R_2 ergibt sich über Gleichung 1.213 aus dem Eingangswiderstand und der Verstärkung:

$$R_2 = R_1 \cdot (-v_u) = 100\,\mathrm{k\Omega}$$

b) Eine positive Verstärkung verlangt einen nichtinvertierenden Verstärker (Abb. 4.18 b). Der Widerstand R_1 kann in einem weiten Bereich frei gewählt werden. In der Beispiellösung wurde $R_1 = 10\,\mathrm{k\Omega}$ gewählt. R_2 ergibt sich über Gleichung 1.207 aus R_1 und der vorgegebenen Verstärkung:

$$R_2 = R_1 \cdot (v_u - 1) = 20\,\mathrm{k\Omega}$$

Der Eingangswiderstand eines nichtinvertierenden Verstärkers in seiner Grundschaltung strebt gegen unendlich. Zur Verringerung auf den vorgegebenen Wert von $R_E = 100\,\mathrm{k\Omega}$ wird zum Eingang ein Widerstand R_3 mit dem Wert $100\,\mathrm{k\Omega}$ parallel geschaltet.

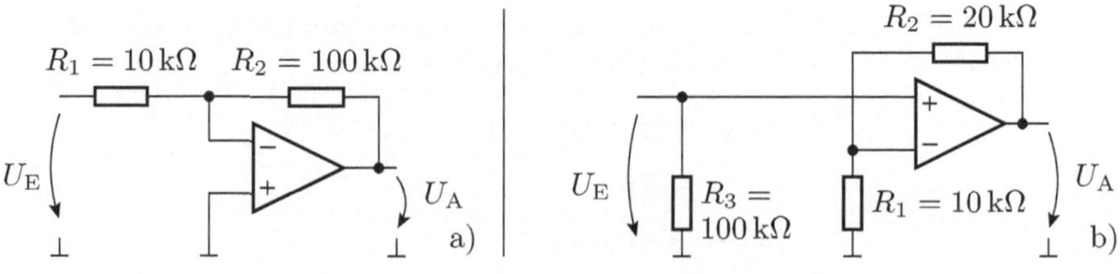

Abb. 4.18. Lösungen zu Aufgabe 1.36

Lösung zu Aufgabe 1.37

a) Differenzverstärker.
b) In der Übertragungsfunktion des Differenzverstärkers Gleichung 1.220 ist der Term $U_{\mathrm{E1}} - U_{\mathrm{E2}}$ durch $U_{\mathrm{V}} - U_{\mathrm{L}} = R_{\mathrm{M}} \cdot I_{\mathrm{V}}$ zu ersetzen:

$$\begin{aligned} U_{\mathrm{A}} &= \frac{R_2}{R_1} \cdot (U_{\mathrm{V}} - U_{\mathrm{L}}) = \frac{R_2}{R_1} \cdot R_{\mathrm{M}} \cdot I_{\mathrm{V}} \\ &= 10\,\Omega \cdot I_{\mathrm{V}} \end{aligned}$$

c) Aus dem Wertebereich der Ausgangsspannung $0{,}1\,\mathrm{V} \leq U_{\mathrm{A}} \leq 9\,\mathrm{V}$ folgt, dass nur Ströme im Bereich von 10 ... 900 mA gemessen werden können.

Lösung zu Aufgabe 1.38

Die Gesamtfunktion lässt sich mit zwei Summationsverstärkern realisieren:

$$\begin{aligned} U_{\mathrm{Z}} &= -\left(U_{\mathrm{E1}} + 2 \cdot U_{\mathrm{E2}}\right) \\ U_{\mathrm{A}} &= -\left(U_{\mathrm{Z}} + U_{\mathrm{E3}} + 2 \cdot U_{\mathrm{E4}}\right) \end{aligned}$$

Abbildung 4.19 zeigt die Gesamtschaltung. Für die Eingänge, deren Spannungen mit dem Wichtungsfaktor zwei in die Gesamtfunktion eingehen, werden die Eingangswiderstände gleich 10 kΩ gewählt:

$$R_{\mathrm{E2}} = R_{\mathrm{E4}} = 10\,\mathrm{k\Omega}$$

Die Rückkopplungswiderstände R_{RK1} und R_{RK2} sowie die Widerstände an den übrigen Eingängen müssen nach Gleichung 1.216 doppelt so groß sein:

$$R_{\mathrm{RK1}} = R_{\mathrm{RK2}} = R_{\mathrm{E1}} = R_{\mathrm{E3}} = R_{\mathrm{Z}} = 20\,\mathrm{k\Omega}$$

Damit der Eingangswiderstand an allen Eingängen 10 kΩ beträgt, wird an den Eingängen E_1 und E_3 jeweils ein Widerstand von 20 kΩ parallel geschaltet:

$$R_{\mathrm{P1}} = R_{\mathrm{P3}} = 20\,\mathrm{k\Omega}$$

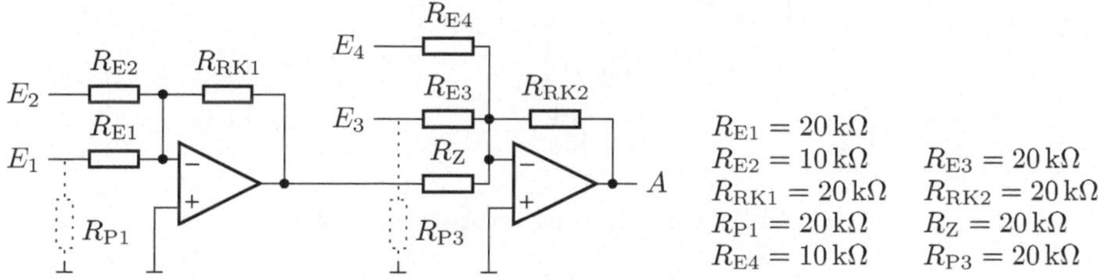

Abb. 4.19. Lösung zu Aufgabe 1.38

Lösung zu Aufgabe 1.39

Die einfachste Lösung ist eine Kette aus zwei nichtinvertierenden Verstärkern mit umschaltbarer Verstärkung:

$$U_{\mathrm{Z}} = \begin{cases} U_{\mathrm{E}} \text{ für } x_0 = 0 \\ 2 \cdot U_{\mathrm{E}} \text{ für } x_0 = 1 \end{cases}$$

$$U_{\mathrm{A}} = \begin{cases} U_{\mathrm{Z}} \text{ für } x_1 = 0 \\ 4 \cdot U_{\mathrm{Z}} \text{ für } x_1 = 1 \end{cases}$$

Ein nichtinvertierender Verstärker mit der Verstärkung $v_{\mathrm{u}} = 1$ benötigt nur einen Rückkopplungswiderstand von seinem Ausgang zu seinem Eingang E_- (vergleiche Abb. 1.119 und Gleichung 1.207). Zur Vergrößerung auf einen anderen Wert ist zusätzlich ein Widerstand von E_- zum Bezugspunkt erforderlich, der sich mit einem NMOS-Transistor ähnlich wie bei einem Analog-Digital-Wandler zu- und abschalten lässt. Für die beiden Rückkopplungswiderstände wurde (willkürlich) der Wert

$$R_{2.1} = R_{2.2} = 100\,\mathrm{k\Omega}$$

gewählt. Die Widerstandswerte für $R_{1.i}$ ergeben sich aus Gleichung 1.207:

$$R_{1.i} = \frac{R_{2.i}}{v_{\mathrm{u}} - 1} \quad i \in \{1, 2\}$$

$$R_{1.1} = \frac{R_{2.1}}{2 - 1} = 100\,\mathrm{k\Omega}$$

$$R_{1.2} = \frac{R_{2.2}}{4 - 1} = 33{,}3\,\mathrm{k\Omega}$$

Die NMOS-Transistoren arbeiten in der Standardschaltung für Low-Side-Schalter mit Widerständen im kΩ-Bereich in Reihe.

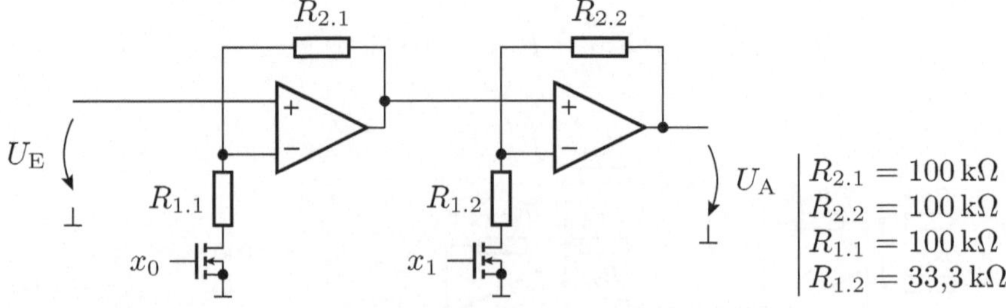

Abb. 4.20. Lösung zu Aufgabe 1.39

Lösung zu Aufgabe 1.40

Die Lösung soll in denselben Schritten wie für die Schaltung in Abb. 1.125 erfolgen. Zuerst wird mit Hilfe der Gleichungen 1.225 und 1.226 eine Schaltung berechnet, in der die Schaltschwellen U_{ein} und U_{aus} aus der Ausgangsspannung mit einen Spannungsteiler und einer Hilfsspannung U_{H} gebildet werden. Im zweiten Schritt wird der Zweipol aus der Hilfsspannungsquelle U_{H} und dem Widerstand R_1 in einen Zweipol aus zwei Widerständen und der Versorgungsspannung U_{V} umgerechnet. Aus Abb. 4.21 a lassen sich für die Ein- und die Ausschaltschwelle folgende Maschengleichungen aufstellen:

$$U_{\mathrm{ein}} = U_{\mathrm{H}} + k \cdot (5\,\mathrm{V} - U_{\mathrm{H}})$$
$$U_{\mathrm{aus}} = U_{\mathrm{H}} + k \cdot (-U_{\mathrm{H}})$$

(k – Spannungsteilerverhältnis der Widerstände R_1 und R_2). Die Hilfsspannung U_{H} ergibt sich aus dem Quotienten beider Gleichungen:

$$\frac{U_{\mathrm{ein}} - U_{\mathrm{H}}}{U_{\mathrm{aus}} - U_{\mathrm{H}}} = \frac{5\,\mathrm{V} - U_{\mathrm{H}}}{-U_{\mathrm{H}}}$$
$$-U_{\mathrm{H}} \cdot (U_{\mathrm{ein}} - U_{\mathrm{H}}) = (U_{\mathrm{aus}} - U_{\mathrm{H}}) \cdot (5\,\mathrm{V} - U_{\mathrm{H}})$$
$$-U_{\mathrm{H}} \cdot U_{\mathrm{ein}} = -\,(U_{\mathrm{aus}} + 5\,\mathrm{V}) \cdot U_{\mathrm{H}} + U_{\mathrm{aus}} \cdot 5\,\mathrm{V}$$
$$U_{\mathrm{H}} = \frac{U_{\mathrm{aus}} \cdot 5\,\mathrm{V}}{5\,\mathrm{V} + U_{\mathrm{aus}} - U_{\mathrm{ein}}} = \frac{7\,\mathrm{V}^2}{4{,}8\,\mathrm{V}} \approx 1{,}46\,\mathrm{V}$$

Das Spannungsteilerverhältnis k ergibt sich aus der Differenz:

$$U_{\mathrm{ein}} - U_{\mathrm{aus}} = k \cdot 5\,\mathrm{V}$$
$$k = \frac{R_1}{R_1 + R_2} = 0{,}02$$

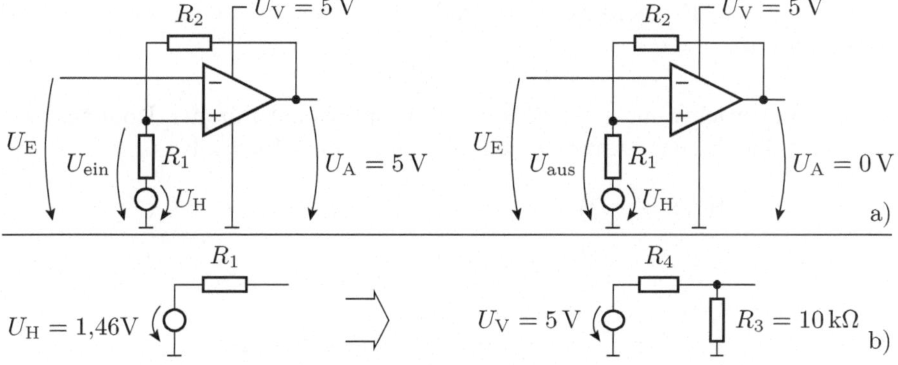

Abb. 4.21. Ersatzschaltungen zu Aufgabe 1.40 a) zum Aufstellen der Gleichungen zur Berechnung von R_1 und U_{H} b) zur Berechnung von R_3 und R_4 aus R_1 und U_{H}

Für den Widerstand R_2 resultiert daraus

$$R_2 = \left(\frac{1}{k} - 1\right) \cdot R_1 = 49 \cdot R_1$$

Im zweiten Schritt wird der Zweipol aus der Hilfsspannungsquelle und dem Widerstand R_1, über den bisher nur das Verhältnis zu R_2 bekannt ist, in einen Zweipol mit der Versorgungsspannung $U_\mathrm{V} = 5\,\mathrm{V}$ als Quelle und den Widerständen R_3 und R_4 umgerechnet. Die Leerlaufspannung des Spannungsteilers in Abb. 4.21 b rechts muss gleich der Hilfsspannung U_H sein. Daraus folgt

$$U_\mathrm{H} = 1{,}46\,\mathrm{V} = 5\,\mathrm{V} \cdot \frac{10\,\mathrm{k\Omega}}{10\,\mathrm{k\Omega} + R_4}$$

$$\left(1 + \frac{R_4}{10\,\mathrm{k\Omega}}\right) \cdot 1{,}46\,\mathrm{V} = 5\,\mathrm{V}$$

$$R_4 = \left(\frac{5\,\mathrm{V}}{1{,}46\,\mathrm{V}} - 1\right) \cdot 10\,\mathrm{k\Omega} \approx 24\,\mathrm{k\Omega}$$

Der Widerstand R_1 im linken Zweipol ist gleich der Parallelschaltung der beiden Widerstände im Zweipol rechts (Zweipolvereinfachung, Abschnitt 1.3.5; Quellenspannungen rechts und links auf Null setzen):

$$R_1 = R_3 \parallel R_4 = \frac{10\,\mathrm{k\Omega} \cdot 24\,\mathrm{k\Omega}}{10\,\mathrm{k\Omega} + 24\,\mathrm{k\Omega}} \approx 7\,\mathrm{k\Omega}$$

Aus R_1 und dem bereits berechneten Spannungsteilerverhältnis k ergibt sich

$$R_2 = 49 \cdot R_1 \approx 340\,\mathrm{k\Omega}$$

4.8 Kapazität und Induktivität

Lösung zu Aufgabe 2.1

Ausgangspunkt ist die Definition der Spannung als die Energiedifferenz der Ladungsträger geteilt durch deren Ladung. Daraus folgt, dass die Energieänderung in einem Kondensator das Produkt aus der Spannungsänderung und der Ladung ist:

$$d\,W = Q\,(u) \cdot d\,u_\mathrm{C}$$

Die Ladung wächst nach Gleichung 2.1 proportional mit der Kondensatorspannung. Die Energiezunahme gehorcht somit dem Integral:

$$\begin{aligned} W\,(u_\mathrm{C2}) - W\,(u_\mathrm{C1}) &= \int_{u_\mathrm{C1}}^{u_\mathrm{C2}} C \cdot u_\mathrm{C} \cdot d\,u_\mathrm{C} \\ &= \frac{C}{2} \cdot \left(u_\mathrm{C2}^2 - u_\mathrm{C1}^2\right) \\ &= \frac{1\,\mu\mathrm{F}}{2} \cdot \left((5\,\mathrm{V})^2 - (3\,\mathrm{V})^2\right) \\ &= 8\,\mu\frac{\mathrm{As} \cdot \mathrm{V}^2}{\mathrm{V}} = 8\,\mu\mathrm{Ws} \end{aligned}$$

Lösung zu Aufgabe 2.2

Bei einer Parallelschaltung ist die Gesamtkapazität nach Gleichung 2.6 die Summe der Einzelkapazitäten:

$$C_{23} = 3\,\mu\text{F} + 1\,\mu\text{F} = 4\,\mu\text{F}$$

Die Kapazität der Reihenschaltung von C_1 und C_{23} beträgt nach Gleichung 2.8

$$C = \frac{C_1 \cdot C_{23}}{C_1 + C_{23}} = \frac{2\,\mu\text{F} \cdot 4\,\mu\text{F}}{2\,\mu\text{F} + 4\,\mu\text{F}} = 1{,}33\,\mu\text{F}$$

Lösung zu Aufgabe 2.3

a) Aus einer konstanten Spannung über der Induktivität folgt ein konstanter Stromanstieg. Gleichung 2.9 vereinfacht sich zu

$$u_\text{L} = L \cdot \frac{\Delta i}{\Delta t} = 10\,\text{mH} \cdot \frac{100\,\text{mA}}{1\,\text{ms}} = 1\,\text{V}$$

b) Die erforderliche Energie kann als Integral der Leistung über die Zeit beschrieben werden. Die Leistung ist das Produkt aus Spannung und Strom. Die Spannung ist die gesamte Zeit konstant. Der Strom nimmt linear zu:

$$\begin{aligned} i_\text{L}(t) &= 100\,\text{mA} + \frac{100\,\text{mA}}{1\,\text{ms}} \cdot t \\ \Delta W &= \int_0^{1\,\text{ms}} 1\,\text{V} \cdot \left(100\,\text{mA} + \frac{100\,\text{mA}}{1\,\text{ms}} \cdot t\right) \cdot dt \\ &= 1\,\text{V} \cdot 100\,\text{mA} \cdot 1\,\text{ms} + \frac{1}{2} \cdot \frac{100\,\text{mA}}{1\,\text{ms}} \cdot (1\,\text{ms})^2 = 150\,\mu\text{Ws} \end{aligned}$$

Lösung zu Aufgabe 2.4

Die Induktivität eines Drahtes vergrößert sich, wenn er zu einer Spule aufgewickelt wird, weil sich in einer Spule die magnetischen Flüsse, die der Strom in jeder Windung verursacht, addieren. Eine größere Flussänderung bewirkt eine größere Induktionsspannung bei gleicher Drahtlänge.

Lösung zu Aufgabe 2.5

a) Das Windungsverhältnis ist nach Gleichung 2.20 gleich dem Spannungsverhältnis:[2]

$$n_1 = n_2 \cdot \frac{230\,\text{V}}{20\,\text{V}} = 460$$

[2] Es spielt keine Rolle, ob dabei mit den Amplituden, den Effektivwerten oder den Mittelwerten der Spannungen gerechnet wird.

b) Der Ausgangsstrom ist nach den Gleichungen 2.20 und 2.22 das Produkt aus dem Wirkstrom und der Primärspannung geteilt durch die Sekundärspannung. Durch die Sicherung fließt nicht nur der Wirkstrom, sondern auch der Blindstrom, dessen Größe aus der Aufgabenstellung nicht hervorgeht. Die Widerstände der Wicklungen und die Energieverluste im Kern sind gleichfalls unbekannt, so dass aus der Aufgabenstellung nur die Obergrenze
$$i_{2\,\max} < i_{1\,\max} \cdot \frac{230\,\mathrm{V}}{20\,\mathrm{V}} \approx 1{,}15\,\mathrm{A}$$
abgeschätzt werden kann. Die Sicherung wird etwa bis zu 1 A Dauerstrom am Trafoausgang vertragen.

c) Die Windungsanzahl der Sekundärwicklung muss im selben Verhältnis wie die Spannung geändert werden:
$$n_3 = n_2 \cdot \frac{8\,\mathrm{V}}{20\,\mathrm{V}} = 16$$

Lösung zu Aufgabe 2.6

Wenn ein schneller digitaler Schaltkreis schaltet, treten auf den Verbindungen zur Spannungsversorgung und zum Bezugspunkt sehr schnelle Stromänderungen auf. Ohne Stützkondensator können die Induktionsspitzen auf diesen Leitungen Potenzialdifferenzen zwischen dem Bezugspunkt des Schaltkreises und dem Bezugspunkt der Gesamtschaltung von mehreren Volt verursachen, die den Ein- und Ausgabesignalen des Schaltkreises überlagert sind und logische Fehlfunktionen verursachen. Die Stützkondensatoren mindern die Stromanstiegsgeschwindigkeiten entlang der Versorgungsleitungen, damit die Größe der Induktionsspitzen und somit das Risiko für logische Fehlfunktionen.

Lösung zu Aufgabe 2.7

Beim Entwurf und beim Aufbau muss weniger Rücksicht auf parasitäre Kapazitäten und Induktivitäten genommen werden. Es treten seltener Fehlfunktionen auf. Das System arbeitet zuverlässiger.

4.9 Zeitdiskrete Modellierung

Lösung zu Aufgabe 2.8

a) Siehe Abb. 4.22. Die eingezeichneten Maschen und Knoten gehören zu Aufgabenteil b.

b) Das System hat fünf Zweige und erlaubt die Aufstellung von zwei linear unabhängigen Knoten- und drei linear unabhängigen Maschengleichungen. Für die eingezeichneten Knoten und Maschen in Abb. 4.22 lauten diese

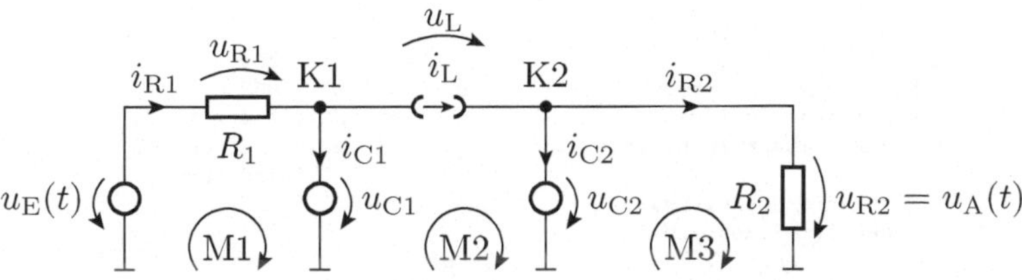

Abb. 4.22. Ersatzschaltung zu Aufgabe 2.8 mit eingezeichneten Maschen und Knoten

$$\begin{aligned}
&\text{K1:} & i_{R1} - i_{C1} &= i_L \\
&\text{K2:} & -i_{C2} - i_{R2} &= -i_L \\
&\text{M1:} & R_1 \cdot i_{R1} &= u_E - u_{C1} \\
&\text{M2:} & u_L &= u_{C1} - u_{C2} \\
&\text{M3:} & R_2 \cdot i_{R2} &= u_{C2} = u_A
\end{aligned}$$

Die beiden Knoten K1 und K2 sind jeweils über Spannungsquellen mit dem Bezugspotenzial verbunden. Wäre der Strom durch diese beiden Quellen keine der gesuchten Größen, wären beide Knotengleichungen entbehrlich. Dasselbe gilt für die Maschengleichung M2, die über einen Zweig, der in der Ersatzschaltung eine Stromquelle ist, führt.
Der linke Teil der Schaltung ist mit dem rechten nur über eine Stromquelle verbunden. Nach Abschnitt 1.2.4 lassen sich beide Teile als funktionsunabhängig modellieren. Das Gleichungssystem für die linke Teilschaltung ist

$$\begin{aligned}
&\text{K1:} & i_{R1} - i_{C1} &= i_L \\
&\text{M1:} & R_1 \cdot i_{R1} &= u_E - u_{C1}
\end{aligned}$$

Für die rechte Teilschaltung lautet das Gleichungssystem

$$\begin{aligned}
&\text{K2:} & -i_{C2} - i_{R2} &= -i_L \\
&\text{M3:} & R_2 \cdot i_{R2} &= u_{C2} = u_A
\end{aligned}$$

Beide Gleichungssysteme sind so einfach, dass sie sich problemlos nach den gesuchten Größen umstellen lassen:

$$\begin{aligned}
i_{C1} &= \frac{u_E - u_{C1}}{R_1} - i_L \\
i_{C2} &= i_L - \frac{u_{C2}}{R_2} \\
u_L &= u_{C1} - u_{C2}
\end{aligned}$$

c) Im Gesamtalgorithmus müssen den Spannungen über den Kapazitäten und dem Strom durch die Induktivität zu Beginn Anfangswerte und anschließend in jedem Zeitschritt Folgewerte zugewiesen werden. Abbildung 4.23 zeigt das Matlab-Programm mit Beispieleingaben und Beispielergebnissen.

```
R1 = 1E3;     % Widerstand in Ohm
R2 = 1E3;     % Widerstand in Ohm
C1 = 4.7E-8; % Kapazitaet in Farad
C2 = 4.7E-8; % Kapazitaet in Farad
L  = 1E-2;    % Induktivitaet in Henry
m=200;
dt = 2E-4/m; % Simulationsschrittweite
uE =[ones(1,m) -ones(1,m) ones(1,m)];
uE =[uE cos(0:pi/m:pi) -ones(1,m/2)];
uE =[uE zeros(1,m/2)];
N  = length(uE);
t  = (1:N)*dt;

% Anfangswerte
uC1(1)=0; uC2(1)=0; iL(1)=0;

for n=1:N
  iC1 = (uE(n)-uC1(n))/R1-iL(n);
  iC2 = iL(n) - uC2(n)/R2;
  uL = uC1(n) - uC2(n);
  uC1(n+1)=uC1(n)+dt/C1*iC1;
  uC2(n+1)=uC2(n)+dt/C2*iC2;
  iL(n+1) = iL(n)+dt/L*uL;
end;

subplot(2,2,1); plot(t*1E3, uE);
xlabel('t in ms');ylabel('uE in V');
subplot(2,2,2); plot(t*1E3, uC1(1:N));
xlabel('t in ms');ylabel('uC1 in V');
subplot(2,2,3); plot(t*1E3, iL(1:N)*1E3);
xlabel('t in ms');ylabel('iL in mA');
subplot(2,2,4); plot(t*1E3, uC2(1:N));
xlabel('t in ms');ylabel('uA = uC2 in V');
```

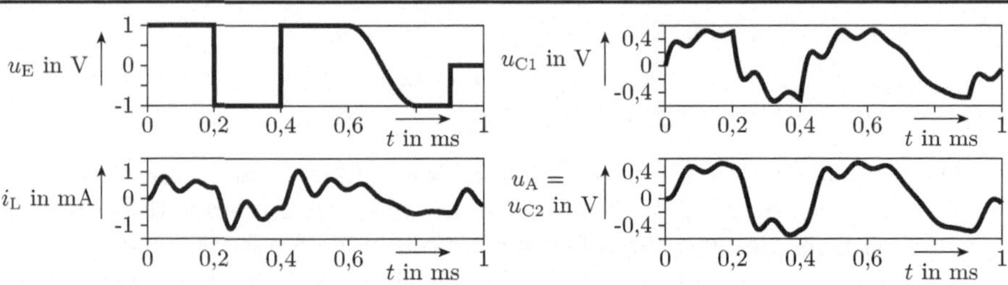

Abb. 4.23. Matlab-Programm und Beispielsimulation zu Aufgabe 2.8

Lösung zu Aufgabe 2.9

a) Siehe Abb. 4.24. Die eingezeichneten Maschen und Knoten gehören zu Aufgabenteil b.

b) Der Knoten K1 hat ein bekanntes Potenzial und kann im Gleichungssystem unberücksichtigt bleiben. Der Knoten K2 hat zwar auch ein bekanntes Potenzial. Da aber der Strom durch die Kapazität zu berechnen ist, kann auf die zugehörige Knotengleichung nicht verzichtet werden. Die Maschengleichungen werden alle benötigt:

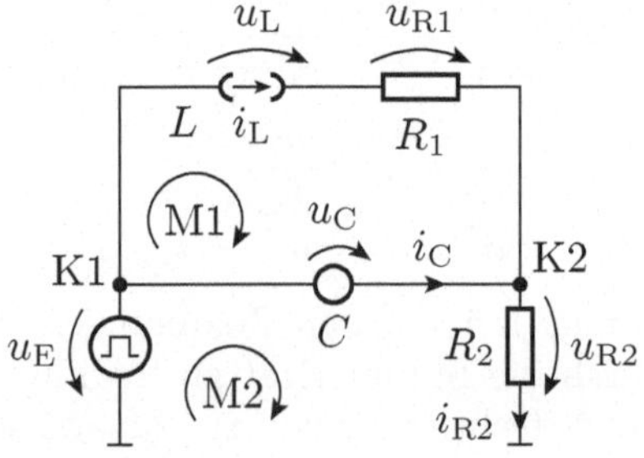

Abb. 4.24. Ersatzschaltung zu Aufgabe 2.9

$$\begin{aligned}\mathrm{K2}:&\quad i_{\mathrm{C}} - i_{\mathrm{R2}} = -i_{\mathrm{L}}\\ \mathrm{M1}:&\quad u_{\mathrm{L}} + R_1 \cdot i_{\mathrm{L}} = u_{\mathrm{C}}\\ \mathrm{M2}:&\quad R_2 \cdot i_{\mathrm{R2}} = u_{\mathrm{E}} - u_{\mathrm{C}}\end{aligned}$$

Das Gleichungssystem ist wie in der vorherigen Aufgabe so einfach, dass es sich problemlos nach den gesuchten Größen umstellen lässt:

$$\begin{aligned}i_{\mathrm{R2}} &= \frac{u_{\mathrm{E}} - u_{\mathrm{C}}}{R_2}\\ i_{\mathrm{C}} &= i_{\mathrm{R2}} - i_{\mathrm{L}}\\ u_{\mathrm{L}} &= u_{\mathrm{C}} - R_1 \cdot i_{\mathrm{L}}\end{aligned}$$

c) Im Gesamtalgorithmus müssen den Spannungen über den Kapazitäten und dem Strom durch die Induktivität zu Beginn Anfangswerte und anschließend in jedem Zeitschritt Folgewerte zugewiesen werden:

Anfangswerte: $u_{\mathrm{C}}(0) = i_{\mathrm{L}}(0) = 0$
wiederhole für jeden Zeitschritt $n = 1$ bis Simulationsende
  berechne $u_{\mathrm{R2}}(n)$, $i_{\mathrm{R2}}(n)$, $i_{\mathrm{C}}(n)$, $u_{\mathrm{L}}(n)$
  $u_{\mathrm{C}}(n+1) = u_{\mathrm{C}}(n) + \frac{\Delta t}{C} \cdot i_{\mathrm{C}}(n)$
  $i_{\mathrm{L}}(n+1) = i_{\mathrm{L}}(n) + \frac{\Delta t}{L} \cdot u_{\mathrm{L}}(n)$

d) Siehe Abb. 4.25. Simulationsschrittweite 50 ns.

```
L  = 1E-4; % Induktivitaet in Henry
R1 = 1E1;  % Widerstand in Ohm
R2 = 2E2;  % Widerstand in Ohm
C  = 2E-8; % Kapazitaet in Farad
TP = 5E-5; % Periodendauer in s
M  = 1E3;  % Abtastwert je Periode
dt = TP/M; % Simulationsschrittweite

uEP = [-ones(1,M/2) ones(1,M/2)];
uE  = [uEP uEP];
N = length(uE);
t = (1:N)*dt;

iL(1) = 0; % Anfangswerte
uC(1) = 0;

for n=1:N
    uR2(n) = (uE(n)-uC(n));
    iR2(n) = uR2(n)/R2;
    iC(n)  = iR2(n)-iL(n);
    uL(n)  = uC(n)-R1*iL(n);
    uC(n+1)= uC(n)+dt/C*iC(n);
    iL(n+1)= iL(n)+dt/L*uL(n);
end;

subplot(1,2,1); plot(t*1E6, uE);
xlabel('t in us'); ylabel('uE in V');
subplot(1,2,2); plot(t*1E6, uR2(1:N));
xlabel('t in us'); ylabel('uR2 in V');
```

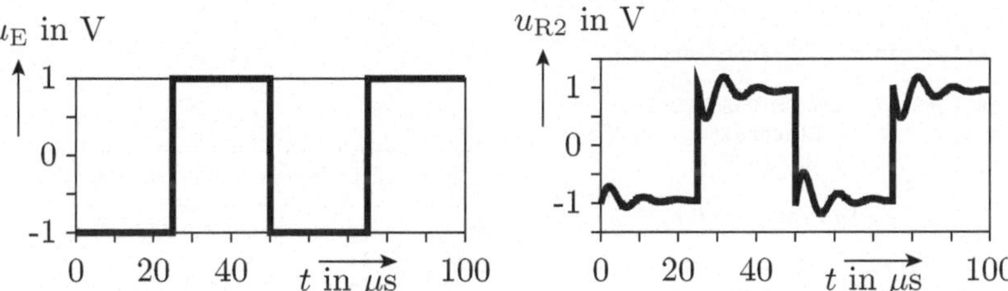

Abb. 4.25. Simulationsprogramm und Simulationsergebnis zu Aufgabe 2.9

Lösung zu Aufgabe 2.10

a) Abbildung 4.26 zeigt die Ersatzschaltungen. Der Transistor ist ein PMOS-Transistor, der bei $x = 0$ ein- und bei $x = 1$ ausschaltet.

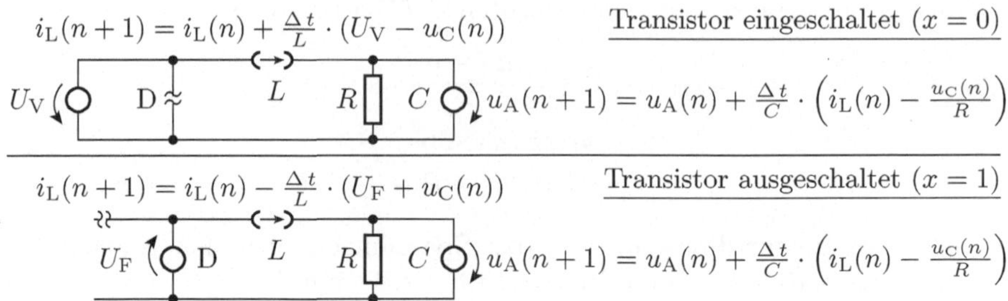

Abb. 4.26. Ersatzschaltungen zu Aufgabe 2.10

b) Die Berechnungsvorschriften für den Strom durch die Induktivität und für die Spannung über der Kapazität für den Folgeschritt sind mit in Abb. 4.26 enthalten.

c) Ist der Transistor eingeschaltet, wird die Induktivität mit der Spannungsdifferenz aus der Versorgungsspannung und der Ausgangsspannung aufgeladen. Der dabei fließende Strom fließt gleichzeitig durch die Parallelschaltung aus der Kapazität und dem Widerstand, so dass der Ausgangsstrom nicht nur allein von der Kapazität geliefert wird. Bei gesperrtem Transistor entlädt sich die Induktivität mit der Summe aus der Ausgangsspannung und der Flussspannung der Diode und liefert dabei weiterhin einen Beitrag zum Ausgangsstrom.

Lösung zu Aufgabe 2.11

Das Simulationsmodell ist aus Abb. 2.28 und den Gleichungen 2.42, 2.43 und 2.44 übernommen:

```
%---------------------------------
% Simulation eines NMOS-Transistors
%---------------------------------
function ID=SimTransNMOS(UGS, UDS)
  UT  = 1;          % Einschaltsp. in V
  beta= 1E-3;       % in A/V^2

  if UGS<UT         % Sperrbereich
    ID=0;
  else
    if UGS-UDS<UT % Abschnuerbereich
      ID=(beta/2)*(UGS-UT)^2;
    else            % aktiver Bereich
      ID=beta*((UGS-UT)*UDS-UDS*UDS/2);
    end
  end
end


%---------------------------------
% Simulation eines PMOS-Transistors
%---------------------------------
function ID=SimTransPMOS(UGS, UDS)
  UT  = -1;         % Einschaltsp. in V
  beta= -1E-3;      % in A/V^2

  if UGS>UT         % Sperrbereich
    ID=0;
  else
    if UGS-UDS>UT % Abschnuerbereich
```

```
      ID=(beta/2)*(UGS-UT)^2;
    else          % aktiver Bereich
      ID=beta*((UGS-UT)*UDS-UDS*UDS/2);
    end
  end
end


%------------------------------
% Simulation der Inverterkette
%------------------------------
C  = 1E-13;    % Kapazitaet in Farrad
TP = 6E-10;    % Signalperiode in s
UV = 5;        % Versorgungsspannung in V
M  = 100;      % Abtastpunkte je Periode
u0P=[UV*ones(1,M/2) zeros(1,M/2)];
u0 = [u0P u0P];
dt=TP/M;       % Simulationsschrittweite
N = length(u0);
t=(1:N)*dt;

u1(1) = UV; u2(1) = 0; u3(1) = UV;
for n=1:N
 % 1. Inverter
 iDN  = SimTransNMOS(u0(n), u1(n));
 iDP  = SimTransPMOS(u0(n)-UV, u1(n)-UV);
 u1(n+1) = u1(n)-dt/C*(iDN + iDP);
 % 2. Inverter
 iDN  = SimTransNMOS(u1(n), u2(n));
 iDP  = SimTransPMOS(u1(n)-UV, u2(n)-UV);
 u2(n+1) = u2(n)-dt/C*(iDN + iDP);
 % 3. Inverter
 iDN  = SimTransNMOS(u2(n), u3(n));
 iDP  = SimTransPMOS(u2(n)-UV, u3(n)-UV);
 u3(n+1) = u3(n)-dt/C*(iDN + iDP);
end;

subplot(4,1,1); plot(t*1E9, u0);
xlabel('t in ns');ylabel('u0 in V');
subplot(4,1,2); plot(t*1E9, u1(1:N));
xlabel('t in ns');ylabel('u1 in V');
subplot(4,1,3); plot(t*1E9, u2(1:N));
xlabel('t in ns');ylabel('u2 in V');
subplot(4,1,4); plot(t*1E9, u3(1:N));
xlabel('t in ns');ylabel('u3 in V');
```

4.10 Geschaltete Systeme

Lösung zu Aufgabe 2.12

Programm zur Berechnung des Eingabesignals und des Ausgabesignals:

```
%-----------------------------------
%   Erzeugen einer Sprungfolge
%-----------------------------------
function x=s(t, td)
 for idx=1:size(t,2)
  if t(idx)<td
   x(idx)=0;
  else
   x(idx)=1;
  end
 end


%-----------------------------------
%    Erzeugen der Sprungantwort
%-----------------------------------
function y=h(t, dt, tau)
 for idx=1:size(t,2)
   if t(idx)<dt
    y(idx)=0;
   else
    y(idx)= exp(-(t(idx)-dt)/tau);
   end
  end
 end
%---------------------------------
%           Hauptprogramm
%---------------------------------
T=20;     % simulierte Zeit in s
M=1E1;    % Simulationsschritte pro s
tau = 1; % Zeitkonstante in s
t = 0:1/M:T-1/M;

% Tabelle der Sprungparameter
w=[0 3; 3 -2; 7 2; 8 -5; 12 1; 15 1];

% Eingabe = Summe von Spruengen
x=w(1,2)* s(t, w(1,1));
for idx=2:size(w,1)
 x=x+w(idx,2)* s(t, w(idx,1));
end
% Ausgabe = Summe von Spruengantworten
y=w(1,2)* h(t, w(1,1), tau);
for idx=2:size(w,1)
 y=y+w(idx,2)* h(t, w(idx,1), tau);
end

subplot(1,2,1); plot(t, x);
xlabel('t in s');ylabel('uE in V');
subplot(1,2,2); plot(t, y);
xlabel('t in s');ylabel('uA in V');
```

Ergebnis siehe Abb. 4.27.

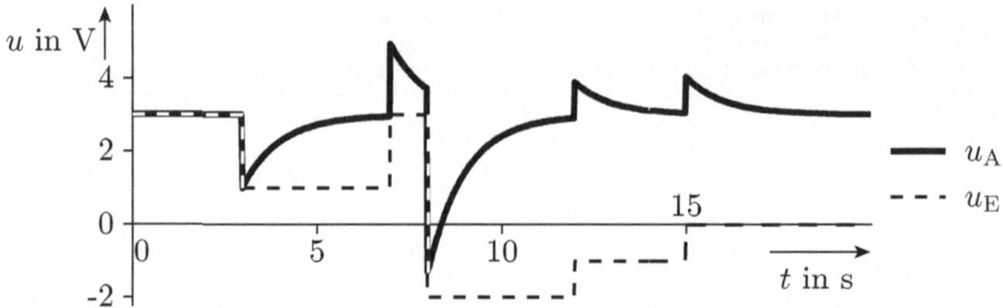

Abb. 4.27. Berechneter Eingabe- und Ausgabesignalverlauf zu Aufgabe 2.12

Lösung zu Aufgabe 2.13

Abbildung 4.28 zeigt die drei Ersatzschaltungen. Aus den Ersatzschaltungen sind folgende Spannungswerte ablesbar:

$$U_{\mathrm{R2}}^{(-)} = U_1 \cdot \frac{R_2}{R_1 + R_2} = 1\,\mathrm{V} \cdot \frac{3\,\mathrm{k\Omega}}{1\,\mathrm{k\Omega} + 3\,\mathrm{k\Omega}} = 0{,}75\,\mathrm{V}$$

$$U_{\mathrm{C1}}^{(-)} = U_{\mathrm{C2}}^{(-)} = U_{\mathrm{R2}}^{(-)} = 0{,}75\,\mathrm{V}$$

$$u_{\mathrm{R2}}(0) = U_{\mathrm{C2}}^{(-)} = 0{,}75\,\mathrm{V}$$

$$U_{\mathrm{R2}}^{(+)} = (U_0 + U_1) \cdot \frac{R_2}{R_1 + R_2} = 2\,\mathrm{V} \cdot \frac{3\,\mathrm{k\Omega}}{1\,\mathrm{k\Omega} + 3\,\mathrm{k\Omega}} = 1{,}5\,\mathrm{V}$$

Zeit	Ersatzschaltung
$t < 0$	$I_{\mathrm{L}}^{(-)}$; U_1; R_1; $U_{\mathrm{C1}}^{(-)} = U_{\mathrm{C2}}^{(-)}$; R_2; $U_{\mathrm{R2}}^{(-)}$
$t = 0$	R_1; $I_{\mathrm{L}}^{(-)}$; L; U_0; U_1; C_1; $U_{\mathrm{C1}}^{(-)}$; C_2; $U_{\mathrm{C2}}^{(-)}$; R_2; $u_{\mathrm{R2}}(0)$
$t \gg 0$	$I_{\mathrm{L}}^{(+)}$; U_0; U_1; R_1; $U_{\mathrm{C1}}^{(+)} = U_{\mathrm{C2}}^{(+)}$; R_2; $U_{\mathrm{R2}}^{(+)}$

Abb. 4.28. Ersatzschaltungen zu Aufgabe 2.13

Lösung zu Aufgabe 2.14

a) Der Zweipol aus den beiden Widerständen und den beiden Spannungsquellen wird durch eine Reihenschaltung aus einer Spannungsquelle und einem Widerstand ersetzt (Abb. 4.29 a).
Der Ersatzwiderstand eines Zweipols ist der Ersatzwiderstand des Widerstandsnetzwerks, das übrig bleibt, wenn alle Quellenwerte auf Null gesetzt werden (vergleiche Abschnitt 1.3.5). Für die gegebene Schaltung ist das die Parallelschaltung der beiden Widerstände (Abb. 4.29 b):

$$R_{\mathrm{Ers}} = R_1 \parallel R_2 = 1\,\mathrm{k\Omega} \parallel 2\,\mathrm{k\Omega} = \frac{2}{3}\,\mathrm{k\Omega}$$

Die Quellenspannung u_{Ers} ist die Leerlaufspannung des Zweipols. Sie kann als Überlagerung der Leerlaufspannungsanteile, die die einzelnen Quellen verursachen, bestimmt werden und beträgt:

$$\begin{aligned} u_{\mathrm{Ers}} &= u_{\mathrm{Ers1}} + u_{\mathrm{Ers2}} \\ &= \frac{R_2}{R_1 + R_2} \cdot u_{\mathrm{E}} + \frac{R_1}{R_1 + R_2} \cdot U_1 = \frac{1}{3} \cdot u_{\mathrm{E}} + 1\,\mathrm{V} \end{aligned}$$

b) Die Zeitkonstante beträgt:

$$\tau = R_{\mathrm{Ers}} \cdot C = \frac{2}{3}\,\mathrm{k\Omega} \cdot 3\,\mathrm{nF} = 2\,\mu\mathrm{s}$$

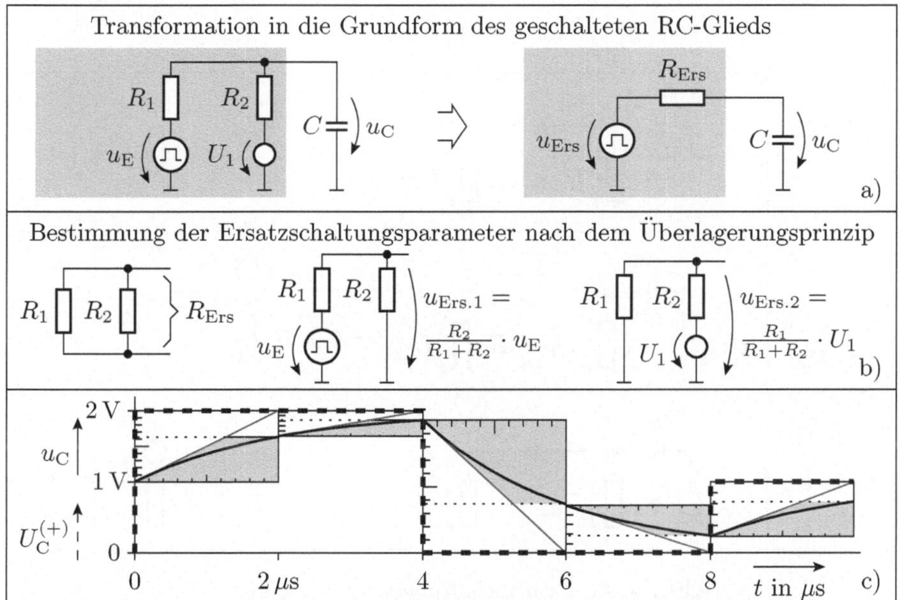

Abb. 4.29. Ersatzschaltungen und Signalverlauf zu Aufgabe 2.14

Die Ersatzspannung u_{Ers}, gegen die u_{C} strebt, hat folgenden Verlauf:

Zeitintervall	$0 \leq t < 2 \cdot \tau$	$2 \cdot \tau \leq t < 4 \cdot \tau$	$4 \cdot \tau \leq t < 5 \cdot \tau$
u_{E}	3 V	−3 V	0
$U_{\mathrm{C}}^{(+)} = u_{\mathrm{Ers}}$	2 V	0	1 V

c) Der gesuchte Spannungsverlauf setzt sich aus fünf τ-Elementen zusammen (Abb. 4.29 c).

Lösung zu Aufgabe 2.15

a) Die Schaltung besitzt die vier lineare Arbeitsbereiche:

Arbeitsbereich	AB1	AB2	AB3	AB4
Schalterstellung	S0	S0	S1	S1
Diode	D	S	D	S

(D – Durchlassbereich; S – Sperrbereich).

b) Die Ersatzschaltungen sind in Abb. 4.30 dargestellt.

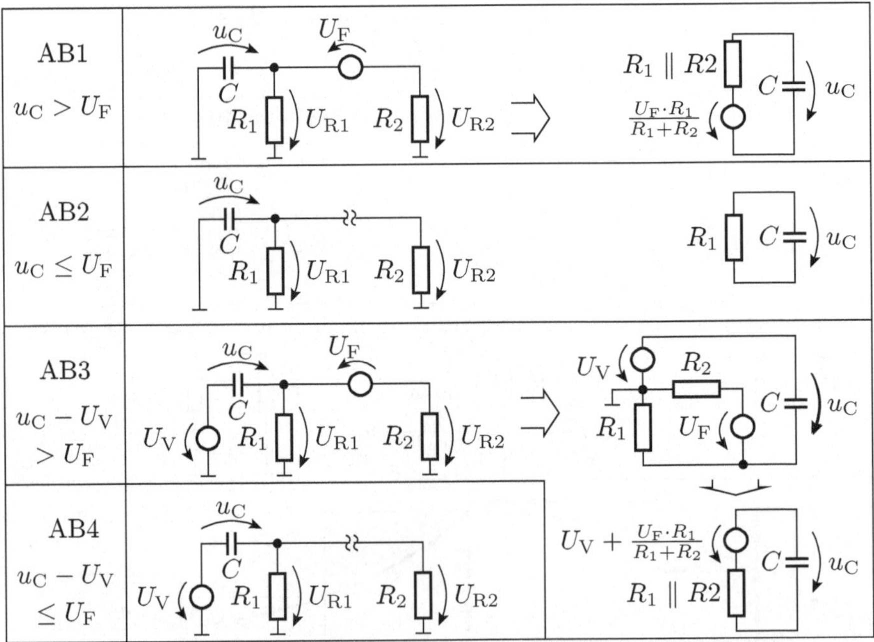

Abb. 4.30. Ersatzschaltungen zu Aufgabe 2.15

c) Aus den Ersatzschaltungen sind folgende Zeitkonstanten und folgende stationären Werte, gegen die die Spannung über der Kapazität strebt, abzulesen:

Arbeitsbereich	AB1	AB2	AB3	AB4
Bedingung	$U_C > U_F$	$U_C \le U_F$	$U_C - U_V > U_F$	$U_C - U_V \le U_F$
$U_{C.i}^{(+)}$	$\frac{U_F \cdot R_1}{R_1 + R_2}$	0	$U_V + \frac{U_F \cdot R_1}{R_1 + R_2}$	U_V
τ_i	$(R_1 \parallel R_2) \cdot C$	$R_1 \cdot C$	$(R_1 \parallel R_2) \cdot C$	$R_1 \cdot C$

Lösung zu Aufgabe 2.16

Die Ausgangsspannung u_A ist kleiner als 12 V. Der Strom beträgt maximal 100 mA, so dass der Lastwiderstand mindestens

$$R_L \ge 120\,\Omega$$

groß ist. Der Kondensator hat in jeder Periode des Eingangssignals eine Aufladephase. Die Aufladezeit ist größer Null. Die Entladezeit ist folglich kleiner als die Signalperiode:

$$t_L - t_E < T_P = 20\,\text{ms}$$

Eingesetzt in Gleichung 2.77 muss der Glättungskondensator mindestens folgende Kapazität haben:

$$C \ge -\frac{T_P}{R_L \cdot \ln(1 - \Delta U_{A.rel})} = \frac{20\,\text{ms}}{120\,\Omega \cdot \ln(1 - 5\%)} \approx 3250\,\mu\text{F}$$

Der nächstgrößere Standardwert ist 4700 μF.

Lösung zu Aufgabe 2.17

a) Der Inverter wird zuerst durch das in der Aufgabenstellung vorgegebene Modell einer geschalteten Spannungsquelle ersetzt. Im zweiten Schritt wird die Reihenschaltung aus der geschalteten Spannungsquelle und dem Widerstand durch eine geschaltete Stromquelle mit dem Quellenstrom

$$i_Q = \begin{cases} \frac{U_V}{R} & x = 0 \\ 0 & x = 1 \end{cases}$$

ersetzt (Abb. 4.31 oben). Die Zeitkonstante beträgt

$$\tau = \frac{L}{R} = \frac{100\,\text{mH}}{100\,\Omega} = 1\,\text{ms}$$

b) Der gesuchte Spannungsabfall über dem Widerstand ist gleich dem Produkt aus dem Strom durch die Induktivität, der aus der Ersatzschaltung abgeschätzt werden kann, und dem Widerstand

$$u_{\mathrm{R}} = i_{\mathrm{L}} \cdot R$$

Der stationäre Wert, gegen den i_{L} strebt, ist der geschaltete Quellenstrom $I_{\mathrm{C}}^{(+)} = i_{\mathrm{Q}}$. Der Spannungsabfall über dem Widerstand strebt gegen den R-fachen Wert:

$$U_{\mathrm{R}}^{(+)} = i_{\mathrm{Q}} \cdot R$$

Die Signalperiode ist gleich der Zeitkonstanten. In den vorderen 70% jeder Periode wird die Induktivität aufgeladen und in den hinteren 30% wird sie entladen. Die nachfolgende Tabelle zeigt die stationären Werte für die Konstruktion der Zeitverläufe. Der gesuchte Spannungsverlauf ist in Abb. 4.31 unten dargestellt.

	Aufladen	Entladen
x	0	1
$I_{\mathrm{L}}^{(+)} = i_{\mathrm{Q}}$	$\frac{U_{\mathrm{V}}}{R} = 100\,\mathrm{mA}$	0
$U_{\mathrm{R}}^{(+)} = i_{\mathrm{Q}} \cdot R$	$U_{\mathrm{V}} = 10\,\mathrm{V}$	0

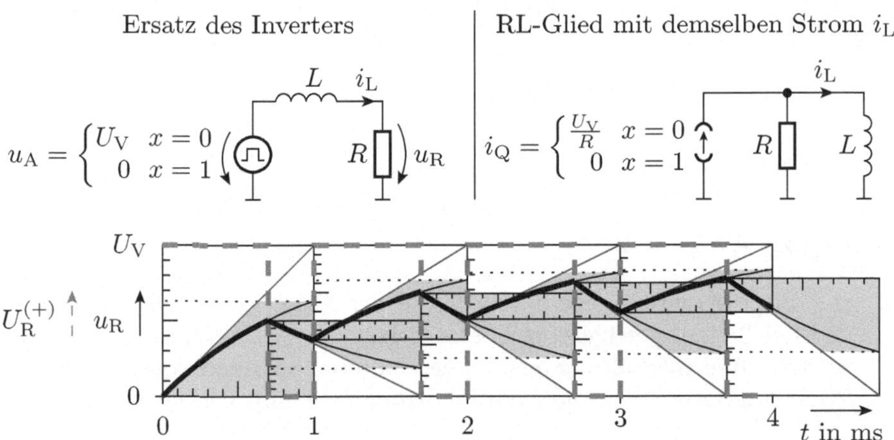

Abb. 4.31. Ersatzschaltungen und Spannungsverlauf zu Aufgabe 2.17

Lösung zu Aufgabe 2.18

a) Die Lösungsweg ist weitgehend mit der Analyse der Schaltung in Abb. 2.64 und 2.65 identisch, in der eine induktive Last ohne Freilaufdiode geschaltet wird. Der einzige Unterschied ist, dass der in Abb. 4.32 unterstellte Parallelwiderstand zum Schalter nicht gegen unendlich strebt, sondern gleich R_1 ist. Die Ersatzschaltung für »Schalter geschlossen« ist identisch und die Ersatzschaltung für »Schalter geöffnet« ist eine geschlossene Masche aus der Versorgungsspannung, der Reihenschaltung beider Widerstände und der Induktivität.

	Ersatzschaltung	funktionsgleiches RL-Glied
AB1 Schalter geschlossen	U_V, i_{L1}, L, R_L	$\frac{U_V}{R_L}$, R_L, i_{L1}, L
AB2 Schalter geöffnet	U_V, i_{L2}, L, R_1, R_L, u_S	$\frac{U_V}{R_1+R_L}$, R_L, R_1, i_{L2}, L

Abb. 4.32. Ersatzschaltungen zu Aufgabe 2.18

b) Die Zeitkonstanten und die stationären Werte, gegen die der Strom durch die Induktivität nach dem Sprung strebt, sind aus den funktionsgleichen RL-Gliedern der Ersatzschaltungen direkt ablesbar. Der Anfangswert ist laut Aufgabenstellung jeweils der stationäre Strom des anderen Arbeitsbereichs:

	$x(t)$	$x(0)$	$X^{(+)}$	τ
AB1	$i_{L1}(t)$	$i_{L1}(0) = I_{L2}^{(+)} = 1\,\text{mA}$	$I_{L1}^{(+)} = \frac{U_V}{R_L} = 100\,\text{mA}$	$\frac{L}{R_L} = 1\,\text{ms}$
AB2	$i_{L2}(t)$	$i_{L2}(0) = I_{L1}^{(+)} = 100\,\text{mA}$	$I_{L2}^{(+)} = \frac{U_V}{R_1+R_L} = 1\,\text{mA}$	$\frac{L}{R_1+R_L} = 10\,\mu\text{s}$

c) Im Arbeitsbereich »Schalter geöffnet« verringert sich der Strom durch den Widerstand R_1 von 100 mA auf 1 mA. Multipliziert mit R_1 sinkt die Spannung über R_1 und dem Schalter im Ausschaltmoment von 1000 V auf 10 V.

Lösung zu Aufgabe 2.19

a) Die gesuchte Schaltung zeigt Abb. 4.33.

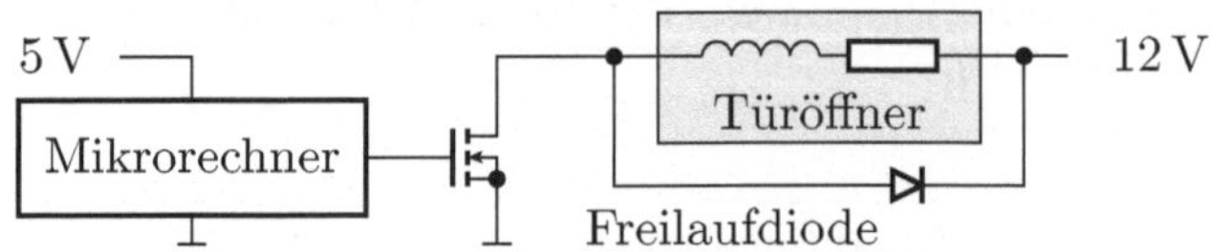

Abb. 4.33. Schaltung zu Aufgabe 2.19 a

b) Einen Strom von 1 A bei einer Spannung von 12 V können alle Low-Side-Schalter aus Tabelle 1.3 schalten. Der kleinste und billigste ist der IRFD014, der auch verwendet werden soll.

c) Zur Abschätzung des Leistungsumsatzes wird der Einschaltwiderstand für $U_{\mathrm{GS}} = U_{x=1} = 5\,\mathrm{V}$ benötigt. In Tabelle 1.3 steht aber nur der Einschaltwiderstand für $U_{\mathrm{GS1}} = 10\,\mathrm{V}$. Der benötigte Einschaltwiderstand für $U_{\mathrm{GS2}} = 5\,\mathrm{V}$ ergibt sich über Gleichung 1.166:

$$R_{\mathrm{DS}}\left(U_{\mathrm{GS1}}\right) = R_{\mathrm{DS}}\left(U_{\mathrm{GS2}}\right) \cdot \frac{U_{\mathrm{GS2}} - U_{\mathrm{TN}}}{U_{\mathrm{GS1}} - U_{\mathrm{TN}}}$$

$$R_{\mathrm{DS}}\left(5\,\mathrm{V}\right) = 200\,\mathrm{m\Omega} \cdot \frac{10\,\mathrm{V} - (2\ldots4)\,\mathrm{V}}{5\,\mathrm{V} - (2\ldots4)\,\mathrm{V}} = 0{,}53\ldots1{,}2\,\Omega$$

Die umgesetzte Leistung im Transistor ergibt sich aus dem berechneten Einschaltwiderstand und dem Nennstrom des Türöffners von 1 A:

$$P_{\mathrm{Tr}} = R_{\mathrm{DS}} \cdot I^2 \approx 0{,}53\ldots1{,}2\,\Omega \cdot (1\,\mathrm{A})^2 = 0{,}53\ldots1{,}2\,\mathrm{W}$$

Auch im ungünstigsten Fall wird die maximal zulässige Verlustleistung von 1,3 W nicht überschritten.

Lösung zu Aufgabe 2.20

a) Die Ersatzschaltungen zeigt Abb. 4.34.

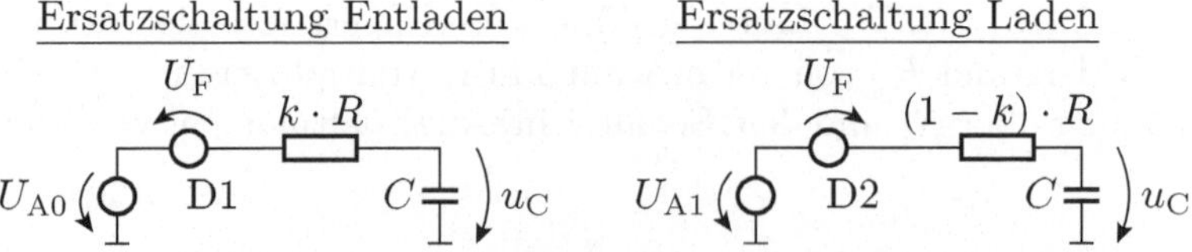

Abb. 4.34. Ersatzschaltungen zu Aufgabe 2.20

b) Die Aufgabe besagt, dass für die Gleichungen 2.102 und 2.103 gelten soll:

$$t_{\text{aus}} = k \cdot R \cdot C \cdot \ln\left(\frac{U_{\text{A0}} + U_{\text{F}} - U_{\text{ein}}}{U_{\text{A0}} + U_{\text{F}} - U_{\text{aus}}}\right) = k \cdot R \cdot C \cdot \ln(2)$$

$$t_{\text{ein}} = (1-k) \cdot R \cdot C \cdot \ln\left(\frac{U_{\text{A1}} - U_{\text{F}} - U_{\text{aus}}}{U_{\text{A1}} - U_{\text{F}} - U_{\text{ein}}}\right) = (1-k) \cdot R \cdot C \cdot \ln(2)$$

Daraus folgt:

$$\frac{U_{\text{A0}} + U_{\text{F}} - U_{\text{ein}}}{U_{\text{A0}} + U_{\text{F}} - U_{\text{aus}}} = \frac{U_{\text{A1}} - U_{\text{F}} - U_{\text{aus}}}{U_{\text{A1}} - U_{\text{F}} - U_{\text{ein}}} = 2$$

Das ist ein System aus zwei Gleichungen, das nach den beiden gesuchten Größen U_{aus} und U_{ein} aufzulösen ist:

$$\begin{aligned} U_{\text{A0}} + U_{\text{F}} - U_{\text{ein}} &= 2 \cdot (U_{\text{A0}} + U_{\text{F}} - U_{\text{aus}}) \\ 2 \cdot U_{\text{aus}} - U_{\text{ein}} &= 0{,}7\,\text{V} \\ U_{\text{A1}} - U_{\text{F}} - U_{\text{aus}} &= 2 \cdot (U_{\text{A1}} - U_{\text{F}} - U_{\text{ein}}) \\ 2 \cdot U_{\text{ein}} - U_{\text{aus}} &= 4{,}3\,\text{V} \\ U_{\text{aus}} &= 1{,}9\,\text{V} \\ U_{\text{ein}} &= 3{,}1\,\text{V} \end{aligned}$$

Lösung zu Aufgabe 2.21

Aus der Vorgabe der Periodendauer und der relativen Pulsweite des zu erzeugenden Rechtecksignals folgt für die Aufladezeit und die Entladezeit des Kondensators:

$$\begin{aligned} t_{\text{ein}} &= 3\,\text{s} \\ t_{\text{aus}} &= 1\,\text{s} \end{aligned}$$

Zur Bestimmung der gesuchten Widerstandswerte sind die Gleichungen 2.109 und 2.110

$$\begin{aligned} t_{\text{ein}} &= \ln(2) \cdot (R_1 + R_2) \cdot C \\ t_{\text{aus}} &= \ln(2) \cdot R_2 \cdot C \end{aligned}$$

nach den Widerstandswerten umzustellen:

$$\begin{aligned} R_2 &= \frac{t_{\text{aus}}}{\ln(2) \cdot C} = \frac{1\,\text{s}}{0{,}69 \cdot 10\,\mu\text{F}} \approx 150\,\text{k}\Omega \\ R_1 &= \frac{t_{\text{ein}}}{\ln(2) \cdot C} - R_2 = \frac{3\,\text{s}}{0{,}69 \cdot 10\,\mu\text{F}} - 150\,\text{k}\Omega \approx 290\,\text{k}\Omega \end{aligned}$$

4.11 Schaltungen im Frequenzraum

Lösung zu Aufgabe 2.22

Imaginäre Ströme gibt es nur als Rechengrößen, aber nicht in der Wirklichkeit. Sie entstehen dadurch, dass nur die Spektralwerte der positiven Frequenzen unter Vernachlässigung der konjugiert komplexen Spektralwerte der negativen Frequenzen betrachtet werden (vergleiche Gleichung 2.121). Für die physikalische Interpretation muss der Spektralwert durch Betrag und Phase dargestellt werden:

$$\underline{I}_1 = \sqrt{2} \cdot e^{j \cdot \frac{\pi}{4}}\,\text{mA}$$

Der Kosinusterm aus dem komplexen und dem konjugiert komplexen Strom hat eine Amplitude von $2 \cdot \sqrt{2}\,\text{mA}$ und ist um eine Viertelperiode verzögert.

Lösung zu Aufgabe 2.23

a) Die Ersatzwiderstände ergeben sich durch Zusammenfassung der Reihen- und Parallelschaltungen nach den Gleichungen 2.148 und 2.149. Sie betragen

$$\underline{X}_\text{a} = \left(\frac{1}{j \cdot \omega \cdot C_1} + R_1\right) \parallel \left(\frac{1}{j \cdot \omega \cdot C_2} + R_2\right)$$
$$\underline{X}_\text{b} = \frac{1}{j \cdot \omega \cdot (C_1 + C_2)} + (R_1 \parallel R_2)$$

b) Die beiden Ersatzwiderstände sind genau dann gleich, wenn die beiden RC-Glieder dasselbe Spannungsteilerverhältnis besitzen:

$$\frac{\frac{1}{j \cdot \omega \cdot C_1}}{R_1} = \frac{\frac{1}{j \cdot \omega \cdot C_2}}{R_2}$$
$$R_1 \cdot C_1 = R_2 \cdot C_2$$

Denn dann ist die Potenzialdifferenz zwischen den Knoten K1 und K2 für alle Frequenzen Null, so dass zwischen den Knoten kein Strom fließt.

Lösung zu Aufgabe 2.24

a) Siehe Abb. 4.35 a. Die eingezeichneten Spannungen gehören zu Aufgabenteil b.
b) Über dem Kollektorwiderstand fällt eine Spannung von $U_\text{RC} = 2\,\text{V}$ ab und es fließt ein Kollektorstrom von $I_\text{C} = 2\,\text{mA}$. Etwa derselbe Strom fließt durch den Emitterwiderstand und verursacht dort einen Spannungsabfall von $U_\text{RE} \approx 440\,\text{mV}$. Aus der Maschengleichung für die eingezeichnete Masche M folgt für die gesuchte Versorgungsspannung: $U_\text{V1} \approx 1{,}14\,\text{V}$.
c) Siehe Abb. 4.35 b.

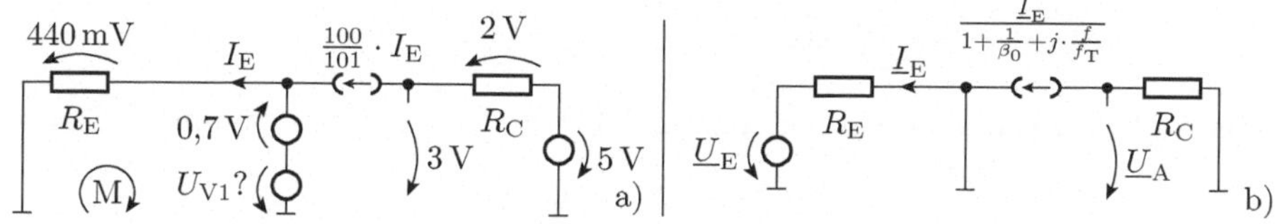

Abb. 4.35. Ersatzschaltungen zu Aufgabe 2.24 a und c

d) Die Signalquelle erzeugt einen Emitterstrom von

$$\underline{I}_E = -\frac{\underline{U}_E}{R_E}$$

Der Kollektorstrom ist geringfügig kleiner:

$$\underline{I}_C = \frac{\underline{\beta}}{1+\underline{\beta}} \cdot \underline{I}_E = \frac{1}{1+\frac{1}{\beta_0}+j\cdot\frac{f}{f_T}} \cdot \underline{I}_E$$

Die Übertragungsfunktion lautet

$$\underline{U}_A = -R_C \cdot \underline{I}_C = \frac{R_C \cdot \underline{U}_E}{R_E \cdot \left(1+\frac{1}{\beta_0}+\frac{f}{f_T}\right)}$$

Für Frequenzen $f \ll f_T$ ist die Verstärkung in guter Näherung gleich dem Widerstandsverhältnis:

$$v_{u0} \approx \frac{R_C}{R_E}$$

e) Der Verstärker arbeitet in Basisschaltung. Die Grenzfrequenz ist gleich der Transitfrequenz:

$$f_{Vg} \approx f_T$$

Lösung zu Aufgabe 2.25

Der Verstärkertyp und die komplexen Widerstände sind direkt aus den Schaltungen ablesbar. Abbildung 2.106 a zeigt einen nichtinvertierenden Verstärker, dessen Verstärkung über die komplexen Widerstände

$$\underline{X}_1 = R_1;\ \underline{X}_2 = R_2 \parallel X_C = \frac{R_2}{1+j\omega \cdot R_2 \cdot C}$$

eingestellt ist. Eingesetzt in Gleichung 2.177 lautet die Übertragungsfunktion

$$\underline{U}_A = \frac{R_1 + \frac{R_2}{1+j\omega\cdot R_2\cdot C}}{R_1} \cdot \underline{U}_E = \frac{R_1 + R_2 + j\omega \cdot R_1 \cdot R_2 \cdot C}{R_1 + j\omega \cdot R_1 \cdot R_2 \cdot C} \cdot \underline{U}_E$$

Abbildung 2.106 b zeigt einen invertierenden Verstärker, dessen Verstärkung über die komplexen Widerstände

$$\underline{X}_1 = \frac{1}{j\omega C}; \ \underline{X}_2 = R$$

eingestellt ist. Eingesetzt in Gleichung 2.178 lautet die Übertragungsfunktion

$$\underline{U}_\mathrm{A} = -j\omega \cdot R \cdot C \cdot \underline{U}_\mathrm{E}$$

Lösung zu Aufgabe 2.26

a) Der Operationsverstärker ist über R_2 rückgekoppelt, so dass sich die Ausgangsspannung $\underline{U}_\mathrm{A}$ so einstellt, dass die Differenzeingangsspannung praktisch Null ist. Der Strom an den Operationsverstärkereingängen ist gleichfalls Null. Die Ausgangsspannung ergibt sich aus $\underline{I}_2$:

$$\underline{U}_\mathrm{A} = \underline{I}_2 \cdot R_2$$

Zur Berechnung von $\underline{I}_2$ und den anderen beiden unbekannten Strömen werden drei lineare Gleichungen benötigt, nämlich die Knotengleichung für K und die Maschengleichungen für M1 und M2 in Abb. 4.36:

$$\begin{aligned} \mathrm{K}: & \quad \underline{I}_1 + \underline{I}_2 + \underline{I}_3 = 0 \\ \mathrm{M1}: & \quad \underline{I}_1 \cdot R_1 - \frac{\underline{I}_2}{j\omega C_2} = \underline{U}_\mathrm{E} \\ \mathrm{M2}: & -\frac{\underline{I}_3}{j\omega C_3} + \underline{I}_2 \cdot R_2 + \frac{\underline{I}_2}{j\omega C_2} = 0 \end{aligned}$$

Das gesamte Gleichungssystem lautet in Matrixschreibweise

$$\begin{pmatrix} 1 & 1 & 1 \\ R_1 & -\frac{1}{j\omega C_2} & 0 \\ 0 & \left(R_2 + \frac{1}{j\omega C_2}\right) & -\frac{1}{j\omega C_3} \end{pmatrix} \cdot \begin{pmatrix} \underline{I}_1 \\ \underline{I}_2 \\ \underline{I}_3 \end{pmatrix} = \begin{pmatrix} 0 \\ \underline{U}_\mathrm{E} \\ 0 \end{pmatrix}$$

Es kann nach $\underline{I}_2$ bzw. $\underline{U}_\mathrm{A}$ aufgelöst werden (in der Aufgabe nicht gefordert):

$$\frac{\underline{U}_\mathrm{A}}{\underline{U}_\mathrm{E}} = \frac{-j \cdot \omega \cdot R_2 \cdot C_2}{1 + j \cdot \omega \cdot R_1 (C_2 + C_3) - \omega^2 \cdot R_1 \cdot R_2 \cdot C_2 \cdot C_3}$$

b) Siehe Abb. 4.37.

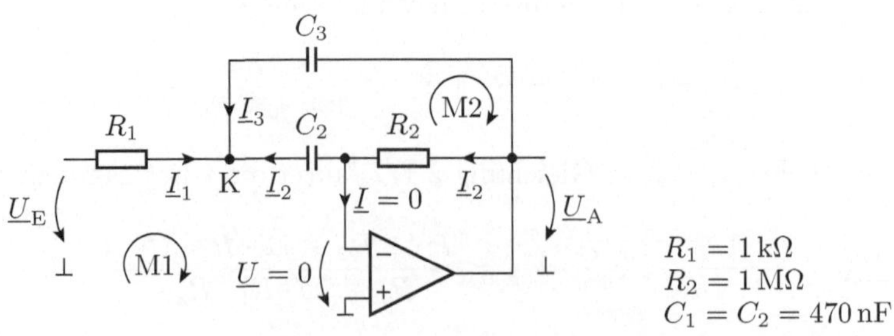

Abb. 4.36. Schaltung zu Aufgabe 2.26

```
R1 = 1E3;  % Widerstand in Ohm
R2 = 1E6;  % Widerstand in Ohm
C  = 47E-9;% Kapazitaet in Farad
N  = 200;  % Anzahl der Frequenzwerte
f  = logspace(1, 3, N);
           % Frequenz in Hertz
UE = 1E-3; % Eingangsspannung in V

V = [0; UE; 0];

for m=1:N
  XC    = 1/(j*2*pi*f(m)*C);
  M     = [ 1    1    1;
            R1   -XC  0;
             0 R2+XC -XC];
  I     = (M^-1) * V;
  UA(m) = R2*I(2);
  %Alternative Einzelgleichung
  %jo =j*2*pi*f(m);
  %Nenner=1+jo*R1*2*C+jo^2*R1*R2*C*C;
  %UA(m)=-jo*R2*C/Nenner*UE;
end;

subplot(2,1,1); loglog(f, abs(UA));
xlabel('f in Hz');ylabel('U in V');
subplot(2,1,2); semilogx(f, angle(UA));
xlabel('f in Hz');ylabel('Phase');
```

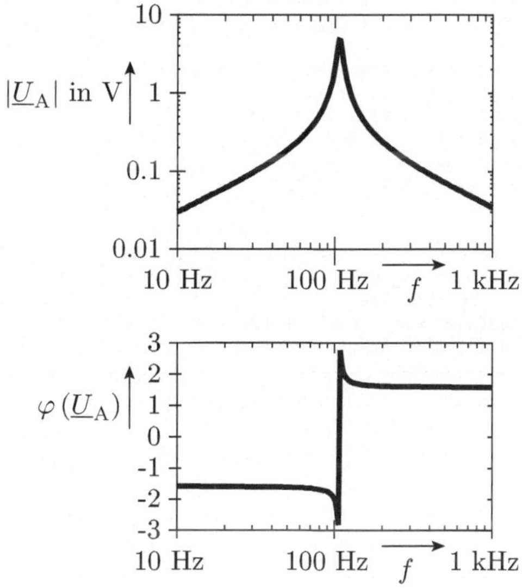

Abb. 4.37. Matlab-Programm und berechneter Amplituden- und Phasenfrequenzgang zu Aufgabe 2.26

Lösung zu Aufgabe 2.27

a) In einem mathematischen Nachschlagewerk findet man für die periodische Sägezahnfunktion

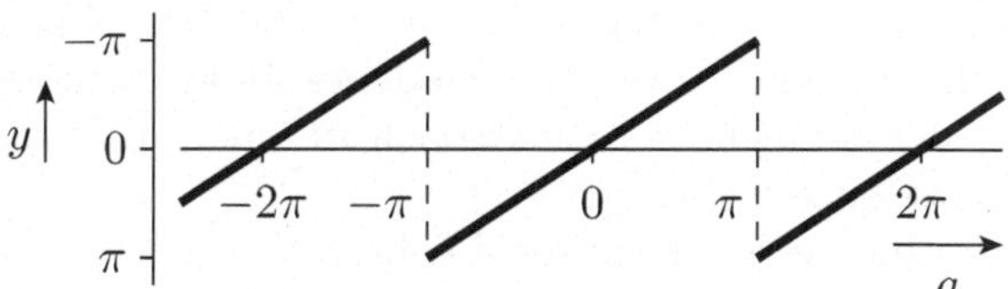

die Fourier-Reihe:

$$y = 2 \cdot \left(\frac{\sin(a)}{1} - \frac{\sin(2a)}{2} + \frac{\sin(3a)}{3} - \ldots \right)$$

Zur Anpassung an den gegebenen Signalverlauf ist $a = \frac{\pi \cdot t}{1\,\mathrm{s}}$ und $y = \frac{\pi \cdot u}{1\,\mathrm{V}}$ zu setzen:

$$u = \frac{2\,\mathrm{V}}{\pi} \cdot \left(\frac{\sin\left(\frac{\pi \cdot t}{1\,\mathrm{s}}\right)}{1} - \frac{\sin\left(\frac{2\pi \cdot t}{1\,\mathrm{s}}\right)}{2} + \frac{\sin\left(\frac{3\pi \cdot t}{1\,\mathrm{s}}\right)}{3} - \ldots \right)$$

b) und c) Siehe Abb. 4.38.

```
N = 2^6;          % Abtastwerte je Periode
TP= 2;            % Signalperiode in s

% Zusammensetzung aus Geradenstuecken
seg1 = (0.5:(N-1)/2);
seg2 = (-(N-1)/2:(N-1)/2);
seg3 = (-(N-1)/2:-0.5);
u0 =[seg1 seg2 seg3]/(N/2);
t = (-N+0.5:N-0.5)*TP/N;
title('Test');

% Konstruktion ueber die Fourierreihe
for n=1:length(t)
 x=2*pi*t(n)/TP;
 u3(n)=2/pi*(sin(x)-sin(2*x)/2+sin(3*x)/3);
 u5(n)=u3(n)+2/pi*(-sin(4*x)/4+sin(5*x)/5);
 u7(n)=u5(n)+2/pi*(-sin(6*x)/6+sin(7*x)/7);
 u9(n)=u7(n)+2/pi*(-sin(8*x)/8+sin(9*x)/9);
end;

% Darstellung der Zeitfolgen
subplot(2,1,1); plot(t, u0, t, u3, t, u9);
xlabel('t in s'); ylabel('u in V')
legend('u0','u3','u9');

% Berechnung und Darstellung des Spektrums
X=fft(u0(1:N));
XX=[X(N/2+1:N) X(1:N/2)]/N;
f = (-N/2:N/2-1)/TP;
subplot(2,1,2); plot(f, abs(XX),'.');
xlabel('f in Hz'); ylabel('|U| in V');
```

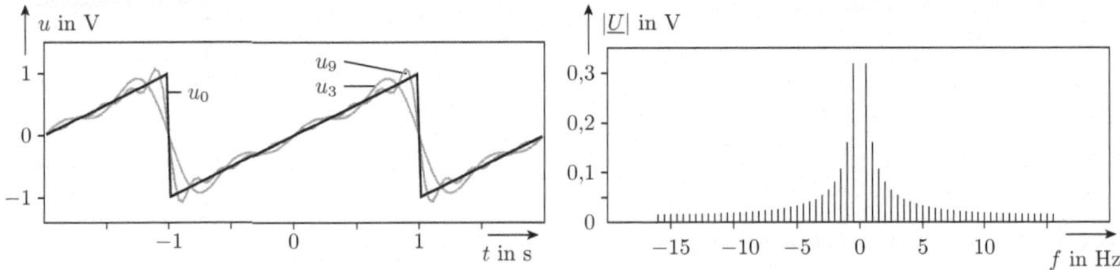

Abb. 4.38. Matlab-Programm, Zeitsignale und Betragsspektrum zu Aufgabe 2.27

4.12 Halbleiterbauelemente

Lösung zu Aufgabe 3.1

a) Ein Elektron in einem Festkörper ist beweglich, wenn es in seiner räumlichen und energetischen Nachbarschaft freie Elektronenzustände gibt.
b) Ein Loch ist ein freier Elektronenzustand im Valenzband des Halbleiters und wird als bewegliches positiv geladenes Teilchen modelliert.
c) Die Dichte der beweglichen Elektronen in einem n-Gebiet wird über die Donatordichte eingestellt.
d) Die Akzeptordichte ist gleich der Löcherdichte $N_\mathrm{A} = p = 10^{18}\,\mathrm{cm}^{-3}$. Die Dichte der beweglichen Elektronen ergibt sich aus der Löcherdichte und der instrinsischen Ladungsträgerdichte bei $T = 300\,\mathrm{K}$:

$$n = \frac{n_i^2}{p} \approx 4\,\mathrm{cm}^{-3}$$

Lösung zu Aufgabe 3.2

a) Diffusionsstrom beweglicher Elektronen und Löcher in Richtung des jeweils anderen Gebiets.
b) Driftstrom der Majoritätsladungsträger, hier der Löcher.
c) Driftstrom der in der Sperrschicht generierten beweglichen Elektronen und Löcher.

d) Bei einem Lawinendurchbruch ist der Sperrstrom auch ein Driftstrom der in der Sperrschicht generierten beweglichen Elektronen und Löcher. Zur thermischen Generation kommt jedoch die Generation der zusätzlichen Elektronen-Loch-Paare durch Gitterzusammenstöße hinzu, deren Häufigkeit ab der Durchbruchspannung lawinenartig zunimmt.

Lösung zu Aufgabe 3.3

a) Wäre das Basisgebiet genauso stark wie das Emittergebiet dotiert, würden genauso viele Majoritätsladungsträger aus dem Basisgebiet in das Emittergebiet diffundieren wie aus dem Emittergebiet in das Basisgebiet. Der Basisstrom wäre nach Gleichung 3.27 mindestens halb so groß wie der Emitterstrom und die Stromverstärkung maximal Eins.
b) Mit der Basisbreite nimmt die Transitzeit der Ladungsträger durch die Basis zu. Eine längere Transitzeit bedeutet eine geringere Stromverstärkung und eine niedrigere Transitfrequenz des Transistors.
c) Die Übersteuerung verlängert die Ausschaltzeit des Transistors erheblich.

4.13 Integrierte digitale Halbleiterschaltungen

Lösung zu Aufgabe 3.4

a) und b) Siehe Abb. 4.39; c)

$$y = \overline{x_1 x_2 \vee x_3 x_4 (x_5 \vee x_2)}$$

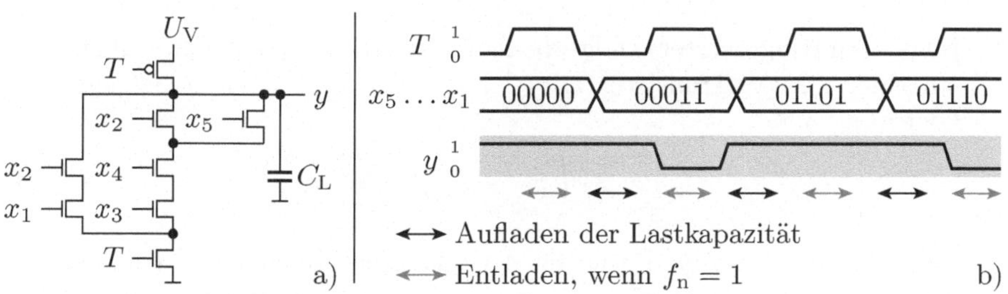

Abb. 4.39. Lösung zu Aufgabe 3.4

Lösung zu Aufgabe 3.5

a) Ein FCMOS-NAND mit vier Eingängen besteht aus einer Reihenschaltung von vier NMOS-Transistoren und einer Parallelschaltung von vier PMOS-Transistoren. Die PMOS-Transistoren sollen quadratische und die NMOS-Transistoren viermal so breite wie lange Kanäle haben (Zeichnung siehe Abb. 4.40).

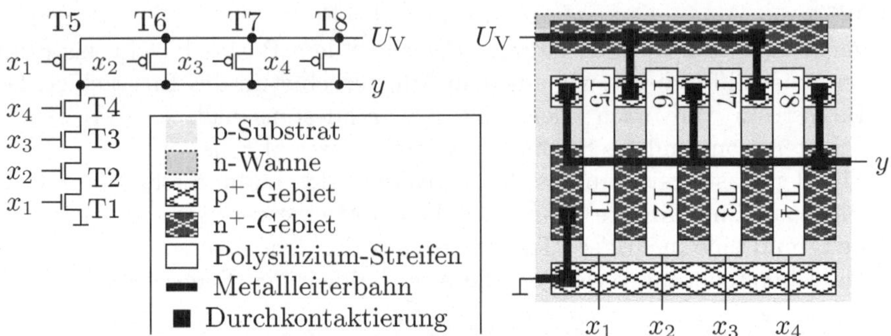

Abb. 4.40. NAND-Schaltung und geometrische Anordnung zu Aufgabe 3.5 a

b) Die Reihenschaltung der vier NMOS-Transistoren mit einem Länge-zu-Breite-Verhältnis von $\frac{l}{w_N} = \frac{1}{4}$ verhält sich nach Gleichung 3.68 wie ein Ersatztransistor mit einem Länge-zu-Breite-Verhältnis von Eins. Die Ausschaltzeit beträgt nach Gleichung 3.57

$$t_{\text{aus}} \approx \tau_A + \tau_{\text{Ltg}} + \sum_{i=1}^{N_L} \cdot \tau_{L.i} \tag{4.3}$$

Im oberen Ringinverter erfolgt die Aufladung der Lastkapazität über einen einzelnen PMOS-Transistor mit $\frac{l}{w_P} = 1$. Die Einschaltzeit beträgt nach Gleichung 3.56

$$t_{\text{ein1}} \approx 2 \cdot \left(\tau_A + \tau_{\text{Ltg1}} + \sum_{i=1}^{N_{L1}} \cdot \tau_{L.i} \right) \tag{4.4}$$

und ist doppelt so groß wie die Ausschaltzeit. Im unteren Ringinverter verhalten sich die vier gleichzeitig einschaltenden parallelen Transistoren nach Gleichung 3.65 wie ein Ersatztransistor der vierfachen Breite. Die Einschaltzeit beträgt nach Gleichung 3.56

$$t_{\text{ein2}} \approx \frac{1}{2} \cdot \left(\tau_A + \tau_{\text{Ltg2}} + \sum_{i=1}^{N_{L2}} \cdot \tau_{L.i} \right) \tag{4.5}$$

Sie ist nur halb so groß wie die Ausschaltzeit.

c) Da alle Gatter geometrisch identisch aufgebaut sein sollen, sind ihre Grundverzögerungen gleich. Die als Lasten angeschlossenen Gate-Paare haben dieselbe Geometrie, so dass auch die lastabhängigen Verzögerungen je angeschlossener Gattereingang übereinstimmen. Die leitungsabhängigen Verzögerungen sind laut Aufgabenstellung zu vernachlässigen. Die abzuschätzenden Parameter sind die Grundverzögerung τ_A und die lastabhängige Verzögerung τ_L.
Im oberen Ringinverter haben die Gatter G1 und G2 eine und Gatter G3 zwei Lasten zu treiben. Eingesetzt in die Gleichungen 4.3 und 4.4 betragen die Ein- und Ausschaltzeiten dieser Gatter:

	G1	G2	G3
t_{ein1}	$2 \cdot (\tau_A + \tau_L)$	$2 \cdot (\tau_A + \tau_L)$	$2 \cdot (\tau_A + 2 \cdot \tau_L)$
t_{aus1}	$\tau_A + \tau_L$	$\tau_A + \tau_L$	$\tau_A + 2 \cdot \tau_L$

Im unteren Ringinverter haben die Gatter G5 und G6 vier und Gatter G7 acht Lasten. Dafür wird die Lastkapazität über vier parallele eingeschaltete PMOS-Transistoren aufgeladen:

	G5	G6	G7
t_{ein2}	$\frac{1}{2} \cdot (\tau_A + 4 \cdot \tau_L)$	$\frac{1}{2} \cdot (\tau_A + 4 \cdot \tau_L)$	$\frac{1}{2} \cdot (\tau_A + 8 \cdot \tau_L)$
t_{aus2}	$\tau_A + 4 \cdot \tau_L$	$\tau_A + 4 \cdot \tau_L$	$\tau_A + 8 \cdot \tau_L$

Für die beiden Schwingungsperioden gilt

$$T_{P1} = 600\,\text{ps} = 9 \cdot \tau_A + 12 \cdot \tau_L$$
$$T_{P2} = 660\,\text{ps} = 4{,}5 \cdot \tau_A + 24 \cdot \tau_L$$

Aufgelöst nach den gesuchten Parametern ergibt sich eine Grundverzögerung von $\tau_A = 40\,\text{ps}$ und eine lastabhängige Verzögerung von $\tau_L = 20\,\text{ps}$.

Lösung zu Aufgabe 3.6

a) Transistorschaltung aus Abb. 3.53
b) Assoziativspeicherzelle

4.14 Elektrisch lange Leitungen

Lösung zu Aufgabe 3.7

Die Wellenlänge ist nach Gleichung 3.87 das Verhältnis aus der Ausbreitungsgeschwindigkeit und der Frequenz:

$$\lambda = \frac{v}{f} = \frac{10\,\frac{\text{cm}}{\text{ns}}}{1\text{MHz}} = 100\,\text{m}$$

Eine Leitung mit einer Länge von nur 1% der Wellenlänge muss nicht unbedingt als elektrisch lang modelliert werden.

Lösung zu Aufgabe 3.8

a) Eine Leitung mit offenem Leitungsende hat nach Gleichung 3.122 unabhängig von ihrem Wellenwiderstand den Reflexionsfaktor $r = 1$.
b) Eine Leitung mit einem Kurzschluss am Ende hat den Reflexionsfaktor $r = -1$.
c) In beiden Fällen ist die Amplitude der reflektierten Spannungswelle betragsmäßig genauso groß wie die Amplitude der ankommenden Spannungswelle. Nur ändert sich bei einem Kurzschluss das Vorzeichen.

Lösung zu Aufgabe 3.9

a) Die Reflexionsfaktoren an den Punkten, an denen sich der Wellenwiderstand ändert bzw. an denen eine Signalquelle oder ein Empfänger angeschlossen ist, betragen
   - für hinlaufende Wellen an Punkt B
   $$r_{\text{BH}} = \frac{(Z_2 \parallel R_1) - Z_1}{(Z_2 \parallel R_1) + Z_1} = \frac{(50\,\Omega \parallel 100\,\Omega) - 100\,\Omega}{(50\,\Omega \parallel 100\,\Omega) + 100\,\Omega} = -\frac{1}{2}$$
   - für hinlaufende Wellen an Punkt C
   $$r_{\text{CH}} = \frac{R_2 - Z_2}{R_2 + Z_2} = \frac{33{,}3\,\Omega - 50\,\Omega}{33{,}3\,\Omega + 50\,\Omega} = -\frac{1}{5}$$
   - für rücklaufende Wellen an Punkt B
   $$r_{\text{BR}} = \frac{(Z_1 \parallel R_1) - Z_2}{(Z_1 \parallel R_1) + Z_2} = \frac{(100\,\Omega \parallel 100\,\Omega) - 50\,\Omega}{(100\,\Omega \parallel 100\,\Omega) + 50\,\Omega} = 0$$
   - für rücklaufende Wellen an Punkt A
   $$r_{\text{AR}} = \frac{R_{\text{Q}} - Z_1}{R_{\text{Q}} + Z_1} = \frac{300\,\Omega - 100\,\Omega}{300\,\Omega + 100\,\Omega} = \frac{1}{2}$$

   Außer für rücklaufende Wellen an Punkt B treten an allen Punkten Reflexionen auf.
b) Die in den ersten 8 ns entstehenden Wellen sind in Abb. 4.41 dargestellt.
c) Die Sprungamplitude der am Punkt A eingespeisten Welle beträgt nach Gleichung 3.127:

$$U_{\text{AH0}} = U_0 \cdot \frac{Z_1}{R_{\text{Q}} + Z_1} = 4\,\text{V} \cdot \frac{100\,\Omega}{100\,\Omega + 300\,\Omega} = 1\,\text{V}$$

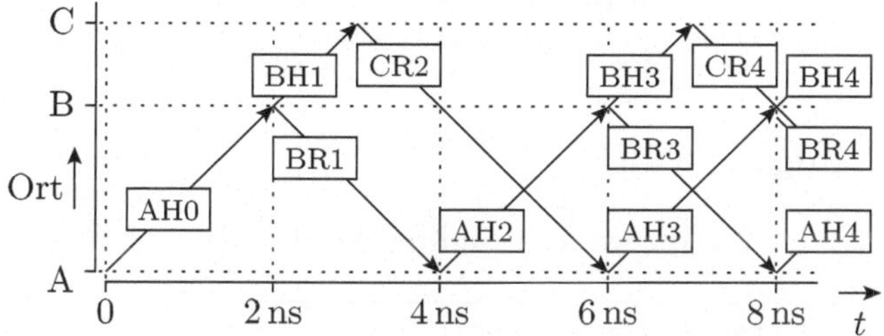

Abb. 4.41. Erzeugte Wellen zu Aufgabe 3.9

Die Amplituden der Wellen aus Aufgabenteil b und die Spannungsverläufe an den Punkten A bis C nach dem Sprung sind in der nachfolgenden Tabelle dargestellt:

Welle	Amplitude	t	$u_{\mathrm{A}}(t)$	$u_{\mathrm{B}}(t)$	$u_{\mathrm{C}}(t)$
AH0	1 V	0	1 V	0	0
BH1	$\frac{1}{2}$ V	2 ns	⇓	⇓	⇓
BR1	$-\frac{1}{2}$ V	2 ns	1 V	0,5 V	0
CR2	$-\frac{1}{10}$ V	3 ns	1 V	0,5 V	0,4 V
AH2	$-\frac{1}{4}$ V	4 ns	0,25 V	0,4 V	0,4 V
BH3	$-\frac{1}{8}$ V	6 ns	⇓	⇓	⇓
BR3	$\frac{1}{8}$ V	6 ns	⇓	⇓	⇓
AH3	$-\frac{1}{20}$ V	6 ns	0,1 V	0,275 V	0,4 V
CR4	$-\frac{1}{40}$ V	7 ns	0,1 V	0,275 V	0,3 V
AH4	$\frac{1}{16}$ V	8 ns	⇓	⇓	⇓
BH4	$-\frac{1}{40}$ V	8 ns	⇓	⇓	⇓
BR4	$\frac{1}{40}$ V	8 ns	0,288 V	0,25 V	0,3 V

Zur Berechnung der Spannung an den drei Punkten A, B, C wird immer, wenn eine Welle ankommt, die Sprunghöhe der weiterlaufenden Welle, die gleich der Summe der Sprunghöhen der ankommenden und der reflektierten Welle ist, addiert. Für die Spannungswerte nach 8 ns sind auch die zu diesem Zeitpunkt ankommenden und abgehenden Wellen zu berücksichtigen.

d) Im stationären Zustand beträgt die Spannung auf der Leitung nach dem Spannungsteilergesetz an allen drei Punkten

$$U_{\text{C.stat}} = U_0 \cdot \frac{R_1 \parallel R_2}{R_\text{Q} + R_1 \parallel R_2} = 4\,\text{V} \cdot \frac{25\,\Omega}{25\,\Omega + 300\,\Omega} = 308\,\text{mV}$$

Lösung zu Aufgabe 3.10

Die Laufzeiten der Leitungsstücke sind direkt aus Abb. 3.83 b ablesbar:

$t_{\text{Ltg1}} = 3{,}2\,\text{ns}$	$t_{\text{Ltg2}} = 1{,}8\,\text{ns}$	$t_{\text{Ltg3}} = 2{,}3\,\text{ns}$	$t_{\text{Ltg4}} = 4{,}4\,\text{ns}$

Für den Wellenwiderstand Z_1 gilt nach Gleichung 3.127

$$\frac{u_\text{A}}{u_\text{Q}} = \frac{1}{2} = \frac{Z_1}{R_\text{Q} + Z_1}$$
$$Z_1 = R_\text{Q} = 200\,\Omega$$

Der Reflexionsfaktor für hinlaufende Wellen ist an den Punkten B bis E jeweils $-0{,}5$. Rücklaufende Wellen werden nicht reflektiert:

$$r_{\text{H}.i} = -\frac{1}{2} = \frac{(Z_{i+1} \parallel R_i) - Z_i}{(Z_{i+1} \parallel R_i) + Z_i} \quad i \in \{\text{B, C, D}\}$$
$$r_{\text{HE}} = -\frac{1}{2} = \frac{R_4 - Z_4}{R_4 + Z_4}$$
$$r_{\text{R}.i} = 0 = \frac{(Z_i \parallel R_i) - Z_{i+1}}{(Z_i \parallel R_i) + Z_{i+1}} \quad i \in \{\text{B, C, D}\}$$

Daraus leiten sich folgende Beziehungen zwischen den Widerstandswerten und den Wellenwiderständen ab:

$$Z_{i+1} \parallel R_i = \frac{1}{3} \cdot Z_i \quad i \in \{\text{B, C, D}\}$$
$$Z_i \parallel R_i = Z_{i+1} \quad i \in \{\text{B, C, D}\}$$
$$Z_{i+1} = \frac{1}{2} \cdot Z_i \quad i \in \{\text{B, C, D}\}$$
$$R_i = Z_i \quad i \in \{\text{B, C, D}\}$$
$$R_4 = \frac{1}{3} \cdot Z_4$$

Die gesuchten Widerstandswerte und Wellenwiderstände betragen:

$R_1 = 200\,\Omega$	$R_3 = 50\,\Omega$	$Z_1 = 200\,\Omega$	$Z_3 = 50\,\Omega$
$R_2 = 100\,\Omega$	$R_4 = 8{,}33\,\Omega$	$Z_2 = 100\,\Omega$	$Z_4 = 25\,\Omega$

Sachverzeichnis

G. Kemnitz, *Technische Informatik*, eXamen.press,
DOI 10.1007/978-3-540-87841-4, © Springer-Verlag Berlin Heidelberg 2009

Literaturverzeichnis

[1] Data Sheet L7800 Series. http://st.com.

[2] Elektronik-Kompendium: Kabel. http://www.elektronik-kompendium.de/sites/net/0510091.htm.

[3] Semiconductor Technical Data BC337D. http://Design-NET.com.

[4] Data Sheet LM555, NE555, SA555. www.fairchildsemi.com, 2002.

[5] A. Amghar. *Microprocessor System Development.* Prentice Hall International (UK) Ltd, 1990.

[6] P. J. Ashenden. *The Designer's Guide to VHDL.* Morgan Kaufmann Publishers, Inc., 1995.

[7] W. Bauer and H. H. Wagener. *Bauelemente und Grundschaltungen der Elektronik.* Hanser Verlag, 2002.

[8] K. Beuth and O. Beuth. *Elementare Elektronik: Mit Grundlagen der Elektrotechnik.* Vogel Verlag, 2003.

[9] K. Beuth and W. Schmusch. *Elektronik 3. Grundschaltungen.* Vogel Verlag, 2003.

[10] H. Brauer, C. Lehmann, and H. Lindner. *Taschenbuch der Elektrotechnik und Elektronik.* Hanser Fachbuch, 2008.

[11] J. Detlefsen and U. Siart. *Grundlagen der Hochfrequenztechnik.* Oldenbourg, 2006.

[12] K.-W. Dugge and A. Eißer. *Grundlagen der Elektronik.* Springer Verlag, 2002.

[13] R. Ernst and I. Könenkamp. *Digitale Schaltungstechnik für Elektroniker und Informatiker.* Spectrum Akademischer Verlag, 1995.

[14] J. Federau. *Operationsverstärker: Lehr- und Arbeitsbuch zu angewandten Grundschaltungen.* Vieweg+Teubner, 2006.

[15] A. Flcek, H. L. Hartnagel, and K. Mayer. *Hochfrequenztechnik.* Springer, 2000.

[16] M. Frohn, W. Oberthür, and H. J. Siedler. *Elektronik 2, Bauelemente und Grundschaltungen der Mikroelektronik.* Pflaum Verlag, 1999.

[17] J. Goerth. *Bauelemente und Grundschaltungen.* Teubner, 1999.

[18] S. Goßer. *Grundlagen der Elektronik. Halbleiter, Bauelemente und Schaltungen.* Shaker Verlag GmbH, 2008.

[19] H. Hartl, E. Krasser, G. Winkler, W. Pribyl, and P. Söser. *Elektronische Schaltungstechnik mit Pspice.* Pearson Studium, 2008.

[20] H. Herberg and O. Mildenberger. *Elektronik. Einführung für alle Studiengänge.* Vieweg Verlag, 2002.

[21] E. Hering, K. Breßler, and J. Gutekunst. *Elektronik für Ingenieure und Naturwissenschaftler.* Springer Verlag, 2005.

[22] B. Hoppe. *Mikroelektronik 1.* Vogel-Fachbuch, 1997.

[23] T. Juhnke and H. Klar. Calculation of soft error rate of submicron CMOS logic circuits. In *Twentieth European Solid-State Circuits Conference*, pages 276–279, Ulm, 1994.

[24] K. Kammeyer and K. Kroschel. *Digitale Signalverarbeitung: Filterung und Spektralanalyse.* B.G. Teubner, Studienbücher Elektrotechnik, 2006.

[25] G. Kemnitz. Elektronik: Folien zur Vorlesung, weitere Übungsaufgaben, Matlab-Programme etc. http://techwww.in.tu-clausthal.de/site/Lehre/Elektronik/.

[26] H. Klar. *Integrierte digitale Schaltungen MOS / BICMOS.* Springer, 1996.

[27] B. Klingen. *Fouriertransformation für Ingenieure und Naturwissenschaftler.* Springer, 2001.

[28] G. Koß, W. Reinhold, and F. Hoppe. *Lehr- und Übungsbuch Elektronik: Analog und Digitalelektronik. Mit Beispielen und Aufgaben und Lösungen.* Hanser Fachbuchverlag, 2005.

[29] G. Kurz and W. Mathis. *Oszillatoren.* Hüthig, 2002.

[30] F. Moeller, H. Frohne, H. Müller, and K.-H. Löchner. *Grundlagen der Elektrotechnik.* Teubner, 2005.

[31] J. Naisbitt. Interview. Spotlight Audio, 7 2007.

[32] U. Naundorf. *Analoge Elektronik. Grundlagen, Berechnung, Simulation.* Hüthig, 2001.

[33] R. Ose. *Elektrotechnik für Ingenieure Band 2: Anwendungen.* Hanser Fachbuch, 2008.

[34] R. Paul. *Elektrotechnik für Informatiker: Mit MATLAB und Multisim.* Vieweg+Teubner, 2004.

[35] P. Pavan, R. Bez, P. Olivo, and E. Zanoni. Flash memory cells - an overview. *Proceedings of the IEEE*, 85(8):1248–1271, 1997.

[36] P. Pirsch. *Architekturen der digitalen Signalverarbeitung.* Teubner, 1996.

[37] M. Reisch. *Elektronische Bauelemente: Funktion, Grundschaltungen, Modellierung mit SPICE.* Springer, 2006.

[38] M. Reisch. *Halbleiter-Bauelemente.* Springer, 2007.

[39] W. Schiffmann and R. Schmitz. *Technische Informatik (Teil 1).* Springer-Verlag, 1992.

[40] D. Schröder. *Elektrische Antriebe – Grundlagen.* Springer Verlag, 2000.

[41] M. Seifart. *Analoge Schaltungen.* Verlag Technik, 2003.

[42] F. Thuselt. *Physik der Halbleiterbauelemente: Einführendes Lehrbuch für Ingenieure und Physiker.* Springer, 2004.

[43] U. Tietze and C. Schenk. *Halbleiter-Schaltungstechnik.* Springer-Verlag, 2002.

[44] P. A. Tipler. *Physik.* Spektrum Akademischer Verlag, 1994.

[45] K. Urbanski and R. Woitowitz. *Digitaltechnik.* Springer, 2006.

[46] H. Vetter, W.-J. Becker, K. W. Bonfig, and K. Höing. *Schaltungstechnische Praxis: Grundlagen und Methoden.* Verlag Technik, 2001.